全国高等教育中药、药学专业系列教材

药用植物学

（翻转课堂版）

陆 叶 尹海波 主编

苏州大学出版社

图书在版编目(CIP)数据

药用植物学：翻转课堂版／陆叶，尹海波主编. —苏州：苏州大学出版社，2017.12
全国高等教育中药、药学专业系列教材
ISBN 978-7-5672-2302-8

Ⅰ.①药… Ⅱ.①陆… ②尹… Ⅲ.①药用植物学-高等学校-教材　Ⅳ.①Q949.95

中国版本图书馆CIP数据核字(2017)第288667号

药用植物学(翻转课堂版)

陆叶　尹海波　主编

责任编辑　倪　青

苏州大学出版社出版发行
(地址：苏州市十梓街1号　邮编：215006)
江苏扬中印刷有限公司印装
(地址：江苏省扬中市大全路6号　邮编：212212)

开本 787×1092　1/16　印张25.25　字数568千
2017年12月第1版　2017年12月第1次印刷
ISBN 978-7-5672-2302-8　定价：75.00元

苏州大学版图书若有印装错误，本社负责调换
苏州大学出版社营销部　电话：0512-65225020
苏州大学出版社网址 http://www.sudapress.com

《药用植物学》(翻转课堂版)编委会

主　审：郝丽莉(苏州大学药学院)

主　编：陆　叶(苏州大学药学院)

　　　　尹海波(辽宁中医药大学药学院)

编　委：刘绍欢(贵州医科大学药学院)

　　　　邵爱华(苏州科技大学)

　　　　曾建红(三峡大学医学院)

　　　　王晓华(桂林医学院药学院)

　　　　陆　叶(苏州大学药学院)

　　　　尹海波　赵　容　邢艳萍(辽宁中医药大学药学院)

　　　　王丽红　刘　娟(佳木斯大学药学院)

　　　　鞠宝玲(牡丹江医学院)

前言

  《药用植物学》(翻转课堂版)为全国高等教育中药、药学专业系列教材之一。该教材是从翻转课堂角度编写的,注重以学生为主体,拓宽学生的知识面,激发学生学习的兴趣和热情,培养学生自主学习和综合运用知识的能力。同时,该教材中的植物形态和显微特征等大多采用自拍的彩色图片,突出了花、果实等繁殖器官的特征,形象生动,易于学生掌握和实践。但因季节及地域的限制,有少部分图片引自《中国植物志》(电子版),特此表示感谢。

  本教材共分为四篇。第一篇为植物的基本组成,主要介绍植物的细胞和组织形态及结构。第二篇为植物器官形态、结构及价值,主要介绍植物的根、茎、叶、花、果实、种子这六大器官的功能价值、外部形态和内部构造。第三篇为药用植物的分类,主要介绍植物的科、属特征及药用植物代表。第四篇为药用植物学发展前沿及动态,主要介绍该学科的发展前沿知识。每章节前提出了翻转课堂的任务主题,章节后设置了有针对性的思考题。本教材在线大学的网站为:http://online.zhihuishu.com/CreateCourse/coursePreview/videoList?courseId = 2016939。希望大家多多交流。

  由于编写时间仓促,教材中难免有不足之处,诚请各中药、药学专业院校的师生在使用过程中提出宝贵意见,以便再版时进行修订和完善,使本书更加符合中药、药学等专业的学生和广大读者学习的需要。

《药用植物学》(翻转课堂版)编委会
2017 年 11 月 8 日

目录
CONTENTS

绪论 ·· 1

第一篇　植物的基本组成

第一章　植物的细胞 ·· 7
第一节　植物细胞的形态和结构 ·· 8
第二节　植物细胞的分裂 ·· 21

第二章　植物的组织 ·· 25
第一节　简单组织的种类 ·· 26
第二节　复合组织——维管束 ·· 45

第二篇　植物器官的形态、结构及价值

第三章　根 ·· 48
第一节　根的功能与形态 ·· 49
第二节　根的显微构造 ··· 55

第四章　茎 ·· 62
第一节　茎的功能与形态 ·· 62
第二节　茎的显微构造 ··· 68

第五章　叶 ·· 76
第一节　叶的功能与形态 ·· 76
第二节　叶的内部构造 ··· 87

第六章　花 ·· 91
第一节　花的生理功能和药用价值 ·· 91

第二节 花的组成及形态 …………………………………………………… 93
 第三节 花的类型 …………………………………………………………… 100
 第四节 花程式与花图式 …………………………………………………… 101
 第五节 花序 ………………………………………………………………… 102
 第六节 花粉粒的形态构造 ………………………………………………… 104

第七章 果实 …………………………………………………………………… 107
 第一节 果实的生理功能及药用价值 ……………………………………… 107
 第二节 果实的形成和结构 ………………………………………………… 108
 第三节 果实的类型 ………………………………………………………… 108

第八章 种子 …………………………………………………………………… 113
 第一节 种子的生理功能及药用价值 ……………………………………… 113
 第二节 种子的形态和结构 ………………………………………………… 114
 第三节 种子的类型 ………………………………………………………… 116

第三篇 药用植物的分类

第九章 植物分类学概述 ……………………………………………………… 118
 第一节 植物分类学的定义和任务 ………………………………………… 118
 第二节 植物分类学的发展概况 …………………………………………… 119
 第三节 植物的分类等级 …………………………………………………… 123
 第四节 植物种的命名 ……………………………………………………… 126
 第五节 植物界的分门 ……………………………………………………… 128
 第六节 植物分类检索表的编制和应用 …………………………………… 130

第十章 藻类植物 ……………………………………………………………… 132
 第一节 概述 ………………………………………………………………… 132
 第二节 藻类植物的分类与主要药用植物代表 …………………………… 133

第十一章 菌类植物 …………………………………………………………… 145
 第一节 概述 ………………………………………………………………… 145
 第二节 真菌门 ……………………………………………………………… 147
  麦角菌(150) 冬虫夏草(150) 酿酒酵母菌(151) 灵芝(152) 茯苓(153)
  曲霉菌(154) 球孢白僵菌(155)

第十二章　地衣植物门 ·· 156

第一节　概述 ·· 156
第二节　地衣植物门的分类与主要药用植物代表 ·· 159
松萝(159)　长松萝(159)

第十三章　苔藓植物 ·· 161

第一节　概述 ·· 161
第二节　苔藓植物的分类及主要药用植物代表 ·· 162
地钱(163)　葫芦藓(165)　大金发藓(166)　暖地大叶藓(166)

第十四章　蕨类植物 ·· 168

第一节　概述 ·· 168
第二节　蕨类植物的分类与主要药用植物代表 ·· 172
松叶蕨(173)　石松(173)　卷柏(174)　中华水韭(174)　木贼(176)
问荆(176)　节节草(176)　紫萁(177)　海金沙(177)　金毛狗(178)
野鸡尾(178)　贯众(179)　粗茎鳞毛蕨(179)　石韦(180)　槲蕨(181)

第十五章　裸子植物 ·· 182

第一节　裸子植物的主要特征 ·· 183
第二节　裸子植物的分类与主要药用植物代表 ·· 184
苏铁(185)　银杏(186)　马尾松(187)　油松(187)　侧柏(188)
东北红豆杉(188)　南方红豆杉(189)　榧树(189)　三尖杉(189)
草麻黄(191)　中麻黄(191)　木贼麻黄(191)　小叶买麻藤(192)

第十六章　被子植物 ·· 193

第一节　概述 ·· 193
第二节　分类系统 ·· 195
第三节　被子植物的分类与主要药用植物代表 ·· 198

1. 三白草科　三白草(199)　蕺菜(199)

2. 胡椒科　胡椒(200)　风藤(200)

3. 金粟兰科　草珊瑚(201)　及已(201)

4. 桑科　桑(202)　无花果(202)　薜荔(202)　大麻(203)

5. 桑寄生科　桑寄生(203)　槲寄生(204)

6. 马兜铃科　马兜铃(204)　辽细辛(205)　杜衡(205)

7. 蓼科　掌叶大黄(206)　唐古特大黄(206)　药用大黄(207)　何首乌(207)

红蓼(207) 蓼蓝(208) 拳参(208)

8. 苋科　牛膝(209)　川牛膝(209)　青葙(209)　鸡冠花(209)

9. 商陆科　商陆(210)　垂序商陆(210)

10. 石竹科　孩儿参(211)　瞿麦(211)　麦蓝菜(211)

11. 睡莲科　莲(212)　芡实(212)

12. 毛茛科　毛茛(214)　乌头(214)　威灵仙(215)　黄连(215)
　　　三角叶黄连(215)　云连(216)　白头翁(216)　升麻(217)

13. 芍药科　芍药(218)　牡丹(218)

14. 小檗科　淫羊藿(219)　阔叶十大功劳(220)　八角莲(220)　南天竹(220)

15. 木通科　木通(221)

16. 防己科　蝙蝠葛(222)　粉防己(222)　木防己(223)　金线吊乌龟(223)

17. 木兰科　厚朴(224)　凹叶厚朴(224)　玉兰(225)　五味子(225)
　　　华中五味子(226)　八角(226)

18. 樟科　肉桂(227)　樟(227)　山鸡椒(227)

19. 罂粟科　罂粟(228)　延胡索(229)　博落回(229)　白屈菜(229)
　　　虞美人(229)

20. 十字花科　菘蓝(230)　萝卜(231)　白芥(231)　独行菜(231)

21. 虎耳草科　虎耳草(232)　落新妇(233)　常山(233)

22. 景天科　景天三七(234)　垂盆草(234)

23. 杜仲科　杜仲(235)

24. 蔷薇科　绣线菊(236)　金樱子(236)　地榆(237)　月季(237)
　　　玫瑰(238)　掌叶覆盆子(238)　龙芽草(238)　杏(239)　梅(240)
　　　桃(240)　山楂(241)　枇杷(241)　贴梗海棠(242)

25. 豆科　含羞草(243)　合欢(243)　决明(244)　皂荚(245)　黄耆(245)
　　　蒙古黄耆(246)　甘草(246)　光果甘草(246)　胀果甘草(247)　葛(247)
　　　苦参(248)　槐(248)　密花豆(249)　补骨脂(249)

26. 芸香科　川黄檗(250)　黄檗(250)　橘(250)　吴茱萸(251)　白鲜(251)
　　　花椒(252)　柚(252)

27. 楝科　楝(253)

28. 远志科　远志(254)　瓜子金(255)

29. 大戟科　大戟(256)　叶下珠(257)　巴豆(257)　蓖麻(258)

30. 冬青科　枸骨(259)　冬青(259)　大叶冬青(260)

31. 卫矛科　卫矛(261)　雷公藤(261)　美登木(262)

32. 鼠李科　枣(262)　酸枣(263)　枳椇(263)

33. 藤黄科　贯叶连翘(264)　元宝草(264)

34. 锦葵科　苘麻(265)　木槿(265)　木芙蓉(266)

35. 董菜科　紫花地丁(266)　紫堇(267)

36. 瑞香科　白木香(268)　芫花(268)　狼毒(269)

37. 桃金娘科　桃金娘(270)　丁香(270)　桉(270)

38. 五加科　人参(272)　三七(272)　刺五加(273)　细柱五加(273)
　　　楤木(273)　通脱木(274)

39. 伞形科　当归(275)　白芷(275)　北柴胡(276)　红柴胡(277)
　　　川芎(277)　防风(277)　茴香(278)　藁本(278)　辽藁本(279)
　　　珊瑚菜(279)　前胡(279)　野胡萝卜(279)

40. 山茱萸科　山茱萸(280)　青荚叶(281)

41. 杜鹃花科　兴安杜鹃(282)　羊踯躅(283)　南烛(283)

42. 紫金牛科　紫金牛(284)　朱砂根(285)　百两金(285)

43. 报春花科　过路黄(286)　临时救(286)　点地梅(287)

44. 木樨科　白蜡树(288)　连翘(289)　女贞(289)

45. 马钱科　马钱(290)　密蒙花(291)

46. 龙眼科　龙胆(291)　秦艽(292)

47. 夹竹桃科　夹竹桃(293)　罗布麻(294)　萝芙木(295)　络石(295)

48. 萝藦科　萝藦(297)　杠柳(297)　白薇(298)　白首乌(298)
　　　柳叶白前(298)

49. 旋花科　菟丝子(300)　牵牛(300)　田旋花(300)

50. 紫草科　紫草(302)　软紫草(302)

51. 马鞭草科　马鞭草(304)　海州常山(304)　牡荆(305)　华紫珠(305)

52. 唇形科　薄荷(307)　丹参(308)　黄芩(309)　益母草(310)　紫苏(310)
　　　广藿香(311)

53. 茄科　洋金花(314)　宁夏枸杞(314)　酸浆(315)　龙葵(315)
　　　颠茄(315)

54. 玄参科　地黄(316)　玄参(317)

55. 紫葳科　紫葳(318)　木蝴蝶(319)

56. 爵床科　爵床(320)　穿心莲(321)　板蓝(321)

57. 车前科　车前(322)　平车前(323)

58. 茜草科　巴戟天(324)　栀子(324)　钩藤(325)　茜草(326)
　　　鸡矢藤(326)　白马骨(326)

59. 忍冬科　忍冬(328)　接骨木(329)

60. 败酱科　败酱(330)　缬草(331)

61. 葫芦科　栝楼(332)　绞股蓝(332)　罗汉果(333)

62. 桔梗科　桔梗(334)　党参(335)　沙参(335)

63. 菊科　黄花蒿(337)　红花(338)　苍术(339)　白术(339)　云木香(340)

菊花(340)　　滨蒿(341)　　茵陈蒿(341)　　艾(342)　　苍耳(343)

　　　　牛蒡(343)　　豨莶(344)　　蓟(344)　　刺儿菜(345)　　蒲公英(346)

　　　　苦荬菜(347)　　苣荬菜(347)　　山莴苣(348)

　64. 香蒲科　水烛(349)　香蒲(349)

　65. 泽泻科　泽泻(350)　慈姑(350)

　66. 禾本科　淡竹(351)　淡竹叶(352)　薏米(352)　白茅(353)　芦苇(353)

　67. 莎草科　香附子(355)　荆三棱(355)

　68. 棕榈科　棕榈(356)　麒麟竭(356)　椰子(356)

　69. 天南星科　天南星(357)　东北南星(357)　半夏(358)　虎掌(358)

　　　　石菖蒲(358)　　千年健(358)

　70. 百部科　百部(359)　大百部(359)　直立百部(360)

　71. 百合科　百合(361)　黄精(361)　玉竹(362)　浙贝母(362)

　　　　川贝母(362)　　暗紫贝母(363)　　甘肃贝母(363)　　梭砂贝母(363)

　　　　平贝母(363)　　伊贝母(363)　　七叶一枝花(364)　　知母(364)

　　　　麦冬(364)　　天门冬(365)　　土茯苓(365)　　藜芦(365)　　芦荟(366)

　　　　剑叶龙血树(366)

　72. 石蒜科　石蒜(367)　仙茅(367)

　73. 薯蓣科　薯蓣(368)　穿龙薯蓣(369)

　74. 鸢尾科　鸢尾(370)　番红花(370)　射干(371)

　75. 姜科　姜(372)　姜黄(373)　温郁金(373)　砂仁(374)　白豆蔻(374)

　　　　草果(374)　　红豆蔻(375)　　高良姜(375)　　益智(375)

　76. 兰科　天麻(376)　石斛(377)　流苏石斛(377)　鼓槌石斛(378)

　　　　铁皮石斛(378)　　霍山石斛(379)　　白及(379)

第四篇　药用植物学发展前沿及动态

第十七章　药用植物生物技术 ·················· 382

　第一节　药用植物细胞及器官的培养 ·················· 382

　第二节　药用植物基因工程 ·················· 383

第十八章　药用植物种质资源的保存 ·················· 386

　第一节　种质资源收集和保存的技术规程 ·················· 386

　第二节　种质资源库的建设 ·················· 391

参考文献 ·················· 393

绪 论

一、药用植物学的定义、性质、地位和任务

(一) 药用植物学的定义

在大自然的多数植物中,一些植物体的某一部分或其生理、病理产物或其加工品可用于预防和治疗疾病,这类植物被称为药用植物。以药用植物为研究对象研究它们的形态特征、内部组织、生理功能、种群分类、自然分布等内容的学科,称为药用植物学(pharmaceutical botany)。

(二) 性质与地位

药用植物之所以能预防和治疗疾病,是因为其体内含有可用于防治疾病的物质。这类植物是中药的最主要组成部分,其使用已有数千年的历史。第三次全国中药资源普查结果显示,我国已有记载的天然药物 12807 种,其中药用植物 11146 种,占总数的 87%。这门学科是和中药的品种、资源及资源开发紧密相关的。我们只有更好地认识它、了解它,充分地利用它,才能使它更好地为人类的生存和健康服务。所以,药用植物学是一门重要的专业基础课,在药学专业的课程中有着承上启下的重要地位。

药用植物学要讲述的内容包括有关植物的形态学、解剖学、分类学,植物化学成分的种类、分布及其与植物亲缘关系的相关性,药用植物与自然环境的关系,中药资源学的基本理论和技能等重要知识。

(三) 学习药用植物学的主要目的和任务

1. 研究中药的原植物种类,鉴定中药的品种,以确保临床用药来源准确

由于历史用药源远流长,加上我国幅员辽阔,药用植物种类繁多,各地用药习惯和用药名称均有不同之处,因此,中药中存在着同名异物、同物异名的混乱现象,这给临床用药和对中药事业的发展带来了诸多不利影响。

(1) 同名异物现象。中药名为"大青叶"的原植物来源达 15 种,常见的有以下 4 种:① 十字花科植物菘蓝(*Isatis indigotica* Fort.)的叶;② 蓼科植物蓼蓝(*Polygonum tinctorium* Ait.)的叶;③ 爵床科植物板蓝[*Baphicacanthus cusia* (Nees) Bremek.]的叶;④ 马鞭草科植物大青(*Clerodendrum cyrtophyllum* Turcz.)的叶。就全国的使用情况来说,菘蓝叶是大青叶的主流品种,《中华人民共和国药典》自 1985 年版起已明确规定将十字花科植物菘蓝作为大青叶之正品,后三者为非正品。

同名异物现象常常伴随伪品出现,有些伪品不仅没有疗效甚至会对人体产生危害。例

如，人参的伪品有商陆科植物商陆（*Phytolacca acinosa* Roxb.）和垂序商陆（*Phytolacca americana* L.）、豆科植物野豇豆[*Vigna vexillata*（Linn.）Rich.]、茄科植物漏斗泡囊草（华山参，*Physochlaina infundibularis* Kuang）、紫茉莉科植物紫茉莉（*Mirabilis jalapa* L.）、桔梗科植物桔梗[*Platycodon grandiflorus*（Jacq.）A. DC.]等，其中商陆和紫茉莉是有毒的。

（2）同物异名现象。例如，益母草[*Leonurus artemisia*（Laur.）S. Y. Hu]在我国青海被称为坤草，四川称为月母草，东北称为益母蒿，湖南称为野油麻，江苏叫作田芝麻，浙江叫作三角胡麻，云南叫作透骨草，甘肃称为全风赶，广东叫作红花艾。又如，大黄的别名叫作"川军""将军"等。

同名异物和同物异名这些情况都容易给临床用药造成混乱现象。如果运用植物分类学知识来确定物种，研究药用植物的外部形态和内部结构、地理分布，就能解决药用植物中长期存在的名称混淆问题，力求一药一名。

2. 合理利用和开发药用植物资源，保证临床用药的需要

第三次全国中药资源普查结果表明，我国药用资源有12800余种，其中药用植物有383科，2313属，11146种，但这些资源还未得到充分利用。例如，我国药材四大产区之一的四川省有中草药4000种以上，而实际使用的不超过800种。因此，如何运用现代科学技术，发挥中医药优势，更好、更合理地利用我国特有的植物资源，促进我国的经济发展，已成为我国医药工作者的突出任务。另一方面，随着人民生活水平的不断提高，人们对植物药的需求量不断增加，加之目前有些地区由于无计划地采收，野生资源受到了严重破坏，导致植物品种减少，有些品种的产量下降。例如，野生的人参、天麻、杜仲、石斛、北五味子等已处于濒危状态。尽管我国药用植物资源丰富，但由于需求量大，也造成了资源紧缺。因此，如何利用自然植物间的亲缘关系来发掘新药源以便更好地保护野生资源已是亟待解决的课题。

中华人民共和国成立以来，我国对医药发展非常重视。为了继承和发扬祖国的医药遗产，政府制定了一系列的医药政策，推动了祖国医药事业的迅速发展。通过全国性的药源普查，开发利用了许多丰富的中药资源。例如，《本草》记载的多品种来源的中药黄芩、贝母、细辛、柴胡、淫羊藿等已发掘出同属多种具有相同疗效的药用植物；在我国广西、云南等地区发现了可供生产血竭的剑叶龙血树[*Dracaena Cochinchinensis*（Lour.）S. C. chen]，填补了国内生产血竭的空白。20世纪70年代，在我国云南发现了长籽马钱（云南马钱，*Strychnos wallichiana* Steud. ex DC.），从而代替了进口马钱（*Strychnos nux-vomica* L.）；重要的药用植物如丹参、天麻、三七、人参、贝母的规范化种植均取得了很大的成绩；等等。由此可见，如何开发利用与保护我国丰富的植物资源，对于我国医药卫生事业的发展具有重要的意义。

3. 利用植物生物技术，培育新品种，扩大新药源

生物技术（biotechnology）是20世纪60年代初发展起来的一个新兴技术领域，它包括细胞工程、基因工程、酶工程和发酵工程。其中细胞工程和基因工程在药用植物学的研究方面得到了应用。

细胞工程是利用植物细胞的全能性,用植物体某一组织或细胞经过培育,在试管内繁育试管苗(微繁殖)和保存种质的一项技术。利用这种方法还可以进行脱病毒和育种工作。近年来,我国在中药试管苗的培养方面已取得了很大突破,多数中药试管苗已经在生产上应用,并在产区繁殖成功,如南京的丹参(*Salvia miltiorrhiza* Bunge)多倍体新品种、广西的石斛(*Dendrobium nobile* Lindl.)试管苗等,还有绞股蓝[*Gynostemma pentaphyllum* (Thunb.) Makino]、白及[*Bletilla striata* (Thunb. ex A. Murray) Rchb. f.]、台湾银线兰(金线莲,*Anoectochilus formosanus* Hayata)等100多种。

目前,生物技术已成为国家重点发展的技术领域,我国药用植物资源丰富,是发展药用植物生物技术的有利条件。应用细胞工程和基因工程知识研究药用植物,深化对药用植物的形态及代谢产物的内在认识,可将药用植物及其活性成分的研究从宏观水平推向细胞及分子水平。

二、药用植物学的发展简史和发展趋势

(一)药用植物学的发展简史

1. 本草简史

药用植物学知识是在长期的实践中产生和发展起来的。我国人民在不断地尝试过程中,逐渐积累了医药知识和经验,并学习认识自然界的植物,从而鉴别出哪些可供药用,哪些有毒,并对药物的特有性状进行描述,对药物的认识逐步由感性认识走向理性认识。我国药用植物学的发展具有悠久的历史,早在3000多年前的《诗经》和《尔雅》中就分别记载有200和300多种植物,其中有不少是药用植物。"神农尝百草,一日遇七十毒"的传说生动地说明:2000多年前,我国劳动人民就已积累了丰富的利用药物防治疾病的经验。本草是我国历代记载药物知识的著作。药物包括植物药、动物药和矿物药,所以药用植物学的发展和本草的发展分不开。

公元前1—2世纪的《神农本草经》是我国现存的第一部记载药物的专著,收载药物365种,将药物分为上品、中品、下品三类,其中就有植物药237种。梁代(公元500年前后)陶弘景以《神农本草经》为基础,补入《名医别录》,编著《本草经集注》,收载药物730种。唐代(公元659年)苏敬等编著的《新修本草》图文并茂,共增药物114种,其中有不少是外来药,如郁金、胡椒、诃子至今仍为常用中药,这是以政府名义编修、颁布的,被认为是我国第一部国家药典。宋代(公元1082年)唐慎微编的《经史证类备急本草》收载的药物已超过1558种。明代李时珍经30多年的努力,于1578年完成了《本草纲目》的编纂,全书共52卷,16部,200余万字,载药1892种,首次将千余种植物分为果、草、木、谷、菜共五部,经研究,其中包括藻、菌、地衣、苔藓、蕨类和种子植物共1100多种,是本草史上的一部巨著。到清代(公元1765年),赵学敏编著的《本草纲目拾遗》中大量记载了浙江一带的药用植物,共收载药物921种,是《本草纲目》的补充和续编。吴其濬编写的《植物名实图考》及《植物名实图考长编》(公元1848年)共记载植物2552种,而且附有精美的绘图,其中有江西植物约400种,湖南植物约280种,云南植物约370种,书中对植物的根、茎、叶、花、果实和种子的形态、产地、生长环境以及一些植物的土名和用途均做了比前人更加细致而准确的描述,这些对植物分类、品种考证和开发利用都有较重要的参考价值。

2000多年来,我国人民在医药方面有着独特的创造,是我国古代文化的珍贵遗产。据统计,仅现存的本草书籍就有400多种,它是现代药学研究的依据,是一个伟大的宝库。

2. 现代药用植物学发展简况

自清朝末年到中华人民共和国成立前的100多年间,由于政治的极端腐败,科学技术停滞不前,人民生活十分贫困,帝国主义不断发动侵略战争,使中国沦为半封建半殖民地国家。反动统治阶级崇洋媚外,对祖国医药采取了蔑视和消灭的政策,使祖国医药事业处于奄奄一息的悲惨境地。

中华人民共和国成立后,我国政府对中医药的发展非常重视,组织了3次对中药资源的大规模普查,加强了对中药的调查研究,总结成《中国中药资源》《中国中药资源志要》《中国中药区划》和《中国药材资源地图集》等著作,出版了一大批质量较高的有关药用植物的著作。例如,《中国药用植物志》共出版9册,收载了药用植物450种并附有图版;《药材学》收载药材700多种,附图1300余幅,其中有药用植物600多种;《中药志》收载常用中药500余种;《全国中草药汇编》(上、下册及彩色图谱)收载中草药2202种,其中植物药2074种;《中药大辞典》(上、下册)收载药物5767种,包括植物药4773种;《中草药学》(上、中、下册)收载中草药900余种,包括植物药800多种;《中华人民共和国药典》(1995年版、2000年版、2005年版、2010年版、2015年版)也相继出版。这些专著资源可靠,记述正确,是我国中药研究的科学总结。

药用植物学是植物学科和医药学科互相渗透而产生的一门植物学的应用分支学科,所以药用植物学的发展与植物学的发展密切相关。植物学家和医药学家携手合作对我国医药事业的发展做出了重大贡献。例如,《中国高等植物图鉴》共5册,另有补编2册,收载有经济价值的和常见的苔藓植物、蕨类植物、裸子植物和被子植物共8000余种,药用植物是其重要组成部分。《中国植物志》是我国对植物种类研究的系统总结,是我国植物学发展史上的第一部巨著,也是世界植物分类学巨著,它包括我国全部蕨类植物和种子植物,全书共125卷册,从1959年出版第二类蕨类植物至今已出版了74卷册,书中对有关植物的名称、形态、分布、生长环境和药用植物的药用部分以及效用都有较详细的描述,它和一些专志,如《中国真菌志》《中国地衣植物图鉴》《中国药用地衣》《中国药用孢子植物》等都是研究中药的植物基源和开发新药源必不可少的重要参考文献。

此外,各地还出版了一批地方性的中药志、中草药志、药用植物志、植物志,以及记载我国少数民族用药的民族药志等,这些专著对研究地方和民族药用植物都有重要参考价值。

近年来,由于新技术、新仪器的不断涌现,促使中药学的研究得到迅猛进展。例如,电子显微镜、扫描电子显微镜、放射自显影技术的应用促进了现代细胞学的发展,在微观上从显微进入亚显微和分子水平。在测定植物化学成分和结构方面,有紫外光谱、红外光谱、质谱及磁共振仪、X射线衍射仪、气相质谱联用仪等,大大提高了植物药化学成分的分离和测定的快速、准确、精微和高效的水平,扩大了其研究的深度和广度。还可利用细胞和组织培养方法来生产药用植物的活性成分,以供临床药用。这些成分和细胞的研究也为植物亲缘关系的探索提供了依据,从微观领域促进了药用植物学的发展。

(二)药用植物学的发展趋势

各门学科之间相互渗透是现代科学发展的特点之一。药用植物学也不例外,随着植物学各分支学科以及医药学、化学等学科的不断发展,药用植物学与其他学科(如植物分类学、植物细胞分类学、植物化学分类学、植物解剖学、孢粉学、植物生态学、植物地理学、中药鉴定学、中药化学等)之间保持着更加密切的联系。药用植物学与这些学科渗透,又分化出药用植物化学分类学、中药资源学,给药用植物学增添了新的内容,在学科上与医药实践结合方面都促进了药用植物学的发展。

三、药用植物学和相关学科的关系

药用植物学与涉及植物种类、药材特征等内容的专业学科均有关系,但其中关系最为密切的有下列学科。

1. 中药鉴定学

中药鉴定学是鉴定中药的真伪和优劣、整理中药品种,以确保中药质量、研究新药源的一门应用学科。中药鉴定一般从原植物鉴定、性状鉴定、显微鉴定和理化鉴定四个方面对药材进行鉴定。从内容来看,要进行前三项鉴定,必须具备植物形态学、分类学和植物解剖学等方面的基础理论知识和技能。因此,药用植物学是学习中药鉴定学的一门重要专业基础课。

2. 中药化学

中药化学是研究中药所含化学成分的提取、分离和结构测定的一门学科。药用植物具有一定的疗效,是因为它含有能防治疾病的有效化学成分。中药品种复杂,植物种类不同,其所含化学成分也不一样。例如,中药防己有来源于马兜铃科的广防己(*Aristolochia fangchi* Y. C. Wu ex L. D. Chou et S. M. Huang),也有来源于防己科的粉防己(*Stephania tetrandra* S. Moore.)。前者含马兜铃酸,后者不含马兜铃酸而含汉防己碱等多种生物碱。另外,植物的化学成分与植物的亲缘关系之间有着一定的联系,亲缘关系相近的种类往往含有相同的化学成分。因此,可以利用某些化学成分分布在某些科属植物中这一规律去研究药用植物,寻找新的药用植物资源。例如,用于治疗菌痢的小檗碱(黄连素),除存在于黄连、黄檗中外,还普遍存在于小檗科的小檗属(*Berberis*)、十大功劳属(*Mahonia*)、南天竹属(*Nandina*)和毛茛科唐松草属(*Thalictrum*)以及防己科天仙藤属(*Fibraurea*)植物中。茜草科钩藤属(*Uncaria*)植物多含具有降压作用的钩藤碱。薯蓣科只有根状茎组才含有薯蓣皂苷等甾体皂苷。又如,从国产夹竹桃科萝芙木属(*Rauwolfia*)植物中成功地找到了含利血平的降压药新资源。这类工作在国内外做得很多,已取得了显著成果。探索各植物类群所含的化学成分及其在植物分类系统中的分布规律和生物合成途径,配合经典分类学及其他相关学科,从植物化学角度进一步阐述植物的分类和系统发育,已成为一项新的科研课题。可见,药用植物学和中药化学的关系十分密切。

3. 中药学

中药学是研究中药的功能及配伍应用的一门学科。用药要取得良好疗效,首先要求所有药物都是正品或主流品种。例如,白附子有以下两个类型:禹白附为天南星科独角莲(*Typhonium giganteum* Engl.)的块茎,其功效以治风痰为主;关白附为毛茛科黄花乌头[*Aconitum coreanum*(Levl.)Rapaics]的块根,其功效以逐寒湿及镇静为主。又如,土贝母的正品应为葫芦科蓝耳草[土贝母,*Cyanotis vaga*(Lour.)Roem. et Schult.]的块茎,但有的地方将百合科山慈姑(丽江山慈姑,*Asarum sagittarioides* C. F. Liang)的球茎亦称为土贝母,该植物含有秋水仙碱,常用剂量为0.5~1 g。如果超量服用,就会引起中毒。因而药用植物学与中药学有密切的联系。

此外,药用植物学还与中药资源学和药用植物栽培学等也有很密切的联系。

四、学习药用植物学的方法

药用植物学是一门实践性很强的学科,学习时必须密切联系实际,丰富感性知识。植物随处可见,不少花草树木、蔬菜瓜果就是药用植物,给我们观察、比较创造了极好的条件。通过细致的观察,增强对药用植物的形态结构和生活习性的全面认识,然后结合理论知识,就能加深理解,正确而熟练地运用专业术语。切勿脱离具体实际去死记硬背。学习要抓住重点,带动一般。例如,科的特征就要以科的主要特征,通过代表性植物,掌握一般特征。无论是宏观观察还是微观观察,都是通过实验掌握一些设备的使用和实验技能,如熟练使用解剖镜、显微镜,掌握腊叶标本制作技术、石蜡切片技术、显微技术等。

系统比较、纵横联系是学习药用植物学行之有效的方法,有比较才有鉴别。对相似植物、植物类群或器官形态、组织构造,既要比较其相同点,也要比较其不同点;既要把植物的外部形态和内部构造、特征性化学成分等纵向联系起来学习,也要注意某些内容的横向联系,如叶序、花的构造、果实类型、器官内部构造等。只有从各种不同角度进行联系和比较,才能理解得深刻,记得牢。

最后,还要运用所学的知识进行综合分析,联系实际,训练解决实际问题的能力。只有这样才能为学好有关专业课和今后从事相关研究工作奠定坚实的基础。

第一篇　植物的基本组成

第一章　植物的细胞

1. 学习重点及线路:
(1) 掌握细胞壁的组成及特化→原生质体(关注质体)→后含物(关注淀粉粒及晶体)。
(2) 掌握细胞分裂的方式及意义。
2. 任务主题:
(1) 了解细胞壁的组成,主要掌握细胞壁的特化类型。
(2) 原生质体为细胞壁内所有生命物质的总称。有生命的物质如何界定？它们具有哪些特征？
(3) 植物中淀粉粒的形状、大小、层纹和脐点等特征可作为药材鉴定的依据之一。哪些药材中常分布有淀粉？鉴定药材中淀粉的方法有哪些？传统的以及结合现代技术的方法有哪些？
(4) 一般认为,晶体是由植物细胞代谢过程中的废物沉积而来的。有没有其他产生晶体的机制？
(5) 不同种类的植物体细胞内往往有不同形态的晶体。晶体在药材鉴定中的作用及意义是什么？
(6) 菊糖是由果糖分子聚合而成的。菊糖有哪些活性和应用前景？
(7) 只有一个细胞的生物,只要条件合适,可以不断分裂来繁殖,可以说这是永远存在的,而多细胞生物会衰老和死亡。那么,是否意味着单细胞生物可以永生？
(8) 植物气孔具有哪些类型？怎样区分不同类型的气孔？
(9) 毛茸有哪几种类型？怎样相互区分？
(10) 熟悉细胞不同分裂方式的主要过程。

第一节　植物细胞的形态和结构

细胞(cell)是构成植物体结构和功能的基本单位。单细胞植物体由一个细胞构成,一切生命活动都在这个细胞内完成。多细胞植物体由许多形态和功能不同的细胞所组成,这些细胞相互依存,彼此协作,共同完成植物体的所有生命活动。

植物细胞的形状多种多样,并随植物种类及其存在部位和功能的不同而异。单细胞植物体处于游离状态,常呈类圆形、椭圆形和球形;组织中排列紧密的细胞呈多面体形或其他形状;执行支持作用的细胞,细胞壁常增厚,多为纺锤形、圆柱形等;执行输导作用的细胞则多呈长管状。

植物细胞的大小差异很大,一般细胞直径在 10～100 μm 之间。最原始的细菌细胞直径只有 0.1 μm。少数植物的细胞较大,如番茄、西瓜的果肉细胞贮藏了大量水分和营养物质,其贮藏组织细胞直径可达 1 mm。苎麻纤维细胞可长达 200 mm,有的甚至可达 550 mm。最长的细胞是无节乳汁管,长达数米甚至更长。

通常观察植物细胞必须借助于显微镜。用光学显微镜观察到的内部构造,称为显微结构(microscopic structure)。光学显微镜的分辨极限不小于 0.2 μm,有效放大倍数一般不超过 1200 倍。电子显微镜的有效放大倍数已超过 100 万倍,可以观察到更细微的结构。在电子显微镜下观察到的结构称为超微结构(ultra microscopic structure)或亚显微结构(submicroscopic structure)。

不同植物细胞的形状和构造是不相同的,同一个细胞在不同的发育阶段,其构造也是不一样的。通常将各种植物细胞的主要构造集中在一个细胞内说明,这个细胞被称为典型的植物细胞或模式植物细胞。一个典型的植物细胞由原生质体、后含物和生理活性物质、细胞壁三部分组成。

植物细胞外面包围着一层比较坚韧的细胞壁,壁内的生命物质总称为原生质体,主要包括细胞质、细胞核、质体、线粒体等;其内还含有多种非生命的物质,它们是原生质体的代谢产物,称为后含物;另外,细胞内还存在一些生理活性物质。

一、细胞壁

细胞壁(cell wall)是包围在植物细胞原生质体外面的具有一定硬度和弹性的薄层结构。它是由原生质体分泌的非生活物质(纤维素、果胶质和半纤维素)形成的,但近代研究证明,在细胞壁尤其是初生壁中含有少量具有生理活性的蛋白质。细胞壁对原生质体起保护作用,能使细胞保持一定的形状和大小,与植物组织的吸收、蒸腾、物质的运输和分泌有关。细胞壁是植物细胞所特有的结构,它与液泡、质体一起构成了植物细胞与动物细胞不同的三大结构特征。由于植物的种类、细胞的年龄和细胞执行功能的不同,细胞壁在成分和结构上的差别是极大的。

(一) 细胞壁的分层

在光学显微镜下,通常细胞壁分成胞间层、初生壁和次生壁 3 层(图 1-1)。

1. 胞间层(intercellular layer)

胞间层又称中层(middle lamella),为相邻两个细胞所共有的薄层,是细胞分裂时最早形成的分隔层,由一种无定形、胶状的果胶(pectin)类物质所组成。胞间层有着把两个细胞粘连在一起的作用。果胶质能溶于酸、碱溶液,又能被果胶酶分解,使得细胞间部分或全部分离。细胞在生长分化过程中,胞间层可以被果胶酶部分溶解,这部分的细胞壁彼此分开而形成间隙,称为细胞间隙(intercellular space)。细胞间隙能起到通气和贮藏气体

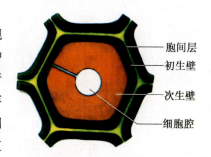

图1-1 细胞壁结构示意图

的作用。果实如西红柿、桃、梨等在成熟过程中由硬变软,就是因为果肉细胞的胞间层被果胶酶溶解而使细胞彼此分离所致。沤麻是指利用微生物产生的果胶酶使胞间层的果胶溶解、破坏,导致纤维细胞分离。在药材鉴定上,常用硝酸和铬酸的混合液、氢氧化钾或碳酸钠溶液等解离剂,把植物类药材制成解离组织,进行观察鉴定。

2. 初生壁(primary wall)

细胞在生长过程中,由原生质体分泌的物质(主要是纤维素、半纤维素和果胶类)添加到胞间层的内方,形成初生壁。初生壁一般较薄,厚1~3 μm,能随着细胞的生长而延伸,这是初生壁的重要特性。原生质体分泌的物质还可以不断地填充到细胞壁的结构中去,使初生壁继续增长,称为填充生长。代谢活跃的细胞通常终身只具有初生壁。在电子显微镜下,可看到初生壁的物质排列成纤维状,称为微纤丝。微纤丝是由平行排列的长链状的纤维素分子组成的。纤维素是构成初生壁的框架,而果胶类物质、半纤维素以及木质素、角质等填充于框架之中。

3. 次生壁(secondary wall)

次生壁是在细胞停止生长以后,在初生壁内侧继续积累的细胞壁层。它的成分主要是纤维素和少量的半纤维素,生长后期常含有木质素(lignin)。次生壁一般较厚(5~10 μm),质地较坚硬,因此有增强细胞壁机械强度的作用。次生壁是在细胞成熟时形成的,原生质体分泌的物质增加,在胞间层的内侧使细胞壁略有增厚,称为附加生长。原生质体停止活动,次生壁也就停止了沉积。次生壁往往是在细胞特化时形成的,成熟时原生质体死亡,残留的细胞壁起支持和保护植物体的作用。植物细胞都有初生壁,但不是都有次生壁。具有次生壁的细胞,其初生壁就很薄,并且两相邻细胞的初生壁和它们之间的胞间层三者已形成一种整体似的结构,称为复合中层(compound middle lamella),有时也包括早期形成的次生壁。

(二) 纹孔和胞间连丝

细胞壁次生增厚时,在初生壁很多地方留下一些没有增厚的部分,只有胞间层和初生壁,这种比较薄的区域称为纹孔(pit)。相邻两个细胞的纹孔在相同部位常成对存在,称为纹孔对(pit pair)。纹孔对之间由初生壁和胞间层所构成的薄膜,称为纹孔膜(pit-membrane)。纹孔膜两侧没有次生壁的腔穴常呈圆筒或半球形,称为纹孔腔(pit cavity)。

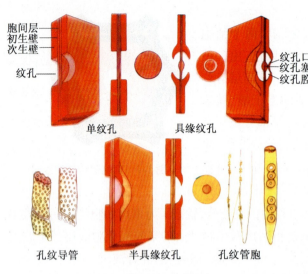

图 1-2 孔纹的图解

纹孔腔在细胞壁的开口,称为纹孔口(pit aperture)。纹孔的存在有利于细胞间水和其他物质的运输。根据纹孔对的形状和结构,将纹孔分为单纹孔、具缘纹孔和半具缘纹孔 3 种类型(图 1-2)。

1. 单纹孔(simple pit)

单纹孔结构简单,次生壁上未加厚的部分呈圆筒形,即从纹孔膜至纹孔口的纹孔腔呈圆筒状。单纹孔多存在于薄壁细胞、韧型纤维和石细胞中。当次生壁很厚时,单纹孔的纹孔腔就很深,状如一条长而狭窄的孔道或沟,称为纹孔道或纹孔沟。

2. 具缘纹孔(bordered pit)

具缘纹孔最明显的特征就是在纹孔周围的次生壁向细胞腔内形成凸起,呈拱状,中央有一个小的开口,这种纹孔被称为具缘纹孔。凸起的部分被称为纹孔缘。纹孔缘所包围的里面部分呈半球形,为纹孔腔。纹孔口有各种形状,一般多呈圆形或狭缝状。在显微镜下,从正面观察具缘纹孔呈现两个同心圆,外圈是纹孔膜的边缘,内圈是纹孔口的边缘。松科和柏科等裸子植物管胞上的具缘纹孔,其纹孔膜中央特别厚,形成纹孔塞。纹孔塞具有活塞的作用,能调节胞间液流,这种具缘纹孔从正面观察呈现 3 个同心圆。具缘纹孔常分布于纤维管胞、孔纹导管和管胞中。

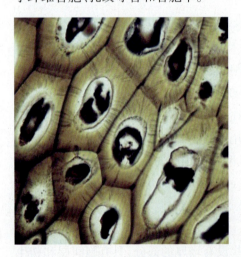

图 1-3 胞间连丝

3. 半具缘纹孔(half bordered pit)

半具缘纹孔是由单纹孔和具缘纹孔分别排列在纹孔膜两侧所构成的,是导管或管胞与薄壁细胞相邻的细胞壁上所形成的纹孔对,从正面观察有 2 个同心圆。观察粉末时,半具缘纹孔与不具纹孔塞的具缘纹孔难以区别。

4. 胞间连丝(plasmodesmata)

许多纤细的原生质丝穿过初生壁上的微细孔隙,连接相邻细胞,这种原生质丝被称为胞间连丝(图 1-3)。它使植物体的各个细胞彼此连接成一个整体,有利于细胞间的物质运输和信息传递。在电子显微镜下观察,可见在胞间连丝中有内质网连接相邻细胞内质网系统。胞间连丝一般不明显,柿、黑枣、马钱子等种子内的胚乳细胞,由于细胞壁较厚,胞间连丝较为显著,但也必须经过染色处理才能在显微镜下观察到。

（三）细胞壁的特化

细胞壁主要由纤维素构成。纤维素加氯化锌碘试液，显蓝色或紫色。由于细胞生理功能的不同，细胞壁常常发生各种不同的特化，常见的有木质化、木栓化、角质化、黏液化和矿质化。

1. 木质化（lignification）

细胞壁内增加了木质素（木质化）可使细胞壁的硬度增强，机械支持力增加。木质化细胞壁变得很厚时，其细胞多趋于衰老或死亡，如导管、管胞、木纤维、石细胞等。

木质化细胞壁加入间苯三酚试液和盐酸，显红色或紫红色反应；加氯化锌碘显黄色或棕色反应。

2. 木栓化（suberization）

木栓化是指细胞壁中增加了木栓质（suberin）。木栓化的细胞壁常呈黄褐色，不透气，不透水，使细胞内的原生质体与外界隔离而坏死，成为死细胞。木栓化的细胞对植物内部组织具有保护作用，树干的褐色树皮就是木栓化细胞和其他死细胞的混合体。

木栓化细胞壁加入苏丹Ⅲ试剂显橘红色或红色；遇苛性钾加热，木栓质则会溶解成黄色油滴状。

3. 角质化（cutinization）

原生质体产生的角质（cutin），除了可填充到细胞壁内使细胞壁角质化外，还常常积聚在细胞壁的表面形成一层无色透明的角质层（cuticle）。角质化细胞壁或角质层可防止水分的过度蒸发和微生物的侵害，增加对植物内部组织的保护作用。

角质化细胞壁或角质层的化学反应与木栓化类同，加苏丹Ⅲ试剂加热显橘红色或红色；遇碱液加热能较持久地保持。

4. 黏液质化（mucilagization）

黏液质化是细胞壁中所含的果胶质和纤维素等成分变成黏液的一种变化。许多植物种子的表皮中具有黏液化细胞，如车前、芥菜、亚麻果实的表皮细胞中都具有黏液化细胞。黏液化细胞壁加入玫红酸钠乙醇溶液可染成玫瑰红色；加入钌红试液可染成红色。

5. 矿质化（mineralization）

细胞壁中增加硅质或钙质等（矿质化）增强了细胞壁的坚固性，使茎、叶的表面变硬变粗糙，增强了植物的机械支持能力。例如，禾本科植物的茎、叶、木贼茎以及硅藻的细胞壁内都含有大量的硅酸盐。硅质化细胞壁不溶于硫酸或醋酸，但溶于氟化氢，可区别于草酸钙和碳酸钙。

二、原生质体

原生质体（protoplast）是细胞内所有生命物质的总称，根据形态、功能的不同，可分为细胞质和细胞器，是细胞的主要部分。细胞的一切代谢活动都在这里进行。

构成原生质体的物质基础是原生质（protoplasm）。原生质是细胞结构和生命物质的基础，其化学成分十分复杂，组成成分也因新陈代谢而不断地变化。它的基本化学成分是蛋白质、核酸、类脂和糖等，其中以蛋白质与核酸（nucleic acid）为主的复合物是最主要的化学组成。核酸有两类,一类是脱氧核糖核酸(deoxyribonucleic acid),简称 DNA,是决定生物遗传和变异的遗传物质;另一类是核糖核酸(ribonucleic acid),简称 RNA,是把遗传信息传送到细胞质的中间体,它直接影响着蛋白质的合成。DNA 和 RNA 在化学结构上的区别有以下三点:一是 DNA 所含的是 D-去氧核糖,而 RNA 所含的是 D-核糖;二是 DNA 所含的 4 种碱基是 A、G、C、T(腺嘌呤、鸟嘌呤、胞嘧啶、胸腺嘧啶),而 RNA 所含的 4 种碱基是 A、G、C、U(A、G、C 与 DNA 一样,只是 U 代替了 T);三是 DNA 分子含有两条多核苷酸长链,沿着一共同轴绕成螺旋梯级状,而 RNA 分子则是一条单链。

原生质的物理特性表现在它是一种无色半透明、具有弹性、略比水重(相对密度为 1.025~1.055)、有折光性的半流动亲水胶体(hydrophilic colloid)。原生质的化学成分在新陈代谢中不断地变化,其相对成分为:水 85%~90%,蛋白质 7%~10%,脂类 1%~2%,其他有机物 1%~1.5%,无机物 1%~1.5%。在干物质中,蛋白质是最主要的成分。

(一) 细胞质(cytoplasm)

细胞质充满在细胞壁和细胞核之间,是原生质体的基本组成部分,为半透明、半流动、无固定结构的基质。在细胞质中还分散着细胞器,如细胞核、质体、线粒体和后含物等。在幼小的植物细胞里,细胞质充满整个细胞,随着细胞的生长发育和长大成熟,液泡逐渐形成和扩大,将细胞质挤到细胞的周围,紧贴着细胞壁。细胞质与细胞壁相接触的膜称为细胞质膜或质膜,与液泡相接触的膜称为液泡膜。它们控制着细胞内外水分和物质的交换。在质膜与液泡之间的部分又被称为中质(基质、胞基质),细胞核、质体、线粒体、内质网、高尔基体等细胞器分布在其中。

细胞质具有自主流动的能力,这是一种生命现象。在光学显微镜下,可以观察到叶绿体的运动,这就是细胞质在流动的结果。细胞质的流动能促进细胞内营养物质的流动,有利于新陈代谢的进行,对于细胞的生长发育、通气和创伤的恢复都有一定的促进作用。在电子显微镜下可观察到细胞质的一些细微和复杂的构造。

1. 质膜(细胞质膜,plasmic membrane)

质膜是指细胞质与细胞壁相接触的一层薄膜,在光学显微镜下不易直接识别。在电子显微镜下,可见质膜具有明显的三层结构,两侧为两个暗带,中间夹有一个明带。3 层的总厚度约为 7.5 nm,其中两侧暗带各约 2 nm,中间的明带约 3.5 nm。明带的主要成分为脂类,暗带的主要成分为蛋白质。这种在电子显微镜下显示出 3 层结构为 1 个单位的膜,称为单位膜(unit membrane)。

细胞核、叶绿体、线粒体等细胞器表面的包被膜一般也都是单位膜,其层数、厚度、结构和性质都存在差异。

2. 质膜的功能

(1) 选择透性。质膜对不同物质的通过具有选择性,它能阻止糖和可溶性蛋白质等许多有机物从细胞内渗出,同时又能使水、盐类和其他必需的营养物质从细胞外进入,从而使得细胞具有一个合适而稳定的内环境。

(2) 渗透现象。质膜的透性还表现出一种半渗透现象。由于质膜具有渗透的功能,所有分子不断地运动,从高浓度区向低浓度区扩散,如出现质壁分离现象。

(3) 调节代谢的作用。质膜通过多种途径调节细胞代谢。植物体内不同细胞对多种激素、药物有高度选择性。一般认为,它们通过与细胞质膜上的特异受体结合而起作用。这种受体主要是蛋白质。蛋白质与激素、药物等结合后发生变构现象,改变了细胞膜的通透性,进而调节细胞内各种代谢活动。

(4) 对细胞识别的作用。生物细胞对同种和异种细胞的认识以及对自己和异己物质的识别过程被称为细胞识别。单细胞植物及高等植物的许多重要生命活动都和细胞的识别能力有关,如植物的雌蕊能否接受花粉进行受精等。

(二) 细胞器(organelle)

细胞器是细胞质内具有一定形态结构、成分和特定功能的微小器官,也称拟器官。目前认为,细胞器包括细胞核、质体、线粒体、液泡、内质网、高尔基体、核糖体和溶酶体等。前4种可以在光学显微镜下观察到,其他则只能在电子显微镜下看到(图1-4、图1-5)。

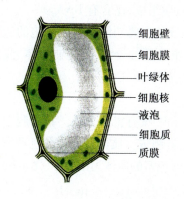

图1-4 植物细胞的显微结构模式图

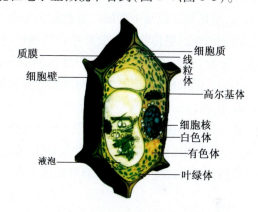

图1-5 植物细胞的超微结构模式图

1. 细胞核(nucleus)

除细菌和蓝藻外,所有其他植物细胞都含有细胞核。通常高等植物的细胞只有一个细胞核。细胞核一般呈圆球形、椭圆形、卵圆形,或稍伸长。但有些植物细胞的核呈其他形状,如禾本科植物气孔的保卫细胞的核呈哑铃形等。细胞核的大小差异很大,其直径一般为 $10\sim20~\mu m$,最大的细胞核直径可达 $1~mm$,如苏铁受精卵;而最小的细胞核直径只有 $1~\mu m$,如一些真菌。细胞核位于细胞质中,其位置和形状随生长而变化。在幼小的细胞中,细胞核位于细胞中央,随着细胞的长大,由于中央液泡的形成,细胞核随细胞质一起被挤压到细胞的一侧,形状也常呈扁圆形。也有的细胞到成熟时细胞核被许多线状的细胞质悬挂在细胞中央。

在光学显微镜下观察活细胞,因细胞核具有较高的折光率而易被看到,其内部似呈无色透明,均匀状态,比较黏滞,但经过固定和染色以后,可以看到其复杂的内部构造。细胞核包括核膜、核仁、核液和染色质共四部分。

(1) 核膜(nuclear envelope):是细胞核外与细胞质分开的一层界膜。无明显核膜的生物称为原核生物,如细菌和蓝藻;有明显核膜的生物称为真核生物,如被子植物等。在光学显微镜下观察,核膜只有一层薄膜。在电子显微镜下观察,它是双层结构的膜,这两层膜都是由蛋白质和磷脂的双分子构成的。核膜上有呈均匀或不均匀分布的许多小孔,称为核孔(nuclear pore)。其直径约为 50 nm,是细胞核与细胞质进行物质交换的通道。

（2）核仁(nucleolus):是细胞核中折光率更强的小球状体,通常有一个或几个。核仁主要由蛋白质、RNA 组成,还可能含有少量的类脂和 DNA。核仁是核内 RNA 和蛋白质合成的主要场所,与核糖体的形成有关,并且还能传递遗传信息。

（3）核液(nuclear sap):指充满在核膜内的透明而黏滞性较大的液胶体,其中分散着核仁和染色质。核液的主要成分是蛋白质、RNA 和多种酶,这些物质保证了 DNA 的复制和 RNA 的转录。

（4）染色质(chromatin):指分散在细胞核液中易被碱性染料(如藏红花、甲基绿)着色的物质。当细胞核进行分裂时,染色质成为一些螺旋状扭曲的染色质丝,进而形成棒状的染色体(chromosome)。各种植物染色体的数目、形状和大小是各不相同的。但对于同一物种来说,则是相对稳定不变的。染色质主要由 DNA 和蛋白质组成,还含有 RNA。

由于细胞的遗传物质主要集中在细胞核内,所以细胞核的主要功能是控制细胞的遗传和生长发育,也是遗传物质存在和复制的场所,并且决定蛋白质的合成,还控制质体、线粒体中主要酶的形成,从而控制和调节细胞的其他生理活动。

2. 质体(plastid)

质体是植物细胞特有的细胞器,与碳水化合物的合成和贮藏有密切关系。在细胞中数目不一,其体积比细胞核小,但比线粒体大,由蛋白质、类脂等组成。质体可分为含色素和不含色素两种类型,含色素的质体有叶绿体和有色体两种,不含色素的质体为白色体(图1-6)。

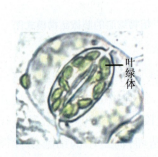
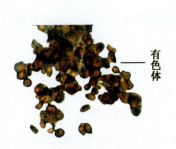

图 1-6　叶绿体、有色体及白色体

（1）叶绿体(chloroplast)。高等植物的叶绿体多为球形、卵形或透镜形的绿色颗粒,厚度为 1~3 μm,直径 4~10 μm,在同一个细胞中可以有十个至数十个不等。低等植物中,叶绿体的形状、数目和大小随不同植物和不同细胞而异。

在电子显微镜下观察时,叶绿体呈现复杂的超微结构,外面由双层膜包被,内部为无色的溶胶状蛋白质基质,其中分散着许多含有叶绿素的基粒(granum)。每个基粒由许多双层膜片围成的扁平状圆形的类囊体叠成,在基粒之间,由基质片层将基粒连接起来(图1-7)。

叶绿体主要由蛋白质、类脂、核糖核酸和色素组成,此外还含有与光合作用有关的酶和多种维生素等。叶绿体主要含有叶绿素甲（chlorophyll A）、叶绿素乙（chlorophyll B）、胡萝卜素（carotin）和叶黄素（xanthophyll）4种色素。它们均为脂溶性色素，其中叶绿素是主要的光合色素，它能吸收和利用太阳光能，把从空气中吸收来的二氧化碳和从土壤中吸收来的水合成有机物，并将光能转为化学能贮藏起来，同时放出氧气。胡萝卜素和叶黄素不能直接参与光合作用，只能把吸收的光能传递给叶绿素，辅助光合作用。所以，叶绿体是进行光合作用和合成同化淀粉的场所。

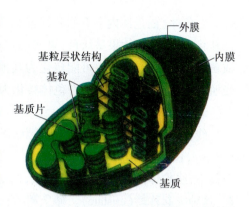

图1-7 叶绿体的立体结构图解

叶绿体中所含的色素以叶绿素为多，遮盖了其他色素，所以植物呈现绿色。植物叶片的颜色与细胞叶绿体中这3种色素所占的比例有关。叶绿素占优势时，叶片呈绿色。当营养条件不利、气温降低或叶片衰老时，叶绿素含量降低，叶片呈黄色或橙黄色。

叶绿体广泛分布于绿色植物的叶、茎、花萼和果实中的绿色部分，如叶肉组织、幼茎的皮层。根一般不含叶绿体。

（2）有色体（chromoplast）：又称杂色体，在细胞中常呈针形、圆形、杆形、多角形或不规则形状。其所含的色素主要是胡萝卜素和叶黄素等，可使植物呈现黄色、橙红色或橙色。有色体主要存在于花、果实和根中，在蒲公英、唐菖蒲和金莲花的花瓣中，以及在红辣椒、番茄的果实或胡萝卜的根里都可以看到有色体。

除有色体外，植物所呈现的很多颜色与细胞液中含有多种水溶性色素有关。应该注意有色体和色素的区别：有色体是质体，是一种细胞器，具有一定的形状和结构，存在于细胞质中，主要呈黄色、橙红色或橙色。而色素通常溶解在细胞液中，呈均匀状态，主要呈红色、蓝色或紫色，如花青素。

有色体对植物的生理作用还不十分清楚，它所含的胡萝卜素在光合作用中是一种催化剂。有色体存在于花部，使花呈现鲜艳色彩，有利于昆虫传粉。

（3）白色体（leucoplast）：是一类不含色素的微小质体，通常呈球形、椭圆形、纺锤形或其他形状。多见于不曝光的器官，如块根或块茎等细胞中。白色体与积累贮藏物质有关，它包括合成淀粉的造粉体、合成蛋白质的蛋白质体和合成脂肪油的造油体。

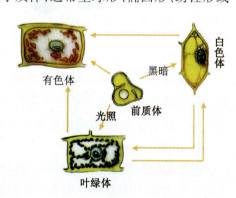

图1-8 三种质体的转化

在电子显微镜下可观察到有色体和白色体都由双层膜包被，但内部没有基粒和片层等结构。

叶绿体、有色体和白色体都是由前质体发育分化而来的。在一定的条件下，一种质体可以转化成另一种质体（图1-8）。例如，在番茄的发育过程中，初期的子房是白色的，其子房壁细胞内的质体为白色体(白色体内含有原叶绿素);受精后的子房发育成幼果后,暴露于光线中,白色体转化为叶绿体,幼果呈绿色;果实成熟过程中,叶绿体转化成有色体,成熟的番茄呈红色或黄色。相反,有色体也可能转化为其他质体。例如,胡萝卜的根裸露在地面的部分经日光照射会变成绿色,这就是有色体转化为叶绿体。

3. 线粒体(mitochondria)

线粒体是细胞质中呈颗粒状、棒状、丝状或分枝状的细胞器,比质体小,一般直径为0.5～1.0 μm,长1～2 μm。在光学显微镜下,线粒体需要特殊的染色才能进行观察。在电子显微镜下,线粒体由内、外两层膜组成,内层膜延伸到线粒体内部折叠形成管状或隔板状突起,这种突起称嵴(cristate)。嵴上附着许多酶,在两层膜之间及中心的腔内是以可溶性蛋白为主的基质。线粒体的化学成分主要是蛋白质和拟脂(图1-9)。

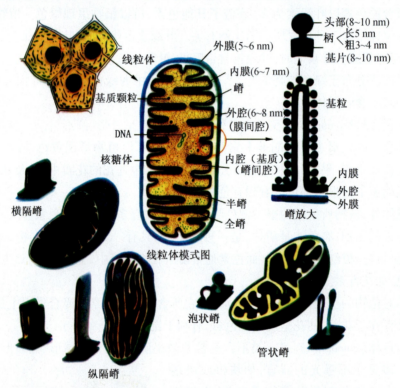

图1-9 线粒体

线粒体是细胞中碳水化合物、脂肪和蛋白质等物质进行氧化(呼吸作用)的场所,在氧化过程中释放出细胞生命活动所需的能量,因此线粒体被称为细胞的"动力工厂"。此外,线粒体对物质合成、盐类的积累等起着很大的作用。

4. 液泡(vacuole)

液泡是植物细胞特有的结构。在幼小的细胞中,液泡是不明显的,体积小,数量多。随着细胞的生长,小液泡相互融合并逐渐变大,最后在细胞中央形成一个或几个大型液泡,可占据整个细胞体积的90%以上,而细胞质连同细胞器一起,被中央液泡推挤成为紧贴细胞壁的一薄层(图1-10)。

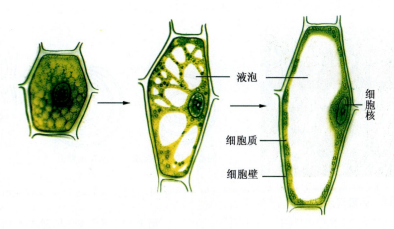

图 1-10　液泡的形成

液泡外被一层膜，称为液泡膜（tonoplast），是有生命的，是原生质的组成部分之一。膜内充满细胞液（cell sap），是细胞新陈代谢过程产生的混合液，它是无生命的。细胞液的成分非常复杂，在不同植物、不同器官、不同组织中，其成分也各不相同，同时也与发育过程、生态环境等因素有关。各种细胞的细胞液包含的主要成分除水外，还有各种次生代谢产物，如糖类（saccharide）、盐类（salts）、生物碱（alkaloids）、苷类（glycosides）、单宁（tannin）、有机酸（organic acid）、挥发油（volatile oil）、色素（pigments）、树脂（resin）、草酸钙结晶等，其中不少化学成分具有强烈的生物活性，是植物药的有效成分。液泡膜具有特殊的选择透性。液泡的主要功能是积极参与细胞内的分解活动、调节细胞的渗透压、参与细胞内物质的积累与移动，在维持细胞质内外环境的稳定上起重要作用。

5. 内质网（endoplasmic reticulum）

内质网是分布在细胞质中，由双层膜构成的网状管道系统，管道以各种形态延伸或扩展成为管状、泡囊状或片状结构。在电子显微镜下的切片中，内质网是两层平行的单位膜，每层膜厚度约为 55 nm，两层膜的间隔有 40～70 nm，由膜围成的泡、囊或更大的腔将细胞质隔成许多间隔。

内质网可分为两种类型：一种是膜的表面附着许多核糖核蛋白体（核糖体）的小颗粒，这种内质网被称为粗糙内质网。其主要功能是合成输出蛋白质（即分泌蛋白），还能产生构成新膜的脂蛋白和初级溶酶体所含的酸性磷酸酶。另一种内质网上没有核糖核蛋白体的小颗粒，这种内质网被称光滑内质网。其功能是多样的，具有合成、运输类脂和多糖等功能。两种内质网可以互相转化（图 1-11）。

6. 高尔基体（Golgi body）

高尔基体是意大利细胞学家高尔基（Golgi）于 1898 年首先在动物神经细胞中发现的，几乎所有动物和植物细胞中都普遍存在。高尔基体分布于细胞质中，主要分布在细胞核的周围和上方，是由两层膜所构成的平行排列的扁平囊泡、小泡和大泡（分泌泡）组成（图 1-12）。这些结构常由 2～20 个囊泡堆积在一起，其直径为 1～3 μm，每个囊泡厚 0.014～0.02 μm。大泡（分泌泡）常分布于弓形囊泡的凹面（分泌面），而小泡常存在于弓形囊泡的

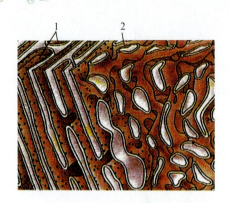

图 1-11　内质网示意图
1. 粗糙内质网　2. 光滑内质网

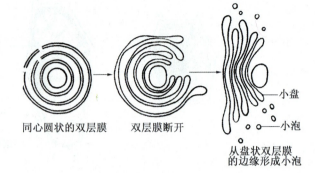

图 1-12　高尔基体的形成示意图

凸面(未成熟面)。高尔基体的功能是合成和运输多糖,并且能够合成果胶、半纤维素和木质素,参与细胞壁的形成。

7. 核糖体(ribosome)

核糖体又称核糖核蛋白体或核蛋白体。核糖体是细胞中的超微颗粒,通常呈球形或长圆形,直径为 10～15 nm,游离在细胞质中或附着于内质网上,而在细胞核、线粒体和叶绿体内较少。核糖体由 45%～65% 的蛋白质和 35%～55% 的核糖核酸组成,其中核糖核酸含量占细胞中核糖核酸总量的 85%。核糖体是蛋白质合成的场所。

8. 溶酶体(lysosome)

溶酶体是分散在细胞质中的由单层膜构成的小颗粒。其数目可多可少,一般直径 0.1～1 μm,膜内含有各种能水解不同物质的消化酶,如蛋白酶、核糖核酸酶、磷酸酶、糖苷酶等。当溶酶体膜破裂或损伤时,酶被释放出来,同时也被活化。溶酶体的功能主要是分解大分子,起到消化和消除残余物的作用。此外,溶酶体还有保护作用。溶酶体膜能使溶酶体的内含物与周围细胞质分隔,显然这层界膜能抗御溶酶体的分解作用,并阻止酶进入周围细胞质内,保护细胞免于自身消化。

三、后含物(ergastic substance)

后含物是指细胞代谢活动过程中产生的各种非生命物质的总称,是植物细胞贮藏的营养物质或者代谢产物。它包括淀粉、菊糖、蛋白质、脂肪、色素及晶体等,后含物的种类及存在形式可因植物的种类、器官、组织和细胞的不同而异。因此,后含物的形态和性质是药用植物的鉴定依据之一。

1. 淀粉(starch)

淀粉是植物体中碳水化合物的主要贮藏形式,由多分子葡萄糖脱水缩合而成,以淀粉粒的形式存在于贮藏器官,如根、地下茎或种子的薄壁细胞中。光合作用时,在叶绿体内形成淀粉后,被水解成葡萄糖运输到植物的贮藏器官,再由贮藏器官中的造粉体重新合成贮藏淀粉。一个造粉体内可能含有一个或几个淀粉粒。

淀粉积累时,先围绕一个或几个点开始,形成淀粉的核心脐点(hilum),围绕该核心,直链淀粉和支链淀粉交替地由内向外逐层沉积。由于两者在水中的膨胀度不同,形成了许多明暗相间的同心环纹,称为层纹(annular striation)。

淀粉粒的形态差别很大,有圆球形、卵形、多面体等;脐点的形状有点状、裂隙状、分叉状、星状等,有的位于中央,有的偏向一侧。层纹的明显程度和有无,往往因植物种类的不同而异。淀粉粒有单粒、复粒和半复粒三种类型。单粒淀粉粒是指一个淀粉粒只有一个脐点;复粒淀粉粒是指一个淀粉粒有两个或两个以上的脐点,每个脐点有各自的层纹;半复粒淀粉粒是指一个淀粉粒有两个或两个以上的脐点,每个脐点除了有少数各自的层纹外,还有许多共同的层纹(图1-13)。

各种植物中淀粉粒的形状、大小、层纹和脐点等特征,可作为药材鉴定的依据。

淀粉粒不溶于水,在热水中膨胀而糊化。遇稀碘、碘化钾溶液,直链淀粉呈蓝色,支链淀粉呈紫红色。一般的植物同时含有上述两种淀粉,故遇稀碘、碘化钾溶液呈蓝紫色。

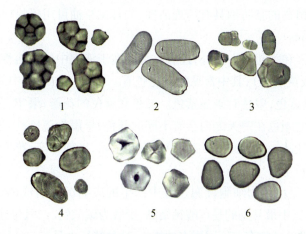

图1-13 淀粉粒的形态

1. 葛根 2. 藕 3. 半夏 4. 狗脊 5. 玉蜀黍 6. 平贝母

2. 菊糖(inulin)

菊糖是淀粉的异构体,由果糖分子聚合而成,常分布在菊科、桔梗科等植物根或地下茎的薄壁细胞中。菊糖溶于水,不溶于乙醇。将含菊糖的材料置70%的乙醇中浸泡1周后,在显微镜下可观察到薄壁细胞中有球状、半球状的晶体析出。菊糖遇25%的α-萘酚溶液再加浓硫酸呈紫红色而溶解(图1-14)。

细胞内的菊糖结晶　　放大的菊糖结晶

图1-14 大丽菊根内的菊糖结晶

3. 蛋白质(protein)

植物细胞中贮藏的蛋白质与构成原生质体的活性蛋白质不同,它是非活性而比较稳定的无生命的物质。通常以糊粉粒(aleurone grain)的状态贮存于细胞质、液泡、细胞核及质体中,常以无定形的小颗粒或结晶体的形式存在(图1-15)。在形态结构方面,它们有的外面有一层蛋白质膜包裹,里面为无定形的蛋白质基质;有的为蛋白质拟晶体;有的与磷酸钙镁构成球状体蛋白。种子的胚乳或子叶细胞中多含有丰富的蛋白质,谷物类作物种子常形

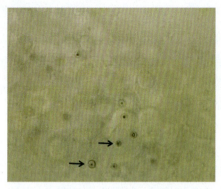

图 1-15 苦杏仁子叶细胞中的糊粉粒

成特殊的一至几层细胞(糊粉层)。糊粉粒一般较淀粉粒小,两者常同时存在于一个细胞中。蛋白质在加入碘溶液后呈暗黄色,遇硫酸铜加苛性碱水溶液显紫红色。

4. 脂肪(fat)和脂肪油(fat oil)

由脂肪酸和甘油结合而成的酯,常温下呈固体或半固体的称脂肪,呈液体的称脂肪油。脂肪和脂肪油储藏在植物各器官的细胞质中,尤其是种子的子叶或胚乳细胞中。它们呈小滴状分散于细胞质中。脂肪和脂肪油遇碱则皂化,加入苏丹Ⅲ或Ⅳ试液显橙红色。有些植物的脂肪油具有药理活性,如月见草油可用于治疗高血压。

5. 色素(pigments)

细胞中除叶绿素和类胡萝卜素外,还有一类存在于液泡中的水溶性色素——类黄酮色素(花色苷和黄酮或黄酮醇),其中常见的是花色苷。其颜色与细胞中的酸碱度有关:酸性时显红色,碱性时显蓝色,中性时则显紫色。红色和紫色的花瓣、果实、茎、叶都是花色苷显示的颜色。牵牛花的颜色在一天之内会有不同的颜色,早晨为蓝色,中午为红色,是由于细胞液由碱性变为酸性的缘故。此外,细胞中还有花黄素,能使果实、花瓣显示黄色。

6. 晶体(crystal)

一般认为,晶体是由植物细胞代谢过程中产生的废物沉积而成的。晶体有多种形式,大多数是钙盐结晶,其中最常见的是草酸钙结晶,少数为碳酸钙、二氧化硅。它们大多数存在于液泡中。不同种类的植物有着不同形态的结晶,这种特征也是鉴定植物品种的依据之一。

(1)草酸钙结晶(calcium oxalate crystal):是植物细胞中最常见的晶体,它的形成可以避免过量的草酸对细胞的毒害作用。草酸钙晶体通常为无色透明的结晶,常见的形状有以下几种类型(图 1-16):

   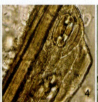 

1. 簇晶(大黄)　2. 针晶(半夏)　3. 方晶(黄柏)　4. 砂晶(麻黄)　5. 柱晶(射干)

图 1-16 草酸钙晶体

① 簇晶(cluster crystal):由许多菱状结晶聚集成多角形星状体,如人参、大黄等。

② 针晶(acicular crystal):为两端尖锐的针状结晶,通常聚集成束,故称针晶束(raphides)。针晶分布在黏液细胞中,如麦冬块根、天麻、半夏块茎等植物;也有不规则地散在薄壁细胞中,如山药、麦冬、半夏等。

③ 方晶(solitary crystal):又称为单晶或块晶,常为斜方形、菱形或长方形等,多单独存

在于细胞中,如甘草、黄檗、合欢等。

④ 柱晶(columnar crystal):长柱形,长度约为直径的4倍以上,如射干等鸢尾科植物。

⑤ 砂晶(crystal sand):晶体细小,呈三角形、箭头状或不规则等形状聚集在细胞中,如颠茄、麻黄等。

草酸钙晶体的形状、大小和存在位置随植物种类的不同而差异较大,有的植物含一种形状,有的植物含有两种或两种以上形状。因此,可作为生药鉴定的依据之一。草酸钙结晶不溶于醋酸和水合氯醛,但遇10%～20%的硫酸则溶解并产生硫酸钙针晶析出。

（2）碳酸钙结晶（calcium carbonate crystal）:多分布在桑科、爵床科、荨麻科等植物叶的表皮细胞中。常见的碳酸钙结晶呈钟乳状,故又称为钟乳体。碳酸钙和表皮细胞壁结合,即碳酸钙沿着细胞壁成钉状向细胞腔内沉积,形状如一串悬垂的葡萄,如无花果(具柄);也有的呈贝壳状,如穿心莲(不具柄)。碳酸钙结晶遇醋酸则溶解并放出二氧化碳气体,据此可与草酸钙结晶区别(图1-17)。

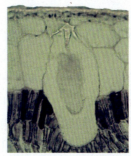

侧面观(印度橡胶)　　表面观(穿心莲)

图1-17　碳酸钙晶体

第二节　植物细胞的分裂

植物细胞分裂是实现生物体生长、繁殖和世代之间遗传物质延续的必要方式。植物的生长和繁衍主要是靠细胞数量的增加和每个细胞体积的增大以及功能的分化来实现的。细胞增殖是细胞分裂的结果。

细胞分裂(cell division)是指活细胞增殖由一个细胞分裂为两个细胞的过程。分裂前的细胞称母细胞,分裂后形成的新细胞称子细胞。通常包括细胞核分裂和细胞质分裂两步。在核分裂过程中,母细胞把遗传物质传给子细胞。

植物细胞的分裂主要有两方面的作用:一是增加体细胞的数量,使植物长大;二是形成生殖细胞,以繁衍后代。种子植物从受精卵发育成胚,由胚形成幼苗,再由幼苗生长成为具有根、茎、叶并能开花结果的成熟植物体的过程,都必须以细胞分裂为前提。

细胞分裂形式有无丝分裂、有丝分裂和减数分裂3种,其中后两种方式是最主要、最普遍的,有重要的遗传学意义。

一、染色体、单倍体、二倍体、多倍体

（一）染色体(chromosome)

染色体是细胞内具有遗传性质的遗传物质深度压缩形成的聚合体,易被碱性染料染成深色,所以叫染色体(由染色质组成);染色体和染色质(chromatin)是同一物质在细胞分裂间期和分裂期的不同表现形态。染色体出现于分裂期;染色质出现于分裂间期,呈丝状。其本

质都是脱氧核糖核酸(DNA)和蛋白质的组合(即由核蛋白组成)。染色体(染色质)不均匀地分布于细胞核中,是遗传信息(基因)的主要载体,但不是唯一载体(如细胞质内的线粒体)。

（二）单倍体(haploid)

经过减数分裂后产生的生殖细胞,如精子细胞和卵细胞,其细胞核内仅含一组染色体,称为单倍体。

（三）二倍体(diploid)

减数分裂之前或精子细胞和卵细胞结合后产生的营养体细胞,其细胞核中含有两组染色体,称为二倍体。

（四）多倍体(polyploid)

细胞核中含有 3 组或 3 组以上染色体的个体被称为多倍体。被子植物中有 40% 以上是多倍体,包括自然条件(如温度、湿度等)长期影响植物体形成的自然多倍体和利用物理刺激、化学药物人为处理等诱导产生的人工多倍体。多倍体植物可以人工栽培,并已应用到农业生产上取得了一定的成效。小麦、燕麦、棉花、烟草、甘蔗、香蕉、苹果、梨、水仙等都是多倍性的。香蕉、某些马铃薯品种是三倍体。多数马铃薯是四倍体。蕨类植物也有很多是多倍体,裸子植物较少为多倍体,但有名的红杉则为六倍体。

二、无丝分裂

无丝分裂(amitosis)又称直接分裂(direct nuclear division),是一种能量消耗较少、简单而快速的分裂方式。其特点是细胞核内不出现染色体和纺锤体等复杂的变化,在 DNA 完成复制后核仁先一分为二,然后细胞核伸长,呈哑铃状,最后断裂成两个子细胞(图 1-18)。

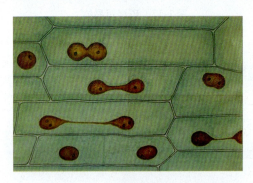

图 1-18 植物细胞的无丝分裂

无丝分裂常见于低等植物。在高等植物中,各种生长迅速的部位,如愈伤组织、虫瘿、不定芽、不定根的产生部位以及胚乳形成时也有出现。无丝分裂由于不出现纺锤丝和染色体,所以不能保证母细胞的遗传物质被平均分配到两个子细胞中,从而影响了遗传的稳定性。

三、有丝分裂

有丝分裂(mitosis)又称间接分裂(indirect nuclear division),由 W. Fleming 于 1882 年首次发现于动物及 E. Strasburger 于 1880 年发现于植物。其特点是有纺锤体、染色体出现,子染色体被平均分配到子细胞,这种分裂方式普遍见于高等动植物。高等植物通常都是用这种分裂方式来增加细胞数量的。有丝分裂进行时,首先是细胞核分裂,随后是细胞质分裂,最后产生细胞壁,形成两个子细胞(图 1-19)。

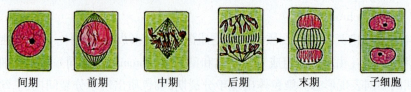

图 1-19 有丝分裂过程示意图

（一）分裂间期

有丝分裂间期分为 G1（DNA 合成前期）、S（DNA 合成期）、G2（DNA 合成后期）三个阶段，其中 G1 期与 G2 期进行 RNA（即核糖核酸）的复制与有关蛋白质的合成，S 期进行 DNA 的复制；G1 期主要合成染色体蛋白质和 DNA 解旋酶，G2 期主要合成细胞分裂期有关酶与纺锤丝蛋白质。在有丝分裂间期，染色质没有高度螺旋化形成染色体，而是以染色质的形式进行 DNA（即脱氧核糖核酸）单链复制。有丝分裂间期是有丝分裂全部过程中的重要准备过程，是重要的基础工作。

（二）分裂期

1. 前期（prophase）

细胞有丝分裂前期是指自分裂期开始到核膜解体为止的时期。间期细胞进入有丝分裂前期时，细胞核的体积增大，由染色质构成的细染色线螺旋缠绕并逐渐缩短、变粗，形成染色体。因为染色质在间期已经复制，所以每条染色体由两条并列的姐妹染色单体组成，这两条染色单体由一个共同的着丝点相连。核仁在前期的后半期渐渐消失。在前期末，核膜破裂，于是染色体分散于细胞质中。

2. 中期（metaphase）

中期是指从染色体排列于赤道板上到它们的染色单体开始分向两极之前的时期。染色体继续浓缩变短，在微管的牵引下向纺锤体中部运动，最后，所有染色体排列在细胞中央的赤道面两侧，形成纺锤体。中期染色体浓缩变粗，显示出该物种所特有的数目和形态，而且中期时间较长。因此，有丝分裂中期适宜做染色体的形态、结构和数目的研究，适宜做核型分析。

3. 后期（anaphase）

后期是指每条染色体的两条姐妹染色单体分开并移向两极的时期。在后期被分开的染色体，称为子染色体。子染色体到达两极时，后期结束。染色单体的分开常从着丝点处开始，然后两条染色单体的臂逐渐分开。当它们完全分开后，就向相对的两极移动。

4. 末期（telophase）

末期是指从子染色体到达两极开始至形成两个子细胞为止的时期。此期的主要变化是子核的形成和细胞体的分裂。子核的形成大体上经历了一个与前期相反的过程。到达两极的子染色体因解螺旋而使轮廓消失，全部子染色体构成一个大染色质块，在其周围集合核膜成分，融合而形成子核的核膜。随着子细胞核的重新组成，核内出现核仁。

高等植物细胞的胞质分裂主要靠细胞板的形成。在末期，植物细胞的纺锤丝首先在靠近两极处解体消失，但中间区的纺锤丝却保留下来，并且微管数量增加，向周围扩展，形成桶状结构，称为成膜体。形成成膜体的同时，来自内质网和高尔基体的一些小泡和颗粒成分被运输到赤道区，它们经过改组融合而参加细胞板的形成。细胞板逐渐扩展到原来的细胞壁，于是细胞质一分为二。细胞质中的有关细胞器，如线粒体、叶绿体等不是均等分配，而是随机进入两个子细胞中。细胞板由两层薄膜组成，两层薄膜之间积累果胶质，发育成胞间层，两侧的薄膜积累纤维素，各自发育成子细胞的初生壁。

四、减数分裂

减数分裂(meiosis)是植物在有性生殖过程中发生的一种特殊的有丝分裂。它进行一次染色体的复制,两次连续的细胞分裂,最后形成的子细胞染色体数目减半,因此被称为减数分裂(图1-20)。

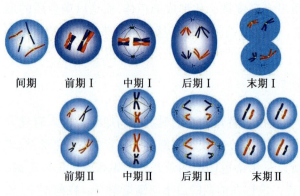

图1-20 减数分裂

减数分裂整个过程类似经过两次有丝分裂。第一次分裂是母细胞中的每对同源染色体进行配对,排列在赤道面上,每条染色体自身纵列为二,成为两条子染色体,染色单体以着丝点相连,两两配对的染色体分别向两极移动,最后形成两个子细胞。每个子细胞中染色体数目为母细胞的一半。第二次分裂时,每个子细胞中染色体从着丝点处分离并分别向两极移动,最后每个子细胞又分裂形成两个细胞,结果形成4个子细胞,每个子细胞中的染色体数目均为单倍体。

种子植物在有性生殖时所产生的精子和卵细胞都是经过减数分裂产生的,它们都是单倍体。由于精子和卵细胞结合,又恢复成为二倍体,使子代的染色体数目与亲代相同,从而保证了遗传的稳定性。此外在减数分裂时,同源染色体分开,非同源染色体自由组合,为生物变异提供了基础。不仅如此,而且子代细胞中还包含了亲代双方的遗传物质。农业上常利用减数分裂的特性进行品种间的杂交,以培育新品种。

思考题

1. 何为细胞壁,其组成分为哪几部分?
2. 细胞壁特化常见的类型有哪些?如何鉴别?
3. 什么是胞间连丝及纹孔?纹孔的类型有哪些?
4. 什么是原生质体?质体包括哪几种?它们分别具有哪些生理功能?
5. 什么是后含物?后含物有哪些种类?
6. 简述淀粉粒的组成及类型。如何鉴别淀粉粒和糊粉粒?
7. 晶体的类型有哪些?如何用试剂鉴别草酸钙晶体和碳酸钙晶体?
8. 细胞分裂常见的三种形式是什么?

第二章

植物的组织

翻转课堂引领

1．学习重点及线路：

掌握简单组织的种类→植物组织的特点及类型(关注气孔、腺毛、导管类型)→复合组织→维管束(关注不同类型维管束特征)。

2．任务主题：

(1) 保护组织中的表皮常特化为气孔和毛茸。气孔在叶类药材的鉴别中有何意义？

(2) 毛茸包括腺毛与非腺毛,两者的区别是什么？毛茸对于药材鉴别的意义是什么？

(3) 保护组织中的周皮上往往有皮孔,皮孔存在的意义是什么？

(4) 厚壁组织中的石细胞形态各异,石细胞在药材鉴定中的作用是什么？

(5) 分泌组织分泌的物质有树脂、挥发油、乳汁等,其中乳汁有何作用？

(6) 输导组织在植物体内的作用是什么？输导水分的导管主要分为哪几种类型？

(7) 维管束有哪几种类型？不同类型维管束木质部和韧皮部是怎样排列的？

(8) 植物的组织有哪几种？主要分布在植物的什么部位？

组织是由许多来源和功能相同、形态结构相似又彼此密切结合、相互联系的细胞所组成的细胞群。维管植物种子萌发后,具有分生能力的细胞经过不断分裂增加了细胞的数量,这些细胞再经过分化形成了不同的组织(tissue)。单细胞的低等植物无组织形成,在这一个细胞内可行使多种不同的生理功能,其他较复杂的低等植物也无典型的组织分化,如高等的藻类植物虽然外部形态较为复杂,但是藻体内的细胞形态分化不明显;高等真菌类植物主要由菌丝组成;苔藓类植物虽然属于高等植物,开始有了类似茎、叶的形成,但是组织分化程度很低。植物进化程度越高,其组织分化越明显,分工越细致,形态结构变化也越明显。这里讨论的是典型的维管植物组织,蕨类植物和种子植物的根、茎、叶及种子植物的花、果实和种子等器官都是由不同组织构成的,每种组织有其独立性,同时各组织间又相互协同,共同完成器官的生理功能。

不同种植物同一组织常具有不同的结构特征,是中药材鉴定常用而又可靠的方法,特别是药材性状鉴定较为困难的品种,或某些中成药及粉末状药材,显微鉴定是经常利用的有效方法。例如,直立百部、百部、大百部这三种药材的外部形态相似,但内部组织却因构造不同而易于区别。

另外,值得注意的是种内形态特征的差异。在同一种植物内,生长期不同、生态环境不同都会对植物组织形态产生影响,这也是生物多样性在种内的一个表现。

第一节 简单组织的种类

一、保护组织

植物各个器官的表面都由一层或数层排列紧密、整齐的细胞构成,保护着植物的内部组织,控制植物体内外气体交换,防止水分过分蒸腾和病虫侵害以及外界机械损伤等,这种组织就是保护组织(protective tissue)。根据来源和结构不同,保护组织又可分为初生保护组织表皮和次生保护组织周皮。

(一)表皮(epidermis)

表皮是由初生分生组织的表皮原分化而来的,通常仅由一层生活细胞构成。少数植物原表皮层细胞可与表面平行分裂,产生2~3层细胞,形成复表皮,如夹竹桃和印度橡胶树叶等。

由于表皮细胞具有保护功能,其形状常为扁平的方形、长方形、多角形、不规则形等,很多种细胞的边缘呈波状、波齿状等多种变化,但是细胞排列紧密,无细胞间隙;细胞内有细胞核,大型液泡及少量细胞质,其细胞质紧贴细胞壁,一般不含叶绿体,细胞呈无色透明状等是表皮细胞的共同特征。表皮细胞常具有白色体和有色体,也可贮有淀粉粒、晶体、单宁、花青素等。表皮细胞的细胞壁一般厚薄不一,外壁较厚,内壁最薄,侧壁也较薄。其外壁还常含有不同类型的特殊结构和附属物。表皮细胞的细胞壁常角质化,并在其外切向壁表面形成一层明显的角质层。有的植物蜡质渗入角质层里面或分泌到角质层之外,形成蜡被,以防植物体内的水分过分散失,如甘蔗、蓖麻茎、樟树叶、葡萄、冬瓜的果实,乌桕的种子等都具有明显的白粉状蜡被(图2-1)。还有的植物表皮细胞壁矿质化,如木贼和禾本科植物的硅质化细胞壁等,可使器官表面粗糙、坚实。

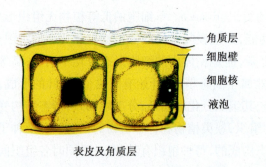
表皮及角质层

表皮上的蜡被(甘蔗茎)

图2-1 角质层及蜡被

表皮除了典型的表皮细胞外,还有不同类型的特化细胞(例如,表皮上分布的气孔器是由保卫细胞、副卫细胞构成的)以及不同类型的毛茸等。这些角质层、蜡被、气孔器、各式毛茸等常又被称为表皮的附属结构。表皮的各式附属结构的变化非常大,主要还是因为生态环境引起的。同种植物在不同环境下生长,其附属结构表现差别很大。例如,白头翁、火绒草主要生长在旱生环境,其表面有很多毛茸;当将其移植在水分充足的环境中后,其表皮毛茸将大量减少。

1. 气孔器(stomatal apparatus)

植物体的叶片和幼嫩的茎枝表面不是全部被表皮细胞所覆盖的,表皮层还留有许多孔隙用来进行气体交换的通道。双子叶植物的孔隙是被两个半月形的保卫细胞包围的,两个保卫细胞凹入的一面是相对的,中间的孔隙即气孔(stoma)(图2-2),气孔连同周围的两个保卫细胞合称为气孔器(图2-3)。通常将气孔与气孔器作为同一名词使用。气孔除具有控制气体交换的作用外,还具有调节水分蒸腾作用。

保卫细胞(guard cell)是气孔周围的两个细胞,通常比周围的表皮细胞小,含有丰富的叶绿体和明显的细胞核,是生活细胞。保卫细胞在形态上与表皮细胞不同,表面观为肾形,因生理功能的不同,细胞壁的增厚情况特殊。保卫细胞和表皮细胞相邻的细胞壁较薄,而内凹处与气孔相接触的细胞壁较厚。当保卫细胞充水膨胀时,向表皮细胞一方被弯曲成弓形,

图2-2 裸子植物的气孔(麻黄)
1. 保卫细胞 2. 副卫细胞
3. 表皮细胞

将气孔器分离部分的细胞壁拉开,使中间气孔张开,便于气体交换及水分的蒸腾和散失。当保卫细胞失水时,膨压降低,保卫细胞向回收缩,气孔缩小甚至闭合,可以阻止气体交换及水分散失。

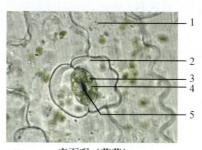 

表面观(落葵)   切面观(薄荷)

图2-3 叶片表皮与气孔
1. 表皮细胞 2. 副卫细胞 3. 叶绿体 4. 保卫细胞 5. 气孔 6. 角质层 7. 气室

气孔的张开和关闭都受外界环境条件,如温度、湿度、光照和二氧化碳浓度等多种因素的影响。

气孔的数量和大小常随器官的不同和所处的环境条件不同而异,如叶片上的气孔较多,茎上的气孔较少,而根上几乎没有气孔。即使在同一种植物的不同叶上,同一叶片的不

同部位都可能有所不同。在叶片上,气孔可发生在叶的两面,也可能发生在一面。气孔在表皮上的位置既可与表皮细胞同在一个平面上,又可凹入或凸出于叶表面。

与保卫细胞相接触的周围还有一个或多个与表皮细胞形状不同或相同的细胞,叫副卫细胞(subsidiary cell; accessory cell)。根据植物种类,副卫细胞按一定顺序排列。组成气孔器的保卫细胞和副卫细胞的排列关系,称为气孔轴式或气孔类型。双子叶植物的常见气孔轴式有5种(图2-4)。

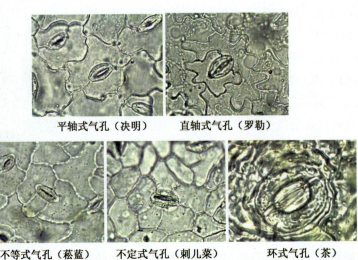

图2-4 气孔轴式

（1）平轴式(平列式,paracytic type):气孔器周围通常有2个副卫细胞,其长轴与保卫细胞和气孔的长轴平行,如茜草叶、番泻叶、常山叶、菜豆叶、花生叶等。

（2）直轴式(横列式,diacytic type):气孔器周围通常有2个副卫细胞,其长轴与保卫细胞和气孔的长轴垂直。该轴式常见于石竹科、爵床科(如穿心莲叶)和唇形科(如薄荷、紫苏)植物的叶。

（3）不等式(不等细胞型,anisocytic type):气孔器周围的副卫细胞有3~4个,但大小不等,其中一个明显小些。该轴式常见于十字花科(如菘蓝叶)、茄科的烟草属和茄属植物的叶。

（4）不定式(无规则型,anomocytic type):气孔器周围的副卫细胞数目不定,其大小基本相同,形状与其他表皮细胞基本相似,如艾叶、桑叶、枇杷叶、洋地黄叶等。

（5）环式(辐射型,actinocytic type):气孔器周围的副卫细胞数目不定,其形状比其他表皮细胞狭窄,围绕气孔器排列成环状,如茶叶、桉叶等。

各种植物具有不同类型的气孔轴式,而在同一植物的同一器官上也常有两种或两种以上类型。气孔轴式的不同类型、分布情况等可以作为药材鉴定的依据。

单子叶植物气孔的类型很多,禾本科植物的气孔器有两个狭长的保卫细胞,膨大时两端呈小球形,好像并排的一对哑铃,中间窄的部分的细胞壁特别厚,两端球形部分的细胞壁比较薄。当保卫细胞充水时,两端膨胀为球形,气孔开启;当水分减少时,保卫细胞萎缩,气孔关闭或变小。在保卫细胞的两边还有两个平行排列、略呈三角形的副卫细胞,对气孔的开启有辅助作用,如淡竹叶等(图2-5)。

裸子植物的气孔一般都凹入叶表面很深的位置,好像悬挂在副卫细胞之下。裸子植物气孔的类型较多,对裸子植物气孔的分类,要考虑副卫细胞的排列关系与来源。

2. 毛茸

毛茸是植物体表面最重要并普遍存在的附属结构,毛茸具有保护、减少水分过分蒸发、分泌物质等作用。根据毛茸的形态结构和功能常可分为以下两种类型。

(1)腺毛(glandular hair)。腺毛是能分泌挥发油、树脂、黏液等物质的毛茸,为多细胞结构,由腺头和腺柄两部分组成。腺头是由一个或几个分泌细胞组成的圆球状体,具有分泌作用。腺柄也有单细胞和多细胞之分,如薄荷、车前、莨菪、洋地黄、曼陀罗等叶上的腺毛。另外,在薄荷等唇形科植物叶片上,还有一种无柄或短柄的腺毛,其头部常由8个或6~7个细胞组成,略呈扁球形,排列在同一平面上,表面观呈放射状,称为腺鳞。还有一些类型较为特殊的腺毛,如广藿香茎、叶和绵毛贯众叶柄及根状茎中的薄壁组织内部的细胞间隙有腺毛存在,称为间隙腺毛。还有食虫植物的腺毛能分泌多糖类物质以吸引昆虫,同时还可分泌特殊的消化液,将捕捉到的昆虫分解、消化等(图2-6)。

表面观

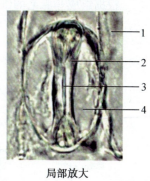
局部放大

图2-5　单子叶植物表皮和气孔(禾本科)
1. 表皮细胞　2. 保卫细胞
3. 气孔　4. 副卫细胞

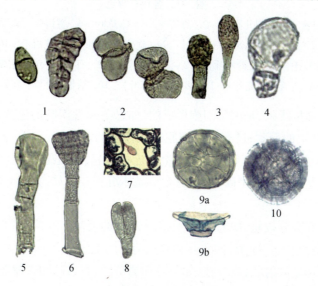

图2-6　腺毛和腺鳞

1.~8.腺毛(1. 谷精草　2. 密蒙花　3. 白花曼陀罗　4. 金钱草　5. 款冬花
6. 金银花　7. 粗茎鳞毛蕨叶间隙腺毛　8. 平车前叶)
9. 薄荷叶腺鳞(a.顶面观　b.侧面观)　10.罗勒腺鳞顶面观

（2）非腺毛(non-glandular hair)。非腺毛由单细胞或多细胞构成,无头、柄之分,末端通常尖狭,不能分泌物质,单纯起保护作用。

根据组成非腺毛的细胞数目、形状以及分枝状况不同而有多种类型,种类虽然很多,但常根据其形状进行命名,常见的如图2-7所示。

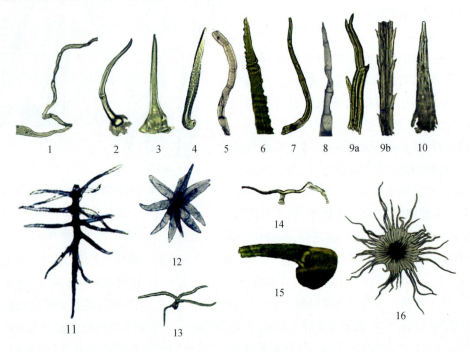

图2-7 各种非腺毛

1.～10. 线状毛(1. 刺儿菜叶 2. 薄荷叶 3. 荜草叶 4. 番泻叶 5. 蒲公英叶
6. 金银花 7. 广藿香叶 8. 平车前叶 9a. 旋覆花 9b. 旋覆花冠毛 10. 蓼蓝叶)
11. 分枝毛(二球悬铃木叶) 12～13. 星状毛(12. 石韦叶 13. 密蒙花)
14. 丁字毛(艾叶) 15. 棘毛(大麻叶) 16. 鳞毛(胡颓子叶)

① 线状毛:毛茸呈线状,是由单细胞形成的,如忍冬和番泻叶的毛茸;也有多细胞组成单列的,如洋地黄叶上的毛茸;还有由多细胞组成多列的,如旋覆花的毛茸;另外有的毛茸表面可见到角质螺纹,如金银花。还有的壁上有疣状突起,如白花曼陀罗。

② 棘毛:细胞壁一般厚而坚硬,细胞内有结晶体沉积。例如,大麻叶的棘毛,其基部有钟乳体沉积。

③ 分枝毛:毛茸呈分枝状,如毛蕊花、裸花紫珠叶的毛。

④ 丁字毛:毛茸呈"丁"字形,如艾叶和除虫菊叶的毛。

⑤ 星状毛:毛茸呈放射状,具分枝,如芙蓉和蜀葵叶、石韦叶和密蒙花的毛。

⑥ 鳞毛:毛茸的突出部分呈鳞片状,如胡颓子叶的毛。

各种植物具有不同形态的毛茸可作为药材鉴定的重要依据,但同一种植物甚至同一器官上也常存在不同形态的毛茸。例如,在薄荷叶上既有非腺毛,又有腺毛和腺鳞。毛茸的存在加强了植物表面的保护作用,密被的毛茸可不同程度地阻挡阳光的直射,降低温度和气体流通速度,减少水汽的蒸发,许多干旱地区植物的表皮常密被不同类型的毛茸。此外,毛茸还有保护植物免受动物啃食和帮助种子撒播的作用。

另外,有的植物花瓣表皮细胞向外突出如乳头状,称为乳头状细胞或乳头状突起。乳头状细胞可以被认为是表皮细胞和毛茸的中间形式。

毛茸最主要的生理功能是起保护作用。毛茸的多少除了个体本身的遗传因素外,还受环境因素的影响。最直接的环境影响因素是光照和水分,同种植物在光强和水分少的环境下往往毛茸较多,在光弱和水分多的环境下则相反。

(二) 周皮(periderm)

周皮是植物的次生保护组织。大多数草本植物终生只有初生保护组织——表皮。木本植物的根和茎的表皮仅存在于其幼年时很短时期;当次生生长开始时,由于根和茎进行加粗生长,初生保护组织表皮层被破坏,次生保护组织周皮形成,代替表皮行使保护作用。周皮是由木栓层(cork, phellem)、木栓形成层(phellogen, cork cambium)、栓内层(phelloderm)三种不同组织构成的复合组织(图2-8)。

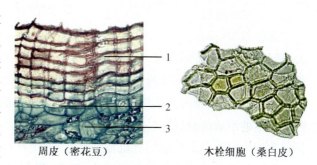

周皮(密花豆)　　木栓细胞(桑白皮)

图2-8　周皮与木栓细胞

1. 木栓层　2. 木栓形成层　3. 栓内层

次生保护组织周皮是由木栓形成层分生分化形成的,发生于裸子植物、被子植物和双子叶植物根和茎的次生生长。在根中,木栓形成层通常是由中柱鞘细胞转化形成的,而在茎中则多由皮层或韧皮部薄壁组织转化形成,也可由表皮细胞发育而来。木栓形成层细胞活动时,向外切向分裂,产生的细胞逐渐分化成木栓层细胞。随着植物的生长,木栓细胞层数不断增加。通常木栓细胞呈扁平状,细胞内原生质体解体,为死亡细胞,排列紧密、整齐,无细胞间隙,细胞壁栓质化,常较厚。栓质化细胞壁不易透水、透气,是很好的保护组织。木栓形成层向内分生的细胞经过分化将形成栓内层。栓内层细胞是生活的薄壁细胞,通常排列疏松,茎中栓内层细胞常含叶绿体,所以又称为绿皮层。除了根和茎有木栓层存在外,还有一些植物的块根、块茎的表面也可存在木栓层。

皮孔(lenticel)

在周皮的形成过程中,位于表皮气孔下面的木栓形成层向外分生更多的薄壁细胞。这些细胞呈椭圆形、圆形等,排列疏松,有比较发达的细胞间隙,不栓质化,称为填充细胞。由于填充细胞数量不断增多,结果将表皮突破,形成圆形或椭圆形的裂口,称为皮孔。皮孔是次生保护组织气体交换的通道,皮孔的形成使植物体内部的生活细胞仍然可获得氧气。在木本植物的茎、枝上常可见到的直的、横的或点状开裂的突起就是皮孔,其大小、形态、分布可随不同种而变化(图2-9、图2-10)。

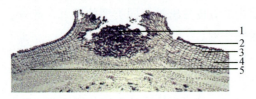

图 2-9　皮孔（接骨木）
1. 填充细胞　2. 表皮　3. 木栓层
　　4. 木栓形成层　5. 栓内层

悬铃木茎上的皮孔　　东北连翘茎上的皮孔
图 2-10　皮孔

二、基本组织

薄壁组织（parenchyma）也称基本组织（ground tissue），是植物体分布最广、占有体积最大、最基本且最重要的部分。薄壁组织贯通在植物体或器官内以不同方式形成一个连续的组织，如根、茎中的皮层和髓部，叶片的叶肉组织以及花的各部分，果实的果肉，种子的胚乳等，主要由不同类型的薄壁组织构成。薄壁组织广泛存在于植物体的各部分，也是植物体内最基本的组成部分，植物体的机械组织、输导组织、分泌组织等都分布于薄壁组织中，并依靠薄壁组织将各部分组织有机地结合起来，使其形成一个整体。

薄壁组织在植物体内担负着同化、储藏、吸收、通气、营养等功能。大多数薄壁组织细胞较大，均为生活细胞，排列疏松，形状有球形、椭圆形、圆柱形、长方形、多面体等。细胞壁通常较薄，主要由纤维素和果胶质构成，纹孔是单纹孔，液泡较大。根据不同的功能，细胞含有不同种的原生质体。

薄壁组织细胞分化程度较浅，具潜在的分生能力，在一定条件下可转变为分生组织或进一步分化成其他组织，如纤维、石细胞、分泌细胞等。薄壁组织对创伤的恢复、不定根和不定芽的产生、嫁接的成活以及组织离体培养等具有实际意义。离体的薄壁组织，甚至单个薄壁细胞，在一定培养条件下都可能发育成新的植株个体。

薄壁组织的可缩性很强，生态环境对薄壁组织的形态特征、薄壁组织的多少都有着很大的影响，在干旱条件下和在潮湿环境下同种植物薄壁组织的表现就有很大的差别，在不同生长时期，薄壁组织的特征也明显不同。这些都是在生药鉴定中容易忽视的问题，应引起注意。

根据细胞结构和生理功能不同，薄壁组织通常可分为以下几类（图 2-11）。

1. 基本薄壁组织

基本薄壁组织为植物体内最基本的组织，广泛存在于植物体内各处。其细胞形状多样，有球形、不规则形、圆柱形、多面体形等，有时也随着其他相邻细胞形状而变化，如傍管薄壁细胞等。薄壁组织细胞质较稀薄，液泡较大，细胞排列疏松，如在薄壁组织分布较广的根、茎的皮层和髓部。基本薄壁组织主要起填充和联系其他组织的作用，在一定的条件下可以转化为次生分生组织。在旱生条件下，薄壁组织细胞通常较小，所占比例也较少；在水分充足的条件下，薄壁组织细胞较大且排列较为疏松。

2. 同化薄壁组织

同化薄壁组织是存在于植物体表面的绿色薄壁组织,细胞的主要特征是含有叶绿体,能进行光合作用。例如,植物体的叶片、草本植物茎以及一些木本植物幼嫩的枝条、花的萼片、绿色果实等器官表面易受光照的部分都是同化薄壁组织。这些细胞的形态随着分布位置和功能而变化,如叶肉组织中的栅栏组织细胞呈柱状,海绵组织细胞呈不规则状,皮层外层同化组织细胞多为排列整齐、规则的扁平细胞等。

3. 贮藏薄壁组织

同化组织光合作用产物除了一部分供给植物体本身生命活动所需外,还有一些将以不断积累的方式储存于某些薄壁组织

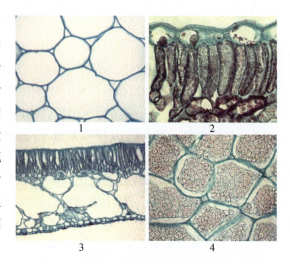

图2-11 基本组织的类型
1. 基本组织(薄荷茎) 2. 同化组织(薄荷叶)
3. 通气组织(睡莲叶) 4. 贮藏组织(草乌根)

中,这种积聚营养物质的薄壁组织称为贮藏薄壁组织。贮藏薄壁组织多存在于植物的根、根状茎、果实和种子中。储存的营养物质主要是淀粉、蛋白质、脂肪和糖类等,而且在同一细胞中可以储存两种或两种以上的物质。例如,花生种子的子叶细胞中同时储存有蛋白质、脂肪和淀粉,蓖麻种子的胚乳中储存有大量的蛋白质和脂肪油类,而马铃薯块茎中的薄壁组织则储存了大量的淀粉粒。

在多数情况下,贮藏的物质可以溶解在细胞液中,也可呈固体状态或液体状分散存在于细胞质中。还有一类贮藏物质不储存于细胞腔内,而是沉积在细胞壁内,如柿子、椰枣、天门冬属植物种子的胚乳细胞壁上储存的半纤维素。

某些肉质植物,如仙人掌茎、芦荟、龙舌兰以及景天等植物的叶片中常有大的薄壁细胞,这类细胞壁薄,液泡大,含有大量水分,又称为贮水薄壁组织。

4. 吸收薄壁组织

吸收薄壁组织主要位于根尖端的根毛区,此区域的部分表皮细胞外切向壁向外形成细长的突起,称为根毛。吸收薄壁组织的主要生理功能是从周边环境吸收水分和营养物质,根毛数量增加的结果是增加了与土壤相接触的面积,同时增加了植物根的吸收面积。根毛的数量和根毛的长短与周边环境的水分多少有着直接的关系。如果水分丰富,则根毛少而短。

5. 通气薄壁组织

水生植物和沼泽植物体内薄壁组织中具有相当发达的细胞间隙,这些细胞间隙在发育过程中逐渐互相连接,形成管道或气腔,是水生植物气体交换的通道,有利于呼吸时气体流通,这是植物体长期在水生环境下生存而形成的适应特征。这种构造对植物也有着漂浮作用,以便于水生植物漂浮在水面,有效地利用和进行光合作用,如菱和莲的根状茎等。

三、分生组织

在种子胚根、胚芽的顶端以及生长中的植物体根尖、茎尖等，都有一些能不断进行分生活动的细胞团，这些细胞连续或周期性的分裂使细胞数量不断增加，再经过细胞分化，形成各种不同的成熟细胞和组织。这些存在于植物体不同生长部位并能保持细胞分裂机能不断产生新细胞的细胞群，称为分生组织（meristem）。

分生组织的细胞体积小，排列紧密，没有细胞间隙，细胞壁薄，不具纹孔，细胞核大、质浓，无液泡和质体分化，但含线粒体、高尔基体、核糖体等细胞器。分生组织细胞代谢功能旺盛，不断进行分裂，分生出的细胞一部分保持连续分生能力；另一部分细胞则陆续分化成为具有一定形态特征和一定生理功能的细胞，形成各种成熟组织（mature tissue），这些组织一般不再分化，生理功能、形态特征不再改变，所以也称为永久组织（permanent tissue）。

（一）根据分生组织性质、来源分类

1. 原分生组织（promeristem）

原分生组织是由种子的胚活动后保留下来的，位于根、茎的最先端。这些细胞为胚性细胞，没有任何分化，可长期保持分裂能力，特别是在生长季节，分裂能力更加旺盛。

2. 初生分生组织（primary meristem）

初生分生组织是由原分生组织细胞分裂出来的细胞组成的，位于原分生组织之后，这些细胞仍保持分裂能力的同时细胞已经开始较浅的分化。例如，茎的初生分生组织已可看到分化为三种不同的分生组织，即原表皮层（protoderm）、基本分生组织（ground meristem）和原形成层（procambium）。在这三种初生分生组织的基础上，再进一步分生、分化形成其他各种组织。其相互关系可表示如下：

原分生组织 → 初生分生组织 ⎧ 原表皮层──→表皮
（细胞分裂）　（细胞分裂和分化）⎨ 基本分生组织──→皮层、髓
　　　　　　　　　　　　　　　⎩ 原形成层──→维管束的初生部分

3. 次生分生组织（secondary meristem）

次生分生组织是由已经分化成熟的薄壁组织经过生理上和结构上的变化，重新恢复分生机能而形成的分生组织。例如，裸子植物和双子叶植物一些种类的表皮可以形成木栓形成层，皮层、髓射线、中柱鞘等可以形成维管形成层、木栓形成层等，这些分生组织一般成环状排列，与器官的轴向平行。次生分生组织分生的结果是使根和茎这两个轴状器官不断加粗生长形成次生构造，即次生保护组织和次生维管组织。

（二）根据分生组织在植物体内所处的位置不同分类

1. 顶端分生组织（apical meristem）

顶端分生组织是位于两个轴状器官根、茎最顶端的分生组织（图2-12）。这部分细胞能较长期地保持旺盛的分生能力，细胞不断分裂、分化，根、茎不断沿着轴向生长，使

图2-12　根尖的顶端
　　　分生组织（洋葱）
1. 根尖生长点 2. 根冠分生组织

植物体不断长高,根不断增长。

2. 侧生分生组织(lateral meristem)

侧生分生组织主要存在于裸子植物和双子叶植物的根和茎内,包括形成层和木栓形成层,它们分布在植物体内部成环状排列并与轴向平行。这些分生组织沿着切向进行分生,使轴状器官的半径不断加大,根和茎不断进行加粗生长(图2-13)。

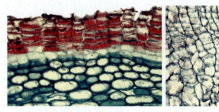 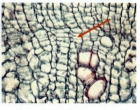

周皮(海风藤)　　　　　形成层(当归)

图2-13　侧生分生组织

3. 居间分生组织(intercalary meristem)

居间分生组织是从顶端分生组织细胞保留下来的或者是由已经分化的薄壁组织重新恢复分生能力而形成的分生组织,位于茎、叶、子房柄、花柄等成熟组织之间。居间分生组织只能保持一定时间的分裂与生长,最后将转变为成熟组织。

禾本科植物茎的节间基部常见这种分生组织,如薏苡、玉米、小麦的拔节、抽穗就是居间分生组织细胞旺盛的分裂和迅速分化生长的结果。葱、韭菜、蒜、鸢尾、松等叶的基部以及蒲公英、车前的总花柄顶部也存在居间分生组织。韭菜、葱、蒜等叶子上部被割掉后,还可以长出新的叶片来,就是居间分生组织活动的结果。花生果实生长在地下是一个特殊的例子,子房内的胚珠受精后,子房柄的居间分生组织的分生活动使子房柄伸长,将子房推入土中发育成熟。

综上所述,就其发生来说,顶端分生组织通常被认为属于原分生组织,但原分生组织和初生分生组织之间无明显分界,所以顶端分生组织也包括初生分生组织;侧生分生组织相当于次生分生组织;而居间分生组织则相当于初生分生组织。

四、机械组织

机械组织(mechanical tissue)是具有巩固和支持植物体功能的组织,其共同特点是细胞多为细长形、细胞壁全面或局部增厚。植物的幼苗及器官的幼嫩部分没有机械组织或不发达,随着植物的不断生长发育,才分化出机械组织细胞。根据细胞的形态、结构及细胞壁增厚的方式,常将机械组织分为厚角组织和厚壁组织。

(一)厚角组织(collenchyma)

厚角组织是由生活细胞构成的初生壁增厚的机械组织,细胞内含有原生质体,具有潜在分生能力。接近于表皮的厚角组织常具有叶绿体,可进行光合作用。纵切面观察,厚角组织细胞呈细长形,两端可略呈平截状、斜状或尖形;横切面观察则常呈多角形、不规则形等。其细胞结构特征是具有不均匀加厚的初生壁,细胞壁的主要成分是纤维素和果胶质。厚角组织有一定的坚韧性、可塑性和延伸性,既可支持植物直立,也适应于植物的迅速生长。

厚角组织常存在于草本植物的茎和尚未进行次生生长的木质茎中,以及叶片主脉上下两侧、叶柄、花柄的外侧部分,多直接位于表皮下面,或离开表皮只有一层或几层细胞,或成

图 2-14 厚角组织

环、成束分布。例如,益母草、薄荷、南瓜等植物的茎及芹菜叶柄的棱角处就是厚角组织集中分布的位置。根内很少形成厚角组织,但如果暴露在空气中,则常可发生。

根据厚角组织的细胞壁加厚方式的不同,常可分为三种类型(图2-14)。

1. 真厚角组织

真厚角组织又称角隅厚角组织,是最普遍存在的一种类型,细胞壁显著加厚的部分发生在几个相邻细胞的角隅处,如薄荷属、曼陀罗属、南瓜属、桑属、酸模属和蓼属等。

2. 板状厚角组织

板状厚角组织又称片状厚角组织,细胞壁加厚的部分主要发生在切向壁,如细辛属、大黄属、地榆属、泽兰属、接骨木属等。

3. 腔隙厚角组织

腔隙厚角组织是具有细胞间隙的厚角组织,细胞壁面对胞间隙部分加厚,如夏枯草属、锦葵属、鼠尾草属、豚草属等。

(二) 厚壁组织(sclerenchyma)

厚壁组织的成熟细胞是没有原生质体的死亡细胞,细胞都具有全面增厚的次生壁,常有明显的层纹和纹孔沟,并大多为木质化的细胞壁,细胞腔较小。根据细胞的形态不同,可分为纤维和石细胞。

1. 纤维(fiber)

纤维通常为两端尖斜的长形细胞,具有明显增厚的次生壁。加厚的主要成分是木质素和纤维素,壁上有少数纹孔,细胞腔小或几乎没有。纤维可以发生于维管组织和基本组织中。根据纤维在植物体内发生的位置,纤维通常可分为木纤维和木质部外纤维。

(1) 木纤维(xylem fiber)。木纤维分布在被子植物的木质部,为长轴形纺锤状细胞,长度约为1 mm,细胞壁均木质化,细胞腔小或无,壁上具有不同形状的退化具缘纹孔或裂隙状单纹孔。木纤维细胞壁增厚的程度随植物种类和生长部位以及生长时期的不同而异。例如,黄连、大戟、川乌、牛膝等植物的木纤维壁较薄,而栎树、栗树的木纤维细胞壁则常强烈增厚。就生长季节来说,春季生长的木纤维细胞壁较薄,而秋季生长的木纤维细胞壁较厚。木纤维细胞壁厚而坚硬,增加了植物体的机械巩固作用,但木纤维细胞的弹性、韧性较差,脆而易断。

在某些植物的次生木质部,还有一种木质部中最长的细胞,壁厚并具有裂缝式的单纹孔,纹孔数目较少。这种细胞被称为韧型纤维(libriform fiber),如沉香、檀香等木质部中的纤维。

木纤维仅存在于被子植物的木质部,在裸子植物的木质部没有纤维,主要由管胞组成,管胞同时具有输导和机械作用,从植物演化角度表明了裸子植物组织分工不如被子植物详细,也是裸子植物比被子植物原始的特征之一。

(2)木质部外纤维(extraxylem fiber)。因为这类纤维多分布在韧皮部,所以也常被称为韧皮纤维。实际上,木质部外纤维可以广泛存在于除木质部以外的任何部位。除了韧皮部,基本组织或皮层中也常存在;一些单子叶植物特别是禾本科植物的茎中,离表皮不同距离有由基本组织发生的纤维成环状存在,在维管束周围有由原形成层形成的分化程度不同的纤维形成了维管束鞘;一些藤本双子叶植物茎的皮层中,也常有环状排列的皮层纤维和维管束周围的环管纤维等。

木质部外纤维细胞多呈更长的纺锤形,两端尖,细胞壁厚,细胞腔呈缝隙状,在横切面上细胞常呈圆形、长圆形等,细胞壁常呈现出同心纹层,细胞壁增厚的成分主要是木质素和纤维素。以木质素为主要成分的木质部外纤维木质化程度较深,机械力量较强,犹如木纤维,如一些禾本科植物基本组织中形成的环状排列的纤维、维管束鞘等;以纤维素为主要成分的纤维更加细长,具较强的韧性,伸拉力较大,如苎麻、亚麻、桑等植物的纤维。

此外,在药材鉴定中,还可以见到以下几种特殊类型(图 2-15)。

图 2-15 纤维束及纤维类型

1. 纤维束(黄芪) 2.~9. 纤维类型(2. 肉桂 3. 黄芩 4. 丹参 5. 桑白皮
6. 东北铁线莲的分枝纤维 7. 姜的分隔纤维 8. 黄檗的晶鞘纤维 9. 麻黄的含晶纤维)

① 晶鞘纤维(晶纤维 crystal fiber):在纤维束外围有一层或几层含有晶体的薄壁细胞,这种由纤维束和含有晶体的薄壁细胞组成的复合体称为晶鞘纤维。这些薄壁细胞中,有的含有方晶,如甘草、黄檗、葛根等;有的含有簇晶,如石竹、瞿麦等;有的含有石膏结晶,如柽柳等。

② 嵌晶纤维(intercalary crystal fiber):纤维细胞次生壁外层嵌有一些细小的草酸钙方晶或砂晶,如冷饭团的根和南五味子的根皮中的纤维嵌有方晶,草麻黄茎的纤维嵌有细小的砂晶。

③ 分枝纤维(branched fiber):长梭形纤维顶端具有明显的分枝,如东北铁线莲根中的纤维。

④ 分隔纤维(septate fiber)：是一种细胞腔中生有菲薄横膈膜的纤维，在姜、葡萄属植物的木质部和韧皮部以及茶藨子的木质部里均有分布。

2. 石细胞(sclereid, stone cell)

和纤维相比，石细胞是较短的厚壁细胞。石细胞是由薄壁细胞的细胞壁强烈增厚而形成的形状多样并特别硬化的厚壁细胞。石细胞的种类较多，形状不同，有椭圆形、类圆形、类方形、不规则形等近等径的石细胞，也有分枝状、星状、柱状、骨状、毛状等多种形状的石细胞。石细胞的次生壁极度增厚，均木质化，大多数细胞腔极小，细胞在发育过程中原生质体消失，成为具有坚硬细胞壁的死亡细胞(图2-16)。

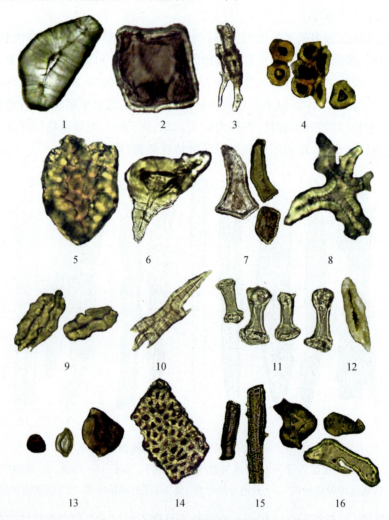

图2-16 石细胞类型

1. 梨 2. 草乌 3. 厚朴 4. 白豆蔻 5. 栀子 6. 黄檗 7. 玄参 8. 茶 9. 川楝子 10. 北豆根 11. 白扁豆 12. 白鲜皮 13. 乌梅 14. 五味子(外果皮) 15. 麦冬 16. 侧柏仁

石细胞在发育过程中，细胞壁不断增厚，细胞壁上的单纹孔因此变长而形成沟状。细胞壁越厚，细胞腔就越小，细胞内壁的表面积也越小，开始形成很多的纹孔彼此汇合而形成分枝状。石细胞多见于茎、叶、果实、种子中,可单独存在,也可成群分散于薄壁组织中;有时还可连续成环状分布,如肉桂的石细胞、梨的果肉中的石细胞。石细胞也常存在于某些植物的果皮和种皮中,组成坚硬的保护组织,如椰子、核桃等坚硬的内果皮及菜豆、栀子种皮的石细胞等。石细胞亦常见于茎的皮层中,如黄檗、黄藤;或存在于髓部,如三角叶黄连、白薇等;或存在于维管束中,如厚朴、杜仲、肉桂等。

不同形状的石细胞是生药鉴定的重要特征之一。药材中最常见的是不同形态近等径(较短)的石细胞,如梨果肉中近等径的圆形或类圆形石细胞,黄芩、川乌根中呈长方形、类方形、多角形且壁较薄的石细胞,乌梅种皮中的壳状、盔状石细胞,厚朴、黄檗中的不规则状石细胞。此外,还有一些较特殊类型的石细胞。

(1) 毛状石细胞:细胞形状如同较长的非腺毛,如山桃种皮中的石细胞。

(2) 长分枝状石细胞:细胞呈分枝状,如山茶叶柄中的石细胞。

(3) 分隔石细胞:细胞腔内产生薄的横膈膜,如虎杖根及根茎中的石细胞。

(4) 含晶石细胞:细胞腔内含有不同形状的晶体,如南五味子根皮、桑寄生叶等。

(5) 嵌晶石细胞:细胞的次生壁外层嵌有非常细小的草酸钙晶体,并常稍突出于表面,如紫荆皮石细胞。

五、输导组织

植物体内的水分与溶解在水中的无机盐类、营养物质,以及光合作用形成的光合产物,都要在各器官之间、各组织之间、各细胞之间流通输导。低等植物的营养输送主要是通过细胞间的传输;高等植物中的蕨类植物、裸子植物、被子植物在长期进化过程中逐渐形成了完善的输导系统——维管组织。

输导组织(conducting tissue)也称维管组织,是植物体内运输水分和养料的组织。输导组织的细胞一般呈管状,上下相接,遍布于整个植物体内。根据输导组织的构造和运输物质的不同,可分为两类:一类是木质部,另一类是韧皮部。

(一) 木质部

木质部是疏导水分和溶解在水中的无机盐和其他营养物质的组织,主要由导管和管胞组成。

1. 导管(vessel)

导管是被子植物的主要输水管状结构。少数原始被子植物和一些寄生植物中无导管,如金粟兰科草珊瑚属植物;而少数进化的裸子植物和蕨类植物,如麻黄科植物和蕨属植物中则有导管存在。导管是由一系列没有原生质体的长管状细胞组成的。组成导管的细胞被称为导管分子(vessel element, vessel member),其横壁溶解成穿孔。具有穿孔的横壁称穿孔板,彼此首尾相连,成为一个贯通的管状结构。导管的长度为数厘米至数米。由于每个导管分子横壁的溶解,所以其输水效率较高。每个导管分子的侧壁上还存在许多不同类型的纹孔,相邻的导管还可以靠侧壁上的纹孔运输水分。例如,导管分子之间的横壁溶解成一个大的穿孔,称为单穿孔板。有些植物中的导管分子横壁并未完全消失,而在横壁上形成许多大小、形状不同的穿孔,如椴树和一些双子叶植物的导管分子横壁上留有几条平行排列的长形穿孔,称为梯状穿孔板。麻黄属植物导管分子横壁具有很多圆形的穿孔,形成了特殊的麻黄式穿孔板;而紫葳科一些植物的导管分子之间形成了网状穿孔板等(图2-17)。

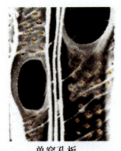   

单穿孔板　　筛状穿孔板(麻黄式)　　网状穿孔板　　梯状穿孔板

图2-17　导管分子的穿孔板类型

导管在形成过程中,其木质化的次生壁并不是均匀增厚,形成了不同的纹理或纹孔。根据导管增厚所形成的纹理不同,导管常可分为下列几种类型(图2-18)。

　1　　2a　　2b　　3　　4　　5

图2-18　导管的类型

1.~2. 环纹、螺纹(1. 南瓜茎　2. 半夏)　3. 网纹(大黄)　4. 梯纹(当归)　5. 孔纹(甘草)

(1) 环纹导管(annular vessel)。在导管壁上呈一环一环的规则的木质化次生壁增厚,环状的增厚之间仍为较薄的纤维素初生壁,有利于伸长生长。环纹导管直径较小,常出现在器官的幼嫩部分,如南瓜茎、凤仙花的幼茎及半夏的块茎中。

(2) 螺纹导管(spiral vessel)。在导管壁上有一条或数条呈螺旋带状木质化增厚的次生壁。螺旋状增厚的次生壁之间也是初生壁,具有较强的伸缩性,适应于伸长生长。螺纹导管直径也较小,亦多存在于植物器官的幼嫩部分,并同环纹导管一样,容易与初生壁分离,如南瓜茎、天南星块茎中常见,常见的藕断丝连中的丝就是螺纹导管中螺旋带状的次生壁与初生壁分离开的现象。

(3) 网纹导管(reticulate vessel)。导管增厚的木质化次生壁交织成网状,网孔是未增厚的部分。网纹导管的直径较大,多存在于器官的成熟部分,如大黄、苍术根。

(4) 梯纹导管(scalariform vessel)。在导管壁上,增厚的与未增厚的初生壁部分间隔成梯形。这种导管木质化的次生壁占有较大比例,分化程度较深,不易进行伸长生长。梯纹导管多存在于器官的成熟部分,如葡萄茎、常山根中。

(5) 孔纹导管(pitted vessel)。导管次生壁几乎全面木质化增厚,未增厚部分为单纹孔或具缘纹孔,前者为单纹孔导管,后者为具缘纹孔导管。导管直径较大,多存在于器官的成熟部分,如甘草根、赤芍根、拳参根茎的具缘纹孔导管等。

实际观察中,经常发现一些同一导管可以同时存在螺纹和环纹状增厚,螺纹和梯纹等两种以上类型的导管,如南瓜茎的纵切面常可见到典型的环纹和螺纹存在于同一导管上。另外,还有一些导管呈现出中间类型,如大黄根的粉末中常可见到网纹未增厚的部分横向延长,出现了梯纹和网纹的中间类型,这种类型又往往被称为梯网纹导管。

随着植物的生长,一些较早形成的导管常相继失去功能,其相邻薄壁细胞膨胀,并通过导管壁上未增厚部分或纹孔侵入导管腔内,形成大小不同的囊状突出物,这种堵塞导管的囊状突出物就叫作侵填体(tylosis)。早期原生质和细胞核等可随着细胞壁的突进而流入其中,后来则由丹宁、树脂等物质填充。由于侵填体的影响,体内的水溶液运输并不是由一导管从下直接向上输导的,而是经过多条导管曲折向上输导。侵填体的产生对病菌的侵害起到一定的阻断作用,其中有些物质也是中药的有效成分。

2. 管胞(tracheid)

管胞是绝大部分裸子植物和蕨类植物的输水细胞,同时还具有支持作用。在被子植物的木质部也可发现管胞,特别是叶柄和叶脉中,不为主要输导分子。管胞和导管分子在形态上有很大的相似性,由于其细胞壁次生加厚并木质化,细胞内原生质体消失而成为死亡细胞,且其木质化次生壁的增厚也常形成类似导管的环纹、螺纹、梯纹、孔纹等类型。管胞与导管也有明显的差别,每个管胞是一个细胞,呈长管状,但两端尖斜不形成穿孔,相邻管胞彼此间不能靠端部连接进行输导,而是通过相邻管胞侧壁上的纹孔输导水分,所以其输导功能比导管低,为一类较原始的输导组织。导管、管胞在药材粉末鉴定中很难分辨,而细胞类型的鉴别可以采用解离的方法将细胞分开,观察单个管胞和导管分子的形态(图 2-19)。

在松科、柏科一些植物的管胞上,可见到一种典型的具有纹孔塞的具缘纹孔。

纤维管胞(fiber tracheid)是管胞和纤维之间一种长梭形中间类型细胞,末端较尖,细胞壁具双凸镜状或裂缝状开口的纹孔,厚度常介于管胞和纤维之间,如沉香、芍药、天门冬、威灵仙、紫草、升麻、钩藤、冷饭团等。

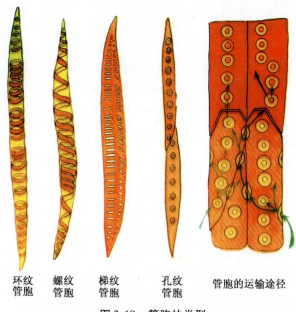

环纹管胞　螺纹管胞　梯纹管胞　孔纹管胞　管胞的运输途径

图 2-19　管胞的类型

（二）韧皮部

韧皮部是构成维管束的另一组成部分，是运输光合作用产生的有机物质，如糖类和其他可溶性有机物的结构，主要由筛管、伴胞和筛胞等管状细胞组成。

1. 筛管（sieve tube）

筛管主要存在于被子植物的韧皮部，由一些生活的管状细胞纵向连接而成。组成筛管的每一个管状细胞称为筛管分子。筛管细胞是生活细胞，但细胞成熟后细胞核消失，筛管细胞壁主要是由纤维素构成的。

筛管中相连的两筛管分子的横壁上有许多小孔，称为筛孔（sieve pore）；具有筛孔的横壁称为筛板（sieve plate）。筛板两边的原生质丝通过筛孔彼此相连，与胞间连丝的情况相似。在秋季，这些原生质丝常浓缩联合形成较粗壮的索状，称为联络索（connecting strand）。有些植物的筛孔也存在于筛管的侧壁上，通过侧壁上的筛孔，使相邻的筛管彼此相联系。在筛板上或筛管的侧壁上，筛孔集中分布的区域称为筛域（sieve area）。在一个筛板上只有一个筛域的称为单筛板（simple sieve plate），分布数个筛域的则称为复筛板（compound sieve plate）。联络索通过筛孔上下相连，彼此贯通，形成同化产物运输的通道。筛管的不同发育期形态结构都有很大的变化，早期阶段细胞中有细胞核和浓厚的细胞质；在筛管形成过程中，细胞核逐渐溶解而消失，细胞质减少；筛管形成后，筛管细胞成为无核的生活细胞。另有人研究认为，筛管细胞始终有细胞核存在，并是多核的生活细胞，但是细胞核小并且分散，不易观察到（图2-20）。

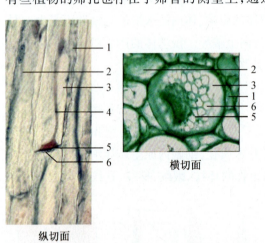

图2-20 南瓜茎的筛管和伴胞
1. 伴胞 2. 韧皮薄壁细胞 3. 筛管
4. 联络索 5. 筛板 6. 筛孔

筛管分子也有从形成到失去作用的过程。筛板形成后，在筛孔的四周围绕联络索可逐渐积累一些特殊的碳水化合物，称为胼胝质（callose）。随着筛管的不断老化，胼胝质将会不断增多，最后形成垫状物，称为胼胝体（callus）。一旦胼胝体形成，筛孔将会被堵塞而使联络索中断，筛管也将失去运输功能。多年生的单子叶植物筛管可保持长期甚至整个生活期的输导功能。一些多年生的双子叶植物的筛管在冬季来临前形成胼胝体，使筛管暂时停止其输导作用，来年春季胼胝体溶解，筛管又逐渐恢复输导功能。一些较老的筛管形成胼胝体后失去其输导功能。

2. 伴胞（companion cell）

在筛管分子旁边有一个小而细长的薄壁细胞，和筛管相伴存在，称为伴胞。伴胞和筛管是由同一母细胞分裂再通过分化后形成的。伴胞与筛管相邻的壁上有许多纹孔，有胞间连丝相互联系。伴胞细胞质浓，细胞核大，含有多种酶类物质，生理活动旺盛。筛管的运输功能与伴胞的生理活动密切相关,筛管失去功能后,伴胞将随着失去生理活性。

3. 筛胞(sieve cell)

筛胞是蕨类植物和裸子植物运输光合作用产物的输导分子,是单个狭长的生活细胞,无伴胞存在,直径较小,两端尖斜,没有特化的筛板,只有存在于侧壁上的筛域,不能像筛管那样首尾相连,只能彼此扦插,靠侧壁上的筛孔运输,因而其输导机能较差,是比较原始的输导结构。

六、分泌组织

某些植物的一些细胞能分泌特殊物质,如挥发油、黏液、树脂、蜜液、盐类等,这种细胞被称为分泌细胞。由分泌细胞所构成的组织被称为分泌组织(secretory tissue)。分泌组织分泌的物质中,有的可以防止组织腐烂,帮助创伤愈合,免受动物吃食;有的还可以引诱昆虫,以利于传粉。有许多植物的分泌物质是常用的中药,如乳香、没药、松节油、樟脑、松香等,有些可以作为中药的添加剂、矫味剂等,如蜜汁和各种芳香油。

某些科属的植物中常具有特定的分泌细胞或分泌组织,在中药鉴别中有一定的价值。

根据分泌细胞分布的位置和排出的分泌物是积累在植物体内部还是排出体外,常把分泌组织分为外部分泌组织和内部分泌组织(图2-21)。

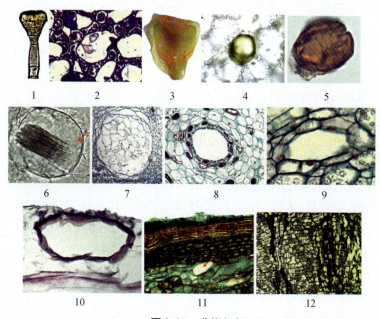

图2-21 分泌组织

1. 腺毛(金银花) 2. 间隙腺毛(粗茎鳞毛蕨) 3. 蜜腺(日本小檗) 4. 油细胞(生姜)
5. 油细胞(厚朴) 6. 黏液细胞(半夏) 7. 溶生式分泌腔(橘果皮横切面)
8. 树脂道(松木茎横切面) 9. 油管(当归根横切面) 10. 油管(小茴香果实横切面)
11. 黏液道(椴树茎横切面) 12. 乳汁管(蒲公英根纵切面)

(一)外部分泌组织

外部分泌组织是指分布在植物体体表部分的分泌结构,其分泌物被排出体外。

1. 腺毛(glandular hair)

腺毛是具有分泌功能的表皮毛,常由表皮细胞分化而来。腺毛有腺头、腺柄之分,其腺头细胞被较厚的角质层覆盖,其分泌物可由分泌细胞排出细胞体外,而积聚在细胞壁和角质层之间,分泌物可由角质层渗出,或角质层破裂后散发出来。腺毛多存在于植物茎、叶、芽鳞、子房、花萼、花冠等部位。

有一种可分泌盐的腺毛,由一个柄细胞和一个基细胞组成,常存在于滨藜属一些植物的叶表面。

2. 蜜腺(nectary)

蜜腺是由一层表皮细胞及其下面数层细胞特化而成的能分泌蜜汁的结构。组成蜜腺的细胞壁比较薄,无角质层或角质层很薄,细胞质较浓。细胞质产生蜜汁后通过角质层扩散或经表皮上的气孔排出。蜜腺下常有维管组织分布,一般位于花萼、花冠、子房或花柱的基部,常又被称为花蜜腺。具蜜腺的花均为虫媒花,如油菜、荞麦、酸枣、槐等。还有的蜜腺分布于茎、叶、托叶、花柄处,称为花外蜜腺。例如,蚕豆托叶的紫黑色腺点,梧桐叶下的红色小斑以及桃和樱桃叶片基部均具蜜腺,枣、白花菜和大戟属花序中也有不同形态的蜜腺。

有些盐生植物,如矶松属的一些植物,其茎、叶分布着排盐的分泌腺,柽柳属植物的表面有由几个分泌细胞组成的泌盐腺等。

(二) 内部分泌组织

内部分泌组织分布在植物体内,其分泌物也积存在体内。常见的内部分泌组织有以下类型。

1. 分泌细胞(secretory cell)

分泌细胞是分布在植物体内部的具有分泌能力的细胞,通常比周围细胞大,以单个细胞或细胞团(列)存在于各种组织中。分泌细胞多呈圆球形、椭圆形、囊状、分枝状等,常将分泌物积聚于细胞中。当分泌物充满整个细胞时,细胞也往往木栓化,这时的分泌细胞失去分泌功能,其作用就犹如贮藏室。由于分泌的物质不同,它又可分为油细胞,如姜、桂皮、菖蒲等;黏液细胞,如半夏、玉竹、山药、白及等;单宁细胞,如豆科、蔷薇科、壳斗科、冬青科、漆树科的一些植物等;芥子酶细胞,如十字花科、白花菜科植物等。

2. 分泌腔(secretory cavity)

分泌腔也称分泌囊或油室,常发现于柑橘类果皮和叶肉以及桉叶叶肉中。根据其形成的过程和结构,常可分为以下两类。

(1) 溶生式分泌腔(lysigenous secretory cavity):在基本薄壁组织中有一团分泌细胞,由于这些分泌细胞分泌的物质逐渐增多,最后终于使细胞本身破裂溶解,形成一个含有分泌物的腔室,腔室周围的细胞常破碎不完整,如陈皮、橘叶等。

(2) 裂生式分泌腔(schizogenous secretory cavity):是由基本薄壁组织中的一团分泌细胞彼此分离,胞间隙扩大而形成的腔室。分泌细胞不受破坏,完整地包围着腔室,分泌物也存在于腔室内,如金丝桃、漆树、桃金娘、紫金牛植物的叶片以及当归的根等。

3. 分泌道(secretory canal)

分泌道犹如裂生式分泌腔,是由一些分泌细胞彼此分离形成的一个长管状间隙的腔道。周围的分泌细胞称为上皮细胞(epithelial cell),上皮细胞产生的分泌物贮存于腔道中。根据储存分泌物的种类分别命名,如松树茎中的分泌道贮藏着树脂,称为树脂道(resin canal);小茴香果实的分泌道贮藏着挥发油,称为油管(vitta);美人蕉和椴树的分泌道贮藏着黏液,称为黏液道(slime canal)或黏液管(slime duct)等。

4. 乳汁管(laticifer)

乳汁管是由一种分泌乳汁的长管状细胞形成的,有单细胞乳汁管,也有由多细胞构成的,常可分枝,在植物体内形成系统。构成乳汁管的细胞主要是生活细胞,细胞质稀薄,通常具有多数细胞核,液泡里含有大量乳汁。有研究证明,乳汁管的分泌物并非仅存在于细胞液中,还可存在于整个细胞质中,如巴西橡胶树。乳汁管分泌物常具黏滞性,呈乳白色、黄色或橙色。分泌物的成分很复杂,主要为糖类、蛋白质、橡胶、生物碱、苷类、酶、单宁等物质。

乳汁管分布在器官的薄壁组织内,如皮层、髓部以及子房壁内等。具有乳汁管的植物很多,如菊科蒲公英属、莴苣属,大戟科大戟属、橡胶树属,桑科桑属、榕树属,罂粟科罂粟属、白屈菜属,番木瓜科番木瓜属,桔梗科党参属、桔梗属等。乳汁管具有贮藏和运输营养物质的机能。根据乳汁管的发育和结构可将其分成以下两类。

(1) 无节乳汁管(nonarticulate laticifer):每一个乳汁管仅由一个细胞构成,细胞分枝,长度可达数米,如夹竹桃科、萝摩科、桑科以及大戟科大戟属等一些植物的乳汁管。

(2) 有节乳汁管(articulate laticifer):每一个乳汁管是由许多细胞连接而成的,连接处的细胞壁溶解贯通,成为多核巨大的管道系统,乳汁管可分枝或不分枝,如菊科、桔梗科、罂粟科、旋花科、番木瓜科以及大戟科的橡胶树属等一些植物的乳汁管。

第二节 复合组织——维管束

一、维管束的组成

维管束(vascular bundle)是维管植物的输导系统,为贯穿于整个植物体内部的束状结构。它除了具有输导功能外,还起着支持作用。维管束主要由韧皮部与木质部组成。在被子植物中,韧皮部由筛管、伴胞、韧皮薄壁细胞和韧皮纤维组成,木质部主要由导管、管胞、木薄壁细胞和木纤维组成;裸子植物和蕨类植物的韧皮部主要由筛胞和韧皮薄壁细胞组成,木质部主要由管胞和木薄壁细胞组成。裸子植物和双子叶植物的维管束在木质部和韧皮部之间常有形成层存在,能进行次生生长,所以这种维管束又被称为无限维管束或开放性维管束(open bundle)。蕨类植物和单子叶植物的维管束没有形成层,不能进行不断的分生生长,所以这种维管束又被称为有限维管束或闭锁性维管束(closed bundle)。

二、维管束的类型

根据维管束中韧皮部与木质部排列方式的不同以及形成层的有无,可将维管束分为下列几种类型(图2-22)。

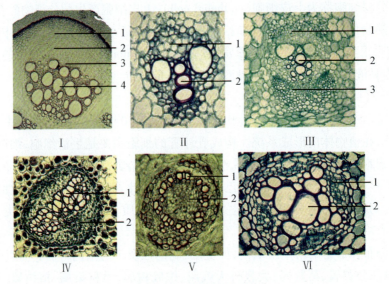

图2-22　维管束的类型

Ⅰ．无限外韧维管束(马兜铃茎)　1.压扁的韧皮部　2.韧皮部　3.形成层　4.木质部
Ⅱ．有限外韧维管束(玉蜀黍茎)　1.韧皮部　2.木质部
Ⅲ．双韧维管束(南瓜茎)　1、3.韧皮部　2.木质部
Ⅳ．周韧维管束(粗茎鳞毛蕨根状茎)　1.木质部　2.韧皮部
Ⅴ．周木维管束(石菖蒲根状茎)　1.木质部　2.韧皮部
Ⅵ．辐射维管束(毛茛根)　1.韧皮部　2.木质部

1．有限外韧维管束(closed collateral vascular bundle)

韧皮部位于外侧,木质部位于内侧,中间没有形成层,如单子叶植物茎的维管束。

2．无限外韧维管束(open collateral vascular bundle)

韧皮部位于外侧,木质部位于内侧,中间有形成层,可使植物进行次生增粗生长,如裸子植物和双子叶植物茎的维管束。

3．双韧维管束(bicollateral vascular bundle)

木质部内外两侧都有韧皮部,并且在外部的木质部和韧皮部之间常有形成层,常见于茄科、葫芦科、夹竹桃科、萝摩科、旋花科、桃金娘科等植物。

4．周韧维管束(amphicribral vascular bundle)

木质部位于中间,韧皮部围绕在木质部的四周,如百合科、禾本科、棕榈科、蓼科及蕨类某些植物。

5．周木维管束(amphivasal vascular bundle)

韧皮部位于中间,木质部围绕在韧皮部的四周,常见于少数单子叶植物的根状茎,如菖蒲、石菖蒲、铃兰等。

6．辐射维管束(radial vascular bundle)

在多数单子叶植物根中,韧皮部和木质部相互间隔排列成一圈,中间具有宽阔的髓部;在双子叶植物根的初生构造中,木质部常分化至中心呈星角状,韧皮部位于两角之间,彼此相间排列,总称为辐射维管束。

 思考题

1. 腺毛与非腺毛有何区别?
2. 如何区别厚角组织与厚壁组织?
3. 如何区别导管与筛管?
4. 维管束包括哪几部分?

 综合题

不同的植物组织对中药鉴别有哪些作用?

组织

第二篇 植物器官的形态、结构及价值

第三章

根

翻转课堂引领

1. 学习重点及线路：

掌握根的功能与形态→正常根与变态根的区别→根的内部构造→根的初生构造和次生构造的特点。

2. 任务主题：

（1）根有很多类型和功能。根类药材有哪些？它们有哪些药用价值？

（2）除了书上写出的根的功能，根还有哪些价值？

（3）根的变态之一是贮藏根，它主要贮藏的营养物质有哪些？

（4）攀缘根是如何帮助植物攀缘的？

（5）水生根是如何形成的？

（6）一般的根具有向地、向湿和背光的特点，并位于地下，但一些植物的呼吸根为何会垂直向上并露出地面？

（7）根的初生构造中，内皮层会进行局部加厚（凯氏带和马蹄形加厚），还会留有未加厚的通道细胞，这些细胞加厚以及留有通道细胞的意义是什么？

（8）单、双子叶植物根的初生构造有何不同？

（9）根的初生生长和次生生长有何区别？

器官是由多种组织构成的、具有一定外部形态和内部构造并执行一定生理功能的植物体组成部分。器官类型包括营养器官和繁殖器官。其中根、茎、叶起着吸收、制造和供给植物体营养的作用，为营养器官；繁殖器官则包括花、果实、种子，起着繁殖后代和延续种族的作用。

根（root）是植物体生长在地下的营养器官，是长期进化过程中适应陆地生活的产物，具有向地性、向湿性和背光的特性。根吸收土壤中的水分和无机盐并输送到植株的各个部分,是植物生长的基础。

第一节 根的功能与形态

一、根的生理功能及药用价值

根是植物的重要营养器官,主要具有吸收、固定、输导、合成、贮藏和繁殖等生理功能。

（一）生理功能

1. 吸收功能

根最主要的功能是从土壤中吸收水分和溶解在水中的无机盐等。水是植物制造碳水化合物等营养物质的主要原料,也是植物所需无机盐的溶剂,植物所需的无机盐及一些微量元素等都能通过溶液的形式被根毛吸收。

2. 输导作用

根既可将根毛所吸收的溶液通过其内的疏导组织运输至茎叶制造养料,又能将光合作用的产物传递至根部,以保证根的生命活动的需要。

3. 固着作用

植物体的地上部分之所以能够稳固地直立在地面上,主要有赖于根系在土壤中的固定作用,故植物的根有强大的支持固着作用。

4. 合成、分泌作用

根有合成、分泌的功能,是合成、贮藏次生代谢产物的重要器官。根能合成氨基酸、生物碱、植物激素等有机物质,并以一定的形式积累于细胞内或排出体外,对植物地上部分及周围其他植物的生长发育产生影响,是植物化感作用及连作障碍产生的主要原因。例如,烟草的根能合成烟碱;南瓜和玉米中很多重要的氨基酸是在根部合成的;黄山松根部可分泌有机酸、生长素、酶等到土壤中,使难溶的盐类转化成可溶的物质,从而被植物吸收、利用。

5. 贮藏作用

多数植物的根,尤其是贮藏根,其内的薄壁组织比较发达,细胞内贮有大量的淀粉等营养物质。例如,甘薯、甜菜、萝卜和胡萝卜的根肉质肥大,贮藏着丰富的有机养料,可为来年生长发育提供足够的能量。

6. 繁殖作用

不少植物的根可以从中柱鞘外生出不定芽,长成地上茎。尤其是有些植物的地上茎被切去或受伤后,其根在伤口处更易形成不定芽,在植物的营养繁殖中常加以利用,如蔷薇、小檗属等灌木类植物。丹参、甘薯的繁殖就是利用根长出茎条来做插条繁殖的。

（二）根的药用价值

根类药材多为贮藏根,占中药的大部分。许多植物的根可供药用,如人参、党参、桔梗、当归、黄芪、甘草等都是著名的肉质直根类;何首乌、麦冬等是块根类药材;有的是以根皮入药,如地骨皮、香加皮等。

二、正常根的形态与类型

根的形态是指根的外形及其特征。根通常呈圆柱形,生长在土壤中,越向下越细,向四周分枝,形成复杂的根系。与茎相比,根无节和节间之分,一般不生芽、叶和花。

(一) 主根、侧根和纤维根

种子萌发时,胚根首先突破种皮向下生长,这种由胚根直接生长形成的根被称为主根。主根(main root)通常垂直向下生长。主根生长到一定长度时,就会从内部侧向生出许多分枝,称为侧根(lateral root)。侧根的生长方向与主根往往形成一定角度。侧根上再分生出更细小的分枝,称为纤维根。

(二) 定根和不定根

主根、侧根和纤维根都是直接或间接由胚根发育而来的,均属于定根(normal root)。此外,许多植物除产生定根外,还能从茎、叶等位置生出根来,这些根发生的位置不固定,称为不定根(adventitious root)。不定根也能产生分枝。例如,禾本科植物的种子萌发时形成的主根存活期不长,之后由胚轴上或茎的基部所产生的不定根所代替(图3-1)。农、林、园艺工作中通常利用枝条、叶、地下茎等能产生不定根的习性来进行扦插、压条等营养繁殖。人参芦头上的不定根在药材上称为"艼"。

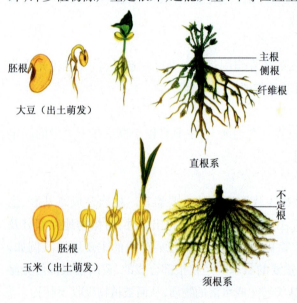

图 3-1 根的形态

(三) 根系的类型

一株植物地下部分所有根的总和称为根系(root system)。大多数双子叶植物和裸子植物的根系有明显的主根和侧根之分。单子叶植物的主根只在生长的初期生长,停止生长后在胚轴或茎基部长出不定根。依据根系的组成特点,可将其分为直根系(tap root system)和须根系(fibrous root system)两类(图3-2)。

1. 直根系

直根系由明显发达的主根及其各级侧根组成。直根系由于主根发达,入土深,各级侧根次第短小,一般呈陀螺状分布。大多数双子叶植物的根系属于此种类型,如大麻、苘麻、紫花地丁、蒲公英等双子叶植物的根系。

2. 须根系

须根系的主根不发达,或早期死亡,从茎的基

图 3-2 直根系与须根系
1. 主根 2. 侧根 3. 纤维根 4. 不定根

部节上生长出许多大小、长短相仿的不定根,簇生,呈胡须状,没有主次之分。例如,水稻、麦冬等大多数单子叶植物和少数双子叶植物(如龙胆、徐长卿、白薇等)的根系都属于须根系。

三、变态根的形态与类型

根在长期的演化过程中,为了适应生活环境的变化,其形态构造产生了不同的变异,称为根的变态。常见的有下列7种(图3-3)。

1. 贮藏根(storage root)

(1) 肉质直根(fleshy tap root)

肉质直根由下胚轴和主根增粗肥大而来,植物的营养物质贮藏在根内,以供抽茎开花时用。一株植物上只有一个肉质直根。根的增粗可以是木质部,如萝卜;也可以是韧皮部,如胡萝卜。有的肉质直根肥大呈圆锥状,如白芷、桔梗;有的肥大呈圆柱形,如菘蓝、丹参;有的肥大呈球形,如芜菁根。

(2) 块根(root tuber)

块根由不定根或侧根发育而来,其组成上没有胚轴的部分,在一株植物上可形成多个块根。根的细胞内也贮藏了大量淀粉等营养物质,药用块根有天门冬、郁金、何首乌、百部等。

图3-3 根的变态类型

1. 圆锥根(白芷) 2. 圆锥根(胡萝卜) 3. 圆柱根(丹参)
4. 圆柱根(萝卜) 5. 圆球根(芜菁) 6. 块根(何首乌)
7. 块根(地黄) 8. 支持根(玉米) 9. 攀缘根(常春藤)
10. 气生根(吊兰) 11. 呼吸根(池杉) 12. 水生根(凤眼莲)
13. 寄生根(槲寄生) 14. 寄生根(菟丝子)

2. 支持根(prop root)

一些植物从近地面茎节上生出不定气生根,伸入土中,能支持植物体,这类根被称为支持根,如禾本科的玉米、高粱、薏米、甘蔗等在接近地面的茎节上所生出的不定根。

3. 气生根(aerial root)

有些植物的茎能长出不定根,暴露于空气中,称为气生根。它除了吸收空气中的水分之外,还能攀缘在其他物体上,如榕树、石斛、吊兰等。

4. 攀缘根(附着根)(climbing root)

一些植物的茎柔弱、不能直立,茎上生出不定根,固着于支持物表面攀缘上升。有些植物的主根柔弱,必须从茎节上长出不定根攀附在其他物体上,称为附生根。具有此类附生根的植物有薜荔、常春藤等。

5. 寄生根（parasitic root）

有些寄生植物的茎缠绕在寄主茎上，它们的不定根形成吸器，侵入寄主体内，吸收水分和无机养料，这种吸器被称为寄生根，如菟丝子、列当、桑寄生等。

6. 水生根（water root）

水生植物的根呈须根状垂生于水中，纤细、柔软，有的表面常带绿色，如浮萍、菱、睡莲、凤眼莲等。

7. 呼吸根（respiratory root）

一些生长在沼泽或热带海滩地带的植物，如水松、红树等可产生一些垂直向上、伸出地面、暴露于空气中进行呼吸的根。这些根中常有发达的同期组织，可将空气输送到地下，供地下根呼吸，因此被称为呼吸根。

四、根瘤和菌根

种子植物的根系与土壤微生物有密切的联系。微生物不仅存在于土壤中，还存在于一部分植物的根里，与植物共同生活。微生物从植物的根组织得到营养物质，植物也由于微生物的作用而得到它生活中所需要的物质，这种植物和微生物之间的互利关系称为共生。被子植物和微生物之间常见的共生关系有两种类型，即根瘤（root nodule）与菌根（mycorrhiza）。

（一）根瘤

1. 根瘤菌

根瘤菌是一种杆状细菌。它可以存在于根瘤中，豆科植物为根瘤菌提供生活所需的水分和养料；根瘤菌则具有固氮能力，能将空气中的氮转化为植物可吸收的含氮物质。

根瘤菌属有十余种根瘤菌。它们与豆科植物的共生具有专一性，即每一种根瘤菌只能在一种或几种豆科植物上形成根瘤。例如，豌豆的根瘤菌只能在豌豆、蚕豆等植物体的根上形成根瘤，大豆的根瘤菌只能在大豆根上形成根瘤，而不能在豌豆、苜蓿的根上形成根瘤。一种根瘤菌与对应的一种或几种豆科植物之间的这种关系叫作互接种族关系。互接种族的原因在于豆科植物的根毛能够分泌一种特殊的蛋白质，这种蛋白质与根瘤菌细胞表面的多糖化合物结合具有选择的专一性。因此，同一互接种族内的植物可以相互利用对方的根瘤菌形成根瘤，不同互接种族的植物之间不能互相接种根瘤菌形成根瘤。

除豆科植物外，在自然界还发现100多种植物，如桦木科、麻黄科、蔷薇科、胡颓子科等科中的一些植物及裸子植物中的苏铁、罗汉松等植物也能形成根瘤，并具有固氮能力。与非豆科植物共生的固氮菌多为放线菌类。

2. 根瘤的形成

豆科植物幼苗期间的分泌物，如苹果酸、可溶性糖类等，吸引了分布在其根附近的根瘤菌，使其聚集在根毛顶端周围并大量繁殖。根瘤菌可分泌一种纤维素酶，这种酶能使根毛卷曲、膨胀，并使部分细胞壁溶解。根瘤菌从被溶解处侵入根毛，在根毛中滋生，并且大量繁殖，产生感染丝（即由根瘤菌排列成行，外面包有一层含黏液的结构）。在根瘤菌侵入的刺激下，根细胞分泌一种纤维素，将感染丝包围起来，形成一条分枝或不分枝的管状结构的纤维素鞘,叫作侵入线。侵入线不断地延伸,直到根的内皮层;根瘤菌沿其侵入根的皮层迅速繁殖,内皮层处的薄壁细胞受到根瘤菌分泌物的刺激,产生大量的皮层细胞,使该处的组织膨大,局部突起,形成根瘤。根瘤菌居于根瘤中央的薄壁细胞内,逐渐破坏其核与细胞质,自身转变为拟菌体;同时该区域周围分化出与根维管束相连的输导组织、外围薄壁组织鞘和内皮层。拟菌体通过输导组织从皮层细胞中吸收碳水化合物、矿物盐类和水进行繁殖,并进行固氮作用,将分子氮还原成 NH_3,分泌至根瘤细胞内,合成酰胺类或酰脲类化合物,输出根瘤,由根的输导组织运输至宿主地上部分供利用。宿主为根瘤菌提供良好的居住环境、碳源和能源以及其他必需的营养,而根瘤菌则为宿主提供氮素营养。

3. 根瘤的形态结构

(1) 根瘤的外部形态。根瘤大小不一,小的只有米粒般大小,大的则有黄豆般大小,表面比较粗糙,高低不平。但根瘤的直径明显比根的大,大多分布在主根或一级侧根上,呈枣形、姜形、掌形或球形。根瘤中含有红色素、褐色素和绿色素,所以根瘤呈褐色、灰褐色或红色。

(2) 根瘤的结构。将蚕豆根瘤横切片置显微镜下观察,可见根中央有中柱结构。由于细胞强烈分裂和体积增大,皮层部分畸形增大,形成了瘤状突起物,使根的中柱以相当小的比例偏向一方。

(3) 根瘤菌的结构。将根瘤冲洗干净,取一干净载玻片,压取少许根瘤汁,滴在载玻片上,再加一滴蒸馏水,稀释后涂抹均匀。将此载玻片在酒精灯上烘干,固定。待冷却后,加一滴染料,染色 2~3 min,微加热。冷却后冲去多余染料,再烘干玻片,置显微镜下观察。镜下可看到许多被染成紫色或红色呈短杆状的细胞,此即与豆科植物共生的根瘤菌。

4. 根瘤菌的应用

豆科植物可与根瘤菌共生得到氮素而获高产;同时,在根瘤菌生长时,一部分含氮化合物可以从豆科植物的根分泌到土壤中。在豆科植物生长末期,一些根瘤可以自根上脱落或随根留在土壤中,这样通过根瘤进一步培肥土壤,增加土壤中的氮肥,为其他植物所利用。因此,利用豆科植物与其他植物轮作、间作,可以减少施肥,这样不仅降低了生产成本,而且能提高单位面积的产量。还可以通过种植豆科植物,如紫云英、苜蓿、草木樨等作为绿肥,以增加土壤中的氮肥。有的土壤里没有根瘤菌,在播种时,可以从有根瘤菌的地方取土拌种,或用根瘤菌肥拌种,为根瘤的形成创造条件。

根瘤菌的固氮作用是在常温、常压下进行的,固氮所需的能量来自宿主绿色植物的光合作用,这比工业上的固氮所需的能量少。因此,根瘤菌固氮具有效率高、不污染环境、成本低、收益高的优点。近年来,把固氮菌中的固氮基因转移到农作物和某些经济植物中已成为分子生物学和遗传工程的研究目标,尤其是农业生产上,在禾本科作物(如玉米、小麦)栽培中推广根瘤菌实用技术,已取得了显著成效。

(二) 菌根

菌根是某些植物的根与土壤中的真菌结合在一起而形成的一种真菌与根的共生结合体。凡能引起植物形成菌根的真菌,称为菌根真菌。菌根真菌大部分属担子菌亚门,小部分属子囊菌亚门。菌根真菌的寄主有木本和草本植物,约 2000 种。菌根真菌与植物之间建立相互有利、互为条件的生理整体。

1. 菌根的类型

根据菌根的形态学及解剖学特征，可将菌根分为外生菌根(ectotrophic mycorrhiza)、内生菌根(endotrophic mycorrhiza)和内外生菌根(ectendotrophic mycorrhiza)三种类型。

(1) 外生菌根。外生菌根的真菌菌丝体紧密地包围植物幼嫩的根，形成菌套，菌丝很少穿入根组织的细胞内部。菌丝在根的外皮层细胞壁之间延伸生长，形成网状菌丝体，大部分生长于根外部，有的还伸向周围土壤，代替根毛的作用，增加根系的吸收面积，吸收土壤中的水分和养分供植物利用；另外，菌根菌还可通过分泌维生素等来刺激植物生长。形成外生菌根的真菌主要是担子菌鹅膏属、牛肝菌属和口蘑属中的一些真菌。形成菌根的根一般较粗，顶端分为二叉，根毛稀少或无；形成外生菌根的植物主要是森林树种，松柏类如油松、毛白杨、山毛榉和栎树等。

(2) 内生菌根。内生菌根是指真菌菌丝分布于根皮层细胞间隙或侵入细胞内部形成的不同形状的吸器，如泡囊和树枝状菌丝体。因此，内生菌根也称泡囊-丛枝菌根或丛枝菌根。它可促进根内物质的运输。这类真菌多属于担子菌。这类菌根宿主植物的根一般无形态及颜色变化，根的外表看不出有菌丝存在，都保留着根毛；内生菌根较普遍存在于各种栽培作物中，如玉米、棉花、大豆、马铃薯、银杏、核桃等。

(3) 内外生菌根。内外生菌根有外生菌根和内生菌根的某些形态学或生理特征。它既可在宿主植物根表面形成菌套，又可在根皮层细胞间隙形成泡囊-丛枝菌根，还可在皮层内形成不同形状的菌丝圈。内外生菌根主要存在于松科桦木属、杜鹃花科及兰科植物上。

2. 菌根的形态结构

(1) 外生菌根的形态结构。取油松或圆柏的细小、具根尖的侧根，观察其外部形态，可发现在根尖看不到根毛，根的前端变成"Y"形的钝圆短柱状，好似一个小短棒，有许多菌丝包在根外面。取湿地松的幼根横切片、纵切片，置显微镜下观察，可看到根外围有无数交织成的小型颗粒状物，这就是与湿地松共生的真菌菌丝的横切面，同时也可看到有些菌丝体侵入皮层细胞的细胞间隙，但不侵入细胞内部。

(2) 内生菌根的形态结构。将小麦菌根横切片放在显微镜下观察，可见根皮层细胞内和细胞间有真菌菌丝体。也可采用 Phillips 与 Hayman 的方法观察高等植物根内的泡囊和树枝状菌丝体结构。

3. 菌根的作用

真菌是低等异养型植物，不能自己制造有机物，只能与绿色植物共生形成菌根。菌根中的真菌菌丝体既向根周围土壤扩展，又与寄主植物组织相通。它一方面可以从寄主植物根中吸收糖类等有机物质作为自己的养分；另一方面可扩大植物根系吸收面积，增加对原根毛吸收范围外的元素(特别是磷)的吸收能力，从土壤中吸收水和无机盐供植物利用，促进宿主细胞内贮藏物质的分解，增强植物的吸收作用。

某些菌根具有合成生物活性物质的能力(如合成维生素 B_1 和 B_6、赤霉素、细胞分裂素、植物生长激素、酶类以及抗生素等)，不仅对根的发育有促进作用，使植物生长良好，还能增加豆科植物的固氮率和结瘤率,提高药用植物的药用成分含量,提高苗木移栽、扦插成活率及植物的抗病能力。因此,林业上常采用人工方法进行真菌接种,以提高植物的抗旱能力,以利于造林。某些菌根真菌(如乳菇属、红菇属)的生活史中所形成的子实体能为人类提供食用和药用的菌类资源。

第二节 根的显微构造

一、根尖(root tip)

根尖是根的尖端部分,是指根的顶端至着生根毛部分的一段,长4~6 mm,是根中生命活动最活跃的部分。不论是主根、侧根还是不定根,它们都具有根尖。根的伸长、对水分和养料的吸收、成熟组织的分化以及对重力与光线的反应都发生于这一区域。

根尖的结构一般可以分为四个部分:根冠、分生区、伸长区和根毛区。水生植物的根常不具根冠。各区的细胞行为与形态结构均有所不同,功能上也有差异,但各区间并无明显的界线,而是逐渐过渡的(图3-4)。

(一)根冠(root cap)

根冠是根尖最先端的帽状结构,罩在分生区的外面,有保护根尖幼嫩的分生组织使之免受土壤磨损的功能。根冠由多层松散排列的薄壁细胞组成,细胞排列较不规则,外层细胞常黏液化。当根端向土壤深处生长时,它可以起润滑作用,使根尖较易在土壤中穿过。其外层细胞常遭磨损或解体死亡,而后脱落。但由于其内部的分生区细胞可以不断地进行分裂,产生新细胞,因此根冠细胞可以陆续得到补充和更替,始终保持一定的厚度和形状。此外,根冠细胞内常含有淀粉体,可能有重力的感应作用,与根的向地性生长有关。

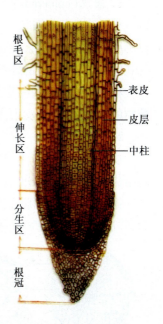

图3-4 根尖的构造

(二)分生区(meristematic zone)

分生区也叫生长点,是具有强烈分裂能力的、典型的顶端分生组织,位于根冠之内,总长为1~2 mm。其最先端部分是没有任何分化的原分生组织,稍后为初生分生组织,可以不断地进行细胞分裂,增加根尖的细胞数目,因而能使根不断地进行初生生长。其细胞形状为多面体,个体小,排列紧密,细胞壁薄,细胞核较大,拥有密度大的细胞质(没有液泡),外观不透明。

1. 伸长区(elongation zone)

伸长区是位于分生区稍后的部分。多数细胞已逐渐停止分裂,有较小的液泡(吸收水分而形成),使细胞体积扩大,并显著地沿根的长轴方向伸长。伸长区一般长2~5 mm,是根部向前推进的主要区域。其外观透明,洁白而光滑。

2. 成熟区(maturation zone)

成熟区也称根毛区(root hair zone)。此区的各种细胞已停止伸长生长,有较大的液泡

（由小液泡融合而成），并已分化成熟,形成各种组织。表皮密生的茸毛即根毛,是根吸收水分和无机盐的主要部位。随着根尖伸长区的细胞不断地向后延伸,新的根毛陆续出现,以代替枯死的根毛,形成新的根毛区,进入新的土壤范围,不断扩大根的吸收面积。

二、初生构造(primary structure)

由初生分生组织分化形成的组织,称为初生组织(primary tissue)。由初生组织形成的构造,称为初生构造。通过根尖的成熟区横切面可以观察到,根的初生构造从外到内可分为表皮、皮层和维管柱三部分。

（一）双子叶植物根的初生构造

1. 表皮(epidermis)

根的成熟区最外面一层称为表皮,是由原表皮发育而成的,一般由一层细胞组成。表皮细胞近似长方柱形,延长的面积和根的纵轴平行,排列整齐、紧密,壁薄,角质层薄,不具气孔,部分表皮细胞的外壁向外突起,延伸成根毛。

根的表皮大多由一层活细胞组成,但也有例外。热带兰科植物和一些附生的天南星科植物的气生根中,表皮为多层,形成所谓的根被。

2. 皮层(cortex)

皮层是由基本分生组织发育而成的,它在表皮的内部占相当大的部分,由多层薄壁细胞组成,细胞排列疏松,有显著的细胞间隙。皮层的最外层细胞,即紧接表皮的一层细胞,往往排列紧密,无间隙,成为连续的一层,称为外皮层(exodermis)。当根毛枯死,表皮破坏后,外皮层的细胞壁增厚并栓化,能代替表皮起保护作用。

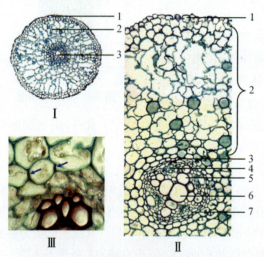

图3-5 双子叶植物根的初生构造（毛茛）
Ⅰ.横切面:1.表皮 2.皮层 3.维管柱
Ⅱ.横切面详图:1.表皮 2.外皮层和皮层薄壁组织
　　3.内皮层 4.韧皮部 5.原生木质部
　　6.后生木质部 7.中柱鞘
　　Ⅲ.内皮层(显示凯氏点)

皮层最内的一层常由一层细胞组成,排列整齐,无胞间隙,称为内皮层(endodermis)。内皮层细胞的部分初生壁上常有栓质化和木质化增厚成带状的结构,环绕在细胞的两个径向壁和两个端壁内侧成一整圈,称为凯氏带(Casparian strip)。凯氏带在根内是一个对水分和溶质有障碍或限制作用的结构,在根的横切面上经常呈现点状增厚,因而又称为凯氏点。内皮层一些正对木质部的细胞,其细胞壁不增厚,可使皮层与维管束间物质内外流通,称为通道细胞(图3-5)。

在单子叶植物根的构造中,细胞进一步发育,侧壁和端壁以及内切向壁均显著增厚或全面增厚,而外切向壁较薄,在横切面上呈现出马蹄形增厚。

3. 维管柱(vascular cylinder)

内皮层以内的部分,统称维管柱。其结构比较复杂,包括中柱鞘(pericycle)的初生维管组织。

中柱鞘(pericycle)是维管柱的最外一层薄壁细胞,中柱鞘内的初生木质部(primary xylem)和初生韧皮部(primary phloem)相间排列,各自成束。由于根的初生木质部在分化过程中是由外方开始向内方逐渐发育成熟的,这种方式称为外始式(exarch),这是根发育的一个特点。因此初生木质部外方,也就是近中柱鞘的部分,是最初成熟的部分,称为原生木质部(protoxylem),它是由管腔较小的环纹导管或螺纹导管组成的。渐近中部、成熟较迟的部分,称为后生木质部(metaxylem),它是由管腔较大的梯纹、网纹或孔纹等导管组成的。

根的初生木质部分为几束,束的数目随植物的种类不同而异。例如,十字花科、伞形科的一些植物根中,只有两束,称为二原型(diarch);毛茛科的唐松草属有三束,称为三原型(triarch);葫芦科、杨柳科及毛茛科毛茛属的一些植物有四束,称为四原型(tetrarch);棉花和向日葵有四至五束,蚕豆有四至六束。一般双子叶植物束的数目少,为二至六原型;而单子叶植物至少有六束,即六原型(hexarch);通常为多束,即多原型(polyarch)(七原型以上);有些单子叶植物可达数百束之多。对于某种植物,初生木质部束的数目有相对稳定性,但也常发生变化。同种植物的不同品种或同种植物的不同根,也可能出现不同的情况。近年来的实验研究表明,在离体培养根中,培养基中生长素吲哚乙酸的含量可以影响初生木质部束的数目。被子植物的初生木质部由导管、管胞、木薄壁细胞和木纤维组成;裸子植物的初生木质部主要是管胞。

初生韧皮部束的数目和初生木质部束的数目相同。其分化成熟的方式也是外始式,即在外方的先分化为成熟的初生韧皮部,成为原生韧皮部(prophloem);在内方的后分化为成熟的初生韧皮部,成为后生韧皮部(metophloem)。其内部组成,被子植物的初生韧皮部一般有筛管、伴胞、韧皮薄壁细胞,偶有韧皮纤维;而裸子植物的初生韧皮部主要是筛胞。

在初生木质部和初生韧皮部之间有一至多层薄壁细胞,在双子叶植物根中,这些细胞以后可以进一步转化为形成层的一部分,由此产生次生构造。

一般双子叶植物根的初生木质部往往一直分化到维管柱的中心,因此,根不具有髓部(pith)。但也有一些植物初生木质部不分化到维管柱的中心,中心仍保留有未经分化的薄壁细胞,因此,这些根中就有髓部,如乌头、龙胆、桑等。单子叶植物根的初生木质部一般不分化到中心,因而有发达的髓部,如百部的根。也有髓部细胞木化而成厚壁组织的,如鸢尾。

(二)单子叶植物根的初生构造

单子叶植物根的结构(图3-6)也可分为表皮、皮层和维管柱三部分,但各部分结构和双子叶植物根的结

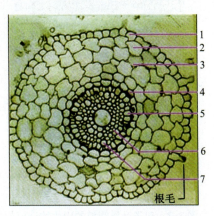

图3-6 单子叶植物根的初生构造
1. 表皮 2. 外皮层 3. 皮层薄壁
   4. 内皮层 5. 中柱鞘
   6. 初生韧皮部 7. 初生木质部

构不尽相同。特别需要指出的是,单子叶植物的根不能进行次生生长,因此也不产生次生构造。

1. 表皮

根最外的一层细胞为表皮。在根毛枯死后,表皮往往解体并脱落。

2. 皮层

禾本科植物根的皮层中,靠近表皮的一层至数层细胞为外皮层。在根发育的后期,往往转变为厚壁的机械组织,起支持和保护作用。机械组织的内侧为细胞数量较多的皮层薄壁组织。水稻幼根皮层薄壁细胞呈明显的同心辐射状排列,细胞间隙大。在水稻老根中,部分皮层薄壁细胞互相分离,后解体形成大的气腔。气腔间被离解的皮层薄壁细胞及残留的细胞壁所构成的薄片隔开。水稻根、茎、叶中气腔互相连通,有利于通气。叶片中的氧气可通过气腔进入根部,供给根呼吸,所以水稻能够生长在湿生环境中。然而,三叶期以前的幼苗,通气组织尚未形成,根所需要的氧气靠土壤来供应,故这段时期的秧苗不宜长期保持水层。

3. 维管柱

维管柱最外层薄壁细胞组成中柱鞘。初生木质部一般在六原型以上,为多原型,如水稻不定根的原生木质部有6~10束,小麦7~8束或10束以上,玉米12束。维管柱中央有发达的髓部,髓由薄壁细胞组成。原生木质部紧靠中柱鞘,常由几个小型导管组成,内侧相连的后生木质部常有大型导管。但小麦的细小胚根维管柱中央有时只被1个或2个后生木质部导管所占满。每束初生韧皮部主要由少数筛管和伴胞组成,与初生韧皮部相间排列,二者之间的薄壁细胞不能恢复分裂能力,不产生形成层。之后,其细胞壁木化变为厚壁组织。在水稻老根中,除韧皮部外,所有组织都木化增厚,使整个维管柱既保持输导功能,又起到坚固的支持作用。

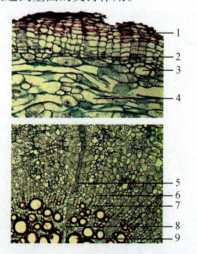

图3-7 双子叶植物根的次生构造(防风)
1. 木栓层 2. 木栓形成层 3. 分泌道
4. 皮层 5. 韧皮射线 6. 韧皮部
7. 形成层 8. 木射线 9. 木质部

三、次生构造(secondary structure)

绝大多数蕨类植物和单子叶植物的根在整个生活周期中一直保持着初生结构,而裸子植物和大多数双子叶植物则可以增粗生长。次生构造是由根的次生分生组织(维管形成层和木栓形成层)细胞的分裂、分化产生的(图3-7)。

植物体产生次生结构使茎和根加粗的过程,称为次生生长。在次生生长中,由于维管形成层的活动,其衍生细胞向外分化形成次生韧皮部,向内形成次生木质部,共同组成次生维管组织。维管形成层的不断活动,使次生维管组织逐渐增多,从而使根和茎原来的外围初生组织(如表皮、皮层)受到挤压。此时,在根中一般由中柱鞘、在茎中由表皮或皮层的细胞转化为木栓形成层。木栓形成层向外产生木栓层,向内产生栓内层,共同组成周皮。周皮以外的表皮和皮层被破坏,而由周皮代替表皮起保护作用。

（一）形成层的产生及其活动

根开始进行次生生长时,在初生木质部与初生韧皮部之间的一部分薄壁细胞及初生木质部外向的中柱鞘细胞恢复分裂能力,转变成形成层(cambium)。一般在初生木质部与初生韧皮部相接的薄壁细胞首先开始分裂,转变成形成层,然后向两侧延伸,逐渐向初生木质部外方的中柱鞘部位发展,转变成形成层的一部分,这样就形成一个凹凸不平的形成层环（图3-8）。

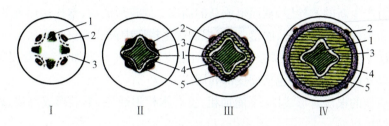

图3-8　根的次生生长图解

Ⅰ. 幼根初生构造　Ⅱ. 形成层已连接,初步形成部分次生构造
Ⅲ. 形成层向内向外进一步形成次生构造　Ⅳ. 形成层呈圆环,次生构造已完全形成
1. 初生木质部　2. 初生韧皮部　3. 形成层　4. 次生木质部　5. 次生韧皮部

最初的形成层原始细胞只有一层,但在生长季节,由于刚分裂出来的尚未分化的衍生细胞与原始细胞相似而成为多层细胞,合称为形成层区。通常所讲的形成层就是指形成层区。

1. 次生木质部和次生韧皮部的形成

形成层细胞不断进行平周(切向)分裂,向内产生新的木质部,添加在初生木质部的外方,称为次生木质部(secondary xylem),包括导管、管胞、木薄壁细胞和木纤维;向外分生韧皮部,加于初生韧皮部的内侧,称为次生韧皮部(secondary phloem),包括筛管、伴胞、韧皮薄壁细胞和韧皮纤维。

由于形成层分裂产生的次生木质部远比次生韧皮部多、分裂速度快,形成层环也随着增大,位置不断外移,并使原来凹凸不平的形成层环逐渐成为圆环状,将整个韧皮部推到木质部的外侧,成为无限外韧维管束。由于韧皮部被向外推和受到挤压,外部的筛管等组织被挤压破坏,成为没有细胞形态的颓废组织。

次生木质部和次生韧皮部合称为次生维管组织,是次生构造的主要部分。

2. 维管射线(次生射线)

在形成次生木质部和次生韧皮部的同时,一定部位的形成层分裂产生径向延长的薄壁细胞,呈辐射状排列,贯穿于维管组织中,称为维管射线(vascular ray)。它在横切面上呈现放射状,将根的次生维管组织分割成若干束。维管射线(次生射线)包括木射线(xylem ray)和韧皮射线(phloem ray),位于木质部的射线为木射线,位于韧皮部的射线为韧皮射线。维管射线具有横向运输水分和养料的功能。

（二）木栓形成层的产生及其活动

由于形成层的活动,次生维管组织大量产生,使维管柱不断增粗,因此,外方的表皮及部分皮层因不能相应增粗而遭到破坏。此时,根的中柱鞘细胞恢复分裂机能形成木栓形成层。木栓形成层向外分生木栓层,向内分生栓内层,三者合称为周皮。木栓层细胞在横切面上多呈扁平状,排列整齐、紧密,细胞壁木栓化呈褐色。栓内层为数层薄壁细胞,排列疏松,有的栓内层较发达,也称次生皮层。根的外形上由白色逐渐转变为褐色,由较柔软、较细小逐渐转变为粗硬,这就是次生生长的结果。

木栓形成层通常由中柱鞘分化而成,也可以由表皮细胞、初生皮层中的一部分薄壁细胞分化而来。当木栓形成层终止活动时,在其内方的薄壁细胞(皮层或次生韧皮部)又能恢复分生能力产生新的木栓层,从而形成新的周皮。周皮形成后,木栓层以外的表皮、皮层得不到水分和养分而逐渐枯死、脱落,所以根的次生构造中没有表皮和皮层。

通常植物学上的根皮是指周皮这部分,而根皮类药材(如香加皮、地骨皮、牡丹皮等)是指形成层以外的部分,主要包括韧皮部和周皮。

单子叶植物的根没有形成层,不能加粗,没有木栓形成层,不能形成周皮,而由表皮或外皮层行使保护机能。

四、三生构造(tertiary structure)

某些双子叶植物的根,除了正常初生构造、次生构造外,还可产生一些额外的维管束、附加维管束、木间木栓等,形成了根的异型构造,也称三生构造。根的异型构造主要有以下几种类型(图3-9)。

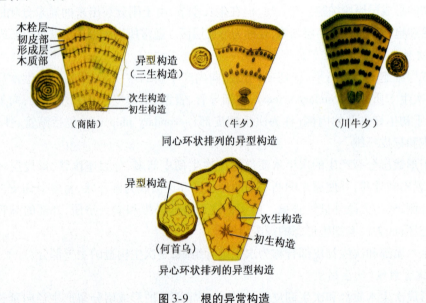

图3-9 根的异常构造

(一)同心环状排列的异常维管组织

一些植物根正常形成层分裂活动不久,就丧失了分裂能力,而在次生韧皮部外缘的韧皮薄壁细胞又恢复了分裂能力,产生新的维管束。反复多次,表现为多轮环状。例如牛夕根的异型构造,肉眼可见到的同心环就是异型维管束所构成的环。

（二）异心环状排列的异常维管组织

某些双子叶植物在根的正常维管束外围皮层的薄壁组织中可形成新的形成层，产生新的维管组织，形成异常构造。例如，何首乌根横切面上可以看到一些大小不等的圆圈状花纹，在药材鉴定上称为云锦花纹。

（三）木间木栓

有些双子叶植物的根在次生木质部内也形成木栓带，称为木间木栓（interxylary cork）或内涵周皮（included periderm）。横切面观为多层排列整齐的扁平细胞。木间木栓通常由次生木质部薄壁组织栓化形成，例如黄芩的老根中央可见木栓环。

根的形态和构造是植物的重要特征，是识别药用植物和鉴定药材的重要依据。

思考题

1. 单子叶植物根的内部结构与双子叶植物根的初生构造有何不同？
2. 双子叶植物根的次生构造是怎样形成的？
3. 举例说明根有哪些变态类型。

综合题

1. 为什么会出现变态根的现象？
2. 变态根药材有哪些？

根

第四章 茎

1. 学习重点及线路：

掌握茎的生理功能及药用价值→正常茎与变态茎的形态与类型→茎的显微构造→双子叶植物茎的初生构造→次生构造和异常构造→单子叶植物茎和根茎的构造→裸子植物茎的构造。

2. 任务主题：

（1）茎的变态有根茎、块茎和鳞茎。变态茎中药材较多，常见的变态茎药材有哪些？它们有哪些药用价值？

（2）茎是植物位于地上的营养器官，它通常向上生长，其原理是什么？

（3）地上茎的变态之一是茎卷须，它是如何攀缘而上的？

（4）缠绕茎是如何缠绕在其他支撑物上的，其原理是什么？

（5）茎上有节，节上多长叶或枝，自然界中的植物是否有节外生枝的？

（6）茎和根的初生构造有何不同？

（7）茎和根的次生构造有何不同？

（8）心材入药的有哪些？它们具有哪些成分及功效？

茎（stem）是由种子中的胚芽、胚轴发育而成的轴状结构，通常在地面以上生长，是植物体重要的营养器官，连接着植物的根、叶、花和果实，输送着水分、无机盐和有机养料，但也有植物的茎在地下生长，如姜、天麻等。无茎的被子植物极为罕见，如无茎草属植物等。

第一节 茎的功能与形态

一、茎的生理功能及药用价值

（一）生理功能

茎有输导、支持、贮藏和繁殖的功能。

1. 输导作用

茎联系着根和叶,是进行物质运输的通道。茎的木质部将根部吸收的水分和无机盐以及根中合成或贮藏的营养物质向上输送到叶,供给叶进行光合作用;茎的韧皮部将叶片经光合作用产生的糖类等有机物质向下运输到植物体各个部分供其正常生长或贮藏。

2. 支持作用

大多数植物的主茎直立于地面,和根系一起支持着整个植物体,在木本植物中体现得更明显,并支持着枝、叶、花和果的合理伸展与有规律的分布,以充分接收阳光和空气,进行光合作用,以利于开花、传粉和果实、种子的传播。

3. 贮藏作用

许多植物的茎,尤其是变态茎,能贮藏水分和营养物质,可作为食品和工业原料,其中很多具有药用价值。例如,仙人掌的茎贮藏水分,甘蔗的茎贮藏糖类,川贝母的块茎贮藏淀粉等。

4. 繁殖作用

根状茎、块茎、球茎、鳞茎和匍匐茎均具有繁殖作用。许多植物的茎可形成不定根或不定芽,作为扦插、嫁接、压条等营养繁殖的材料。

(二)茎的药用价值

许多植物的茎全部或部分供药用。例如,麻黄、桂枝、鸡血藤等是常用的地上茎类药材,钩藤是带钩的茎枝,杜仲、黄檗、金鸡纳皮、桂皮、秦皮是常用的茎皮类药材,苏木、沉香、檀香是常用的茎木类药材,通草、灯芯草是常用的茎髓类药材,黄精、玉竹、半夏、贝母、天麻是常用的地下茎类药材。

二、正常茎的形态与类型

(一)茎的外形

茎的外形随着植物的种类而异,大多数呈圆柱形,但有些植物的茎具有特征性形状,可作为重要的鉴别依据。例如,有的茎呈方形,如薄荷、荆芥、益母草等唇形科植物;有的茎呈三棱形,如荆三棱、香附等莎草科植物;有的茎扁平,如仙人掌。茎的中心通常为实心,但也有空心的,如空心菜、南瓜等。禾本科植物如芦苇、小麦、竹等,不但茎中空,而且有明显的节,特称为秆。茎的这些形态变化对加强机械支持、行使特殊功能有重要意义。

茎上着生叶的部位称为节(node);相邻两个节之间的部分称为节间(internode)。一般植物的节只是在叶柄着生处稍突起,但有些植物,如玉米、薏苡、牛膝等的节明显膨大呈环状。还有些植物的节反而缩小,如藕等。不同种植物的节间长短相差较明显,例如竹的节间长达数十厘米,而蒲公英的节间尚不足1毫米(图4-1)。

(二)芽及其类型

芽(bud)是处于幼态而未发育的枝、花或花序的雏体。其实质是分生组织及其衍生器官的幼嫩

图4-1 茎的外形
1. 顶芽　2. 腋芽

结构。植物的芽有多种类型。

(1) 按芽在枝上的着生位置,可分为定芽(normal bud)和不定芽(adventitious bud)。在茎上有固定着生位置的芽,称为定芽。其中生于茎枝顶端的芽称为顶芽,生于叶腋处的芽称为腋芽或侧芽;有的植物在顶芽或腋芽旁生有1~2个小芽,称为副芽。副芽在顶芽或腋芽受伤后可代替它们发育,如葡萄、桃等。无固定生长位置的芽称为不定芽,如甘薯、蒲公英、刺槐等根上的不定芽,秋海棠、落地生根等叶上的不定芽,柳树、桑树等创伤切口或老枝上的不定芽等。不定芽有繁殖作用。

(2) 根据芽的发展性质,可分为枝芽、叶芽、花芽和混合芽。能发育成枝和叶的芽称为枝芽或叶芽;能发育成花或花序的芽称为花芽;能同时发育成枝、叶、花或花序的芽称为混合芽。

(3) 根据芽鳞的有无,可分为裸芽(naked bud)和鳞芽(protected bud)(图4-2)。多数多年生木本植物的越冬芽,不论是枝芽还是花芽,外面有鳞片包被,称为鳞芽,如杨、柳、樟等;芽鳞片是叶的变态,有厚的角质层,有时还被覆着毛茸或分泌的树脂黏液,借以降低蒸腾和防止干旱及冻害,保护幼芽。所有一年生植物、多数两年生植物和少数多年生植物的芽外面没有鳞片包被,称为裸芽,如黄瓜、菘蓝、薄荷等。

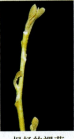

人参的裸芽　　枫杨的裸芽　　东北连翘的鳞芽

图4-2　裸芽和鳞茎

(4) 根据芽的生理活动状态,可分为活动芽(active bud)和休眠芽(dormant bud)。正常发育且在生长季节活动的芽,即当年形成、当年萌发或第二年春天萌发的芽,称为活动芽,如一年生草本植物、木本植物的顶芽及距其较近的芽。长期保持休眠状态而不萌发的芽,称为休眠芽,又称潜伏芽。潜伏芽在一定条件下可以萌发。例如,当植物体的茎枝被折断或树木被砍伐后,休眠芽可萌发出新的枝条。此外,一般植物的顶芽有优先发育并抑制腋芽发育的作用(顶端优势)。若顶芽被摘掉,则可促进下部休眠芽的萌发。休眠芽的形成可调节有限的养料在一个时间段内的集中使用,控制侧枝发生,使枝叶在空间合理安排,植株得以健壮生长。这是植物长期适应外界环境的结果。

(三) 茎的分枝

茎在生长时,由于顶芽和腋芽活动的情况不同,每一种植物都会形成一定的分枝方式。常见的分枝方式有以下五种(图4-3)。

1. 单轴分枝(monopodial branching)

主茎的顶芽不断向上生长,形成直立而粗壮的主干,主茎上的腋芽也以相同的方式形成侧枝,侧枝再形成各级分枝,但侧枝生长均不超过主茎,因此主茎极其明显。这种分支方式被称为单轴分枝,又称总状分枝。大多数裸子植物(如松、杉、柏等)和部分被子植物(如杨、柳等)具有这种分支方式。

2. 合轴分枝(sympodial branching)

主干的顶芽发育到一定时期,生长缓慢、死亡或形成花芽,由其下方的侧芽代替顶芽继续生长,形成粗壮的侧枝,以后侧枝的顶芽又停止生长,再由它下方的侧芽发育,如此交替产生新的分枝,从而形成"之"字形弯曲的主轴,主干是由短的主茎和各级侧枝联合而成的,因此称为合轴分枝。这是顶端优势减弱或消失的结果。合轴分枝的植株树冠开阔,枝叶茂盛,有利于充分接受阳光,是较为进化的分支方式。大多数被子植物具有这种分支方式,如桃、杏、桑、榆等。

3. 二叉分枝(dichotomous branching)

分枝时顶端分生组织平分为两半,每半各形成一个分枝,并且在一定时候又以同样的方式重复进行分枝,因此这

图4-3 茎的分枝
1. 单轴分枝(池杉) 2. 合轴分枝(桃)
3. 二叉分枝(石松) 4. 假二叉分枝(石竹)
5. 分蘖(水稻)

种分支被称为二叉分枝。这是比较原始的分支方式,多见于低等植物(如松萝等),也见于部分高等植物(如苔纲植物和蕨类植物的石松、卷柏等)。

4. 假二叉分枝(false dichotomous branching)

顶芽停止生长或分化为花芽后,顶芽下面对生的两个腋芽同时发育成两个外形相同的侧枝,呈二叉状;每个分枝又以同样的方式再分枝,如此形成许多二叉状分枝,从形态上看似二叉分枝,故称为假二叉分枝,如丁香、接骨木、石竹、曼陀罗等。

5. 分蘖(tiller)

小麦、水稻等禾本科植物在生长初期,茎的节间极短,几个节密集于基部,每个节上生有一叶,每个叶腋中都有一个腋芽。在四、五叶期的幼苗,有些腋芽开始活动,迅速生长成为新枝,同时在节上产生不定根。这种分支方式被称为分蘖。

有些植物在同一株植物上有两种分枝方式,如棉的植株上既有单轴分枝,也有合轴分枝。

(四) 茎的类型

1. 根据茎的质地可分为木质茎、草质茎和肉质茎

具有发达的木质部而质地坚硬的茎,称为木质茎。凡具木质茎的植物,称为木本植物。其中植株高大、主干明显、基部少分枝或不分枝的称乔木(tree),乔木多高达5 m以上,如厚朴、黄檗等;主干不明显、在基部分出数个丛生枝干的,称为灌木(shrub),灌木多在5 m以下,如夹竹桃、连翘等;外形似灌木,但较矮小,一般高1 m左右的,称为小灌木,如矮锦鸡儿等;仅在茎的基部发生木质化、茎上部为草质的称为亚灌木或半灌木(sub shrub),如牡丹、麻黄等。木质茎长而柔韧,攀缘他物或缠绕向上生长的植物被称为木质藤本,如木通、葡萄等。

木质化程度较低、质地柔软的茎,称为草质茎。凡具有草质茎的植物,称为草本植物。植株在一年内完成整个生长周期而全株枯死的植物称为一年生草本植物,如马齿苋、红花等。植株在当年萌发,次年开花结果后全株枯死的植物称为二年生草本植物,如菘蓝、

萝卜、荠菜等。植株生命周期在两年以上的植物称为多年生草本植物；其中地下部分多年存活，地上部分每年枯死的植物称为宿根草本植物，如黄连、人参、防风等；地下、地上两部分常年保持生活力的植物称为常绿草本植物，如麦冬、万年青、石菖蒲等。草质茎攀缘他物或缠绕向上生长的植物称为草质藤本，如白英、丝瓜等。

质地柔软多汁、肉质肥厚的茎称为肉质茎，如芦荟、仙人掌、景天等。

2. 根据茎的生长习性可分为直立茎和藤状茎

茎干不依附他物，垂直于地面向上直立生长的称为直立茎，如松、黄檗、百合等。茎细长柔软，不能直立，须依附他物向上生长的，称为藤状茎。其中，依靠茎的本身缠绕于他物螺旋状向上生长的，称为缠绕茎，如五味子、何首乌、牵牛等；依靠某种攀缘结构依附他物上升的，称为攀缘茎，如栝楼、丝瓜等依靠卷须攀

图 4-4 茎的类型

1. 直立茎（槐） 2. 缠绕茎（紫藤） 3. 缠绕茎（圆叶牵牛）
4. 攀缘茎（黄瓜） 5. 攀缘茎（爬墙虎）
6. 平卧茎（斑地锦） 7. 匍匐茎（白车轴草）

缘，爬山虎依靠吸盘攀缘，钩藤依靠钩攀缘，葎草依靠刺攀缘，薜荔、络石依靠不定根攀缘；茎细长柔弱，节上生不定根，沿地面以匍匐状态生长的，称为匍匐茎，如连钱草、积雪草等；茎细长柔弱，节上不产生不定根，沿地面以平卧状态生长的，称为平卧茎，如蒺藜、马齿苋、地锦草等（图4-4）。

三、变态茎的形态与类型

茎同根一样，为适应某种特殊的环境和执行不同的功能，也会产生变异，改变原来的形态和结构，这种和一般形态不同的变异称为变态。有些变态的茎变化非常大，甚至在外形上几乎无从辨认。茎的变态种类很多，可分为地下茎的变态和地上茎的变态两大类。

（一）地下茎的变态

地下茎的变态结构主要起贮藏养料和繁殖的作用。常见的有以下几种类型（图4-5）。

1. 根状茎（rhizome）

根状茎常简称为根茎，茎地下横卧，节和节间明显，节

图 4-5 地下茎的变态

1. 根状茎（黄精） 2. 根状茎（姜） 3. 球茎（荸荠）
4. 块茎（半夏） 5. 块茎（天麻） 6. 鳞茎（洋葱） 7. 鳞茎（百合）

上有退化的鳞叶,具顶芽和腋芽,常生有不定根。根状茎的形态随植物种类而不同,如苍术、川芎的根状茎呈团块状,白茅、玉竹的根状茎细长,姜的根状茎粗肥。有的根状茎具有明显的茎痕(地上茎枯萎脱落后留下的痕迹),如黄精等。

2. 块茎(tuber)

块茎为地下茎的末端膨大部分,呈不规则块状,节间较短,节上有芽和退化的鳞叶(有时早起枯萎、脱落),如天麻、半夏、延胡索、马铃薯等。其中,马铃薯是节间极度缩短的块茎,表面凹陷处长芽,称为芽眼。芽眼在块茎表面呈螺旋状排列。

3. 球茎(corn)

球茎为地下茎先端膨大部分,呈球状或扁球状,节和缩短的节间明显,节上生有膜质的鳞叶,顶芽发达,腋芽常生于其上半部,基部生有不定根,如荸荠、慈姑、番红花等。

4. 鳞茎(bulb)

地下茎极度缩短,呈扁圆盘状,称为鳞茎盘,其上着生许多肉质肥厚的鳞叶,整体呈球形或扁球形。顶端有顶芽,鳞片叶内有腋芽,基部具不定根。洋葱、大蒜等外层鳞叶呈干膜质,完全覆盖内层鳞叶,称为有被鳞茎;贝母、百合等外层鳞叶不呈干膜质,不完全覆盖内层鳞叶,称为无被鳞茎。

(二) 地上茎的变态

地上茎的变态结构主要与同化、保护、攀缘等功能相关,常见的有以下几种类型(图4-6)。

1. 叶状茎(phylloclade)

叶状茎又称叶状枝。有些植物的茎变态呈绿色扁平状或针叶状,具有叶的功能,而真正的叶则退化成刺状、线状或膜质鳞片状,如仙人掌、天冬、竹节蓼等。

图4-6 地上茎的变态

1. 叶状枝(雉隐天冬) 2. 叶状枝(仙人掌) 3. 刺状茎(山皂角)
4. 钩状茎(钩藤) 5. 茎卷须(丝瓜) 6. 小块茎(半夏)
7. 小鳞茎(卷丹) 8. 假鳞茎(羊耳蒜)

2. 刺状茎(shoot thorn)

刺状茎又称枝刺或棘刺。有的植物长出的枝条发育成刺状。有的枝刺分枝,如枸橘、皂荚;有的枝刺不分枝,如山楂、酸橙、木瓜等。枝刺生于叶腋,可与叶刺相区别。

3. 钩状茎(hook-like stem)

有的植物茎的侧枝变态呈钩状,位于叶腋,粗短,坚硬,不分枝,称为钩状茎,如钩藤。

4. 茎卷须(stem tendril)

有些植物的茎变态成柔软卷曲的、可攀缘的卷须结构,称为茎卷须。与刺状茎类似,茎卷须也有不分枝和分枝两种,前者如龙须藤,后者如丝瓜、栝楼、葡萄等。

5. 小块茎(tubercle)和小鳞茎(bulblet)

小块茎和小鳞茎通常由腋芽或不定芽发育而成,是在地上部分的较小的块茎或鳞茎结构,具有营养繁殖的作用。百合科植物,如卷丹的叶腋、洋葱、大蒜与薤白的花序中常形成小鳞茎,又称为珠芽;半夏的叶柄以及山药、秋海棠的叶腋常产生小块茎。

6. 假鳞茎(false bulb)

附生的兰科植物的茎基部肉质膨大呈块状或球状部分,这种茎被称为假鳞茎,如石仙桃、石豆兰等。

第二节 茎的显微构造

一、茎尖的构造

茎尖和根尖有相似之处,可分为分生区(生长锥)、伸长区和成熟区三部分。但二者的区别在于茎尖无类似根冠的结构来保护生长锥,其顶端的分生组织也包裹在幼叶中。

(一) 分生区

分生区是顶端分生组织所在的部位,位于茎的前端,呈圆锥状,细胞有强烈的分生能力,所以又称为生长锥。生长锥基向外形成小突起,成为叶原基,继而分生出腋芽原基,发育成叶和腋芽。

(二) 伸长区

伸长区由分生区分裂出的细胞迅速伸长而形成,细胞开始分化成不同的组织。

(三) 成熟区

成熟区位于伸长区的后方,细胞的分化较为明显,表皮不形成根毛,常分化成气孔和毛茸。成熟区的细胞逐渐分化成原表皮层、基本分生组织、原形成层,通过这些分生组织细胞的分裂和分化,形成了茎的初生构造。

二、双子叶植物茎的初生构造

通过茎尖的成熟区做一个横切面,可以观察到茎的初生构造包括表皮、皮层和维管柱三部分(图4-7)。

(一) 表皮

表皮由一层长方形、扁平、排列整齐而紧密的生活细胞构成。常无叶绿体,少数植物(如蓖麻、甘蔗等)茎的表皮细胞含有花青素,使茎呈紫红色。细胞外壁较厚,角质化并形成角质层,表皮上一般具有少量的气孔,还有的植物具有蜡被或各式毛茸。

(二) 皮层

皮层位于表皮内侧,由多层细胞构成,但不如根的皮层细胞发达,在茎中所占比例较小。其细

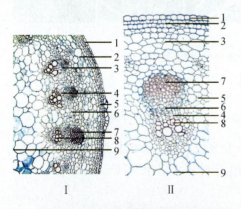

图4-7 双子叶植物茎的初生构造

Ⅰ. 向日葵嫩茎横切面图
Ⅱ. 向日葵嫩茎横切面详图

1. 表皮 2. 皮层 3. 韧皮部 4. 形成层
5. 厚角组织 6. 髓射线 7. 纤维束
8. 木质部 9. 髓

胞大、壁薄，排列疏松，具细胞间隙。外层的细胞中常含有叶绿体，所以嫩茎表面呈绿色；常有厚角组织，有的厚角组织呈束状，分布于茎的棱角处，如黄芩、南瓜等；有的厚角组织呈环状排列，如椴树、接骨木等。有的皮层内侧有呈环状包围初生维管束的纤维，称为环管纤维或周围纤维，如马兜铃；有的皮层含石细胞，如厚朴；有的皮层含分泌组织，如向日葵。

大多数植物的皮层最内侧的一层细胞仍为一般的薄壁细胞，与根具有明显的内皮层不同。因此，它与维管柱间并无明显界限。有的植物皮层的最内层细胞含有较多的淀粉粒，这层细胞被称为淀粉鞘（starch sheath），如蓖麻、马兜铃等。

（三）维管柱

维管柱位于皮层以内，在茎中占较大比例，由初生维管束、髓和髓射线三部分构成。

1. 初生维管束（primary vascular bundle）

双子叶植物茎的初生维管束彼此分离，呈环状排列，包括初生韧皮部、初生木质部和束中形成层。其中初生韧皮部位于维管束外侧，由筛管、伴胞、韧皮纤维、韧皮薄壁细胞组成，分化成熟方式由外向内，称为外始式（exarch）。在韧皮部外侧常有半月形的纤维束成群分布，称为初生韧皮纤维束；初生木质部由导管、管胞、木纤维、木薄壁细胞组成，分化成熟方式由内向外，称为内始式（endarch）。内侧原生木质部的导管直径较小，多为环纹、螺纹导管，外侧后生木质部的导管直径较大，多为梯纹、网纹或孔纹导管；束中形成层位于初生木质部和初生韧皮部之间，由原形成层遗留下来的1~2层具有分生能力的薄壁细胞组成。

多数双子叶植物茎的维管束为无限外韧型，但有些植物茎中具有双韧型维管束，如曼陀罗、枸杞、酸浆等茄科植物，南瓜、黄瓜等葫芦科植物等。

2. 髓（pith）

髓位于茎的中央，由基本分生组织产生的薄壁细胞组成，常有贮藏功能。有些植物的髓中有石细胞，如樟树；有些木本植物（如椴树、枫香）的髓周围常有一些排列紧密的小型厚壁细胞，围绕着内侧的大型薄壁细胞，二者界限分明，这层细胞称为环髓带或髓鞘；有些植物的髓在发育过程中局部被破坏，形成许多片状的横隔，如胡桃、软枣猕猴桃等；还有些植物的髓在发育过程中逐渐被破坏甚至消失，形成中空的茎，称为髓腔，如金钟、南瓜等。一般草本植物的髓部所占比例较大，而木本植物的髓部所占比例较小。

3. 髓射线（medullary ray）

髓射线为位于初生维管束之间的薄壁组织，由数列细胞组成，又称为初生射线。髓射线内连髓部，外达皮层，在横切面上呈放射状，有横向输导和贮藏的作用。一般草本植物的髓射线较宽，而木本植物的髓射线较窄。髓射线细胞具有潜在的分生能力，在一定条件下，可分裂产生形成层的一部分以及不定芽、不定根。

三、双子叶植物茎的次生构造和异常构造

裸子植物和大多数双子叶植物由于维管形成层、木栓形成层细胞的分裂活动，茎会不断加粗，这种增粗式生长被称为次生生长。次生生长所形成的构造被称为次生构造。木本植物的次生生长可持续多年时间，所以其次生构造发达（图4-8）。

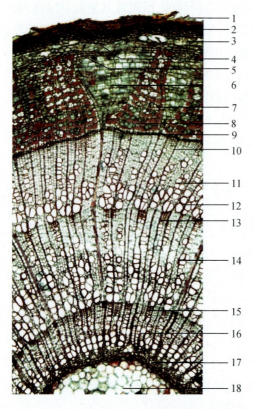

图4-8 双子叶植物木质茎的次生构造
（三年生椴树）

1. 枯萎的表皮 2. 木栓层 3. 栓内层
4. 厚角组织 5. 皮层薄壁组织 6. 髓射线
7. 韧皮纤维 8. 韧皮射线 9. 形成层
10. 木射线 11. 导管 12. 早材（第三年木材）
13. 晚材（第二年木材） 14. 早材（第二年木材）
15 与 16. 次生木质部（第一年木材）
17. 初生木质部 18. 髓

（一）双子叶植物木质茎的次生构造

1. 形成层的产生及活动

当茎进行次生生长时，在髓射线处与束中形成层两侧相邻的薄壁细胞恢复分生能力，发育为形成层的另一部分，因其位居维管束之间，故称为束间形成层（fascicular cambium）。它与束中形成层连接并形成完整的圆环状，即维管形成层。维管形成层的细胞有两种。多数细胞呈扁平纺锤状，称为纺锤状原始细胞；少数细胞近似等径，称为射线原始细胞。

纺锤状原始细胞切向分裂，向内产生次生木质部，添加在初生木质部外侧，向外产生次生韧皮部，添加在初生韧皮部内侧，形成次生维管组织。通常次生木质部所占比例远大于次生韧皮部。同时，射线原始细胞也进行切向分裂产生薄壁细胞，组成次生射线，贯穿于次生木质部和次生韧皮部，形成横向的运输组织，称为维管射线。与此同时，为了适应内部木质部的增大，形成层细胞也进行径向或横向分裂，向四周扩展，使周径增大，其位置也逐渐外移。

（1）次生木质部：木质茎多为多年生，次生构造发达。由于形成层的切向分裂是不等速的，向内分裂速度快，而向外分裂速度慢，所以向内形成的次生木质部远多于向外形成的次生韧皮部，因此在木质茎的构造中次生木质部占有较大的比例，是木材的主要来源，由导管、管胞、木纤维、木薄壁细胞组成，导管主要为梯纹、网纹和孔纹导管，以孔纹导管最为普遍。次生木质部的细胞形态受季节、气候影响较大，特别是在温带和亚热带，或有干、湿季节的热带。在一个生长季内，温带和亚热带的春季或热带的湿季，气候温暖，雨量充沛，形成层的活动能力较强，产生的木质部细胞壁薄径大，材质疏松，颜色较淡，称为早材（early wood）或春材（spring wood）。在温带和亚热带的秋季或热带的干季，气温下降，雨量减少，形成层活动能力慢慢减弱，产生的细胞径小壁厚，材质坚实，颜色较深，称为晚材（late wood）或秋材（autumn wood）。同一生长季的春材向秋材逐渐过渡，并没有明显的界限，但秋材与下一年的春材界限明显，形成清晰的同心环层，称为年轮（annual ring）或生长轮。年轮的产生与环境条件有关。有些热带地区终年气候变化不大，树木就不形成年轮；在温带生长的树种,通常每年形成一个年轮,因此根据年轮的多少可以判断树木的生长年限。但当气候异常或有虫害等因素干扰了植物生长时,形成层会有节奏地活动,一年可形成多轮,即假年轮,如柑橘属植物一年可产生三个年轮。

在木质茎的横切面上,可见到靠近形成层的部分颜色较浅,质地较松软,称为边材。边材具有输导作用;中心部分颜色较深,质地较坚硬,称为心材(heart wood)。心材中一些薄壁细胞能通过与之邻近的导管或管胞上的纹孔侵入其腔内,膨大并沉积挥发油、单宁、树脂、色素等代谢产物,阻塞导管或管胞腔,使其失去输导能力,形成侵填体。所以心材比较坚硬,不易腐烂,有的还有特殊色泽。茎木类药材如苏木、降香等均为心材。

在木类药材的鉴定中,常采用3种切面对其特征进行观察和比较。3种切面中,射线的形状特征明显,是判断切面类型的主要依据。

横切面是与纵轴垂直的切面,射线为纵切面,辐射状排列,可以看出射线的长度和宽度;径向切面是通过茎的中心沿直径做的切面,射线与年轮垂直并横向排列,可以看出射线的长度和高度;切向切面是不通过茎的中心而与半径垂直的纵切面,可看到射线的横断面,做不连续的纵行排列,可以看出射线的宽度和高度。

(2)次生韧皮部:由筛管、伴胞、韧皮薄壁细胞和韧皮纤维组成。有的具有石细胞,如厚朴、杜仲等;有的具有乳汁管,如夹竹桃等。形成层形成的次生韧皮部的数量远少于次生木质部的数量。随着次生生长的进行,远离形成层的初生韧皮部被挤压到外方甚至破裂,形成了颓废组织。韧皮射线形状多弯曲而不规则,其宽窄长短因植物种类而异。次生韧皮部的薄壁细胞中常含有糖类、油脂等多种营养物质以及生物碱、皂苷、挥发油等药用成分。许多皮类药材的韧皮部是主要组成部分,如黄檗、肉桂、厚朴等。

2. 木栓形成层的产生及活动

次生维管组织的增加,特别是次生木质部的增加,使茎的直径不断增粗,此时表皮已不能起到较好的保护作用。此时,有的植物(如杜仲、夹竹桃等)茎的表皮或初生韧皮部(如葡萄、茶等)、多数植物(如玉兰等)茎表皮内侧皮层组织的薄壁细胞恢复分生能力,形成木栓形成层。木栓形成层的活动向外产生木栓层,向内产生栓内层,三者构成周皮代替了表皮行使保护作用。木栓形成层的活动时间较短,可依次在内侧产生新的木栓层,其位置逐渐内移,甚至可以深达次生韧皮部。木质茎常具有发达的周皮。

由于新周皮的形成,老周皮内侧的组织被新周皮隔离而枯死,老周皮以及被隔离的死亡组织综合体常以不同的方式剥落,称为落皮层。有的植物落皮层大片剥落,如悬铃木;有的呈环状剥落,如白桦;有的呈鱼鳞状剥落,如白皮松;有的裂成纵沟,如榆树;有的周皮不剥落,如黄檗、杜仲等。

"树皮"的含义有两个,狭义的树皮是指落皮层,有时落皮层也被称为外树皮;广义的树皮是指维管形成层以外的所有组织,包括次生韧皮部、皮层、新周皮和落皮层。厚朴、秦皮、肉桂、黄檗、杜仲、合欢皮等皮类药材就是广义的树皮入药。

(二)双子叶植物草质茎的次生构造

多数双子叶植物草质茎由于生长期短,次生生长能力较弱,所以次生构造不发达,质地较柔软。其主要构造特点如下(图4-9)：

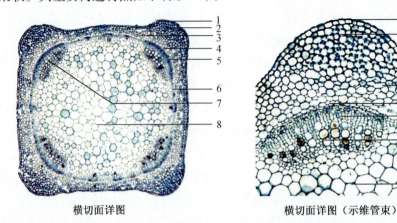

横切面详图　　　　　　　横切面详图(示维管束)

图4-9　双子叶植物草质茎的次生构造(薄荷茎)

1. 表皮　2. 厚角组织　3. 皮层　4. 韧皮部　5. 束中形成层　6. 束间形成层　7. 木质部　8. 髓

(1) 最外层的表皮长期存在，表皮上常有各种毛茸、气孔、角质层、蜡被等附属物。尽管少数植物表皮下方有木栓形成层活动，会产生少量木栓层和栓内层细胞，但表皮仍然存在。

(2) 次生构造不发达，大部分或完全是初生构造，皮层发达，次生维管组织常形成连续的维管柱，韧皮部狭长，木质部不发达。有的只有束中形成层，无束间形成层，如部分葫芦科植物；有的甚至连束中形成层也不明显，如毛茛科植物。

(3) 髓部发达，髓射线一般较宽。有的种类髓部中央破裂呈空洞状，如薄荷。

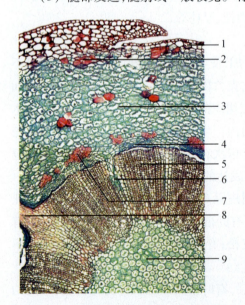

图4-10　双子叶植物根状茎的构造(黄连)

1. 木栓组织　2. 石细胞群　3. 皮层
4. 韧皮部　5. 木质部　6. 髓射线
7. 纤维束　8. 根迹维管束　9. 髓

(三) 双子叶植物根状茎的构造

双子叶植物根状茎与双子叶植物草质茎的构造类似，其构造特点如下(图4-10)：

(1) 表面常具有木栓组织(多由表皮及皮层外侧细胞木栓化形成)，少数具有表皮和鳞叶。

(2) 由于根状茎的表面生有不定根及鳞叶，所以皮层中常有根迹维管束(不定根维管束与茎中维管束相连的维管束)和叶迹维管束(叶柄维管束与茎中维管束相连的维管束)斜向通过，有的皮层内侧有厚壁组织。

(3) 维管束为外韧型，呈环状排列，髓射线宽窄不一，中央的髓部明显。

(4) 由于根状茎生于地下，所以机械组织不发达，而贮藏薄壁组织发达。

(四) 双子叶植物茎和根状茎的异常构造

有些双子叶植物茎或根状茎的次生构造形成后，常有部分薄壁细胞恢复分生能力，转化成新的形成层,产生异型维管束,形成异常构造,也称三生构造。常见的有以下几种类型。

1. 髓部异型维管束

髓部异型维管束位于双子叶植物根或根状茎髓部。例如,胡椒科植物青风藤茎的横切面除了正常维管束外,在髓部有6~13个有限外韧型维管束(图4-11);蓼科大黄根状茎的横切面除了正常维管束外,在髓部有许多星点状的周木型维管束,其形成层呈环状,射线呈星芒状排列,称为星点(图4-12)。

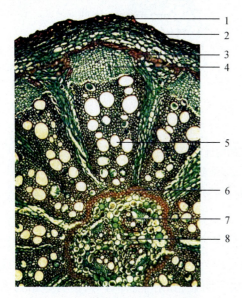

图4-11　茎的异常构造(青风藤)

1. 木栓层　2. 皮层　3. 纤维束
4. 韧皮部　5. 木质部　6. 纤维束
　7. 异常维管束　8. 髓

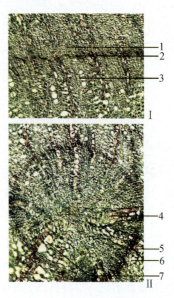

图4-12　大黄根状茎的横切面

Ⅰ. 正常维管组织　Ⅱ. 髓部(示星点)
1. 韧皮部　2. 形成层　3. 木质部
4. 射线　5. 韧皮部　6. 导管　7. 黏液腔

2. 同心环状异型维管束

在正常的次生生长发育到一定阶段后,有些植物在次生维管束外围又形成多轮呈同心环状排列的异型维管束。例如,在密花豆老茎(鸡血藤)的横切面上可以看到韧皮部有2~8个红棕色或暗棕色的环带,与木质部相间排列,其中最内的一环为圆形,其余的为同心半圆环(图4-13)。

3. 木间木栓

青风藤的根状茎中,与其根类似,也可看到许多大小不等

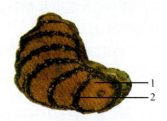

图4-13　密花豆茎横切面图

1. 木质部　2. 韧皮部

的木栓环带,每个环带都环状包围着一部分韧皮部和木质部,把整个维管束分隔成数束。

四、单子叶植物茎和根茎的构造

(一)单子叶植物茎的构造

除少数热带或亚热带的单子叶植物(如龙血树、芦荟等)茎外,大多数单子叶植物茎中没有次生分生组织,也就没有次生构造。其构造的主要特点是:终生只有初生构造;表皮由

一层细胞构成,通常有明显的角质层;表皮以内为基本薄壁组织,无皮层、髓及髓射线之分;多个有限外韧型维管束散生其中。其中禾本科植物茎的表皮下方常有数层厚壁组织分布,茎中央部分常枯萎、破裂,呈空洞状,形成中空的茎秆(图4-14)。

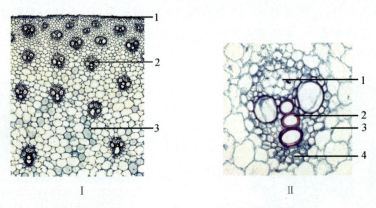

图4-14　单子叶植物茎的构造(玉蜀黍)

Ⅰ.玉蜀黍茎横切面图　1.表皮　2.维管束　3.基本组织

Ⅱ.玉蜀黍茎有限外韧型维管束放大图　1.韧皮部　2.木质部　3.基本组织　4.维管束鞘

(二)单子叶植物根状茎的构造

根状茎表面多为表皮或木栓化的细胞,射干、仙茅等少数种有周皮;皮层常占较大的比例,有叶迹维管束分布其中;维管束散在,多数为有限外韧型,少数为周木型(如香附),或两种类型兼而有之(如石菖蒲);有些植物的内皮层不明显,如射干、知母等;但有些植物内皮层明显,具凯氏带,如石菖蒲、姜等(图4-15)。

有些植物的根状茎在靠近表皮的皮层细胞形成木栓组织,如生姜;有的皮层细胞木栓化,形成所谓的"后生皮层",代替表皮行使保护作用。

五、裸子植物茎的构造

裸子植物茎均为木质,其构造与双子叶植物木质茎相似,不同点主要在于木质部和韧皮部的组成(图4-16)。

(1)除麻黄属、买麻藤属的裸子植物外,大多数裸子植物都没有导管,次生木质部主要由管胞、木薄壁细胞和射线组成,无纤维,管胞兼有输送水分和支持作用。松科植物无木薄壁细胞。

(2)裸子植物的次生韧皮部由筛胞、韧皮薄壁细胞和射线组成,无筛管、伴胞和韧皮纤维。

(3)松柏类植物茎的皮层、维管束、髓射线及髓中常有树脂道分布。

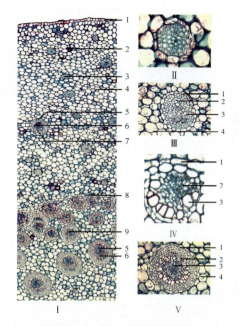
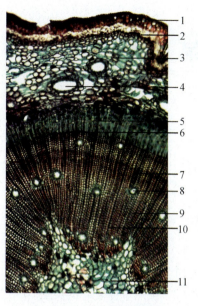

图 4-15　石菖蒲根状茎的横切面

Ⅰ．详图　1. 表皮　2. 油细胞　3. 纤维束
　　4. 薄壁组织　5. 韧皮部　6. 木质部
　　7. 叶迹维管束　8. 内皮层　9. 维管束
　　Ⅱ．皮层中纤维束　Ⅲ．叶迹维管束
1. 维管束鞘　2. 韧皮部　3. 木质部　4. 薄壁组织
　　Ⅳ．有限外韧型中柱维管束　1. 内皮层
　　2. 韧皮部　3. 木质部　Ⅴ．周木式维管束
1. 维管束鞘　2. 木质部　3. 韧皮部　4. 薄壁组织

图 4-16　松茎的横切面

1. 木栓层　2. 木栓形成层
3. 皮层　4. 皮层中树脂道
5. 韧皮部　6. 韧皮部
7. 木射线
8. 木质部中树脂道
9. 次生木质部
10. 髓射线　11. 髓

思考题

1. 如何区别单子叶植物与双子叶植物的根茎？
2. 草本双子叶植物与木本双子叶植物的茎在结构上有何不同？
3. 茎的变态类型有哪些，有何作用？
4. 在形态和结构上如何区别根、茎与根状茎？

综合题

1. 茎与根的本质区别是什么？
2. 年轮形成的生物学意义是什么？
3. 为什么单子叶植物的茎不能像双子叶植物尤其是木本植物那样不断增粗？

茎

第五章

叶

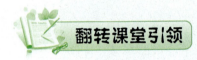

1. 学习重点及线路：
(1) 掌握叶片的组成→叶的类型→叶片的显微构造。
(2) 重点掌握复叶的类型。
2. 任务主题：
(1) 叶有很多功能，叶类药材有哪些？它们有哪些药用价值？
(2) 如何鉴别叶类药材？
(3) 除了书上写出的叶的功能，叶还有哪些用途？
(4) 秋天叶子常常会变成红色或黄色，其变色的原理及意义是什么？
(5) 假如你是一片捕虫叶，为了获得含氮的养料，你会如何捕虫呢？
(6) 叶在植物适应自然界而生存中还有哪些策略？

叶（leaf）是由叶原基发育而来的，着生在茎节上。叶一般为绿色的扁平体，含有大量的叶绿体，具有向光性。叶是植物进行光合作用、制造有机养料的重要营养器官。

第一节 叶的功能与形态

一、叶的生理功能及药用价值

（一）生理功能

叶主要行使光合作用、蒸腾作用和气体交换等生理功能，这对于植物的生理有重要的意义。有些植物的叶还有吸收、吐水、贮藏营养、繁殖等功能。

1. 光合作用

绿色植物将从外界吸收来的二氧化碳和水分，通过叶绿体内所含的叶绿素和相关酶类的活动，利用太阳光能转化成化学能，制造出以碳水化合物为主的有机物（主要是葡萄糖）储藏起来，并释放出氧气。此过程被称为光合作用。

2. 呼吸作用

与光合作用相反,呼吸作用是植物细胞吸收氧气,使体内的有机物氧化分解,排出二氧化碳,同时释放能量供植物体生理活动需要的过程。

3. 蒸腾作用

水分通过叶片上的气孔蒸发到空气中的现象,称为蒸腾作用。在进行蒸腾作用时,叶里的大量水分不断化为蒸气,带走大量热量,从而降低叶片温度,避免因叶温过高而造成叶片灼伤。此外,蒸腾作用产生的蒸腾拉力是促进植物吸收和运输水分的主要动力。

4. 吐水作用

吐水作用又称溢泌作用,是指植物在夜间或清晨高湿、低温的情况下,蒸腾作用微弱时,水分以液体状态从叶尖或叶片边缘排出的现象,如月季、丝瓜等。

5. 吸收作用

与根类似,叶也有吸收作用。例如,向叶面喷洒肥料或杀虫剂等农药后,肥料或农药能被叶表面吸收。

6. 贮藏作用

有的植物的肉质鳞叶可以贮藏大量营养物质,如百合、贝母、洋葱等。

7. 繁殖作用

少数植物的叶尚具有繁殖能力。例如,落地生根叶片边缘生有许多不定芽或小植株,当它们自母体叶片脱落后,在土壤中即可发育成新个体;秋海棠的叶片被插入土中即可形成不定根和不定芽,长成新植株。

(二)药用价值

中药及天然药物中的叶类药材并不多,如银杏叶、桑叶、番泻叶、枇杷叶、大青叶、紫苏叶、薄荷叶、颠茄叶、洋地黄叶、艾叶等。但许多全草类的药材入药,叶就占据了主要的部分,如草珊瑚、鱼腥草、紫花地丁、绞股蓝、蒲公英、穿心莲、小蓟等。也有的以叶的一部分入药,如黄连的全叶柄入药称千子连,叶柄基部入药称剪口连。叶的药用价值多种多样,如薄荷叶含挥发油,是著名的清热药,用于疏散风热、消炎镇痛;颠茄叶含东莨菪碱和莨菪碱等生物碱,是著名的抗胆碱药,可用于解除平滑肌痉挛等;洋地黄叶含有强心苷,是著名的强心药,可用于治疗充血性心力衰竭及心房颤动等。

二、叶的组成

虽然叶的形态、大小相差较大,但其组成是一致的。叶一般由叶片(blade)、叶柄(petiole)和托叶(stipules)三部分组成(图5-1)。这三部分都具有的叶称为完全叶(complete leaf),如桃、月季等;而缺少其中任何一部分或两部分的叶称为不完全叶(incomplete leaf),其中以缺少托叶最为常见,如菘蓝、桔梗、茶树等;有的植物缺少叶柄,如荠菜、莴苣等;有的植物同时缺少托叶和叶柄,如石竹、龙胆等;还有些植物的叶甚至没有叶片,只有扁化的叶柄着生在茎上,称为叶状柄(phyllode),如台湾相思树等。

图5-1 叶的组成部分(构树)
1. 叶片 2. 叶柄 3. 托叶

(一) 叶片

叶片是叶最重要的组成部分,多为薄的绿色扁平体,有上表面(腹面)和下表面(背面)之分。叶片的全形称叶形,顶端称叶尖或叶端(leaf apex),基部称叶基(leaf base),周边称叶缘(leaf margin),叶片内的维管束称叶脉(vein)。

(二) 叶柄

叶柄是连接叶片和茎枝的部分,多呈圆柱形、半圆柱形或扁平形,其上表面(腹面)多具沟槽。为适应不同的生活环境,叶柄的长短、粗细、形状变异很大(图5-2),如棕榈的叶柄可长达1 m以上;海南龙血树等的叶无柄,叶片基部包围茎节部,称为抱茎叶。有的植物为适应水生环境,叶柄局部膨胀成气囊,以支持叶片浮于水面,如菱、凤眼莲等;有的植物叶柄基部膨大形成关节,能调节叶片位置和休眠运动,如合欢、含羞草等;有的植物叶柄能围绕他物螺旋状攀缘,如旱金莲、铁线莲等;有的植物叶片退化而叶柄变态成叶片状,可行使叶片功能,如台湾相思树等。有些植物的叶柄或者叶柄的基部扩大形成包裹着茎秆的鞘状物,称为叶鞘(leaf sheath),如白芷、当归等伞形科植物。而玉米、芦苇、淡竹叶等禾本科植物的叶鞘则由相当于叶柄的位置扩大形成,并且在叶鞘与叶片连接处的腹面有一膜状结构,称为叶舌(ligulate);有些禾本科植物在叶舌两旁有从叶片基部边缘延伸出的2个耳状突起物,称为叶耳(auricle)。叶舌、叶耳的有无、大小、形状及色泽,常作为鉴别禾本科植物的依据之一。

图5-2 叶柄的特殊形态

1. 抱茎叶(抱茎苦荬菜)　2. 气囊(凤眼莲)　3. 叶枕(紫藤)　4. 缠绕叶柄(东北铁线莲)
5. 叶片状叶柄(台湾相思树)　6. 叶鞘(兴安白芷)　7. 叶鞘(禾本科植物)

(三) 托叶

托叶是叶柄基部两侧的附属物,通常成对着生,有保护幼叶、幼芽及攀缘等作用。托叶的大小、形状多种多样(图5-3)。例如,梨、桑的托叶是线形的;刺槐的托叶变成刺,称为托叶刺;牛尾菜的托叶呈卷须状,称为托叶卷须;月季、金樱子的托叶与叶柄愈合呈翅状;托叶通常都是小叶形的,但豌豆、贴梗海棠等植物托叶很大且呈叶状;茜草等植物的托叶形状及大小同叶片极其相似,只是腋内无腋芽,可与叶加以区别;有的托叶连合呈鞘状,包围在茎节基部,称为托叶鞘(ocrea)。托叶鞘是虎杖、何首乌、金荞麦等蓼科植物的主要特征。

大多数植物的托叶寿命较短,在叶成熟后不久就开始脱落,木兰科植物的托叶脱落后会在节上留下环状的托叶痕。在观察植物时,要注意托叶的早落性,避免把托叶脱落的植

图 5-3　各种形态的托叶

1. 叶片状（贴梗海棠）　2. 翅状（蔷薇）　3. 托叶鞘（红蓼）　4. 刺状（刺槐）　5. 卷须状（华东菝葜）

物误认为无托叶植物。托叶的有无、大小和形状是植物分类的依据之一。

三、叶的形态

叶的形态主要是指叶片的形态，它是鉴别植物种类的重要依据之一。

（一）叶形

叶形和大小随植物种类而异。一般同种植物的叶形是比较稳定的。叶形的划分是根据叶片的长、宽比例及最宽处的位置而定的（图 5-4）。常见的叶片形状有针形、线形、条形、披针形、圆形、卵形、椭圆形、心形、肾形、箭形、盾形、镰形、戟形等。

植物种类众多，在描述植物的叶形时，仅用几种基本的形状描述叶片显然不能满足多样性的特点，常将"长""阔""广""狭""倒"等形容词加在叶的形状前描述，如椭圆形而较长者称为长椭圆形，卵形而较宽者称为阔卵形，披针形而最宽处在叶端附近者称为倒披针形。此外，有一些叶的形状特殊，如南方红豆杉叶为镰形，穿叶蓼的叶为三角形，菱的叶为

		长 =（或 ≈）宽	长为宽的 1.5~2 倍	长为宽的 3~4 倍	长为宽的 5 倍以上
最宽处	在近叶的基部	滴卵形 	卵形（女贞） 	披针形（柳桃） 	条形（韭菜） 
	在叶的中部	圆形（莲） 	滴椭圆形（橙） 	长椭圆形（茶、芫花） 	剑形（菖蒲）
	在叶的先端	倒滴卵形（玉兰） 	倒卵形（南蛇藤） 	倒披针形（小檗） 	

图 5-4　叶片的形状图解

菱形,银杏叶为扇形,葱叶为管形等。还有一些植物叶的形状并非单一,必须用综合术语来描述,如匙状条形、菱状卵形等(图5-5)。

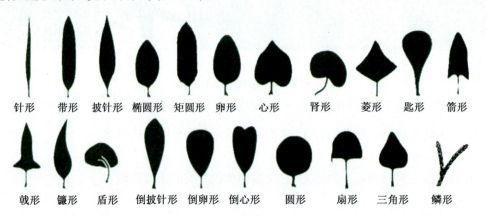

图5-5　叶片的全形

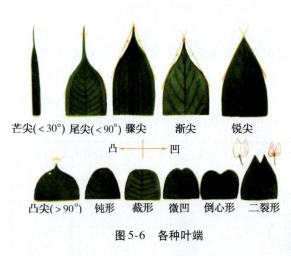

图5-6　各种叶端

（二）叶端和叶基的形状

其形状多样,随植物种类而异,常见的叶端形状有圆形、钝形、截形、卷须状、尾尖、渐尖、急尖、骤尖、芒尖、微凹、微凸、微缺、倒心形等(图5-6);常见的叶基形状有心形、耳形、箭形、楔形、戟形、钝形、渐狭、截形、盾形、歪斜、穿茎、抱茎、合生穿茎等(图5-7)。

（三）叶缘形状

叶缘平滑的称为全缘,叶缘不平滑的为各种齿状及波状等,常见的有全缘、波状、锯齿状、牙齿状、圆齿状、重锯齿状、睫毛状等(图5-8)。

图5-7　各种叶基

图5-8　各种叶缘

（四）叶脉和脉序

叶脉和脉序是贯穿在叶片各部分的维管束在叶片上隆起形成的脉纹，是叶的输导与支持结构。叶片内分布着大小不同的叶脉，其中最粗大、明显的一条叶脉称为主脉，只有一条主脉的叶脉称为中脉。主脉的分枝称为侧脉，侧脉的分枝称为细脉。叶脉在叶片上的分布及排列方式称为脉序（venation）。叶脉和脉序主要有以下三种类型（图5-9）。

图5-9 叶脉和脉序

1. 二歧分枝脉（银杏） 2. 羽状网脉（毛酸浆） 3. 掌状网脉（薯蓣）
4. 掌状网脉（蓖麻） 5. 网状闭锁脉（独角莲） 6. 直出平行脉（玉蜀黍）
7. 横出平行脉（芭蕉） 8. 射出平行脉（蒲葵） 9. 弧形脉（玉竹）

1. 二歧分枝脉（dichotomous）

二歧分枝脉是指叶脉从叶基发出，做数次二歧分枝，直达叶端，不呈网状，也不平行。这是较为原始的脉序类型，常见于蕨类植物中，如铁线蕨；在种子植物中较少见，如银杏。

2. 网状脉序（netted vein）

主脉明显粗大，两侧分出许多侧脉，侧脉再分出细脉，彼此交叉形成网状，称为网状脉序。它是双子叶植物的主要脉序类型。网状脉序因主脉的数目及分布不同可分为以下两种类型：①羽状网脉（pinnate vein）：具有一条主脉，许多大小几乎相等并呈羽状排列的侧脉从主脉两侧分出，几乎达到叶缘，侧脉再分出细脉交织成网状，如桂树、女贞、枇杷等；②掌状网脉（palmate vein）：数条主脉从叶基或中部呈辐射状发出，伸向叶缘，侧脉和细脉交织成网状，如南瓜、蓖麻等。此外，半夏、天南星等少数单子叶植物也具有网状脉序，但在叶脉的最外侧脉梢相接，形成封闭的网状闭锁脉，可与双子叶植物的网状脉序相区别。

3. 平行脉序（paralled vein）

多条叶脉平行或近于平行排列，称为平行脉序。它是单子叶植物的主要脉序类型。常见的有以下几种类型：①直出平行脉（straight parallel vein）：各叶脉平行地自叶基发出，直达叶尖,如麦冬、淡竹叶等的叶脉;②横出平行脉(pimately parallel vein):中脉明显,侧脉自中脉垂直发出,平行地直达叶缘,如芭蕉、美人蕉等的叶脉;③射出平行脉或辐射脉(radiate vein):各叶脉从基部向四周辐射发出,如棕榈、蒲葵等的叶脉;④弧形脉(arcuate vein):各叶脉自基部发出,在叶的中部弯曲,呈弧形分布,最后在叶端汇合,如黄精、铃兰等的叶脉。

(五)叶片的分裂

一般植物叶片的叶缘是全缘的,或叶缘呈齿状,或具细小缺刻(incise),但有些植物叶片的叶缘缺刻深而大,形成了叶片的分裂。常见的叶片分裂方式有羽状分裂、掌状分裂和三出分裂三种,根据叶片分裂的程度不同,又可分为浅裂(lobed)、深裂(parted)和全裂(divided)三种。其中浅裂的叶片缺刻最深不超过叶片宽度的1/2,如药用大黄、南瓜;深裂的叶片缺刻深度超过叶片宽度的1/2,但未到达主脉或叶的基部,如唐古特大黄、荆芥;全裂的叶片缺刻深达主脉或叶的基部,如火麻、白头翁。一般对于叶片分裂的描述是将上述两种分类方法相结合,如羽状浅裂、掌状深裂、三出全裂等(图5-10)。

叶缺裂 类型	标准	三 出 裂	掌 状 裂	羽 状 裂
浅裂	裂不到半个叶片宽的一半	 槭树	 南瓜	 柳叶蒿
深裂	裂入半个叶片宽的一半	 牵牛	 蓖麻	 蒲公英
全裂	裂至叶片的基部	 益母草	 大麻	 蕨叶千里光

图5-10 叶片的分裂

(六)叶片质地

常见的叶片质地有以下几种类型。

(1)膜质(membranaceous):叶片的质地薄而半透明,如半夏。有的膜质叶不呈绿色,且干薄而脆,称干膜质,如麻黄等。

(2)草质(herbaceous):叶片的质地柔软而薄,如地榆、薄荷等。

(3)革质(coriaceous):叶片的质地较坚韧而厚,略似皮革,有光泽,如枇杷、枸骨等。

(4)肉质(succulent):叶片肥厚多汁,如马齿苋、芦荟、垂盆草等。

(5) 纸质(chartaceous)：叶片柔韧而较薄，如榆、杨、柳等。

（七）叶片表面

不同植物的叶片表面有不同的特点，常见的有以下几种。

(1) 光滑(smooth)：叶片表面光滑无毛茸及突起等其他附属物，常有较厚的角质层，如冬青、枸骨、女贞等。

(2) 粗糙(rough)：叶片表面有极小的突起，手摸有粗糙感，如紫草、葎草等。

(3) 被毛(pilous)：叶片表面具各种毛茸，如薄荷、枇杷叶、洋地黄等。

(4) 被粉(cover with whitening)：叶片表面有白粉状蜡质霜，如芸香等。

（八）异形叶性

一般情况下，一种植物的叶具有一定的叶形和叶序，但有些植物却在一个植株或在不同生长期时具有不同的叶形和叶序。这种现象被称为异形叶性(heterophylly)。

异形叶性的发生有两种情况：一种是由于植株（或枝条）发育年龄的不同所致。例如，半夏苗期的叶为单叶，不裂，而成熟期的叶分裂成3片小叶；栽培的人参（园参）一年生的只有1枚三出复叶，二年生的为1枚五出掌状复叶，三年生的为2枚五出掌状复叶，以后逐年增加，最多可达6枚复叶（图5-11）；益母草的基生叶呈类圆形，而茎生的中部叶为三全裂，顶生叶为线形（图5-12）；蓝桉嫩枝上的叶较小，卵形，无柄，对生，而老枝上的叶较大，披针形或镰刀形，有柄，互生；白菜基部的叶较大，具明显的带状叶柄，而上部的叶较小，为无柄的抱茎叶。另一种是由于外界环境的影响而引起的叶形变化，如慈姑在水面以上的叶呈箭形，浮水叶呈肾形，沉水叶呈线形。

图5-11　不同生长年限人参叶片的形态

1. 一年生　2. 二年生　3. 三年生　4. 四年生　5. 五年生　6. 六年生

图5-12　益母草的异形叶性

四、叶的类型

植物的叶分为单叶和复叶两种类型。

(一) 单叶(simple leaf)

1个叶柄上只生1枚叶片,称为单叶,如厚朴、枇杷、樟、菊等。

(二) 复叶(compound leaf)

1个叶柄上着生2枚或2枚以上叶片,称为复叶,如野葛、人参等。复叶的叶柄称为总叶柄,总叶柄以上着生小叶片的轴状部分称为叶轴。复叶中的每片叶称为小叶,其叶柄称为小叶柄。从来源看,复叶是由单叶叶片分裂发展而来的。当叶裂深达主脉或叶基并具小叶柄时,便形成复叶。根据小叶数目以及在叶轴上的排列方式不同,可分为以下几种类型(图5-13)。

图 5-13　复叶的类型

1. 羽状三出复叶(野葛)　2. 掌状三出复叶(半夏)　3. 掌状复叶(人参)　4. 奇数羽状复叶(盐肤木)　5. 偶数羽状复叶(山皂角)　6. 二回羽状复叶(合欢)　7. 三回羽状复叶(南天竹)　8. 单身复叶(甜橙)

1. 三出复叶(trifoliolate leaf)

叶轴上着生3片小叶,称为三出复叶。如果顶生小叶有柄,称为羽状三出复叶,如野葛、茅莓悬钩子等;如果顶生小叶无柄,称为掌状三出复叶,如酢浆草、半夏等。

2. 掌状复叶(palmately compound leaf)

叶轴缩短,其顶端集生3片以上小叶,呈掌状展开,称为掌状复叶,如刺五加、人参、西洋参等。

3. 羽状复叶(pinnately compound leaf)

叶轴长,小叶片在叶轴两侧呈羽状排列,称为羽状复叶。若羽状复叶的叶轴顶端生有1片小叶,称为奇(单)数羽状复叶,如黄檗、苦参、月季等;若羽状复叶的叶轴顶端生有2片小叶,称为偶(双)数羽状复叶,如决明、皂荚等;若叶轴做一次羽状分枝,形成许多侧生小叶轴,在小叶轴上又形成羽状复叶,称为二回羽状复叶,如云实、合欢等;若叶轴做二次羽状分枝,第二级分枝上又形成羽状复叶,称为三回羽状复叶,如南天竹、苦楝等。

4. 单身复叶(unifoliate compound leaf)

单身复叶是一种由三出复叶衍生而来的特殊复叶。叶轴顶端上只有1片发达的小叶,下部两侧小叶退化成翼状,顶生小叶与叶轴连接处有一明显关节,如橘、橙、佛手、柚等的叶。

复叶与全裂叶在外形上近似,容易混淆,二者的区别在于:复叶的小叶大小一致,边缘整齐,基部小叶柄明显;而全裂叶的叶裂片往往大小不一,且裂片边缘不整齐,常出现锯齿大小不一、间距不等或存在不同程度的缺刻等现象。全裂叶的裂片基部常下延至中肋,不形成小叶柄,裂片的主脉与叶的中脉相连明显可见。

复叶也常与生有单叶的小枝易混淆,二者的主要区别在于:复叶叶轴的先端无顶芽,而小枝则常具顶芽;小叶叶腋内无腋芽,仅在总叶柄腋内有腋芽,而小枝上每一单叶都有腋芽;通常复叶的小叶和叶轴排列在同一平面上,而小枝上的单叶与小枝常成一定角度;复叶脱落时,通常小叶先脱落,然后叶轴连同总叶柄一起脱落,或者整个复叶从总叶柄处脱落,而小枝上只有叶脱落,小枝本身一般不脱落。

五、叶序

叶在茎枝上排列的次序或方式称为叶序(phyllotaxy)。常见的叶序有以下几种(图5-14)。

1. 互生(alternate)

在茎枝的每个节上交互着生一片叶,叶常沿茎枝呈螺旋状排列,如桑、桃、樟等。

2. 对生(opposite)

在茎枝的每个节上相对着生两片叶。其中,相邻两节上的叶片呈"十"字形排列,称为交互对生或"十"字形

图5-14　叶序
1. 对生(艾蒿)　2. 互生(紫丁香)
3. 轮生(林茜草)　4. 簇生(银杏)

对生,如薄荷、忍冬;相邻两对叶片排列于茎两侧,称为二列对生,如水杉、女贞等。

3. 轮生(whorled)

在茎枝的每个节上着生3片或3片以上的叶,并排列成轮状,如夹竹桃、轮叶百合、黄精、直立百部等。

4. 簇生(fascioled)

两片或两片以上的叶着生于节间极度缩短的侧枝上密集成簇状,称为簇生,如银杏、落叶松、马尾松、枸杞等。此外,有些植物的地上茎极度短缩,节间不明显,其叶密集生于茎基部的近地面处成丛状。如果同叶从根上生出,称为基生叶,如款冬、麦冬等;若基生叶呈莲座状,则称为莲座状叶丛,如蒲公英、车前等。

同一种植物或同一株植物可以同时存在2种或2种以上的叶序,如桔梗的叶序有互生、对生及三叶轮生。

无论叶在茎枝上排列成哪种叶序,相邻两节的叶子都不重叠,总能从适当的角度彼此镶嵌着生,称为叶镶嵌(leaf mosaic)。叶镶嵌可通过叶柄长短不等、叶柄扭曲或叶片的大小差异来实现,使叶片均匀分布,互不遮盖,有利于光合作用,也可使茎的各方向受力均衡。

六、变态叶的类型

为了适应不同环境条件和自身生理功能的改变,叶的形态会发生很多变化,产生各种变态叶(modification of leaf),常见的有以下几种(图5-15)。

图 5-15 叶的变态
1. 苞片(鱼腥草) 2. 鳞叶(百合) 3. 鳞叶(大蒜) 4. 刺状叶(日本小檗) 5. 叶卷须(野豌豆)
6. 根状叶(金鱼藻) 7. 捕虫叶(捕蝇草) 8. 捕虫叶(猪笼草)

1. 苞片(bract)

苞片是着生在花或花序基部的变态叶,有总苞片和小苞片之分。数量多而围生在花序基部的苞片称为总苞片(involucre),花序中每朵小花的苞片称为小苞片(bractlet)。苞片具有保护花和果实的作用,通常呈绿色,明显小于正常叶,但也有形大而呈各种颜色的。总苞片的形状以及轮数的多少可作为植物种属鉴定的特征,如鱼腥草花序下的 4 枚总苞片呈白色花瓣状;壳斗科植物的总苞片在果期会变成硬的壳斗状;菊科植物的头状花序基部的总苞片多呈绿色;天南星、半夏等天南星科植物的肉穗花序外面常有 1 片大形特化的总苞片,称佛焰苞。

2. 鳞叶(scale leaf)

叶片退化或特化成鳞片状,称为鳞叶。鳞叶有以下三种类型:①地下茎上着生的肉质鳞叶:肥厚,能贮藏养料,如洋葱、百合、贝母等;②地下茎上着生的膜质鳞叶:常不呈绿色且质地干脆,如荸荠球茎、生姜根状茎上的鳞叶;③地上茎越冬芽外面的革质鳞叶:多呈褐色,较硬,也称芽鳞,有保护幼芽的作用。

3. 叶卷须(leaf tendril)

叶的全部或一部分变态成卷须状,称为叶卷须。该类植物适于攀缘生长,如豌豆复叶顶端的小叶可变态为卷须;菝葜、土茯苓的托叶可变态成卷须。根据刺的来源和生长位置的不同,可以与茎卷须相区别。

4. 刺状叶(acicular leaf)

叶片或托叶变态成刺状,对植物起保护作用或适应干旱环境,称为刺状叶,又称叶刺。例如,仙人掌的叶退化成刺状;小檗的叶变态成三刺,称为"三颗针";刺槐、酸枣叶柄托叶变态成刺状;红花、枸骨上的刺由叶尖、叶缘变态而成。根据刺的来源和生长位置的不同,可以区分出叶刺和茎刺。虽然叶刺来源不同,但发生的位置较固定。玫瑰、月季等茎上的刺是由于茎的表皮向外突起所形成的,其位置不固定且易剥落,称为皮刺,可与叶刺相区别。

5. 根状叶(rhizomorphoid leaf)

根状叶出现于缺乏根的水生植物体上,是沉水叶的一种变态。部分叶片停止发育,细裂变态为丝状细胞,外观上呈细须根状垂生于水中,代替根的生理机能,如槐叶萍和金鱼藻等。

6. 捕虫叶(insect-catching leaf)

食虫植物的部分叶特化成盘状、瓶状或囊状,以利于捕食昆虫,称为捕虫叶。捕虫叶上有分泌黏液和消化液的腺毛或腺体,并有感应性,当昆虫触及或进入时能立即闭合,将昆虫捕获并消化吸收,如猪笼草、茅膏菜、捕蝇草等。

第二节 叶的内部构造

叶发生于茎尖生长锥基部的叶原基,通过叶柄与茎相连,叶柄的构造与茎相似,但叶片的构造与茎有显著的不同。

一、双子叶植物叶的构造

(一)叶柄的构造

叶柄的构造与茎相似,在横切面上可以看到,自外向内依次由表皮、皮层和维管束三部分组成。皮层中有厚角组织或厚壁组织,这些机械组织能增强支持作用。皮层的基本组织中有若干个大小不等的维管束,呈弧形、环形、平列形排列。其中木质部在上方(腹面),韧皮部在下方(背面),二者之间常具短暂活动的形成层。进入叶柄的维管束数目有时与茎中的一致,也有的分裂成更多束,或者合成一束,所以叶柄中的维管束常有套圈变化。

(二)叶片的构造

双子叶植物叶片的构造可分为表皮、叶肉和叶脉三部分(图5-16)。

1. 表皮(epidermis)

叶的表皮包被着整个叶片表面,通常由一层排列紧密的生活细胞组成;也有由多层细胞组成的,称为复表皮(multiple epidermis)。例如,夹竹桃叶的表皮有2~3层细胞。叶片的表皮细胞中一般不含叶绿体,顶面观表皮细胞一般呈不规则形,垂周壁多呈波浪状,彼此紧密嵌合,无细胞间隙。横切面观表皮细胞近方形,外壁常较厚且具角质层和气孔,有的还有毛茸、蜡被等附属物。叶的表皮有上表皮和下表皮之分。叶片上面(腹面)的表皮称为上表皮,叶片下面(背面)的表皮称为下表皮。上、下表皮均有气孔分布,一般下表皮气孔和毛茸较多,所以常将叶的下表皮作为观察气孔和毛茸特征的材料。气孔和毛茸的有无是叶类药材鉴别的重要依据。

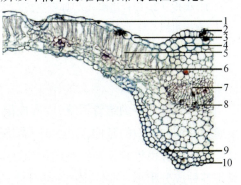

图5-16 薄荷叶的横切面图

1. 腺鳞 2. 腺鳞 3. 上表皮 4. 厚角组织 5. 栅栏组织 6. 海绵组织 7. 木质部 8. 韧皮部 9. 橙皮苷结晶 10. 下表皮

2. 叶肉(mesophyll)

叶肉位于上、下表皮之间,相当于茎的皮层,由含叶绿体的同化薄壁组织细胞组成,是光合作用的主要场所。叶肉通常分为栅栏组织和海绵组织两部分。

(1)栅栏组织(palisade tissue):紧邻上表皮的下方,细胞呈圆柱形,排列紧密,其细胞长轴与表皮垂直,形如栅栏。细胞内含大量叶绿体,光合作用效能较强,所以叶片上表面颜色较深。栅栏组织通常只有1层,少数有2~3层,如冬青叶、枇杷叶等。不同种植物叶肉栅栏组织层数及其是否通过中脉部分的情况各不相同,可以作为叶类药材的鉴别特征。

(2)海绵组织(spongy tissue):位于栅栏组织下方,与下表皮相接,其细胞近圆形或不规则形,细胞间隙大,排列疏松,状如海绵。其厚度一般比栅栏组织厚,细胞中所含叶绿体比栅栏组织中的少,所以通常叶片下表面颜色较浅。

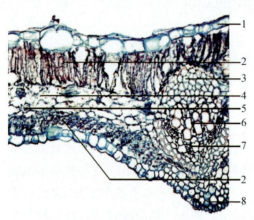

图 5-17　番泻叶的横切面图
1. 表皮　2. 栅栏组织　3. 厚壁组织
4. 海绵组织　5. 草酸钙簇晶　6. 木质部
7. 韧皮部　8. 厚角组织

在叶片的内部构造中,有的植物叶肉细胞在上表皮下方分化成栅栏组织,在下表皮上方分化成海绵组织,这种叶被称为两面叶(bifacial leaf),如薄荷、女贞的叶。有的植物叶肉细胞在上、下表皮内侧都有栅栏组织的分化,或者没有栅栏组织和海绵组织的分化,这种叶被称为等面叶(isobilateral leaf),如番泻叶(图5-17)、桉叶。有些植物的叶肉组织中含有油室,如橘叶、桉叶等;有些植物的叶肉组织中含草酸钙晶体,如曼陀罗叶、桑叶、枇杷叶等;还有的含有石细胞,如茶叶。在上、下表皮内侧的叶肉组织中,常形成较大的腔隙,称为孔下室(气室)。这些腔隙与叶肉组织的胞间隙相通,有利于内外的气体交换。

3. 叶脉

叶脉由叶片中的维管系统、原形成层发育而来,位于叶肉中,呈束状分布,是茎中维管束通过叶柄向叶中的延伸,起输导和支持的作用。主脉和各级侧脉的构造不完全相同。主脉或大的侧脉由维管束和机械组织组成。维管束构造与茎的维管束相同,为无限外韧型,只是各种成分稍小一些。木质部位于上方,韧皮部位于下方。双子叶植物在木质部与韧皮部之间常有形成层,分生能力很微弱,只产生少量的次生结构。在维管束的上、下方常有厚角组织(如薄荷)和厚壁组织(如柑橘)的分布,加强了机械支持作用。机械组织在叶背面尤为发达,因此,主脉和较大的叶脉在背面形成明显的突起。随着叶脉的分枝,侧脉越分越细,构造也越来越简化,首先形成层和机械组织消失,其次是木质部和韧皮部的结构简化,在细脉末端,韧皮部中有的只有数个狭短筛管分子和增大的伴胞,木质部也仅有1~2个螺纹管胞。

叶片主脉部位的上表皮内侧一般是机械组织,并无叶肉组织,但有些双子叶植物在主脉上方有一层或几层栅栏组织,与叶肉中的栅栏组织相连,这种结构被称为串脉叶。串脉叶是叶类药材的鉴别特征,如番泻叶、石楠叶等。

二、单子叶植物叶的构造

单子叶植物叶的外形多种多样,内部构造变化较大,但叶的构造同样由表皮、叶肉和叶脉三部分组成。下面以禾本科植物为例加以说明(图5-18)。

1. 表皮

表面观表皮细胞有长方形的长细胞和方形的短细胞两种类型。长细胞是表皮的主要组成部分,其长轴与叶片纵轴平行,纵行排列,所以易于纵裂。细胞的外壁既角质化,又硅质化。插在长细胞之间的短细胞可分为硅质细胞和栓质细胞,硅质细胞除细胞壁硅质化外,细胞腔内还充满硅质体;栓质细胞的壁栓质化。所以,禾本科植物叶片坚硬而且表面粗糙,加强了抗病虫害侵袭的能力。在上表皮中常有一些特殊的大型薄壁细胞,在横切面上排列成扇形。这种细胞具大型的液泡,称为泡状细胞(bulliform cell);干旱时这些细胞失水收缩,导致叶片卷曲成筒,以减少水分蒸发,故又称运动细胞(motor cell)。表皮的上下两面都有气孔,这些气孔由2个哑铃形的保卫细胞组成,两端头状部分的细胞壁较薄,中间柄部的细胞壁较厚,两侧的副卫细胞略呈三角形。

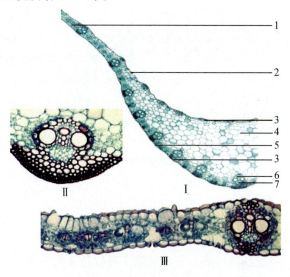

图 5-18　玉蜀黍叶的横切面

Ⅰ. 玉蜀黍叶的横切面详图　1. 气孔
2. 上表皮(运动细胞)　3. 厚壁组织　4. 基本组织
5. 下表皮　6. 木质部　7. 韧皮部
Ⅱ. 玉蜀黍叶的横切面(示维管束)
Ⅲ. 玉蜀黍叶的横切面(示叶肉组织)

2. 叶肉

禾本科植物的叶片多呈直立状态,两面接受光照程度近似,因此叶肉一般没有栅栏组织和海绵组织的分化,属等面叶。但也有个别植物的叶肉组织例外,属两面叶,如淡竹叶(图5-19)。

3. 叶脉

维管束近平行排列,主脉粗大,为有限外韧型。在主脉维管束的上下方常有厚壁组织分布,并与表皮相连。在维管束的外围常有一至多层细胞包围,构成维管束鞘。有的植物(如玉米、甘蔗)的维管束鞘由一层较大的薄壁细胞组成;而小麦、水稻的维管束鞘由一层薄壁细胞和一层厚壁细胞组成。维管束鞘的结构可以作为禾本科植物分类的依据。

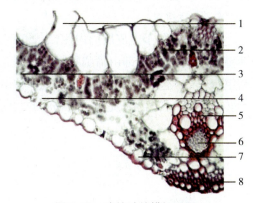

图 5-19　淡竹叶的横切面图

1. 运动细胞　2. 栅栏组织　3. 海绵组织
4. 气孔　5. 木质部　6. 韧皮部
7. 下表皮　8. 厚壁组织

三、裸子植物叶的构造

裸子植物的叶大多是常绿的,如松柏类;少数植物是落叶的,如银杏。叶形常为针形、短披针形或鳞片状。现以松属植物的针形叶为例来说明最常见的松柏类植物叶的结构。

松属的针叶分为表皮、下皮层、叶肉和维管组织四个部分(图 5-20)。

1. 表皮

表皮由一层细胞构成,细胞壁明显加厚并强烈木质化,角质层发达,细胞腔很小。气孔在表皮上纵行排列,保卫细胞下陷,副卫细胞拱盖在保卫细胞上方。保卫细胞和副卫细胞的壁均有不均匀加厚并木质化。冬季气孔会被树脂堵塞,以减少水分蒸发。

2. 下皮层

下皮层位于表皮内方,由一至数层木质化的厚壁细胞组成。下皮层除了可以防止水分蒸发外,还有支持作用。

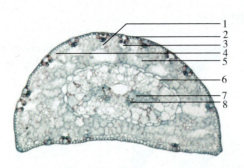

图 5-20 裸子植物松树针叶的横切面
1. 树脂道 2. 表皮及角质层 3. 气孔
4. 厚壁组织 5. 叶肉组织 6. 内皮层
7. 韧皮部 8. 木质部

3. 叶肉

叶肉没有栅栏组织和海绵组织的分化,细胞壁内陷,形成许多突入细胞内部的皱褶,称为褶襞(shirring)。叶绿体沿褶缘分布,扩大了光合作用的面积,弥补了针形叶光合作用面积小的不足。叶肉组织中含有两个或多个树脂道,有一层上皮细胞围绕在树脂道腔外,上皮细胞外还包围着由一层纤维构成的鞘。树脂道的数目和分布位置可作为种的鉴定依据之一。叶肉组织以内有明显的内皮层,其细胞壁上可见带状增厚的凯氏带。

4. 维管组织

维管组织位于内皮层的内侧,维管束一束或两束,位于叶的中央。木质部由管胞和木薄壁细胞组成,韧皮部由筛胞和韧皮薄壁细胞组成,为有限外韧型。在韧皮部外方常有厚壁组织分布。包围在维管束外方的是一种由管胞和两种薄壁细胞构成的特殊的维管组织,称为转输组织。转输组织是裸子植物叶的共同特征,起到叶肉和维管束之间横向运输的作用。

思考题

1. 如何鉴别复叶与全裂叶、单叶和小枝?
2. 什么是等面叶?什么是两面叶,二者如何鉴别?
3. 叶的变态类型有哪些?
4. 双子叶与单子叶叶片的显微构造有何区别?

综合题

单子叶植物的叶、双子叶植物的叶和裸子植物的叶有哪些不同?

叶

第六章

花

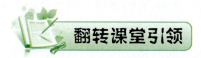 翻转课堂引领

1. 学习重点及线路:
(1) 掌握花的功能→花的组成[花冠类型—雄蕊组成及类型—雌蕊组成及类型(子房的位置和胎座及其类型)]→花的类型→花程式→花图式→花序。
(2) 熟悉花的结构(花萼的构造—花冠的构造—花粉的构造)。
2. 任务主题:
(1) 花的主要功能是繁殖。花类药材有哪些?其药用价值有哪些?
(2) 如何鉴别花类药材?
(3) 花开花落,云卷云舒。花开花落的时间是如何确定的?
(4) 花冠通常色彩缤纷。花冠在花繁殖中所起的作用是什么?
(5) 雌蕊、雄蕊是花的重要组成部分。雌、雄蕊杂交有何策略?
(6) 昆虫对于花传粉而言非常重要。昆虫在花的进化中所起的作用是什么?
(7) 花的繁殖是通过开花、传粉和授精来实现的。花为了传粉有哪些策略?

花(flower)是种子植物特有的有性繁殖器官,是节间极度缩短以适应生殖的一种变态短枝。花通过传粉、受精形成果实和种子,执行生殖功能,延续后代。种子植物包括裸子植物和被子植物。裸子植物的花较原始而简单,被子植物的花则高度进化,结构复杂,常具有美丽的形态、鲜艳的颜色和芳香的气味,平常人们所指的花,就是被子植物的花。同种植物的花在形态结构上变化较小,具有相对稳定性,对研究植物分类、植物类药材的基源鉴别及花类药材的鉴定均有重要意义。

第一节 花的生理功能和药用价值

花是植物的生殖器官,其主要功能是繁衍后代。在花完成生殖的过程中,要经过开花、传粉和受精等阶段。

一、花的生理功能

1. 开花(anthesis)

当花的各部分生长发育到一定阶段时,花粉和胚囊成熟,或其中之一发育成熟,花被展开,雄蕊和雌蕊漏出,这种现象被称为开花。开花是多数被子植物性成熟的标志。

不同植物的开花习性、开花年龄、开花季节和花期长短各不相同,一、二年生植物,生长数月就可开花,终生只开花一次;多年生植物在达到性成熟以后,每年的特定季节均能开花,只有少数植物如竹子,虽为多年生植物,但终生只开一次花,开花后即死亡。植物的开花季节主要与气候有关,但多数植物的花在早春季节开放,也有一些植物是在冬季开花的。至于花期的长短,不同植物差异较大。有的仅几天,如桃、李、杏等;有的持续一两个月或更长,如蜡梅;有的一次盛开后全部凋落;有的持久陆续开放,如棉花、番茄等;一些热带植物几乎终年开花,如可可、桉树等。植物的开花习性是植物在长期演化过程中所形成的遗传特性,是植物适应不同环境条件的结果。

2. 传粉(pollination)

成熟的花粉从花粉囊散出,通过多种途径传送到雌蕊柱头上的过程,称为传粉。传粉是有性生殖(受精作用)不可缺少的环节。传粉通常可分为自花传粉和异花传粉两种方式。

(1) 自花传粉(self pollination):指花粉从花粉囊散出后,落到同一花的柱头上的传粉现象,如棉花、大豆、番茄等。自花传粉花的特点是:两性花,花药紧靠柱头且向内,柱头、花药常同时成熟。有些植物的雌、雄蕊早熟,在花尚未开放时或根本不开放就已完成传粉和受精作用,这种现象被称为闭花传粉或闭花受精,如孩儿参、豌豆等。

(2) 异花传粉(cross pollination):指一朵花的花粉传送到另一朵花的柱头上的传粉方式。异花传粉是自然界普遍存在的一种传粉方式,比自花传粉更为进化。异花传粉的花往往在结构和生理上产生一些与异花传粉相适应的特征:花单性且雌雄异株;若为两性花,则雌雄蕊异熟或雌雄蕊异长,自花不孕等。异花传粉的花在传粉过程中花粉需要借助外力的作用才能被传送到其他花的柱头上,通常传送花粉的媒介有风媒、虫媒、鸟媒和水媒等,各种媒介传粉的花往往产生一些特殊的适应性结构,使传粉得到保证。

3. 受精(fertilization)

卵细胞和精细胞相互结合的过程称为受精作用。传粉作用完成以后,落于柱头上的花粉粒被柱头分泌的黏液所黏住,随后花粉内壁在萌发孔处向外突出,并继续伸长,形成花粉管,这一过程即为花粉粒的萌发。花粉管形成后先穿过柱头并继续沿花柱向下延伸而达子房,花粉管进入子房后,通常通过珠孔进入胚囊,少数经过合点进入胚囊。花粉管伸长的同时,花粉粒中的营养细胞和两个精细胞进入花粉管的最前端,此时花粉管顶端破裂,两个精子进入胚囊,营养细胞解体后消失,其中一个精子与卵子细胞结合成合子,将来发育成胚,另一个精子与极核结合发育成胚乳。卵细胞、极核同时和两个精子分别完成融合的过程,是被子植物有性生殖特有的双受精现象,它融合了双亲的遗传特性,加强了后代个体的生活力和适应性,是植物界有性生殖过程中最进化、最高级的形式。花经过传粉受精后胚珠发育成种子,子房发育成果实。

二、花的药用价值

许多植物的花、花序或花的组成部分可供药用。例如,花蕾入药的有金银花、槐米、丁香等;开放的花入药的有红花、洋金花等;花序入药的有菊花、款冬花、旋复花等;还有雄蕊入药的,如莲须;花柱入药的,如玉米须;柱头入药的,如西红花;花粉入药的,如香蒲、油松等。

第二节　花的组成及形态

花由花芽发育而成,常生于枝的顶端,也可生于叶腋。花通常由花梗、花托、花萼、花冠、雄蕊群和雌蕊群六部分组成。其中雄蕊群和雌蕊群是花中最主要的组成部分,位于花的中央,执行生殖功能;花萼和花冠合称花被,位于花的周围,通常有鲜艳的颜色和香味,具有保护和吸引昆虫传粉的功能;花梗和花托位于花的下方,主要起支持和保护作用(图6-1)。

图6-1　花的组成

一、花梗(pedicel)

花梗又叫花柄,是着生花的小枝,连接花与茎,常呈绿色、圆柱状,其粗细长短随植物的种类而异。多数植物的花都有花梗,车前、青葙子等少数植物的花无梗。花梗的内部构造和茎枝的初生构造基本相同,包括表皮、皮层、中柱三部分。其维管系统与茎枝相连。当花梗发育成果梗后,有的还可产生次生构造,如南瓜的果梗。

二、花托(receptacle)

花梗顶端略膨大的部分,称为花托。花的其余部分按一定方式排列于花托上。花托通常呈平坦或稍突起的圆顶状,少数呈其他形状。例如,木兰、厚朴的花托呈圆柱状,草莓的花托膨大呈圆锥状,桃花的花托呈杯状,金樱子、玫瑰的花托呈瓶状,莲的花托膨大呈倒圆锥状(莲蓬)。有的植物花托顶部形成扁平状或垫状的盘状体,可分泌蜜汁,特称花盘,如柑橘、卫矛、枣等。

三、花被(perianth)

花被为花萼与花冠的合称,尤其在花萼和花冠形态相似时,多称花被,如百合、黄精、贝母等。

1. 花萼(calyx)

花萼生于花的最外层,由绿色叶片状的萼片(sepals)组成。萼片的数目随植物种类的不同而异,通常3~5片。萼片相互分离的称为离生萼(chorisepalous calyx),如毛茛、菘蓝;

萼片多少有点连合的称为合生萼(gamosepalous calyx)，如地黄、薄荷。萼片下部连合的部分称为萼筒，上部分离的部分称为萼齿或萼裂片。有的植物萼筒一侧向外延长成管状或囊状的突起，称为距(spur)。距内常贮有蜜汁，可引诱昆虫帮助传粉，如凤仙花、金莲花等。有的植物在花萼外方还有一轮萼状物，称为副萼(epicalyx)，如蜀葵、木槿等。若花萼大而鲜艳，似花冠状，称为冠状萼(coronary calyx)，如乌头、飞燕草等。菊科植物的花萼特化成毛状，称为冠毛。此外还有的变成干膜质，如青葙、牛膝等。

花萼一般在花开放后脱落。有些植物花开放后萼片不脱落，而随果实长大而增大，称为宿存萼，如西红柿、柿、茄等；还有少数植物的花萼在开花前就脱落，称为早落萼，如白屈菜、虞美人等。花萼的内部结构与叶的内部结构相似，其表皮上分布有气孔、表皮毛，表皮内为含有叶绿体的薄壁细胞，没有栅栏组织和海绵组织的分化。

2. 花冠(corolla)

花冠生于花萼的内侧，由色彩鲜艳的花瓣(petals)组成。花瓣常排列成一轮，其数目常与其萼片数相等。若花瓣排列成两轮以上，则称为重瓣花(double flower)。花瓣相互分离的称为离瓣花(choripetalous corolla)，如毛茛、菘蓝等；花瓣多少有些或全部连合的称为合瓣花(sympetalous corolla)，如牵牛、益母草等。合瓣花下部的连合部分称为花冠筒，上部的分离部分称为花冠裂片，花冠筒花冠裂片交界处称为喉。有些植物在花冠与雄蕊之间生有瓣状附属物，称为副花冠(corona)，如萝藦、水仙等。还有的花瓣基部延长呈管状或囊状，也称为距，如紫花地丁、延胡索等。

花瓣的形状和大小随植物的种类而不同，整个花冠呈现特定的形状，这些花冠形状往往成为不同类别植物所特有的

图 6-2 特殊花冠类型

1. "十"字形花冠(芝麻菜)　2. 蝶形花冠(槐)
3. 唇形花冠(荨麻叶龙头草)　4. 舌状花冠(蒲公英)
5. 管状花冠(向日葵)　6. 漏斗状花冠(牵牛)
7. 钟状花冠(石沙参)　8. 辐状花冠(茄)
9. 高脚碟状花冠(紫丁香)

特征。其中常见的有以下几种类型(图6-2)。

(1)"十"字形花冠(cruciform)：花瓣4片相互分离，上部外展排列呈"十"字形，如菘蓝等十字花科植物的花冠。

（2）蝶形花冠（papilionaceous）：花瓣5片相互分离，排列成蝶形。外面一片最大，称为旗瓣；侧面的两片较小，称为翼瓣；最下面的两片顶部稍连合并向上弯曲呈龙骨状，称为龙骨瓣，如甘草、黄芪等蝶形花亚科植物的花冠。

（3）假蝶形花冠（pseudo papilionaceous）：花瓣5片相互分离，排列成蝶形。旗瓣较小，在最内方；侧面的两片略大；最下面的龙骨瓣最大，包在最外方。例如，紫荆等云实亚科植物的花冠为假蝶形花冠。

（4）唇形花冠（labiate）：花冠连合，下部呈筒状，上部二唇形排列，通常上唇2裂，下唇3裂，如丹参、益母草、黄芩等唇形科植物的花冠。

（5）管状花冠（tubular）：又称筒状花冠，大部分花冠连合成细管状，如红花等植物的花冠。

（6）舌状花冠（liguliform）：花冠下部连合成短筒，上部向一侧延伸成扁平舌状，如蒲公英、苦菜等植物的花冠。

（7）漏斗状花冠（funnel-form）：花冠全部连合成长筒，自基部向上逐渐扩展成漏斗状，如牵牛等旋花科植物和曼陀罗等部分茄科植物的花冠。

（8）钟状花冠（companulate）：花冠筒较粗短，上部扩展成钟状，如桔梗、党参、沙参等桔梗科植物的花冠。

（9）坛（壶）状花冠（urceolate）：花冠合生，下部膨大呈圆形或椭圆形，上部收缩成一短颈，顶部裂片向外展，如君迁子、石楠等的花冠。

（10）高脚碟状花冠（salver-form）：花冠下部连合成细长管状，上部水平外展成蝶状，如长春花、水仙花等的花冠。

（11）辐（轮）状花冠（wheel-shaped）：花冠筒极短，裂片呈水平状外展，形似车轮，如枸杞、龙葵等茄科植物的花冠。

花被片之间的排列方式及相互关系称为花被卷迭式，在花蕾即将绽开时尤为明显，植物种类不同，花被卷迭式也不同，常见的有：①镊合状（valvate）：花被各片边缘彼此接触而不覆盖，如桔梗；若花被的边缘微向内弯曲，称为内向镊合，如沙参；若花被的边缘微向外弯曲，称为外向镊合，如蜀葵。②旋转状（contorted）：花被各片边缘依次相互压覆成回旋状，如夹竹桃、黄栀子。③覆瓦状（imbricate）：花被各片边缘相互覆盖，但有一片完全在外，一片完全在内，如三色堇、山茶。④重覆瓦状（quicuncial）：与覆瓦状类似，但有两片完全在外，两片完全在内，如桃、杏等（图6-3）。

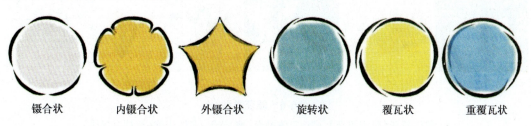

图6-3　花被的卷迭方式

四、雄蕊群（androecium）

雄蕊群是一朵花中所有雄蕊（stamen）的总称。大多着生于花被内侧的花托上，少数基部着生于花冠或花被上的，称为冠生雄蕊。雄蕊的数目常与花瓣同数或为其倍数，雄蕊10枚以上，称为雄蕊多数。

1. 雄蕊的组成

雄蕊一般由花丝和花药两部分组成。

（1）花丝（filament）：常呈细长管状，下部着生于花托或花被基部，顶端着生于花药。

（2）花药（anther）：是花丝顶端膨大的囊状物，为雄蕊的主要部分。花药由四个或两个花粉囊组成，中间由药隔相连。花粉囊中产生花粉；花粉发育成熟后，花粉囊裂开，花粉散出。花粉囊开裂的方式随植物的不同而异，常见的有：①纵裂：花粉囊沿纵轴开裂，如百合；②横裂：花粉囊沿中部横向开裂，如蜀葵；③瓣裂：花粉囊侧壁裂成几个小瓣，花粉由瓣下的小孔散出，如淫羊藿；④孔裂：花粉囊顶部开一小孔，花粉由小孔散出，如杜鹃等（图6-4）。

花药在花丝上的着生方式也有下列几种不同情况（图6-5）：① 全着药（adnate anther）：花药全部附着在花上，如紫玉兰；② 基着药（basifixed anther）：花药基部生于花丝顶端，如樟；③ 背着药（dorsifined anther）：花药背部着生于花丝上，如杜鹃；④ 丁字着药（versatile anther）：花药中部横向生于花丝顶端而与花丝呈"丁"字形，如百合等；⑤ 个字着药（divergent anther）：花药顶端着生在花丝上，下部分离，略呈"个"字形，如地黄等；⑥ 平着药或广歧着药（divaricate anther）：花药左、右两侧分离平展，与花丝呈垂直状着生，如薄荷、益母草等。

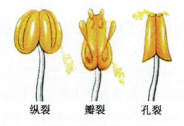

纵裂　　瓣裂　　孔裂

图6-4　花药的开裂

基着药　丁字着药　个字着药　全着药　背着药

图6-5　花药的着生方式

2. 雄蕊的类型

根据雄蕊的数目、长短、排列及离合情况的不同，常有下面几种类型（图6-6）。

图6-6　雄蕊类型

1. 单体雄蕊（野西瓜苗）　2. 二体雄蕊（槐）　3. 多体雄蕊（长柱金丝桃）
4. 二强雄蕊（益母草）　5. 四强雄蕊（菘蓝）　6. 聚药雄蕊（向日葵）

（1）离生雄蕊（distinct stamen）：雄蕊相互分离，长短一致。离生雄蕊是多数植物所具有的雄蕊类型。

（2）二强雄蕊（didynamous stamen）：4枚雄蕊相互分离，两长两短，如益母草、地黄等唇形科和玄参科植物的雄蕊。

（3）四强雄蕊（tetradynamous stamen）：6枚雄蕊相互分离，四长两短，如菘蓝等十字花科植物的雄蕊。

（4）单体雄蕊（monadelphous stamen）：花药分离，花丝相互连合呈圆筒状，如蜀葵等锦葵科植物以及苦楝、远志、山茶等植物的雄蕊。

（5）二体雄蕊（diadelphous stamen）：雄蕊的花丝相互连合成两束。例如，许多豆科植物花的雄蕊共有10枚，其中9枚连合，1枚分离；紫堇、延胡索等植物有雄蕊6枚，呈两束。

（6）多体雄蕊（polyadelphous stamen）：雄蕊多数，花丝相互连合成多束，如金丝桃、元宝草、酸橙等植物的雄蕊。

（7）聚药雄蕊（synantherrous stamen）：雄蕊的花丝分离，而花药连合成筒状，如红花等菊科植物的雄蕊。

另外，少数植物的雄蕊发生变态而呈花瓣状，如姜、芍药、美人蕉等。还有的植物的花中部分雄蕊不具花药，或仅留痕迹，称为不育雄蕊或退化雄蕊，如鸭跖草等。

五、雌蕊群（gynoecium）

雌蕊群着生于花托的中央，为一朵花中所有雌蕊（pistil）的总称。

1. 雌蕊的组成

雌蕊由子房（ovary）、花柱（style）和柱头（stigma）三部分组成。子房是雌蕊基部膨大的部分，其中的中空称为子房室，内含胚珠；花柱为连接子房和柱头的细长部分，是花粉进入子房的通道；柱头位于雌蕊的顶端，是承接花粉的部位，通常略膨大或扩展成各种形状，其表面常不平滑并能分泌黏液，有利于花粉的固着及萌发。

雌蕊子房壁的构造与叶片相似，表皮上有少数表皮毛和气孔，双子叶植物多具有实心的花柱，单子叶植物的花柱多为空心。

2. 雌蕊的类型

构成雌蕊的单位，称为心皮（carpel）。心皮是具生殖作用的变态叶，边缘着生胚珠，向内卷合即形成雌蕊。当卷合成雌蕊时，心皮的背部相当于叶的中脉，称为背缝线（dorsal suture）；其边缘的愈合线称为腹缝线（ventral suture）。胚珠着生在腹缝线上。依据组成雌蕊的心皮数目不同，雌蕊分为两大类型。

（1）单雌蕊（simple pistil）：指由一个心皮构成的雌蕊。有的植物在一朵花内仅具有一个单雌蕊，如甘草、扁豆、桃、杏等。也有的植物在一朵花内生有多个单雌蕊，又称离生心皮雌蕊（apocarpous pistil），将来发育成聚合果，如八角茴香、五味子、牡丹等。

（2）复雌蕊（compound pistil）：指由两个以上的心皮相互联合形成的雌蕊，又称合生心皮雌蕊，如连翘、百合、苹果、柑橘等。组成复雌蕊的心皮数通常可依据花柱或柱头的分裂数目、子房上的主脉数及子房室数来判断(图6-7)。

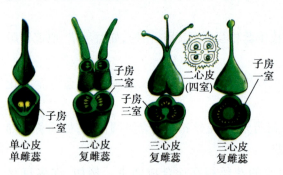

图6-7 雌蕊的类型

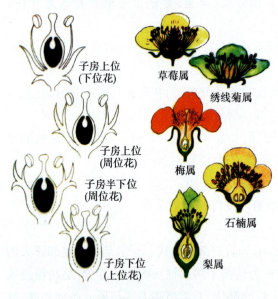

图6-8 子房的位置

图6-9 胎座类型
1. 边缘胎座(槐)   2. 侧膜胎座(荠菜)
3. 中轴胎座(桔梗) 4. 特立中央胎座(女娄菜)
5. 基生胎座(向日葵) 6. 顶生胎座(兴安白芷)

3. 子房的着生位置

不同的植物,其子房着生于花托上的位置及其与花各组成部分的相互关系不同。常见的有下列几种(图6-8)。

(1) 子房上位(superior ovary):子房仅底部着生在花托上。若花托凸起或平坦,花的其他部分均着生于子房下方的花托上,这种子房上位的花被称为下位花,如毛茛、百合等。若花托下陷成坛状而不与子房壁愈合,花的其他部分着生于花托上端边缘,这种子房上位的花被称为周位花,如桃、杏等。

(2) 子房下位(inferior ovary):花托下陷成坛状,子房壁全部与之愈合,花的其他部分着生于子房的上方,这种子房下位的花被称为上位花,如栀子、梨等。

(4) 子房半下位(half-inferior ovary):子房下半部与凹陷的花托愈合,花的其他部分着生于子房四周的花托边缘,这种花也被称为周位花,如桔梗、马齿苋等。

4. 胎座的类型

子房内着生胚珠的部位,称为胎座(placenta)。胎座常见以下几种类型(图6-9)。

(1) 边缘胎座(marginal placenta):单雌蕊,子房一室,胚珠着生于腹缝线上,如甘草等。

(2) 侧膜胎座(parietal placenta):复雌蕊,子房一室,胚珠着生于心皮愈合的腹缝线上,如南瓜、罂粟、紫花地丁等。

(3) 中轴胎座(axile placenta):复雌蕊,子房多室,心皮边缘向子房中央愈合成中轴,胚珠着生于中轴上,如百合、柑橘、桔梗等。

(4) 特立中央胎座(free-central

placenta):复雌蕊,子房一室。此类型由中轴胎座衍生而来,子房室底部突起一游离柱,胚珠着生于柱状突起上,如石竹、马齿苋、报春花等。

(5)基生胎座(based placenta):单雌蕊或复雌蕊,子房一室,一枚胚珠着生于子房室底部,如向日葵、大黄等。

(6)顶生胎座(apical placenta):单雌蕊或复雌蕊,子房一室,一枚胚珠着生于子房室顶部,如桑、杜仲等。

六、胚珠的构造及类型

胚珠是种子的前身,着生于胎座上,由珠心(nucellus)、珠被(integument)、珠孔(micropyle)、珠柄(funicle)组成。珠心是形成于胎座上的一团胚性细胞,其中央发育成胚囊。成熟胚囊有8个细胞,靠近珠孔有3个,中间一个较大的为卵细胞,两侧为2个助细胞,与珠孔相反的一端有3个反足细胞,胚囊的中央是2个极核细胞。珠被将珠心包围,珠被在包围珠心时在顶端留有一孔,称为珠孔。胚珠基部有短柄连接胚珠和胎座,称为珠柄。珠被、珠心基部和珠柄汇合处称为合点(chalaza)。胚珠在发育时由于各部分的生长速度不同,使珠孔、合点与珠柄的位置发生了变化,形成了不同类型的胚珠。

1. 直生胚珠(orthotropous ovule)

胚珠各部均匀生长,胚珠直立,珠孔、珠心、合点与珠柄呈一直线,如大黄、胡椒、核桃等的胚珠。

2. 横生胚珠(hemitropous ovule)

胚珠一侧生长快,另一侧生长慢,使整个胚珠横列,珠孔、珠心、合点连线与珠柄垂直,如锦葵的胚珠。

3. 弯生胚珠(campylotropous ovule)

珠被、珠心不均匀生长,使胚珠弯曲成肾状,珠孔、珠心、合点与珠柄不在一条直线上,如大豆、石竹、曼陀罗等的胚珠。

4. 倒生胚珠(anatropous ovule)

胚珠一侧生长特别快,另一侧几乎停止生长,胚珠向生长慢的一侧弯转而使胚珠倒置,珠孔靠近珠柄;珠柄很长,与珠被愈合,形成一条长而明显的纵行隆起,称为珠脊;珠孔、珠心、合点几乎在一条直线上,如落花生、蓖麻、杏、百合等多数被子植物的胚珠(图6-10)。

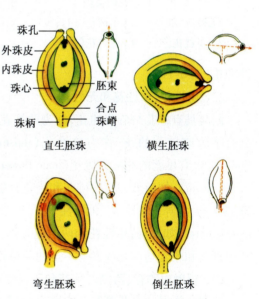

图6-10 胚珠的类型及纵剖面

第三节 花的类型

为了适应生存和环境,植物在进化过程中,花的各部分发生了不同程度的变化,可划分为以下几种主要类型。

一、完全花和不完全花

凡具有花萼、花冠、雄蕊、雌蕊四部分的花,称为完全花(complete flower),如桃、桔梗等的花。缺少其中一部分或几部分的花,称为不完全花(incomplete flower),如南瓜、桑、柳的花。

二、重被花、单被花和无被花

同时具有花萼和花冠的花,称为重被花(double perianth flower),如桃、杏、萝卜等的花。只有花萼而没有花冠或花萼与花冠不易区分的花,称为单被花(simple perianth flower)。这种花被常具鲜艳的颜色而呈瓣状,如百合、玉兰、白头翁等的花。不具花被的花,称为无被花或裸花(naked flower)。这种花常具有苞片,如杨、柳、杜仲的花(图6-11)。

图6-11 花的类型
1. 无被花(杜仲)　2. 单被花(白头翁)
3. 重被花(杏)　4. 重瓣花(月季)

三、两性花、单性花和无性花

同时具有雄蕊与雌蕊的花,称为两性花(bisexual flower),如桃、桔梗、牡丹等的花。仅具有雄蕊或雌蕊的花,称为单性花(unisexual flower)。只有雌蕊的花称为雌花(female flower);仅有雄蕊的花称为雄花(male flower)。雄花和雌花生于同一植物上,称为雌雄同株(monoecism),如南瓜、蓖麻;雄花和雌花分别生于不同植株上,称为雌雄异株(dioecism),如桑、柳、银杏等;单性花和两性花同时生于同一植物上,称为杂性同株(polygamo-monoecious),如厚朴;单性花和两性花分别生于不同植株上,称为杂性异株,如臭椿、葡萄。花中雄蕊和雌蕊均退化或发育不全的花被称为无性花,如八仙花花序周围的花等。

四、辐射对称花、两侧对称花和不对称花

这种分类通常对花萼和花冠而言。通过花的中心可做两个以上对称面的花被称为辐射对称花((actinomorphic flower)或整齐花,如桃、桔梗、牡丹等的花;通过花的中心只能做一个对称面的花被称为两侧对称花(zygomorphic flower)或不整齐花,如扁豆、益母草等的花;无对称面的花被称为不对称花(asymmetric flower),如败酱、缬草、美人蕉等的花。

五、风媒花、虫媒花、鸟媒花和水媒花

借助风力传播花粉的花被称为风媒花。风媒花具有花小、单性、无被或单被、素色、花粉量多而细小、柱头面大和分泌黏液等特征,如玉米、大麻等的花。借助昆虫传播花粉的花

被称为虫媒花。虫媒花具有的特征是:两性花,雌蕊和雄蕊发育不同期,花被具有鲜艳的色彩和芳香气味,花粉量少且大,表面多具突起并有黏性,花的形态常和传粉昆虫的特点形成相适应的结构,如丹参、益母草等的花。风媒花和虫媒花是植物长期适应环境的结果。此外,还有少数植物的花借助小鸟传粉,称为鸟媒花,如某些凌霄属植物的花;或者借助水流传粉,称为水媒花,如金鱼藻、黑藻等一些水生植物的花。

第四节 花程式与花图式

一、花程式

用字母、数字和符号来表示花各部分的组成、排列、位置和彼此关系的方程式,称为花程式(flower formula)。① 以字母代表花的各部,一般用花各部拉丁词的第一个字母大写来表示,"P"表示花被,"K"表示花萼,"C"表示花冠,"A"表示雄蕊群,"G"表示雌蕊群。② 花各部的数目以数字表示:数字写在代表字母的右下角,"∞"表示超过10个以上或数目不定,"0"表示某部分缺少或退化。雌蕊群右下角有三个数字,分别表示心皮数、子房室数和每室胚珠数,数字间用":"相连。(以下列符号表示花的特征:"*"表示辐射对称花,"↑"表示两侧对称花,"☿""♂"和"♀"分别表示两性花、雄花和雌花;"( )"表示合生,"+"表示花部排列的轮数关系,短线"-"表示子房的位置,"G̲""G̅""G̿"分别表示子房上位、子房下位、子房半下位。例如,萝卜花 ☿ * $K_4 C_4 A_{2+4} \underline{G}_{(2:2:\infty)}$;槐花 ☿ ↑ $K_{(5)} C_5 A_{(9)+1} \underline{G}_{1:1:\infty}$;桑树的雄花 ♂ * $P_4 A_4$,桑树的雌花 ♀ * $P_4 \overline{G}_{(2:1:1)}$;桔梗花 ☿ * $K_{(5)} C_{(5)} A_5 \overline{G}_{(5:5:\infty)}$;百合花 ☿ * $P_{3+3} A_{3+3} \underline{G}_{(3:3:\infty)}$。

二、花图式

花图式(flower diagram)是以花的横切面为依据所绘出来的图解式。它可以直观表明花各部的形状、数目、排列方式和相互位置等情况。

绘制花图式的原则是:上方绘一小圆圈表示花序轴的位置,在轴的下面自外向内按苞片、花萼、花冠、雄蕊、雌蕊的顺序依次绘出各部的图解,通常苞片以外侧带棱的新月形符号表示,萼片用斜线组成带棱的新月形符号表示,空白的新月形符号表示花瓣,雄蕊和雌蕊分别用花药和子房的横切面轮廓表示。

花程式和花图式均能简明反映出花的形态、结构等特征,但都不够全面。例如,花图式不能表明子房与花被的相关位置,花程式不能表明各轮花部的相互关系及花被卷迭情况等,所以在描述时两者配合使用才能较全面地反映花的特征(图6-12)。

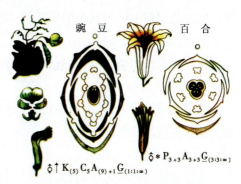

图6-12 花图式和花程式

第五节 花 序

被子植物的花如果是单独一朵着生在茎枝顶端或叶腋部位,称为单生花,如玉兰、牡丹、木槿等。但多数植物的花是按一定方式有规律地着生在花枝上,并有一定的开放顺序,形成花序(inflorescence)。花序下部的梗称为总花梗(总序梗);总花梗向上延伸,称为花序轴。花序轴上着生小花,小花的梗称为小花梗。小花梗及总花梗下面常有小型的变态叶,分别为小苞片和总苞片。无叶的总花梗称为花葶(scape)。

根据花在花序轴上排列的方式和开放的顺序,可分为无限花序和有限花序两大类。

一、无限花序(总状花序类)

花序轴在花期内可以继续生长,产生新的花蕾。花的开放顺序是由下部依次向上开放,或由边缘向中心开放,这种花序被称为无限花序(indefinite inflorescence)。根据花序轴及小花的特点可分为以下几种(图6-13)。

图6-13 无限花序

1. 总状花序(荠菜)　2. 穗状花序(红蓼)
3. 复穗状花序(小麦)　4. 肉穗花序(半夏)
5. 葇荑花序(辽东栎)　6. 伞房花序(山楂)
7. 伞形花序(人参)　8. 复伞形花序(兴安白芷)
9. 头状花序(向日葵)　10. 隐头花序(薜荔)

1. 总状花序(raceme)

花序轴长而不分枝,着生许多花梗近等长且由基部向上依次成熟的小花,如油菜、荠菜、地黄等的花序。

2. 穗状花序(spike)

与总状花序相似,但小花具极短的柄或无柄,如车前、牛膝、知母等的花序。

3. 葇荑花序(catkin)

花序轴柔软下垂,其上着生许多无柄、无被或单被的单性小花,开花后整个花序脱落,如杨、柳、核桃的雄花序。

4. 肉穗花序(spadix)

肉穗花序与穗状花序相似,但花序轴肉质粗大,呈棒状,其上密生多数无柄的单性小花,如玉米的雌花序;若花序外具一大型总苞片,则称为佛焰花序,其苞片被称为佛焰苞,如天南星、半夏等天南星科植物的花序。

5. 伞房花序(corymb)

伞房花序似总状花序,但小花梗不等长,下部的长,向上逐渐缩短,小花开放在一个平面上,如山楂、绣线菊等的花序。

6. 伞形花序(umbel)

花序轴缩短成一点,在总花梗顶端着生许多辐射状排列、花柄近等长的小花,小花开放成一球面,如人参、刺五加、葱等的花序。

7. 头状花序(head)

花序轴极度短缩成头状或扩展成盘状的花序托,其上着生许多无柄的小花,外围的苞片密集成总苞,如向日葵、红花、菊花、蒲公英等的花序。

8. 隐头花序(hypanthodium)

花序轴肉质膨大并下陷成囊状,其内壁着生多数无柄小花,如无花果、薜荔等的花序。

上述花序的花序轴均匀无枝,为单花序。有些植物的花序轴产生分枝,称为复花序,常见的有以下几种:

9. 复总状花序(compound raceme)

复总状花序又称圆锥花序,花序轴呈总状分枝,每一分枝为一小总状花序,使整体呈圆锥状,也可理解为总状花序呈总状排列,如南天竹、女贞等的花序。

10. 复穗状花序(compound spike)

花序轴有一分枝为一小穗状花序,如小麦、香附等的花序。

11. 复伞形花序(compound umbel)

在总花梗的顶端有若干呈伞形排列的小伞形花序,亦即伞形花序呈伞形排列,如柴胡、当归等伞形科植物的花序。

12. 复伞房花序(compound corymb)

花序轴上的分枝呈伞房状排列,而每一分枝又为伞房花序,即伞房花序呈伞房状排列,如花楸的花序。

13. 复头状花序(compound head)

由许多小头状花序组成的头状花序,称为复头状花序,如蓝刺头的花序。

二、有限花序

有限花序(definite inflorescence)的花序轴顶端的花先开放,限制了花序轴的继续生长,开花的顺序为从上向下或从内向外。通常根据花序轴上端的分枝情况又分为以下几种类型(图6-14)。

1. 单歧聚伞花序(monochasium)

花序轴顶端生一花,然后在顶花下一侧形成一侧枝,同样在枝端生花,侧枝上又可分枝着生花朵,依次连续分枝,称为

图 6-14 有限花序
1. 螺旋状单歧聚伞花序(聚合草) 2. 蝎尾状单歧聚伞花序(唐菖蒲) 3. 二歧聚伞花序(缕丝花)
4. 多歧聚伞花序(猫眼草) 5. 轮伞花序(益母草)

单歧聚伞花序。若花序轴下分枝均向同一侧生出而呈螺旋状弯曲,称为螺旋状聚伞花序(bostrychoid cyme),如紫草、附地菜等的花序;若分枝呈左右交替生出,则称为蝎尾状聚伞花序(scorpioid cyme),如射干、唐菖蒲等的花序。

2. 二歧聚伞花序(dichasium)

花序轴顶花先开,在其下两侧同时产生两个等长的分枝,每个分枝以同样方式继续开花和分枝,如石竹、冬青卫矛等的花序。

3. 多歧聚伞花序(pleiochasium)

花轴顶花先开,其下同时发出数个侧轴,侧轴常比主轴长,各侧轴又形成小的聚伞花序,称为多歧聚伞花序。若花序轴下面生有杯状总苞,则称为杯状聚伞花序(大戟花序),如京大戟、甘遂、泽漆等大戟科大戟属植物的花序。

4. 轮伞花序(verticillaster)

密集的二歧聚伞花序生于对生叶的叶腋,呈轮状排列,称为轮伞花序,如薄荷、益母草等唇形科植物的花序。

此外,有的植物的花序既有无限花序又有有限花序的特征,称为混合花序。例如,丁香、七叶树的花序轴呈无限式,但生出的每一侧枝为有限的聚伞花序,特称为聚伞圆锥花序。

第六节 花粉粒的形态构造

雄蕊包括花丝和花药两部分。花丝构造简单,有时被毛茸,如闹羊花花丝下部被两种非腺毛。花药主要为花粉囊,内壁细胞的壁常不均匀地增厚,呈网状、螺旋状、环状或点状,而且大多木化。花粉囊中花粉的外壁有各种形态。下面主要介绍花粉的形态和构造。

一、花粉粒的形态

花粉粒的形状、颜色、大小随植物种类的不同而异(图6-15)。花粉粒常呈圆球形、椭圆形、三角形、四角形或五边形等。不同种类植物的花粉有淡黄色、黄色、橘黄色、墨绿色、青色、红色或褐色等不同颜色。大多数植物花粉粒的直径为15~50 μm。

花粉粒一般均具有极性及对称性。其极性取决于在四分体中所处的地位。花粉母细胞经过减数分裂产生四分体,分离后形成4粒花粉。由四分体中心的一点通过花粉粒中央向外延伸的线为花粉的极轴。花粉粒向四分体中心的一

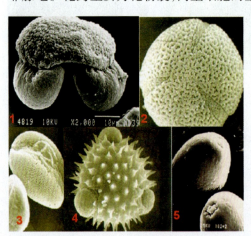

图6-15 花粉粒的超微结构

1. 黑松花粉(具两气囊) 2. 荷花的三沟型花粉 3. 玉兰花的单沟型花粉 4. 金盏菊的三孔型花粉 5. 薜荔的二孔型花粉

端为近极,向外的一端为远极(distal)。与极轴垂直的线为赤道轴。在大多数情况下,花粉粒均具有明显的极性,根据萌发孔的排列和形态可在单粒花粉粒上看出它们的极面和赤道面的位置。

二、花粉粒的构造

成熟的花粉粒有内、外两层壁。内壁较薄,主要由果胶质和纤维素组成;外壁较厚而坚硬,含有脂肪类化合物和色素,其化学性质极为稳定,具有较好的抗高温、抗高压、耐酸碱、抗分解等特性。这种特性使花粉粒在自然界能保持数万年不腐败,可为鉴定植物、考古和地质探矿提供科学依据。花粉粒外壁表面光滑或具有各种雕纹,如瘤状、刺突、凹穴、棒状、网状、条纹状等,常作为鉴定花粉的重要特征。花粉粒内壁上有的地方没有外壁,形成萌发孔(germ pore)或萌发沟(germ furrow)。花粉萌发时,花粉管就从孔或沟处向外伸出生长。

不同种类的植物,花粉丝萌发孔或萌发沟的数目也不同。例如,香蒲料、禾本科为单孔花粉,百合科、木兰科为单沟花粉,桑科为二孔花粉,沙参、丁香等为三孔花粉,商陆科为三沟花粉,夹竹桃为四孔花粉,凤仙花为四沟花粉,瞿麦为五萌发孔,薄荷为五萌发沟等。

萌发孔(沟)在花粉粒上的分布位置有以下三种情况:①极面分布,即萌发孔的位置在远极面或近极面上。②赤道分布,即萌发孔在赤道面上。若是萌发沟,其长轴与赤道垂直。③球面分布,即萌发孔散布于整个花粉粒上。通常对极面分布的,称为远极沟(anacolpus)或远极孔(anaporus),如许多裸子植物和单子叶植物的具沟花粉、禾本科植物的花粉。而近极孔(cataporus)仅见于蕨类植物孢子中。对赤道分布的,称为(赤道)沟或粉。因为这是双子叶植物的主要类型,赤道可以不必特别标明。对球面分布的,称为散沟(pancolpi),如马齿苋属植物的花粉;或称为散孔(panpori),如藜科的花粉。如果花粉的极性不能判明,也可一律称为沟或孔。此外,在花粉粒的萌发沟内中央部位具一圆形或椭圆形的内孔,称为具孔沟(colporate)花粉。有时,花粉粒上的萌发孔不典型,孔、沟或孔沟不明显,可以在前面冠以"拟"字,如拟孔、拟沟。

大多数植物的花粉粒在成熟时是单独存在的,称为单粒花粉;有些植物的花粉粒是2个以上(多数为4个)集合在一起的,称为复合花粉;极少数植物的许多花粉粒集合在一起,称为花粉块,如兰科、萝藦科等科的植物。

花粉中含有丰富的蛋白质、人体必需的氨基酸、多种维生素、100多种活性酶、脂肪油、多种矿物成分、微量元素以及激素、黄酮类化合物、有机酸等,对人体有良好的营养保健作用,并对某些疾病有一定的辅助治疗作用。但有些植物,如钩吻(大茶药)、博落回、乌头、雷公藤、藜芦、羊踯躅等的花粉和花蜜均有毒;也有些花粉有毒或容易引起人体变态反应,产生气喘、枯草热等花粉疾病。现已证明,黄花蒿、艾、三叶豚草、蓖麻、野苋菜、苦楝及麻黄等常见植物可引起花粉疾病。

思考题

1. 花由哪几部分组成？常见的花冠有哪些类型？
2. 雄蕊由哪几部分组成？常见的雄蕊类型有哪些？
3. 什么叫胎座？常见的胎座类型有哪些？
4. 植物的花序分为哪几类？

 综合题

为什么说花是适应繁殖功能的变态枝条？

花

第七章

果　实

1. 学习重点及线路：
（1）掌握果实的功能→果实的类型（单果—聚合果—聚花果）。
（2）熟悉果实的结构（外果皮—中果皮—内果皮）。
2. 任务主题：
（1）果实的主要功能是繁殖。果实类药材有哪些？它们的药用价值有哪些？
（2）如何鉴别果实类药材？
（3）单果中的蓇葖果、荚果和角果有何不同？
（4）果实的传播方法很多，你知道果实的哪些传播策略？

果实（fruit）是种子植物所特有的繁殖器官，是花受精后由雌蕊的子房发育而成的特殊结构，外具果皮，内含种子。果实具有保护种子和散布种子的作用。

第一节　果实的生理功能及药用价值

一、果实的生理功能

果实的生理功能主要是保护种子和对种子传播媒介的适应。适应于动物和人类传播种子的果实，往往为肉质可食的肉质果，如桃、梨、柑橘等；还有的果实具有特殊的钩刺突起或有黏液分泌，能黏附于动物的毛、羽或人的衣服上而散布到各地，如苍耳、鬼针草、蒺藜、猪殃殃等。适应于风力传播种子的果实多质轻细小，并常具有毛、翅等特殊结构，如蒲公英、榆、杜仲等。适应于水力传播种子的果实常质地疏松而有一定浮力，可随水流到各处，如莲蓬、椰子等。还有的植物果实可通过自己的机械力量使种子散布，在果实成熟时多干燥开裂并能对种子产生一定的弹力，如大豆、油菜、凤仙花等。

二、果实的药用价值

果实的药用常采用完全成熟、近成熟或幼小的果实；药用部分包括果穗入药，如桑葚、夏枯草;完整的果实入药,如五味子、女贞子等;果皮入药,如陈皮、大腹皮等;果柄入药,如甜瓜蒂;果实上的宿萼入药,如柿蒂;还有用果皮中的维管束入药的,如橘络、丝瓜络等。

第二节　果实的形成和结构

一、果实的形成

被子植物的花经过双受精后,花的各部分发生显著变化。花萼、花冠通常脱落,雄蕊及雌蕊的柱头、花柱先后凋萎,胚珠发育成种子,子房逐渐膨大而发育成果实。这种单纯由子房发育而来的果实被称为真果(true fruit),如桃、杏、柑橘等。有些植物除子房外,尚有花的其他部分,如花托、花萼、花序轴等参与果实的形成,这种果实被称为假果(false fruit),如苹果、梨、南瓜等。

果实的形成通常需要经过传粉和受精作用,但有的植物只经传粉而未经受精作用也能发育成果实,称为单性结实。单性结实所形成的果实,称为无籽果实。单性结实有的是自发形成的,称为自发单性结实,如香蕉、柑橘、柿、瓜类及葡萄的某些品种等;有的是通过人工诱导作用而引起的,称为诱导单性结实,如用马铃薯的花粉刺激番茄的柱头而形成无籽番茄;或者用化学处理方法(如某些生长激素涂抹或喷洒在雌蕊柱头上)也能得到无籽果实。

二、果实的结构

(一) 外果皮(exocarp)

外果皮与叶的下表皮相当,通常由一列表皮细胞或表皮与某些相邻组织构成。外被角质层或蜡被,偶有气孔或毛茸,如桃、吴茱萸具有非腺毛及腺毛,蔓荆子具有腺鳞;有的在表皮含有色物质或色素,如川花椒;有的在表皮细胞间嵌有油细胞,如北五味子。

(二) 中果皮(mesocarp)

中果皮与叶肉组织相当,占果皮的大部分,大多由多列薄壁细胞组成,细胞中有时含有淀粉粒,如五味子。在中部具有多数散在的细小维管束,有的中果皮含有石细胞、油细胞、油室或油管等,如小茴香的中果皮内可见油管,荜澄茄的中果皮内有石细胞和油细胞的分布。

(三) 内果皮(endocarp)

内果皮与叶的上表皮相当,大多由一列薄壁细胞组成。有的以5~8个狭长的薄壁细胞互相并列为一群,各群以斜角联合呈镶嵌状,称为镶嵌细胞。这是伞形科植物果实的共同特征。有的具有一至多列石细胞,核果的内果皮(果核)即由多列石细胞组成,如杏、桃、梅等。也有的内果皮全为石细胞,如胡椒。

第三节　果实的类型

根据果实的来源、结构和果皮性质的不同,果实可分为单果、聚合果和聚花果。

一、单果（simple fruit）

一朵花中仅有一个雌蕊（单雌蕊或复雌蕊），发育成一个果实，称为单果。根据果皮的质地不同，可将单果分为肉果和干果两类。

（一）肉果（fleshy fruit）

果皮肉质、多汁，成熟时不裂开（图7-1）。肉果的主要类型有以下几种。

1. 浆果（berry）

浆果由单心皮或合生心皮雌蕊发育而成。外果皮薄，中果皮和内果皮肉质、多汁，不易区分，内含一至多粒种子，如葡萄、番茄、枸杞、茄等。

2. 核果（drupe）

核果由单心皮雌蕊发育而成，外果皮薄，中果皮肉质、肥厚，内果皮木质，形成坚硬的果核，每核内含一粒种子，如桃、李、梅、杏等。

3. 梨果（pome）

梨果是由5枚心皮合生的下位子房连同花托和萼筒发育而成的一类肉质假果。外果皮和中果皮肉质，

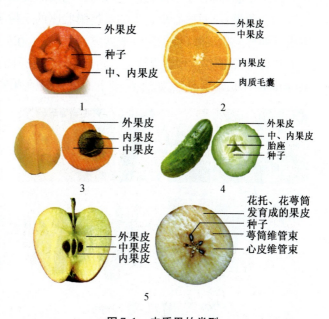

图7-1 肉质果的类型
1. 浆果（西红柿） 2. 柑果（橙） 3. 核果（杏）
4. 瓠果（黄瓜） 5. 梨果（苹果）

界限不清，内果皮坚韧，革质或木质，常分隔成5室，每室含2粒种子，如苹果、梨、山楂、枇杷等，其肉质可食部分主要来自花托和萼筒。

4. 柑果（hesperidium）

柑果由多心皮合生雌蕊具中轴胎座的上位子房发育而成。外果皮较厚，柔韧如革，内含油室；中果皮疏松海绵状，具有多分枝的维管束（橘络），与外果皮结合，界限不清；内果皮膜质，分隔成多室，内壁生有许多肉质、多汁的囊状毛。柑果为芸香科柑橘类植物所特有，如橙、柚、橘、柑等。

5. 瓠果（pepo）

瓠果是由3枚心皮合生的具侧膜胎座的下位子房连同花托发育而成的假果。外果皮坚韧，中果皮和内果皮及胎座肉质，为葫芦科植物所特有，如南瓜、冬瓜、西瓜、瓜蒌等。

（二）干果（dry fruit）

果实成熟时果皮干燥，依据果皮开裂与否又分为裂果和不裂果。

1. 裂果（dehiscent fruit）

裂果果实成熟后，果皮自行开裂，依据心皮数目及开裂方式不同分为以下几种。

（1）蓇葖果（follicle）：由单心皮或离生心皮雌蕊发育而成，成熟后沿腹缝线一侧开裂，

如厚朴、八角茴香、芍药、淫羊藿、杠柳等的果实。

（2）荚果(legume)：由单心皮发育而成，成熟时沿腹缝线和背缝线两侧开裂，为豆科植物所特有，如扁豆、绿豆、豌豆等。但有的荚果成熟时不开裂，如紫荆、落花生的果实；槐的荚果肉质呈念珠状，亦不开裂；含羞草、山蚂蟥的荚果呈节节断裂而不开裂，内含一粒种子。

（3）角果：由两枚心皮合生的具侧膜胎座的上位子房发育而成。心皮边缘愈合向子房室内延伸形成假隔膜，将子房隔成两室，种子着生在假隔膜两侧，成熟时沿两侧腹缝线自下而上开裂，假隔膜仍然留在果柄上。角果为十字花科的特征，又分为长角果(silique)和短角果(silicle)。长角果细长，如油菜、萝卜的果实；短角果宽短，如荠菜、菘蓝、独行菜等的果实。

（4）蒴果(capsule)：由合生心皮的雌蕊发育而成，子房一至多室，每室含多粒种子，是普遍的一类裂果。蒴果成熟时常见的开裂方式有：①瓣裂（纵裂）：果实成熟时沿纵轴方向裂成数个果瓣。其中沿腹缝线开裂的，称为室间开裂，如马兜铃、蓖麻的果实；沿背缝线开裂的，称为室背开裂，如百合、射干的果实；沿背、腹两缝线同时开裂，但子房间隔仍与中轴相连的，称为室轴开裂，如曼陀罗、牵牛的果实。②孔裂：果实的顶端裂开一小孔，如罂粟、桔梗的果实。③盖裂：果实中上部环状横裂成盖状脱落，如马齿苋、车前等的果实。④齿裂：果实顶端呈齿状开裂，如石竹、王不留行等的果实（图7-2）。

图7-2 裂果的类型

1. 蓇葖果（梧桐） 2. 荚果（合欢） 3. 荚果（槐）
4. 长角果（糖芥） 5. 短角果（荠菜） 6. 蒴果-室背开裂（鸢尾） 7. 蒴果-室间开裂（北马兜铃） 8. 蒴果-室轴开裂（紫花曼陀罗） 9. 蒴果-盖裂（平车前）
10. 蒴果-孔裂（野罂粟） 11. 蒴果-齿裂（石竹）

2. 不裂果（闭果，indehiscent fruit）
不裂果果实成熟后，果皮不开裂或分离成几部分，种子仍被果皮包被。常见的不裂果有以下几种。

（1）瘦果(achene)：由1~3枚心皮雌蕊形成的，如白头翁；由2枚心皮形成的，果皮较薄而坚韧，内含一粒种子，成熟时果皮与种皮易分离，为闭果中最普通的一种，如向日葵、白头翁、荞麦等的果实。

（2）颖果(caryopsis)：果皮薄，与种皮愈合，不易分离，果实内含一粒种子，如稻、麦、玉米、薏苡等，为禾本科植物所特有的果实。农业生产上常把颖果称为种子。

（3）坚果(nut)：果皮坚硬，果皮与种皮分离，内含一粒种子，如板栗等壳斗科植物的果实。这类果实常具总苞（壳斗）包围，也有的坚果很小，无总苞包围，称为小坚果，如益母草、紫草等的果实。

（4）翅果（samara）：果皮一端或周边向外延伸成翅状，果实内含一粒种子，如杜仲、榆、槭、白蜡树等的果实。

（5）胞果（utricle）：果皮薄而膨胀，疏松地包围种子，与种子极易分离，如青葙、藜、地肤等的果实。

（6）分果（schizocarp）：由两枚或两枚以上心皮组成的雌蕊的子房发育而成，形成两室或数室。果实成熟时，按心皮数分离成若干各含一粒种子的分瓣果。当归、白芷、小茴香等伞形科植物的分果由两枚心皮的下位子房发育而成，成熟时分离成两个分瓣果，呈"个"字形分悬于中央果柄的顶端，特称为双悬果（cremocarp），为伞形科植物的主要特征之一；苘麻、锦葵的果实由多枚心皮组成，成熟时则分为多个分瓣果（图7-3）。

二、聚合果（aggregate fruit）

聚合果是由一朵花中的多枚心皮离生雌蕊聚集生长在花托上，并与花托共同发育成的果实，每一单雌蕊形成一个单果（小果）。根据小果的种类不同，又可分为聚合蓇葖果（八角茴香、芍药）、聚合瘦果（草莓、毛茛）、聚合核果（悬钩子）、集合浆果（五味子）、聚合坚果（莲）等（图7-4）。

图7-3 不裂果的类型
1. 瘦果（向日葵） 2. 颖果（玉蜀黍）
3. 坚果（板栗） 4. 小坚果（益母草）
5. 翅果（榆） 6. 双悬果（小茴香）

图7-4 聚合果的类型
1. 聚合浆果（五味子） 2. 聚合核果（茅莓悬钩子）
3. 聚合蓇葖果（八角茴香） 4. 聚合蓇葖果（芍药）
5. 聚合瘦果（东北铁线莲） 6. 聚合瘦果-蔷薇果（金樱子） 7. 聚合坚果（莲）

三、聚花果（collective fruit, multiple fruit）

聚花果又称复果，是由整个花序发育而成的果实。例如，桑葚的雌花序在花后每朵花的花被肥厚、多汁，里面包藏一个瘦果；凤梨（菠萝）是由多数不孕的花着生在肥大、肉质的花序轴上所形成的果实；无花果由隐头花序形成，其花序轴肉质化并内陷成囊状，囊的内壁上着生许多小瘦果（图7-5）。

图7-5 聚花果的类型
1. 凤梨 2. 桑葚 3. 无花果 4. 悬铃子

思考题

1. 常见的肉果有哪些类型？各有什么特点？
2. 常见的干果有哪些类型？各有什么特点？
3. 果实是如何形成的？果实是由哪几层构成的？

 综合题

1. 列举几种常见的聚花果与聚合果。
2. 菁葖果、角果和荚果有何不同？

第八章

种　子

1. 学习重点及线路：
（1）掌握种子的功能→种子的类型。
（2）熟悉种子的结构(种皮的外部特征—种皮的内部构造)。
2. 任务主题：
（1）种子类药材有哪些？其药用价值有哪些？
（2）如何鉴别种子类药材？种皮在种子类药材鉴别中的意义是什么？
（3）错入组织是怎样形成的？具有怎样的意义？
（4）种子靠各种传播方法来实现其繁殖功能。你还知道种子的哪些传播高招？

种子(seed)是种子植物特有的繁殖器官，是花经过传粉、受精后，由胚珠发育而形成的。种子内含有下一代的幼小植物体(胚)，并贮藏有大量营养物质(胚乳)。

第一节　种子的生理功能及药用价值

一、种子的生理功能

种子的主要功能是繁殖功能。种子成熟后，在适宜的外界条件下即可萌发而形成幼苗，但大多数植物的种子在萌发前往往需要一定的休眠期。此外，种子的萌发还与种子的寿命有关。

二、种子的药用价值

药用植物的种子多采用成熟的种子作为药用。通常用完整的种子入药，如沙苑子、决明子等；少数用种子的一部分入药，如假种皮入药的有肉豆蔻衣、龙眼肉等，肉豆蔻是用种仁入药，大豆黄卷、大麦芽是用发芽的种子入药，淡豆豉则是用种子的发酵品入药。

第二节　种子的形态和结构

不同种类的植物，种子的形状、大小、色泽和表面纹理也不同。种子的形状有球形、类圆形、椭圆形、肾形、卵形、圆锥形、多角形等。种子的大小差异悬殊，大的有椰子、银杏、槟榔等，小的如天麻、白及等的种子，呈粉末状。种子的表面通常平滑，具光泽，颜色各异，如绿豆、红豆、白扁豆等；但也有的表面粗糙，具皱褶、刺突或毛茸（种缨）等，如天南星、车前、太子参、萝藦等的种子。

种子通常由种皮（seed coat）、胚（embryo）和胚乳（endosperm）三部分组成；也有很多植物的种子仅由种皮和胚两部分构成，而没有胚乳。

一、种皮

（一）种皮的外部特征

种皮由珠被发育而成，包被于种子外面，对胚具有保护作用。种皮常分为外种皮和内种皮两层，外种皮较坚韧，内种皮通常较薄。种皮上一般都具有种脐（hilum）和种孔（micropyle）。种脐是种子成熟后从种柄或胎座上脱落后留下的圆形或椭圆形疤痕。种孔由珠孔发育而成，是种子萌发时吸收水分和胚根伸出的部位。此外，具有倒生、横生或弯生胚珠的植物，种皮上具有明显突起的种脊（raphe），即种脐到合点（meeting dot，亦即原来胚珠的合点，是种皮上维管束汇合之处）之间的隆起线；倒生胚珠的种脊较长，横生胚珠和弯生胚珠的种脊较短，而直生胚珠无种脊。还有一些植物的种皮在珠孔处有一个由珠被延伸而成的海绵状突起物，起到吸水、帮助种子萌发的作用，称为种阜（caruncle），如蓖麻、巴豆等。

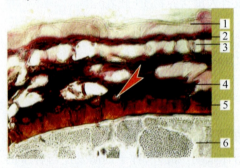

图8-1　益智种子的横切面组织构造
1. 种皮表皮细胞　2. 下皮　3. 油细胞
4. 色素层　5. 内种皮　6. 胚乳

有些植物的种子在种皮外尚有假种皮（aril），是由珠柄或胎座处的组织延伸而形成的。有的假种皮为肉质，如荔枝、龙眼、苦瓜、卫矛等；也有的呈菲薄的膜质，如豆蔻、砂仁等。

（二）种皮的内部构造

种皮的内部构造因植物种类的不同而异，最富有变化。通常只有一层种皮，但有的种子有两层，即有内、外种皮的区分。种皮通常由下列一种或数种组织组成（图8-1）。

1. 表皮层

多数种子的种皮表皮层由一列薄壁细胞组成，但也有一些特殊情况：(1)有的形成黏液细胞层，如白芥子；(2)表皮层细胞有的部分形成非腺毛，如牵牛子；(3)有的全部表皮层细胞分化成非腺毛，如马钱子；(4)有的表皮层细胞单个或成群地散列着石细胞，如苦杏仁、桃仁；(5)有的表皮层细胞全由石细胞组成，如天仙子;(6)有的表皮层细胞为狭长的栅状细胞,细胞壁常不同程度地木化增厚,如青葙子以及一般豆科植物的种子;(7)有的表皮层细胞含有色素,如青葙子、牵牛子等。

2. 厚壁细胞层

有的种子的种皮具有细胞壁全面加厚的厚壁组织。通常有下列两种:(1)栅状细胞层:有的种子的表皮下方常有栅状细胞,由1列或2~3列狭长的细胞排列而成,壁多木化增厚,如决明子;有的内壁和侧壁增厚,而外壁菲薄,如白芥子;在栅状细胞的外缘有时可见一条折光率特别强的光辉带,如牵牛子、菟丝子。(2)石细胞层:除种子的表皮有时为石细胞外,有的表皮内层几乎全为石细胞,如瓜蒌仁;或者种皮的最内层细胞为石细胞,如白豆蔻。

3. 色素层

具有颜色的种子,除表皮层可含有色物质(颠茄、莨菪等)外,内层细胞或者内种皮细胞也含有色物质,如白豆蔻等。

4. 油细胞层

含挥发油的种子的种皮中,表皮层内常有一层形状较大的含油细胞,如豆蔻、砂仁。

5. 营养层

多数种子的种皮细胞中常有数列贮有淀粉粒的薄壁细胞,为营养层。在种子发育的过程中,淀粉常被消耗尽,故成熟的种子营养层往往成为扁缩颓废的薄层。有的营养层包含一层含糊粉粒的细胞。营养层大多是珠心和胚囊发育而来的,所以严格地讲,它应属于外胚乳组织,但对于无胚乳种子来讲,这部分通常紧附在种皮其他各层的内侧,形成胚的保护组织,为方便起见,常将它归于种皮组织。

二、胚

胚是由受精的卵细胞发育而成的,是种子尚未发育的幼小植物体。胚由胚根、胚轴(又称胚茎)、胚芽和子叶四部分组成。种子萌发时,胚根自种孔伸出,发育成主根。胚轴向上伸长,成为根与茎的连接部分。子叶为胚吸收养料或贮藏养料的器官,占胚的较大部分,在种子萌发后可变绿,进行光合作用,但通常在真叶长出后枯萎。单子叶植物具一枚子叶,双子叶植物具两枚子叶,裸子植物具多枚子叶。胚芽为胚顶端未发育的主枝,在种子萌发后发育成植物的主茎。

三、胚乳

胚乳由受精的极核细胞发育而来,位于胚的周围,呈白色,含大量营养物质,可提供胚发育时所需要的养料。当胚发育或胚乳形成时,大多数植物的种子胚囊外面的珠心细胞被胚乳吸收而消失;但也有少数植物种子的珠心在种子发育过程中未被完全吸收而形成营养组织,包围在胚乳和胚的外部,称为外胚乳。肉豆蔻、槟榔、姜、胡椒、石竹等植物的种子具有外胚乳。槟榔的种皮内层和外胚乳常插入内胚乳中形成错入组织(putting wrong tissue)(图8-2)。肉豆蔻的外胚乳内层细胞向内伸入,与类白色的内胚乳交错亦形成错入组织(图8-3)。

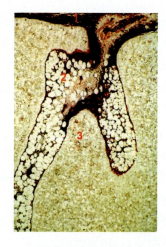

图 8-2 槟榔种子的横切面组织构造
1. 种皮 2. 维管束 3. 外胚乳 4. 内胚乳

图 8-3 肉豆蔻种子的横切面组织构造
1. 种皮 2. 外胚乳 3. 内胚乳

第三节 种子的类型

根据种子中胚乳的有无,一般将种子分为以下两种类型。

一、有胚乳种子

种子中有发育明显的胚乳供种子萌发时胚生长所需养料的,称为有胚乳种子。有胚乳种子具有发达而明显的胚乳,胚相对较小,子叶很薄,如蓖麻、大黄、稻、麦等的种子(图8-4)。

二、无胚乳种子

种子中胚乳的养料在胚发育过程中被子叶吸收并贮藏于子叶中的,称为无胚乳种子。这类种子一般子叶肥厚,不存在胚乳或仅残留一薄层,如大豆、杏仁、南瓜子等(图8-5)。

图 8-4 蓖麻种子(有胚乳种子)
Ⅰ. 外形图 Ⅱ. 与种子平行面纵切
1. 合点 2. 种皮 3. 种脊 4. 种脐
5. 种阜 6. 胚乳 7. 子叶 8. 胚芽
9. 胚轴 10. 胚根

图 8-5 芸豆种子(无胚乳种子)
Ⅰ. 外形 Ⅱ. 外形(示种孔、种脐、种脊、合点)
Ⅲ. 剖面构造(已除去种皮)
1. 种皮 2. 种孔 3. 种脐 4. 种脊
5. 合点 6. 胚茎 7. 胚根 8. 胚芽 9. 子叶

思考题

1. 种皮上有哪些结构特点？
2. 种子由哪几部分组成？

综合题

1. 常见的药用种子有哪些？
2. 具有错入组织的药材有哪些？

果实、种子

第三篇　药用植物的分类

第九章

植物分类学概述

翻转课堂引领

1. 学习重点及线路：

掌握植物分类学的任务→回顾分类学的发展历史→了解近代分类学的发展→掌握分类的等级(种的命名)→植物界的分门→分类检索表。

2. 任务主题：

(1) 了解学习植物分类学的目的和任务。

(2) 植物分类学的研究方法有哪些？请思考一下是否有其他分类方法。

(3) 高等植物和低等植物特征的区别有哪些？

(4) 通过制作 PPT 进一步了解颈卵器植物和维管植物。

(5) 学会使用定距式检索表检索植物。

第一节　植物分类学的定义和任务

植物分类学(plant taxonomy)是研究整个植物界不同类群的起源、亲缘关系和进化发展规律，以便于对植物进行认识、研究和利用的一门学科。它是一门理论性、实用性和直观性均较强的生命学科。全世界已知的植物种类约有 50 万种，我国约有 5 万种，除此以外还有未被人们认知的植物，所以我们面对的植物界是极其浩渺和繁杂的。掌握了植物分类学，就可以把自然界各种各样的植物进行命名、分群归类，并按系统排列起来，以便于研究和利用。药用植物分类采用了植物分类学的原理和方法，对有药用价值的植物进行鉴定、研究和合理开发利用。

植物分类学是一门历史悠久的学科，是在人类识别和利用植物的实践中发展与完善起来的。"Taxonomy"一词就是希腊文"taxis"（排列）和"nomos"（规律）两个词组合而来的。早期的植物分类学只是根据植物的用途、习性、生长环境等进行分类；中世纪应用了植物的外部形态差异来区分植物的各个分类等级，如门、纲、目大的分类群（taxa）以及科、属、种。近代科学的发展大大促进了植物分类学研究的深入，对植物科、属、种之间的亲缘关系逐渐有了较为清晰的认识。

药用植物的分类是指运用植物分类学知识对药用植物进行研究，如对药用植物的资源调查、原植物鉴定、种质资源研究、栽培品种的鉴别等。通过药用植物分类的研究可使人们掌握和运用好中草药资源，并正确地鉴定植物类药的类群。

药学工作者学习植物分类学的目的和主要任务如下：

（1）准确鉴定药材原植物种名，科学地描述其特征，区分近似的种类，为中草药的生产、使用和科学研究服务，确保用药安全和有效。我国是世界上药用植物种类最多、使用历史最悠久的国家，至今已记载的药用植物达12807种之多。药材的来源种类繁多、植物分布的地域性、生长的季节性等造成了中药的同物异名现象和同名异物现象，因而对中草药来源的鉴定极为重要，可以保障用药安全、减少科研和生产的浪费等。

（2）调查、了解中草药的资源，为其开发、利用、保护和栽培提供依据。学好本门课可以用于药用植物的资源调查，编写某地区药用植物资源名录，弄清其种类、地理分布、生态习性和蕴藏量，为进一步合理开发、保护和可持续利用药用植物资源以及栽培引种等提供科学依据。

（3）利用植物的亲缘关系，探寻新的药用植物资源和濒危种类的代用品。同科、同属等亲缘关系相近的植物种类，不仅形态很相似，而且其生理、生化特征相似，它们所含的化学成分中活性成分也比较相似，这样就可以利用植物分类学的规律较快地找到紧缺药材的代用品或发现新资源。

（4）有利于国际的交流。植物的命名采用的是国际通用的林奈双名法，这给国际上植物研究资料的交流带来了方便。植物化学成分的名称大多是由植物学名演化而来的，如小檗碱"berberine"是小檗属的属名"Berberis"变化而来的，这对植物化学研究和查阅有关植物的文献资料均有不少益处。

第二节　植物分类学的发展概况

为了识别和利用植物，人们一直尝试着对植物进行分类。早期人们仅根据植物的形态、习性、用途进行分类，未考察各类群在演化上的亲缘关系，这种分类方法称为人为分类系统。随着人们对生命领域的探索不断深入，人们认识到物种间是有一定演化关系的，这种建立在亲缘关系上的分类系统被称为自然分类系统。

植物的系统发育（phylogeny）就是植物从它的祖先演进到现在植物界状态的经过，也是由原始单细胞植物界的植物种族发生、成长和演进的历史。每一种植物都有它自己漫长的演进历史,一般认为同一种或同一类群出于共同的祖先。植物的个体发育是由单细胞的受精卵发育成为一个成熟的植物个体的过程。在个体发育过程中所发生的一系列变化往往按照系统发育中所进行的主要变化和主要形态有序地再进行重演一次。

对植物的分类,我国起步比较早。在《神农本草经》中就已主观地将药物分为上、中、下三品,把封建等级观念带入植物的分类中。最早的客观分类是在《山海经》中体现的,书中提到 100 余种植物的名称和用途,并把植物分为木与草两类。明代李时珍(1518—1593 年)编撰的最著名的《本草纲目》载药 1892 种,是一个比较完整的人为分类系统,将植物药分为草、谷、菜、果和木五部。在部以下又分为类,例如草部又分为山草、芳草、湿草、毒草、蔓草、水草等类;清代吴其濬的《植物名实图考》中,将植物分为谷、蔬、山草、湿草、石草、水草、蔓草、芳草、毒草、群芳、果和木 12 类,还附有插图。

国外的植物分类最早出现于古希腊的本草学家和植物学家提奥弗拉斯(Theophrastus,公元前 371—公元前 288)的著作,书中记载植物 480 种,研究了植物的经济用途、生活习性和分类,并将植物分为乔木、灌木、亚灌木和草本。此后,德国、法国、英国和意大利等国家的植物学家也有很多论著发表,最著名的是瑞典的植物学家林奈(Carl Linnaeus,1707—1778 年)。他在《自然系统》(*Systema Naturae*,1735 年)、《植物志属》(*Genera Plantarum*,1737 年)和《植物种志》(*Species Plantarum*,1753 年)这三部著作中除了记述大量植物属和种的特征外,还创立了植物的科学命名法,即双名法,至今仍被全世界植物学家公认和采用。同时他还创立了一个完整的分类系统。该系统根据花中雄蕊的数目、长短、连合与否、着生位置、雌雄同株或异株等特征分为 24 纲,前 23 纲为显花植物,第 24 纲为隐花植物,纲以下再根据雌蕊的构造进行分类。但这样的分类常常把亲缘关系疏远的种类放在同一纲中,不利于探讨植物种群间的亲缘关系和演化关系,所以他的分类系统被认为是人为的分类系统。直到 1859 年达尔文(Charles Robert Darwin,1809—1882 年)《物种起源》(*Origin of Species*)的发表,他根据植物间亲缘关系远近(相似程度,共同点多少)对植物进行分门别类。这种分类方法更加推动了植物亲缘关系和更完善的自然分类系统的建立。目前,较为有影响的系统有恩格勒系统(A. Engler)、哈钦松系统(J. Hutchinson)、塔赫他间系统(A. L. Takhtajan)、克朗奎斯特系统(A. Cronquist)。

近几十年来,随着科学与技术的飞速发展及实验条件的改善,特别是植物化学、分子生物学和分子遗传学的发展,许多新方法、新技术应用于植物分类学的研究,使分类学出现了许多新的分类研究方法,植物分类系统更趋于合理,更符合客观实际。

一、形态分类学(modal taxonomy)

形态分类学是根据植物的外部形态特征进行分类,包括野外采集、观察和记录等野外研究和实验室鉴定,在此基础上通过对其外部形态进行比较、分析和归纳,建立分类系统或对分类系统进行修订的一门学科。

二、植物解剖学(botanic anatomy)

植物解剖学是利用光学显微镜观察植物的内部构造,提供植物分类依据的一门学科。

三、超微结构分类学(ultra-structural taxonomy)

超微结构分类学是一门利用电子显微镜研究植物的细微结构从而为植物分类学提供

证据的方法学科。该学科主要包括孢粉学和各种表皮的微形态学。

四、实验分类学(experimental taxonomy)

实验分类学是利用异地栽培或观察环境因子和植物形态的关系,解释物种起源、形成和演化的一门学科。由于植物种的概念的复杂性,到目前为止,植物学家对物种的概念争论很大,实验分类学可以解决部分植物种的归并问题。

五、细胞分类学(cytotaxonomy)

细胞分类学是利用染色体资料探讨植物分类问题的一门学科。它的研究内容包括染色体的数量特征和结构特征。

染色体的数量特征是指染色体数目的多少。染色体数量上的遗传多态性包括整倍性变异和非整倍性变异。染色体的数目通常用基数 X 表示,X 即配子体的染色体数目,在种内通常相当稳定,因此,有的学者认为每个种应该有相同的染色体数目。根据染色体数目,并结合其他资料,可以对分类群进行修订。

染色体的结构特征包括染色体的核型和带型。许多分类群的染色体数目完全相同,在这些类群中,染色体的核型和带型往往能表现出更多的信息。核型是指染色体的长度、着丝点的位置和随体的有无等,由此可以反映染色体的缺失、重复和倒位、移位等遗传变异。核型常用通过照片、绘图将染色按照大小排列起来的核型图来表示。带型是指染色体经特殊染色显带后,带的颜色深浅、宽窄和位置顺序等,由此可以反映常染色质和异染色质的分布差异。染色体的长度用绝对长度和两臂的相对长度来表示,是物种的一个相当稳定的特征。染色体核型在植物分类上具有很重要的意义。

六、化学分类学(chemosystematics)

化学分类学是利用化学特征研究各植物类群的亲缘关系、探讨植物类群的演化规律的一门学科。植物化学分类学的主要任务是探索各分类等级所含化学成分的特征和合成途径,探索和研究各化学成分在植物系统中的分布规律,在经典分类学的基础上,根据化学成分特征,结合其他有关学科的知识,进一步研究植物的系统发育。化学分类学可以解决从种以下等级到目级水平的分类问题。用于化学分类的主要是植物次生代谢产物,它们在植物类群中分布有限,使其在研究植物分类和系统演化方面成为有价值的特征。

七、数值分类学(numerical taxonomy)

数值分类学是一门将数学、统计学原理和计算机技术应用于生物学,利用数量方法评价有机体类群之间的相似性,并根据这些相似性把类群归成更高阶层的分类群的学科。其主要研究方法包括主成分分析、聚类分析和分支分类分析及人工神经网络、模式识别等分析。

八、分子系统学(molecular systematics)

分子系统学是近年来发展最迅速的植物学分支学科,是目前植物学研究的热点。分子系统学是利用生物大分子数据,借助统计学方法进行生物体间以及基因间进化关系的系统研究的一门学科。研究的主要内容包括系统发育、系统的重建、居群遗传结构分析等方面。主要研究方法包括同工酶标记和 DNA 分子标记。下面简单介绍一下目前在植物分子系统学或中药鉴定学方面已经开展研究的 DNA 分子标记技术。由于不同物种的 DNA 序列是由腺嘌呤(A)、鸟嘌呤(G)、胞嘧啶(C)、胸腺嘧啶(T)四种碱基以不同顺序排列组成的,因此对某一特定 DNA 片段序列进行分析就能够区分不同物种。

1. 随机引物扩增 DNA 多态性标记(random amplified polymorphism DNA, RAPD)

随机引物扩增 DNA 多态性标记是指应用人工设计合成的含 10 个碱基的随机引物,通过聚合酶链式反应(PCR)扩增来检测 DNA 多样性的技术。其基本原理是:每次 PCR 反应只使用一个引物,随机引物在模板链的不同位置与基因组 DNA 结合,只有两端同时具有某种引物的结合位点的 DNA 片段才能被扩增出来,而结合位点会因基因组 DNA 序列的改变而不同,经过 30~40 个循环 PCR 扩增,在琼脂糖凝胶上形成迁移率不同的多个谱带,然后根据结果进行多态性分析。RAPD 可以进行广泛的遗传多态性分析,可以在对物种没有任何分子生物学研究背景的情况下进行,适用于近缘属、种间以及种以下等级的分类学研究。

2. 扩增片段长度多态性(amplification fragment length polymorphism, AFLP)

扩增片段长度多态性是指通过对基因组 DNA 酶切片段的选择性扩增来检测 DNA 酶切片段的长度多态性。其基本原理是:首先用两种能产生黏性末端的限制性内切酶将基因组 DNA 切割成分子量大小不等的 DNA 片段,然后将这些片段和与其末端互补的已知序列的接头连接,形成的带接头的特异片段用作随后的 PCR 扩增模板,扩增产物通过变性聚丙酰胺凝胶电泳检测,最后进行多态性分析。AFLP 适用于种间、居群、品种的分类学研究。

3. 限制性酶切片段长度多态性标记(restriction fragment length polymorphism, RFLP)

限制性酶切片段长度多态性标记是指基因组 DNA 经特定的内切酶消化后,产生大小不同的 DNA 片段,利用单拷贝的基因组 DNA 克隆或 cDNA 克隆为探针,通过 Southern 杂交检测多态性的技术。其基本原理是:基因组序列的缺失、倒置或插入会引起内切酶酶切位点的改变,从而造成酶切后 DNA 片段大小的多态性。RFLP 适用于研究属间、种间、居群水平,甚至品种间的亲缘关系、系统发育与演化。

4. 简单序列重复长度多态性标记(length polymorphism of simple sequence repeat, SSRLP)

简单序列重复(SSR)也被称为微卫星 DNA(microsatellite DNA),是由 2~6 个核苷酸为基本单元组成的串联重复序列,不同物种其重复序列及重复单位数都不同,形成 SSR 的多态性。简单序列重复长度多态性标记即检测 SSR 多态性的技术。其基本原理是:每个 SSR 两侧通常是相对保守的单拷贝序列,可根据两侧序列设计一对特异引物扩增 SSR 序列,由于不同物种的重复序列及重复单位数都不同,扩增产物经聚丙烯凝胶电泳检测,比较谱带的迁移距离就可知 SSR 的多态性。SSRLP 适用于植物居群水平的研究。

5. SCAR 标记

SCAR 标记通常是由 RAPD 标记转化而来的。其基本原理是:将 RAPD 的目的片段从凝胶上回收并进行克隆和测序,根据碱基序列设计一对特异引物(18~24 个碱基),以此特异引物对基因组 DNA 进行 PCR 扩增,这种经过转化的特异 DNA 分子标记被称为 SCAR 标记。SCAR 标记一般表现为扩增片段的有无,也可表现为长度的多态性。SCAR 标记可用于中药栽培品种和某些中药材的鉴定。

6. DNA 测序(DNA sequencing)

DNA 测序是指通过比较某一 DNA 片段序列差异来研究植物间亲缘关系的方法。它是目前植物分子系统学的研究热点。其基本原理是：根据目的片段两端的保守序列设计引物，通过 PCR 扩增目的片段，进行克隆测序或直接测序，得到不同物种的序列，并对序列进行分析，以探讨物种间的亲缘关系。目前，常用于 DNA 测序的主要有叶绿体基因组的 rbcl、matK 等约 20 个基因、核基因组的内转录间隔区（ITS）等。

（1）rbcl 基因。rbcl 基因是编码 1,5-二磷酸核酮糖羧化酶大亚基的基因，适用于科及科级以上或低级分类单元（如属、亚属、种间）分类群的研究。例如，基于 rbcl 基因序列对整个种子植物进行系统发育重建；基于 rbcl 基因序列对甘草属进行分析，可将甘草属分为含甘草酸组和不含甘草酸组。

（2）matK 基因。matK 基因位于 trnK 基因的内含子中，常用于科内属间，甚至种间亲缘关系的研究。例如，基于 matK 基因对虎耳草属进行序列分析，可将虎耳草属分为两支。

（3）核基因组的内转录间隔区（ITS）。ITS 位于 18S~26S rRNA 基因之间，被 5.8S rRNA 基因分为两段，即 ITS1 和 ITS2。ITS 区适用于科、亚科、族、属、组内的系统发育和分类研究，尤其适用于近缘属和种间关系的研究。例如，基于 ITS 序列对甘草属、人参属进行分析，对其分类、进化和物种鉴别都有一定的意义。ITS 存在于植物各个器官，其序列差异也可用于中药材的鉴定。

近年来，DNA 条形码分子鉴定法用于中药材的鉴定也很多，尤其是名贵药材。它是利用基因组中一段公认的、相对较短的 DNA 序列来进行物种鉴定的一种分子生物学技术，是传统形态鉴别方法的有效补充。多数中药材 DNA 条形码分子鉴定以 ITS2 为主体序列，psbA-trnH 为辅助序列；动物药材以细胞色素 C 氧化酶亚基 I（COI）为主体序列，ITS2 为辅助序列，鉴定方法简单、快捷、准确。

第三节　植物的分类等级

植物的分类等级又称为分类群或分类单位。分类等级的高低常以植物之间形态的相似性、构造的简繁程度及亲缘关系的远近来确定。近年来，随着科学和技术，尤其是化学成分分析和分子生物学技术的迅速发展，药用植物的特征性化学成分和 DNA 指纹图谱等生物信息图谱已被植物分类家用于作为修订一些药用植物类群分类等级的佐证。植物之间分类等级的异同程度体现了各种植物之间的相似程度和亲缘关系的远近。

整个植物界按照其大同之点归为若干个门，各门按主要差别分为若干个纲，各纲按主要差别再下设目，依此类推，各目下设科，各科下设属，各属下设种。分类等级为界、门、纲、目、科、属、种。在各级之间有时范围过大，不能完全包括其特征或系统分类，而有必要再增设一级时，各级前面加"亚"字，如亚门、亚纲、亚目、亚科、亚属、亚种（表 9-1）。

植物分类的基本单位是种（species）。虽然由于"种"的定义向来争议很多，但通常的种是指其所有个体器官（特别是繁殖器官）具有十分相似的形态、结构、生理生化特征和有一定的自然分布区的植物类群。同一种的不同个体之间可以受精交配，并能产生正常的能育后代；不同种的个体之间通常难以杂交或杂交不育。各个等级按照其高低和从属亲缘关系有顺序地排列起来，将植物界的各种植物进行分类。整个植物界可分成几个门，在门下设多少纲，因其分类法不同而不一致。

表9-1 植物界分类等级的排列

中文	英文	拉丁文	拉丁词尾
界	Kingdom	Regnum	无
门	Division	Divisio（phylum）	-phyta
纲	Class	Classis	-opsida
目	Order	Ordo	-ales
科	Family	Familia	-aceae
族	Tribe	Tribus	-eae
属	Genus	Genus	
种	Species	Species（sp.）	
亚种	Subspecies	Subspecies（ssp.）	
变种	Variety	Varietas（var.）	
变型	Form	Forma（f.）	

一般植物分类单位用拉丁文来表示，除表9-1中所列的外，各等级亚级词尾分别是：亚门的拉丁文名词尾 phytina 或 ae；亚纲的拉丁名词尾 idae；亚目的拉丁名词尾 inales；亚科的拉丁名词尾 oideae；亚族的拉丁名词尾 ineae。需要说明的是，某些等级的词尾，因过去习用已久，仍可保留其习用名和词尾，如双子叶植物纲（Dicotyledoneae）和单子叶植物纲（Monocotyledoneae）的词尾可以不用 opsida。

此外，尚有8个科经国际植物学会决定为保留科名，既可以用习用名，也可以用规范名，见表9-2。

表9-2 8个科的习用科名和规范科名

科名	习用名	规范名
十字花科	Cruciferae	Brassicaceae
豆科	Leguminosae	Fabaceae
藤黄科	Guttiferae	Hypercaceae
伞形科	Umbellifera	Apiaceae
唇形科	Labiatae	Lamiaceae
菊科	Compositae	Asteraceae
棕榈科	Palma	Arecaeceae
禾本科	Gramineae	Poaceae

科一级单位在必要时也可分亚科。亚科的拉丁名词尾加 oideae，如豆科分为含羞草亚科 Mimosoideae、云实亚科（苏木亚科）Caesalpinoideae、蝶形花亚科 Papilionoideae 共三个亚科。有时科以下分亚科外，还有族（tribus）和亚族（subtribus）；在属以下除亚属以外，还有组（sectio）和系（series）各单位。

种是生物分类的基本单位,是生物体在演变过程中客观实际存在的一个环节(阶段)。由具有许多共同特征、呈现为性质稳定的繁殖群体、占有一定的空间(自然分布区)、具有实际或潜在繁殖能力的居群组成,而与其他这样的群体在生殖上隔离的物种,称为生物物种。

居群是指在特定空间和时间里生活着的自然的或人为的同种个体群。因此,每个物种往往由若干居群组成,一个居群又由许多个体组成,各个居群总是不连续地分布于一定的居住场所或区域内。不同居群的生长环境存在着一些差异,因而会产生一些变异。因此,正确地鉴定一个种,其分类鉴别的对象不应仅仅凭个别标本的特征,而要收集许多份标本,通过统计分析种内的变异幅度,再确定其属于哪个分类等级,这样可以避免因分类上的主观性而产生混乱。

随着环境因素和遗传基因的变化,种内的各居群会产生比较大的变异,因此,出现种以下分类等级,即亚种(subspecies)、变种(varietas)及变型(forma)。

亚种(subspecies,缩写为 subsp. 或 ssp.):一般认为,一个种内的居群在形态上多少有变异,并具有地理分布上、生态上或季节上的隔离,这样的居群就是亚种。

变种(varietas,缩写为 var.):一个种在形态上多少有变异,而变异比较稳定,它的分布范围(或地区)比亚种小得多,并与种内其他变种有共同的分布区。

变型(forma,缩写为 f.):指一个种内有细小变异但无一定分布区的居群。有时将栽培植物中的品种也视为变型。

品种(curtivar,缩写为 cu.):指人工栽培植物的种内变异的居群。不同品种的植物通常存在形态上或经济价值上的差异,如色、香、味、形状、大小、植株高矮和产量等的不同。例如,菊花的栽培品种有亳菊、滁菊、贡菊等,地黄的栽培品种有金状元、新状元、北京 1 号等。如果品种失去了经济价值,那就没有存在的实际意义,将被淘汰。药材中一般称品种,实际上既指分类学上的"种",有时又指栽培的药用植物的品种。

现以地榆为例显示其分类等级如下:

植物界 Regnumvegetabile

 被子植物门 Angiospermae

  双子叶植物纲 Dicotyledoneae

   原始花被亚纲 Archichlamydeae

    蔷薇目 Rosales

     蔷薇亚目 Rosineae

      蔷薇科 Rosaceae

       苹果亚科 Maloideae

        山楂属 *Crataegus*

         羽裂组 Sect. *Pinnatifidae*

          山楂 *Crataegus pinnatifida* Bge.

           山里红 *Crataegus pinnatifida* Bge. var. *major* N. E. Br.

第四节 植物种的命名

世界各国由于语言、文字和生活习惯的不同,同一种植物在不同的国家或地区,往往有不同的名称。例如,中药人参的英、俄、德、法、日文名分别为 ginseng、женьшенъ、kraftwurz、gensang、オタネニソジソ,我国不同地区不同时代还有棒槌、人衔、鬼盖、土精、神草、玉精、海腴、紫团参、人精、人祥等多个名称。另外,同名异物现象也普遍存在,如在药用植物中就有 49 种不同植物均被称为"贯众",而它们分别隶属于 9 个科 17 个属。植物名称的混乱给植物的分类、开发利用和国内外交流造成了很大的困难。为此,国际上制定了《国际植物命名法规》(International Code of Botanical Nomenclature,简称 ICBN)和《国际栽培植物命名法规》(International Code of Nomenclature for Cultivated Plants,简称 ICNCP)等生物命名法规,给每一个植物分类群制定世界各国可以统一使用的科学名称,即学名(scientific name),并使植物学名的命名方法统一、合法、有效。

一、植物种的名称

根据《国际植物命名法规》,植物学名必须用拉丁文或其他文字加以拉丁化来书写。种的名称采用了瑞典植物学家林奈(Linnaeus)倡导的"双名法"(binominal nomenclature),即学名由两个拉丁词组成,前者是属名,中间是种加词,后附上命名人的姓名。一种植物完整的学名包括以下三个部分:

属名	+	种加词	+	命名人
名词主格 (首字母大写)		形容词(性、数、格同属名)或 名词(主格、属格)(全部字母小写)		姓氏或姓名缩写 (每个词的首字母大写)

(一)属名

植物的属名是各级分类群中最重要的名称,既是种加词依附的支柱,也是科级名称构成的基础,还是一些化学成分名称的构成部分。属名使用拉丁名词的单数主格,首字母必须大写。属名来源广泛,如形态特征、生活习性、用途、地方俗名、神话传说等。举例如下:

桔梗属 *Platycodon* 来自希腊语 platys(宽广) + kodon(钟),因该属植物花冠为宽钟形。石斛属 *Dendrobium* 来自希腊语 dendron(树木) + bion(生活),因该属植物多生活于树干上。

人参属 *Panax*,拉丁语的 panax 是"能医治百病"的意思,指本属植物的用途。荔枝属 *Litchi* 来自中国广东荔枝的俗名 *Litchi*。芍药属 *Paeonia* 来自希腊神话中的医生名 *Paeon*。

(二)种加词

植物的种加词(specific epithet)用于区别同属中的不同种,多数使用形容词(如植物的形态特征、习性、用途、地名等),也用同格名词或属格名词。种加词的所有字母小写。

1. 形容词

形容词作为种加词时,性、数、格要与属名一致。例如:

掌叶大黄 *Rheum palmatum* L.，种加词来自"palmatus（掌状的）"，表示该植物叶掌状分裂，与属名均为中性、单数、主格。

黄花蒿 *Artemisia annua* L.，种加词来自"annua L（一年生的）"，表示其生长期为一年，与属名均为阴性、单数、主格。

当归 *Angelica sinensis* (Oliv.) Diels，种加词"sinensis（中国的）"是形容词，表示产于中国，与属名均为阴性、单数、主格。

2. 同格名词

种加词用一个和属名同格的名词，其数、格与属名一致，性则不必一致。例如：

薄荷 *Mentha haplocalyx* Briq.，种加词为名词，和属名同为单数主格，但 haplocalyx 为阳性，而 Mentha 为阴性。

樟 *Cinnamomum camphora* (L.) Presl.，种加词为名词，和属名同为单数主格，但 camphora 为阴性，而 Cinnamomum 为中性。

3. 属格名词

种加词用名词属格，大多引用人名姓氏。也有用普通名词单数和复数属格作为种加词的。例如：

掌叶覆盆子 *Rubus chingii* Hu，种加词是为了纪念蕨类植物学家秦仁昌，姓氏末尾是辅音，加 ii 而成 chingii。

三尖杉 *Cephalotaxus fortunei* Hook. f.，种加词是为了纪念英国植物采集家 Robert Fortune，姓氏尾是元音，加 i 而成 fortunei。

高良姜 *Alpinia officinarum* Hance，种加词 officinarum 为 offcina（药房）的复数属格。

(三) 命名人

植物学名中，命名者的引证一般只用其姓，如遇同姓者研究同一门类植物，则加注名字的缩写词，以便于区分。引证的命名人的姓名要用拉丁字母拼写，并且每个词的首字母必须大写。我国的人名姓氏，现统一用汉语拼音拼写。命名者的姓氏较长时，可用缩写，缩写之后加缩略点"."。共同命名的植物用"et"连接不同作者。当某一植物名称为某研究者所创建，但未合格发表，后来的特征描记者在发表该名称时，仍把原提出该名称的作者作为该名称的命名者，引证时在两作者之间用"ex（从、自）"连接，如缩短引证，正式描记者姓氏应予以保留。例如：

海带 *Laminaria japonica* Aresch. 中 Aresch. 为瑞典植物学家 J. E. Areschoug 的姓氏缩写。

银杏 *Ginkgo biloba* L. 中 L. 为瑞典著名的植物学家 Carolus Linnaeus 的姓氏缩写。

紫草 *Lithospermum erythrorhizon* Sieb. et Zucc. 由德国 P. F. von Siebold 和 J. C. Zuccarini 两位植物学家共同命名。

延胡索 *Corydalis yanhusuo* W. T. Wang ex Z. Y. Su et C. Y. Wu 的名称由我国植物分类学家王文采创建，后苏志云和吴征镒在整理罂粟科紫堇属（Corydalis）植物时，描记了特征合并发表，所以在 W. T. Wang 之后用 ex 相连。

二、植物种以下等级分类群的名称

植物种以下等级分类群有亚种（subspecies）、变种（varietas）和变型（forma），其缩写分别为 subsp.（或 ssp.）、var. 和 f.。例如，凹叶厚朴 *Magnolia officinalis* Rehd. et Wils. subsp. Biloba（Rehd. et Wils.）Law 是厚朴 *Magnolia officinalis* Rehd. et Wils. 的亚种；腺地榆 *Sanguisorba officinalis* L. var. *glandulosa*（Kom.）Worosch. 是地榆 *Sanguisorba officinalis* L. 的变种；重瓣玫瑰 *Rosa rugosa* Thunb. f. Plena（Regel）Byhouwer 是玫瑰 *Rosa rugosa* Thunb. 的变型。

三、栽培植物的名称

《国际栽培植物命名法规》中规定农业、林业和园艺上使用特殊植物类别的独立命名，定义了品种（cultivar），并规定了品种加词（cultivar epithet）的构成和使用。栽培品种名称是在种加词后加栽培品种的品种加词，首字母大写，外加单引号，后不加定名人。如菊花 *Dendranthema morifolium*（Ramat.）Tzvel. 作为药用植物栽培后，培育出不同的品种，形成了不同的道地药材，分别被命名为亳菊 *Dendranthema morifolium* 'Boju'、滁菊 *Dendranthema morifolium* 'Chuju'、贡菊 *Dendranthema morifolium* 'Gongju'、湖菊 *Dendranthema morifolium* 'Huju'、小白菊 *Dendranthema morifolium* 'Xiaobaiju'、小黄菊 *Dendranthema morifolium* 'Xiaohuangju' 等。

根据国际植物命名法规所发表的名称的加词，当该类群的地位合适于品种时，可作为《国际栽培植物命名法规》中的品种加词使用。例如，日本十大功劳 *Mahonia japonica* DC. 作为品种被命名为 *Mahonia* 'Faponica'；百合 *Lilium brownii* F. E. Brown. var. *viridulum* Backer 作为品种处理时，可命名为 *Lilium brownii* 'Viridulum'。

四、学名的重新组合

有的植物学名种加词后有一括号，括号内为人名或人名缩写，表示该学名经重新组合而成。重新组合包括属名的变动，一个亚种转属于另一种等。重新组合时，应保留原命名人，并加括号以示区别。例如：

紫金牛 *Ardisia japonica*（Hornst.）Blume，原先 C. F. Hornstedt 将其命名为 *Bladhia japonica* Hornst，后经 Karl Ludwig von Blume 研究应列入紫金牛属 *Ardisia*，经重新组合而成现名。

射干 *Belamcanda chinensis*（L.）DC.，林奈（Linnaeus）最初将射干归于 *Iris* 属，学名为 *Iris chinensis* L.，后来瑞士康道尔（de Candolle）经研究认为应归于射干属 *Belamcanda* 更为合适，并经重新组合而成现名。

第五节 植物界的分门

在植物界各分类群中，最大的分类等级是门。由于不同的植物学家对分门有不同的观点，产生了 16 门、18 门等不同的分法。另外，人们还习惯于将具有某种共同特征的门归成更大的类别,如藻类植物、菌类植物、颈卵器植物、维管植物和孢子植物、种子植物及低等植物、高等植物等。

根据目前植物学常用的分类法,将药用植物的门排列成图9-1。

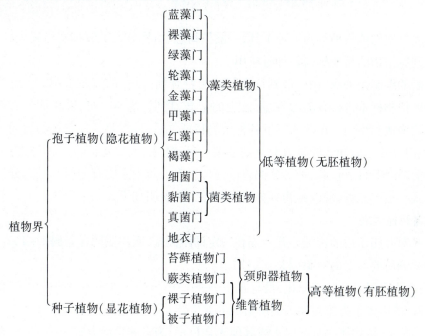

图9-1　药用植物的分门

一、孢子植物(spore plant)和种子植物(seed plant)

在植物界,藻类、菌类、地衣门、苔藓植物门、蕨类植物门的植物都用孢子进行有性生殖,不开花结果,因而称为孢子植物或隐花植物(cryptogamia);裸子植物门和被子植物门的植物有性生殖开花并形成种子,所以叫种子植物或显花植物(phanerogams)。

二、低等植物(lower plant)和高等植物(higher plant)

在植物界,藻类、菌类及地衣门的植物在形态上无根、茎、叶的分化,构造上一般无组织分化,生殖"器官"是单细胞,合子发育时离开母体,不形成胚,称为低等植物或无胚植物(non-embryophyte);自苔藓植物门开始,包括蕨类植物门、裸子植物门、被子植物门的植物在形态上有根、茎、叶的分化,构造上有组织的分化,生殖"器官"是多细胞,合子在母体内发育成胚,称为高等植物或有胚植物(embryophyte)。

三、颈卵器植物(archegoniatae)和维管植物(vascular plant)

在高等植物中,苔藓植物门、蕨类植物门和裸子植物门的植物在有性生殖过程中,在配子体上产生多细胞构成的精子器(antheridium)和颈卵器(archegonium),因而将这三类植物称为颈卵器植物;从蕨类植物门开始,包括裸子植物门和被子植物门的植物,其体内有维管系统,其他植物则无维管系统,故称前者为维管植物,后者为无维管植物。

第六节 植物分类检索表的编制和应用

检索表是鉴别植物种类的一种工具，一般植物志、植物分类手册都有检索表，以便于在校对和鉴别原植物的所属科、属、种时应用。

检索表的编制是采取"由一般到特殊"和"由特殊到一般"的原则编制的。首先必须将采到的地区植物标本进行有关习性、形态上的记载，将根、茎、叶、花、果和种子的各种特点进行详细的描述和绘图。在深入了解各种植物特征之后，再按照各种特征的异同来进行汇同辨异，找出互相矛盾和互相显著对立的主要特征，依主、次要特征进行排列，将全部植物分成不同的门、纲、目、科、属、种等分类单位的检索表。其中主要有分科、分属、分种三种检索表的样式一般有三种，现以植物界分门的分类为例说明如下。

一、定距检索表

将每一对互相矛盾的特征分开间隔在一定的距离处，而注明同样号码 1～1，2～2，3～3 等依次检索到所要鉴定的对象（科、属、种）。

1. 植物体无根、茎、叶的分化，没有胚 …………………………………… 低等植物
  2. 植物体不为藻类和菌类所组成的共生体。
    3. 植物体内有叶绿素或其他光合色素，为自养生活方式 ………… 藻类植物
    3. 植物体内无叶绿素或其他光合色素，为异养生活方式 ………… 菌类植物
  2. 植物体为藻类和菌类所组成的共同体 ………………………………… 地衣植物
1. 植物体有根、茎、叶的分化，有胚 …………………………………………… 高等植物
  4. 植物体有茎、叶，而无真根 …………………………………………… 苔藓植物
  4. 植物体有茎、叶，有真根。
    5. 不产生种子，用孢子繁殖 ………………………………………… 蕨类植物
    5. 产生种子，用种子繁殖 ……………………………………………… 种子植物

二、平行检索表

将每一对互相矛盾的特征紧紧并列，在相邻的两行中也给予一个号码，如 1·1，2·2，3·3 等，而每一项条文之后还注明下一步依次查阅的号码或需要查到的对象。

1. 植物体无根、茎、叶的分化，无胚 ……………………………………… 低等植物 2
1. 植物体有根、茎、叶的分化，有胚 ……………………………………… 高等植物 4
2. 植物体为由藻类和菌类所组成的共生体 ……………………………… 地衣植物
2. 植物体不为由藻类和菌类所组成的共生体 …………………………………… 3
3. 植物体内含有叶绿素或其他光合色素，为自养生活方式 ……………… 藻类植物
3. 植物体内不含有叶绿素或其他光合色素，为异养生活方式 …………… 菌类植物
4. 植物体有茎、叶，而无真根 ……………………………………………… 苔藓植物
4. 植物体有茎、叶，也有真根 ……………………………………………………… 5

5. 不产生种子,用孢子繁殖 ·· 蕨类植物
5. 产生种子,用种子繁殖 ·· 种子植物

三、连续平行检索表

将一对相互矛盾的特征用两个号码表示,如1(6)和6(1)。当查对时,若所要查对的植物性状符合1,就向下查2;若不符合,就查6。如此类推,向下查对一直到所需要的对象。

1(6)植物体无根、茎、叶的分化,无胚 ······································· 低等植物
2(5)植物体不为由藻类和菌类所组成的共生体。
3(4)植物体内有叶绿素或其他光合色素,为自养生活方式 ················· 藻类植物
4(3)植物体内无叶绿素或其他光合色素,为异养生活方式 ················· 菌类植物
5(2)植物体为由藻类和菌类所组成的共生体 ······························ 地衣植物
6(1)植物体有根、茎、叶的分化,有胚 ······································· 高等植物
7(8)植物体有茎、叶,而无真根 ·· 苔藓植物
8(7)植物体有茎、叶,有真根。
9(10)不产生种子,用孢子繁殖 ·· 蕨类植物
10(9)产生种子,用种子繁殖 ·· 种子植物

在应用检索表鉴定植物时,必须首先将所要鉴定的植物的各种形态特征,尤其是花的构造进行仔细的解剖和观察,掌握所要鉴定的植物特征,然后沿着纲、目、科、属、种的顺序进行检索,初步确定植物的所属科、属、种。再利用植物志、图鉴、分类手册等工具书,进一步核对已查到的植物生态习性、形态特征,以达到正确鉴定的目的。

思考题

1. 植物分类的等级有哪些?
2. 植物种的命名原则是什么?
3. 低等植物和高等植物的特征区别是什么?它们分别包括哪些植物?
4. 什么是颈卵器植物、维管植物、显花植物、隐花植物?它们分别包括哪些植物?

综合题

1. 总结国内外历代本草或专著中的植物分类方法。
2. 利用定距式检索表试查阅几种植物的分类特征。

第十章 藻类植物

1. 学习重点及线路：

掌握藻类的特征→蓝藻门及药用植物代表→绿藻门及药用植物代表→红藻门及药用植物代表→褐藻门及药用植物代表。

2. 任务主题：

（1）我国利用藻类供食用、药用的历史悠久，最早在《神农本草经》就记载了海藻。药用藻类的主要活性成分有哪些？它们有哪些药用价值？

（2）蓝藻暴发又称"绿潮"，还有赤潮现象。它们暴发的原因是什么？有没有好的解决办法？

（3）药用藻类的开发前景如何？

（4）选择1~2种生活中经常食用的藻类，查阅其研究资料，全面认识藻类的成分及价值。

第一节 概 述

藻类植物（algae）是一群极古老而原始的植物。根据发掘的化石推测，约33亿年前出现原核蓝藻，15亿年前已有和现在的藻类相似的个体。藻类植物约有3万种，广布于全世界。大多数藻类植物生活于淡水或海水中，少数生活于潮湿的土壤、树皮和石头上。有的浮游在水中，有的固着在水中岩石上或附着于其他植物体上；有些类群能在零下数十度的南、北极或终年积雪的高山上生活，有的可在100 m深的海底生活，有的（如：蓝藻）能在高达85℃的温泉中生活；有的藻类（如：地衣）能与真菌共生，形成共生复合体。

藻类植物体构造简单，没有真正的根、茎、叶的分化。有单细胞的，如小球藻、衣藻、原球藻等；有多细胞呈丝状的，如水绵、刚毛藻等；有多细胞呈叶状的，如海带、昆布等；有呈树枝状的，如马尾藻、海蒿子、石花菜等。藻类的植物体通常较小，小者只有数微米长，在显微镜下方可看出它们的形态构造；也有较大的，如生长在太平洋中的巨藻，长可达60 m以上。

藻类植物的生殖方式一般分为无性和有性两种。无性生殖产生孢子,产生孢子的一种囊状结构细胞叫孢子囊(sporangium)。孢子不需要结合,一个孢子可长成一个新个体。孢子主要有游动孢子、不动孢子(又叫静孢子)和厚壁孢子3种。有性生殖产生配子,产生配子的一种囊状结构细胞叫配子囊(gametangium)。在一般情况下,配子必须两两相结合成为合子,由合子萌发长成新个体,或由合子产生孢子长成新个体。根据相结合的两个配子的大小、形状、行为又分为同配、异配和卵配。同配是指相结合的两个配子的大小、形状、行为完全一样;异配是指相结合的两个配子的形状一样,但大小和行为有些不同。大的不太活泼,叫雌配子;小的比较活泼,叫雄配子。卵配是指相结合的两个配子的大小、形状、行为都不相同。大的呈圆球形,不能游动,特称为卵;小的具鞭毛,很活泼,特称为精子。卵和精子的结合叫受精,受精卵即形成合子。合子不在性器官内发育为多细胞的胚,而是直接形成新个体,故藻类植物是无胚植物。

藻类植物的细胞内具有和高等植物一样的叶绿素、胡萝卜素、叶黄素,能进行光合作用,属自养型植物。各种藻类通过光合作用制造的养分以及所贮藏的营养物质是不相同的,如蓝藻贮存蓝藻淀粉、蛋白质粒;绿藻贮存淀粉、脂肪;褐藻贮存的是褐藻淀粉、甘露醇;红藻贮存的是红藻淀粉等。此外,藻类植物还含有其他色素,如藻蓝素、藻红素、藻褐素等,因此,不同种类的藻体呈现不同的颜色。

藻类植物分布广泛,经济价值较高。许多海洋藻类不仅资源丰富、生长繁殖快,而且含有丰富的蛋白质、脂肪、碳水化合物、各种氨基酸、多种维生素、抗生素、高级不饱和脂肪酸以及其他活性物质。近年来,从藻类中寻找新的药物或先导化合物成为研究的热点,并已陆续发现了具有抗肿瘤、抗菌、抗病毒、抗真菌、降血压、降胆固醇、防止冠心病和慢性气管炎、抗放射性等广泛生物活性的化合物。海洋藻类将是人类寻找新的药物资源、发展保健食品等的重要资源。我国已知的药用藻类有115种。

第二节 藻类植物的分类与主要药用植物代表

根据藻类细胞内所含色素、贮藏物的不同,以及植物体的形态构造、繁殖方式、细胞壁的成分等方面的差异,将藻类分为八个门:蓝藻门、裸藻门、绿藻门、轮藻门、金藻门、甲藻门、红藻门、褐藻门。与药用以及分类系统上关系较大的四个门为蓝藻门、绿藻门、红藻门和褐藻门,现简述如下。

一、蓝藻门(Cyanophyta)

(一)主要特征

蓝藻(blue-green algae)也称蓝细菌(cyanobacteria),属于原核生物,是一门最简单而原始的自养型原核生物。蓝藻细胞壁的主要化学成分是黏肽(peptidoglycan),在细胞壁的外面有由果胶酸(pectic acid)和黏多糖(mucopolysaccharide)构成的胶质鞘(gelatinous sheath)包围,有些种类的胶质鞘容易水化,有的胶质鞘比较坚固,易形成层理。胶质鞘中还常常含有红、紫、棕等非光合作用的色素。

蓝藻植物细胞里的原生质体分化为中心质(centroplasm)和周质(periplasm)两部分。中心质又叫中央体(central body),位于细胞中央,其中含有DNA,蓝藻细胞中无组蛋白,不形成染色体,DNA以纤丝状存在,无核膜和核仁结构,但有核的功能,故称为原核植物。

周质又被称为色素质(chromatoplasm),在中心质的四周,蓝藻细胞没有分化出载色体等细胞器(organelle)。在电子显微镜下观察,周质中有许多扁平的膜状光合片层(photosynthetic lamellae),即类囊体(thylakoid)。这些片层不集聚成束,而是单条、有规律地排列,它们是光合作用的场所。光合色素存在于类囊体的表面,蓝藻的光合色素有三类:叶绿素a、藻胆素(phycobilin)及一些黄色色素。藻胆素为一类水溶性的光合辅助色素,它是藻蓝素(phycocyanobilin)、藻红素(phycoerythrobilin)和别藻蓝素(allophycocyanin)的总称。由于藻胆素与蛋白质紧密地结合在一起,所以又称为藻胆蛋白(phycobiliprotein)或藻胆体(phycobilisome)。它在电镜下呈小颗粒状分布于内囊体表面。蓝藻光合作用的产物为蓝藻淀粉(cyanophycean starch)和蓝藻颗粒体(cyanophycin),这些营养物质分散在周质中;周质中还有一些气泡(gas vacuole),充满气体,具有调节蓝藻细胞浮沉的作用,在显微镜下呈黑色、红色或紫色。

蓝藻植物体有单细胞、群体或丝状体(filament)。有些蓝藻在每条丝状体中只有一条藻丝,而有些种类有多条藻丝;有些蓝藻的藻丝上还常含有一种特殊细胞,叫异形胞(heterocyst)。异形胞是由营养细胞形成的,一般比营养细胞大。在形成异形胞时,细胞内的贮藏颗粒溶解,光合作用片层破碎,形成新的膜,同时分泌出新的细胞壁物质于细胞壁外,所以在光学显微镜下观察,细胞内是空的。

(二) 繁殖方式

蓝藻能以细胞直接分裂的方式进行繁殖。单细胞类型是指细胞分裂后,子细胞立即分离,形成单细胞;群体类型是指细胞反复分裂后,子细胞不分离,形成多细胞的大群体,然后群体破裂,形成多个小群体;丝状体类型是指以形成藻殖段(homogonium)的方式进行营养繁殖。由于丝状体中某些细胞死亡,或形成异形胞,或在两个营养细胞间形成双凹分离盘(separation disc),或由于外界的机械作用将丝状体分成许多小段,每一小段称为一个藻殖段,每个藻殖段都可发育成一个丝状体。

蓝藻除了可进行营养繁殖外,还可以产生孢子,进行无性生殖。比如,在有些丝状体类型中,可以通过产生厚壁孢子(akinete)、外生孢子(exospore)或内生孢子(endospore)的方式来进行无性生殖。厚壁孢子是由普通营养细胞的体积增大、营养物质的积蓄和细胞壁的增厚形成的。此种孢子可长期休眠,以度过不良环境,待环境适宜时,孢子萌发,分裂形成新的丝状体。形成外生孢子时,细胞内原生质发生横分裂,形成大小不等的两块原生质,上端一块较小,形成孢子,基部一块仍具有分裂能力,继续分裂形成孢子。内生孢子极少见,由母细胞增大、原生质进行多次分裂形成许多具有薄壁的子细胞,母细胞破裂后孢子被释放出来。

(三) 分布

蓝藻分布很广,淡水、海水中以及潮湿地面、树皮、岩面和墙壁上都有生长,主要生活在水中,特别是在营养丰富的水体中,夏季大量繁殖,集聚于水面,形成水华(water bloom)。此外,还有一些蓝藻与其他生物共生,如有的与真菌共生形成地衣,有的与蕨类植物满江红(*Azolla*)共生,还有的与裸子植物苏铁(*Cycas*)共生。

蓝藻约有 150 属,1500 种以上,不少种类含有丰富的蛋白质、氨基酸等营养物质,可供食用、药用或制成保健食品,如螺旋藻 *Spirulina platensis*(Nordst.)Geitl.、葛仙米 *Nostoc commune* Vauch、发菜 *Nostoc floglli-forme* Bom. et Flah. 等。某些蓝藻的提取物有抗炎和抗肿瘤作用。

(四)蓝藻门的分类及药用植物代表

蓝藻门现存 1500～2000 种植物,分为色球藻纲(Chroococcophyceae)、段殖体纲(Hormogonephyceae)和真枝藻纲(Strigonematophyceae)三纲。它们的祖先出现于距今 35 亿至 33 亿年前,是已知地球上出现最早、最原始的光合自养型生物。

1. 色球藻属(Chroococcus)

色球藻属属于色球藻纲。植物体为单细胞或群体。单细胞时,细胞呈球形,外被固体胶质鞘。群体是由两代或多代的子细胞在一起形成的。每个细胞都有个体胶鞘,同时还有群体胶鞘包围着。细胞呈半球形或四分体形,在细胞相接触处平直。胶质鞘透明无色,浮游生活于湖泊、池塘、水沟内,有时也生活在潮湿地上、树干上或滴水的岩石上。

2. 颤藻属(Oscillatoria)

颤藻属属于段殖体纲。植物体是由一列细胞组成的丝状体,常丛生,并形成团块。细胞呈短圆柱状,长大于宽,无胶质鞘,或有一层不明显的胶质鞘。丝状体能前后运动或左右摆动,故称颤藻。以藻殖段进行繁殖,生于湿地或浅水中。

3. 念珠藻属(Nostoc)

念球藻属属于段殖体纲。植物体是由一列细胞组成的不分枝丝状体。丝状体常常无规则地集合在一个公共的胶质鞘中,形成肉眼能看到或看不到的球形体、片状体或不规则的团块。细胞呈圆形,排成一行,呈念珠状。丝状体有个体胶鞘或无。异形胞壁厚。以藻殖段进行繁殖。丝状体上有时有厚壁孢子。

[药用植物代表]

葛仙米 *Nostoc commune* Vauch. 念珠藻科植物,植物体由许多圆球形细胞组成不分枝的单列丝状体,形如念珠(图 10-1)。丝状体外面有一个共同的胶质鞘,形成片状或团块状的胶质体。在丝状体上相隔一定距离产生一个异形胞,异形胞壁厚,与营养细胞相连的内壁呈球状加厚,叫作节球。在两个异形胞之间,或由于丝状体中某些细胞的死亡,丝状体被分成许多小段,每小段即形成藻殖段(连锁体)。异形胞和藻殖段的产生有利于丝状体的断裂和繁殖。葛仙米生于湿地或地下水位较高的草地上,可供食用和药用,民间习称为地木耳,能清热收敛、明目

图 10-1 葛仙米

(图10-1)。

其他药用植物:海雹菜 *Brachytrichia quoyi*（C. Ag.）Born. et Flah.、苔垢菜 *Calothrix crustacea*（Chanv.）Thur. 均具有解毒、利水之功效。螺旋藻 *Spirulina platensia*（Nordst.）Geitl. 的藻体富含蛋白质、维生素等多种营养物质,可用于治疗营养不良症及增强免疫力。

二、绿藻门(Chlorophyta)

(一)主要特征

绿藻门植物体的形态多种多样,有单细胞、群体、丝状体或叶状体。少数单细胞和群体类型的营养细胞前端有鞭毛,终生能运动;但绝大多数绿藻的营养体不能运动,只有繁殖时形成的游动孢子和配子有鞭毛,能运动。

绿藻细胞壁分两层,内层的主要成分为纤维素,外层是果胶质,常常黏液化。细胞里充满原生质。在原始类型中,原生质只形成很小的液泡;但在高级类型中,像高等植物一样,中央有一个大液泡。绿藻细胞中的载色体和高等植物的叶绿体结构类似,在电子显微镜下显示有双层膜包围,光合片层 3～6 条叠成束排列。载色体所含的色素也和高等植物相同,主要色素有叶绿素 a 和 b、α-胡萝卜素和 β-胡萝卜素以及一些叶黄素类。在载色体内通常有一至数枚蛋白核(pyrenoid),同化产物是淀粉,其组成与高等植物的淀粉类似,也由直链淀粉组成,多贮存于蛋白核周围。细胞核一至多数。

(二)繁殖方式

绿藻的繁殖方式有营养繁殖、无性生殖和有性生殖。

1. 营养繁殖

一些大的群体和丝状体绿藻常因动物摄食、流水冲击等机械作用而断裂。可能由于丝状体中某些细胞形成孢子或配子,在放出配子或孢子后从空细胞处断裂;或由于丝状体中细胞间胶质膨胀、分离而形成单个细胞或几个细胞的短丝状。无论什么原因,断裂产生的每一小段都可发育成新的藻体,因而这是营养繁殖的一种途径。某些单细胞绿藻遇到不良环境时,细胞可多次分裂形成胶群体,待环境好转时,每个细胞又可发育成一个新的植物体。

2. 无性生殖

绿藻可通过形成游动孢子(zoospore)或静孢子(aplanospore)进行无性繁殖。游动孢子无壁,形成游动孢子的细胞与普通营养细胞没有明显区别,有些绿藻全体细胞都可产生游动孢子,但群体类型的绿藻仅限于一定的细胞中产生游动孢子。在形成游动孢子时,细胞内原生质体收缩,形成一个游动孢子,或经过分裂形成多个游动孢子。游动孢子多在夜间形成,黎明时放出,或在环境突变时形成游动孢子。游动孢子被放出后,游动一个时期,缩回或脱掉鞭毛,分泌一层壁,成为一个营养细胞,继而发育成为新的植物体。有些绿藻以静孢子进行无性生殖,静孢子无鞭毛,不能运动,有细胞壁。在环境条件不良时,细胞原生质体分泌厚壁,围绕在原生质体的周围,并与原有的细胞壁愈合,同时细胞内积累了大量的营养物质,形成厚壁孢子,待环境适宜时即发育成新的个体。

3. 有性生殖

绿藻不少种类的生活史中有明显的世代交替现象,有性世代较明显。有性生殖的生殖细胞叫配子（gamete）。两个生殖细胞结合形成合子（zygote），合子可直接萌发形成新个体，或者经过减数分裂先形成孢子，再由孢子进一步发育成新个体。如果是形状、结构、大小和运动能力完全相同的两个配子结合，称为同配生殖（isogamy）。如果两个配子的形状和结构相同，但大小和运动能力不同，则这两种配子的结合称为异配生殖（anisogamy）。其中，大而运动能力迟缓的为雌配子（female gamete），小而运动能力强的为雄配子（male gamete）。如果两个配子在形状、大小、结构和运动能力等方面都不相同，其中大的配子无鞭毛，不能运动，称为卵（egg），小而有鞭毛、能运动的称为精子（sperm），精卵结合称为卵式生殖（oogamy）。如果是两个没有鞭毛、能变形的配子结合，则称为接合生殖（conjugation）。

（三）分布

绿藻分布在淡水和海水中，海产种类约占10%，90%的种类分布于淡水或潮湿地表、岩面或花盆壁等处，少数种类可生于高山积雪上。还有少数种类与真菌共生形成地衣体。绿藻对净化水体起很大作用。

（四）绿藻门的分类及药用植物代表

绿藻是藻类植物中种类最多的一个类群，现存350属，约6700种，分为绿藻纲（Chlorophyceae）和接合藻纲（Conjugatophyceae）两纲。常见主要代表种属如下。

1. 衣藻属（Chlamydomonas）

衣藻是常见的单细胞绿藻，生活于含有有机质的淡水沟和池塘中。植物体呈卵形、椭圆形或圆形，体前端有两条顶生鞭毛，是衣藻在水中的运动器官。细胞壁分两层，内层的主要成分为纤维素，外层是果胶质。载色体形状如厚底杯，在基部有一个明显的蛋白核。细胞中央有一个细胞核，在鞭毛基部有两个伸缩泡（contractile vacuole），一般认为是排泄器官。眼点（stigma）呈橙红色，位于体前端一侧，是衣藻的感光器官。

衣藻经常在夜间进行无性生殖，生殖时藻体通常静止，鞭毛收缩或脱落变成游动孢子囊，细胞核先分裂，形成4个子核，有些种则分裂3～4次，形成8～16个子核；随后细胞质纵裂，形成2、4、8或16个子原生质体，每个子原生质体分泌一层细胞壁，并生出两条鞭毛。子细胞由于母细胞壁胶化破裂而放出，长成新的植物体。在某些环境下，如在潮湿的土壤中，原生质体可再三分裂，产生数十、数百乃至数千个没有鞭毛的子细胞，埋在胶化的母细胞中，形成一个不定群体（palmella）。当环境适宜时，每个子细胞生出两条鞭毛，从胶质中放出。

衣藻进行无性生殖多代后，再进行有性生殖。多数种的有性生殖为同配，生殖时细胞内的原生质体经过分裂，形成具2条鞭毛的(+)、(-)配子（16、32或64个）；配子在形态上与游动孢子差别不大，只是比游动孢子小。成熟的配子从母细胞中释放出后，游动不久即成对结合，形成双倍、具四条鞭毛、能游动的合子，合子游动数小时后变圆，分泌厚壁，形成厚壁合子，壁上有时有刺突。合子经过休眠，在环境适宜时萌发，经减数分裂后产生4个单倍的原生质体，并继续分裂多次，产生8、16、32个单倍的原生质体；之后合子壁胶化破裂，单倍核的原生质体被释放出，并在数分钟之内生出鞭毛，发育成新的个体。

2. 松藻属（Codium）

松藻属植物几乎全部海产，固着生活于海边岩石上。植物体为管状分枝的多核体，许多管状分枝互相交织,形成有一定形状的大型藻体,外观叉状分枝,似鹿角,基部为垫状固着器。丝状体有一定分化。中央部分的丝状体细,无色,排列疏松,无一定次序,称为髓部;向四周发出的侧生膨大的棒状短枝叫作胞囊(utricle),胞囊紧密排列成皮层;髓部丝状体的壁上常发生内向生长的环状加厚层,有时可使管腔阻塞,其作用是增加支持力,这种加厚层在髓部丝状体上各处都有,而胞囊基部较多。载色体数目多,小盘状,多分布在胞囊远轴端,无蛋白核。细胞核极多而小。

松藻属植物体是二倍体。进行有性生殖时,在同一藻体或不同藻体上生出雄配子囊(male gametangium)和雌配子囊(female gametangium),配子囊发生于胞囊的侧面,配子囊内的细胞核一部分退化,另一部分增大。每个增大的核经过减数分裂,形成4个子核,每个子核连同周围的原生质一起,发育成为具有双鞭毛的配子。雌配子大,是雄配子的数倍,含多个载色体;雄配子小,只含有1~2个载色体。雌、雄配子结合成合子,合子立即萌发,长成新的二倍体植物。

3. 水绵属(Spirogyra)

水绵植物体是由一列细胞构成的不分枝的丝状体,细胞呈圆柱形。细胞壁分两层,内层由纤维素构成,外层为果胶质。壁内有一薄层原生质,载色体带状,一至多条,螺旋状绕于细胞周围的原生质中,有多数的蛋白核纵列于载色体上。细胞中有大液泡,占据细胞腔内的较大空间。细胞单核,位于细胞中央,被浓厚的原生质包围;核周围的原生质与细胞腔周围的原生质之间有原生质丝相连。

4. 石莼属(Ulva)

石莼植物体是大型的多细胞片状体,呈椭圆形、披针形或带状,由两层细胞构成。植物体下部有无色的假根丝,假根丝生在两层细胞之间,并向下生长伸出植物体外,互相紧密交织,构成假薄壁组织状的固着器,固着于岩石上。藻体细胞表面观为多角形,切面观为长形或方形,排列不规则但紧密,细胞间隙富有胶质。细胞单核,位于片状体细胞的内侧。载色体片状,位于片状体细胞的外侧,有一枚蛋白核。

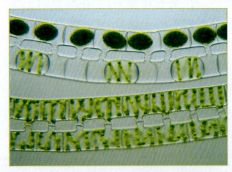

图10-2 水绵

[药用植物代表]

水绵 *Spirogyra nitida* (Dillow) Link. 植物体是由一列细胞构成的不分枝的丝状体,细胞呈圆柱形,细胞壁分两层,内层由纤维素构成,外层为果胶质。壁内有一薄层原生质,载色体带状,一至多条,螺旋状绕于细胞周围的原生质中,有多数的蛋白核纵列于载色体上(图10-2)。细胞中有大液泡,占据细胞腔内的较大空间。细胞单核,位于细胞中央,被浓厚的原生质包围着。核周围的原生质与细胞腔周围的原生质之间有原生质丝相连。有性生殖方式为接合生殖。

水绵的有性生殖多发生在春季或秋季。生殖时两条丝状体平行靠近,在两细胞相对的一侧相互发出突起,并逐渐伸长而接触,继而接触处的壁消失,两突起连接成管,称为接合管（conjugation tube）。与此同时，细胞内的原生质体放出一部分水分，收缩形成配子，第一条丝状体细胞中的配子以变形虫式的运动，通过接合管移至相对的第二条丝状体的细胞中，并与其中的配子结合。结合后，第一条丝状体的细胞只剩下一条空壁，该丝状体是雄性的，其中的配子是雄配子；而第二条丝状体的细胞在结合后每个细胞中都形成一个合子，此丝状体是雌性的，其中的配子是雌配子。配子融合时细胞质先行融合，稍后两核才融合形成接合子。两条接合的丝状体和它们所形成的接合管，外观同梯子一样，故称这种接合方式为梯形接合（scalariform conjugation）。除梯形接合外，该属有些种类还进行侧面接合（lateral conjugation）。侧面接合是在同一条丝状体上相邻的两个细胞间形成接合管，或在两个细胞之间的横壁上开一孔道，其中一个细胞的原生质体通过接合管或孔道移入另一个细胞中，并与其中的原生质融合形成合子；侧面接合后，丝状体上空的细胞和具合子的细胞交替存在于同一条丝状体上，这种水绵可以被认为是雌雄同体的。梯形接合与侧面接合相比，侧面接合较为原始。合子成熟时分泌厚壁，并随着死亡的母体沉于水底，待母体细胞破裂后被释放出体外。合子耐旱性很强，水涸不死，待环境适宜时萌发，一般是在合子形成后数周或数月，甚至一年以后萌发。萌发时，核先减数分裂，形成4个单倍核，其中3个消失，只有1个核萌发，形成萌发管，由此长成新的植物体。

水绵属植物全部是淡水产，是常见的淡水绿藻，在小河、池塘、沟渠或水田等处均可见到，繁盛时大片生于水底或大块漂浮于水面，用手触及有黏滑的感觉。水绵能治疮及烫伤。

石莼 *Ulva lactuca* L. 石莼有两种植物体，即孢子体（sporophyte）和配子体（gametophyte），两种植物体都由两层细胞组成。成熟的孢子体除基部外，其他部位细胞均可形成孢子囊。在孢子囊中，孢子母细胞经过减数分裂形成单倍的、具4根鞭毛的游动孢子；孢子成熟后脱离母体，游动一段时间后附着在岩石上，两三天后萌发成配子体，此期为无性生殖。成熟的配子体产生许多同型配子，配子的产生过程与孢子的产生过程相似，但产生配子

图10-3　石莼

时，配子体不经过减数分裂，配子具两根鞭毛。配子结合是异宗同配，配子结合形成合子，合子两三天后即萌发成孢子体，此期为有性生殖。在石莼的生活史中，就核相来说，从游动孢子开始，经配子体到配子结合前，细胞中的染色体是单倍的，称为配子体世代（gametophyte generation）或有性世代（sexual generation）；从结合的合子起，经过孢子体到孢子母细胞止，细胞中的染色体是双倍的，称为孢子体世代（sporophyte generation）或无性世代（asexual generation）。在这种生活史中，二倍体的孢子体世代与单倍体的配子体世代互相更替的现象，称为世代交替（alternation of generation）。石莼是以形态构造基本相同的两种植物体互相交替，称为同形世代交替（isomorphic alternation of generations）。石莼可供食用，俗称"海白菜"。药用可软坚散结、清热祛痰、利水解毒（图10-3）。

蛋白核小球藻 *Chlorella pyrenoidosa* Chick. 为单细胞植物，细胞呈球形或卵圆形，很

小，不能自由游泳，只能随水沉浮；细胞壁很薄，壁内有细胞质和细胞核、一个近似杯状的色素体和一个淀粉核。小球藻只能进行无性繁殖。药用可治疗水肿、贫血、神经衰弱、肝炎等，也可作为营养品。

三、红藻门（Rhodophyta）

（一）主要特征

红藻（red algae）的植物体多数是多细胞植物，少数为单细胞植物，红藻的藻体均不具鞭毛。藻体一般较小，高约 10 cm，少数种类可超过 1 m。藻体有简单的丝状体，也有形成假薄壁组织的叶状体或枝状体。在形成假薄壁组织的种类中，有单轴和多轴两种类型，单轴型的藻体中央有一条轴丝，向各个方向分枝，侧枝互相密贴，形成"皮层"；多轴型的藻体中央有多条中轴丝组成髓，由髓向各个方向发出侧枝，密贴成"皮层"。

多数红藻的生长是由一个半球形的顶端细胞纵分裂的结果；少数为居间生长；很少见的是弥散式生长，例如紫菜任何部位的细胞都可以分裂生长。

细胞壁分两层，内层为纤维素质的，外层是果胶质的。细胞内的原生质具有高度的黏滞性，并且牢固地黏附在细胞壁上。多数红藻的细胞只有一个核，少数红藻幼时单核，成熟时多核。细胞中央有液泡。载色体一至多数，颗粒状，其中含有叶绿素 a 和 d、β-胡萝卜素、叶黄素类及溶于水的藻胆素。一般是藻胆素中的藻红素占优势，故藻体多呈红色。藻红素对同化作用有特殊的意义，因为光线在透过水的时候，长波光线如红光、橙光、黄光很容易被海水吸收，在数米深处就可被吸收掉，只有短波光线如绿光、蓝光才能透入海水深处，藻红素能吸收绿光、蓝光和黄光，因而红藻能在深水中生活，有的种类可生活在水下 100 m 深处。

红藻细胞中贮藏了一种非溶性糖类，称为红藻淀粉（floridean starch）。红藻淀粉是一种肝糖类多糖，以小颗粒状存在于细胞质中，而不在载色体中；用碘化钾处理，先变成黄褐色，后变成葡萄红色，最后是紫色，绝不像淀粉那样遇碘后变成蓝紫色。有些红藻贮藏的养分是红藻糖（floridose）。

（二）繁殖方式

红藻生活史中不产生游动孢子，无性生殖是以多种无鞭毛的静孢子进行的，有的产生单孢子，如紫菜属（Porphyra）；有的产生四分孢子，如多管藻属（Polysiphonia）。红藻一般为雌雄异株。有性生殖的雄性器官为精子囊，在精子囊内产生无鞭毛的不动精子；雌性器官称为果胞（carpogonium），果胞上有受精丝（trichogyne），果胞中只含一个卵。果胞受精后，立即进行减数分裂，产生果孢子（carpospore），发育成配子体植物。有些红藻果胞受精后，不经过减数分裂，发育成果孢子体（carposporophyte），又称为囊果（cystocarp）。果孢子体是二倍的，不能独立生活，寄生在配子体上。果孢子体产生果孢子时，有的经过减数分裂，形成单倍的果孢子，萌发成配子体；有的不经过减数分裂，形成二倍体的果孢子，发育成二倍体的四分孢子体（tetrasporophyte），再经过减数分裂，产生四分孢子（tetrad），发育成配子体。

（三）分布

红藻门植物绝大多数分布于海水中，仅有 10 余属，50 余种是淡水产。淡水产种类多分布于急流、瀑布和寒冷空气流通的山地水中。海产种类由海滨一直到深海 100 m 深处都有分布。海产种类的分布受到海水水温的限制,并且绝大多数是固着生活。

（四）红藻门的分类及药用植物代表

红藻门约有 558 属,3740 种。红藻纲分为两个亚纲,即紫菜亚纲（Bangioideae）和真红藻亚纲（Florideae）。两纲的主要区别是：前者植物体为单细胞、不分枝或分枝的丝状体,或为坚实、圆柱状的 1 层或 2 层细胞厚的叶状体；多数种类细胞内具有一个轴生的星状载色体,相邻细胞间没有胞间连丝。后者植物体为分枝的丝状体,其分枝各自分离,或相互疏松地交错排列,或紧密地排列形成假薄壁组织体；多数种类细胞内具有多个周生、盘状或片状的载色体,相邻细胞间有胞间连丝。最常见的是紫菜亚纲的紫菜属。

紫菜属（*Porphyra*）是常见的红藻,约有 25 种,我国海岸常见的有 8 种。紫菜的植物体是叶状体,形态变化很大,有卵形、竹叶形、不规则圆形等,边缘多少有些皱褶。一般高 20～30 cm,宽 10～18 cm,基部楔形或圆形,以固着器固着在海滩岩石上；藻体薄,紫红色、紫色或紫蓝色,单层细胞或两层细胞,外有胶层。细胞单核,1 枚星芒状载色体,中轴位,有蛋白核。藻体生长方式为弥散式。

［药用植物代表］

鹧鸪菜（美舌藻、乌菜）*Caloglossa leprieurii*（Mont.）J. Ag. 美舌藻藻体丛生,长 1～4 cm,紫色（干燥后黑色）,叶状,扁平而窄细,不规则的叉状分歧,常自腹面的分歧点生出假根,借以附着于岩石上。节间为窄长椭圆形,节部缢缩。叶片的中央部位有长轴细胞,延伸至顶端,形成明显的中肋。中肋的分歧点常生出一些次生副枝。四分孢子囊集生于枝的上部。囊果球形,生于体上部腹面的中肋上。成熟期在春夏间。繁生于温暖地区河口附近的中、高潮带的岩石上、防波堤以及红树皮的阴面。我国广东、福建、浙江沿海均有分布。药用可驱蛔、化痰、消食。

石花菜 *Gelidium amansii* Lamouroux 属于石花菜科。藻体扁平直立,丛生,四至五次羽状分枝,小枝对生或互生（图 10-4）。藻体紫红色或棕红色。分布于渤海、黄海及俄国台湾地区北部。可供提取琼胶（琼脂）用于医药、食品和做细菌培养基。石花菜亦可食用。入药有清热解毒和缓泻作用。

甘紫菜 *Porphyra tenera* Kjellm. 藻体薄叶片状,卵形或不规则圆形,通常高 20～30 cm,宽 10～18 cm,基部楔形、圆形或心形,边缘多少具皱褶,紫红色或微带蓝色。分布于我国辽东半岛至福建沿海,并有大量栽培。全藻可供食用,入药可清热利尿、软坚散结、消痰。

图 10-4 石花菜

五、褐藻门（Phaeophyta）

（一）主要特征

褐藻（brown algae）植物体是多细胞的,基本上可分为三大类：第一类是分枝的丝状体,有些分枝比较简单,有些则形成有匍匐枝和直立枝分化的异丝体型;第二类是由分枝的丝状体互相紧密结合,形成假薄壁组织;第三类是比较高级的类型,是有组织分化的植物体。多数藻体的内部分化成表皮(epidermis)、皮层(cortex)和髓(medulla)三部分。表皮层的细胞较多,内含许多载色体。皮层细胞较大,有机械固着作用,且接近表皮层的几层细胞同样含有载色体,有同化作用。髓在中央,由无色的长细胞组成,有输导和贮藏作用,有些种类的髓部有类似喇叭状的筛管构造,称为喇叭丝。

褐藻植物体的生长常局限在藻体的一定部位,如藻体的顶端或藻体中间,也有的是在特殊的藻丝基部。

褐藻细胞壁分为两层,内层是纤维素的,外层由藻胶组成。细胞壁内还含有一种糖类,叫褐藻糖胶(algin fucoidin)。褐藻糖胶能使褐藻形成黏液质,退潮时,黏液质可防止暴露在外面的藻体干燥。细胞单核,细胞中央有一个或多个液泡,载色体一至多数,粒状或小盘状,载色体含有叶绿素 a 和 c、β-胡萝卜素及 6 种叶黄素。叶黄素中有一种叫墨角藻黄素(fucoxanthin),其色素含量最大,掩盖了叶绿素,使藻体呈褐色,而且在光合作用中所起作用最大,有利用光线中短波光的能力。在电镜下,载色体有 4 层膜包围,外面 2 层是内质网膜,里面是 2 层载色体膜。光合片层由 3 条类囊体叠成。内质网膜与核膜相连,它是外层核膜向外延伸形成的,包裹载色体和蛋白核。褐藻的蛋白核不埋在载色体里面,而是在载色体的一侧形成突起,与载色体的基质紧密相连,称为单柄型(single-stalked type)。蛋白核外包有贮藏的多糖。有些褐藻没有蛋白核。一些学者认为,没有蛋白核的种类在系统发育方面是比较进化的。

细胞光合作用积累的贮藏食物是一种溶解状态的糖类,在藻体内这种糖类含量相当大,占干重的 5%~35%,主要是褐藻淀粉(laminarin)和甘露醇(mannitol)。褐藻细胞中含特有的小液泡,呈酸性反应,它大量存在于分生组织、同化组织和生殖细胞中。许多褐藻细胞中还含有大量碘。例如,海带属的藻体中碘占鲜重的 0.3%,而每升海水中仅含碘 0.0002%,因此,它是提取碘的工业原料。

(二) 繁殖方式

褐藻的营养繁殖是以断裂的方式进行的,即藻体纵裂成几个部分,每个部分发育成一个新的植物体;或者由母体断裂成断片,脱离母体发育成植物体;还可以形成一种叫作繁殖枝(propagule)的特殊分枝,脱离母体发育成植物体。

无性生殖是通过游动孢子或静孢子进行的。褐藻多数种类都可以形成游动孢子或静孢子,但不同种类形成的方式不同。孢子囊有单室和多室两种。单室孢子囊(unilocular sporangium)是由一个细胞增大形成的,细胞核经减数分裂形成具侧生不等长双鞭毛的游动孢子;多室孢子囊(plurilocular sporangium)是由一个细胞经过多次分裂,形成一个细长的多细胞组织,每个小立方形细胞发育成一个具侧生不等长双鞭毛的游动孢子。这种孢子囊发生在二倍体的藻体上,形成孢子时不经过减数分裂,因此,这种游动孢子是二倍的,发育成一株二倍体植物。

有性生殖是在配子体上形成一个具多室的配子囊,配子囊的形成过程和多室孢子囊相同,配子结合有同配、异配或卵式生殖。

在褐藻的生活史中,多数种类具有世代交替现象。在进行异形世代交替的种类中,多数是孢子体大、配子体小,如海带属（*Laminaria*）;少数是孢子体小、配子体大,如萱藻属（*Scytosiphon*）。

（三）分布

褐藻是固着生活的底栖藻类。绝大多数分布于海水中,仅几个稀见种生活在淡水中。褐藻属于冷水藻类,寒带海中分布最多,但马尾藻属（*Sargassum*）为暖型藻类。褐藻可以从潮间线一直分布到低潮线下约 30 m 处,是构成海底森林的主要类群。褐藻的分布与海水中盐的浓度、温度以及海潮起落时暴露在空气中的时间长短都有很密切的关系,因此,在寒带、亚寒带、温带、热带分布的种类各有不同。在我国,黄海、渤海海水较混浊,褐藻分布于低潮线;南海海水澄清,褐藻分布位置较深。

（四）褐藻门的分类及药用植物代表

褐藻门是藻类中比较高级的一大类群。大约有 250 属,1500 种。绝大多数海产。常呈褐色。

[药用植物代表]

海带 *Laminaria japonica* Aresch. 海带原产于俄罗斯远东地区、日本和朝鲜北部沿海,后由日本传到我国大连海滨,并逐渐在辽东和山东半岛的肥沃海区生长,是我国常见的藻类植物,含有丰富的营养,是人们喜爱的食品。海带还有药用价值,是制取褐藻酸盐、碘和甘露醇等的重要原料。

海带的孢子体分为固着器（holdfast）、柄（stipe）和带片（blade）三部分。固着器呈分枝的根状;柄不分枝,圆柱形或略侧扁,内部组织分化为表皮、皮层和髓三层;带片生长于柄的顶端,不分裂,没有中脉,幼时常凸凹不平,其内部构造和柄相似,也分为三层。

海带的生活史中有明显的世代交替现象（图 10-5）。孢子体成熟时,在带片的两面产生单室的游动孢子囊,游动孢子囊丛生呈棒状,中间夹着长的细胞,叫隔丝（paraphysis,或叫侧丝）。隔丝尖端有透明的胶质冠（gelatinous corona）。带片上生长游动孢子囊的区域呈深褐色,孢子母细胞经过减数分裂及多次普通分裂,产生很多单倍、侧生双鞭毛的同型游动孢子;游动孢子呈梨形,两条侧生鞭毛不等长;同型的游动

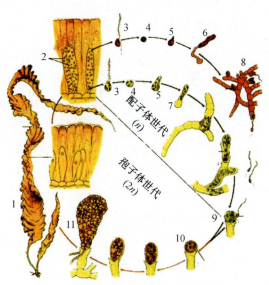

图 10-5 海带的生活史
1. 孢子体　2. 孢子体横切面
3. 游动孢子　4. 游动孢子的静止状态
5. 孢子萌发　6. 雄配子体初期
7. 雌配子初期　8. 精子囊释放精子
9. 停留在卵巢上的卵和聚集于周围的精子
10. 合子萌发　11. 幼孢子体

孢子在生理上是不同的,孢子落地后立即萌发为雌、雄配子体。雄配子体是由十几个至几十个细胞组成的具分枝的丝状体,其上的精子囊由一个细胞形成,产生一枚侧生双鞭毛的精子,其构造与游动孢子相似;雌配子体是由少数较大的细胞组成的,分枝也很少,在2~4个细胞时,枝端即产生单细胞的卵囊,内有一枚卵,成熟时卵排出,附着于卵囊顶端。卵在母体外受精,形成二倍的合子;合子不离开母体,数日后即萌发为新的海带。海带的孢子体和配子体之间差别很大,孢子体大而有组织的分化,配子体只由十几个细胞组成,这样的生活史称为异形世代交替(heteromorphic alternation of generations)。

海带分布于我国辽宁、河北、山东沿海。目前,海带人工养殖已推广到我国长江以南的浙江、福建、广东等沿海地区。海带可软坚散结、消痰利水、降血脂、降血压,用于治疗缺碘性甲状腺肿大等疾病。

昆布 *Ecklonia Kurome* Okam. 属于翅藻科。植物体明显区分为固着器、柄和带片三部分。带片为单条或羽状,边缘有粗锯齿。在我国,昆布分布于浙江、福建、台湾地区海域,生于低潮线附近的岩礁上。其功效与海带的功效相同。

思考题

1. 藻类植物的特征有哪些?药用藻类四个门的主要区别有哪些?
2. 藻类植物的生殖方式有哪些?

第十一章 菌类植物

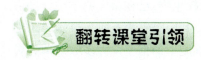 翻转课堂引领

1. 学习重点及线路:
掌握菌类植物的特征→真菌门→子囊菌亚门及药用植物代表→担子菌亚门及药用植物代表。

2. 任务主题:

(1) 我国菌类植物资源丰富,利用菌类,特别是真菌供食用、药用的历史悠久。在众多菌类植物中,有很多的品种,如灵芝、茯苓等都在现代医学上占有一席之地。药用真菌的主要活性成分有哪些? 又有哪些药用价值?

(2) 菌类是个庞大的家族,在我们的周围无处不在,被称为"森林的孩子"。现在已知的菌类大约有10万种,它们生活在什么地方? 跟人类有什么关系? 又有多少可以被人类利用?

(3) 药用真菌开发的前景如何?

(4) 选择1~2种生活中常食用的菌类,查阅其研究资料,全面认识菌类的成分、食用及药用价值。

(5) 生活中食用的有些菌类较名贵,如松露、松茸、鸡枞等,选择1~2种,查阅其研究资料,全面认识其成分及价值。

(6) 请查阅冬虫夏草的常见伪品及掺伪现象,制作PPT用于讨论。

(7) 请查阅灵芝或猴头菇的相关研究资料,制作PPT用于讨论。

第一节 概述

一、主要特征

菌类(fungus)与藻类植物一样,均无根、茎、叶的分化。但菌类又与藻类不同,因其不含光合作用色素,不能进行光合作用,所以菌类的营养方式是异养型。菌类的异养生活方式有寄生、腐生、共生等多种,多数种类营腐生生活。凡从活的动植物体上吸取养分的叫寄

生,如槲寄生;凡从死的动植物体上或其他无生命的有机物中吸取养分的叫腐生,如木耳;凡从活的有机体取得养分同时又提供该活体有利的生活条件,彼此间互相受益、相互依赖的叫共生,如蜜环菌。

菌类的生活方式多样,因此它们的分布较为广泛。在土壤、水、空气中及人和动植物体内都有它们的踪迹,广布于全球。它们的种类极为繁多。现有的菌类植物约有10万种,其中我国有文献可查的真菌有12000余种。菌类不是一个单一的类群,可分为细菌门（Schizomycophyta）、黏菌门（Myxomycophyta）和真菌门（Eumycophyta）。这三门植物的形态、结构、繁殖和生活史差别很大,彼此并无亲缘关系。

细菌是微小的单细胞有机体,没有细胞核结构,属于原核生物,已在微生物学中详细讲述,故本书不再叙述。黏菌是介于动物和真菌之间的生物,生长期或营养期为裸露的无细胞壁而具有多核的原生质团,但在繁殖期产生具有纤维质细胞壁的孢子。大多数黏菌为腐生菌,无直接的经济意义。真菌的药用种类较多,为本书讲述的重点。细菌和真菌之间还有一个特殊类群——放线菌。放线菌是抗生素的主要原料,因此本书也做了介绍。

二、放线菌的特征及常见药用种类

放线菌是细菌与真菌之间的过渡类型,也是单细胞的丝状菌类,大多数有发达的菌丝。放线菌的形态比细菌复杂,但仍属于单细胞。在显微镜下,放线菌呈分枝丝状,我们把这些细丝一样的结构叫作菌丝。菌丝的直径与细菌的相近,小于 1 μm。菌丝细胞的结构与细菌的结构基本相同。

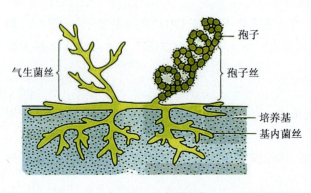

图 11-1　放线菌

根据菌丝形态和功能的不同,放线菌菌丝可分为营养菌丝（基内菌丝）、气生菌丝和孢子丝三种(图 11-1)。链霉菌属是放线菌中种类最多、分布最广、形态特征最典型的类群。

营养菌丝匍匐生长于营养基质表面或伸向基质内部,它们像植物的根一样,具有吸收水分和养分的功能。有些还能产生各种色素,把培养基染成各种美丽的颜色。放线菌中多数种类的营养菌丝无隔膜,不断裂,如链霉菌属和小单孢菌属等;但有一类放线菌,如诺卡氏菌型放线菌的基内菌丝生长一定时间后形成横隔膜,继而断裂成球状或杆状小体。

气生菌丝是营养菌丝长出培养基外并伸向空间的菌丝。在显微镜下观察,一般气生菌丝颜色较深,比营养菌丝粗;而营养菌丝色浅、色亮。有些放线菌气生菌丝发达,有些则稀疏,还有的种类无气生菌丝。

孢子丝是当气生菌丝发育到一定程度,其上分化出的可形成孢子的菌丝。放线菌孢子丝的形态多样,有垂直形、弯曲状、钩状、螺旋状、一级轮生和二级轮生等多种,是放线菌定种的重要标志之一。

孢子丝发育到一定阶段便分化为分生孢子。在光学显微镜下,孢子呈圆形、椭圆形、杆状、圆柱形、瓜子状、梭状和半月状等,孢子的颜色十分丰富(图11-2)。孢子表面的纹饰因种而异,在电子显微镜下清晰可见,有的光滑,有的呈褶皱状、疣状、刺状、毛发状或鳞片状,刺又有粗细、大小、长短和疏密之分。

生孢囊放线菌的特点是形成典型孢囊,孢囊着生的位置因种而异。有的孢囊长在气丝上,有的菌长在基丝上。孢囊形成分两种形式:有些属的孢囊是由孢子丝卷绕而成的,有些属的孢囊是由孢囊梗逐渐膨大而成的。孢囊外围都有囊壁,无壁者一般称假孢囊。孢囊有圆形、棒状、指状、瓶状或不规则状之分。孢囊内原生质分化为孢囊孢子,带鞭毛者遇水游动,如游动放线菌属;无鞭毛者则游不动,如链孢囊菌属。

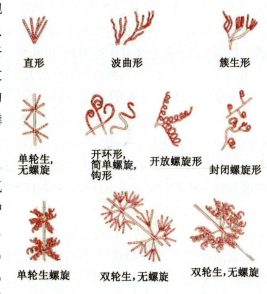

图11-2 放线菌孢子丝

放线菌在自然界分布很广,空气、土壤、水中都有放线菌存在。一般在土壤中较多,尤其是富含有机质的土壤里,放线菌大多数为腐生,少数为寄生菌,往往引起人、动物、植物的病害。

某些放线菌是抗生素的重要产生菌,它们能产生种类繁多的抗生素。据估计,已发现的4000多种抗生素中,有2/3是由放线菌产生的。重要的属有链霉菌属、小单孢菌属和诺卡氏菌属等。有形成抗生素的灰色链霉菌(*Streptomyces griseus*,产生四环素)、氯霉素链霉菌(*S. venezuelae*,产生氯霉素)、金霉素链霉菌(*S. aureofaciens*,产生四环素)等。

第二节 真菌门

一、概述

(一) 真菌的一般特征

1. 营养体

真菌(Fungi)属真核异养生物,真菌的细胞不含叶绿素,也没有质体,营寄生或腐生生活。真菌贮藏的养分主要是肝糖(liver starch),还有少量的蛋白质、脂肪以及微量的纤维素。真菌多数种类有明显的细胞壁,其主要成分为几丁质(chitin)和纤维素(cellulose)。一般低等真菌的细胞壁多由纤维素组成,而高等真菌以几丁质为主。

除少数单细胞真菌(如酵母)外,绝大多数真菌的植物体由菌丝构成。菌丝是纤细的管状体,有无隔菌丝和有隔菌丝之分。无隔菌丝是一个长管型细胞,有分枝或无,大多数是多核的,低等真菌的菌丝一般为无隔菌丝,仅在受伤或产生生殖结构时才产生全封闭的隔膜;有隔菌丝中有隔膜把菌丝隔成许多细胞,每个细胞内含1个或2个核,高等真菌的菌丝多为有隔菌丝。但菌丝中的横隔上通常有各种类型的小孔,原生质核甚至可以经小孔流通。横隔上的小孔主要有3种类型:单孔型、多孔型和桶孔式。桶孔式隔膜的结构最为复杂,隔膜中央有1孔,但孔的边缘增厚膨大成桶状,并在两边的孔外各有一个有内质网形成的弧形膜,称为桶孔覆垫或隔膜孔帽。

真菌主要利用菌丝吸收养分,腐生菌可由菌丝直接从基质中吸取养分,也可以产生假根(rhizoid)用于吸收养分;寄主细胞内寄生的真菌通过直接与寄生细胞的原生质接触而吸收养分。胞间寄生的真菌则利用从菌丝体上特化产生的吸器(haustorium)伸入寄主细胞内吸取养料。真菌吸取养料的过程是:首先借助于多种水解酶(均是胞外酶)把大分子物质分解为可溶性的小分子物质,然后借助于较高的渗透压吸收。寄生真菌的渗透压一般比寄主的高2~5倍,腐生菌的渗透压更高。

真菌在繁殖或环境条件不良时,菌丝常相互密结,形成两种组织,即拟薄壁组织(pseudoparenchyma)和疏丝组织(prosenchyma),再构成菌丝组织体,常变态为以下3种形态:①根状菌索(rhizomorph):菌丝密结呈绳索状,外形似根。②子座(stroma):容纳子实体的褥座,是从营养阶段到繁殖阶段的过渡形式。③菌核(sclerotium):由菌丝密结成颜色深、质地坚硬的核状体。子实体(sporophore)也是一种菌丝组织体,为能够产生孢子的菌丝体;能形成子实体的真菌被称为大型真菌。

2. 真菌的繁殖

真菌繁殖的方式多种多样,涉及很多不同类型的孢子。少数单细胞真菌,如裂殖酵母菌属(Schizosccharomyces)主要通过细胞分裂产生子细胞;而大部分真菌可以通过产生芽生孢子、厚壁孢子或节孢子等进行营养繁殖。芽生孢子(blastospore)是从一个细胞出芽形成的,芽生孢子脱离母体后即长成一个新个体;厚壁孢子(chlamydospore)是由菌丝中个别细胞膨大而形成的休眠孢子,其原生质浓缩,细胞壁加厚,度过不良环境后,再萌发为菌丝体;节孢子(arthrospore)是由菌丝细胞断裂后形成的。

真菌的无性生殖也极为发达,在无性生殖过程中也可形成多种不同类型的孢子,包括游动孢子、孢囊孢子和分生孢子等。游动孢子(zoospore)是水生真菌产生的借水传播的孢子,无壁,具鞭毛,能游动,在游动孢子囊(zoosporangium)中形成;孢囊孢子(sporangiospore)是在孢子囊内形成的不动孢子,借气流传播;分生孢子(conidiospore)是由分生孢子囊的顶端或侧面产生的一种不动孢子,借气流或动物传播。

真菌的有性生殖方式也极具多样化。有些真菌可产生单细胞的配子,以同配或异配的方式进行有性生殖;另有一些真菌通过两性配子囊的结合形成"合子",这种类型的合子习惯上称为接合孢子(zygospore)或卵孢子(oospore)。子囊菌有性结合后,形成子囊,在子囊内产生子囊孢子。担子菌有性生殖后,在担子上形成担孢子。担孢子和子囊孢子是有性结合后产生的孢子,和无性生殖的孢子完全不同。

真菌通过各种途径产生的孢子在适宜的环境条件下萌发,生长形成菌丝体(mycelium),菌丝体在一个生长季里可产生若干代无性孢子,这是生活史的无性阶段;真菌在生长后期常形成配子囊,产生配子,一般先行质配,形成双核细胞,再行核配,形成合子;通常合子形成后很快即进行减数分裂,形成单倍孢子,再萌发成单倍体的菌丝体,这样就完成了一个生活周期。由此可见,在真菌的生活史中,二倍体时期只是很短暂的合子阶段,合子是一个细胞而不是一个营养体,所以大多数真菌的生活史中,只有核相交替,而没有世代交替。

(二) 分类及主要药用种类

真菌有 11255 属,10 万种,我国已知的约有 1 万种,已知的药用真菌有 272 种。本教材采用安斯沃滋(Ainswoeth 1971.73)系统,将真菌分为五个亚门,即鞭毛菌亚门、接合菌亚门、子囊菌亚门、担子菌亚门、半知菌亚门。药用真菌以子囊菌亚门和担子菌亚门较多见。

真菌五亚门检索表如下:

1. 有能动孢子;有性阶段的典型孢子为卵孢子 ………………………… 鞭毛菌亚门
1. 无能动孢子。
　　2. 具有性阶段。
　　　　3. 有性阶段孢子为接合孢子 ………………………………… 接合菌亚门
　　　　3. 无接合孢子
　　　　　　4. 有性阶段孢子为子囊孢子 ……………………………… 子囊菌亚门
　　　　　　4. 有性阶段孢子为担孢子 ………………………………… 担子菌亚门
　　2. 缺有性阶段 ……………………………………………………… 半知菌亚门

二、子囊菌亚门(Ascomycotina)

子囊菌亚门是真菌中种类最多的一个亚门,全世界有 2720 属,28000 多种。除少数低等子囊菌(如酵母菌)为单细胞外,绝大多数有发达的菌丝,菌丝具有横隔,并紧密结合在一起,形成一定的结构。子囊菌的无性生殖特别发达,有裂殖、芽殖,或形成各种孢子,如分生孢子、厚垣孢子等。有性生殖产生子囊,内生子囊孢子,这是子囊菌亚门的最主要特征。除少数原始种类(如酵母菌)的子囊裸露不形成子实体外,绝大多数子囊菌都产生子实体,子囊包于子实体内。子囊菌的子实体又称子囊果。子囊果的形态是子囊菌分类的重要依据。常见的有 3 种类型(图 11-3):①子囊盘:子囊果盘状、杯状或碗状。子囊盘中有许多子囊和侧丝(不孕菌丝)垂直排列在一起,形成子实层。子囊层完全暴露在外面,如盘菌类。②闭囊壳:子囊果完全闭合,呈球形,无开口,待其破裂后,子囊及子囊孢子才能散出,如白粉科的子囊果。③子囊壳:子囊果呈瓶状或囊状,先端开口,这一类子囊果多埋生

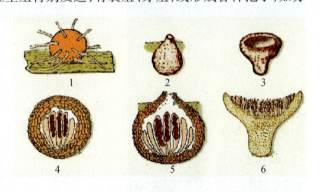

图 11-3　子囊果类型

1. 闭囊壳　2. 子囊壳　3. 子囊盘　4. 闭囊壳纵切放大
   5. 子囊壳纵切放大　6. 子囊盘纵切放大

于子座内，如麦角、冬虫夏草。

[药用植物代表]

麦角菌 *Claviceps purpurea* (Fr.) Tul. 属于麦角菌科。寄生在禾本科麦类植物的子房内，菌核形成时露出子房外，呈紫黑色，质地坚硬，形如动物角，故称麦角。菌核呈圆柱状至角状，稍弯曲。一般长 1~2 cm，直径 3~4 cm，干后变硬、质脆，表面呈紫黑色或紫棕色，内部近白色，近表面外为暗紫色；子座 20~30 个从一个菌核内生出，下有一很细的柄，多弯曲，白至暗褐色，顶端头部近球形，直径 1~2 mm，红褐色；显微镜下观察，子囊壳整个埋生于子座头部内，只孔口稍凸出，烧瓶状，子囊及侧丝均产生于子囊壳内，很长，呈圆柱状；每个子囊含子囊孢子 8 个，丝状，单细胞，透明无色。孢子散出后，借助于气流、雨水或昆虫传播到麦穗上，萌发成芽管，侵入子房，长出菌丝，菌丝充满子房而发出极多的分生孢子，再传播到其他麦穗上。菌丝体继续生长，最后不再产生分生孢子，形成紧密、坚硬、紫黑色的菌核，即麦角。

在我国，黑麦的麦角菌分布于河北、内蒙古、黑龙江、吉林、辽宁；野麦的麦角菌分布于河北、山西、内蒙古；大麦和小麦的麦角菌见于安徽；燕麦的麦角菌分布于青海。麦角菌也可以进行人工发酵培养。菌核（麦角）能使子宫收缩。麦角含 10 多种生物碱，主要活性成分为麦角新碱、麦角胺、麦角毒碱等，麦角胺和麦角毒碱可用于治疗偏头疼，麦角制剂已用作子宫收缩及内脏器官出血的止血剂。

冬虫夏草 *Cordyceps sinensis* (Berk.) Sacc. 为寄生在蝙蝠蛾科昆虫幼虫上的子座及幼虫尸体的干燥复合体。由虫体和子座组成。通常子座单个，上部膨大，表层埋有一层子囊壳，壳内有许多线形子囊，每个子囊内有 8 个具许多横隔的线形子囊孢子。

图 11-4 冬虫夏草

冬虫夏草的形成：夏秋季节，冬虫夏草的子囊孢子成熟后由子囊散发出，断裂成若干小段。侵入土中蝙蝠蛾科昆虫健康幼虫的体内。子囊孢子萌发形成菌丝，进入虫体血循环系统，并以酵母状出芽方式进行繁殖，直至幼虫死亡。冬季来临，菌丝体变态形成坚硬的菌核。第二年春末夏初，从虫体头部长出子座，并伸出土层外（图 11-4）。冬虫夏草多分布于海拔 3500 m 以上的高山草甸区。现已能人工培养，或通过薄层发酵工艺大量繁殖其菌丝体，称为虫草花。子实体、子座、虫体及菌核合称为虫草，可补肺益肾、止血化痰。冬虫夏草的药用有效成分为虫草酸，还有蛋白质和脂肪等成分。主产于四川、青海，以四川产量最大。云南、甘肃、西藏等省区也有部分出产。

春末夏初，子座刚出土、孢子未散发时采挖，晒至六七成干，除去似纤维状的附着物及杂质，晒干或低温干燥。

冬虫夏草药材分为虫体和从虫头部长出的真菌子座两部分。虫体似幼蚕，长 3~5 cm，直径 0.3~0.8 cm;表面深黄色至黄棕色,有环纹 20~30 个,近头部的环纹较细,头部红棕色;足 8 对,中部 4 对足较明显;质脆易断,断面稍平坦,淡黄白色,中央有"V"形或"一"字纹。子座细长,呈圆柱形,长 4~7 cm,直径约 0.3 cm,深棕色至棕褐色,有细纵皱纹,上部稍膨大,质柔软,断面类白色。气微腥,味微苦(图 11-5)。性平,味甘。可补肺益脾、止血化痰,用于肾精亏虚、阳痿遗精、腰膝酸痛、久咳虚喘、痨嗽咯血。

图 11-5　药材冬虫夏草

【附注】冬虫夏草常见的混伪品有亚香棒虫草 C. hawkesii Gray、蛹草菌 C. Militaris(L.) Link、凉山虫草 C. liangshanensis Zang,Hu et Liu、蝉花菌 C. sobolifera(Hill) Berk. et Br. 等。另外,市场上常见的一种人工伪品是用黄豆粉、淀粉等压膜制作而成的。

酿酒酵母菌 Saccharomyces cerevisiae Hansen　属于酵母菌科。单细胞,卵圆形或球形,具细胞壁、细胞质膜、细胞核(极微小,常不易见到)、液泡、线粒体及各种贮藏物质,如油滴、肝糖等。繁殖方式有:①出芽繁殖:出芽时,由母细胞生出小突起,为芽体(芽孢子)。经核分裂后,一个子核移入芽体中,芽体长大后与母细胞分离,单独成为一个新个体(图 11-6)。繁殖旺盛时,芽体未离开母体又生新芽,常有许

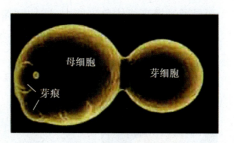

图 11-6　酿酒酵母菌细胞的电镜照片

多芽细胞连成一串,称为假菌丝。②孢子繁殖:在不利的环境下,细胞变成子囊,内生 4 个孢子,子囊破裂后,散出孢子。③接合繁殖:有时每两个子囊孢子或由它产生的两个芽体双双结合成为合子。合子不立即形成子囊,而产生若干代二倍体的细胞,然后在适宜的环境下进行减数分裂,形成子囊,再产生孢子。

酵母菌在工业上用于酿酒。酵母菌将葡萄糖、果糖、甘露糖等单糖吸入细胞内,在无氧条件下,经过内酶的作用,把单糖分解为二氧化碳和乙醇,此作用即发酵。在医药上,因酵母菌富含维生素 B、蛋白质和多种酶,所以菌体可制成酵母片,用于治疗消化不良;还可以从酵母菌中提取出用于生产核酸类衍生物、辅酶 A、细胞色素 C、谷胱甘肽和多种氨基酸的原料。

三、担子菌亚门(Basidiomycotina)

担子菌是真菌中最高等的一个亚门,已知有 1100 属,16000 余种,都是由多细胞的菌丝体组成的有机体,菌丝均具有横隔膜。多数担子菌的菌丝体可区分为 3 种类型。由担孢子萌发形成具有单核的菌丝,叫初生菌丝。初生菌丝接合进行质配,核不配合,而保持双核状态,叫次生菌丝。次生菌丝双核时期相当长,这是担子菌的特点之一,主要行营养功能。三生菌丝是组织特化的特殊菌丝,也是双核的,它常集结成特殊形状的子实体。担子菌最大

的特点是形成担子、外生担孢子。在形成担子和担孢子的过程中,菌丝顶细胞壁上伸出一个喙状突起,向下弯曲,形成一种特殊的结构,叫作锁状连合。在此过程中,细胞内二核经过一系列变化由分裂到融合,形成一个二倍体的核,此核经减数分裂,形成4个单倍体的子核。这时,顶端细胞膨大成为担子,担子上生出4个小梗,于是4个小核分别移入小梗内,发育成4个担孢子。产生担孢子的复杂结构的菌丝体,叫担子果,就是担子菌的子实体。其形态、大小、颜色各不相同,如呈伞状、耳状、菊花状、笋状、球状等。

担子菌除少数种类进行有性繁殖外,大多数在自然条件下进行无性繁殖。其无性繁殖是通过芽殖、菌丝断裂等类型产生分生孢子。

担子菌亚门分为4个纲,即层菌纲 Hymenomycetes,如木耳、银耳、蘑菇、灵芝;腹菌纲 Gasteromycetes,如马勃、鬼笔等;以及锈菌纲 Urediniomycetes 和黑粉菌纲 Ustilaginomycetes。

[药用植物代表]

真菌入药在我国有悠久的历史。随着医药卫生事业的发展,国内外对真菌抗癌药物进行了大量的筛选与研究,发现真菌的抗癌作用机制不同于细胞类毒素药物的直接杀伤作用,而是通过提高机体免疫能力,增加巨噬细胞的吞噬功能,产生对癌细胞的抵抗力,从而达到间接抑制肿瘤的目的。自然界的真菌种类繁多,这有利于我们今后寻找新的药用菌资源。

灵芝 为多孔菌科真菌赤芝 *Ganoderma lucium*(Leyss. ex Fr.)Karst. 或紫芝 *Ganoderma sinense* Zhao, Xu et Zhang 的干燥子实体。赤芝的菌盖木栓质,半圆形或肾形,宽12~20 cm;红褐色,具有漆样光泽,有同心环状棱纹及辐射状皱纹,边缘半截。菌肉近白色至淡褐色;

图11-7 赤芝(左图)和紫芝(右图)

菌管单层,管口呈白色,触后变为血红或紫红色,管口圆形。显微镜下观察,担孢子呈宽卵圆形,壁有两层,内壁褐色,表面布有无数小疣,外壁光滑、透明至无色。菌柄侧生,极稀偏生,近圆柱形,长度通常长于菌盖的直径,红褐色至紫褐色,有一层漆样光泽,中空或中实,坚硬(图11-7)。

紫芝的菌盖和菌柄呈紫色或紫黑色,菌肉锈褐色,担孢子较大,内壁具有显著小疣突。我国大部分省区有分布,多数生于栎树及其他阔叶树的腐木上。商品药材多为栽培。全年采收,除去杂质,剪除附有的朽木、泥沙或培养基质的下端菌柄,阴干或在40℃~50℃温度条件下烘干。主要含有灵芝多糖(BN_3C_1、BN_3C_2、BN_3C_3、BN_3C_4 等,约1%,孢子粉中多糖含量可达10%),灵芝酸(ganoderic acid)A、B、C、D、E、F、G、H、I、L 等,赤芝酸(lucideric acid)A、B、C、D、E、F 等,丹芝醇 A(ganoderol A)等,三萜、麦角甾醇(ergosterol)等甾醇,氨基酸,灵芝多肽(GPC_1、GPC_2),生物碱等成分;灵芝孢子粉含有多种氨基酸、微量元素、三萜和类脂质。灵芝多糖和灵芝多肽具有免疫调节、抗肿瘤、抗氧化等作用。

紫芝性平,味甘。可补气安神、止咳平喘,用于心神不宁、失眠心悸、肺虚咳喘、虚劳气短、不思饮食等症。

茯苓 *Poria cocos* (Schw.) Wolf. 属多孔菌科。菌核呈球形、长圆形、卵圆形或不规则状,大小不一。小的如拳头大的可达数十斤,新鲜时较软,干燥后坚硬,表面有深褐色,多为皱的皮壳,同一块菌核内部可能部分呈白色,部分呈淡红色,颗粒状;子实体平伏地产生在菌核表面,厚3~8 mm,白色,老熟干燥后变为淡褐色;管口多角形至不规则形,深2~3 mm,直径0.5~2 mm,孔壁薄,边缘逐渐变成齿状。显微镜下观察,孢子呈长方形至近圆柱状,有一斜尖,壁表平滑,透明无色。全国不少省份都有分布,但是以安徽、云南、湖北、河南、广东等省份分布最多。现多人工栽培。茯苓属于腐生菌。生于马尾松、黄山松、赤松、云南松等松属植物的根际。菌核(药材名:茯苓)能利水渗湿、健脾、安神。茯苓含茯苓多糖,具有调节免疫功能和抗肿瘤的作用(图11-8)。

图11-8　茯苓

担子菌亚门入药的还有:①猪苓 *Canoderma lucidum* (Leyss. Ex FR.) Karst. 菌核有利水渗湿作用,其中含有的猪苓多糖有抗癌作用(图11-9)。药理研究表明,猪苓还有抗辐射作用。②银耳 *Tremella fuciformis* Berk. (图11-10)子实体有滋阴养胃、益气补血、补脑强心等功效。③木耳 *Auriclaria auricular* (L. ex Hook.) Underw. (图11-11)子实体(木耳)可补气益血、润肺止血、活血、止痛。④猴头菇 *Hericium erinaceus* (Bull. ex Fr.) Pers. 属于齿菌科,菌伞表面长有毛茸状肉刺,长1~3 cm,它的子实体圆而厚,新鲜时为白色,干后由浅黄至浅褐色,基部狭窄或略有短柄,上部膨大,直径3.5~10 cm,远远望去似金丝猴头,故称为猴头菇。野生猴头菇多生长在柞树等树干的枯死部位(图11-12)。我国东北各省和河南、河北、西藏、山西、甘肃、陕西、内蒙古、四川、湖北、广西、浙江等省(自治区)都有出产。其中以东北大兴安岭、西北天山和阿尔泰山、西南横断山脉、西藏喜马拉雅山等林区尤多。具有补脾益气、助消化等功效。⑤脱皮马勃 *Lasiosphaera fenzii* Reich. (图11-13)子实体(药材名:马勃)可消肿、止痛、清肺、利咽、解毒。⑥雷丸 *Omphalia lapidescens* Schroet. 属于白蘑科,为类球形或不规则团块,直径1~3 cm。表面黑褐色或灰褐色,有略隆起的不规则网状细纹。质坚实,不易破裂,断面不平坦,白色或浅灰黄色,常有黄白色大理石样纹理(图11-14)。其菌核具有杀虫、消积等功效。

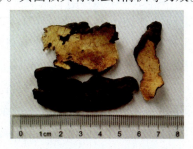

图11-9　猪苓

图11-10　银耳

图11-11　木耳

图 11-12 猴头菇

图 11-13 脱皮马勃

图 11-14 雷丸

四、半知菌亚门（Deuteromycotina）

半知菌亚门是其生活史尚未被完全了解的一大类真菌。大多只发现其无性阶段，即其营养菌丝和各种无性孢子，而未见到有性生殖过程。一旦发现有性孢子，即归入相应的亚门。其原因一是有性阶段尚未发现；二是受某种环境条件的影响，几乎不能或极少进行有性生殖；三是有性生殖阶段已退化。因为只了解其生活史的一半，故统称为半知菌或不完全菌。营养体大多是有隔的分枝菌丝，有些种类形成假菌丝。其繁殖方式主要有两种：(1) 生活史中仅有菌丝的生长和增殖，菌丝常形成菌核、菌索，不产生分生孢子。有的种类可形成厚垣孢子。腐生或寄生，是许多植物的病原菌，如立枯病菌。(2) 绝大多数半知菌都产生分生孢子：在半知菌的有隔菌丝体上形成分化程度不同的分生孢子梗，梗上形成分生孢子。分生孢子梗丛生或散生。丛生的分生孢子梗可形成束丝和分生孢子座。束丝是一束排列紧密的直立孢子梗，于顶端或侧面产生分生孢子，如稻瘟病菌；分生孢子座由许多聚成垫状的断梗组成，顶端产生分生孢子，如束梗孢属。较高级的半知菌在分生孢子产生时形成特化结构，由菌丝体形成盘状或球状的分生孢子盘或分生孢子器。分生孢子盘上有成排的短分生孢子梗，顶端产生分生孢子，如刺盘孢属；分生孢子器有孔口，其内形成分生孢子梗，顶端产生分生孢子。分生孢子盘(器)生于基质的表面或埋于基质、子座内，外观上呈黑色小点。

半知菌分类以应用方便为主，不以亲缘关系为依据，一般根据孢子梗和孢子的形态及产生方式进行分类。许多已发现了有性世代的半知菌，均已分别归属，如青霉菌属、曲霉菌属及赤霉菌属已被归入子囊菌亚门。

[药用植物代表]

曲霉菌 *Aspergillus* (Micheli) Link 属于丛梗孢科。菌丝有隔，为多细胞。无性生殖发达，由菌丝体上产生大量的分生孢子梗，其顶端膨大成球状，称为泡囊(vesicle)。在泡囊的整个表面生出很多放射状排列的小梗(sterigma)，小梗单层或多层，顶端长出一串串球形的分生孢子。分生孢子呈绿、黑、褐、黄、橙各种颜色。曲霉菌的种类很多，广泛分布于空气、土壤、粮食、中药材上，是酿造工业的重要菌种，并可产生柠檬酸、葡萄糖酸及其他有机酸。但有的种类对农作物及人类的身体健康有很大危害，如黑曲霉 *Aspergillus niger* Van Tieghen 可引起粮食和中药材霉变，杂色曲霉 *A. versicolor* (Vuill) Tirab. 会引起桃果腐烂和中药材霉变，赭曲霉 *A. ochraceus* Wilhelm 则会导致苹果、梨的果实腐烂。其中杂色曲霉产生的杂色曲霉素(sterigmatocystin)可致肝脏受损，特别是黄曲霉(图 11-15)常在花生和花生粕上被发现，它会产生毒性很强的能引起肝癌的黄曲霉毒素(aflatoxin)。

青霉属（Penicillium）的真菌属于丛梗孢科。菌丝体由多数具有横隔的菌丝组成，常以产生分生孢子的形式进行繁殖。有性生殖极少见。产生孢子时，菌丝体顶端产生多细胞的分生孢子梗，梗的顶端分枝 2~3 次，每个枝的末端细胞分裂成串的分生孢子，形成扫帚状。最末端的小枝被称为小梗，常呈瓶状，从小梗上生一串绿色的分生孢子。分生孢子呈球形或卵球形，一般呈蓝绿色，成熟后随风分散，遇到适宜环境就落在其基质上萌发成菌丝。

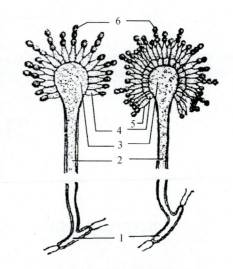

图 11-15　曲霉菌的形态结构
1. 足细胞　2. 分生孢子柄　3. 顶囊
4. 初生小梗　5. 次生小梗　6. 分生孢子

青霉菌的种类很多，分布广泛。常在蔬菜、粮食、肉类、柑橘类水果皮和食物上分布。例如，产黄青霉 *Penicillium chrysogenum* Thom、特异青霉 *P. islandicum* Sopp 可引起大米霉变，产生"黄变米"，它们产生的霉素如黄绿青霉素（citreoviridin）对动物神经系统有损害作用，岛青霉产生的黄天精、环氯素、岛青霉毒素均对肝脏有毒性。柑橘青霉 *P. citrinin* Thom、意大利青霉 *P. italicum* Wehmer 可引起柑橘果实软腐。橘青霉产生的橘青霉素（citrinin）对肾脏有损害作用。

球孢白僵菌 *Beauveria bassiana* (Bals) Vuill　属于链孢霉科。寄生于家蚕幼虫体内（可寄生于 60 多种昆虫体上），使家蚕病死，干燥后的尸体被称为僵蚕。僵蚕入药可祛风、镇惊等。近年来，由于加强防治以及养殖技术和条件的提高，白僵蚕对家蚕的感染大为减少。为解决僵蚕的药源问题，以蚕蛹为原料，接入白僵菌，所得蚕蛹可代僵蚕用。

思考题

1. 菌类植物的特征有哪些？药用真菌中子囊菌和担子菌的主要区别有哪些？
2. 真菌门植物的主要特征有哪些？

第十二章 地衣植物门

翻转课堂引领

1. 学习重点及线路：
掌握地衣类植物的特征→形态构造→分类及药用植物代表。
2. 任务主题：
（1）地衣类植物资源较为丰富，其特性是喜光、耐寒，具有独特的经济用途。我国利用地衣入药的历史较为悠久，如最早在《诗经》中就有松萝的记载。研究表明，地衣类植物具有很好的抗肿瘤、抗菌活性。药用地衣的主要活性成分有哪些？有哪些药用价值？
（2）药用地衣类的开发前景如何？你会选择开发哪种地衣？
（3）请查阅1~2种让你感兴趣的地衣，如石蕊、石耳等的相关研究资料，制作PPT用于讨论。

第一节 概述

地衣（lichenes）是一类很独特的植物，其生存能力极强，能在其他植物生存的环境中生长和繁殖，其分布极其广泛。本门植物有500余属，25000余种；我国有200属，约2000种，其中药用地衣有71种。它是多年生植物，为一种真菌和一种藻类高度结合的复合有机体，无根、茎、叶的分化，能进行有性繁殖和无性繁殖。由于两种植物长期紧密地结合在一起，无论在形态、构造上还是在生理和遗传上，都形成了一个单独的固定有机体，这是历史发展的结果，所以地衣常被当作一个独立的门来看待。

构成地衣体（thallus）的真菌绝大多数属于子囊菌亚门的盘菌纲（discomycetes）和核菌纲（Pyrenomycetes），少数为担子菌亚门的伞菌目和非褶菌目（多孔菌目）的某几个属，还有极少数属于半知菌亚门。

地衣体中的藻类多为蓝藻和绿藻，如绿藻中的共球藻属（Discomycetes）、橘色藻属（Trentepohlia）和蓝藻中的念珠藻属（Nostoc），约占全部地衣体藻类的90%。

地衣体中的菌丝缠绕藻细胞，并从外面包围藻类。藻类光合作用制造的有机物大多被菌类所夺取,藻类与外界环境隔绝,不能从外界吸取水分、无机盐和二氧化碳,只好依靠菌类提供给,它们是一种特殊的共生关系。菌类控制藻类地衣体的形态几乎完全是由真菌决定的。有人曾试验把地衣体的藻类和菌类取出,分别培养,结果藻类生长、繁殖旺盛,而菌类则被饿死。由此可见,地衣体的菌类必须依靠藻类生活。

大多数地衣是喜光性植物,要求空气新鲜,因此,在人烟稠密,特别是工业城市附近通常见不到地衣。地衣一般生长很慢,数年内才长几厘米。地衣能忍受长期干旱,干旱时休眠,雨后恢复生长,因此,可以生在峭壁、岩石、树皮上或沙漠地带。地衣耐寒性很强,因此,在高山带、冻土带和南北极,其他植物不能生存,而地衣独能生长繁殖,常形成一望无际的广大地衣群落。

地衣含有抗菌作用较强的化学成分,即地衣次生代谢产物之一的地衣酸(lichenic acids)。地衣酸有多种类型,迄今已知的地衣酸有 300 多种。据估计,50% 以上的地衣种类都具有这类抗菌物质,如松萝酸(usnic acid)、地衣硬酸(lichesterinic acid)、去甲环萝酸(evernic acid)、袋衣酸(physodic acid)、小红石蕊酸(didymic acid)等。这些抗菌物质对革兰阳性细菌多具有抗菌活性,有高度抗结核杆菌活性。

近年来,世界上对地衣进行抗癌成分的筛选研究证明,绝大多数种类的地衣中所含的地衣多糖(lichenin,lichenan)、异地衣多糖(isolichenin,isolichenan)均具有极高的抗癌活性。此外,有的地衣是生产高级香料的原料。总之,地衣作为药物资源的开发前景是很广阔的。

一、地衣的形态

地衣体是由真菌和藻类组成的营养性植物体。根据其外部形态可分为壳状地衣(crustose lichens)、叶状地衣(foliose lichens)和枝状地衣(fruticose lichens)三种生长型。地衣的每种生长型均有各自的内部构造,在基物上着重的程度也不同。因此,在鉴定地衣时,生长型常作为区分种的重要特征。

(一)壳状地衣

壳状地衣的地衣体是彩色、深浅多种多样的壳状物,菌丝与基质紧密相连,通常在下面的髓层菌丝紧密地固着在基物上,有的还生假根伸入基质中,很难剥离。壳状地衣约占全部地衣的 80%。例如,生在岩石上的茶渍衣属(Lecanora)和生于树皮上的文字衣属(Graphis)均为壳状地衣(图 12-1)。

(二)叶状地衣

叶状地衣的地衣体呈扁平的叶片状,四周有瓣状裂片,近圆形或不规则扩展,有背、腹之分,常在腹面即叶片下部生出一些假根或脐附着于基质上,易于与基质剥离。例如,生在草地上的地卷衣属(Peltigera)、石耳属(Umbilicaria)和生在岩石或树皮上的梅衣属(Parmelia)均为叶状地衣(图 12-2)。

图 12-1 壳状地衣

图 12-2 叶状地衣

（三）枝状地衣

枝状地衣的地衣体具有分枝，通常呈树枝状直立或下垂，仅基部附着于基质上。例如，直立于地上的石蕊属（Cladonia）、石花属（Rumalina），以及悬垂于云杉、冷杉等树枝的松萝属（Usnea）均为枝状地衣（图 12-3）。

上述三种类型地衣的区别不是绝对的，其中有不少是过渡类型或中间类型，如标氏衣属（Buelliu）为壳状到鳞片状；粉衣科（Caliciaceae）地衣由于横向伸展，其壳状结构逐渐消失，呈粉末状。

二、地衣的构造

不同类型地衣的内部构造不完全相同。从叶状地衣的横切面上可分为四层，即上皮层、藻层或藻胞层、髓层和下皮层（图 12-4）。上皮层和下皮层是由菌丝紧密交织而成的，也称为假皮层。藻胞层就是在上皮层之下由藻类细胞聚集成的一层。髓层是由疏松排列的菌丝组成的。根据藻细胞在地衣体中的分布情况，通常又将地衣体的结构分成以下两个类型。

图 12-3 枝状地衣

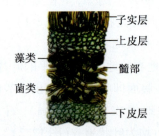

图 12-4 地衣的内部构造

（一）异层型地衣

异层型地衣（heteromerous）藻类细胞排列于上表皮层和髓层之间，形成明显的一层，即藻胞层，如梅衣属（Parmelia）、蜈蚣衣属（Physcia）、地茶属（Thamnolia）、松萝属（Usnea）等。

（二）同层型地衣

同层型（homoenmerous）地衣藻类细胞分散于上皮层之下的髓层菌丝之间，没有明显的藻层与髓层之分。这种类型的地衣较少，如胶衣属（Collema）。

一般来讲，叶状地衣大多数为异层型，从下皮层上生出许多假根或脐固着于基物上。壳状地衣多数无皮层，或仅具上皮层，髓层菌丝直接与基物密切紧贴。枝状地衣都是异层型，与异层型叶状地衣的构造基本相同，但枝状地衣各层的排列呈圆环状，中央有的有1条中轴或者是中空的。

第二节 地衣植物门的分类与主要药用植物代表

通常将地衣植物分为三个纲：子囊衣纲（Ascolichenes）、担子衣纲（Basidiolichenes）和半知衣纲（Phycolichenes）。

（一）子囊衣纲

子囊衣纲的主要特点是组成这个纲的地衣体中的真菌属于子囊亚门的真菌——子囊菌。本纲地衣数量占地衣总数的99%。

（二）担子衣纲

组成本纲地衣体的菌类多为非褶菌目的伏革菌科（Corticiaceae）菌类，其次为伞菌目口蘑科（Tricholomataceae）的亚脐菇属（Omphalia）菌类，还有属于珊瑚菌科（Clavariaceae）的菌类。组成地衣体的藻类为蓝藻。主要分布于热带，如扇衣属（Cora）。

（三）半知衣纲

地衣体的构造和化学反应属于子囊菌的某些属，未见到它们产生子囊和子囊孢子，是一类无性地衣。

[药用植物代表]

松萝（节松萝、破茎松萝）*Usnea diffracta* Vain 属于菘萝属。植物体呈丝状，多回二叉分枝，下垂，表面淡灰绿色，有多数明显的环状裂沟，内部具有弹性的丝状中轴，可拉长，由菌丝组成，易与皮部分离；其外为藻环，常由环状沟纹分离或呈短筒状。菌层产生少数子囊果。子囊果呈盘状，褐色，子囊呈棒状，内生8个子囊孢子（图12-5）。分布于我国大部分省区，生于深山老林树干上或岩石上。全草在西北、华中、西南等地常被称为"海风藤"入药。有小毒，可祛风湿、通经络、止咳平喘、清热解毒。

长松萝（老君须）*U. Longissima* Ach. 全株细长，不分枝，两侧密生细而短的侧枝，形似蜈蚣（图12-6）。其分布和功效同松萝。

地衣植物入药的还有：(1)雪茶 *Thamnolia vermicularis* Asahina，别名地茶、太白茶、地雪茶。其状如空心草芽，长30~70 mm，粗1~3 mm，重量极轻，形似白菊花瓣，洁白如雪，因此而得名（图12-7）。有清热生津、醒脑安神、降血压、降血脂等功效。(2)石耳 *Umbilicaria esculenta* (Miyoshi) Minks.（图12-8）全草（药材名：石耳）能清热解毒、止咳祛痰、平喘消炎、利尿、降低血压。(3)金黄树发(药材名:头发七)*Alectoria jubata* Ach. 全草(药材名:头发七)可利水消肿、收敛止汗,是抗生素及石蕊试剂的原料。(4)雀石蕊(药材名:太白花)*Cladonia stellaris*（Opiz）Pouzor. et Vezdr 全草入药,主治头晕目眩、高血压等,为生产抗生素的原料。

图 12-5　松萝

图 12-6　长松萝

图 12-7　雪茶

图 12-8　石耳

思考题

1. 地衣类植物的特征有哪些?
2. 根据地衣类植物的外部形态和内部结构不同,地衣分为哪几种类型?
3. 地衣类植物的药用价值有哪些?

分类及低等植物

第十三章

苔藓植物

1. 学习重点及线路：
掌握苔藓类植物的特征→苔纲及药用植物代表→藓纲及药用植物代表。
2. 任务主题：
（1）药用苔藓类植物的主要活性成分有哪些？有哪些药用价值？
（2）药用苔藓类植物的开发前景如何？你会选择开发哪种苔藓？
（3）请查阅 1~2 种让你感兴趣的苔藓，如泥炭藓、暖地大叶藓等的相关研究资料，制作 PPT 用于讨论。

第一节 概述

苔藓植物（Bryophyta）是高等植物中最原始的陆生类群。最早出现于距今 4 亿年前的古生代泥盆纪。它们虽然脱离水生环境进入陆地生活，但大多数仍须生活在潮湿地区，因此它们是由水生到陆生过渡的代表类型。苔藓植物是矮小的绿色植物，其构造简单。较低等的苔藓植物常为扁平的叶状体，较高等的则有茎、叶的分化，而无真正的根，仅有单列细胞构成的假根。茎中尚未分化出维管束的构造，只有较高等的种类中类似输导组织的细胞群。苔藓植物有明显的世代交替现象。在它们的世代交替过程中，配子体很发达，具有叶绿体，是独立生活的营养体，而孢子体不发达，不能独立生活，寄生在配子体上，由配子体供给营养。孢子体寄生在配子体上，这是苔藓植物与其他高等植物的最主要区别。它们的雌性生殖器官——颈卵器（archegonium）很发达，呈长颈花瓶状。上部细狭，称为颈部；中间有一条沟，称为颈沟；下部膨大，称为腹部；腹部中间有一个大型的细胞，称为卵细胞。雄性生殖器官——精子器（antheridium）产生的精子具有两条鞭毛，借水游到颈卵器内，与卵结合，卵细胞受精后成为合子（2n），合子在颈卵器内发育成胚，胚依靠配子体的营养发育成孢子体（2n）。孢子体不能独立生活，只能寄生在配子体上。孢子体的最主要部分是孢蒴，孢蒴内的孢原组织细胞经多次分裂后，再经过减数分裂，形成孢子（n），孢子散出后，在适宜的环境中萌发成新的配子体。

　　苔藓植物的生活史中,从孢子萌发到形成配子体,配子体产生雌、雄配子,这一阶段为有性世代,细胞核染色体数为 n;从受精卵发育成胚,由胚发育形成孢子体的阶段称为无性世代,细胞核染色体数为 $2n$。有性世代和无性世代互相交替,形成了世代交替。

　　苔藓植物大多生活在阴湿的环境中,在潮湿的土壤表面、岩石、墙壁、沼泽或林中的树皮及朽木上,极少数生于急流之中的岩石或干燥地区。在阴湿的森林中,常形成森林苔原,苔藓也和地衣一样有促进岩石分解为土壤的作用。

　　苔藓植物对自然界的形成有一定的作用。例如,泥炭藓除了形成可以做燃料的泥炭外,它还是植物界拓荒先锋植物之一,能为其他高等植物创造生存条件;苔藓植物吸水能力很强,可用来防止水土流失,对森林的附生植物的发育也起重要作用;苔藓植物对湖沼的陆地化和陆地的沼泽化,均起着重要的演替作用;苔藓植物还可以作为环境状态指示植物。苔藓植物含多种化学成分,如脂类、烃类、脂肪酸、萜类、黄酮类等,其中脂肪酸、黄酮、萜类为活性成分,有一定的药理作用。其作为医用已有悠久的历史,《嘉祐本草》中记载土马骔(*Polytrichum commune* L. ex Hedw.)即大金发藓有清热解毒作用。明代李时珍的《本草纲目》也记载了少数苔藓植物可以供药用。近年来,我国又发现大叶藓属(*Rhodobryum*)的一些种类对治疗心血管病有较好的疗效。

第二节　苔藓植物的分类与主要药用植物代表

　　苔藓植物全世界约有 23000 种,我国约有 2800 种,药用的有 21 科,43 种。根据其营养体的形态结构,通常分为两大类,即苔纲(Hepaticae)和藓纲(Musci)(表 13-1)。本书采用这种分类法。但也有人把苔藓植物分为苔纲、角苔纲(Anthocerotae)和藓纲三纲。

表 13-1　苔纲和藓纲的特征

纲	苔纲	藓纲
配子体	多为扁平的叶状体,有背、腹之分;根是由单细胞组成的假根	有茎、叶的分化,茎内具中轴;根是由单列细胞组成的分支假根
孢子体	由基足、短缩的蒴柄和孢蒴组成;孢蒴无蒴齿,孢蒴内有孢子及弹丝,成熟时在顶部呈不规则开裂	由基足、蒴柄和孢蒴三部分组成;蒴柄较长,孢蒴顶部有蒴盖及蒴齿,中央为蒴轴,孢蒴内有孢子,无弹丝,成熟时盖裂
原丝体	孢子萌发时产生原丝体,原丝体不发达,不产生芽体,每一个原丝体只形成一个新植物体(配子体)	原丝体发达,在原丝体上产生多个芽体,每个芽体形成一个新的植物体(配子体)
生境	多生于阴湿的土地、岩石和潮湿的树干上	比苔类植物耐低温,在温带、寒带、高山冻原、森林、沼泽等地常能形成大片群落

一、苔纲

苔类(liverwort)多生于阴湿的土地、岩石和树干上,偶或附生于树叶上;少数种类漂浮于水面,或完全沉生于水中。

苔类植物的营养体(配子体)形态很不一致,或为叶状体,或为有类似茎、叶分化的拟茎叶体,但植物体多为背腹式,并常具假根。孢子体的构造比藓类(moss)简单,有孢蒴、蒴柄,孢蒴无蒴齿(peristomal teeth),除角苔属(Anthoceros)外,通常无蒴轴(columella),孢蒴内除孢子外,还具有弹丝(elater)。孢子萌发时,原丝体阶段不发达,常产生芽体,再发育成配子体。

苔纲通常分为3个目:(1)地钱目(Marchantiales):叶状体,背腹形明显,腹面有鳞片;蒴壁单层,常不规则开裂,雌雄异株;(2)叶苔目(Jungermanniales):种类最多,多为拟茎叶体,腹面常无鳞片,蒴壁多层细胞,4瓣裂,雌雄异株;(3)角苔目(Anthocerotales):叶状体,细胞无分化;孢子体细长,呈针状。角苔目在配子体和孢子体的构造上与其他两个目有迥然不同的地方。例如,在细胞内有1个大型叶绿体,并在叶绿体上有1个蛋白核,精子器、颈卵器均埋于配子体中,孢子体基部成熟较晚,能在一定时期内保持其具有分生能力,孢蒴中央有蒴轴,孢蒴壁上有气孔等。因此,有人主张角苔类植物应另成一纲——角苔纲(Anthocerotae)。

[药用植物代表]

地钱 *Marchantia polymorpha* L. 植物体为绿色、扁平、叉状分枝的叶状体,平铺于地面,有背、腹之分。叶状体的背面可见许多多角形网格,每个网格的中央有一个白色小点。叶状体的腹面有许多单细胞假根和由多个细胞组成的紫褐色鳞片,用于吸收养料、保持水分和固着。从地钱配子体的横切面上可以看出,其叶状体已有明显的组织分化,最上层为表皮,表皮下有一层气室(air chamber)。气室之间有由单层细胞构成的气室壁隔开,每个气室有一气孔与外界相通;从叶状体背面所看到的网格实际就是气室的界限,而网格中央的白色小点就是气孔(air-pore)。气孔是由多细胞围成的烟囱状构造,无闭合能力;气室间可见排列疏松、富含叶绿体的同化组织,气室下为由薄壁细胞构成的贮藏组织。最下层为表皮,其上长出假根和鳞片。

地钱通常以形成胞芽(gemma)的方式进行营养繁殖,胞芽形如凸透镜,通过一细柄生于叶状体背面的胞芽杯(gemma cup)中(图13-1)。胞芽两侧具缺口,其中各有一个生长点,成熟后从柄处脱落离开母体,发育成新的植物体。

图13-1 地钱的胞芽杯

地钱为雌雄异株植物(图13-2)。有性生殖时,在雄配子体中肋上生出雄生殖托(antheridiophore),雌配子体中肋上生出雌生殖托(archegoniophore)。雄生殖托呈盾状,具有长柄,上面有许多精子器腔,每腔内具一精子器,精子器卵圆形,下有一短柄与雄生殖托组织相连(图13-3)。成熟的精子器中具多数精子,精子细长,顶端生有两条等长的鞭毛。雌生殖托伞形,边缘具8~10条下垂的芒线(rays),两芒线之间生有一列倒悬的颈卵器,每行颈卵器的两侧各有一片薄膜将它们遮住,称为蒴苞(involucre)。

雌株　　　　　　　　　　　　　　　雄株

图 13-2　地钱

精子器成熟后,精子逸出器外,以水为媒介,游入发育成熟的颈卵器内,精、卵结合形成合子。合子在颈卵器中发育形成胚,然后发育成孢子体;在孢子体发育的同时,颈卵器腹部的壁细胞也分裂,膨大加厚,成为一罩,包住孢子体(图 13-4)。此外,颈卵器基部的外围也有一圈细胞发育成一筒笼罩颈卵器,名为假被(pseudoperianth,又称假蒴苞)。因此,受精卵的发育受到三重保护:颈卵器壁、假被和蒴苞。

图 13-3　地钱雄株及精子器　　　　　　图 13-4　地钱雌株及颈卵器

地钱的孢子体很小,主要靠基足伸入配子体的组织中吸收营养。随着孢子体的发育,其顶端孢蒴内的孢子母细胞经减数分裂产生很多单倍异性的孢子,不育细胞则分化为弹丝;孢蒴成熟后不规则破裂,孢子借助弹丝散布出来,在适宜的环境条件下萌发形成原丝体,进一步发育成新一代的雌或雄植物体(叶状体),即配子体。

地钱分布于全国各地,生于阴湿土地和岩石上。全草能清热解毒、祛瘀生肌,可用于治疗黄疸型肝炎。

苔纲药用植物还有蛇地钱(蛇苔) *Conocephalum conicum* (L.) Dum., 其全草可清热解毒、消肿止痛,外用治烧伤、烫伤、毒蛇咬伤、疮痈肿毒等。

二、藓纲

藓纲植物种类繁多,遍布世界各地,它比苔类植物更耐低温,因此,在温带、寒带、高山、冻原、森林、沼泽等地常能形成大片群落。

藓类植物的配子体为有茎、叶分化的拟茎叶体,无背、腹之分。有些种类的茎常有中轴分化,叶在茎上的排列多为螺旋式,故植物体呈辐射对称状。有的叶具有中肋(nerve,midrib)。孢子体构造比苔类复杂,蒴柄坚挺,孢蒴有蒴轴,无弹丝,成熟时多为盖裂。孢子萌发后,原丝体时期发达,每个原丝体常形成多个植株。

藓纲分为三个目:(1)泥炭藓目(Sphagnales):沼泽生,植株黄白色、灰绿色,侧枝丛生成束,叶具无色大型死细胞,植物体上的小枝延长成为假蒴柄,孢蒴盖裂,雌雄异苞同株;(2)黑藓目(Andreaeales):高山生,植株紫黑色、赤紫色,具延长的假蒴柄,雌雄同株或异株;(3)真藓目(Bryales):生境多样,植株多为绿色,无假蒴柄,孢蒴盖裂,雌雄同株或异株。

[药用植物代表]

葫芦藓 *Funaria hygrometrica* Hedw. 葫芦藓是真藓目中最常见的种类。葫芦藓一般分布在阴湿的泥地、林下或树干上,其植物体高1~2cm,直立丛生,有茎、叶的分化,茎的基部有由单列细胞构成的假根。叶呈卵形或舌形,丛生于茎的上部,叶片有一条明显的中肋。除中肋外,其余部分均为一层细胞(图13-5)。

图13-5 葫芦藓

葫芦藓为雌雄同株异枝植物。产生精子器的枝顶端叶形较大,而且外张,形如一朵小花,为雄器苞(perigonium),雄器苞中含有许多精子器和侧丝。精子器呈棒状,基部有小柄,内生有精子,精子具有两条鞭毛,精子器呈成熟后,顶端裂开,精子逸出体外。侧丝由一列细胞构成,呈丝状,但顶端细胞明显膨大,侧丝分布于精子器之间,将精子器分别隔开,其作用是保存水分、保护精子器。产生颈卵器的枝顶端如顶芽,为雌器苞(perigynium),其中有颈卵器数个。颈卵器呈瓶状,颈部细长,腹部膨大,腹下有长柄着生于枝端。颈卵器颈部壁由一层细胞构成,腹部壁由多层细胞构成;颈部有一串颈沟细胞,腹部内有一个卵细胞,颈沟细胞与卵细胞之间有一个腹沟细胞。卵成熟时,颈沟细胞和腹沟细胞溶解,颈部顶端裂开,在有水的条件下,精子游到颈卵器附近,并从颈部进入颈卵器内与卵结合形成合子。

合子不经休眠即在颈卵器内发育成胚,胚进一步发育形成具基足、蒴柄和孢蒴的孢子体。蒴柄初期快速生长,将颈卵器从基部撑破,其中一部分颈卵器的壁仍套在孢蒴之上,形成蒴帽(calyptra),因此,蒴帽是配子体的一部分,而不属于孢子体。孢蒴是孢子体的主要部分,成熟时形似一个基部不对称的歪斜葫芦。孢蒴可分为三部分:顶端为蒴盖(operculum),中部为蒴壶(urn),下部为蒴台(apophysis)。蒴盖的构造简单,由一层细胞构成,覆于孢蒴顶端。蒴壶的构造较为复杂,最外层是一层表皮细胞,表皮以内为蒴壁,蒴壁由多层细胞构成,其中有大的细胞间隙,为气室,中央部分为蒴轴(columella),蒴轴与蒴壁之间有少量的孢原(archesporium)组织,孢子母细胞即来源于此,孢子母细胞减数分裂后,形成四分孢子。蒴壶与蒴盖相邻处,外面有由表皮细胞加厚形成的环带(annulus),内侧生有蒴齿(peristomal teeth),蒴齿共32枚,分内外两轮;蒴盖脱落后,蒴齿露在外面,能进行干湿性伸缩运动,孢子借蒴齿的运动弹出蒴外。蒴台位于孢蒴的最下部,蒴台的表面有许多气孔,表皮内有 2~3 层薄壁细胞和一些排列疏松而含叶绿体的薄壁细胞,能进行光合作用。

图 13-6 葫芦藓的生活史

1. 孢子 2. 孢子萌发 3. 原丝体上生有芽及假根 4. 配子体上的雌雄生殖枝 5. 雄器孢纵切面(示精子器和隔丝,外有苞叶) 6. 精子 7. 雌器孢纵切面(示颈卵器和正在发育的孢子体) 8. 成熟的孢子体仍生于配子体上 9. 孢蒴脱盖,孢子散出

孢子成熟后从孢蒴内散出,在适宜的条件下萌发为单列细胞的原丝体,原丝体向下生假根,向上生芽,芽发育成有似茎、叶分化的配子体。从葫芦藓的生活史(图 13-6)看,它和地钱一样,孢子体也寄生在配子体上,不能独立生活,所不同的是孢子体在构造上比地钱复杂。全草有祛湿、止血作用。

大金发藓(土马骔)*Polytrichum commune* L. 属金发藓科。小型草本,高 10~30 cm,深绿色,老时呈黄褐色,常丛集成大片群落。茎直立、单一,常扭曲。叶多数密集在茎的中上部,向下渐稀疏而小,至茎基部呈鳞片状(图 13-7)。雌雄异株,颈卵器和精子器分别生于二株植物体茎顶。早春,成熟的精子在水中游动,与颈卵器中的卵细胞结合,成为合子,合子萌发而形成孢子体。孢子体的基足伸入颈卵器中吸收营养。蒴柄长,棕红色。孢蒴四棱柱形,蒴内具大量孢子,孢子萌发成原丝体,原丝体上的芽长成配子体(植物体)。蒴帽有棕红色毛,覆盖全蒴。全草入药,有清热解毒、凉血止血作用。古代有关本草记载及《植物名实图考》所指"土马鬃"的基原系泛指此种藓。

暖地大叶藓(回心草)*Rhodobryum giganteum* (Sch.) Par. 属真藓科。根状茎横生,地上茎直立,叶丛生于茎顶,茎下部叶小,鳞片状,紫红色,紧密贴茎。雌雄异株。蒴柄紫红色,孢蒴长筒形,下垂,褐色。孢子球形(图 13-8)。分布于华南、西南地区。生于溪边岩石上或湿林地。全草含生物碱、高度不饱和的长链脂肪酸,如廿二碳五烯酸,可清心、明目、安神,对冠心病有一定疗效。

图 13-7 大金发藓

图 13-8 暖地大叶藓

思考题

1. 苔藓类植物的特征有哪些？
2. 苔纲和藓纲的特征是什么？药用植物代表有哪些？
3. 苔藓类植物的药用价值有哪些？你感兴趣的苔藓有哪些？

第十四章 蕨类植物

1. 学习重点及线路：

掌握蕨类孢子体的特征→松叶蕨亚门及药用植物代表→石松亚门及药用植物代表→水韭亚门及药用植物代表→楔叶亚门及药用植物代表→真蕨亚门及药用植物代表。

2. 任务主题：

(1) 蕨类植物的特征有哪些？蕨类植物与苔藓植物的区别是什么？

(2) 药用蕨类的主要活性成分有哪些？有哪些药用价值？

(3) 药用蕨类的开发前景如何？你会选择开发哪种蕨类？

(4) 请查阅1~2种让你感兴趣的蕨类(如卷柏、木贼、海金沙等)的相关研究资料，制作PPT用于讨论。

(5) 生活中也有一些可以食用的蕨类，请查阅其成分资料，制作PPT用于讨论。

第一节 概 述

蕨类植物(fern)又称羊齿植物，是高等植物中具有维管组织但比较低级的一类植物。它最早出现于距今约4.4亿年的古生代志留纪晚期，而在古生代石炭纪至二叠纪，地球上曾经是蕨类植物的时代。当时的大型种类现已灭绝。蕨类植物是当今化石植物的重要组成部分，也是煤层的重要来源。它具有独立生活的配子体和孢子体而不同于其他高等植物。配子体产有颈卵器和精子器。但蕨类植物的孢子体远比配子体发达，并有根、茎、叶的分化和较为原始的维管系统，蕨类植物产生孢子体和孢子。因此，蕨类植物是介于苔藓植物和种子植物之间的一群植物，它较苔藓植物进化，而较种子植物原始，既是高等的孢子植物，又是原始的维管植物。

蕨类植物的共同祖先很可能起源于藻类，它们都具有二叉分枝、相似的世代交替、相似的多细胞器官、具鞭毛的游动精子、相似的叶绿素以及均储藏有淀粉类物质等。多数研究认为，蕨类植物的藻类祖先是绿藻。

蕨类植物和苔藓植物一样具明显的世代交替现象，无性繁殖是产生孢子，有性生殖器官为精子器和颈卵器。但是蕨类植物的孢子体远比配子体发达，并有根、茎、叶的分化，内有维管组织，这些又是异于苔藓植物的特点。蕨类植物只产生孢子，不产生种子，则有别于种子植物。蕨类植物的孢子体和配子体都能独立生活，这一特点与苔藓植物及种子植物均不相同。因此，就进化水平看，蕨类植物是介于苔藓植物和种子植物之间的一个大类群。

蕨类植物分布广泛，除了海洋和沙漠外，平原、森林、草地、岩缝、溪沟、沼泽、高山和水域中都有它们的踪迹，尤以热带和亚热带地区为其分布中心。现在地球上生存的蕨类有12000多种，其中绝大多数为草本植物。我国约有2600种，多分布在西南地区和长江流域以南各省及台湾地区，仅云南省就有1000多种，所以我国有"蕨类王国"之称。蕨类植物大多为土生、石生或附生，少数为水生或亚水生，一般表现为喜阴湿和温暖的特性。

一、孢子体

蕨类植物的外部形态和内部结构都比较复杂，植物体为孢子体。大多数有根、茎或根、茎、叶的分化，为多年生草本，少数为一年生的。

1. 根

蕨类植物中除极少数原始种类仅具假根外，大多数具有吸收能力较好的不定根，常形成须根系。

2. 茎

茎通常为根状茎，直立、斜升或横走，少数为直立的树干状（如桫椤）或其他形式的地上茎（如石松葡匐茎、海金沙缠绕茎等）。有些原始的种类还兼具气生茎和根状茎。蕨类植物的中柱类型主要有原生中柱、管状中柱、网状中柱和多环中柱等。维管系统由木质部和韧皮部组成，分别担任水、无机养料和有机物质的运输。木质部的主要成分为管胞，壁上具有环纹、螺纹、梯纹或其他形状的加厚部分；也有一些蕨类植物具有导管，如一些石松纲植物和真蕨纲中的蕨 *Pteridium aquilinum* (L.) Kuhn。不过蕨类植物的导管和管胞的大小区别不甚显著。木质部除了管胞和导管外，还有薄壁组织。韧皮部的主要成分是筛胞和筛管以及韧皮薄壁组织。在现代生存的蕨类中，除了极少数如水韭属（Isoetes）和瓶尔小草属（Ophioglossum）等种类外，一般没有形成层的结构。

3. 叶

蕨类植物的叶有小型叶（microphyll）和大型叶（macrophyll）两类。小型叶如松叶蕨（*Psilotum nudum*）、石松属（Lycopodium）等的叶，它没有叶隙（leaf gap）和叶柄（stipe），只具1个单一不分枝的叶脉（vein）。大型叶有叶柄、维管束，有或无叶隙，叶脉多分枝。小型叶蕨类的叶小，构造简单，茎较叶发达，如石松、木贼、卷柏等；大型叶蕨类的叶大，常分裂，构造复杂，叶较茎发达，如石韦、紫萁蕨、凤尾蕨等。真蕨纲植物的叶均为大型叶。大型叶幼时多为拳卷状（circinate），在茎或根茎上的着生方式有近生、远生和丛生的不同，长成后常分化为叶柄和叶片两部分。叶片有单叶或一回到多回羽状分裂或复叶。叶片的中轴称叶轴，第一次分裂出的小叶称羽片（pinna），羽片的中轴称羽轴（pinna rachis）；从羽片分裂出的小叶称小羽片,小羽片的中轴称小羽轴;最末次裂片上的中肋称主脉或中脉。

蕨类植物的叶子中,有些仅进行光合作用的叶,称为营养叶或不育叶(foliage leaf, sterile frond);也有些叶子的主要作用是产生孢子囊和孢子,称为孢子叶或能育叶(sporophyll,fertile frond)。有些蕨类的营养叶和孢子叶是不分的,而且形状相同,称为同型叶(homomorphic leaf);也有的孢子叶和营养叶形状完全不相同,称为异型叶(heteromorphic leaf)。在系统演化过程中,同型叶是朝着异型叶的方向发展的。

4. 孢子囊和孢子囊群

蕨类植物的孢子囊在小型叶蕨类中是单生在孢子叶的近轴面叶腋或叶子基部,孢子叶通常集生在枝的顶端,形成球状或穗状,称为孢子叶球(strobilus)或者孢子叶穗(sporophyll spike)。较进化的真蕨类的孢子囊通常生在孢子叶的背面、边缘或集生在一个特化的孢子叶上,往往由多数孢子囊聚集成群,称为孢子囊群或孢子囊堆(sorus)。水生蕨类的孢子囊群生在特化的孢子果(或称孢子荚,sporocarp)内(图14-1)。

图 14-1　孢子囊群在孢子叶上着生的位置

1. 边生孢子囊群(凤尾蕨属)　2. 顶生孢子囊群(骨碎补属)　3. 脉端孢子囊群(肾蕨属)　4. 有盖孢子囊群(蹄盖蕨属)

5. 孢子

多数蕨类产生的孢子大小相同,称为孢子同型(isospory);而卷柏植物和少数水生蕨类的孢子有大小之分,称为孢子异型(heterospory)。无论是同型孢子(isospore)还是异型孢子(heterospore),在形态上都可分为两类:一类是肾形、单裂缝、二侧对称的两面型孢子;另一类是圆形或钝三角形、三裂缝、辐射对称的四面型孢子。孢子的周壁通常具有不同的突起和纹饰。孢子形成时是经过减数分裂的,所以孢子的染色体是单倍的。

二、配子体

孢子萌发后,形成配子体。配子体又称原叶体,小型,结构简单,生活期较短。大多数蕨类的配子体为绿色,具有腹、背分化的叶状体,能独立生活,在腹面产生颈卵器和精子器,但精子多鞭毛。配子体是在孢子内部发育的,产生的精子和卵在受精时还不能脱离水的环境。受精卵发育成胚,幼胚暂时寄生在配子体上,长大后配子体死亡,孢子体即开始独立生活。

三、生活史

蕨类植物的生活史中有两个独立生活的植物体,即孢子体和配子体。从受精卵萌发开始,到孢子母细胞进行减数分裂前为止,这一过程称为孢子体世代,或称为无性世代,它的细胞染色体是双倍的($2n$)。从孢子萌发到精子和卵结合前的阶段,称为配子体世代,或称为有性世代,其细胞染色体数目是单倍的(n)。这两个世代有规律地交替完成其生活史。蕨类植物和苔藓植物的生活史最大的不同有两点:一是孢子体和配子体都能独立生活;二是孢子体发达,配子体弱小。所以蕨类植物的生活史是孢子体占优势的异形世代交替(图14-2)。

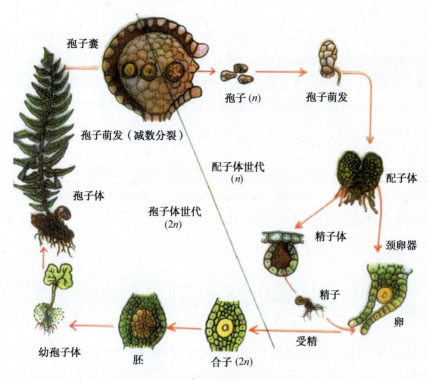

图 14-2 蕨类植物的生活史

四、化学成分

近 40 多年来,对蕨类植物化学成分的研究及应用越来越多。概括起来,蕨类植物的化学成分有以下几类。

1. 生物碱类

广泛地存在于小叶型蕨类植物中,如石松科的石松属(Lycopodium)中含石松碱(lycopodine)、石松毒碱(clavatoxine)、垂穗石松碱(lycocermine)等。

2. 酚类化合物

二元酚及其衍生物在大叶型真蕨中普遍存在,如咖啡酸(caffeic acid)、阿魏酸(ferulic acid)及绿原酸(chlorogenic acid)等,该类成分具有抗菌、止痛、止血及升高白细胞的作用。咖啡酸尚有止咳、祛痰的作用。多元酚类,特别是间苯三酚衍生物如绵马酸类(filick acids)、粗蕨素(dryocrassin),在鳞毛蕨属(Dryopteds)大多数种类植物中都存在。此类化合物具有较强的驱虫作用,但毒性较大。

3. 黄酮类

广泛存在,如问荆含有异槲皮甙(isoquercitrin)、问荆甙(equistrin)、山柰酚(kaempferol)等。卷柏、节节草含有芹菜素(apigenin)及木樨草素(luteolin)。槲蕨含橙皮甙(hesperidin)、柚皮甙(naringin)。过山蕨(*Cammtosorus sibiricus* Rupr.)含多种山柰酚衍生物。已从石韦属(Pyrosia)多种植物中分离出了 β -谷醇及杧果苷(mangiferin)、异杧果苷(isomangiferin)等。

4. 甾体及三萜类化合物

石松中含有石杉素（lycoclavinin）、石松醇（lycoclavanol）等，蛇足石杉含有千层塔醇（tohogenol）、托何宁醇（tohogirlinol）。

近年来，从紫萁、狗脊蕨、多足蕨（*Polypodium vulgare* L.）中发现含有昆虫蜕皮激素（insect moulting hormones）。该类成分有促进蛋白质合成，排除体内胆固醇、降血脂及抑制血糖上升等活性。

5. 其他成分

蕨类植物中含鞣质，在石松、海金沙等的孢子中还含有大量脂肪。鳞毛蕨属植物的地下部分含有微量挥发油。金鸡脚蕨 *Phymatosis hastata*（Thunb.）Kitag. 的叶中含有香豆素。此外，尚含多种微量元素、硅及硅酸，其中某些成分具有不同的生理活性，这些成分均值得深入研究。

第二节　蕨类植物的分类与主要药用植物代表

蕨类植物的种类比较复杂，具有许多不同的性状，蕨类植物的分类鉴定常常依据下列一些主要特征：①茎、叶的外部形态及内部构造；②孢子囊壁细胞层数及孢子形状；③孢子囊的环带有无及其位置；④孢子囊群的形状、生长部位及有无囊群盖；⑤叶柄中维管束的排列形式，叶柄基部有无关节；⑥根状茎上有无毛、鳞片等附属器官及形状。植物的分类系统中，蕨类通常作为一个自然类群而被列为蕨类植物（Pteridophyta）。蕨类植物又可分为5个纲：松叶蕨纲（Psilotinae）、石松纲（Lycopodinae）、水韭纲（Isoetinae）、木贼纲（Equisetinae）和真蕨纲（Filicinae）。前4个纲都是小型叶蕨类植物，也是现代最繁茂的蕨类植物。1978年，我国蕨类植物学家秦仁昌教授将蕨类植物门分为5个亚门，即松叶蕨亚门（Psilophytina）、石松亚门（Lycophytina）、水韭亚门（Isoephytina）、楔叶亚门（Sphenophytina）和真蕨亚门（Filicophytina）。本书采用5个亚门分类的分类系统。

一、松叶蕨亚门

松叶蕨亚门植物是最原始的蕨类，大多已绝迹，仅有1科，2属，3种。孢子体分匍匐的根状茎和直立的气生枝，无根，仅在根状茎上生毛状假根，这和其他维管植物不同。气生枝二叉分枝，具原生中柱。小型叶，但无叶脉或仅有单一叶脉。孢子囊大多生在枝端，孢子呈圆形，这些都是比较原始的性状。

现代生存的松叶蕨亚门裸蕨植物，仅存松叶蕨目（Psilotales），包含2个小属，即松叶蕨属（Psilotum）和梅溪蕨属（Tmesipteris）。前者有2种，我国仅有松叶蕨［*P. nudum*（L.）Grised.］1种，产于热带和亚热带地区。后者仅1种梅溪蕨［*T. tannensis*（Spreng.）Bernh.］，产于澳大利亚、新西兰及南太平洋诸岛。

松叶蕨科（Psilotaceae）

本科植物的特征与亚门的特征相同。本科有2属，即松叶蕨属（Psilotum）和梅溪蕨属

(Tmesipteris)。我国仅有松叶蕨属。

[染色体] $X=13$。

[分布] 2属,4种,分布于热带及亚热带地区。我国仅有1属,1种,北自大巴山脉,南至海南省均有分布。

[药用植物代表]

松叶蕨(石刷把)*Psilotum nudum* (L.) Beauv. 茎直立或下垂,高15~80 cm,绿色,上部多二叉状分枝,小枝三棱形。叶退化,较小,厚革质。孢子囊呈球形,蒴果状,生于叶腋。孢子同型(图14-3)。分布于我国台湾、四川、云南、海南等地。附生于树干上或石缝中。全草可祛风湿、舒筋活血、化瘀。

图14-3 松叶蕨

二、石松亚门(Lycophytina)

石松亚门植物的孢子体为小型,根为不定根,茎直立或匍匐,二叉分枝,通常具原生中柱,木质部为外始式。小型叶,鳞片状,仅1条叶脉,无叶隙存在,为衍生起源,螺旋状或呈4行排列,有的具叶舌。孢子囊单生于叶腋或近叶腋处,孢子叶通常集生于分枝的顶端,形成孢子叶球。孢子同型或异型。配子体小,生于地下与真菌共生,或在孢子囊中发育,两性或单性。

石松亚门植物的起源是比较古老的,几乎和裸蕨植物同时出现。在石炭纪时期最为繁茂,既有草本的种类,也有高大的乔木。到二叠纪时期,绝大多数石松植物相继绝灭,现在遗留下来的只是少数草本类型。现代生存的石松亚门植物有石松科(Lycopodiales)和卷柏科(Selaginellales)。

本门仅有2目,3科。

(一)石松科(Lycopodiaceae)

陆生或附生草本。单叶,小型,螺旋或轮状排列。孢子囊在枝顶聚生成孢子叶穗;孢子囊扁形,孢子为球状四面体,外壁具网状纹理。

[染色体] $X=11,13,17,23$。

[分布] 共9属,40余种,分布甚广。我国有6属,18种。本科植物常含有多种生物碱(如石松碱等)和三萜类化合物。

[药用植物代表]

石松(伸筋草)*Lycopodium Japonicum* Thunb. ex Murray 多年生常绿草本。匍匐茎细长而蔓生,多分枝;直立茎常二叉分枝,高15~30 cm。单叶,密生,条状钻形或针形,先端有芒状长尾,螺旋状排列。孢子叶穗圆柱形,常2~6个着生于孢子枝的上部,具长柄;孢子囊肾形,孢子淡黄色,四面体,呈三棱状锥体(图14-4)。分布于东北、内蒙古、河南和长江以南各地区。生于山坡灌丛、疏林下及路旁的酸性土壤上。全草含石松碱、石松宁碱、烟碱等

图 14-4 石松

生物碱。全草能祛风散寒、舒筋活络、利尿通络。同属植物玉柏 L. obsurum L.、垂穗石松 L. ceruuum L.、高山扁枝石松 L. alpinum L. 等的全草亦供药用。

（二）卷柏科（Selagineilacea）

多年生小型草本，茎腹、背扁平。叶小型，鳞片状，同型或异型，交互排列成 4 行，腹面基部有一叶舌。孢子叶穗呈四棱形，生于枝的顶端。孢子囊异型，单生于叶腋基部，大孢子囊内生 1~4 个大孢子，小孢子囊内生有多数小孢子。孢子异型。

[染色体] $X = 7~9$。

[分布] 本科仅有 1 属，约 700 种，主要分布于热带、亚热带。我国有 50 余种，药用的有 25 种。植物体内大多含有双黄酮类化合物。

[药用植物代表]

图 14-5 卷柏

卷柏 *Selaginella tamatiscina*（Beauv）Spring 多年生常绿旱生草本，植物体呈莲座状，高 15~30 cm。主茎短、直立，小枝生于茎的顶端，枝扁平，干旱时向内缩卷成拳状。叶鳞片状，排成 4 行：边缘 2 行较大，称为侧叶（背叶）；中央 2 行较小，称为中叶（腹叶）。孢子叶穗生于枝顶，四棱形，孢子囊呈圆肾形。孢子二面型（图 14-5）。分布于全国各地。生于干旱的岩石上及石缝中。全草含有多种双黄酮。全草生用可活血通经；炒炭用于化瘀、止血。

同属药用植物还有翠云草 *S. uncinata*（Desv）Spting、深绿卷柏 *S. doederleinii* Hieron、江南卷柏 *S. moellendorfii* Hieron 等。

三、水韭亚门

孢子体为草本，茎粗短似块茎状，具原生中柱，有螺纹及网纹管胞。叶具叶舌，孢子叶的近轴面生长孢子囊，孢子有大、小之分。游动精子具有多鞭毛。

水韭亚门植物现存的只有水韭目（Isoetales）水韭科（Isoetaceae）水韭属（Isoetes）。

[染色体] $X = 11$。

[分布] 水韭属有 70 余种，绝大多数是亚水生或沼泽地生长（图 14-6）。我国有 3 种，最常见的为中华水韭（*Isoetes sinensis* Palmer），普遍分布于长江下游地区。水韭（*I. japonica* A. Br.）产于西南地区。

[药用植物代表]

中华水韭 *Isoetes sinensis* Palmer 多年生沼地生植物，植株高 15~30 cm；根茎肉质，块状，略呈 2~3 瓣，具多数二叉分歧的根；向上丛生多数向轴覆瓦状排列的叶。叶多汁，草质,鲜绿色,线形,长 15~30 cm,宽 1~2 mm,内具 4 个纵行气道围绕中肋,并有横隔膜分隔成多数气室,先端渐尖,基部广鞘状,膜质,黄白色,腹部凹入,上有三角形渐尖的叶舌,凹入处生孢子囊。孢子囊椭圆形,长约 9 mm,直径约 3 mm,具白色膜质盖;大孢子囊常生于外围叶片基的向轴面,内有少数白色粒状的四面型大孢子;小孢子囊生于内部叶片基部的向轴面,内有多数灰色粉末状的两面型小孢子(图 14-7)。本种为我国特有濒危水生蕨类植物。分布于江苏南京,安徽休宁、屯溪和当涂,浙江杭州、诸暨、建德及丽水等地。主要生在浅水池塘边和山沟淤泥土上。孢子期为 5 月下旬至 10 月末。

图 14-6 水韭属
1. 孢子体外形 2. 小孢子叶横切面(示小孢子囊)
3. 大孢子纵切面(示大孢子囊)

图 14-7 中华水韭

四、楔叶亚门(Sphenophytina)

楔叶亚门植物的孢子体有根、茎、叶的分化,茎有明显的节与节间的分化,节间中空,茎上有纵肋(stem rib)。中柱由管状中柱转化为具节中柱,木质部为内始式。小型叶,鳞片状,轮生成鞘状。孢子叶特称为孢囊柄(sporangiophore),孢囊柄在枝端聚集成孢子叶球;孢子同型或异型,周壁具弹丝。

楔叶亚门植物在古生代石炭纪时期曾盛极一时,有高大的木本,也有矮小的草本,生于沼泽多水地区,现大多已经绝迹。孑遗的仅存木贼科(Equisetaceae)。

木贼科(Epuisetaceae)

多年生草本。具根状茎及地上茎。根茎棕色,生有不定根。地上茎具明显的节及节间,有纵棱,表面粗糙,多含硅质。叶小型,鳞片状,轮生于节部,基部连合成鞘状,边缘齿状。孢子囊生于盾状的孢子叶下的孢囊柄端,并聚集于枝端成孢子叶穗。

[染色体] $X=9$。

[分布] 共 1 属,约 25 种,广布世界各地(除大洋洲外)。我国有 1 属,约 10 种及 3 个亚种,药用的有 2 个亚属,8 种。本科植物含有生物碱、黄酮类、皂苷、酚酸类等化合物。

[药用植物代表]

木贼 *Hipochaete Hiemale*（L.）Boerner 多年生草本,根状茎长而横走,黑色。茎直立,单一不分枝,中空有纵棱脊20~30条,在棱脊上有疣状突起2行,极粗糙,叶鞘基部和鞘齿成黑色两圈;孢子叶球椭圆形具纯尖头,生于茎的顶端;孢子同型(图14-8)。分布于我国东北、华北、西北、四川等省区。生于山坡湿地或疏林下阴湿处。全草能散风、明目、退翳、止血、利尿、发汗。

问荆 *Equisetum arvense* L. 多年生草本,具匍匐的根茎。地上茎直立,二型。生殖茎早春出苗,不分枝;叶鞘筒状漏斗形,孢子叶穗顶生,呈六角形,盾状,下生6~8个孢子囊;生殖茎枯萎后生出营养茎,分枝多数在节部轮生,高15~60 cm;叶鞘状,齿黑色(图14-9)。分布于我国东北、华北、西北、西南各省区。生于田边、沟旁及路旁阴湿处。含多种黄酮及硅酸,硅的代谢与多种疾病有关,可降低血压、血脂等。全草可利尿、止血、清热、止咳。

图14-8　木贼

图14-9　问荆

节节草 *H. ramsissima*（Desf.）Boerner 地上茎多分枝,各分枝中空,有纵棱6~20条,粗糙。鞘片背上无棱脊,叶鞘基部无黑色圈,鞘齿黑色。分布于我国各地,地上部分可供药用,功效和木贼相似。

五、真蕨亚门（Filicophytina）

真蕨亚门是现代蕨类植物的一个大类群,常见的蕨类多属这一类群。

真蕨亚门植物的孢子体发达,有根、茎和叶的分化。根为不定根。除了树蕨类外,茎有直立、匍匐或中间形式。维管柱有多种,有原生中柱、管状中柱和多环网状中柱等,除原生中柱外,均有叶隙。茎的表皮上往往具有保护作用的鳞片或毛,鳞片或毛的形态也多种多样。

真蕨亚门植物的叶无论是单叶还是复叶,都是大型叶。幼叶拳卷,长大后伸展平直,并分化为叶柄和叶片两部分。叶片有单叶或一回到多回羽状分裂或复叶;蕨类植物的叶脉多式多样,有单一不分枝的,有羽状或叉状分离的,也有小脉联结成网状的,网状的为进化类型。孢子囊生在孢子叶的边缘、背面或特化了的孢子叶上,由多数孢子囊聚集成为各种形状的孢子囊群,有盖或无盖。真蕨亚门植物的起源也很早,在古代泥盆纪时期已经出现,到石炭纪时期极为繁茂。现在生存的真蕨植物有1万种以上,广布于全世界,我国有56科,

2500多种,广布于全国各地。

（一）紫萁科(Osmundaceae)

陆生草本,根状茎粗大,直立或横卧,外围布满宿存的叶柄,基部往往成树干状,无鳞片,也无真正的毛。叶簇生于顶部,叶柄长而坚突,但无关节,两侧有狭翅;叶片大,一至二回羽状,叶脉分离,二叉分枝。孢子囊大,圆球形,裸露,着生于强度收缩变形的孢子叶羽片边缘,孢子囊顶端有几个增厚的细胞(盾状环带)。孢子为四面型。

[染色体] $X = 11$。

[分布] 该科现存3属:紫萁属、块茎蕨属和薄膜蕨属,后两者只产于南半球,紫萁属共有15种,分布于北半球温带和热带地区。在中国南方各省区广布于林下、田埂或溪边酸性土壤上,也广泛分布于日本、朝鲜、越南和印度北部。我国有8种。

[药用植物代表]

紫萁 *Osmunda japonica* Thunb. 多年生宿根性草本、地生蕨类植物(图14-10)。根茎块状,其上宿存多数已干枯的叶柄基部;直立或倾立;不分歧,或偶有不定芽自基部生出。根发达。叶为二回羽状复叶,初生时红褐色并被有白色或淡褐色茸毛;丛生,分有三型;营养羽片翠绿色,无柄,广卵形,边缘有浅锯齿或无,光滑无毛或叶脉偶有柔毛;孢子羽片由孢子囊群组成,子囊群丛集着生于小羽轴,孢子散尽后随之凋落;

图14-10 紫萁

营养孢子羽片仅羽片部分边缘着生有孢子囊,孢子绿色,孢子散出后仍可行营养机能;所有羽片与叶柄基部皆具关节,老化后会自该处断落。分布于我国秦岭以南广大地区,生于林下或溪边酸性土壤上。根状茎及叶柄残基(药材名:紫萁贯众)为清热解毒药,有清热解毒、止血的作用。幼叶上的绵毛外用可治创伤出血。

（二）海金沙科(Lygodiaceae)

多年生攀缘植物。叶轴细长,羽片生于上部。孢子囊生于能育羽片边缘的小脉顶端,孢子囊有纵向开裂的顶生环带。孢子四面型。

[染色体] $X = 7,8,15,29$。

[分布] 共1属,45种。分布于热带和亚热带。我国约有10种,药用的有5种。

[药用植物代表]

海金沙 *Lygodium Japonicum* (Thunb) SW. 攀缘草质藤本(图14-11)。根状茎横走,生黑褐色节毛。叶对生于茎上的短枝两侧,二型,连同叶轴和羽轴均有疏短毛,孢子囊穗生于孢子叶羽片的边缘,暗褐色;孢子三角状圆锥形,表面

图14-11 海金沙

有疣状突起。分布于我国长江流域及南方各省区。多生于山坡林边、溪边、路旁灌丛中。孢子可清利湿热、通淋止痛，做利尿药为丸药包衣；全草可清热解毒。

同属植物海南海金沙 L. comforme C. Chr. 及小叶海金沙 L. scandens（L.）SW. 等亦供药用。

（三）蚌壳蕨科（Dicksoniaceae）

大型蕨类。常有粗壮的主干，或主干短而平卧，根状茎密被金黄色柔毛，无鳞片。叶丛生，有粗长的柄，叶片大型，3～4回羽状复叶，革质，叶脉分离。孢子囊梨形，环带稍斜生，孢子四面型。

[染色体] $X = 13,17$。

[分布] 共5属，40余种，分布于热带及南半球。我国仅有1属，1种。

[药用植物代表]

金毛狗 Cibotium barometz（L.）T. Sm. 植株树状，高达2～3 m；根状茎粗壮，木质，密生金黄色具光泽的长柔毛。叶簇生，叶柄似长，叶片三回羽裂，末回小羽片狭披针形，革质；孢子囊群生于小脉顶端，每裂片1～5对，囊群盖两瓣，成熟时似蚌壳（图14-12）。分布于我国南方及西南省区。生于山脚沟边及林下阴湿处酸性土壤上。根茎（药材名：狗脊）能补肝肾、强腰脊、祛风湿。

图14-12 金毛狗

1. 植株 2. 根茎 3. 孢子囊群

（四）中国蕨科（Sinopteridaceae）

草本，根状茎直立或倾斜，稀为横走，有管状中柱，被栗褐色至红褐色鳞毛。叶簇生；一至三回羽状分裂；叶片三角形至五角形；叶柄栗色或近黑色。孢子囊群圆形或长圆形，沿叶缘小脉顶端着生，为反卷的膜质叶缘所形成的囊群盖包被；孢子囊球状梨形，有短柄；孢子球形、四面型或两面型。

[染色体] $X = 15,(30),29$。

[分布] 共14属，约300种，分布于亚热带地区。我国有9属，60种，分布于全国各地；已知药用的有6属，16种。

[药用植物代表]

野鸡尾（金花草、中华金粉蕨）Onychium japonicum（Thunb.）Kze. 多年生常绿草本，根状茎生有棕色鳞片。叶四至五回羽状深裂，末回羽片通常呈倒卵状披针形。孢子囊群生裂片背面边缘的横脉上；囊群盖膜质，与中脉平行（图14-13）。分布于长江流域各省，北至河北、河南、秦岭等地。生于林下沟边或灌丛阴湿处。叶及根茎含山柰

图14-13 野鸡尾

醇双鼠李糖苷。全草入药,可清热解毒、利尿、退黄、止血,对食物(如毒菇等)中毒有较好的解毒功效。

(五)鳞毛蕨科(Dryopteridaceae)

根状茎粗短,直立、斜升或横走,密被子鳞片。叶簇生,叶片1至多回羽状分裂,叶柄多被鳞片或鳞毛。孢子囊群肾生或顶生于小脉,囊群盖圆肾形,稀为无盖,孢子四面型、长圆形或卵形,表面疣状突起或具刺。

[染色体] $X=41$。

[分布] 共14属,1200余种。主要分布于温带、亚热带。我国有13属,约472种;药用的有5属,59种。本科植物常含有间苯三酚衍生物,具有驱肠道寄生虫的功效。

[药用植物与生药代表]

贯众 Cyrtomium fortunei J. Sm. 植株高25~50 cm。根茎直立,密被棕色鳞片。叶片矩圆披针形,先端钝,基部不变狭或略变狭,奇数一回羽状;侧生羽片7~16对,互生,近平伸,柄极短,披针形,多少上弯呈镰状,先端渐尖,少数成尾状,基部偏斜,上侧近截形,有时略有钝的耳状凸,下侧楔形,边缘全缘有时有前倾的小齿;具羽状脉,小脉联结成2~3行网眼,腹面不明显,背面微凸起;顶生羽片狭卵形。叶为纸质,两面光滑;叶轴腹面有浅纵沟,疏生披针形及线形棕色鳞片。孢子囊群遍布羽片背面;囊群盖圆形,盾状,全缘。生于空旷地石灰岩缝或林下,海拔2400 m以下。根状茎连同叶柄残基(药材名:贯众)可驱虫、止血,并可用于治疗流行性感冒(图14-14)。

图14-14 贯众

粗茎鳞毛蕨 Dryopteris crassirhizoma Nakai 植株高达1 m。根状茎粗大,直立或斜升。叶簇生;叶柄连同根状茎密生鳞片,鳞片膜质或厚膜质,淡褐色至栗棕色,具光泽,下部鳞片一般较宽大,卵状披针形或狭披针形,长1~3 cm,边缘疏生刺突,向上渐变成线形至钻形而扭曲的狭鳞片;叶轴上的鳞片明显扭卷,线形至披针形,红棕色;叶柄呈深麦秆色,显著短于叶片;叶片呈长圆形至倒披针形,基部狭缩,先端短渐尖,二回羽状深裂;羽片通常30对以上,无柄,线状披针形,下部羽片明显缩短,中部稍上羽片最大,长8~15 cm,宽1.5~3 cm,向两端羽片依次缩短,羽状深裂;叶脉羽状,侧脉分叉,偶单一。叶厚草质至纸质,背面淡绿色,沿羽轴生有具长缘毛的卵状披针形鳞片,裂片两面及边缘散生扭卷的窄鳞片和鳞毛。孢子囊群呈圆形,通常孢生于叶片背面上部1/3~1/2处,背生于小脉中下部,每个裂片1~4对;囊群盖呈圆肾形或马蹄形,几乎全缘,棕色,稀带淡绿色或灰绿色,膜质,成熟时不完全覆盖孢子囊群(图14-15)。在我国主产于黑龙江、吉林、辽宁、内蒙古、河北等省区。

其根茎和叶柄残基作为绵马贯众(图14-16)入药,主要含有间苯三酚类、萜类和黄酮类成分;如:绵马酸(filixic acid)BBB、PBB、PBP、ABB、ABP、ABA,黄绵马酸(flavaspidic acid)

AB、BB、PB,白绵马素(albaspidins) AA、BB、PP,去甲绵马素(desaspidins) AB、BB、PB,绵马酚(aspidinol),绵马次酸(flilicinic acid)等。绵马贯众性微寒,味苦;有小毒。可清热解毒、止血、杀虫。

图14-15　粗茎鳞毛蕨
1. 植株　2. 幼叶　3. 孢子囊群

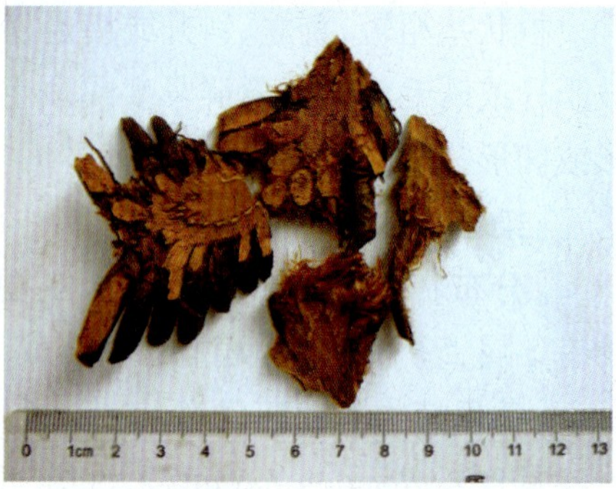

图14-16　绵马贯众

(六) 水龙骨科(Polypodiaceae)

根状茎长而横走,被鳞片。叶一型或二型;叶柄基部常具关节;单叶,全缘或分裂,或为一回羽裂,叶脉网状。孢子囊群圆形或线形,有时布满叶背;无囊群盖;孢子囊梨形或球状梨形。孢子两面型。

[染色体] $X = 7,12,13,23,25,26,35,37$。

[分布] 40余属,600余种,主要分布于热带、亚热带。我国有25属,272种;药用的有18属,86种。

[药用植物代表]

图14-17　石韦

石韦 *Pyrrosia lingua* (Thunb.) Farwell　常绿草本。高10~30 cm。根状茎长而横走,密生褐色针形鳞片。叶单生,营养叶与孢子叶同形或略短而阔;叶片披针形至长圆状披针形,上面绿色,有凹点,下面密被灰棕色星状毛。孢子囊群在侧脉间紧密而整齐排列,幼时为星状毛包被,成熟时露出,无囊群盖(图14-17)。分布于我国长江以南各省区,常附生于岩石或树干上。地上部分可利尿、通淋、清热止血。

本科常见的药用植物有庐山石韦 *P. shearreri* (Bak.) ching、有柄石韦 *P. petiolosa* (christ) Ching、瓦韦 *Lepisorus thunbergianus* (Kaulf.) Ching。

(七) 槲蕨科(Drynariacerae)

根状茎粗壮,横走,肉质;密被鳞片,鳞片棕褐色,大而狭长,基部盾状着生,边缘有睫毛状锯齿。叶二型或一型;叶片大型,深羽裂,叶脉粗而明显,一至三回彼此以直角相连,形成大小四方形网眼。孢子囊着生于小网眼内,无囊群盖。孢子两面型。

[**染色体**] $X=36,37$。

[**分布**] 共8属,32种,分布于亚洲热带地区。我国有4属,12种,分布于长江以南各省内。

[**药用植物代表**]

槲蕨 *Drynaria roosii* Nakaike　附生植物。高20～40 cm,根茎粗壮,肉质,长而横走,密生钻状披针形鳞片,边缘流苏状。叶二型;营养叶枯黄色,革质,卵圆形,先端急尖,基部心形,上部羽状浅裂,裂片三角形,似槲树叶,叶脉粗;孢子叶绿色,长圆形,羽状深裂,裂片披针形,7～13对,基部各羽片缩成耳状,厚纸质,两面均绿色无毛,叶脉明显,呈长方形网眼;叶柄短。有狭翅。孢子囊群网形,黄褐色,生于叶背,沿中肋两旁各2～4行,每个长方形网眼内1枚;无囊群盖(图14-18)。在我国分布于中南和西南地区及台湾、福建、浙江等省,附生于树干或山林石壁上。根茎入药。药用称骨碎补,具有补肾、接骨、祛风湿、活血止痛等作用。

图14-18　槲蕨

同属植物中华槲蕨 *D. barouii* (christ) Diels 亦可供药用。它与槲蕨的区别是:营养叶稀少,羽状深裂,孢子囊群在中脉两侧各一行。

思考题

1. 蕨类植物孢子体具有哪些特征?
2. 蕨类植物常见的化学成分有哪些?
3. 蕨类植物与苔藓植物的特征有何异同点?
4. 蕨类植物常依据哪些主要特征进行鉴别?
5. 常用的蕨类药材有哪些?

第十五章

裸子植物

1. 学习重点及线路：

掌握裸子植物的主要特征→苏铁纲及药用植物代表→银杏纲及药用植物代表→松柏纲及药用植物代表→红豆杉纲及药用植物代表→买麻藤纲及药用植物代表。

2. 任务主题：

(1) 裸子植物的特征有哪些？

(2) 药用裸子植物的主要活性成分有哪些？有哪些药用价值？

(3) 请查阅1~2种让你感兴趣的裸子植物(如红豆杉、麻黄、银杏等)的相关研究资料，制作PPT用于讨论。

(4) 生活中也有一些可以食用的裸子植物，如红豆杉的种子、白果、香榧子等，请查阅其成分资料，制作PPT用于讨论。

裸子植物(gymnosperm)大多数既具有颈卵器构造，又具有种子。所以，裸子植物是介于蕨类植物与被子植物之间的一群高等植物，既是颈卵器植物，又是种子植物。

裸子植物最早出现于距今约3.5亿年前的古生代泥盆纪，石炭纪最繁盛。由于地理、气候经过多次重大变化，古老的种类相继绝迹，新的种类陆续演化出来，种类演替繁衍至今。现存的裸子植物中不少种类被称为第三纪孑遗植物，或称"活化石"植物，如银杏、金钱松、侧柏、水杉、银杉、水松等。

裸子植物广布世界各地，特别是北半球亚热带高山地区及温带至寒带地区，常形成大面积的森林。裸子植物是世界上木材生产的主要树种。红松、油松、落叶松、杉木、侧柏等松柏类植物的木材都是优良的建筑材料。裸子植物中许多种类具有药用价值。例如，铁树、银杏、侧柏等的叶和种子；油松、马尾松等的针叶和花粉；三尖杉、红豆杉、麻黄等可提取生物碱；红豆杉可以提取紫杉醇等。

第一节　裸子植物的主要特征

一、孢子体发达

裸子植物的孢子体特别发达，都是多年生木本植物，大多数为单轴分枝的高大乔木，枝条常有长枝和短枝之分。网状中柱，并生型维管束，具有形成层和次生生长；木质部大多数只有管胞，极少数有导管；韧皮部无伴胞。叶多为针形、条形或鳞形，极少数为扁平的阔叶；叶在长枝上呈螺旋状排列，在短枝上簇生于枝顶；叶常有明显的多条排列成浅色的气孔带（stomatal band）。根有强大的系根。

二、胚珠裸露，不形成果实，只产生种子

孢子叶（sporophyll）大多数聚生成球果状（strobiliform），称为孢子叶球（strobilus）。孢子叶球单生或多个聚生成各种球序，通常都是单性，同株或异株；小孢子叶（雄蕊）聚生成小孢子叶球（雄球花 staminate strobilus），每个小孢子叶下面生有贮满小孢子（花粉）的小孢子囊（花粉囊）；大孢子叶（心皮）丛生或聚生成大孢子叶球（雌球花 female cone），胚珠裸露，不为大孢子叶所形成的心皮所包被，大孢子叶常变态为珠鳞（松柏类）、珠领（银杏）、珠托（红豆杉）、套被（罗汉松）和羽状大孢子叶（铁树）。而被子植物的胚珠则被心皮所包被，这是被子植物与裸子植物的重要区别。

三、存在明显的世代交替现象

在世代交替中，孢子体占优势，配子体极其退化（雄配子体为萌发后的花粉粒，雌配子体由胚囊及胚乳组成），寄生于孢子体上。

四、具有颈卵器的构造

大多数裸子植物具有颈卵器。但其结构简单，埋藏于胚囊中，仅有2~4个颈壁细胞露在外面。颈卵器内有1个卵细胞和1个腹沟细胞，无颈沟细胞，比蕨类植物的颈卵器更为退化。受精作用不需要在有水的条件下进行。

五、具有多胚

大多数裸子植物具有多胚（polyembryony）的原因是：1个雌配子体上的多个颈卵器的卵细胞同时受精，形成了多胚；或者一个受精卵在发育过程中发育成原胚，再由原胚组织分裂为多个胚而形成多胚。

裸子植物与蕨类植物相应形态术语的比较见表15-1。

表15-1　裸子植物与蕨类植物相应形态术语的比较

裸子植物	蕨类植物
雌（雄）球花	大（小）孢子叶球
雄蕊	小孢子叶
花粉囊	小孢子囊
花粉粒（单核期）	小孢子

裸子植物	蕨类植物
心皮(或雌蕊)	大孢子叶
珠心	大孢子囊
胚囊(单细胞期)	大孢子
胚囊(成熟期)	雌配子体

六、化学成分类型多

裸子植物的化学成分概括起来有以下几类。

(一)黄酮类

黄酮类及双黄酮类在裸子植物中普遍存在。双黄酮是裸子植物的特征性活性成分,存在于蕨类植物,在其他植物中很少发现。

(二)生物碱类

生物碱在裸子植物中分布不普遍,现已知的有存在于三尖杉科三尖杉碱,具有抗肿瘤活性,可用于治疗白血病;红豆杉科紫杉醇也具有抗肿瘤活性,对多种癌症均有治疗效果;麻黄科的有机胺生物碱具有心血管活性;罗汉松科、买麻藤科也含有活性生物碱。

(三)树脂、挥发油、有机酸等

例如,松香、松节油及土槿皮酸。

第二节 裸子植物的分类与主要药用植物代表

现存的裸子植物分成5纲9目12科71属,约800种。我国有5纲8目11科41属,236种,其中引种栽培的有1科7属,51种。已知药用的有10科25属,100余种。以松科最多,有8属,40余种。银杏科、银杉属、钱松属、水杉属、水松属、侧柏属、白豆杉属等为我国特有的科属。其分纲检索见表15-2。

表15-2 裸子植物分纲检索表

1. 花无假花被;茎的次生木质部无导管;乔木和灌木。
  2. 大型羽状复叶,聚生于茎顶;茎不分枝 ·· 苏铁纲
  2. 单叶,不聚生于茎顶;茎有分枝。
    3. 叶扇形,二叉脉序;精子多纤毛 ·· 银杏纲
    3. 叶针状或鳞片状,无二叉脉序,精子无纤毛。
      4. 大孢子叶两侧对称,常集成球果状;种子有翅或无翅 ························· 松柏纲
      4. 大孢子叶特化为鳞片的珠托或套被,不形成球果;种子有肉质的假种皮 ······ 红豆杉纲
1. 花有假花被;茎的次生木质部有导管;亚灌木或木质藤本 ································ 买麻藤纲

一、苏铁纲(Cycadopsida)

本纲植物为常绿木本植物,茎干粗壮且常不分枝。叶有两种,鳞叶小且密被褐色毛,营养叶为大型羽状复叶且集生于茎的顶部。雌雄异株,大、小孢子叶球生于茎的顶端。游动

精子具多数鞭毛。本纲现存仅1目1科9属,约110种,分布于热带及亚热带地区。

苏铁科(cycadaceae)

[形态特征] 常绿植物。树干粗壮,圆柱形,单一,极少分枝,呈棕榈状。羽状复叶,大型,螺旋状排列于树干上部。雌雄异株。雄球花(小孢子叶球)木质,单生于树干顶端,雄蕊扁平鳞片状或盾形,螺旋状着生,背面生有多数花粉囊(小孢子囊),花粉粒(小孢子)发育所产生的精子细胞有多数鞭毛。雌蕊(大孢子叶球)叶状或盾状,丛生于枝顶,上部多羽状分裂,密生褐色绒毛,中下部狭窄成柄状,两侧生有2~10枚胚珠。种子核果状,具三层种皮,胚乳丰富,子叶2枚。

[染色体] $X=11$。

[分布] 共9属,约110种,分布于热带及亚热带地区。我国仅有苏铁属,8种。

[药用植物代表]

苏铁(铁树) *Cycas revolute* Thunb. 常绿小乔木。树干圆形,密被叶柄残基,羽状复叶螺旋状排列聚生于茎顶,小叶片多数,条状披针形,硬革质。雌雄异株。雄球花(小孢子叶球)圆柱形,上面生有许多鳞片状雄蕊;雌蕊(大孢子叶球)密被褐色绒毛,顶部羽

图15-1 苏铁

状分裂,下端两侧各生1~5枚近球形的胚珠。种子核果状,卵形,成熟时橘红色或红褐色(图15-1)。分布于我国南方各省区,全国各地多作为观赏树种栽培。种子(有毒)能理气止痛、益肾固精;叶有收敛止痛、止痢之功效;根有祛风、活络、补肾之功效。

本科其他药用植物:华南苏铁(刺叶苏铁)*C. rumphii* Miq.在华南各地有栽培,根可用于治疗无名肿毒。云南苏铁 *C. siamensis* Miq.在我国云南、广东、广西有栽培,根可用于治疗黄疸型肝炎;茎、叶用于治疗慢性肝炎、难产、癌症;叶用于治疗高血压。篦叶苏铁 *C. pectinata* Griff产于我国云南地区,其功效同苏铁。

二、银杏纲(Ginkgopsida)

银杏纲的植物为落叶乔木,有营养性长枝和生殖性短枝之分。叶扇形,先端二裂或波状缺刻,具有分叉的脉序,在长枝上螺旋状散生,在短枝上簇生。球花单性,雌雄异株,精子具多鞭毛。种子核果状。本纲现存仅1目1科1属,1种。

银杏科(Ginkgoaceae)

[形态特征] 落叶大乔木。树干端直,具长枝及短枝。单叶,扇形,有长柄,顶端2浅裂或3深裂;叶脉二叉状分枝;长枝上的叶螺旋状排列,短枝上的叶簇生。球花单性,异株,分别生于短枝上;雄球花荑荑花序状,雄蕊多数,具短柄,花药2室;雌球花具长梗,顶端二叉状,大孢叶特化成一环状突起,称为珠领,也叫珠座,在珠领上生一对裸露的立胚珠,常只1个发育。种子核果状,椭圆形或近球形,外种皮肉质,成熟时橙黄色,外被白粉,味臭;中种皮木质,白色;内种皮膜质,淡红色。"胚乳"丰富,胚具子叶2枚。

[染色体] $X=12$。

[分布] 仅有1属,1种和几个变种,产于我国及日本。

[药用植物代表]

小孢子叶(葇荑花序)

大孢子叶

图15-2 银杏

银杏(公孙树,白果) *Ginkgo biloba* L. 形态特征与科的特征相同(图15-2)。银杏和苏铁是裸子植物的"活化石"。银杏为著名的孑遗植物,为我国特产。主产于辽宁、山东、河南、湖北、四川等省。种子药用,称为白果,有敛肺、定喘、止带、涩精等功能。据临床报道,它可用于治疗肺结核,可以缓解症状。白果所含白果酸有抑菌作用,但白果酸对皮肤有毒,可引起皮炎。银杏叶中含多种黄酮及双黄酮,有扩张动脉血管的作用,可用于治疗冠心病,现已应用于临床。银杏根有益气补虚之功效,用于治疗白带、遗精。

三、松柏纲(Coniferopsida)

常绿或落叶乔木,稀为灌木,茎多分枝,常有长、短枝之分;茎的髓部小,次生木质部发达,由管胞组成,无导管,具树脂道(resin duct)。叶单生或成束,针形、鳞形、钻形、条形或刺形,螺旋着生或交互对生或轮生,叶的表皮通常具较厚的角质层及下陷的气孔。孢子叶球单性,同株或异株,孢子叶常排列成球果状。小孢子有气囊或无气囊,精子无鞭毛。球果的种鳞与苞鳞离生(仅基部合生)、半合生(顶端分离)及完全合生。种子有翅或无翅,胚乳丰富,子叶2~10枚。松柏纲植物因叶子多为针形,故称为针叶树或针叶植物;又因孢子叶常排成球果状,也称为球果植物。

松柏纲是现代裸子植物中数目最多、分布最广的一个类群,有44属,约400余种,隶属于4科,即松科(Pinaceae)、杉科(Taxodiaceae)、柏科(Cupressaceae)和南洋杉科(Araucariaceae)。我国有3科23属,约150种。

(一) 松科(Pinaceae)

[形态特征] 乔木,稀为灌木,大多数常绿。叶针形或线形,针形叶常2~5针一束,生于极度退化的短枝上,基部包有叶鞘;条形叶在长枝上呈螺旋状散生,在短枝上簇生。孢子叶球单性同株。小孢子叶呈螺旋状排列,每个小孢子叶有2个小孢子囊,小孢子多数有气囊。大孢子叶球由多数螺旋状着生的珠鳞与苞鳞组成,珠鳞的腹面生有两个倒生胚珠,苞鳞与珠鳞分离(仅基部结合),种子通常具翅,胚具2~16枚子叶。

[染色体] $X=12,13,22$。

[分布] 本科是松柏纲中种类最多、经济意义最重要的一科,有3个亚科10属,约230种,主要分布于北半球。我国有10属,113种,其中很多是特有属和孑遗植物。

[药用植物代表]

马尾松 *Pinus massoniana* Lamb. 常绿乔木。树皮红褐色,下部灰褐色,一年生小枝淡黄褐色,无毛。叶2针一束,细长柔软,长12~20 cm,先端锐利,树脂道4~8个,边生,叶鞘宿存。花单性同株。雄球花淡红褐色,聚生于新枝下部;雌球花淡紫红色,常2个生于新枝顶端。球果卵圆形或圆锥状卵形,种鳞的鳞盾(种鳞顶端加厚膨大呈盾状的部分)平或微肥厚,鳞脐(鳞盾的中心凸出部分)微凹,无刺尖。种子具单翅。子叶5~8枚(图15-3左)。分布于我国淮河和汉水流域以南各地,西至四川、贵州和云南。生于阳光充足的丘陵山地酸性土壤。花粉、松香、松节、皮、叶均可入药。松花粉能燥湿收敛、止血;松香能燥湿祛风、生肌止痛;松节(松树的瘤状节)能祛风除湿、活血止痛;树皮能

图15-3 马尾松和黑松
1. 雄球花 2. 雌球花

收敛生肌;松叶能明目安神、解毒。黑松与其相似,但松针粗硬,冬芽银白色(图15-3右)。

油松 *Pinus tabulaeformis* Carr. 常绿乔木,枝条平展或向下伸,树冠近平顶状。叶2针一束,粗硬,长10~15 cm,叶鞘宿存。球果卵圆形,熟时不脱落,在枝上宿存,暗褐色,种鳞的鳞盾肥厚,鳞脐凸起有尖刺。种子具单翅。为我国特有树种,分布于我国北部和西部。花粉、松香、松球、松节、皮、叶入药。枝干的结节被称为松节,有祛风、燥湿、舒筋、活络等功能;树皮能收敛生肌;叶能祛风活血、明目安神、解毒止痒;松球可治风痹、肠燥便难、痔疾;花粉(药材名:松花粉)能收敛、止血;松香能燥湿、祛风、排脓、生肌、止痛。

同属植物入药的还有:①红松 *P. koraiensis* Sieb. et Zucc. 叶5针一束,树脂道3个,中生。球果很大,种鳞先端反卷。种子(药材名:松子)可食用。分布于我国东北小兴安岭及长白山地区。②云南松 *P. yunnanensis* Franch. 叶3针一束,柔软下垂,树脂道4~6个,中生或边生。分布于我国西南地区。

(二) 柏科(Cupressaceae)

[形态特征] 常绿乔木或灌木。叶交互对生或3~4片轮生,鳞片状或针形或同一树上兼有两型叶。球花小,单性,同株或异株;雄球花单生于枝顶,椭圆状卵形,有3~8对交互对生的雄蕊,每个雄蕊有2~6个花药;雌球花呈球形,由3~16枚交互对生或3~4枚轮生的珠鳞。珠鳞与下面的苞鳞合生,每枚珠鳞有1至数枚胚珠。球果呈圆球形、卵圆形或长圆形,成熟时种鳞木质或革质,开展,有时为浆果状,不开展,每个种鳞内面基部有种子一至多粒。种子有翅或无翅,具"胚乳"。胚具子叶2枚,稀为多枚。

[染色体] $X=11$。

[分布] 本科有22属,约150种。分布于南北两半球。我国有8属,29种和7个变种,分布于全国,其中药用的有6属,20种。多为优良药材用树种、庭园观赏树木。

图 15-4 侧柏
1. 侧柏植株 2. 雌球花 3. 雄球花 4. 球果

[药用植物代表]

侧柏 *Platycladus orientalis* (L.) Franco 常绿乔木,小枝扁平,排成一平面,直展。叶鳞形,相互对生,贴伏于小枝上。球花单性,同株。雄球花黄色,具 6 对交互对生雄蕊;雌球花近圆形,蓝绿色,有白粉,具 4 对交互对生的珠鳞,仅中间 2 对各生 1~2 枚胚珠。球果成熟时开裂;种鳞木质、红褐色、扁平,背部近顶端具反曲的钩状尖头。种子无翅或有极窄翅(图 15-4)。为我国特产树种,全国各地均有种植,为常见园林观赏树种。枝叶(药材名:侧柏叶)有凉血止血、祛风消肿等功效;种仁(药材名:柏子仁)有养心安神、润肠通便等功效。

本科其他药用植物:柏木 *Cupressus funebris* Endl. 为我国特有树种,分布于浙江、福建、江西、湖南、湖北、四川、贵州、广东、广西、云南等省区,枝、叶有凉血、祛风安神作用。圆柏 *Sabina chinensis* (L.) Ant. 分布于我国内蒙古、河北、山西、河南、陕西、甘肃、山东、江苏、安徽、浙江、江西、福建、湖北、湖南、广东、广西、四川、贵州及云南等省区,枝、叶、树皮有祛风散寒、活血消肿、解毒利尿等功效。

四、红豆杉纲(Taxopsida)

本纲植物为常绿乔木或灌木,多分枝。叶为条形、披针形、鳞形、钻形或退化为叶状枝。孢子叶球单性异株。胚珠生于盘状或漏斗状的珠托上,或由囊状或杯状的套被包围,但不形成球果。种子具肉质的假种皮或外种皮。

(一)红豆杉科(紫杉科)(Taxaceae)

[形态特征] 常绿乔木或灌木。叶披针形或条形,螺旋状排列或交互对生,上面中脉明显,下面沿中脉两侧各具 1 条气孔带。无气囊。球花单性异株,稀为同株;雄球花单生于叶腋或苞腋,或组成穗状花序集生于枝顶,雄蕊多数,各具 3~9 个花药,花粉粒球形。雌球花单生或成对,胚珠 1 枚,生于苞腋,基部具盘状或漏斗状珠托。种子浆果状或核果状,包于杯状肉质假种皮中。

[染色体] $X = 11, 12$。

[分布] 本科有 5 属,约 23 种,主要分布于北半球。我国有 4 属,12 种及 1 个栽培种,其中药用的有 3 属,10 种。

[药用植物代表]

东北红豆杉 *Taxus cuspidate* Sied. et Zucc. 乔木,高可达 20 m,树皮红褐色。叶排成不规则的 2 列,常呈 "v" 字形开展,条形,通常直,下面有两条气孔带。雄球花有雄花 9~14 枚,各具 5~8 个花药。种子卵圆形,紫红色,外覆有上部开口的假种皮,假种皮成熟时肉质,鲜红色。分布于我国东北地区的小兴安岭和长白山区,生于湿润、疏松、肥沃、排水良好的地方。从树皮、枝叶、根皮中提取的紫杉醇具有抗癌作用,亦可治糖尿病;叶有利尿、通经等功效。

南方红豆杉(美丽红豆杉)*T. chinensis* var. *mairei* (Lemee et Levl.) Cheng et L. K. Fu 叶常较宽长,多呈弯镰状,上部常渐窄,先端渐尖,下面中脉带上无角质乳头状突起点,局部有成片或零星分布的角质乳头状突起点,或与气孔带相邻的中脉带两边有一至数条角质乳头状突起点,中脉带明晰可见,其色泽与气孔带相异,呈淡黄绿色或绿色,绿色边带亦较宽而明显;种子通常较大,微扁,多呈倒卵圆形,上部较宽,稀为柱状矩圆形,种脐常呈椭圆形(图15-5)。

图15-5 南方红豆杉

同属植物大多因含有紫杉醇而受到重视。全世界约有11种,分布于北半球;我国有4种和1个变种,西藏红豆杉 *Taxus wallichian.*、云南红豆杉 *T. yunnanensis*、红豆杉 *T. Wallichian* var. *chinensis* 均可供药用。

榧树 *Torreya grandis* Fort. 乔木,高达20~30 m,树皮浅黄色、灰褐色,不规则纵裂。叶条形,交互对生或近对生,基部扭转排成2列;坚硬,先端有凸起的刺状短尖头,基部圆或微圆,长1.1~2.5 cm;上面绿色,无隆起的中脉;下面浅绿色,气孔带常与中脉带等宽。雌雄异株,雄球花圆柱形,雄蕊多数,各有4个药室;雌球花无柄,两个成对生于叶腋。种子呈椭圆形、卵圆形,熟时由珠托发育成的假种皮包被,淡紫褐色,有白粉。分布于我国江苏、浙江、福建、江西、安徽、湖南等省,种子具有杀虫消积、润燥通便等功效。

(二) 三尖杉科(粗榧科)(Cephalotaxaceae)

[**形态特征**] 常绿乔木或灌木,髓心中部具树脂道。小枝对生,基部有宿存的芽鳞。叶条形或披针状条形,交互对生或近对生,在侧枝基部扭转排成2列,上面中脉隆起,下面有两条宽气孔带。球花单性,雌雄异株,少为同株。雄球花有雄花6~11枚,聚成头状,单生于叶腋,基部有多数苞片,每一雄球花基部有一卵圆形或三角形的苞片;雄蕊4~16枚,花丝短,花粉粒无气囊。雌球花有长柄,生于小枝基部苞片的腋部,花轴上有数对交互对生的苞片,每枚苞片腋生胚珠2枚,仅1枚发育。胚珠生于珠托上。种子核果状,全部包于由珠托发育成的肉质假种皮中,基部具宿存的苞片。外种皮坚硬,内种皮薄膜质,有"胚乳",子叶2枚。

[**染色体**] $X=12$。

[**分布**] 本科有1属,9种。分布于亚洲东部与南部。我国产的有7种和3个变种,主要分布于秦岭以南及海南岛,药用的有5种。

[**药用植物代表**]

三尖杉 *Cephalotaxus fortunei* Hook. f. 为我国特有树种,常绿乔木,树皮褐色或红褐色,片状脱落。叶长4~13 cm,宽3.5~4.4 mm,先端渐尖成长尖头,螺旋状着生,排成2行,线形,常弯曲,上面中脉隆起,深绿色,叶背中脉两侧各有1条白色气孔带(图15-6)。小孢子

图 15-6 三尖杉
1. 植株 2. 雄球花 3. 种子

叶球有明显的总梗,长 6~8 mm。种子核果状,椭圆状卵形,长约 2.5 cm。假种皮成熟时紫色或红紫色。分布于我国长江以南各省,生于山坡、疏林、溪谷中湿润而排水良好的地方。种子能驱虫、润肺、止咳、消食。从枝叶提取的三尖杉碱与高三尖杉碱的混合物对治疗白血病有一定的疗效。

三尖杉属中具有抗癌作用的植物尚有海南粗榧 C. hainanensis Li. C. sinensis (Rehd. et Wils.) Li. 及篦子三尖杉 C. oliveri Mast. 等。

五、买麻藤纲（倪藤纲）（Gnetopsida）

买麻藤纲植物常为灌木、亚灌木或木质藤本,稀为乔木。茎的次生木质部有导管,无树脂道。叶对生或轮生,鳞片状或阔叶。孢子叶球单性,有类似于花被的盖被,也称假花被,盖被膜质、革质或肉质。胚珠 1 枚,具 1~2 层珠被,上端（2 层者仅内珠被）延长成珠孔管（micropylar tube）。精子无鞭毛,除麻黄目外,雌配子体无颈卵器。种子包于由盖被发育的假种皮中,子叶 2 枚,胚乳丰富。

本纲共有 3 目 3 科 3 属,约 80 种,我国有 2 目 2 科 2 属,19 种,几乎遍布全国。本纲植物茎内次生木质部具导管,孢子叶球具盖被,胚珠包于盖被内,许多种类有多核胚囊而无颈卵器,这些都是裸子植物中最进化类群的性状。

（一）麻黄科（Ephedraceae）

[形态特征] 灌木、亚灌木或草本状,多分枝。小枝对生或轮生,具明显的节。叶退化成鳞片状,对生或轮生,2~3 片合生成鞘状。孢子叶球单性异株,稀为同株；小孢子叶球单生或数个丛生,或 3~5 个组成复穗状,具膜质苞片数对,每枚苞片生一小孢子叶球,其基部具 2 片膜质盖被和一细长的柄,柄端着生 2~8 个小孢子囊,小孢子椭圆形。大孢子叶球具 2~8 对交互对生或 3 片轮生的苞片,仅顶端的 1~3 片苞片内生有 1~3 枚胚珠,每枚胚珠均由一层较厚的囊状盖被包围着,胚珠具 1~2 层膜质珠被,珠被上部（2 层者仅内珠被）延长成充满液体的珠孔管。成熟的雌配子体通常有 2 个颈卵器,颈卵器具有由 32 个或更多的细胞构成的长颈。种子成熟时,盖被发育成革质或稀为肉质的假种皮,大孢子叶球的苞片有的变为肉质,呈红色或橘红色,包于其外,呈浆果状,子叶 2 枚。

[染色体] $X = 7$。

[分布] 本科仅 1 属 3 组,即麻黄属（Ephedra）,约 40 种,分布于亚洲、美洲、欧洲东部及非洲北部干旱山地和荒漠中。我国有 2 组 12 种和 4 个变种,分布较广,以西北各省区及云南、四川、内蒙古等地种类最多。

[药用植物代表]

草麻黄 *Ephedra sinica* Stapf. 草本状小灌木,高 20~40 cm;木质茎短或成匍匐状,小枝直伸或微曲,表面细纵槽纹常不明显;叶鳞片状,膜质,基部鞘状,下部约 1/2 合生,上部常 2 裂,裂片三角状披针形,先端渐尖,常向外反曲。雌雄异株,雄球花常 3~5 个聚成复穗状;雌球花单生,在幼枝上顶生,在老枝上腋生,成熟时呈红色浆果状,内含种子 2 粒。花期 5—6 月份,种子成熟期 8—9 月份。(图 15-7)

图 15-7 草麻黄
1. 植株 2. 雄球花 3. 雌球花

中麻黄 *E. intermedia* Schreak et Mey. 形态与草麻黄相似,主要区别为:木质茎直立或斜向生长;叶片上部 2~3 裂;雄球花数个簇生于节上,雌球花多单生或者 3 个轮生或 2 个对生于节上,通常种子 2~3 粒。

木贼麻黄 *E. equisetina* Bge. 与草麻黄的主要区别是:直立小灌木,高达 1 m。木质茎直立或斜向生长,节间短;叶先端不反卷;雄球花多单生或 3~4 个集生于节上;雌球花成对或单生于节上;通常种子 1 粒。

草麻黄主产于辽宁、吉林、内蒙古、河北、山西、河南西北部、陕西及东北三省等地;中麻黄主产于甘肃、青海、新疆;木贼麻黄主产于新疆北部。草麻黄产量最大,中麻黄次之,两者多混用,木贼麻黄产量极少。

三种麻黄的茎均可作为麻黄入药,均含有多种生物碱、挥发油、黄酮等成分。草麻黄的总生物碱含量为 0.48%~1.38%,中麻黄为 1.06%~1.56%,木贼麻黄为 2.09%~2.44%;以麻黄碱(ephedrine)为主,在草麻黄和木贼麻黄中含量约占总碱的 80%,中麻黄约占 30%~40%;其次是伪麻黄碱(pseudoephedrine)和少量的甲基麻黄碱(methylephedrine)、甲基伪麻黄碱(methylpseudoephedrine)和去甲基麻黄碱(norephedrine)、去甲伪麻黄碱(norpseudoephedrine)。麻黄生物碱主要存在于茎髓部;麻黄碱具有肾上腺素样作用,能收缩血管、兴奋中枢;去甲麻黄碱有松弛支气管平滑肌的作用;伪麻黄碱具有利尿作用。麻黄挥发油含有 2,3,5,6-四甲基吡嗪、左旋-α-松油醇等。麻黄性温,味辛、微苦,能发汗散寒、宣肺平喘、利水消肿。

(二)买麻藤科(Gnetaceae)

[形态特征] 大多数是常绿木质藤本,极少数是灌木或乔木。茎节明显,呈膨大关节状。单叶对生,具柄,叶片革质或近革质,平展极似双子叶植物。大孢子叶球单性,异株,稀为同株,伸展呈穗状,具多轮合生环状总苞,总苞由多数轮生苞片愈合而成。小孢子叶球序单生或数个组成顶生或腋生的聚伞花序状,各轮总苞有多数小孢子叶球,排成 2~4 轮,小

孢子叶球具管状盖被,每个小孢子叶具1~2个或4小孢子囊。小孢子圆形。大孢子叶球序每轮总苞内有4~12个大孢子叶球,大孢子叶球具囊状的盖被,紧包于胚珠之外,胚珠具两层珠被,由内珠被顶端延长成珠孔管,自盖被顶端开口处伸出,外珠被分化成肉质外层和骨质内层,盖被发育成假种皮。颈卵器消失。种子核果状,包于红色或橘红色的肉质假种皮中,子叶2枚。

[染色体] $X = 11$。

[分布] 本科仅有1属,即买麻藤属(Gnetales),约30种,分布于亚洲、非洲及南美洲的热带和亚热带地区。我国有7种。常见的为买麻藤(*G. montanum* Markgr.),分布于云南南部、广西、广东等地。木质藤本,叶革质或近革质。

[药用植物代表]

图15-8 小叶买麻藤
1. 植株 2. 雄球花 3. 种子

小叶买麻藤(麻骨风)*Gnetum parvifolium* (Warb.) C. Y. Cheng ex Chun 常绿木质缠绕藤本。茎枝圆形,有明显皮孔,节膨大。叶对生,革质,椭圆形至狭椭圆形或倒卵形,长4~10 cm。球花单性同株;雄球花序不分枝或一次(三出或成对)分枝,其上有5~10轮杯状总苞,每轮总苞内有雄花40~70枚;雄花基部无明显短毛,假花被管略呈四棱盾形,花丝合生,稍伸出,花药2个。雌球花序多生于老枝上,一次三出分枝,每轮总苞内有雌花3~7枚。种子核果状,无柄,成熟时肉质假种皮红色(图15-8)。分布于华南等地区,生于山谷、山坡疏林中。茎、叶(药材名:麻骨风)为祛风湿药,有祛风除湿、活血散瘀、消肿止痛、行气健胃及接骨等功效。

同属植物买麻藤(*G. montanum* Markgr.)的形态与小叶买麻藤相似,但叶较大,长10~12 cm,花单性,雌雄异株;成熟种子具短柄。分布于我国广东、广西、云南等省区,其功效同小叶买麻藤。

思考题

1. 裸子植物具有哪些特征?
2. 生活中可以食用的裸子植物有哪些?
3. 具有抗癌活性的裸子植物有哪些?
4. 麻黄的三种来源在形态上如何区别?

第十六章 被子植物

1. 学习重点及线路：

掌握被子植物的主要特征→被子植物的主要分类系统→双子叶植物纲和单子叶植物纲的主要区别→双子叶植物纲、原始花被亚纲、重点科及药用植物代表→后生花被亚纲、重点科及药用植物代表→单子叶植物纲、主要科及药用植物代表。

2. 任务主题：

(1) 被子植物的特征有哪些？被子植物与裸子植物的区别是什么？

(2) 毛茛科与木兰科的特征有何异同？

(3) 请查阅鱼腥草及其制剂的相关研究资料，制作 PPT 用于讨论。

(4) 请查阅白头翁的相关研究资料，制作 PPT 用于讨论。

(5) 请查阅八角及其易混伪品的相关研究资料，制作 PPT 用于讨论。

(6) 紫草科、马鞭草科和唇形科的特征有何异同？

(7) 请查阅紫草相关研究资料，制作 PPT 用于讨论。

(8) 请查阅马鞭草的相关研究资料，制作 PPT 用于讨论。

(9) 请查阅丹参的相关研究资料，制作 PPT 用于讨论。

第一节 概 述

被子植物（Angiosperm）也被称为显花植物，它是当今植物界进化程度最高、种类最多、分布最广和生长最繁盛的类群。现知全世界被子植物共有 1 万多属，20 多万种，占植物界的一半，中国有 2700 多属，约 3 万种。其中药用被子植物有 213 科 1957 属，10028 种（含种以下分类等级），占我国药用植物总数的 90%，中药资源总数的 78.5%。

被子植物能有如此众多的种类，有极其广泛的适应性，这和它的结构复杂化、完善化是分不开的，特别是繁殖器官的结构和生殖过程的特点，提供了它适应、抵御各种环境的内在条件，使它在生存竞争、自然选择的矛盾斗争过程中不断产生新的变异，产生新的物种。

一、主要特征

(一) 孢子体高度发达

被子植物的孢子体高度发达。具有多种习性和类型,如水生、陆生、自养或寄生、木本、草本、直立或藤本,常绿或落叶,一年生、二年生或多年生。被子植物中有世界上最高大的乔木,如杏仁桉(*Eucalyptus amygdalina* Labill.),高达156 m;也有微细如沙粒的小草本,如无根萍[*Wolffia arrhiza* (L.) Wimm.],每平方米水面可容纳300万个个体。有重达25 kg仅含1颗种子的果实,如王棕(大王椰子)[*Roystonea regia* (H. B. K.) O. F. Cook];也有轻如尘埃,5万颗种子仅重0.1 g的植物,如热带雨林中的一些附生兰。有寿命长达6000年的植物,如龙血树(*Dracaena draco* L.);也有在3周内开花结籽完成生命周期的植物(如一些生长在荒漠的十字花科植物)。有水生、沙生、石生和盐碱地生的植物;有自养的植物,也有腐生、寄生的植物。在解剖构造上,被子植物的次生木质部有导管,韧皮部有筛管和伴胞;而裸子植物中一般均为管胞(只有麻黄和买麻藤类例外),韧皮部中为筛胞,无伴胞,输导组织的完善使体内物质运输畅通,适应性得到加强。

被子植物的配子体极度退化。其小孢子(单核花粉粒)发育为雄配子体,大部分成熟的雄配子体仅具2个细胞(2个核的花粉粒),其中1个为营养细胞,另1个为生殖细胞。少数植物在传粉前生殖细胞就分裂1次,产生2个精子,所以这类植物的雄配子体为3个核的花粉粒,如石竹亚纲的植物和油菜、玉米、大麦、小麦等。被子植物的大孢子发育为成熟的雌配子体,称为胚囊。通常胚囊只有8个细胞:3个反足细胞、2个极核、2个助细胞、1个卵。反足细胞是原叶体营养部分的残余。有的植物(如竹类)反足细胞可多达300余个,有的(如苹果、梨)在胚囊成熟时,反足细胞消失。助细胞和卵合称为卵器,是颈卵器的残余。由此可见,被子植物的雌、雄配子体均无独立生活能力,终生寄生在孢子体上,结构上比裸子植物更简化。配子体的简化在生物学上具有进化意义。

(二) 具有真正的花

典型的被子植物的花由花萼、花冠、雄蕊群、雌蕊群四部分组成。花的各部分组成在数量上、形态上有极其多样的变化,这些变化是在进化过程中为适应虫媒、风媒、鸟媒或水媒传粉的条件,被自然界选择,得到保留,并不断加强造成的。

(三) 胚珠被心皮包被

雌蕊由心皮组成,包括子房、花柱和柱头三部分。胚珠包藏在子房内,得到子房的保护,以避免昆虫的咬噬和水分的流失。子房在受精后发育成果实。果实具有不同的色、香、味,多种开裂方式;果皮上常具有各种钩、刺、翅、毛。果实的所有这些特点,对于保护种子成熟、帮助种子散布起着重要作用。

(四) 具有双受精现象

被子植物在受精过程中,两个精子进入胚囊以后,其中1个与卵细胞结合形成合子,另1个与2个极核结合,形成三倍体的染色体,发育为胚乳,给幼胚提供营养,使新植物体具有更强的生活力。

二、被子植物分类的一般规律

传统、经典的植物分类法以植物的形态特征,尤其是器官中的花和果的特征为主要分类依据。一般公认的被子植物的形态构造的主要演化规律如表 16-1 所示。

表 16-1　被子植物形态构造的主要演化规律

器官/性状	初生的、原始性状	次生的、进化性状
根	主根发达（直根系）	主根不发达（须根系）
茎	乔木、灌木	多年生或一、二年生
	直立	藤本
	无导管，有管胞	有导管
叶	单叶	复叶
	互生或螺旋状排列	对生或轮生
	常绿	落叶
	有叶绿素，自养	无叶绿素，腐生或寄生
花	花单生	花形成花序
	花的各部分呈螺旋状排列	花的各部分轮生
	重被花	单被花或无被花
	花的各部分离生	花的各部分合生
	花的各部分多数而不固定	花的各部分有定数(3、4 或 5)
	辐射对称	两侧对称或不对称
	子房上位	子房下位
	两性花	单性花
	花粉粒具单沟	花粉粒具三萌发孔或多孔
	虫媒花	风媒花
果实	单果、聚合果	聚花果
	蓇葖果、蒴果、瘦果	核果、浆果、梨果
种子	胚小，胚乳发达	胚大，无胚乳
	子叶 2 枚	子叶 1 枚

应注意的是：不能孤立地只根据某一条规律来判定某一植物是进化的还是原始的，因为同一植物形态特征的演化不是同步的，同一性状在不同植物的进化意义也非绝对的，应综合分析。例如，唇形科植物的花冠不整齐，合瓣，雄蕊 2～4 枚，都是高级虫媒植物协调进化的特征，但是它们的子房上位这一特征又是原始性状。

第二节　分类系统

从 19 世纪后半期开始，随着科学技术的发展，人们掌握的植物知识越来越多，力求编排出能客观反映自然界植物的亲缘关系和演化规律的自然分类系统或系统发育分类系统（phylogenetic system）。例如，我国著名植物学家秦仁昌教授于 1978 年发表的用于蕨类植物分类的秦仁昌系统为国际蕨类学界所公认；以我国著名植物学家名字命名的郑万钧系统在裸子植物分类中被广泛应用。19 世纪以来，已经提出的分类系统有 20 多个，其中影响较大、使用较广的有恩格勒系统、哈钦松系统、塔赫他间系统、克朗奎斯特系统和 APG 系统。

一、恩格勒系统

这个系统是德国分类学家恩格勒(A. Engler)和勃兰特(K. Prantl)于1897年在其《植物自然分类志》巨著中所使用的。它是植物分类史上第一个比较完整的分类系统,将植物界分为13门。第13门是种子植物门,被子植物是其中的一个亚门,该亚门又分为单子叶植物纲和双子叶植物纲,共45目280科。

恩格勒系统以假花学说(pseudanthium theory)为理论基础。假花学说认为被子植物的花和裸子植物的球花完全一致,每个雄蕊和心皮分别相当于1个极端退化的雄花和雌花,并设想被子植物来自裸子植物麻黄类植物;还认为无花瓣、单性花、风媒花、木本植物等为原始特征,而有花瓣、两性花、虫媒花、草本植物等则为进化特征。在该系统中,认为具葇荑花序类植物为最原始的类型,排列在前;木兰目和毛茛目被认为是进化程度较高的类型,排列在后。还将单子叶植物放在双子叶植物之前,但本教材按照1964年版《植物分科志要》第12版把双子叶植物放在单子叶植物之前。

该系统包括了全世界植物的纲、目、科、属,各国沿用历史已久,为许多植物学工作者熟悉,使用广泛。我国的《中国植物志》基本按照恩格勒系统排列,本教材被子植物分类部分也采用恩格勒系统,但有的内容有变动。恩格勒系统所依据的"假花学说"已不被当今大多数分类学家所接受。

二、哈钦松系统

这个系统是英国植物学家哈钦松(J. Hutchinson)于1926年和1934年在其《有花植物科志》Ⅰ、Ⅱ中建立的。

该系统以真花学说(euanthium theory)为理论基础。真花学说认为,被子植物的花是由原始裸子植物两性孢子叶球演化而来的,并设想被子植物来自早已灭绝的本内苏铁目,其孢子叶球上的苞片演变成花被,小孢子叶演变成雄蕊,大孢子叶演变成心皮;还认为被子植物的无被花是由有被花退化而来的,单性花是由两性花退化而来的,花的各部分原始性状为多数、分离和螺旋状排列。因此,木兰目、毛茛目被认为是被子植物的原始类群。该系统还认为草本植物和木本植物是两支平行发展的类群,认为草本植物均由毛茛目演化而来,木本植物均由木兰目演化而来,结果是亲缘关系很近的一些科在系统位置上都相隔很远。

哈钦松系统在我国华南、西南、华中的一些植物研究所、标本馆中使用,但该系统过于强调木本和草本两个来源,人为因素很大而不被大多数植物学者所接受。

三、塔赫他间系统

这一系统是苏联植物学家塔赫他间(A. Takhtajan)于1954年在其《被子植物起源》一书中所公布的。该系统将被子植物分为木兰纲和百合纲,纲下再分亚纲、超目、目和科。

该系统亦主张真花学说,认为木兰目是最原始的被子植物类群,首先打破了传统把双子叶植物分为离瓣花亚纲和合瓣花亚纲的分类,在植物分类等级上增设了"超目"一级分类单元。

塔赫他间系统将原属毛茛科的芍药属独立为芍药科等,这一观点和现代植物分类学、孢粉学、植物细胞学和化学分类学的发展相吻合。还将葇荑花序作为双子叶植物中最原始的类群,而把木兰目、毛茛目等认为是进化的类群。

四、克朗奎斯特系统

这一系统是美国植物学家克朗奎斯特(A. Cronquist)于1968年在其《有花植物的分类和演化》一书中发表的。与塔赫他间系统类似,主张"真花学说",但取消了"超目"一级分类单元。

该系统称被子植物为木兰植物门,分为木兰纲和百合纲。1981年进行了修订,木兰纲包括6个亚纲,64目和318科;百合纲包括5个亚纲,19目和65科。

五、APG系统

目前大多数学者都同意被子植物是一个单系起源的类群,被子植物系统发育组织(APG)更是以分支分类学和分子生物学为主要手段构建单系类群。APG系统是1998年由被子植物种系发生学组出版的一种对于被子植物的现代分类法。这种分类法和传统的依照形态分类不同,主要依照植物的三个基因组DNA的顺序,以亲缘分支的方法分类,包括两个叶绿体和一个核糖体的基因编码。虽然主要依据分子生物学数据,但是也参照其他方面的理论。例如,将真双子叶植物分支和其他原来分到双子叶植物纲中的种类区分,也是根据花粉形态学的理论。

2003年,这种分类法出版了修订版:《被子植物APG Ⅱ分类法(修订版)》,2009年又出版了APG Ⅲ。

APG系统的分类方法选择了相当数量的单源亚科分类群,如此对于被子植物的高阶分类极有为用。但对于此分类群的正式分类处理,与予以种系发生学上的命名实则不同,命名上当时仍存在诸多争议。APG采用了《国际植物命名法规》的方式,为科级及目级的分类群命名。

关于目级以上的分类,APG特别提出:习惯上使用的目级以上分类群概念,与命名上的优先律的命名概念经常造成冲突,在平衡此冲突时,APG特别强调其处理并非依命名法规为之。

关于分类群的界线:依单系群概念界定分类群。如此,种以上阶层被定义或界定时,其演化序列未予以指明,可以方便沟通,特别是为科级及目级的分类群定义其范围及属于系统树架构的位置时。界定分类群时若有替代性的选择,APG会选择容易辨识的形态衍征,并参考解剖、生化、发生等特征。

在科级的分类时,依单系群概念,许多小科势必被界定出来,而不是在传统的大科之中,这样的争议亦在于在目以上的分类群。

关于分类群的命名:目以上的分类群,本系统并未使用传统的分类阶层学名,如门、纲等,而是使用一般性的名词定义为"分支",如单子叶植物分支、真双子叶植物分支、蔷薇分支、菊分支等。

关于目的定义与界定:许多目的学名的采用,考虑到其大小,通常涵盖10~20个科。同时许多小目被界定出来,由于其为单系群,且其亲缘关系已确立,因此不放在未确定群而成为一个目。

APG Ⅰ 基本分支如下：

 被子植物 angiosperms：
  单子叶植物分支 monocots
   鸭跖草分支 commelinids
  真双子叶植物分支 eudicots
   核心真双子叶植物分支 core eudicots
    蔷薇分支 rosids
     Ⅰ类真蔷薇分支 eurosids Ⅰ
     Ⅱ类真蔷薇分支 eurosids Ⅱ
    菊分支 asterids
     Ⅰ类真菊分支 euasterids Ⅰ
     Ⅱ类真菊分支 euasterids Ⅱ

第三节　被子植物的分类与主要药用植物代表

被子植物门分为两个纲：双子叶植物纲（Dicotyledoneae）和单子叶植物纲（Monocotyledoneae）。在双子叶植物纲中又分为离瓣花亚纲（原始花被亚纲）和合瓣花亚纲（后生花被亚纲）。这两个纲的主要特征区别见表16-2。

表16-2　被子植物门两个纲的主要区别

器官/纲	双子叶植物纲	单子叶植物纲
根	直根系	须根系
茎	有形成层，无限外韧型维管束排列成环	无形成层，有限外韧型维管束散在排列
叶	具网状脉	具平行脉或弧形脉
花	通常为5或4基数，花粉粒具3个萌发孔	3基数，花粉粒具单个萌发孔沟
胚	具2枚子叶	具1枚子叶

一、双子叶植物纲 Dicotyledoneae

（一）原始花被亚纲（离瓣花亚纲）

离瓣花亚纲（Choripetalae）又称原始花被亚纲或古生花被亚纲（Archichlamydeae），花无被、单被或重被，花瓣分离。

1. 三白草科（Saururaceae）

$\male\ P_0 A_{3\sim 8}\underline{G}_{(3\sim 4:1:2\sim 4\infty)(3\sim 4:1:\infty)}$

[形态特征] 多年生草本；茎直立或匍匐状，具明显的节。单叶互生；托叶贴生于叶柄上。花小，两性，无花被；聚集成稠密的穗状花序或总状花序，具总苞或无总苞，苞片显著；雄蕊3、6或8枚，稀为更少，离生或贴生于子房基部或完全上位，花药2室，纵裂；雌蕊由3~4枚心皮组成，离生或合生。如为离生心皮，则每枚心皮有胚珠2~4枚；如为合生心皮，

则子房1室而具侧膜胎座,在每一胎座上有胚珠6~8枚或多数,花柱离生。果为分果片或蒴果顶端开裂,种子有少量的内胚乳和丰富的外胚乳及小的胚。

[分布] 4属,约7种,分布于亚洲东部和北美洲。我国有3属,4种,主产于中部以南各省区。

[显微特征] 具分泌组织,有油细胞、腺毛、分泌道。

[染色体] $X=11$(三白草属),28(蕺菜属)。

[化学成分] ①挥发油类,主要为甲基正壬酮(methyl n-nonylketone)、肉豆蔻醚(myristicin)等。②黄酮类,如槲皮素(quercetin)、槲皮甙(quercitrin)、异槲皮甙、萹蓄甙(avicularin)、金丝桃甙(hyperoside)、芸香甙(rutin)等。

[药用植物代表]

三白草 *Saururus chinensis* (Lour.) Baill. 为湿生草本,地下根茎白色,多节。叶纸质,密生腺点,阔卵形至卵状披针形,顶端短尖或渐尖,基部心形或斜心形,两面均无毛,上部的叶较小,茎顶端的2~3片在花期常为白色,呈花瓣状;叶柄长1~3 cm,无毛,基部与托叶合生成鞘状,略抱茎。总状花序白色;雄蕊6枚,花药长圆形,纵裂,花丝比花药略长。蒴果近球形,表面多疣状凸起。花期4—6月份。分布于我国河北、山东、河南和长江流域及其以南各省区;生于低湿沟边、塘边或溪旁。其地上部分(药材名:三白草)具有利尿消肿、清热解毒等功效。

蕺菜 *Houttuynia cordata* Thunb. 为腥臭草本,全株具有鱼腥气。叶薄纸质,有腺点,背面尤甚,卵形或阔卵形,顶端短,渐尖,基部心形,背面常呈紫红色;托叶膜质,线形,顶端钝,下部与叶柄合生而成长8~20 mm的鞘,且常有缘毛,基部扩大,略抱茎。穗状花序,总苞片长圆形或倒卵形,4枚,白色花瓣状;花小,无花被;雄蕊长于子房,花丝长为花药的3倍。蒴果,顶端有宿存的花柱(图16-1)。花期4—7月份。分布于我国中部、东南至西南部各省区,东起台湾,西南至云南、西藏,北达陕西、甘肃;生于沟边、溪边或林下湿地上。全草(药材名:鱼腥草)具有清热解毒、消痈排脓、利尿通淋等功效。

图16-1 蕺菜

2. 胡椒科(Piperaceae)

♀ $P_0 A_{1\sim10} \underline{G}_{(2\sim5:1:1)}$; ♂ $P_0 A_{1\sim10} P_0$; ♀ $\underline{G}_{(2\sim5:1:1)}$

[形态特征] 草本、灌木或攀缘藤本,稀为乔木,常具香气。藤本者节常膨大。单叶,常互生,全缘,基部两侧常不对称;托叶与叶柄合生或无托叶。花小,密集成穗状花序,两性或单性异株或间有杂性;苞片小,常呈盾状或杯状;无花被;雄蕊1~10枚;心皮2~5枚,连合,子房上位,1室,有1枚直立胚珠,柱头1~5个。浆果小,具肉质、薄或干燥果皮,球形或卵形。种子1枚,有丰富的外胚乳。

[分布] 8属,近3100种;分布于热带及亚热带地区。我国有4属,70多种;分布于东

南部至西南部；已知药用的有2属，34种。

[**显微特征**] 茎内维管束常散生。

[**染色体**] $X=8,11,12,14,20$。

[**化学成分**] ①挥发油类，如柠檬醛（citral）、胡椒醛（piperonal）、d-香桧烯（d-sabinene）、L-水芹烯（L-phellandrene）等。②生物碱，如胡椒碱（piperine）、胡椒油碱（piperoliene）等。③木脂素类、黄酮类和有机酸等。

[**药用植物代表**]

图 16-2　胡椒

胡椒 *Piper nigrum* L.　木质攀缘藤本。节显著膨大。叶厚，近革质，阔卵形至卵状长圆形，托叶稍短于叶柄。花杂株，常雌雄同株；穗状花序与叶对生；雄蕊2枚；子房1室，胚珠1枚。浆果球形，成熟时红色，未成熟时干后黑色（图16-2）。花期6—10月份。原产于东南亚，我国广东、广西、云南、福建、台湾等省有栽培。果实（药材名：胡椒。近成熟果实晒干为黑胡椒，成熟果实去果肉晒干为白胡椒）具有温中散寒、下气、消痰等功效。

风藤 *P. kadsura* (Choisy) Ohwi　木质藤本。幼枝密被白色柔毛。叶革质，卵形至卵状披针形，上面主脉附近有白色斑纹，下面幼时被疏毛。花单性异株；穗状花序；雄蕊3枚；子房球形。浆果球形，褐黄色（图16-3）。花期5—8月份。分布于我国台湾沿海地区及福建、浙江等省；生于低海拔林中，攀缘于树上或石上。藤茎（药材名：海风藤）具有祛风湿、通经络、止痹痛等功效。

图 16-3　风藤

本科常用药用植物还有：①石南藤 *Piper wallichii* (Miq.) Hand.-Mazz. 分布于我国甘肃、湖北、湖南、四川、贵州、云南、广西等地，茎叶或全株（药材名：南藤）具有祛风湿、强腰膝、补肾壮阳、止咳平喘等功效。②山蒟 *P. hancei* Maxim. 分布于我国南部，茎叶或根具有祛风除湿、活血消肿、行气止痛、化痰止咳等功效。③毛蒟 *P. puberulum* (Benth.) Maxim. 分布于我国广西、广东及海南等地，全株具有祛风散寒、行气活血、除湿止痛等功效。④荜澄茄 *P. cubeba* L. 在我国广西、广东、海南等地有引种栽培，果实（药材名：荜澄茄）具有温中散寒、行气止痛、暖肾等功效。

3. 金粟兰科（Chloranthaceae）

$\male P_0 A_{(1\sim3)} \overline{G}_{(1:1:1)}$

[**形态特征**] 草本、灌木或小乔木；单叶对生，具羽状叶脉，边缘有锯齿，叶柄基部通常

合生;托叶小。花小,两性或单性,排成穗状花序、头状花序或圆锥花序;无花被,基部有1枚苞片;雄蕊1或3枚,合生成一体,常贴生于子房的一侧,花丝短,药隔发达;单心皮,子房下位,1室,1枚胚珠,顶生胎座。核果卵形或球形。

[分布] 5属,约70种;分布于热带和亚热带地区。我国有3属,16种及5个变种;广布于全国各地;已知药用的有3属,12种。

[显微特征] 草珊瑚属植物茎的木质部只有管胞,金粟兰属具细小导管。

[染色体] $X = 15$。

[化学成分] 主要含有倍半萜内酯类。例如,金粟兰属植物含有金粟兰内酯A、B、C、D、E(chloranthalactone A,B,C,D,E)及西朱卡内酯(shizukanolide)、白术内酯丙(atractylenolide)、银线草内酯(shizukanolide)等。除此以外,草珊瑚含有左旋类没药素A(istanbulin A)、异秦皮素定(isofraxidin)、延胡索酸(fumaric acid)等。

[药用植物代表]

草珊瑚 Sarcandra glabra (Thunb.) Nakai 常绿亚灌木;节膨大。叶对生,革质,椭圆形、卵形至卵状披针形,边缘有粗锐锯齿。穗状花序顶生,常分枝;花两性,黄绿色;雄蕊1枚,肉质,花药2室;雌蕊柱头近头状。核果呈球形,成熟时为亮红色。分布于我国安徽、浙江、江西、福建、台湾、广东、广西、湖南、四川、贵州和云南等地。花期6月份,果期8—10月份。生于山坡、沟谷林下阴湿处,海拔420~1500 m。全株(药材名:草珊瑚、肿节风)具有抗菌消炎、祛风除湿、活血止痛等功效。

及已 Chloranthus serratus (Thunb.) Roem. et Schult. 多年生草本。根茎横生,粗短,生多数土黄色须根;茎直立,具明显节,无毛,下部节上对生2片鳞状叶;叶对生,常4~6片生于茎上部,纸质,椭圆形、倒卵形或卵状披针形,顶端渐尖成长尖,基部楔形,边缘具锐而密的锯齿,齿尖有一腺体,两面无毛;穗状花序顶生,偶有腋生;花两性,白色;苞片呈三角形或近半圆形;雄蕊3枚,药隔下部合生;子房卵形,无花柱,柱头粗短。核果近球形或梨形,绿色(图16-4)。

图16-4 及已

花期4—5月份,果期6—8月份。分布于我国安徽、江苏、浙江、江西、福建、广东、广西、湖南、湖北、四川等地;生于山地林下湿润处和山谷溪边草丛中,海拔280~1800 m。根(药材名:及已)有毒,具有活血散瘀的功效。

本科常用药用植物还有:①丝穗金粟兰 C. fortunei (A. Gray) Solms-Laub. 分布于华东及华中、华南等地;全草有毒,具有祛风理气、活血散瘀等功效。②宽叶金粟兰 C. henryi Hemsl. 分布于甘肃、陕西及长江以南;全草有毒,具有祛风除湿、活血散瘀、解毒等功效。③银线草 Chloranthus japonicus Sieb. 分布于吉林、辽宁、河北、山西、陕西、甘肃及山东等地;

全草有毒,具有活血行瘀、祛风除湿、解毒等功效。

4. 桑科(Moraceae)

♂ $P_{4\sim 6} A_{4\sim 6}$; ♀ $P_{4\sim 6} \underline{G}_{(2:1:1)}$

[形态特征] 木本,稀为草本。常有乳汁,有刺或无刺。叶互生,稀为对生;托叶2片,常早落。花小,单性,雌雄异株或同株;集成葇荑、穗状、头状、隐头等花序;单被花,常4~6片;雄花的雄蕊与花被片同数且对生;雌花花被有时为肉质;子房上位、下位或半下位,或埋藏于花序轴的陷穴内;2枚心皮合生,通常1室,1枚胚珠。常为聚花果或隐花果,瘦果或核果状。

[分布] 约53属,1400种;分布于热带、亚热带地区,少数分布于温带地区。我国有12属,153种;广布于全国;已知药用的有15属,约80种。

[显微特征] 植物体内有乳汁管,叶肉细胞内常有钟乳体。

[染色体] $X = 7,8,10,13,14$。

[化学成分] ①黄酮类,如桑素(mulberrin)、桑色素(morin)及氰桑酮(cyanomaclurin)等。②酚类,如大麻酚(cannabinol)、大麻二酚(cannabidiol)等。③强心苷类,如见血封喉苷(antiogoside)等。④昆虫变态激素类,如牛膝甾酮(inokosterone)、脱皮甾酮(ecdysterone)。⑤生物碱类,如榕碱(ficine)、异榕碱(isoficine)等。

[药用植物代表]

图16-5 桑

桑 *Morus alba* L. 落叶乔木或灌木,有乳汁。单叶互生,卵形,有时分裂,托叶早落。花单性,雌雄异株,葇荑花序;花被片4枚;雄花的雄蕊4枚,中央有退化雌蕊;雌花1室,1枚胚珠。聚花果呈卵状椭圆形,成熟时为红色或暗紫色(图16-5)。分布于全国各地;野生或栽培。根皮(药材名:桑白皮)具有泻肺平喘、利水消肿等功效;嫩枝(药材名:桑枝)具有祛风湿、利关节等功效;叶(药材名:桑叶)具有疏散风热、清肺润燥、清肝明目等功效;果穗(药材名:桑葚)具有滋阴补血、生津润燥等功效。

无花果 *Ficus carica* L. 落叶灌木,多分枝,有白色乳汁。小枝直立,粗壮。叶互生,厚纸质,卵圆形,常3~5裂,掌状脉;托叶卵状披针形,红色。雌雄异株,雄花和瘿花同生于一隐头花序内壁;雌花的子房呈卵圆形,花柱侧生,柱头2裂。隐头果单生于叶腋,梨形,成熟时为紫红色或黄色,瘦果呈透镜状(图16-6)。原产于地中海沿岸;现我国各地都有栽培。隐头果(药材名:无花果)具有健脾清肠、消肿解毒等功效。

薜荔 *Ficus pumila* L. 常绿攀缘灌木;具白色

图16-6 无花果

乳汁。叶互生,营养枝上的叶小而薄,生殖枝上的叶大而近革质。隐头花序单生于叶腋(图16-7)。分布华东、华南和西南;生于丘陵地区。隐头果(药材名:木馒头)具有通乳、利湿、活血、消肿等功效。

大麻 *Cannabis sativa* L. 一年生高大草本。皮层富含纤维。叶下部对生,上部互生,掌状全裂。花单性异株;雄花排成圆锥花序,花被片5枚,雄蕊5枚;雌花丛生于叶腋,苞片1

图16-7 薜荔

枚,卵形,花被1枚,膜质,雌蕊1枚,花柱2个。瘦果扁卵形,为宿存黄褐色苞片所包被。原产于亚洲西部;现我国各地均有栽培。种子(药材名:火麻仁)具有润肠通便的功效;雌花序及幼嫩果序能祛风镇痛、定惊安神;热带品种的幼嫩果序有致幻作用,为毒品之一。

本科常用药用植物还有:①啤酒花(忽布) *Humulus lupulus* L. 分布于新疆、东北、华北、华东地区多为栽培,未成熟的带花果穗为制啤酒原料之一,具有健胃消食、安神利尿等功效。②葎草 *H. scandens* (Lour.) Merr. 分布于全国各地,全草具有清热解毒、利尿通淋等功效。③柘树 *Maclura tricuspidata* Carr. 分布于黄河流域及其以南各地,根皮和树皮(去栓皮,药材名:柘木白皮)具有补肾固精、利湿解毒、止血化瘀等功效。

5. 桑寄生科(Loranthaceae)

$♀ * ↑ P_{3~6} A_{3~6} \overline{G}_{(3~6:1:1~∞)}$

[**形态特征**] 半寄生性灌木、亚灌木。叶对生,稀为互生或轮生,全缘或退化呈鳞片状,无托叶。花两性或单性,辐射对称或两侧对称;花被片3~6枚,离生或下部多少合生成冠管;雄蕊与花被片等数,对生;子房下位,通常1室,特立中央胎座或基生胎座,由胎座或子房室基部的造孢细胞发育成1至数个胚囊(等同于胚珠)。浆果,稀为核果(我国不产)。种子1枚,不具种皮,胚乳周围常有一层黏稠物质。

[**分布**] 约65属,1300种;分布于热带和亚热带。我国有11属,64种;分布于全国;已知药用的有10属,44种。

[**显微特征**] 有草酸钙方晶或簇晶。

[**染色体**] $X = 8~12, 14, 15$。

[**化学成分**] ①三萜类,如齐墩果酸(oleanolic acid)、p-香树脂醇(p-amyrin)、羽扇醇(lupeol)和古柯二醇(erythrodiol)。②黄酮类,如槲皮素(quercetin)、槲皮苷(quecitrin)、萹蓄苷(avicularin)、槲寄生新苷(viscumneoside)。

[**药用植物代表**]

桑寄生 *Taxillus chinensis* (DC.) Danser 常绿小灌木。嫩枝、叶密被褐色或红褐色星状毛,有时具散生叠生星状毛。叶近对生,革质,卵形、长卵形或椭圆形。总状花序密集成伞形,腋生,具花 3~4 朵;花冠管状,红色,裂片 4 枚;花柱呈线形,柱头呈圆锥状。浆果呈椭圆形,黄绿色。分布于我国福建、广东、广西等地;寄生于桑树、李树、油茶、漆树、核桃等多种植物上。茎枝(药材名:桑寄生)具有祛风湿、补肝肾、强筋骨、安胎元等功效。

槲寄生 *Viscum coloratum* (Kom.) Nakai 常绿小灌木。茎呈圆柱状,二歧或三歧分枝,节稍膨大。叶对生,厚革质,长椭圆形至椭圆状披针形。雌雄异株;雄花序聚伞状,总苞呈舟形,通常具花 3 朵;雌花序聚伞式穗状,具 3~5 朵;萼片 4 枚。浆果呈球形,具宿存花柱(图 16-8)。分布于东北、华北、华东、华中等地;寄生于榆、柳、杨、栎、梨、枫杨、苹果、椴等树上。茎枝(药材名:槲寄生)的功效同桑寄生。

图 16-8 槲寄生

6. 马兜铃科(Aristolochiaceae)

☿ * ↑ $P_{(3)} A_{6\sim12} \overline{G}_{(4\sim6:4\sim6:\infty)} \overline{\underline{G}}_{(4\sim6:4\sim6:\infty)}$

[**形态特征**] 多年生草本或藤本。单叶互生,叶片多为心形或盾形,多全缘,无托叶。花两性,辐射对称或两侧对称;花被下部合生成管状,顶端 3 裂或向一侧扩大;雄蕊常 6~12 枚;雌蕊心皮 4~6 枚,合生,子房下位或半下位,4~6 室,柱头 4~6 裂;中轴胎座,胚珠多枚。蒴果。种子多枚,有胚乳。

[**分布**] 约 8 属,600 种;主要分布于热带和亚热带地区。我国有 4 属,71 种和 6 个变种及 4 个变型;分布于全国各地,除华北、西北干旱地区外;除线果兜铃属(Thottea)的海南线果兜铃外,细辛属(Asarum)、马兜铃属(Aristolochia)及马蹄香属(Saruma)的国产种几乎全部可供药用。

[**显微特征**] 马兜铃属含草酸钙簇晶。花粉粒无萌发孔,稀为单槽,表面网状或负网状、粗糙或具颗粒状突起。

[**染色体**] $X = 6$、7(马兜铃属);12、13(细辛属)。

[**化学成分**] ①挥发油类,如甲基丁香(methylengenol)、黄樟脑油(safrole)、细辛酮(asarylkelon)、α-蒎烯(α-pinene)、樟烯(camphene)、柠檬烯(limonene)、龙脑(borneol)、β-榄香烯(β-elemene)、γ-榄香烯(γ-elemene)、β-石竹烯(β-caryophyllene)等。②生物碱类,如木兰花碱(magnoflorine)等。③硝基菲类化合物(nitrophenathrene),如马兜铃酸(aristolochic acid)是本科植物的特征性成分。近年来的研究证实,这类成分对肾可造成实质损伤,现在这个科的植物药用已经受到限制。

[**药用植物代表**]

马兜铃 *Aristolochia debilis* Sieb. et Zucc. 草质藤本。根圆柱形,外皮黄褐色;茎柔弱,无毛,暗紫色或绿色,有腐肉味;叶互生,卵状三角形,基部心形。花单生或 2 朵聚生于叶腋,花被基部呈球状,中部呈管状,上部成一偏斜的舌片,口部有紫斑;雄蕊 6 枚,贴生于花柱顶端;子房下位。蒴果近球形,基部室间开裂。种子扁平,钝三角形,有白色膜质宽翅(图 16-9)。花期 7—8 月份,果期 9—10 月份。分布于山东、河南、长江流域及其以南地区;生于沟边阴湿处及山坡灌丛中。根(药材名:青木香)具有平肝止痛、行气消肿的功效。茎(药材名:天仙藤)具有行气活血、通络止痛的功效;果实(药材名:马兜铃)具有清肺降气、止咳平喘、清肠消痔的功效。

北马兜铃 *Aristolochia contorta* Bge. 的干燥成熟果实也作为马兜铃入药,茎也作为天仙藤入药。

辽细辛 *Asarum heterotropoides* Fr. Schmidt var. *mandshuricum* (Maxim.) Kitag. 多年生草本。根状茎横走,生多数细长的根。叶基生,具长柄,叶片卵状心形或近肾形,基部心形,两面有毛。花单生于叶腋,紫棕色;花被管壶形或半球形;雄蕊12枚,子房半下位或几近上位,花柱6个,柱头侧生。蒴果,球形,种子多数(图16-10)。花期5月份。分布于辽宁、吉林、黑龙江等地,生于山坡林下、山沟土质肥沃而阴湿处。产量大,多为栽培品。一般以东北所产辽细辛为道地药材。根和根茎(药材名:细辛)具祛风散寒、通窍止痛、温肺化饮等功效。

图16-9 马兜铃

图16-10 辽细辛

汉城细辛 *A. sieboldii* Miq. f. *seoulense* (Nakai) C. Y. Cheng et C. S. Yang 或华细辛 *A. sieboldii* Miq. 的干燥根及根茎也作为细辛入药。

杜衡 *Asarum forbesii* Maxim. 多年生草本;根状茎短,根丛生,稍肉质。叶片呈阔心形至肾心形,先端钝或圆,基部心形,叶面深绿色,中脉两旁有白色云斑,脉上及其近边缘有短毛,叶背浅绿色;花暗紫色,花被管钟状或圆筒状,喉部不缢缩,膜环极窄,内壁具明显格状网眼,花被裂片直立,卵形,平滑、无乳突皱褶;药隔稍伸出;子房半下位,花柱离生,顶端2浅裂,柱头卵状,侧生(图16-11)。花期4—5月份。产于江苏、安徽、浙江、江西、河南南部、湖北及四川东部。生于海拔800 m以下林下沟边阴湿地。全草(药材名:杜衡)具有散风逐寒、消痰行水、活血、平喘、定痛等功效。

图16-11 杜衡

本科常用其他药用植物还有:①绵毛马兜铃 *A. mollissima* Hance 分布于山西、陕西、山东、江苏、安徽、浙江、江西、河南、湖北、湖南、贵州等地,全草(药材名:寻骨风)具有祛风除湿、活血通络、止痛等功效。②小叶马蹄香 *A. ichangense* C. Y. Cheng et C. S. Yang 分布于安徽、浙江、江西、福建、湖北、湖南、广东、广西等地,全草亦作为药材杜衡入药。③单叶细辛 *A. himalaicum* Hook. f. et Thoms. ex Klotzsch 分布于陕西、甘肃、湖北、四川、贵州、云南、西藏,全草(药材名:水细辛)具有发散风寒、温肺化饮、理气止痛等功效。

7. 蓼科(Polygonaceae)

☿ * P$_{3\sim6,(3\sim6)}$A$_{3\sim9}$G$_{(2\sim3:1:1)}$

[形态特征] 多为草本。茎节常膨大。单叶互生;托叶膜质,包于托叶基部成托叶鞘。花多两性;辐射对称,常排成穗状、圆锥状或头状花序;单被花,花被 3~6 片,常花瓣状,宿存;雄蕊多 3~9 枚,子房上位,心皮 2~3 枚合生成 1 室,1 枚胚珠,基生胎座。瘦果或小坚果,常包于宿存花被内,多有翅。种子有胚乳。

[分布] 约 50 属,1200 余种;世界性分布。我国有 15 属,200 余种;分布于全国各地;药用的有 8 属,约 123 种。

[显微特征] 植物体内常含草酸钙簇晶;大黄属掌叶组的根或根茎常有异型维管束。

[染色体] $X = 6 \sim 20$。

[化学成分] ①蒽醌类,如大黄素(emodin)、大黄酸(rhein)、大黄酚(chrysophanol)等。②黄酮类,如芸香苷(rutin)、槲皮苷(quercetin)、萹蓄苷(avicularin)等。③鞣质类,如没食子酸(gallic acid)、并没食子酸(ellagic acid)等。④苷类,如土大黄苷(raponticin)、虎杖苷(polydatin)等。

[主要属及药用植物代表]

(1) 大黄属(Rheum)

多年生高大草本。根及根状茎粗壮,断面黄色。茎直立,中空,具细纵棱;茎生叶互生,托叶鞘长筒状,发达,大型;叶片多宽大,基生叶有长柄,托叶鞘呈长筒状。圆锥花序;花被片 6 枚,排成 2 轮,花小,白绿色或紫红色,结果时不增大;雄蕊 9 枚,罕见 7~8 枚;花柱 3 个,较短,柱头多膨大,头状、近盾状或如意状。瘦果具 3 棱,棱缘具翅。

图 16-12 大黄饮片

掌叶大黄 *Rheum palmatum* L. 多年生草本,茎高约 2 m。基生叶宽卵形或近圆形,5~7 掌状中裂,裂片窄三角形;茎生叶互生,较小,托叶鞘大,长达 15cm。花被片 6 枚,2 轮,外轮 3 枚较窄小;圆锥花序,花小,红紫色。果实矩圆状椭圆形,两端均下凹,种子宽卵形,棕黑色(图 16-13A)。花期 6—7 月份,果期 7—8 月份。分布于陕西、甘肃、青海、四川和西藏等地,生于山坡或山谷湿地。根和根茎(药材名:大黄,图 16-12)具有泻下攻积、清热泻火、凉血解毒、逐瘀通经、利湿退黄等功效。酒大黄善清上焦血分热毒,用于目赤咽肿、齿龈肿痛。熟大黄泻下力缓,泻火解毒,用于火毒疮疡。大黄炭可凉血、化瘀、止血,用于血热有瘀出血症。

唐古特大黄 *R. tanguticum* Maxim. ex Regel. 与掌叶大黄的主要区别为:叶掌状深裂,

裂片再做羽状浅裂,小裂片呈披针形,花序分枝紧密,常向上紧贴于茎(图16-13B)。其干燥根及根茎可作为大黄入药。

药用大黄 R. officinale Baill. 与掌叶大黄的主要区别为:叶掌状浅裂,一般仅达叶片的1/4处,裂片呈宽三角形,花较大,白色(图16-13C)。其干燥根及根茎可作为大黄入药。

A. 掌叶大黄　　　　　　B. 唐古特大黄　　　　　　C. 药用大黄

图16-13　大黄

同属一些植物在部分地区或民间称"土大黄""山大黄"等而作为药用。有时易与上述3种正品大黄混淆。主要有藏边大黄 Rheum australe D. Don、河套大黄 R. hotaoense C. Y. Cheng et Kao、华北大黄 R. franzenbachii Munt. 及天山大黄 R. wittrochii Lundstr.。上述品种也含游离型和结合型蒽醌类成分,但多数不含或仅含少量的大黄酸和番泻苷,而含土大黄苷,故其断面在紫外光下显亮蓝紫色荧光,可与正品大黄(浓棕色荧光)区别。另外,除藏边大黄根茎中可见个别星点外,上述其他植物根茎断面髓部无星点构造。土大黄的泻下作用较正品大黄弱,多外用作为收敛止血药,或作为兽药和工业染料。

(2) 蓼属(Polygonum)

多为草本。节常膨大。单叶互生,全缘;托叶鞘多呈筒状,膜质或草质。花被5深裂,稀为4裂,宿存;雄蕊8枚,稀为4~7枚;花柱2~3个,柱头头状。瘦果3棱或双凸镜状。

何首乌 Polygonom multiflorum Thunb. 多年生草本。块根肥厚,黑褐色。茎缠绕,下部木质化,上部多分枝,草质。叶互生,具长柄。叶片呈卵形或长卵形,全缘,表面光滑无毛。托叶鞘膜质,短筒状;圆锥花序,花小,白色,花被5深裂,裂片大小不等。瘦果呈卵形,有3棱,黑褐色,有光泽,包于宿存的翅状花被内(图16-14)。花期8—9月份,果期9—10月份。分布于陕西南部、甘肃南部、华东、华中、华南、四川、云南及贵州等地。生于山谷灌丛、山坡林下、沟边石隙。块根(药材名:何首乌,图16-15)生何首乌具有解毒、消痈、截疟、润肠通便等功效;制何首乌具有补肝肾、益精血、乌须发、壮筋骨、化浊降脂等功效。

红蓼 P. orientale L. 一年生草本。茎直立,粗壮,全体有毛;茎多分枝。叶呈宽卵形、宽椭圆形或卵状披针形;托叶鞘筒状,上部有绿色草质翅。总状花序呈穗状;花淡红色或白色;花被片5枚;雄蕊7枚;花柱2个。瘦果近圆形,黑褐色,有光泽(图16-16)。花期6—9月份,果期8—10月份。在我国除西藏外,其他省区均有分布;生于沟边、村边及路旁。果实(药材名:水红花子)具有散血消癥、消积止痛、利水消肿等功效。

图 16-14 何首乌
1. 植株 2. 花 3. 果

图 16-15 何首乌饮片

图 16-16 红蓼

蓼蓝 *P. tinctorium* Ait. 一年生草本。茎直立，通常分枝。叶卵形或宽椭圆形，顶端圆钝，基部宽，呈楔形，全缘；托叶顶端截形，具短缘毛。总状花序呈穗状；花被 5 深裂，淡红色；雄蕊 6~8 枚；花柱 3 个，下部合生。瘦果呈宽卵形。我国南北各省区有栽培或为半野生状态。叶（药材名：蓼大青叶）具有清热解毒、凉血消斑等功效。茎叶可加工成青黛。

拳参 *P. bistorta* L. 多年生草本。根状茎肥厚，弯曲，黑褐色。茎直立。基生叶宽，呈披针形或狭卵形，纸质，基部沿叶柄下延成翅；托叶鞘呈筒状，无缘毛。总状花序穗状，顶生，紧密；花白色或淡红色。瘦果呈椭圆形，两端尖，褐色，有光泽。花期 6—7 月份，果期 8—9 月份。分布于东北、华北、华东、华中等地；生于山坡草地、山顶草甸。根状茎（药材名：拳参）具有清热解毒、消肿止血等功效。

本科常用的其他药用植物：①萹蓄 *Polygonum aviculare* L. 分布于全国各地；全草（药材名：萹蓄）为利水通淋药，可利水通淋、杀虫止痒。②金荞麦（野荞麦）*Fagopyrum dibotrys* (D. Don) Hara，分布于陕西、华东、华中、华南及西南地区；根状茎（药材名：金荞麦）为清热解毒药，可清热解毒、活血消痈、祛风除湿。③虎杖 *Polygonum cuspidatum* Sielb. et Zucc. 的干燥根茎和根具有利湿退黄、清热解毒、散瘀止痛、止咳化痰等功效。

8. 苋科（Amaranthaceae）

$$♂ * P_{3\sim5} A_{3\sim5} \underline{G}_{(2\sim3:1:1\sim\infty)}$$

[**形态特征**] 多为草本。单叶对生或互生；无托叶。花小，常两性；排成穗状、圆锥状或头状聚伞花序；单被，花被片 3~5 枚，干膜质；花下常有 1 枚干膜质苞片和 2 枚小苞片；雄蕊与花被片对生，多为 5 枚；子房上位。心皮 2~3 枚，合生，1 室，胚珠 1 枚，稀为多数。胞果或小坚果。

[**分布**] 约 60 属，850 种；分布于热带和温带地区。我国有 13 属，39 种；分布于全国各地；药用的有 9 属，28 种。

[显微特征] 根中常有异型维管束排列成同心环状;含草酸钙晶体。

[染色体] $X=7$(牛膝属),17、24(杯苋属),18(青葙属)。

[化学成分] ①三萜皂苷类,如齐墩果酸、α-L-吡喃鼠李糖基-β-D-吡喃半乳糖苷(oleanolic acid a-L-rhamnopyranosyl-β-D-galactopyranoside)。②甾类,如蜕皮甾酮(ecdysterone)、牛膝甾酮(inokosterone)、杯苋甾酮(cyasterone)、基杯苋甾酮(sengosterone)等。③黄酮类,如山奈苷(kaempferitrin)等。④生物碱类,如甜菜碱(betaine)、土牛膝碱(achyranthine)等。

[药用植物代表]

牛膝 Achyranthes bidentata Bl. 多年生草本。根长,呈圆柱形。茎有棱角或四方形,节膨大。叶对生,椭圆形至椭圆状披针形,全缘,长 4.5~12 cm。穗状花序;苞片 1 枚,膜质,小苞片硬刺状;花被片 5 枚,披针形,膜质;雄蕊 5 枚,花丝下部合生。胞果短,呈圆形,包于宿萼内。果实、种子均呈黄褐色(图 16-17)。花期 7—9 月份,果期 9—10 月份。遍布全国;主要栽培于河南。根(药材名:牛膝)生用能散瘀血、消痈肿;酒制后具有逐瘀通经、补肝肾、强筋骨、利尿通淋、引血下行等功效。

同属植物柳叶牛膝 A. longifolia (Makino) Makino 及土牛膝 A. aspera L. 的根均可活血祛瘀、泻火解毒、利尿通淋。

川牛膝 Cyathula officinalis Kuan 多年生草本。根呈圆柱形。茎直立,稍四棱形,疏生长糙毛。叶对生,椭

图 16-17 牛膝(左上角示怀牛膝药材)

圆形或窄椭圆形。复聚伞花序密集成圆头状;花小,淡绿色;苞片干膜质,顶端刺状;两性花居中,不育花在两侧;雄蕊 5 枚,与花被片对生,退化雄蕊 5 枚;子房 1 室,胚珠 1 枚。胞果。花期 6—7 月份,果期 8—9 月份。分布于我国四川、云南、贵州等省区,生于林缘或山坡草丛中,多为栽培。根(药材名:川牛膝)具有逐瘀通经、通利关节、利尿通淋等功效。

青葙 C. argentea L. 一年生草本,全株无毛。茎直立,有分枝;单叶互生,矩圆状披针形、披针形或披针状条形;穗状花序呈圆柱形或圆锥形;花着生甚密,初为粉红色,后变为白色;苞片、小苞片和花被片干膜质,白色光亮。胞果呈卵形,凸透镜状肾形。种子呈扁圆形,黑色,光亮。花期 5—8 月份,果期 6—10 月份。遍布全国;生于坡地、路边、田野干燥向阳处。种子(药材名:青葙子)为清热泻火药,具有清肝泻火、明目退翳等功效。

鸡冠花 Celosia cristata L. 一年生草本。单叶互生,卵形、卵状披针形或披针形。穗状花序顶生,呈扁平肉质鸡冠状、卷冠状或羽毛状;中部以下多花;花被片红色至

图 16-18 鸡冠花

紫色、黄、橙色或红黄相间。胞果呈卵形(图 16-18)。花果期 7—9 月份。全国各地均有栽培。花序(药材名:鸡冠花)具有收敛止血、止带、止痢等功效。

9. 商陆科(Phytolaccaceae)

$$♀ * P_{4\sim5} A_{4\sim5,\infty} \underline{G}_{(1\sim\infty:1:1\sim\infty)}$$

[形态特征] 草本或灌木,稀为乔木。单叶互生,全缘。花小,两性或有时退化成单性(雌雄异株),辐射对称或近辐射对称;总状或聚伞花序、圆锥花序、穗状花序;花被 4～5 枚,分离或基部连合,宿存;雄蕊 4～5 枚或多数;雌蕊由 1 至多枚、分离或合生的心皮组成;子房通常上位,胚珠单生于心皮内。浆果或核果,稀为蒴果。种子小,侧扁,双凸镜状或肾形、球形,直立,外种皮膜质或硬脆,平滑或皱缩;胚乳丰富,粉质或油质,为一弯曲的大胚所围绕。

[分布] 17 属,约 120 种;广布于热带至温带地区,主要分布于热带美洲、非洲南部。我国有 2 属,5 种;已知药用的有 1 属,3 种。

[显微特征] 根常有异型维管束。

[染色体] $X = 9$。

[化学成分] ①三萜皂苷类,如商陆皂苷 E(phytolaccasaponin E)等。②甾类,如 α-菠菜甾醇(α-spinasterol)等。③生物碱类,如商陆碱(phytolacine)等。

[药用植物代表]

图 16-19 垂序商陆

商陆 *Phytolacca acinosa* Roxb. 多年生草本。根肥大,肉质,呈倒圆锥形,外皮淡黄色或灰褐色。茎直立,圆柱形,有纵沟,肉质,绿色或红紫色。叶互生,薄纸质,椭圆形、长椭圆形或披针状椭圆形。总状花序顶生或与叶对生;花被片 5 枚,白色、黄绿色;雄蕊 8～10 枚;心皮通常为 8 枚,有时 5 枚或 10 枚,分离。果序直立;浆果扁球形,熟紫黑色。种子肾形,黑色。花期 5—8 月份,果期 6—10 月份。我国除东北、内蒙古、青海、新疆外,普遍野生于海拔 500～3400 m 的沟谷、山坡林下、林缘路旁。根(药材名:商陆)具有逐水消肿、通利二便、解毒散结等功效。有毒。

垂序商陆 *P. americana* L. 与商陆的主要区别是:雄蕊、心皮及花柱通常为 10 枚,心皮合生,果序下垂(图 16-19)。原产于北美。其根作为商陆入药。

10. 石竹科(Caryophyllaceae)

$$♀ * K_{4\sim5,(4\sim5)} C_{4\sim5,0} A_{8,10} \underline{G}_{(2\sim5:1:1\sim\infty)}$$

[形态特征] 草本。茎节常膨大。单叶对生,全缘。花两性,辐射对称;排成聚伞花序或单生;萼片 4～5 枚,分离或连合;花瓣 4～5 枚,分离,常具爪;雄蕊为花瓣的倍数,8 枚或 10 枚;子房上位,心皮 2～5 枚,合生,特立中央胎座。蒴果,齿裂或瓣裂,稀为浆果。种子多数,有胚乳。

[分布] 约75属,2000种;分布于全球,主要在北半球的温带和暖温带。我国有30属,388种;广布全国;已知药用的有21属,106种。

[显微特征] 常有草酸钙砂晶、簇晶;叶表皮气孔多为直轴式。

[染色体] $X = 7\sim15,17$。

[化学成分] ①皂苷类,如丝石竹皂苷元(gypsogenin)、肥皂草苷(saporubin)、表仙翁毒苷(agrostemma-sapontoxin)和山茶皂苷A(camelliagenin A)等。②黄酮类,如木樨草素(luteolin)、牡荆素(vitexin)、异牡荆素(isovitexin)和荭草素(orientin)等。

[药用植物代表]

孩儿参 *Pseudostellaria heterophylla* (Miq.) Pax 多年生草本。块根肉质,纺锤形,白色。叶对生,下部倒披针形;顶部两对叶片较大,排成"十"字形。花二型:普通花1~3朵,腋生或呈聚伞花序,白色,萼片5枚,花瓣5枚,雄蕊10枚,花柱3个;闭花受精(cleistogamy)花着生于茎下部叶腋,萼片4枚,无花瓣。雄蕊2枚,花柱几乎没有,只有2个极短的柱头,雄蕊成熟后紧靠在柱头上,花粉萌发花粉管完成自花传粉。蒴果呈宽卵形,熟时下垂。种子褐色,呈扁圆形(图16-20)。花期4—7月份,果期7—8月份。分布于我国辽宁、内蒙古、河北、陕西、山东、江苏、安徽、河南、浙江、江西、湖北、湖南、四川等地;生于山谷林下林荫处。块根(药材名:太子参)具有益气健脾、生津润肺等功效。

图16-20 孩儿参

瞿麦 *Dianthus superbus* L. 多年生草本。茎丛生,直立,无毛,上部分枝;叶对生,线状披针形。顶生聚伞花序;花萼下有小苞片4~6枚;萼筒顶端五裂;花瓣5枚,淡紫色,有长爪,顶端深裂成丝状;雄蕊10枚;花柱2个。蒴果圆筒形,顶端4齿裂。种子呈扁卵圆形。广布全国;生于山野、草丛等处。全草(药材名:瞿麦)具有利尿通淋、活血通经等功效。同属植物石竹 D. chinensis L. 全草亦作为瞿麦入药。

麦蓝菜 *Vaccaria hispanica* (Mill.) Rauschert 一年生或二年生草本,全株光滑无毛。茎单生,直立,上部分枝;叶窄,卵状披针形或披针形。伞房花序顶生;苞片2枚;萼筒壶状,五裂;花瓣5枚,淡红色;雄蕊10枚。蒴果,宽卵形或近圆形。种子近球形,红褐色至黑色(图16-21)。在我国分布于除华南以外的各地;生于草坡、麦田等处。种子(药材名:王不留行)具有活血通经、下乳消肿等功效。

图 16-21　麦蓝菜

11. 睡莲科(Nymphaeaceae)

⚥ * $K_{3\sim\infty} C_{3\sim\infty} A_{6\sim\infty} \underline{G}_{(3\sim\infty:1:1\sim\infty)}$

[形态特征]　水生或沼生草本。根状茎沉水横走,粗大。出水叶基生,心形至盾状,近圆形。沉水叶细弱;花单生,两性,辐射对称;萼片3枚至多枚;花瓣3枚至多枚;雄蕊6枚至多枚,雌蕊由3枚至多枚离生或合生心皮组成,子房上位、半下位或下位,胚珠1枚至多枚。坚果埋于膨大的海绵状花托内或为浆果。

[分布]　8属,约100种;分布于全球。我国有5属,约15种;广布于全国各地;已知药用的有5属,10种。

[显微特征]　维管束散生,无形成层。

[染色体]　$X=8,14,17,29$。

[化学成分]　①生物碱类,如莲心碱(liensinine)、荷叶碱(nuciferine)、原荷叶碱(nornuciferine)等。②黄酮类,如木樨草苷(galuteolin)、金丝桃苷(hyperin)、芸香苷(rutin)等。

[药用植物代表]

图 16-22　莲

莲 *Nelumbo nucifera* Gaetn.　多年生水生草本。具肥大的根状茎,节间膨大。叶片圆形,盾状,柄长,有刺毛。花单生;萼片4~5枚,早落;花瓣多数,红色、粉红色或白色;雄蕊多数。坚果椭圆形或卵形,嵌生于海绵质的花托内(图 16-22)。种子呈卵形或椭圆形。全国各地均有栽培;生于水泽、池塘、湖沼或水田内。根状茎的节部(药材名:藕节)为收敛止血药,可消瘀止血;叶(药材名:荷叶)可清暑利湿;叶柄(药材名:荷梗)可理气宽胸、和胃安胎;花托(药材名:莲房)可化瘀止血;雄蕊(药材名:莲须)可固肾涩精;种子(药材名:莲子)为固精缩尿止带药,可补脾止泻、益肾安神;莲子中的绿色胚(药材名:莲子心)可清心安神、涩精止血。

芡实(鸡头米)*Euryale ferox* Salisb.　一年生大型水生草本。全株具尖刺。根状茎短。

沉水叶箭形或椭圆肾形,两面无刺;浮水叶革质,椭圆肾形至圆形盾状,上面多皱褶,脉上有刺。花萼宿存,外面密生钩状刺;花瓣多数,紫红色;雄蕊多数;子房下位,8室。果实为浆果,球形,海绵质,紫红色,形如鸡头,密生硬刺。种子球形,黑色(图16-23)。花期7—8月份,果期8—9月份。分布于全国各地;生于

图16-23　芡实

湖塘池沼中。种子(药材名:芡实)为固精、缩尿、止带药,可益肾固精、补脾止泻。

12. 毛茛科(Ranunculaceae)

☿ * ↑ $K_{3\sim\infty} C_{3\sim\infty,0} A_\infty \underline{G}_{1\sim\infty;1;1\sim\infty}$

[形态特征]　草本,稀为灌木或小乔木。叶互生或基生,少为对生;单叶或复叶;叶片多缺刻或分裂,稀为全缘;无托叶。花多两性;辐射对称或两侧对称;单生或排列成聚伞花序、总状花序和圆锥花序;重被或单被;萼片3枚至多枚,常呈花瓣状;花瓣3枚至多枚或缺;雄蕊和心皮多枚,离生,螺旋状排列,稀为定数,子房上位,1室,每枚心皮含一至多枚胚珠。聚合蓇葖果或聚合瘦果,稀为浆果。

[分布]　约50属,2000种;分布于全球,以北温带地区为多。我国有43属,约720种;分布于全国各地;药用的有30属,近500种。

[显微特征]　维管束的导管常排列成"V"字形;花粉粒三沟。升麻属、类升麻属有些植物中维管束散生;内皮层常明显。

[染色体]　$X=6\sim9$。7(唐松草属),8(乌头属、升麻属、白头翁属、铁线莲属),9(黄连属)。

[化学成分]　①生物碱类。该类成分在本科植物中分布广泛。异喹啉类生物碱存在于黄连属、唐松草属、翠雀属(Delphinium)、耧斗菜属(Aquilegia)、金莲花属(Trollius)植物,其中黄连属、唐松草属和翠雀属均含小檗碱(berberine)和木兰花碱(magnoflorine),耧斗菜属和金莲花属植物仅含木兰碱。厚果唐松草碱(thalicarpine)和唐松草新碱(thalidasine)存在于唐松草属植物中,有明显的抗肿瘤活性。二萜类生物碱,如乌头碱(aconitine)、中乌头碱(mesaconitine)、次乌头碱(hypaconitine)和翠雀芳宁(delphonine)是乌头属和翠雀属植物的特征成分。这类生物碱具有明显的镇痛、局部麻醉和抗炎作用,但毒性大,可导致心律失常。②苷类。有多种类型的苷类成分存在于本科植物中。毛茛苷(ranunculin)广泛存在于毛茛属、银莲花属、白头翁属(Pulsatilla)和铁线莲属植物中,是这些属植物的特征成分。毛茛苷经酶解生成原白头翁素(protoanemonin),不稳定,易聚合成二聚体白头翁素(anemonin)。原白头翁素和白头翁素均有显著的抗菌活性。强心苷是侧金盏花属(Adonis)和铁筷子属(Helleborus)植物的特征成分。侧金盏花属植物所含强心苷属于强心甾型,如加拿大麻苷(cymarin)、福寿草毒苷(adonitoxin)。铁筷子属植物含海葱甾型强心苷,如嚏根草苷(hellebrin)。氰苷存在于扁果草属(Isopyrum)、拟扁果草属(Enemion)、天葵

属（Semiaquilegia）、耧斗菜属及唐松草属植物中。③黄酮类，如荭草素（orientin）、异荭草素（isoorientin）等。④香豆素类，如伞形花内酯（umbelliferone）、东莨菪素（scopoletin）等；⑤四环三萜类，如升麻醇（cimigenol）等。

[主要属及药用植物代表]

(1) 毛茛属（Ranunculus）

多年生或一年生草本。须根纤维状簇生，或基部增厚呈纺锤形。茎直立、斜升或匍匐。叶大多基生兼茎生；单叶或三出复叶；叶片三浅裂至三深裂，或全缘及有齿；叶柄伸长，基部扩大成鞘状；花单生或成聚伞花序；两性；萼片5枚，绿色草质，大多脱落；花瓣常5枚，黄色，基部有爪，蜜槽点状或杯状、袋穴状；雄蕊与心皮多数，离生，螺旋状着生在花托上。聚合瘦果，球形或长圆形。

图16-24 毛茛

毛茛 R. japonicus Thunb. 多年生草本。茎直立，中空，有槽，具分枝，生开展或贴伏的柔毛。叶片圆心形或五角形，三深裂，中裂片又三浅裂，侧裂片不等二裂。聚伞花序顶生；花瓣黄色带蜡样光泽。聚合瘦果近球形（图16-24）。花果期4—9月份。广布于全国各地；生于山沟、水田边、湿草地。带根全草（药材名：毛茛）有毒，具有退黄、定喘、截疟、镇痛、消翳等功效。

(2) 乌头属（Aconitum）

草本。通常具块根，由1个母根和数个旁生的子根组成；或为1年生直根。茎直立或缠绕；叶多掌状裂。总状花序；花两性；两侧对称；萼片5枚，花瓣状，常呈紫色、蓝色或黄色，上萼片呈船状、盔状或圆筒状；花瓣2枚，特化为蜜腺叶，由距、唇、爪三部分组成；雄蕊多数；心皮3~5枚。聚合蓇葖果。

乌头 A. carmichaelii Debx. 多年生草本。块根呈倒圆锥形，母根周围常有数个子根。叶片薄革质或纸质，五角形，通常三全裂，中央裂片近羽状分裂，侧生裂片不等2深裂。萼片蓝紫色，上萼片高盔状；花瓣有距。蓇葖果（图16-25）。分布于长江中下游，华北、西南亦产；生于山坡草地、灌丛中，四川、陕西有大量栽培。栽培品的母根（药材名：川乌头、川乌）有大毒，具有祛风除湿、温经散寒、消肿止痛等功效。栽培品的子根（药材名：附子）有毒，具有回阳救逆、温中散寒、止痛等功效。

图16-25 乌头

除此以外，黄花乌头 A. coreanum（lévl.）Rapaics 分布于我国东北及河北，块根（药材名：关白附）有大毒，能祛寒湿、止痛。短柄乌头 A. brachylpodum Diels 分布于我国四川、云南，块根（药材名：雪上一枝蒿）有大毒，能祛风止痛。

（3）铁线莲属（Clematis）

多年生木质或草质藤本。叶对生,三出复叶至二回羽状复叶或二回三出复叶;花两性,稀为单性;聚伞花序,或总状、圆锥状聚伞花序;雄蕊和雌蕊多数。瘦果,宿存花柱伸长呈羽毛状,或不伸长而呈喙状。

威灵仙 *C. chinensis* Osbeck　藤本,干后变黑色。羽状复叶,小叶 5 枚,纸质,卵形至卵状披针形,或为线状披针形、卵圆形;圆锥形聚伞花序;萼片 4 枚,白色,长圆形或长圆状倒卵形,外面边缘密生绒毛或中间有短柔毛(图 16-26)。瘦果扁。花期 6 月份至 9 月份,果期 8 月份至 11 月份。分布于长江中下游及其以南地区;生于山坡、山谷灌丛中或沟边、路旁草丛中。根及根状茎(药材名:威灵仙)具有祛风湿、通经络的作用。同属植物棉团铁线莲 *C. hexapetala* Pall. 和东北铁线莲 *C. manshurica* Rupr. 的根及根状茎亦作为药材威灵仙入药。

另外,绣球藤 *C. montana* Buch.-Ham. ex DC. 分布于陕西、宁夏、甘肃、安徽、江西、福建、台湾和华中及西南地区,小木通 *C. armandii* Franch. 分布于陕西、甘肃、湖北、湖南、福建、广东、广西、贵州、四川、西藏、云南等地,两者的藤茎(药材名:川木通)能清热利尿、通经下乳。

图 16-26　威灵仙

（4）黄连属（Coptis）

多年生草本。根状茎黄色,生多数须根。叶全部基生,有长柄,三或五全裂。花葶 1~2 条;聚伞花序;花小,辐射对称;萼片 5 枚,黄绿色或白色,花瓣状;花瓣比萼片短,倒披针形或匙形;雄蕊多枚;心皮 5~14 枚,基部有明显的柄。聚合蓇葖果,有柄。种子少数,长椭圆球形,褐色,有光泽,具不明显的条纹。

黄连 *Coptis chinensis* Franch.　多年生草本,高 15~35 cm。根状茎黄色,常分枝,形如鸡爪。叶基生,叶片坚,纸质,卵状三角形,三全裂,中央全裂片卵状菱形,有细长柄,长 5~12 cm。聚伞花序顶生,花 3~8 朵;总苞片通常 3 枚,披针形,羽状深裂;萼片 5 枚,黄绿色,长椭圆状卵形;花瓣线形或线状披针形;雄蕊多数;心皮 8~12 枚,离生。蓇葖果 6~12 个。种子 7~8 粒,长椭圆形(图 16-27)。2—3 月份开花,4—6 月份结果。分布于四川、贵州、湖南、湖北、陕西南部;生于海拔 500~2000 m 的山地林中或山谷阴处,野生或栽培。根茎(药材名:黄连,图 16-28)具有清热燥湿、泻火解毒等功效。

三角叶黄连 *C. deltoidea* C. Y. Cheng et Hsiao　根状茎黄色,不分枝或少分枝,匍匐茎横走,有长节间。叶片稍草质,卵形,三全裂,中央裂片三角状卵形,羽状深裂。现野生少见

(图16-27)。根茎作为黄连入药。

云连 *C. teeta* Wall. 根状茎黄色，较少分枝。叶片卵状三角形，三全裂，裂片间距稀疏；花瓣匙形(图16-27)。根茎作为黄连入药。

黄连

三角叶黄连

云连

图16-27 黄连

味连药材

味连饮片

图16-28 黄连药材及饮片

(5) 其他属

白头翁 *Pulsatilla chinensis* (Bge.) Regel 多年生草本。根状茎粗0.8~1.5 cm。基生叶4~5片，叶片宽卵形，三全裂，叶柄长，有密长柔毛。花葶顶生1朵花；总苞片3枚；萼片6枚，紫色；无花瓣。瘦果纺锤形，扁，长3.5~4 mm，有长柔毛，宿存花柱长3.5~6.5 cm，下垂如白发(图16-29)。4月份至5月份开花。分布于东北、华北、华东和河南、陕西、四川；生于平原和低山山坡草丛中、林边或干旱多石的坡地。根(药材名：白头翁)具有清热解毒、凉血止痢的功效。

图16-29 白头翁

升麻 *Cimicifuga foetida* L. 多年生草本。根状茎粗壮,表面黑色,有多个内陷的圆洞状老茎残迹。基生叶与下部茎生叶为二至三回羽状复叶;小叶菱形或卵形,边缘有不整齐锯齿。圆锥花序,密被腺毛和柔毛;萼片白色;无花瓣;雄蕊多数,退化雄蕊呈宽椭圆形,先端二浅裂,基部具蜜腺;心皮2~5枚。蓇葖果,有伏毛。种子椭圆形,褐色,有横向的膜质鳞翅,四周有鳞翅。7—9月份开花,8—10月份结果。分布于西藏、云南、四川、青海、甘肃、陕西、河南西部和山西;生于海拔1700~2300 m的山地林缘、林中或路旁草丛中。根状茎(药材名:升麻)具有发表透疹、清热解毒、升举阳气等功效。

同属植物大三叶升麻 *C. heraleifolia* Kom. 和兴安升麻 *C. dahurica* (Turcz.) Maxim. 的根状茎亦作为升麻入药。

本科常用其他药用植物:①阿尔泰银莲花 *Anemone altaica* Fisch. Ex C. A. Mey 根状茎能化痰开窍、安神、化湿醒脾、解毒。②多被银莲花 *A. raddeana* Regal 根状茎(药材名:竹节香附)有毒,能祛风湿、散寒止痛、消痈肿。③天葵 *Semiaquilegia adoxoides* (DC.) Makino (图16-30)块根(药材名:天葵子)能清热解毒、消肿散结、利水通淋。④高原唐松草 *Thalictrum cultratum* Wall. 与多叶唐松草 *T. foliolosum* DC. 等的根及根茎(药材名:马尾连)能清热燥湿、泻火解毒。⑤华东唐松草 *T. fortunei* S. Moore. (图16-31)的根在安徽作为黄连用。

图 16-30 天葵

图 16-31 华东唐松草

13. 芍药科(Paeoniaceae)

☿ * $K_5 C_{5~10} A_\infty \underline{G}_{2~5;1;\infty}$

[**形态特征**] 多年生草本或灌木。根肥大。叶互生,通常为二回三出羽状复叶。花大,一至数朵顶生;萼片通常5枚,宿存;花瓣5~10枚(栽培者多数),红、黄、白、紫各色;雄蕊多枚,离心发育;花盘杯状或盘状,包裹心皮;心皮2~5枚,离生。聚合蓇葖果。

[**分布**] 1属,约35种;分布于亚欧大陆、北美西部温带地区。我国有11种;分布于东北、华北、西北、长江流域及西南;几乎全部药用。

[**显微特征**] 草酸钙簇晶众多,散在或存在于延长而具分隔的薄壁细胞中。

[**染色体**] $X = 5$。

[**化学成分**] 芍药苷(paeoniflorinlo)、皮酚(paeonol)及其苷类衍生物,如牡丹酚苷(paeonoside)、牡丹酚原苷(paeonolide)等。

[药用植物代表]

图 16-32 芍药

芍药 *Paeonia lactiflora* Pall. 多年生草本。根通常呈圆柱形。叶互生,茎下部叶二回三出复叶,枝端为单叶;小叶狭卵形,具白色骨质细齿;萼片4枚,宽卵形或近圆形;花大型,花冠白色、粉红色或红色,单生于茎枝顶端;聚合蓇葖果3~5个,卵形,顶端具喙(图16-32)。花期5—6月份,果期8月份。分布于东北、华北、陕西及甘肃南部。在东北分布于海拔480~700 m 的山坡草地及林下,在其他各省分布于海拔1000~2300 m 的山坡草地。根(药材名:白芍,图16-33)具有养血调经、敛阴止汗、柔肝止痛、平抑肝阳等功效。

图 16-33 白芍药材及饮片

野生芍药和同属植物川赤芍 *P. veitchii* Lynch. 的干燥根(赤芍)具有清热凉血、散瘀止痛等功效。

牡丹 *Paeonia suffruticosa* Andr. 落叶灌木。二回三出复叶,顶生小叶呈宽卵形,三裂至中部,裂片不裂或二至三浅裂,表面绿色,无毛,背面淡绿色;花单生于枝顶;萼片5枚;花瓣5枚,或为重瓣,玫瑰色、红紫色、粉红色至白色,通常变异很大,倒卵形,顶端呈不规则的波状;花盘革质,杯状,紫红色,顶端有数个锐齿或裂片,完全包住心皮,在心皮成熟时开裂;心皮5枚,稀为更多,密生柔毛。蓇葖长圆形,密生黄褐色硬毛(图16-34)。花期5月份,果期6月份。主产于安徽铜陵凤凰山及南陵丫山;各地多有栽培。根皮(药材名:牡丹皮、丹皮)具有清热凉血、活血化瘀等功效。

图 16-34 牡丹(左上角示牡丹皮)

14. 小檗科(Berberidaceae)

$\male \ast K_{3+3} C_{3+3} A_{3\sim9} \underline{G}_{1:1:\infty}$

[形态特征] 小灌木或草本。单叶或复叶;互生。花两性,辐射对称,单生、簇生或为总状、穗状花序;萼片与花瓣相似,各2~4轮,每轮常3片,花瓣常具蜜腺;雄蕊3~9枚,常与花瓣对生,花药瓣裂或纵裂;子房上位,常由1枚心皮组成1室;花柱极短或缺,柱头常为盾形;胚珠1至多枚。浆果、蓇葖果或瘦果。种子1至多枚。

[分布] 17属,约650种;分布于北温带和亚热带高山地区。我国有11属,约320种;分布于全国各地,以西南地区为多;已知药用的有11属,140余种。

[显微特征] 植物体内常含有草酸钙方晶或簇晶。

[染色体] $X = 6 \sim 8, 10, 14$。

[化学成分] ①生物碱类,如小檗碱(berberine)、掌叶防己碱(palmatine)、木兰花碱(magnoflorine)等。②苷类,如淫羊藿苷(icraiin)等。③木脂素类,如鬼臼毒素(podophyllotoxin)、去甲鬼臼毒素(demethyl-podophyllotoxin)等。

[药用植物代表]

淫羊藿 *Epimedium brevicornum* Maxim. 多年生草本,植株高20~60 cm。根状茎粗短,木质化,暗棕褐色。二回三出复叶基生和茎生,具9枚小叶;基生叶1~3枚丛生,具长柄,茎生叶2枚,对生;小叶纸质或厚纸质,卵形或阔卵形,先端急尖或短渐尖,基部深心形,顶生小叶基部裂片圆形,近等大,侧生小叶基部裂片稍偏斜,急尖或圆形,上面常有光泽,网脉显著,背面苍白色,光滑或疏生少数柔毛,基出7脉,叶缘具刺齿;花茎具2枚对生叶,圆锥花序;花白色或淡黄色;萼片2轮,雄蕊长3~4 mm,伸出,花药长约2 mm,瓣裂。蒴果,宿存花柱喙状(图16-35)。花期5—6月份,果期6—8月份。产于陕西、甘肃、山西、河南、青海、湖北、四川;生于林下、沟边灌丛中或山坡阴湿处。叶(淫羊藿)具有补肾阳、强筋骨、祛风湿等功效。

同属植物三枝九叶草(箭叶淫羊藿,图16-35) *E. sagittatum* (Sieb. et Zucc.) Maxim. 三出复叶,小叶片长卵形至卵状披针形,长4~12 cm,宽2.5~5 cm;先端渐尖,两侧小叶基部明显偏斜,外侧呈箭形。下表面疏被粗短伏毛或近无毛。叶片革质。柔毛淫羊藿 *E. pubescens* Maxim. 叶下表面及叶柄密被绒毛状柔毛,朝鲜淫羊藿 *E. koreanum* Nakai 下表皮气孔和非腺毛均易见。这三种植物的干燥叶也作为淫羊藿入药。

图16-35 淫羊藿(左)和三枝九叶草(右)

2005年版《中国药典》收载同属植物巫山淫羊藿 *E. wushanense* T. S. Ying 作为淫羊藿药材的原植物之一,由于其所含的淫羊藿苷明显低于其他4种原植物,而朝藿定C的含量则高于其他4种原植物,故2010年版《中国药典》将其单列为"巫山淫羊藿"。

阔叶十大功劳 *Mahonia bealei* (Fort.) Carr. 灌木或小乔木。奇数羽状复叶,互生,叶狭倒卵形至长圆形,厚革质,上面暗灰绿色,背面被白霜;边缘每边具2~6轮粗锯齿,先端具硬尖,顶生小叶较大;总状花序丛生于茎顶;花黄色;萼片9枚,3轮,花瓣状;花瓣6枚;雄蕊6枚,花药瓣裂。浆果卵形,深蓝色,被白粉(图16-36)。花期9月份至翌年1月份,果期3—5月份。分布于长江流域及陕西、河南、福建;生于山坡灌丛、林下,也有栽培。茎(药材名:功劳木)有清热燥湿、泻火解毒等功效;叶(药材名:十大功劳叶)有清虚热、益肝肾、祛风湿等功效。

同属植物十大功劳 *M. fortunei* (Lindl.) Fedde 叶呈倒卵形至倒卵状披针形,浆果呈球形,紫黑色,被白粉(图16-37)。花期7—9月份,果期9—11月份。其茎亦作为功劳木入药。

图16-36 阔叶十大功劳

图16-37 十大功劳

八角莲 *Dysosma versipellis* (Hance) M. Cheng ex Ying 多年生草本。根状茎粗壮,横生,多须根;茎直立,不分枝,无毛,淡绿色。茎生叶2枚,薄纸质,互生,盾状,近圆形,4~9掌状浅裂,裂片呈阔三角形、卵形或卵状长圆形;花深红色,5~8朵簇生于离叶基部不远处,下垂;萼片6枚,长圆状椭圆形;子房呈椭圆形,无毛,花柱短,柱头盾状。浆果呈椭圆形。种子多数。花期3—6月份,果期5—9月份(图16-38)。分布于我国长江流域以南各地;生于山坡林下、灌丛中、溪旁阴湿处、竹林下或石灰山常绿林下。根状茎(药材名:八角莲)具有化痰散结、祛瘀止痛、清热解毒等功效。

南天竹 *Nandina domestica* Thunb. 常绿小灌木。茎常丛生而少分枝;叶互生,集生于茎的上部,三回羽状复叶;小叶薄革质,椭圆形或椭圆状披针形,全缘,上面深绿色,冬季变红色,背面叶脉隆起,两面无毛;近无柄。圆锥花序直立,花小,白色,具芳香;萼片多轮,花瓣长圆形,先端圆钝;雄蕊6枚,子房1室,具1~3枚胚珠。浆果球形,直径5~8 mm,成熟时呈鲜红色,稀为橙红色。种子扁圆形(图16-39)。花期3—6月份,果期5—11月份。分布于我国陕西及长江流域以南各地;生于山地林下沟旁、路边或灌丛中。果实(药材名:南天竹子)能敛肺止咳、平喘;根、茎、叶均能清热利湿、解毒。

本科常用其他药用植物:鲜黄连 *Plagiorhegma dubia* Maxim. 产于吉林、辽宁;生于针叶林下、杂木林下、灌丛中或山坡阴湿处。根状茎及根能清热燥湿、泻火解毒。

图16-38 八角莲

图16-39 南天竹

15. 木通科（Lardizabalaceae）

♀ $* K_{3+3} C_0 A_6 \underline{G}_{3:1:1 \sim \infty}$

[形态特征] 木质藤本，稀为灌木，叶互生，掌状或三出复叶，少数为羽状复叶，无托叶；叶柄基部和小叶柄的两端常膨大为节状。花辐射对称，常排成总状花序；萼片6枚，花瓣状，排成2轮，有时3枚，花瓣缺，或为蜜腺状；雄蕊6枚，花丝分离或连合成管，药隔常凸出于药室之上而呈角状，雌花中有退化雄蕊6枚或无；子房上位，心皮3枚，有时6枚或9枚，分离，1室，胚珠1枚至多数，倒生，纵行排列。果实为肉质蓇葖果或浆果，不开裂或沿向轴的腹缝线开裂。种子卵形或近肾形，有肉质而丰富的胚乳，胚小而直。

[分布] 共50种，分布于亚洲东部。我国有7属，42种和4个变种，主产于长江以南各省区。

[显微特征] 花粉粒长球形或近球形，穴状和网状雕纹。

[染色体] $X = (7)14,(8)16,15$。

[化学成分] ①苯乙醇苷类，如木通苯乙醇苷B。②三萜类，如白桦脂醇、齐墩果酸、常春藤皂苷元、木通酸、木通萜酸等。③三萜皂苷类；主要为常春藤皂苷元，齐墩果酸、去甲齐墩果酸等为苷元的三萜皂苷。

[药用植物代表]

木通 *Akebia quinata* (Thunb.) Decne. 落叶木质藤本。茎纤细，圆柱形，缠绕，茎皮灰褐色，有圆形、小而凸起的皮孔；芽鳞片呈覆瓦状排列，淡红褐色。掌状复叶互生或在短枝上簇生，通常有小叶5片；叶柄纤细，小叶纸质，倒卵形或倒卵状椭圆形。伞房花序式的总状花序腋生。雄花花梗纤细，萼片通常3枚，有时4枚或5枚，淡紫色，兜状阔卵形，顶端圆形，雄蕊6(7)枚，离生；雌花花梗细长，萼片暗紫色，阔椭圆形至近圆形；心皮3～6(9)枚，离生，圆柱形，柱头盾状，顶生；退化雄蕊6～9枚。果孪生或单生，长圆形或椭圆形，成熟时呈紫色，腹缝开裂；种子多数，卵状长圆形，略扁平，不规则地多行排列，着生于白色、多汁的果肉中，种皮褐色或黑色，有光泽（图16-40）。花期4—5月份，果期6—8月份。产于长江流域各省区；生于海拔300～1500 m的山地灌木丛、林缘和沟谷中。藤茎（药材名：木通）具有利尿通淋、清心除烦、通经下乳等功效。

同属植物三叶木通 *A. trifoliata* (Thunb.) Koidz. 或白木通 *A. trifoliate* (Thunb.) Koidz.

subsp. *australis*（Diels）Rehd. 的干燥藤茎也作为木通入药。

图 16-40　木通

16. 防己科（Menispermaceae）

♂ $* K_{3+3} C_{3+3} A_{3\sim6,\infty}$；♀ $K_{3+3} C_{3+3} \underline{G}_{3\sim6:1:1}$

[形态特征]　<u>攀缘或缠绕藤本</u>。叶呈螺旋状排列，无托叶，单叶，稀为复叶，常具掌状脉，花通常小而不鲜艳，<u>单性异株</u>；聚伞花序或圆锥花序；<u>萼片与花瓣常各 6 枚，2 轮，每轮 3 片</u>；花瓣常小于萼片；雄蕊通常 6 枚，稀为 3 枚或多枚，分离或合生；子房上位，通常 3～6 枚心皮，分离，每室 2 枚胚珠，仅 1 枚发育。<u>核果，核多呈马蹄形或肾形</u>。

[分布]　约 65 属，350 种；分布于热带和亚热带地区。我国有 19 属，78 种；南北均有分布；药用的有 15 属，67 种。

[显微特征]　常有异型结构及多种草酸钙结晶。

[染色体]　$X = 11\sim13,9,25$。

[化学成分]　本科是被子植物中含生物碱较丰富的科，主要是双苄基异喹啉（bisbenzyliso-quinoline）生物碱、原小檗碱（proberberine）型生物碱和阿朴啡（aporphine）型生物碱。双苄基异喹啉型有汉防己碱（tetrandrine）、异汉防己碱（isotetrandrine）、轮环藤宁碱（cycleanine）、小檗胺（berbamine）、头花千金藤碱（cepharanthine）、高阿莫灵碱（homoaromoline）等；原小檗碱型有小檗碱（berberine）、药根碱（jatrorrhizine）、掌叶防己碱（巴马亭）（palmatine）等；阿朴啡型有木兰花碱（magnoflorine）、千金藤碱（stephanine）等。

[药用植物代表]

蝙蝠葛 *Menispermum dauricum* DC.　草质、落叶藤本，根状茎褐色，垂直生。叶纸质或近膜质，轮廓通常为心状扁圆形，边缘有 3～9 角或 3～9 裂，很少近全缘，基部心形至近截平，两面无毛，下面有白粉，掌状脉；圆锥花序单生或有时双生；萼片 4～8 枚；花瓣 6～8 枚或多至 9～12 枚，肉质，凹成兜状，有短爪；雄蕊常 12 枚；雌蕊 3 枚心皮，分离。核果呈紫黑色，核呈马蹄形。花期 6—7 月份，果期 8—9 月份。分布于东北、华北和华东地区；常生于路边灌丛或疏林中。根状茎（药材名：北豆根）具有清热解毒、祛风止痛等功效。

粉防己 *Stephania tetrandra* S. Moore　草质藤本，主根肉质，柱状；小枝有直线纹。叶纸质，阔三角形，顶端有凸尖，基部微凹或近截平，两面或仅下面被贴伏短柔毛；掌状脉 9～10 条，较纤细，网脉甚密，很明显；花序头状，于腋生、长而下垂的枝条上成总状排列，苞片小或很小;雄花萼片4枚或有时5枚,通常呈倒卵状椭圆形,有缘毛;花瓣5枚,肉质,边缘内折;聚药雄蕊;雌花的萼片和花瓣与雄花的相似。核果成熟时近球形,红色。产于浙江、安徽、福建、台湾、湖南、江西、广西、广东和海南;生于村边、旷野、路边等处的灌丛中。根(药材名:防己)有祛风止痛、利水消肿等功效。

木防己 *Cocculus trilobus*(Thunb.)(L.) DC. 木质藤本;小枝被绒毛至疏柔毛,或有时近无毛,有条纹。叶片纸质至近革质,形状变异极大,自线状披针形至阔卵状近圆形、狭椭圆形至近圆形、倒披针形至倒心形,有时卵状心形,顶端短尖或钝而有小凸尖,有时微缺或二裂,边全缘或三裂,有时掌状五裂,两面被密柔毛至疏柔毛,有时除下面中脉外,两面近无毛;掌状脉3条,很少为5条,在下面微凸起;聚伞花序少花,腋生,或排成多花,狭窄聚伞圆锥花序,顶生或腋生,被柔毛;雄花:小苞片2枚或1枚,紧贴花萼,被柔毛;萼片6枚,外轮卵形或椭圆状卵形,内轮阔椭圆形至近圆形,有时阔倒卵形,花瓣6枚,下部边缘内折,抱着花丝,顶端二裂,裂片叉开,渐尖或短尖;雄蕊6枚,比花瓣短;雌花的萼片和花瓣与雄花的相同;退化雄蕊6枚,微小;心皮6枚,无毛。核果近球形,红色至紫红色(图16-41)。分布于长江流域中下游及其以南各省区;生于灌丛、村边、林缘等处。其根的功效同防己。

图16-41 木防己

图16-42 金线吊乌龟

金线吊乌龟 *Stephania cepharantha* Hayata 草质、落叶、无毛藤本,高通常1~2m或过之;块根团块状或近圆锥状,有时不规则,褐色,生有许多突起的皮孔;小枝紫红色,纤细。叶纸质,三角状扁圆形至近圆形,顶端具小凸尖,基部圆或近截平,边全缘或多少浅波状;掌状脉;雌雄花序同形,均为头状花序,具盘状花托。雄花:萼片6枚,聚药雄蕊很短;雌花:萼片1枚,花瓣2(~4)枚,肉质,比萼片小。核果阔,呈倒卵圆形,成熟时红色(图16-42)。花期4—5月份,果期6—7月份。分布于我国西北至陕西汉中地区,东至浙江、江苏和台湾,西南至四川东部和东南部、贵州东部和南部,南至广西和广东。适应性较强,见于村边、旷野、林缘等处土层深厚肥沃的地方。块根(药材名:白药子)能清热解毒、祛风止痛、凉血止血。

本科常用的其他药用植物:①风龙 *Sinomenium acutum*(Thunb.) Rehd. et Wils. 分布于我国长江流域及其以南各地;茎藤(药材名:青藤、青风藤)能祛风通络、除湿止痛。②锡生藤 Cissampelos pareira L. var. hirsuta（Buch. ex DC.）Forman 分布于我国广西、贵州、云南等地；全株[药材名：亚呼鲁（云南傣语）]能活血止痛、止血生肌。

17. 木兰科（Magnoliaceae）

$$\male * P_{6\sim12} A_\infty \underline{G}_{\infty;1;1\sim2}$$

[形态特征] 木本，稀为藤本。体内常含油细胞，有香气。单叶互生、簇生或近轮生，常全缘；常具托叶，大，包被幼芽，早落，在节上留有环状托叶痕。花单生，两性，稀为单性，辐射对称；花被片3基数，多为6~12片，每轮3片；雄蕊与雌蕊多数，分离，螺旋状排列在延长的花托上；每一心皮含胚珠1~2枚。聚合蓇葖果或聚合浆果。种子具胚乳。

[分布] 18属，330余种；主要分布于亚洲东南部和南部地区。我国有14属，约160种；主要分布于东南部和西南部地区，向北渐少；已知药用的有8属，约90种。

[显微特征] 体内常有石细胞、草酸钙方晶和油细胞。

[染色体] $X = 19$。

[化学成分] ①本科植物普遍存在的化学成分是挥发油，主要含有芳香族衍生物或倍半萜类，如厚朴酚（magnolol）、茴香脑（anethole）、丁香酚（eugenol）等。②生物碱多为苄基异喹啉类生物碱，如木兰箭毒碱（magnocurarine）、木兰花碱（magnoflorine）等，是木兰属和含笑属植物的特征性化学成分，具有抗菌消炎、利尿降压、松弛肌肉等作用。③倍半萜内酯，如八角属中的莽草毒素（anisatine），有毒性，含笑属植物中的多种倍半萜内酯则有抗肿瘤活性。④木脂素，如五味子素（schizandrin）等一系列联苯环辛烯类木脂素，是五味子属和南五味子属植物的特征性化学成分，具有保肝降酶等多种生物活性。

[主要属及药用植物代表]

（1）木兰属（Magnolia）

乔木或灌木，树皮通常灰色，光滑，或有时粗糙具深沟，通常落叶。小枝具有环状托叶痕。叶全缘。花大，单生于枝顶；花被片9~21枚，每轮3枚，有时外轮花萼状，白色、粉红色或紫红色，很少黄色；雄蕊与雌蕊多枚，螺旋状着生在长轴形的花托上，雌蕊群无柄或近于无柄，每一心皮有胚珠2枚。聚合蓇葖果。种子1~2枚，外种皮橙红色或鲜红色，肉质，含油，内种皮坚硬，种脐有丝状假珠柄与胎座相连，悬挂种子于外。

厚朴 Magnolia officinalis Rehd. et Wils. 落叶乔木，高7~10 m。树皮厚，紫褐色。叶互生，革质，倒卵形或倒卵状椭圆形，长20~45 cm，宽10~24 cm，先端钝圆或短尖，全缘或略波状。花单生于幼枝顶端，白色，芳香，直径约为15 cm，花被片9~12枚；雄蕊及雌蕊各多数，螺旋状排列于延长的花托上。聚合蓇葖果椭圆状卵形。花期5—6月份，果期8—10月份（图16-43A）。分布于陕西南部、甘肃东南部、河南东南部（商城、新县）、湖北西部、湖南西南部、四川（中部、东部）、贵州东北部。生于海拔300~1500 m的山地林间。干皮、根皮及枝皮（药材名：厚朴，图16-43C）具有燥湿消痰、下气除满等功效。

凹叶厚朴 M. officinalis Rehd. Wils. subsp. biloba Rehd. et Wils. 灌木状乔木，叶先端凹陷，形成二圆裂（图16-43B）。干皮、根皮及枝皮作为厚朴入药。

A. 厚朴　　　　　　　　B. 凹叶厚朴　　　　　　　　C. 厚朴药材

图 16-43　厚朴

玉兰 *Magnolia denudata* Desr.　落叶乔木,高达 25 m,胸径 1 m;树皮深灰色,粗糙开裂;小枝稍粗壮,灰褐色;叶纸质,倒卵形、宽倒卵形或倒卵状椭圆形,网脉明显;托叶痕为叶柄长的 1/4～1/3。花蕾呈卵圆形,花先叶开放,直立,芳香,花梗显著膨大,密被淡黄色长绢毛;花被片 9 片,白色,基部常带粉红色,长圆状倒卵形;聚合果圆柱形,蓇葖厚木质,褐色,具白色皮孔;种子心形,侧扁,外种皮红色,内种皮黑色(图 16-44)。花期 2—3 月份(亦常于 7—9 月份再开一次花),果期 8—9 月份。产于江西(庐山)、浙江(天目山)、湖南(衡山)、贵州;生于海拔 500～1000 m 的林中。花蕾(药材名:辛夷)具有散风寒、通鼻窍等功效。

武当玉兰 *Magnolia sprengeri* Pamp. 的花蕾也作为辛夷入药。

图 16-44　玉兰

(2) 五味子属(Schisandra)

木质藤本。叶纸质,边缘膜质,下延至叶柄成狭翅,叶肉具透明点;叶痕圆形,稍隆起,维管束痕 3 点。花单性,雌雄异株,少有同株,单生于叶腋或苞片腋,常在短枝上。花被片 5～12(20)枚,通常中轮的最大,外轮和内轮的较小;雄花:雄蕊 5～60 枚,花丝细长或短,或贴生于花托上而无花丝;雌蕊 12～120 枚,离生,螺旋状紧密排列于花托上。成熟心皮为小浆果,排列于下垂肉质果托上,形成长穗状聚合果。

五味子 *Schisandra chinensis* (Turcz.) Baill.　落叶木质藤本。除幼叶背面被柔毛及芽鳞具缘毛外,余无毛;叶膜质,宽椭圆形、卵形、倒卵形、宽倒卵形,或近圆形;花单性异株,单生或簇生于叶腋,有长柄,下垂;花被片 6~9 枚,粉白色或粉红色;雄蕊 5(6)枚,药室外侧向开裂;雌蕊心皮 17~40 枚,覆瓦状排列在花托上,聚合浆果排成穗状,球形,成熟后深红色。花期 5—7 月份,果期 5—11 月份(图 16-45)。产于黑龙江、吉林、辽宁、内蒙古、河北、山西、宁夏、甘肃、山东;生于海拔 1200~1700 m 的沟谷、溪旁、山坡。果实(药材名:五味子)具有收敛固涩、益气生津、补肾宁心等功效。

华中五味子 *Schisandra sphenanthera* Rehd. et Wils. 落叶木质藤本,全株无毛,叶纸质,倒卵形、宽倒卵形或倒卵状长椭圆形,有时圆形,很少椭圆形,先端短急尖或渐尖,基部楔形或阔楔形,干膜质边缘至叶柄成狭翅,上面深绿色,下面淡灰绿色;花生于近基部叶腋,花梗纤细,基部具膜质苞片,花被片 5~9 枚,橙黄色,椭圆形或长圆状倒卵形;雄蕊 11~19(23)枚,药室内侧向开裂;雌蕊心皮 30~60 枚,子房近镰刀状椭圆形。聚合果成熟时呈红色,种子长圆形或肾形。花期 4—7 月份,果期 7—9 月份。产于山西、陕西、甘肃、山东、江苏、安徽、浙江、江西、福建、河南、湖北、湖南、四川、贵州、云南东北部;生于海拔 600~3000 m 的湿润山坡边或灌丛中。果实(药材名:南五味子,图 16-46)的功效同五味子。

图 16-45 五味子
1. 植株 2. 花 3. 果实

图 16-46 南五味子药材

(3) 八角属(Illicium)

常绿小乔木或灌木。全株无毛,具油细胞及黏液细胞,有芳香气味,常有顶芽,芽鳞呈覆瓦状排列,通常早落。叶为单叶,互生,常在小枝近顶端簇生,革质或纸质,全缘,有叶柄,无托叶;花两性,红色或黄色,少数白色;常单生,有时 2~5 朵簇生,腋生或腋上生;萼片和花瓣通常无明显区别,花被片 7~33 枚,很少为 39~55 枚,分离,常有腺点,常成数轮,覆瓦状排列,最外的花被片较小;雄蕊 4 至多枚;心皮常 7~15 枚,单轮排列,分离,胚珠 1 枚。聚合果由数至 10 余个蓇葖果组成,单轮排列,斜生于短的花托上,呈星状,腹缝开裂。种子椭圆状或卵状,侧向压扁,浅棕色或稻秆色,有光泽,易碎,胚乳丰富,含油,胚微小。

八角 *Illiciam verum* Hook. f. 常绿乔木。叶革质,倒卵状椭圆形至椭圆形。花粉红至深红色,单生于叶腋或近顶生;花被片 7~12 枚;雄蕊 11~20 枚;心皮通常 8 枚。聚合果由 8 个蓇葖果组成,直径 3.4~4 cm,饱满平直,呈八角形(图 16-47)。分布于广西地区,其他地区有引种。果实(药材名:八角茴香)有散寒、理气、止痛等功效。同属有毒植物,如莽草 *I.*

lanceolatum A. C. Smith、红茴香 *I. henryi* Diels 等的果实，外形与八角极相似，仅蓇葖果顶端有长的尖头，而八角的顶端钝。应注意鉴别，避免中毒。

18. 樟科（Lauraceae）

☿ * $P_{(6\sim9)} A_{3\sim12} \underline{G}_{(3:1:1)}$

[形态特征] 多为常绿乔木，仅无根藤属为寄生性无叶藤本。常具有油细胞，有香气。单叶，常互生；全缘，羽状网脉或三出脉；叶背常备粉白色蜡质。无托叶。花序多种；花小，多两性，少单性；辐射对称；花单被，通常 3 基数，排成 2 轮，基部合生；雄蕊 3~12 枚，通常 9 枚，排成 3 轮，第 1、2 轮花药内向，第 3 轮外向，花丝基部常具 1~2 个腺体，花药 2~4 室，瓣裂；子房上位，1 室，具 1 枚顶生胚珠，核果，浆果状，有时被宿存花被形成的果托包围基部。种子 1 粒，无胚乳。

图 16-47　八角

[分布] 45 属，2000~2500 种；分布于热带和亚热带地区。我国有 20 属，423 种；主要分布于长江以南各省区；药用的有 13 属，113 种（包括 17 个变种和 3 个变型）。

[显微特征] 茎中有纤维状石细胞，并呈环状排列。具油细胞。

[染色体] $X = 7, 12$。

[化学成分] ①挥发油类，如樟脑（camphor）、桂皮醛（cinnamaldehyde）、桉叶素（cineole）等。②生物碱类，如木姜子碱（laurolitsine）、木兰箭毒碱（magnocurarine）、异紫堇定碱（isocorydine）等。③黄酮类，如阿福豆苷（afzelin）、番石榴苷（guaijaverin）、芸香苷（rutin）等。

[药用植物代表]

肉桂 *Cinnamomum casssia* Presl　常绿乔木，全株有芳香气。树皮灰褐色，幼枝多有四棱，被灰黄色茸毛。单叶，互生或近生，革质，上表面平滑而有光泽，下表面有疏柔毛，离基三出脉；叶柄长 1~2 cm。圆锥花序腋生，花小，白色；花被片 6 枚；雄蕊 9 枚，3 轮，子房上位。浆果黑紫色，椭圆形。花期 6—8 月份，果期 10—12 月份。为栽培种。树皮（药材名：肉桂）具有补火助阳、引火归原、散寒止痛、温通经脉等功效。嫩枝（药材名：桂枝）具有发汗解肌、温通经脉、助阳化气、平冲降气等功效。

樟 *C. camphora*（L.）Presl　常绿乔木。全体具樟脑味。叶互生，薄革质，卵形或卵状椭圆形，离基三出脉，脉腋有腺体。圆锥花序腋生；花被片 6 枚，淡黄绿色，内面密生短柔毛；雄蕊 12 枚，花药 4 室，花丝基部有 2 个腺体。果实呈球形，紫黑色，果托杯状（图 16-48）。分布于长江流域以南及西南各省区；生于山坡、疏林、村旁。根、木材及叶的挥发油主要含樟脑，具有通关窍、利滞气、杀虫止痒、消肿止痛等功效。

山鸡椒 *Litsea cubeba*（Lour.）Pers.　落叶灌木或小乔木，高达 8~10 m；幼树树皮黄绿色，光滑，老树树皮灰褐色。小枝细长，绿色，无毛，枝、叶具芳香味。叶互生，披针形或长圆形，先端渐尖，基部楔形，纸质，上面深绿色，下面粉绿色，两面均无毛，羽状脉；伞形花序单

图 16-48　樟

生或簇生,每一花序有花 4～6 朵,先叶开放或与叶同时开放,花被裂片 6 枚,宽卵形;能育雄蕊 9 枚,花丝中下部有毛,第 3 轮基部的腺体具短柄;退化雌蕊无毛;雌花中退化雄蕊中下部具柔毛;子房卵形,花柱短,柱头头状。果实近球形,无毛,幼时绿色,成熟时黑色。花期 2—3 月份,果期 7—8 月份。产于我国广东、广西、福建、台湾、浙江、江苏、安徽、湖南、湖北、江西、贵州、四川、云南、西藏;生于海拔 500～3200 m 的向阳山地、灌丛、疏林或林中路旁、水边。根、叶及果实等均可入药,有祛风散寒、消肿止痛等功效。

19. 罂粟科(Papaveraceae)

$$\male * \uparrow K_2 C_{4\sim 8} A_\infty \underline{G}_{(2\sim \infty:1:\infty)}$$

[形态特征]　草本。常具乳汁或有色汁液。叶基生或互生,无托叶。花两性,辐射对称或两侧对称;花单生或成总状、聚伞、圆锥等花序;萼片常 2 枚,早落;花瓣 4～8 枚,覆瓦状排列;雄蕊多枚,离生,或 4 枚分离或 6 枚合成 2 束;子房上位,2 枚至多枚心皮,1 室,侧膜胎座,胚珠多数。蒴果,顶孔开裂或瓣裂。种子细小。

[分布]　约 38 属,700 种;主要分布于北温带地区。我国有 18 属,362 种;分布于全国各地,以西南地区为多;药用的有 15 属,130 余种。

[显微特征]　常具有节乳汁管,含白色或有色汁液。

[染色体]　$X = 6,7,8$(稀为 5,8～11,16,19)。

[化学成分]　生物碱类,如罂粟碱(papaverine)、吗啡(morphine)、白屈菜碱(chelidonine)、可待因(codeine)、血根碱(sanguinarine)、前鸦片碱(protopine)、博落回碱(bocconine)、延胡索乙素(tetrahydropalmatine)等。

[药用植物代表]

罂粟 *Papaver somniferum* L.　一年生草本,全株粉绿色,有白色乳汁。茎直立,不分枝,无毛,具白粉。叶互生,叶片卵形或长卵形,基部抱茎,边缘为不规则的波状锯齿;花单生,蕾有时弯曲,开放时向上;花瓣 4 枚,近圆形或近扇形,白色、粉红色、红色、紫色或杂色;雄蕊多数,离生;心皮多枚,侧膜胎座,无花柱,柱头有 8～12 条辐射状分枝。蒴果球形或长圆状椭圆形,成熟时褐色。种子多数,黑色或深灰色,表面呈蜂窝状(图 16-49)。花果期 3—11 月份。原产于南欧。本品严禁非法种植。果壳(药材名:罂粟壳)具有敛肺、涩肠、固肾、止痛等功效。未成熟果实(药材名:鸦片)中的乳汁含吗啡等生物碱,为镇痛、止咳、止泻药。

图 16-49　罂粟

延胡索 Corydalis yanhusuo W. T. Wang 多年生草本。块茎圆球形,质黄。茎直立,常分枝,基部以上具1枚鳞片,通常具3~4枚茎生叶,鳞片和下部茎生叶常具腋生块茎。叶二回三出或近三回三出,小叶三裂或三深裂,具全缘的披针形裂片;下部茎生叶常具长柄;叶柄基部具鞘。总状花序疏生5~15朵花。苞片披针形或狭卵圆形,全缘;花紫红色。萼片小,早落。外花瓣宽展,具齿,顶端微凹,具短尖,距圆筒形。蒴果线形,具1列种子(图16-50)。产于安徽、江苏、浙江、湖北、河南(唐河、信阳),生于丘陵草地。块茎(药材名:延胡索)具有活血、行气、止痛等功效。

图 16-50 延胡索

博落回 Macleaya cordata (Willd.) R. Br. 直立草本,基部木质化,具乳黄色浆汁。茎高1~4 m,绿色,光滑,多白粉,中空,上部多分枝。叶片宽卵形或近圆形,通常七或九深裂或浅裂,表面绿色,无毛,背面多白粉。大型圆锥花序多花,顶生和腋生;花芽棒状,近白色;萼片倒卵状长圆形,舟状,黄白色;花瓣无;雄蕊24~30枚,花丝丝状,花药条形,与花丝等长;子房倒卵形至狭倒卵形,先端圆,基部渐狭,柱头二裂,下延于花柱上。蒴果狭倒卵形或倒披针形。种子4~6(~8)枚,卵珠形,生于缝线两侧,无柄,种皮具排成行的整齐的蜂窝状孔穴,有狭的种阜(图16-51)。花果期6—11月份。我国长江以南、南岭以北的大部分省区均有分布,南至广东,西至贵州,西北达甘肃南部,生于海拔150~830 m的丘陵或低山林中、灌丛中或草丛间。根或全草有大毒,全草有大毒,不可内服,入药可治跌打损伤、关节炎、汗斑、恶疮、蜂螫伤及用于麻醉镇痛、消肿。

图 16-51 博落回

白屈菜 Chelidonium majus L. 多年生草本。主根粗壮,圆锥形,侧根多,暗褐色。茎聚伞状多分枝,分枝常被短柔毛,节上较密,后变无毛。叶片倒卵状长圆形或宽倒卵形,羽状全裂,表面绿色,无毛,背面具白粉,疏被短柔毛;叶柄基部扩大成鞘;伞形花序多花;花瓣倒卵形,全缘,黄色;雄蕊花丝丝状,黄色,花药长圆形;子房线形,绿色,无毛,柱头二裂。蒴果狭圆柱形。种子卵形,暗褐色,具光泽及蜂窝状小格(图16-52)。花果期4—9月份。分布于我国东北、华北、西北及江苏、江西、四川等地。全草有毒,能镇痛、止咳、利尿、解毒。

虞美人 Papaver rhoeas L. 一年生草本,全体被伸展的刚毛。茎直立,具分枝,被淡黄色刚毛。叶互生,叶片轮廓披针形或狭卵形,羽状分裂,下部全裂,全裂片披针形和二回羽状

图 16-52 白屈菜

图16-53 虞美人

浅裂,上部深裂或浅裂,裂片披针形,最上部粗齿状羽状浅裂,顶生裂片通常较大,小裂片先端均渐尖,两面被淡黄色刚毛;花单生于茎和分枝顶端;花蕾长圆状倒卵形,下垂;花瓣4枚,圆形、横向宽椭圆形或宽倒卵形,全缘,紫红色,基部通常具深紫色斑点;雄蕊多数,花丝丝状,深紫红色,花药长圆形,黄色;子房倒卵形,无毛,柱头5～18个,辐射状,连合成扁平、边缘圆齿状的盘状体。蒴果宽倒卵形,无毛,具不明显的肋。种子多数,肾状长圆形(图16-53)。花果期3—8月份。原产于欧洲,我国各地庭园栽培。花和全株入药,含多种生物碱,有镇咳、止泻、镇痛、镇静等功效。

本科常用其他药用植物:地丁草 *Corydalis bungeana* Turcz. 分布于我国东北、华北、西北等地。全草(药材名:苦地丁)能清热毒、消痈肿。夏天无 *C. decumbens* (Thunb.) Pers. 分布于我国江苏、安徽、浙江、福建、江西、湖北、湖南、台湾等地;生于山坡、路边。块茎(药材名:夏天无)能舒筋活络、活血止痛。

20. 十字花科(Cruciferae, Brassicaceae)

♀ * $K_{2+2} C_4 A_{2+4} \underline{G}_{(2:1～2:1～\infty)}$

[形态特征] 一年生、二年生或多年生植物,常具有一种含黑芥子硫苷酸(Myrosin)的细胞而产生一种特殊的辛辣气味,多草本。单叶互生;无托叶。花两性,辐射对称,多排成总状花序;萼片4枚,2轮;花瓣4枚,"十"字形排列;花瓣白色、黄色、粉红色、淡紫色、淡紫红色或紫色;雄蕊通常6枚,也排列成2轮,外轮(2)短,内轮(4)长,为四强雄蕊,常在花丝基部具4个蜜腺;子房上位,由2枚心皮合生,侧膜胎座,中央有心皮边缘延伸的隔膜(假隔膜 replum)分成2室。长角果或短角果,多2瓣开裂。种子无胚乳。

[分布] 300属以上,3200种;分布于全球,以北温带为多。我国有95属,425种;已知药用的有30属,103种。

[显微特征] 常有分泌细胞、不等式气孔、多种单细胞非腺毛。

[染色体] $X = 4～15$。

[化学成分] ①硫苷类,如白芥子苷(sinalbin)、黑芥子苷(sinigrin)等。②吲哚苷类,如菘蓝苷 B(isatan B)等。③强心苷类,如糖芥毒苷(erysimotoxin)等。种子多含丰富的脂肪油。

[药用植物代表]

菘蓝 *Isatis indigotica* Fort. 二年生草本。主根圆柱形。茎直立,绿色,顶部多分枝,植株光滑无毛,带白粉霜。叶互生;基生叶莲座状,长圆形至宽倒披针形;茎生叶蓝绿色,长椭圆形或长圆状披针形,基部叶耳不明显或为圆形。圆锥花序;花瓣黄白,宽楔形,长3～4 mm,顶端近平截,具短爪。短角果近长圆形,扁平,无毛,边缘有翅(图16-54)。花期4—5月份,果期5—6月份。原产于我国。根(药材名:板蓝根,图16-55)具有清热解毒、凉血利咽等功效。叶

(药材名：大青叶)具有清热解毒、凉血消斑等功效。茎叶可加工成青黛,其功效同大青叶。

图 16-54 菘蓝

图 16-55 板蓝根

萝卜 *Raphanus sativus* L. 一年生或二年生草本。根肉质多汁,长圆形、球形或圆锥形,外皮绿色、白色或红色。茎有分枝,无毛,稍具粉霜。基生叶和下部茎生叶大头羽状半裂,上部叶长圆形,有锯齿或近全缘。总状花序顶生及腋生;花白色或粉红色。长角果圆柱形,在种子间缢缩,形成海绵状横隔。种子1~6粒,卵形,微扁,红棕色,有细网纹(图16-56)。花期4—5月份,果期5—6月份。全国各地均有栽培。鲜根(药材名:莱菔)能消食、下气、化痰、止血、解渴、利尿;开花结实后的老根(药材名:地骷髅)能消食理气、清肺利咽、散瘀消肿;种子(药材名:莱菔子)为消食药,能消食导气、降气化痰。

图 16-56 萝卜

白芥 *Sinapis alba* L. 一年生草本。茎直立,有分枝,具稍外折的硬单毛。下部叶大头羽裂。总状花序顶生或腋生;花淡黄色,花瓣倒卵形,具短爪。长角果圆柱形,直立或弯曲,具糙硬毛,果瓣有3~7条平行脉。喙稍扁压,剑状,常弯曲,向顶端渐细,有0~1粒种子;种子每室1~4个,球形,黄棕色,有细窝穴。花果期6—8月份。原产于欧洲;我国有栽培。种子(药材名:白芥子)有化痰逐饮、散结消肿之功效。

独行菜 *Lepidium apetalum* Wind. 一年生或二年生草本。茎直立,有分枝,无毛或具微小头状毛。基生叶窄匙形,一回羽状浅裂或深裂;茎上部叶线形,有疏齿或全缘。总状花序在果期可延长至5 cm;萼片早落,卵形;花瓣不存或退化成丝状,比萼片短;雄蕊2枚或4枚。短角果近圆形或宽椭圆形,扁平,顶端微缺,上部有短翅。种子椭圆形,平滑,棕红色(图16-57)。花果期5—7月份。分布于东北、华北、江苏、浙江、安徽、西北、西南;生于海拔400~2000 m的山坡、山沟、路旁及村庄附近,为常见的田间杂草。种子(药材名:葶苈子或北葶苈子)有祛痰平喘、利水消肿之功效。

图16-57 独行菜

图16-58 荠

本科常用其他药用植物：荠 *Capsella abursa-pastoris* (L.) Medic.（图16-58）全草能凉肝止血、平肝明目、清热利湿。菥蓂 *Thlaspi arvense* L. 全草（药材名：菥蓂）能清热解毒、利水消肿。蔊菜 *Rorippa indica* (L.) Hiern（图16-59）全草能祛痰止咳、解表散寒、活血解毒、利湿退黄。播娘蒿 *Descurainia sophia* (L.) Webb. ex Prantl. 分布于我国东北、华北、西北、华东、西南等地；生于山坡、田野。种子（药材名：葶苈子或南葶苈子）为止咳平喘药，能祛痰平喘、利水消肿。

21. 虎耳草科（Saxifragaceae）

☿ $* K_{4\sim 5} C_{4\sim 5} A_{5\sim 10, \infty} \underline{G}_{(2:1:\infty)}$

图16-59 蔊菜

[形态特征] 草本、灌木或小乔木或藤本。<u>单叶或复叶</u>，互生或对生，一般无托叶。聚伞状、圆锥状或总状花序；<u>花两性</u>；<u>花被片4~5基数</u>，覆瓦状、镊合状或旋转状排列；花瓣一般离生；<u>雄蕊（4~）5~10枚，或多数</u>，一般外轮对瓣，或为单轮，如与花瓣同数，则与之互生，心皮2枚，稀3~5（~10）枚，通常多少合生；<u>子房上位、半下位至下位，多室而具中轴胎座，或1室且具侧膜胎座</u>，胚珠通常多数，2列至多列；花柱离生或多少合生。<u>蒴果、浆果、小蓇葖果或核果</u>；种子具丰富胚乳。

[分布] 17个亚科80属，约1200种；分布于温带。我国有7个亚科28属，约500种；分布于全国各地；已知药用的有24属，155种。

[显微特征] 有草酸钙针晶或簇晶，木本植物中导管常具梯状穿孔板；草本植物中则通常具单穿孔板。

[染色体] $X = 6 \sim 18, 21$。

[化学成分] ①香豆素类，如岩白菜素（bergenin）等。②黄酮类，如槲皮素（quercetin）、山柰酚-7-葡萄糖苷（kaempferol-7-glucoside）、芸香苷（rutin）、金丝桃苷（hyperin）等。③生物碱类，如黄常山碱甲（α-dichroine）等。

[药用植物代表]

虎耳草 *Saxifraga stolonifera* Curt. 多年生常绿草本。鞭匐枝细长，密被卷曲长腺毛，具鳞片状叶。茎被长腺毛，具1~4枚苞片状叶。基生叶具长柄，叶片近心形、肾形至扁圆形；

聚伞花序圆锥状;花两侧对称,花瓣白色,中上部具紫红色斑点,基部具黄色斑点,5枚,其中3枚较短,卵形;雄蕊花丝棒状;雌蕊2枚心皮,下部合生。蒴果(图16-60)。花果期4—11月份。分布于我国河南、陕西及长江以南地区;生于山地阴湿处。全草(药材名:虎耳草)能疏风清热、凉血解毒。

落新妇 *Astilbe chinensis* (Maxim.) Franch. et Savat. 多年生草本。根状茎暗褐色,粗壮,须根多数。茎无毛。基生叶为二至三回三出羽状复叶;顶生小叶片菱状椭圆形,侧生小叶片卵形至椭圆形。圆锥花序;花瓣5枚,淡紫色至紫红色,线形;雄蕊10枚;心皮2枚,仅基部合生。蒴果;种子褐色。花果期6—9月份。分布于我国长江中下游至东北地区;生于山谷溪边和林缘。根状茎(药材名:红升麻)能活血止痛、祛风除湿、强筋健骨、解毒。

图16-60 虎耳草

常山 *Dichroa febrifuga* Lour. 灌木,高1~2 m;茎圆柱状或稍具四棱,常呈紫红色。叶形状大小变异大,常呈椭圆形、倒卵形、椭圆状长圆形或披针形,边缘具锯齿或粗齿,两面绿色或一至两面紫色;伞房状圆锥花序顶生,花蓝色或白色;花蕾倒卵形,花瓣长圆状椭圆形,稍肉质,花后反折;雄蕊10~20枚,一半与花瓣对生,花丝线形,扁平,柱头长圆形,子房3/4下位。浆果蓝色,干时黑色;种子具网纹。花期2—4月份,果期5—8月份。根(药材名:常山)为涌吐药;能截疟、涌吐痰涎。

本科常用其他药用植物:岩白菜 *Bergenia purpurascens* (Hook. f. et Thoms.) Engl. 分布于我国四川、云南、西藏等地;生于海拔2700~4800m的林下阴湿处或草坡石隙等处。全草能滋补强壮、止咳止血。

22. 景天科(Crassulaceae)

$$♂ * K_{4\sim5} C_{4\sim5} A_{4\sim5} \underline{G}_{(4\sim5;1;\infty)}$$

[**形态特征**] 草本、半灌木或灌木,常有肥厚、肉质的茎、叶,无毛或有毛。叶不具托叶,互生、对生或轮生,常为单叶,全缘或稍有缺刻。常为聚伞花序,或为伞房状、穗状、总状或圆锥状花序。花两性,或为单性而雌雄异株,辐射对称,花各部常为5数或其倍数,少有为3、4或6~32数或其倍数;萼片宿存;花瓣分离,或多少合生;雄蕊1轮或2轮,与萼片或花瓣同数或为其2倍,分离,或与花瓣或花冠筒部多少合生,花丝丝状或钻形;心皮常与萼片或花瓣同数,分离或基部合生,常在基部外侧有腺状鳞片1枚,花柱钻形,柱头头状或不显著,胚珠倒生,有两层珠被,常多数,排成两行沿腹缝线排列。蓇葖果有膜质或革质的皮,稀为蒴果;种子小,长椭圆形,种皮有皱纹或微乳头状凸起,或有沟槽,胚乳不发达或缺。

[**分布**] 34属,1500种以上;广布于全球。我国有约10属,242种;广布于全国各地;已知药用的有8属,68种。

[**显微特征**] 有的种类地下茎具异型维管束。

[**染色体**] $X = 4 \sim 12, 14 \sim 17$。

[**化学成分**] ①苷类,如红景天苷(salidroside)、垂盆草苷(sarmentosin)等。②黄酮类,如槲皮素(quercetin)等。③有机酸类,如阿魏酸(ferulic acid)、丁香酸(syringic acid)等。

[**药用植物代表**]

景天三七 *Sedum aizoon* L. 多年生草本。根状茎短,1~3条,直立,无毛,不分枝。叶互生,狭披针形、椭圆状披针形至卵状倒披针形,先端渐尖,基部楔形,边缘有不整齐的锯齿;叶坚实,近革质。聚伞花序有多花。花瓣5枚,黄色,长圆形至椭圆状披针形,有短尖;雄蕊10枚,较花瓣短;鳞片5枚,近正方形;心皮5枚,卵状长圆形,基部合生,腹面凸出,花柱长钻形。蓇葖星芒状排列;种子椭圆形。花期6—7月份,果期8~9月份。分布于我国东北、西北、华北至长江流域;生于山坡阴湿岩石上或草丛中。全草(药材名:景天三七)能散瘀止血、宁心安神。

垂盆草 *S. sarmentosum* Bunge 多年生草本。不育枝及花茎细,匍匐而节上生根。3叶轮生,叶倒披针形至长圆形,先端近急尖,基部急狭,有距。聚伞花序,有3~5个分枝,花少;花瓣5枚,黄色,披针形至长圆形,先端有稍长的短尖;雄蕊10枚,较花瓣短;鳞片10枚,楔状四方形,先端稍有微缺;心皮5枚,长圆形,长5~6 mm,略叉开,有长花柱。种子卵形。花期5—7月份,果期8月份(图16-61)。分布于我国大部分地区;生于山石隙、沟旁及路边湿润处。全草(药材名:垂盆草)为利湿退黄药,能清热利湿、解毒消肿。全草及其制剂能显著降低血谷丙转氨酶水平,用于治疗肝炎。

图16-61 垂盆草

同属植物高山红景天 *Rhodiola cretinii* (Hamet) H. Ohba subsp. *sino-alpina* (Frod.) H. Ohba 产于我国云南西北部的贡山、德钦之间,海拔4300~4400 m。全草(药材名:红景天)能补气清肺、益智养心、收涩止血、散瘀消肿。狭叶红景天 *R. kirilowii* (Regel) Maxim. 的全草亦作为红景天入药。

本科常用的其他药用植物:瓦松 *Orostachys fimbriatus* (Turcz.) Berger 分布于我东北、华北、西北、华东等地;全草有小毒;能凉血止血、清热解毒、收湿敛疮。

23. 杜仲科(Eucommiaceae)

♂ $P_0 A_{4 \sim 10}$; ♀ $P_0 \underline{G}_{(2:1:2)}$

[形态特征] 落叶乔木。枝、叶折断时有银白色胶丝。叶互生,单叶,具羽状脉,边缘有锯齿,具柄,无托叶。花单性异株,无花被,先叶或与叶同时开放;雄花簇生,雄蕊4~10枚,常为8枚;雌花单生,具短梗,子房上位,心皮2枚,合生,1室,胚珠2枚。翅果,扁平,狭椭圆形,含种子1粒。

[分布] 1属,1种;为我国特产树种;分布于我国中部及西南各省区,各地有栽培。

[显微特征] 韧皮部极厚,有5~7条断续的石细胞环带,内有橡胶质。

[染色体] $X = 17$。

[化学成分] ①杜仲胶(gutta-percha)。②木脂素类,如右旋丁香树脂酚(syringaresinol)、右旋松脂酚(pinoresinol)、左旋橄榄树脂素(olivil)等。③环烯醚萜类,如杜仲苷(ulmoside)、桃叶珊瑚苷(aucubin)、筋骨草苷(ajugoside)等。④三萜类,如白桦脂醇(betulin)、熊果酸(ursolic acid)、β-谷甾醇(β-sitosterol)等。

[药用植物代表]

杜仲 *Eucommia ulmoides* Oliv. (图16-62)其特征与本科植物的特征相同。树皮(药材名:杜仲)具有补肝肾、强筋骨、安胎等功效。有研究发现,成分中的松脂醇二葡萄糖苷(pinoresinoldiglucoside)是主要降压成分。杜仲叶也可药用,其功效同杜仲。

图16-62 杜仲

24. 蔷薇科(Rosaceae)

☿ * $K_5 C_5 A_{5\sim\infty} \underline{G}_{(1\sim\infty:1:1\sim\infty)}$, $\overline{G}_{(2\sim5:2\sim5:2)}$

[形态特征] 草本或木本。常具刺。单叶或复叶,多互生,常有托叶。花两性,辐射对称;单生或排成伞房、圆锥花序;花托凸起或凹陷,花被与雄蕊合成一碟状、杯状、坛状或壶状的托杯(hypanthium),称为花丝托,萼片、花瓣和雄蕊均着生于托杯的边缘;萼片4~5枚,花瓣4~5枚,分离,稀为无瓣;雄蕊5枚至多枚;心皮一至多枚,分离或结合,子房上位至下位,每室一至多数胚珠。蓇葖果、瘦果、核果或梨果。种子通常不含胚乳,极稀具少量胚乳;子叶为肉质,背部隆起,稀为对褶或呈席卷状。

[分布] 124属,3300余种;分布于全球。我国有51属,1000余种;分布于全国各地;药用的有48属,400余种。

[显微特征] 多具单细胞非腺毛、草酸钙簇晶或方晶、蜜腺、不定式气孔。

[染色体] $X = 7\sim9, 17$。

[化学成分] ①氰苷类,如苦杏仁苷(amygdalin)、野樱苷(prunasin)等。②多元酚类,

如鹤草酚（agrimophol）等。③黄酮类，如槲皮素（quercetin）、金丝桃苷（hyperoside）等。④二萜生物碱类，如绣线菊碱（spiradine）等。⑤有机酸类，如枸橼酸（citric acid）、酒石酸（tartaric acid）、桂皮酸（cinnamic acid）、绿原酸（chlorogenic acid）等。

[亚科及药用植物代表]

根据花托、托杯、雌蕊心皮数目、子房位置和果实类型分为绣线菊亚科、蔷薇亚科、苹果亚科和梅亚科。

(1) 绣线菊亚科（Spiraeoideae）

灌木，稀为草本。单叶，稀为复叶，叶片全缘或有锯齿，常不具托叶，或稀具托叶；心皮1~5（~12）枚，离生或基部合生；子房上位，具2枚至多数悬垂的胚珠；果实成熟时多为开裂的蓇葖果，稀为蒴果。

绣线菊 *Spiraea salicifolia* L. 直立灌木，高1~2 m；枝条密集，小枝稍有棱角，黄褐色，嫩枝具短柔毛。叶片长圆披针形至披针形，先端急尖或渐尖，基部楔形，边缘密生锐锯齿，有时为重锯齿，两面无毛；花序为长圆形或金字塔形的圆锥花序，被细短柔毛，花朵密集；花瓣卵形，先端通常圆钝，粉红色；雄蕊50枚，约长于花瓣2倍；花盘圆环形，裂片呈细圆锯齿状；子房有稀疏短柔毛，花柱短于雄蕊。蓇葖果直立，无毛或沿腹缝有短柔毛，花柱顶生，倾斜开展，常具反折萼片。花期6—8月份，果期8—9月份。产于黑龙江、吉林、辽宁、内蒙古、河北；生长于海拔200~900 m的河流沿岸、湿草原、空旷地和山沟中。全株有通经活血、通便利水之功效。同属的粉花绣线菊 *Spiraea japonica* L. f.（图16-63）在我国常作为观赏植物栽培。

图16-63　粉花绣线菊

(2) 蔷薇亚科（Rosoideae）

灌木或草本，复叶，稀为单叶，有托叶；心皮常多数，离生，各有1~2枚悬垂或直立的胚珠；子房上位，稀为下位；果实成熟时为瘦果，稀为小核果，着生于花托或膨大肉质的花托上。

金樱子 *Rosa laevigata* Michx. （图16-64）常绿攀缘灌木，高可达5 m；小枝粗壮，散生扁弯皮刺，无毛。小叶革质，通常3片，稀为5片；小叶片椭圆状卵形、倒卵形或披针状卵形，先端急尖或圆钝，稀为尾状渐尖，边缘有锐锯齿，上面亮绿色，无毛，下面黄绿色，幼时沿中肋有腺毛；托叶离生或基部与叶柄合

图16-64　金樱子

生,披针形,边缘有细齿,齿尖有腺体,早落。花单生于叶腋,直径5~7 cm;花梗和萼筒密被腺毛,随果实成长变为针刺;萼片卵状披针形,先端呈叶状,边缘羽状浅裂或全缘,常有刺毛和腺毛,内面密被柔毛,比花瓣稍短;花瓣白色,宽倒卵形,先端微凹;雄蕊多数;心皮多数,花柱离生,有毛,比雄蕊短很多。果实呈梨形、倒卵形,稀为近球形,紫褐色,外面密被刺毛,萼片宿存。花期4—6月份,果期7—11月份。分布于华东、华中及华南地区;生于向阳山野。果实(药材名:金樱子)为收敛药,有固精缩尿、固崩止带、涩肠止泻等功效。

地榆 *Sanguisorba officinalis* L. 多年生草本,高30~120 cm(图16-65)。根粗壮,多呈纺锤形,表面棕褐色或紫褐色,有纵皱及横裂纹,横切面黄白或紫红色,较平整;茎直立,有棱,无毛或基部有稀疏腺毛。基生叶为羽状复叶,有小叶4~6对,叶柄无毛或基部有稀疏腺毛;小叶片有短柄,卵形或长圆状卵形,顶端圆钝,稀为急尖,基部心形至浅心形,边缘有多数粗大圆钝(稀为急尖)的锯齿,两面绿色,无毛;茎生叶较少。穗状花序椭圆形、圆柱形或卵球形,直立;萼片4枚,紫红色,椭圆形至宽卵形;

图16-65 地榆

雄蕊4枚,花丝丝状,不扩大,与萼片近等长或稍短;子房外面无毛或基部微被毛,柱头顶端扩大,盘形,边缘具流苏状乳头。果实包藏在宿存萼筒内,外面有斗棱。花果期7—10月份。分布于我国大部分地区;生于山坡、草地。根(药材名:地榆)有凉血止血、解毒敛疮的功效。

地榆变种长叶地榆 *S. officinalis* L. var. *longifolia* (Bertol.) Yu et Li 的根亦作为地榆入药。

月季 *Rosa chinensis* Jacq. 直立灌木,高1~2 m;小枝粗壮,圆柱形,近无毛,有短粗的钩状皮刺或无刺。小叶3~5片,稀为7片,小叶片宽卵形至卵状长圆形,先端长渐尖或渐尖,基部近圆形或宽楔形,边缘有锐锯齿,两面近无毛,顶生小叶片有柄,侧生小叶片近无柄,总叶柄较长,有散生皮刺和腺毛;托叶大部贴生于叶柄,仅顶端分离部分成耳状,边缘常有腺毛。花数朵集生,稀为单生;花瓣重瓣至半重瓣,红色、粉红色至白色,倒卵形,先端有凹缺,基部楔形;花柱离生,伸出萼筒口外,约与雄蕊等长。果实卵球形或梨形,红色,萼片脱落。花期4—9月份,果期6—11月份(图16-66)。全国各地普遍栽培。花(药材名:月季花)有活血调经、疏肝解郁等功效。

图16-66 月季

图 16-67 玫瑰

玫瑰 *Rosa rugosa* Thunb. 直立灌木,高可达 2 m;茎粗壮,丛生;小枝密被绒毛,并有针刺和腺毛,有直立或弯曲、淡黄色的皮刺,皮刺外被绒毛(图 16-67)。小叶 5～9 枚;小叶片椭圆形或椭圆状倒卵形,先端急尖或圆钝,基部圆形或宽楔形,边缘有尖锐锯齿,上面深绿色,无毛,叶脉下陷,有褶皱,下面灰绿色,中脉突起,网脉明显,密被绒毛和腺毛,有时腺毛不明显;叶柄和叶轴密被绒毛和腺毛;托叶大部贴生于叶柄,离生部分呈卵形,边缘有带腺锯齿,下面被绒毛。花单生于叶腋,或数朵簇生,苞片卵形,边缘有腺毛,外被绒毛;花瓣倒卵形,重瓣至半重瓣,芳香,紫红色至白色;花柱离生,被毛,稍伸出萼筒口外,比雄蕊短很多。果实扁球形,砖红色,肉质,平滑,萼片宿存。花期 5—6 月份,果期 8—9 月份。原产于我国华北以及日本和朝鲜,现各地均有栽培。花(药材名:玫瑰花)有行气解郁、和血、止痛的作用。

掌叶覆盆子 *Rubus chingii* Hu 藤状灌木,高 1.5～3 m;枝细,具皮刺,无毛。单叶,近圆形,基部心形,边缘掌状、深裂,稀为三裂或七裂,裂片椭圆形或菱状卵形,顶端渐尖,基部狭缩,顶生裂片与侧生裂片近等长或稍长,具重锯齿,有掌状脉 5 条;疏生小皮刺;托叶线状披针形。单花腋生;花瓣椭圆形或卵状长圆形,白色,顶端圆钝;雄蕊多数,花丝宽扁;雌蕊多数,具柔毛。果实近球形,红色,密被灰白色柔毛;核有皱纹(图 16-68)。花期 3—4 月份,果期 5—6 月份。分布于我国江苏、安徽、浙江、江西、福建等省;生于山坡林边或溪边。果实(药材名:覆盆子)能益肾固精缩尿、养肝明目。根能止咳、活血、消肿。同属植物我国产有 280 种。已知药用的有 62 种,其中山莓 *R. corchorifolius* L. f.(图 16-69)和插田泡 *R. coreanus* Miq. 的聚合果在某些地区作为覆盆子用。

图 16-68 掌叶覆盆子

图 16-69 山莓

龙芽草 *Agrimonia pilosa* Ldb. 多年生草本。根多呈块茎状,周围长出若干侧根,根茎短,基部常有1个至数个地下芽。茎高30~120 cm,被疏柔毛及短柔毛。叶为间断奇数羽状复叶,通常有小叶3~4对;小叶片无柄或有短柄,倒卵形、倒卵椭圆形或倒卵披针形,顶端急尖至圆钝,基部楔形至宽楔形,边缘有急尖至圆钝的锯齿,上面被疏柔毛,下面通常脉上伏生疏柔毛有显著腺点;托叶草质,绿色,镰形,稀为卵形,顶端急尖或渐尖,边缘有尖锐锯齿或裂片,茎下部托叶有时卵状披针形,常全缘。花序穗状总状顶生,分枝或不分枝,花序轴被柔毛;花瓣黄色,长圆形;雄蕊5~8~15枚;花柱2个,丝状,柱头头状。果实呈倒卵圆锥形,外面有10条肋,被疏柔毛,顶端有数层钩刺,幼时直立,成熟时靠拢(图16-70)。花果期5—12月份。分布于全国各地;生于山坡、草地、路边。全草(药材名:仙鹤草)具有收敛止血、截疟、止痢、解毒、补虚等功效;带短小根状茎的冬芽(药材名:鹤草芽)能驱虫、解毒、消肿。同属植物我国产有4种。

图16-70 龙芽草

本亚科常用的其他药用植物:蛇莓 *Duchesnea indica* (Andr.) Focke(图16-71)分布于我国辽宁以南各地;全草能清热解毒、凉血止血、散瘀消肿。柔毛路边青 *Geum japonicum* Thunb. var. *chinense* F. Bolle 分布于我国华东、中南、西南及陕西、甘肃、新疆等地;全草(药材名:柔毛水杨梅)能补肾平肝、活血消肿。委陵菜 *Potentilla chinensis* Ser. 分布于全国大部分地区;带根全草能凉血止痢、清热解毒。翻白草 *P. discolor* Bge. 分布于我国东北、华北、华东、中南及陕西、四川等地;带根全草能清热解毒、凉血止血。

图16-71 蛇莓

(3) 李亚科(梅亚科)(Prunoideae Focke)

乔木或灌木,有时具刺;单叶,有托叶;花单生,伞形或总状花序;花瓣常呈白色或粉红色,稀缺;雄蕊10枚至多数;心皮1枚,稀为2~5枚,子房上位,1室,内含2枚悬垂胚珠;果实为核果,含1粒(稀为2粒)种子,外果皮和中果皮肉质,内果皮骨质,成熟时多不裂开或极稀裂开。

杏 *Armeniaca vulgaris* Lam. 乔木,高5~8(12)m;树冠圆形、扁圆形或长圆形;树皮灰褐色,纵裂;多年生枝浅褐色,皮孔大而横生,一年生枝浅红褐色,有光泽,无毛,具多数小皮孔。叶片宽卵形或圆卵形,先端急尖至短渐尖,基部圆形至近心形,叶边有圆钝锯齿,两面无毛或下面脉腋间具柔毛。花单生,先于叶开放;花萼紫绿色;萼筒圆筒形,外面基部被短柔毛;花瓣圆形至倒卵形,白色或带红色,具短爪;雄蕊20~45枚,稍短于花瓣;子房被短柔毛,花柱稍长或几与雄蕊等长,下部具柔毛。果实球形,白色、黄色至黄红色,常具红晕,微被短柔毛;果肉多汁,成熟时不开裂;核呈卵形或椭圆形,两侧扁平,顶端圆钝,基部对称,稀为不对称,表面稍粗糙或平滑,腹棱较圆,常稍钝,背棱较直,腹面具龙骨状棱;种仁味苦或甜。花期3—4月份,果期6—7月份。分布于全国各地。野杏、西伯利亚杏(图16-72)、东北杏的种子味苦,作为苦杏仁(图16-73)入药,有小毒,能降气止咳平喘、润肠通便。

图 16-72　西伯利亚杏 　　　　　　　　　　图 16-73　苦杏仁
1. 植株　2. 花　3. 果实

梅 *Amygdalus mume* Sieb.　小乔木,稀为灌木,高 4～10 m;树皮浅灰色或带绿色,平滑;小枝绿色,光滑无毛。叶片卵形或椭圆形,先端尾尖,基部宽楔形至圆形,叶边常具小锐锯齿,灰绿色,幼嫩时两面被短柔毛,成长时逐渐脱落,或仅下面脉腋间具短柔毛;花单生或有时 2 朵同生于 1 芽内,香味浓,先于叶开放;花萼通常红褐色,但有些品种的花萼为绿色或绿紫色;萼筒宽钟形,无毛或有时被短柔毛;萼片卵形或近圆形,先端圆钝;花瓣倒卵形,白色至粉红色;雄蕊短或稍长于花瓣;子房密被柔毛,花柱短或稍长于雄蕊。果实近球形,黄色或绿白色,被柔毛,味酸;果肉与核粘贴;核椭圆形,顶端圆形而有小凸尖头,基部渐狭成楔形,两侧微扁,腹棱稍钝,腹面和背棱上均有明显纵沟,表面具蜂窝状孔穴。花期在冬春季,果期5—6月份(在华北果期延至7—8月份)。分布于全国,以长江以南为多;各地多栽培。近成熟果实经熏焙后(药材名:乌梅)能敛肺、涩肠、生津、安蛔。

桃 *A. persica* L.　乔木,高 3～8 m;树冠宽广而平展;树皮暗红褐色,老时粗糙呈鳞片状;小枝细长,无毛,有光泽,绿色,向阳处转变成红色,具大量小皮孔;叶片长圆披针形、椭圆披针形或倒卵状披针形,先端渐尖,基部宽楔形,上面无毛,下面在脉腋间具少数短柔毛或无毛,叶边具细锯齿或粗锯齿,齿端具腺体或无腺体;花单生,先于叶开放,萼筒钟形,被短柔毛,绿色而具红色斑点;花瓣长圆状椭圆形至宽倒卵形,粉红色,罕为白色;雄蕊 20～30 枚,花药绯红色;花柱几与雄蕊等长或稍短;子房被短柔毛。果实形状和大小均有变异,卵形、宽椭圆形或扁圆形,色泽变化由淡绿白色至橙黄色,常在向阳面具红晕,外面密被短柔毛,腹缝明显,果梗短而深入果洼;果肉白色、浅绿白色、黄色、橙黄色或红色,多汁,有香味,甜或酸甜;核大,离核或黏核,椭圆形或近圆形,两侧扁平,顶端渐尖,表面具纵、横沟纹和孔穴;种仁味苦。花期3—4月份,果实成熟期因品种而异,通常为8—9月份。种子(药材名:桃仁)能活血祛瘀、润肠通便、止咳平喘。

同属植物山桃 *A. davidiana* Franch. 的种子也作为桃仁入药。

(4) 梨亚科(苹果亚科)(Maloideae Weber)

灌木或乔木,单叶或复叶,有托叶;心皮(1)2~5枚,多数与杯状花托内壁连合;子房下位、半下位,稀为上位,(1)2~5室,各具2枚(稀为1枚)至多数直立的胚珠;果实成熟时为肉质的梨果,稀为浆果状或小核果状。

山楂 *Crataegus pinnatifida* Bge. 落叶乔木,高达6 m,树皮粗糙,暗灰色或灰褐色;刺长1~2 cm,有时无刺;小枝圆柱形,当年生枝紫褐色,无毛或近于无毛,疏生皮孔,老枝灰褐色;叶片宽卵形或三角状卵形,先端短,渐尖,基部截形至宽楔形,通常两侧各有3~5枚羽状深裂片,裂片卵状披针形或带形,先端短,渐尖,边缘有尖锐稀疏不规则重锯齿。伞房花序具多花;萼筒钟状,外面密被灰白色柔毛;萼片三角卵形至披针形,先端渐尖,全缘,约与萼筒等长,内、外两面均无毛,或在内面顶端有髯毛;花瓣倒卵形或近圆形,白色;雄蕊20枚,短于花瓣,花药粉红色;花柱3~5个,基部被柔毛,柱头头状。果实近球形或梨形,深红色,有浅色斑点;小核3~5个,外面稍具棱,内面两侧平滑。花期5—6月份,果期9—10月份。产于我国黑龙江、吉林、辽宁、内蒙古、河北、河南、山东、山西、陕西、江苏;生于山坡林边或灌木丛中。果实(药材名:山楂,图16-74)具有消食健胃、行气散瘀、化浊降脂的功效。其变种山里红 *C. pinnatifida* Bge. var. *major* N. E. Br. (图16-75)果形较大,直径可达2.5 cm,深亮红色;叶片大,分裂较浅;植株生长茂盛。其果实也作为山楂入药。

图16-74　山楂药材

图16-75　山里红

野山楂 *Crataegus cuneata* Sieb. et Zucc. 主产于江苏、浙江、广东、广西等省区。均为野生。其干燥成熟果实习称"南山楂",有健胃、消积化滞之功效。

枇杷 *Eriobotrya japonica* (Thunb.) Lindl. 常绿小乔木,高可达10 m;小枝粗壮,黄褐色,密生锈色或灰棕色绒毛。叶片革质,披针形、倒披针形、倒卵形或椭圆、长圆形,先端急尖或渐尖,基部楔形或渐狭成叶柄,上部边缘有疏锯齿,基部全缘,上面光亮,多皱,下面密生灰棕色绒毛,侧脉11~21对;圆锥花序顶生,具多花;总花梗和花梗密生锈色绒毛;花瓣白色,长圆形或卵形,基部具爪,有锈色绒毛;雄蕊20枚,远短于花瓣,花丝基部扩展;花柱5个,离生,柱头头状,无毛,子房顶端有锈色柔毛,5室,每室有2枚胚珠。果实球形或长圆形,黄色或橘黄色,外有锈色柔毛,不久脱落;种子1~5粒,球形或扁球形,褐色,光亮,种皮纸质(图16-76)。花期10—12月份,果期5—6月份。分布于长江流域及其以南地区;常栽种于村边、山坡。叶(药材名:枇杷叶)有清肺止咳、降逆止呕之功效。

图 16-76　枇杷

贴梗海棠 *Chaenomeles speciosa* (Sweet) Nakai　落叶灌木,高达 2 m,枝条直立开展,有刺;小枝圆柱形,微屈曲,无毛,紫褐色或黑褐色,有疏生浅褐色皮孔;叶片卵形至椭圆形,先端急尖,稀为圆钝,基部楔形至宽楔形,边缘具有尖锐锯齿,齿尖开展,无毛,或在萌蘖上沿下面叶脉有短柔毛;花先于叶开放,3~5 朵簇生于二年生老枝上;萼筒钟状,外面无毛;花瓣倒卵形或近圆形,基部延伸成短爪,猩红色;雄蕊 45~50 枚,长约为花瓣之半;花柱 5 个,基部合生,无毛或稍有毛,柱头头状,有不明显分裂,约与雄蕊等长。果实球形或卵球形,黄色或带黄绿色,有稀疏不明显斑点,味芳香;萼片脱落,果梗短或近于无梗(图 16-77)。花期 3—5 月份,果期 9—10 月份。分布于陕西、甘肃、四川、贵州、云南、广东。果实(药材名:木瓜)能舒筋活络、和胃化湿。

图 16-77　贴梗海棠

25. 豆科(Leguminosae,Fabaceae)

☿ * ↑ K$_{5,(5)}$ C$_5$ A$_{(9)+1,10,\infty}$ G$_{1:1:1\sim\infty}$

[**形态特征**] 草本、木本或藤本。<u>茎直立或蔓生</u>,<u>根部常有根瘤</u>。叶互生,<u>常为一回或二回羽状复叶</u>,少数为掌状复叶或 3 小叶、单小叶,或单叶,<u>多有托叶和叶枕</u>(叶柄基部膨大的部分)。花两性,辐射对称或两侧对称;花萼五裂;花瓣 5 枚,通常分离,多数为蝶形花;<u>雄蕊 10 枚,二体(9+1,稀为 5+5)</u>,心皮 1 枚,子房上位,胚珠 1 枚至多枚,<u>边缘胎座</u>。荚果。种子无胚乳。

[**分布**] 约 650 属,18000 种;广布于全球。我国有 172 属,1485 种;分布于全国各地;药用的有 109 属,600 余种。为第三大科,仅次于菊科和兰科。

[**显微特征**] 常含草酸钙方晶。

[**染色体**] $X = 5 \sim 16, 18, 20, 21$。

[**化学成分**] ①黄酮类,如甘草苷(liquiritin)、异甘草苷(isoliquiritin)、大豆黄苷(daidzin)、芦丁(rutin)、葛根素(puerarin)等。②生物碱类,如苦参碱(matrine)、野百合碱(monocrotaline)、毒扁豆碱(physostigmine)等。③蒽醌类,如番泻苷(sennoside)等。④三萜皂苷类,如甘草酸(glycyrrhizic acid)、甘草次酸(glycyrrhetic acid)、皂荚苷(gledinin)、皂荚皂苷(gleditschiasaponin)等。

根据花的对称、花瓣的排列方式、雄蕊数目、连合等分为含羞草亚科、云实亚科和蝶形花亚科。

[**亚科及药用植物代表**]

(1) 含羞草亚科(Mimosoideae)

常绿或落叶乔木或灌木,有时为藤本,很少草本。叶互生,通常为二回羽状复叶;叶柄具显著叶枕;羽片通常对生;叶轴或叶柄上常有腺体;托叶存在或无,或呈刺状。花小,两性,有时单性,辐射对称,组成头状、穗状或总状花序或再排成圆锥花序;雄蕊5~10枚(通常与花冠裂片同数或为其倍数)或多数,露于花被之外,十分显著,分离或连合成管或与花冠相连;花药小,2室,纵裂,顶端常有一脱落性腺体;心皮通常1枚,子房上位,1室,胚珠数枚,花柱细长,柱头小。果为荚果,开裂或不开裂,有时具节或横裂,直或旋卷;种子扁平,种皮坚硬,具马蹄形痕(pleurogram)。

含羞草 *Mimosa pudica* L. 披散、亚灌木状草本,高可达1 m;茎圆柱状,具分枝,有散生、下弯的钩刺及倒生刺毛。托叶披针形,长5~10 mm,有刚毛。羽片和小叶触之即闭合而下垂;羽片通常2对,指状排列于总叶柄之顶端,小叶10~20对,线状长圆形,先端急尖,边缘具刚毛。头状花序圆球形,具长总花梗,单生或2~3个生于叶腋;花小,淡红色,多数;苞片线形;花萼极小;花冠钟状,裂片4枚,外面被短柔毛;雄蕊4枚,伸出于花冠之外;子房有短柄,无毛;胚珠3~4枚,花柱丝状,柱头小。荚果长圆形,扁平,稍弯曲,荚缘波状,具刺毛,成熟时从节间脱落,荚缘宿存;种子卵形(图16-78)。花期3—10月份,果期5—11月份。产于我国台湾、福建、广东、广西、云南等地;生于旷野荒地、灌木丛中,长江流域常有栽培供观赏。全草有安神、散瘀、止痛之功效。

图16-78 含羞草

合欢 *Albizia julibrissin* Durazz. 落叶乔木,高可达16 m,树冠开展;小枝有棱角,嫩枝、花序和叶轴被绒毛或短柔毛。托叶线状披针形,较小叶小,早落。二回羽状复叶,总叶柄近基部及最顶一对羽片着生处各有1枚腺体;羽片4~12对,栽培的有时达20对;小叶10~30对,线形至长圆形。头状花序于枝顶排成圆锥花序;花粉红色;花萼管状;花冠长8 mm,裂片三角形,花萼、花冠外均被短柔毛;花丝长2.5 cm。荚果带状,嫩荚有柔毛,老荚无毛(图

16-79)。花期6—7月份,果期8—10月份。产于我国东北至华南及西南部各省区。野生或栽培。树皮(药材名:合欢皮)有安神解郁、活血消痈之功效;花或花蕾(药材名:合欢花)有解郁安神、活血消肿之功效。

本亚科常用的其他药用植物:儿茶 Acacia catechu (L. f.) Willd. 在浙江、台湾、广东、广西、云南等地均有栽培;心材或去皮枝干煎制的浸膏(药材名:儿茶)有活血止痛、止血生肌、收湿敛疮、清肺化痰等功效。

图16-79 合欢

(2) 云实亚科(Caesalpinioideae)

乔禾或灌木。叶互生,一回或二回羽状复叶;托叶常早落;小托叶存在或缺。花两性,通常或多或少两侧对称,组成总状花序或圆锥花序,很少组成穗状花序;花瓣通常5片,很少为1片或无花瓣,在花蕾期呈覆瓦状排列,上面(近轴)的一片为其邻近侧生的两片所覆叠;雄蕊10枚或较少,稀为多数,花丝离生或合生,花药2室,通常纵裂,稀为孔裂,花粉单粒;子房具柄或无柄,与花托管内壁的一侧离生或贴生;胚珠倒生;1枚至多数,花柱细长,柱头顶生。荚果开裂或不裂而呈核果状或翅果状;种子有时具假种皮,子叶肉质或叶状,胚根直。

决明 *Cassia tora* L. 直立、粗壮、一年生亚灌木状草本,高1~2 m。叶长4~8 cm;叶柄上无腺体;叶轴上每对小叶间有棒状的腺体1枚;小叶3对,膜质,倒卵形或倒卵状长椭圆形,顶端圆钝而有小尖头,基部渐狭,偏斜,上面被稀疏柔毛,下面被柔毛;托叶线状,被柔毛,早落。花腋生,通常2朵聚生;花瓣黄色,下面2片略长;能育雄蕊7枚,花药四方形,顶孔开裂,花丝短于花药;子房无柄,被白色柔毛。荚果纤细,近四棱形,两端渐尖,膜质;种子约25颗,菱形,光亮(图16-80)。花果期8—11月份。我国长江以南各省区普遍有分布。生于山坡、旷野及河滩沙地上。种子(药材名:决明子,图16-81)有清热明目、润肠通便等功效。

图16-80 决明

图16-81 决明子

皂荚 *Gleditsia sinensis* Lam. 落叶乔木或小乔木,高可达 30 m;枝灰色至深褐色;刺粗壮,圆柱形,常分枝,多呈圆锥状,长达 16 cm。叶为一回羽状复叶;小叶(2)3~9 对,纸质,卵状披针形至长圆形,先端急尖或渐尖,顶端圆钝,具小尖头,基部圆形或楔形,有时稍歪斜,边缘具细锯齿,上面被短柔毛,下面中脉上稍被柔毛;花杂性,黄白色,组成总状花序;花序腋生或顶生,被短柔毛;雄花:花瓣 4 枚,长圆形,雄蕊 8(6)枚;退化雌蕊长 2.5 mm;两性花:萼、花瓣与雄花的相似,雄蕊 8 枚;子房缝线上及基部被毛(偶有少数湖北标本子房全体被毛),柱头浅二裂;胚珠多数。荚果带状,劲直或扭曲,果肉稍厚,两面鼓起,或有的荚果短小,多少呈柱形,弯曲呈新月形,通常称猪牙皂,内无种子;果颈长 1~3.5 cm;果瓣革质,褐棕色或红褐色,常被白色粉霜;种子多颗,长圆形或椭圆形,棕色,光亮(图 16-82)。花期 3—5 月份,果期 5—12 月份。分布于东北、华北、华东、华南及四川、贵州等地;生于路边、沟边和村庄附近。果实(药材名:皂荚)、不育果实(药材名:猪牙皂)有祛痰止咳、开窍通闭、杀虫散结等功效;棘刺(药材名:皂角刺)有消肿、透脓、祛风、杀虫等功效。

图 16-82　皂荚

(3) 蝶形花亚科(Papilionoideae)

乔木、灌木、藤本或草本,有时具刺。叶互生,通常为羽状或掌状复叶,多为 3 片小叶,无二回以上的复叶,叶轴或叶柄上无腺体凸起;托叶常存在,有时变为刺,许多种、属有小托叶。花两性,单生或组成总状和圆锥状花序,腋生、顶生或与叶对生;花萼钟形或筒形,萼齿或裂片 5 枚,基部多少合生,最下方 1 枚通常较长,呈上升覆瓦状排列或镊合状排列,或因上方 2 齿较下方 3 齿在合生程度上较多而稍呈二唇形;下方全部合生成 1 齿时则呈焰苞状;花瓣 5 枚,不等大,两侧对称,呈下降覆瓦状排列构成蝶形花冠,瓣柄分离或部分连合,上面 1 枚为旗瓣,在花蕾中位于外侧,翼瓣 2 枚位于两侧,对称,龙骨瓣 2 枚位于最内侧,瓣片前缘常连合;雄蕊 10 枚或有时部分退化,连合成单体或二体雄蕊管,也有全部分离的;子房由单心皮组成,1 室,上位,胚珠弯生,数目 1 枚至多数,边缘胎座。荚果呈各种形状,沿 1 条或 2 条缝线开裂或不裂,有时具翅,有时横向具关节而断裂成节荚,偶呈核果状;种子 1 颗至多数;通常具革质种皮,无胚乳或具很薄的内胚乳,种脐常较显著,圆形或伸长成线形,中央有 1 条脐沟,种阜或假种皮有时甚发达;胚轴延长并弯曲,胚根内贴或折叠于子叶下缘之间,子叶 2 枚,卵状椭圆形,基部不呈心形。

黄芪 *Astragalus membranaceus* (Fisch.) Bge 多年生草本。主根粗长,圆柱形。羽状复叶,小叶 13~27 片,椭圆形或长卵圆形,两面被白色长柔毛。总状花序腋生;花黄白色;雄

图 16-83
A. 黄耆 B. 蒙古黄耆

蕊 10 枚,二体;子房被柔毛。荚果膜质,膨胀,卵状矩圆形,具长柄,被黑色短柔毛。种子 3~8 颗(图 16-83A)。花期 6—8 月份,果期 7—9 月份。产于我国东北、华北及西北;生于林缘、灌丛或疏林下,亦见于山坡草地或草甸中。根和根茎(药材名:黄芪,图 16-84)能补气升阳、固表止汗、利水消肿、生津养血、行滞通痹、托毒排脓、敛疮生肌。

蒙古黄耆 A. membranaceus (Fisch.) Bunge var. mongholicus (Bunge.) Hsiao 植株较原变种矮小,小叶亦较小,12~18 对,宽椭圆形、椭圆形或长圆形。花冠淡黄色,子房与荚果无毛(图 16-83B)。根和根茎作为黄芪入药。

图 16-84 黄芪药材及饮片

甘草 多年生草本;根与根状茎粗壮,外皮褐色,里面淡黄色,具甜味。茎直立,多分枝,高 30~120 cm,密被鳞片状腺点、刺毛状腺体及白色或褐色的绒毛;小叶 5~17 枚,卵形、长卵形或近圆形,两面均密被黄褐色腺点及短柔毛,顶端钝,具短尖,基部圆,边缘全缘或微呈波状,多少反卷。总状花序腋生,具多数花,花萼钟状,密被黄色腺点及短柔毛,基部偏斜并膨大呈囊状,萼齿 5 枚,与萼筒近等长,上部 2 齿大部分连合;花冠紫色、白色或黄色,旗瓣长圆形,顶端微凹,基部具短瓣柄,翼瓣短于旗瓣,龙骨瓣短于翼瓣;子房密被刺毛状腺体。荚果弯曲呈镰刀状或呈环状,密集成球,密生瘤状突起和刺毛状腺体。种子 3~11 颗,暗绿色,圆形或肾形(图 16-85A)。花期 6—8 月份,果期 7—10 月份。产于我国东北、华北、西北各省区及山东;常生于干旱沙地、河岸沙质地、山坡草地及盐渍化土壤中。根和根茎(药材名:甘草,图 16-86)能补脾益气、清热解毒、祛痰止咳、缓急止痛、调和诸药。

光果甘草 Glycyrrhiza glabral L. 多年生草本;根与根状茎粗壮,根皮褐色,里面黄色,具甜味。茎直立而多分枝,高 0.5~1.5 m,基部带木质,密被淡黄色鳞片状腺点和白色柔毛;小叶 11~17 枚,卵状长圆形、长圆状披针形、椭圆形,上面近无毛或疏被短柔毛,下面密被淡黄色鳞片状腺点,沿脉疏被短柔毛,顶端圆或微凹,具短尖,基部近圆形。总状花序腋生,具多数密生的花;花萼钟状,疏被淡黄色腺点和短柔毛,萼齿 5 枚,披针形,与萼筒近等长,上部的 2 齿大部分连合;花冠紫色或淡紫色,旗瓣卵形或长圆形,顶端微凹,瓣柄长为瓣片长的 1/2,翼瓣长 8~9 cm,龙骨瓣直;子房无毛。荚果长圆形、扁,微呈镰形弯,有时在种子间微缢缩,无毛或疏被毛,有时被或疏或密的刺毛状腺体。种子 2~8 颗,暗绿色,光滑,肾形

(图 16-85C)。花期 5—6 月份,果期 7—9 月份。产于我国东北、华北、西北各省区;生于河岸阶地、沟边、田边、路旁,较干旱的盐渍化土壤上亦能生长。其根和根茎作为甘草入药。

胀果甘草 *Glycyrrhiza inflate* Batal. 多年生草本;根与根状茎粗壮,外皮褐色,被黄色鳞片状腺体,里面淡黄色,有甜味。茎直立,基部带木质,多分枝,高 50~150 cm。叶柄、叶轴均密被褐色鳞片状腺点;小叶 3~7(9) 枚,卵形、椭圆形或长圆形,先端锐尖或钝,基部近圆形,两面被黄褐色腺点,沿脉疏被短柔毛,边缘或多或少波状。总状花序腋生,具多数疏生的花;花冠紫色或淡紫色,旗瓣长椭圆形,先端圆,基部具短瓣柄,翼瓣与旗瓣近等大,明显具耳及瓣柄,龙骨瓣稍短,均具瓣柄和耳。荚果椭圆形或长圆形,直或微弯,二种子间膨胀或与侧面不同程度下隔,被褐色的腺点和刺毛状腺体,疏被长柔毛。种子 1~4 颗,圆形,绿色(图 16-85B)。花期 5—7 月份,果期 6—10 月份。其根和根茎作为甘草入药。

图 16-85 甘草
A. 甘草 B. 光果甘草 C. 胀果甘草

图 16-86 甘草药材饮片

同属植物粗毛甘草 *G. aspera* Pall. 的有效成分含量均较正品甘草低得多。而云南甘草 *G. yunnanensis* Cheng f. et L. K. Dai ex P. C. Li、圆果甘草 *G. squamulosa* Franch. 均不含甘草酸和甘草皂苷 B,黄酮类成分的含量也极低,不宜作为甘草药用。

葛 *Pueraria lobata*(Willd.)Ohwi 粗壮藤本,长可达 8 m,全体被黄色长硬毛,茎基部木质,有粗厚的块状根。羽状复叶具 3 片小叶;托叶背着,卵状长圆形,具线条;小托叶线状披针形,与小叶柄等长或较长;小叶三裂,偶尔全缘,顶生小叶宽卵形或斜卵形,先端长渐尖,侧生小叶斜卵形,稍小,上面被淡黄色、平伏的疏柔毛。下面较密;小叶柄被黄褐色绒毛。总状花序中部以上有颇密集的花;花 2~3 朵聚生于花序轴的节上;花冠紫色,旗瓣呈倒卵形,基部有 2 耳及一黄色硬痂状附属体,具短瓣柄,翼瓣镰状,较龙骨瓣为狭,基部有线形、向下的耳,龙骨瓣镰状长圆形,基部有极小、急尖的耳;对旗瓣的 1 枚雄蕊仅上部离生;子房线形,被毛。荚果长椭圆形,扁平,被褐色长硬毛(图 16-87)。花期 9—10 月份,果期 11—12 月份。在我国除新疆、青海及西藏外,分布几乎遍及全国。生于山地疏林或密林中。根(药材名:葛根)能解肌退热、生津止渴、透疹、升阳止泻、通经活络、解酒毒。

图 16-87 葛

苦参 Sophora flavescens Ait. 草本或亚灌木，稀呈灌木状，通常高 1 m 左右。茎具纹棱。羽状复叶长达 25 cm；小叶 6～12 对，互生或近对生，纸质，形状多变，椭圆形、卵形、披针形至披针状线形，先端钝或急尖，基部宽楔形或浅心形，上面无毛，下面疏被灰白色短柔毛或近无毛。中脉下面隆起。总状花序顶生；花多数，疏或稍密；花冠比花萼长 1 倍，白色或淡黄白色，旗瓣倒卵状匙形，先端圆形或微缺，基部渐狭成柄，柄宽 3 mm，翼瓣单侧生，强烈皱褶几达瓣片的顶部，柄与瓣片近等长，长约 13 mm，龙骨瓣与翼瓣相似，稍宽，宽约 4 mm，雄蕊 10 枚，分离或近基部稍连合；子房近无柄，被淡黄白色柔毛，花柱稍弯曲，胚珠多数。荚果长 5～10 cm，种子间稍缢缩，呈不明显串珠状，稍四棱形，疏被短柔毛或近无毛，成熟后开裂成 4 瓣，有种子 1～5 粒；种子长卵形，稍压扁，深红褐色或紫褐色（图 16-88）。花期 6—8 月份，果期 7—10 月份。产于我国南北各省区；生于海拔 1500 m 以下的山坡、沙地、草坡、灌木林中或田野附近。根（药材名：苦参）有清热燥湿、杀虫、利尿等功效。

图 16-88 苦参

槐 S. japonica L. （图 16-89）乔木，高达 25 m；树皮灰褐色，具纵裂纹。羽状复叶长达 25 cm；叶柄基部膨大，包裹着芽；托叶形状多变，有时呈卵形，叶状，有时线形或钻状，早落；小叶 4～7 对，对生或近互生，纸质，卵状披针形或卵状长圆形，先端渐尖，具小尖头，基部宽楔形或近圆形，稍偏斜，下面灰白色，初被疏短柔毛，旋变无毛；小托叶 2 枚，钻状。圆锥花序顶生，常呈金字塔形；花冠白

图 16-89 槐

色或淡黄色,旗瓣近圆形,具短柄,有紫色脉纹,先端微缺,基部浅心形,翼瓣卵状长圆形,先端浑圆,基部斜戟形,无皱褶,龙骨瓣阔卵状长圆形,与翼瓣等长;雄蕊近分离,宿存;子房近无毛。荚果串珠状,种子间缢缩不明显,种子排列较紧密,具肉质果皮,成熟后不开裂,具种子1~6粒;种子卵球形,淡黄绿色,干后黑褐色。花期7—8月份,果期8—10月份。分布于全国各地,多栽培于宅旁、路边。花(药材名:槐花)、花蕾(药材名:槐米)及果实(药材名:槐角)均有凉血止血、清肝泻火等功效。

密花豆 *Spatholobus suberectus* Dunn 攀缘藤本,幼时呈灌木状。小叶纸质或近革质,异形,顶生的两侧对称,宽椭圆形、宽倒卵形至近圆形,先端骤缩为短尾状,尖头钝,基部宽楔形,侧生的两侧不对称,与顶生小叶等大或稍狭,基部宽楔形或圆形,两面近无毛或略被微毛,下面脉腋间常有髯毛;侧脉6~8对,微弯。圆锥花序腋生或生于小枝顶端,花序轴、花梗被黄褐色短柔毛;花瓣白色,旗瓣扁圆形,先端微凹,基部宽楔形;翼瓣斜楔状长圆形,基部一侧具短尖耳垂;龙骨瓣倒卵形,基部一侧具短尖耳垂;雄蕊内藏,花药球形,大小均一或几近均一;子房近无柄,下面被糙伏毛。荚果近镰形,密被棕色短绒毛,基部具长4~9 mm的果颈;种子扁长圆形,种皮紫褐色,薄而脆,光亮。花期6月份,果期11—12月份。我国特产,分布于云南、广西、广东和福建等省区;生于海拔800~1700 m的山地疏林或密林、沟谷或灌丛中。藤茎(药材名:鸡血藤)有活血补血、调经止痛、舒筋活络等功效。

补骨脂 *Psoralea corylifolia* Linn. 一年生直立草本,高60~150 cm。枝坚硬,疏被白色绒毛,有明显腺点。叶为单叶,有时有1片长1~2 cm的侧生小叶;托叶镰形;叶宽卵形,先端钝或锐尖,基部圆形或心形,边缘有粗而不规则的锯齿,质地坚韧,两面有明显黑色腺点,被疏毛或近无毛。花序腋生,有花10~30朵,组成密集的总状或小头状花序,花冠黄色或蓝色,花瓣明显具瓣柄,旗瓣倒卵形;雄蕊10枚,上部分离。荚果卵形,具小尖头,黑色,表面具不规则网纹,不开裂,果皮与种子不易分离;种子扁。花果期7—10月份。分布于云南(西双版纳)、四川金沙江河谷;常生长于山坡、溪边、田边。果实(药材名:补骨脂)具有温肾助阳、纳气平喘、温脾止泻等功效。

26. 芸香科(Rutaceae)

☿ * $K_{4,5}C_{4,5}A_{4,5}\underline{G}_{(4~5:2~\infty:1~2)}$

[**形态特征**] 乔木、灌木或草本,稀为攀缘性灌木。通常有油点,有或无刺,无托叶,叶互生或对生;多为复叶或单身复叶,少为单叶;无托叶。花两性或单性,辐射对称;单生或排成总状、圆锥、聚伞花序;萼片4枚或5枚;花瓣4枚或5枚;雄蕊与花瓣同数或为其倍数,外轮雄蕊常与花瓣对生;花盘发达。子房上位,中轴胎座,心皮4枚或5枚或更多,多合生,每枚心皮有上下叠置,每室胚珠1~2枚。柑果、蒴果、翅果、核果和蓇葖果。

[**分布**] 约150属,1600种;分布于热带和温带地区。我国有28属,151种;分布于全国各地;已知药用的有23属,105种。

[**显微特征**] 植物体内具油室,有的种类有晶鞘纤维;草酸钙方晶、棱晶、簇晶;果皮中有橙皮苷结晶。

[**染色体**] $X = 7~11, 14, 17, 19$。

[化学成分] ①挥发油类,如柠檬烯(limonene)、芳樟醇(linalool)、茴香醛(anisaldehyde)等。②生物碱类,如黄檗碱(phellodendrine)、白鲜碱(dictamnine)、木兰花碱(magnoflorine)、茵芋碱(skimmianine)、吴茱萸碱(evodiamine)、芸香碱(graveoline)等。③黄酮类,如橙皮苷(hesperidin)、柚皮苷(naringin)等。④香豆素类,如花椒内酯(xanthyletin)、花椒毒素(xanthotoxol)、异茴芹内酯(isopimpinellin)、柠檬苦素(limonin)、香柑内酯(bergapten)、伞形花内酯(umbelliferone)、芸香香豆精(rutacultin)等。

[药用植物代表]

川黄檗 *Phellodendron chinense* Schneid. 树高达15 m。成年树有厚、纵裂的木栓层,内皮黄色,小枝粗壮,暗紫红色,无毛。叶轴及叶柄粗壮,通常密被褐锈色或棕色柔毛,有小叶7～15片,小叶纸质,长圆状披针形或卵状椭圆形,顶部短尖至渐尖,基部阔楔形至圆形。两侧通常略不对称,边全缘或浅波浪状,叶背密被长柔毛或至少在叶脉上被毛,叶面中脉有短毛或嫩叶被疏短毛;花序顶生,花通常密集,花序轴粗壮,密被短柔毛。果多数密集成团,果的顶部略狭窄呈椭圆形或近圆球形,蓝黑色,有分核5～8(10)个;种子5～8粒,很少10粒,一端微尖,有细网纹。花期5—6月份,果期9—11月份(图16-90)。产于我国湖北、湖南西北部、四川东部;生于海拔900 m以上的杂木林中。树皮(药材名:黄柏)(图16-91)具有清热燥湿、泻火除蒸、解毒疗疮等功效。

图16-90 川黄檗

图16-91 黄柏药材

黄檗 *Phellodendron amurense* Rupr. 树高10～20 m,大树高达30 m,胸径1 m。枝扩展,成年树的树皮有厚木栓层,浅灰或灰褐色,深沟状或不规则网状开裂,内皮薄,鲜黄色,味苦,黏质,小枝暗紫红色,无毛。叶轴及叶柄均纤细,有小叶5～13片,小叶薄纸质或纸质,卵状披针形或卵形,顶部长渐尖,基部阔楔形,一侧斜尖,或为圆形,叶缘有细钝齿和缘毛,叶面无毛或中脉有疏短毛,叶背仅基部中脉两侧密被长柔毛,秋季落叶前叶色由绿转黄而明亮,毛被大多脱落。花序顶生;花瓣紫绿色;雄花的雄蕊比花瓣长,退化雌蕊短小。果圆,呈球形,蓝黑色,通常有5～8(10)条浅纵沟,干后较明显;种子通常5粒。花期5—6月份,果期9—10月份。主产于东北和华北各省,河南、安徽北部、宁夏也有分布,内蒙古有少量栽种。其树皮作为关黄柏入药,功效同黄柏。

橘 *Citrus reticulata* Blanco 小乔木。分枝多,枝扩展或略下垂,刺较少。单身复叶,翼叶通常狭窄,或仅有痕迹,叶片披针形、椭圆形或阔卵形,大小变异较大,顶端常有凹口,中脉由基部至凹口附近成叉状分枝,叶缘至少上半段通常有钝或圆裂齿,很少全缘。花单生或2～3朵簇生;花萼不规则五浅裂;花瓣通常长1.5 cm以内;雄蕊20～25枚,花柱细长,柱头头状。果形种种,通常呈扁圆形至近圆球形,果皮甚薄而光滑,或厚而粗糙,淡黄色,朱红色或深红色,甚易或稍易剥离,橘络甚多或较少,呈网状,易分离,通常柔嫩,中心柱大而常空,稀为充实,囊瓣7～14个,稀为较多,囊壁薄或略厚,柔嫩或颇韧,汁胞通常呈纺锤形,短而膨大,稀为细长,果肉酸或甜,或有苦味,或另有特异气味;种子或多或少数,稀为无籽,通常呈卵形,顶部狭尖,基部浑圆,子叶深绿、淡绿或间有近于乳白色,合点紫色,多胚,少有单胚(图16-92)。花期4—5月份,果期10—12月份。分布于长江流域及以南地区;广泛栽培。成熟果皮(药材名:陈皮)能理气健脾、燥湿化痰。幼果或未成熟果皮(药材名:青皮)能理气宽中、燥湿化痰。外层果皮(药材名:橘红)能散寒燥湿、理气化痰、宽中健胃;果皮内层筋络(药材名:橘络)能通络、理气、化痰;种子(药材名:橘核)能理气、散结、止痛;叶(药材名:橘叶)能疏肝行气、化痰散结。

图16-92 橘

吴茱萸 *Evodia rutaecarpa* (Juss.) Benth. 小乔木或灌木,高3～5 m,嫩枝呈暗紫红色,与嫩芽同被灰黄或红锈色绒毛,或疏短毛。叶有小叶5～11片,小叶薄至厚,纸质,卵形,椭圆形或披针形,叶轴下部的较小,两侧对称或一侧的基部稍偏斜,边全缘或浅波浪状,小叶两面及叶轴被长柔毛,毛密如毡状,或仅中脉两侧被短毛,油点大且多。花序顶生;雄花序的花彼此疏离,雌花序的花密集或疏离;萼片及花瓣均5片,偶有4片,镊合排列;雄花花瓣长3～4 mm,腹面被疏长毛,退化雌蕊4～5深裂,下部及花丝均被白色长柔毛,雄蕊伸出花瓣之上;雌花花瓣长4～5 mm,腹面被毛,退化雄蕊鳞片状或短线状或兼有细小的不育花药,子房及花柱下部被疏长毛。果序宽(3～)12 cm,果密集或疏离,暗紫红色,有大油点,每分果瓣有1粒种子;种子近圆球形,一端钝尖,腹面略平坦,褐黑色,有光泽。花期4—6月份,果期8—11月份。分布于秦岭以南各地,但海南未见自然分布,曾引进栽培,均生长不良;生于平地至海拔1500 m的山地疏林或灌木丛中,多见于向阳坡地。近成熟果实(药材名:吴茱萸)有小毒,有散寒止痛、降逆止呕、助阳止泻等功效。

吴茱萸的2个变种:石虎 *E. rutaecarpa* (Juss.) Benth. var. *officinalis* (Dode) Huang 和疏毛吴茱萸 *E. rutaecarpa* (Juss.) Benth. var. *bodinieri* (Dode) Huang 的近成熟果实亦作为吴茱萸入药。

白鲜 *Dictamnus dasycarpus* Turcz. 茎基部木质化的多年生宿根草本,高40～100 cm。根斜生,肉质粗长,淡黄白色。茎直立,幼嫩部分密被长毛及水泡状凸起的油点。叶有小叶

9~13片,小叶对生,无柄,位于顶端的一片则具长柄,椭圆形至长圆形,生于叶轴上部的较大,叶缘有细锯齿,叶脉不甚明显,中脉被毛,成长叶的毛逐渐脱落;叶轴有甚狭窄的冀叶。总状花序长可达30 cm;花瓣白色带淡紫红色或粉红带深紫红色脉纹,倒披针形,雄蕊伸出于花瓣外;萼片及花瓣均密生透明油点。成熟的果(蓇葖)沿腹缝线开裂为5个分果瓣,每个分果瓣又深裂为2个小瓣,瓣的顶角短尖,内果皮蜡黄色,有光泽,每个分果瓣有种子2~3粒;种子阔卵形或近圆球形,光滑。花期5月份,果期8—9月份。产于我国黑龙江、吉林、辽宁、内蒙古、河北、山东、河南、山西、宁夏、甘肃、陕西、新疆、安徽、江苏、江西(北部)、四川等省区;生于丘陵土坡、平地灌木丛、草地或疏林下,石灰岩山地亦常见。根皮(药材名:白鲜皮)能清热燥湿、祛风解毒。

花椒 *Zanthaxylum bungeanum* Maxim. 高3~7 m的落叶小乔木;茎干上的刺常早落,枝有短刺,小枝上的刺基部宽而扁,呈长三角形,当年生枝被短柔毛。叶有小叶5~13片,叶轴常有甚狭窄的叶翼;小叶对生,无柄,卵形,椭圆形,稀为披针形,位于叶轴顶部的较大,近基部的有时呈圆形,叶缘有细裂齿,齿缝有油点。其余无或散生肉眼可见的油点,叶背基部中脉两侧有丛毛或小叶两面均被柔毛,中脉在叶面微凹陷,叶背干后常有红褐色斑纹。花序顶生或生于侧枝之顶,花序轴及花梗密被短柔毛或无毛;花被片6~8片,黄绿色,形状及大小大致相同;雄花的雄蕊5枚或多至8枚;退化雌蕊顶端叉状浅裂;雌花很少有发育雄蕊,有心皮3枚或2枚,间有4枚,花柱斜向背弯。果实紫红色,散生微凸起的油点,顶端有甚短的芒尖或无。花期4—5月份,果期8—9月份或10月份。产地北起东北南部,南至五岭北坡,东南至江苏、浙江沿海地带,西南至西藏东南部;台湾、海南及广东不产。见于平原至海拔较高的山地,在青海见于海拔2500 m的坡地,也有栽种。果皮(药材名:花椒)为温里药,能温中止痛、除湿止泻、杀虫止痒;种子(药材名:椒目)能利水消肿、祛痰平喘。

柚 *Citrus maxima* (Burm.) Merr. 乔木。嫩枝、叶背、花梗、花萼及子房均被柔毛,嫩叶通常呈暗紫红色,嫩枝扁且有棱。叶质颇厚,色浓绿,阔卵形或椭圆形,顶端钝或圆,有时短尖,基部圆。总状花序,有时兼有腋生单花;花蕾淡紫红色,稀为乳白色;花萼不规则5~3浅裂;花柱粗长,柱头略较子房大。果实圆球形、扁圆形、梨形或阔圆锥状,淡黄或黄绿色,杂交种有的呈朱红色,果皮甚厚或薄,海绵质,油胞大,凸起,果心实但松软,瓤囊10~15瓣或多至19瓣,汁胞白色、粉红或鲜红色,少有带乳黄色;种子多达200余粒,亦有无子的,形状不规则,通常近似长方形,上部质薄且常截平,下部饱满,多兼有发育不全的,有明显纵肋棱,子叶乳白色,单胚。花期4—5月份,果期9—12月份。长江以南多有栽培。橘红 *C. maxima* (Burm.) Merr. 'Tomentosa'产于长江以南各地,最北限见于河南省信阳及南阳一带,全为栽培。两者的近成熟外层果皮(药材名:化橘红)能理气宽中、燥湿化痰。

本科常用其他药用植物:代代酸橙 *Citrus aurantium* L. 'Daidai'果实近圆球形,果顶有浅的放射沟,果萼增厚呈肉质,果皮橙红色,略粗糙,油胞大,凹凸不平,果心充实,果肉味酸。主产地在浙江。花蕾(药材名:代代花)能理气宽胸、和胃止呕。佛手 *C. medica* L. var. *sarcodactylis* (Noot.) Swingle 在我国浙江、江西、福建、广东、广西、四川、云南等地有栽培,果实(药材名:佛手)能疏肝理气、和胃止痛、燥湿化痰。枳 *Poncirus trifoliate* (L.) Raf. 分布于我国陕西、甘肃、河北及华东、中南、西南等地。幼果(药材名:枳实)能破气消积、化痰散痞;未成熟果实(药材名:枳壳)能理气宽中、行滞消胀。

27. 楝科(Meliaceae)

☿ * $K_{4\sim5}C_{4\sim5}A_{(4\sim10)}\underline{G}_{(2\sim5:2\sim5:1\sim2)}$

[形态特征] 乔木或灌木。叶互生,通常羽状复叶;小叶对生或互生,基部多少偏斜。花两性或杂性异株,辐射对称,通常组成圆锥花序;通常5基数;萼小,常浅杯状或短管状,由4~5枚齿裂或4~5枚萼片组成,芽时呈覆瓦状或镊合状排列;花瓣4~5枚,芽时呈覆瓦状、镊合状或旋转排列,分离或下部与雄蕊管合生;雄蕊4~10枚,花丝合生成一短于花瓣的圆筒形、圆柱形、球形或陀螺形等不同形状的管或分离,花药无柄,直立,内向,着生于管的内面或顶部,内藏或突出;花盘生于雄蕊管的内面或缺;子房上位,2~5室,每室有胚珠1~2枚或更多;花柱单生或缺,柱头盘状或头状,顶部有槽纹或有小齿2~4个。果为蒴果、浆果或核果,开裂或不开裂;果皮革质、木质或很少肉质;种子有胚乳或无胚乳,常有假种皮。

[分布] 约50属,1400种;分布于热带和亚热带。我国有15属,62种;分布于长江以南;已知药用的有13属,30种。

[显微特征] 常含草酸钙方晶、簇晶,形成晶纤维。

[染色体] $X = 11 \sim 14$。

[化学成分] ①三萜类,如川楝素(toosendanin)、洋椿苦素(cedrelone)、米仔兰醇(aglaiol)等。②生物碱类,如米仔兰碱(odorine)、米仔兰醇碱(odorinol)等。

[药用植物代表]

楝 *Melia azedarach* L. 落叶乔木,高达10余米;树皮灰褐色,纵裂。分枝广展,小枝有叶痕。叶为2~3回奇数羽状复叶;小叶对生,卵形、椭圆形至披针形,顶生的一片通常略大,先端短,渐尖,基部楔形或宽楔形,多少偏斜,边缘有钝锯齿。圆锥花序约与叶等长,无毛或幼时被鳞片状短柔毛;花芳香;花萼五深裂,裂片卵形或长圆状卵形,先端急尖,外面被微柔毛;花瓣淡紫色,倒卵状匙形,两面均被微柔毛,通常外面较密;雄蕊管紫色,无毛或近无毛,有纵细脉,管口有钻形、2~3齿裂的狭裂片10枚,花药10枚,着生于裂片内侧,且与裂片互生,长椭圆形,顶端微凸尖;子房近球形,5~6室,无毛,每室有胚珠2枚,花柱细长,柱头头状,顶端具5齿,不伸出雄蕊管。核果呈球形至椭圆形,内果皮木质,4~5室,每室有种子1颗;种子椭圆形(图16-93)。花期4~5月份,果期10—12月份。产于我国黄河以南各省区,较常见;生于低海拔旷野、路旁或疏林中,目前已广泛引为栽培。树皮及根皮(药材名:苦楝皮)为杀虫药,有毒,能杀虫、疗癣。

图16-93 楝

本科其他的药用植物:香椿 *Toona sinensis* (A. Juss.) Roem. 分布于我国华北、华东、中南、西南及台湾、西藏等地;常栽培于宅旁、路边。根皮与树皮(药材名:椿白皮)能清热、燥湿、涩肠、止血、止带、杀虫;果实(药材名:香椿子)能祛风、散寒、止痛。

28. 远志科(Polygalaceae)

$$\lozenge \uparrow K_5 C_{3,5} A_{(4\sim8)} \underline{G}_{(1\sim3:1\sim3:1\sim\infty)}$$

[形态特征] 草本或木本。单叶互生、对生或轮生;全缘,具羽状脉;无托叶。花两性,两侧对称;总状或穗状花序;萼片5枚,不等长,内面2片常呈花瓣状;花瓣3枚或5枚,不等大,基部通常合生,中间1枚常内凹,呈龙骨瓣状,顶端背面常具一流苏状或蝶结状附属物;雄蕊8枚,或7枚、5枚、4枚,花丝合生成鞘,花药顶孔开裂;子房上位,1~3枚心皮合生,通常2室,每室胚珠1枚。果实或为蒴果,2室,或为翅果、坚果,开裂或不开裂,具种子2粒。

[分布] 13属,近1000种;广布于全球。我国有4属,51种;分布于全国各地,以西南与华南地区最多;已知药用的有3属,27种和3个变种。

[显微特征] 叶肉内常具草酸钙簇晶。

[染色体] $X=5,8,12,14,15,17$。

[化学成分] ①皂苷类,如远志皂苷元(tenuigenin)、远志皂苷(onjisaponin)、瓜子金皂苷(polygalasaponin)等。②醇类,如远志糖醇(polygalitol)等。③生物碱类,如细叶远志定碱(tenuidine)。

[药用植物代表]

远志 *Polygala tenuifolia* Willd. 多年生草本,高15~50 cm;主根粗壮,韧皮部肉质,浅黄色,长达10余厘米。茎多数丛生,直立或倾斜,具纵棱槽,被短柔毛。单叶互生,叶片纸质,线形至线状披针形,先端渐尖,基部楔形,全缘,反卷,无毛或极疏被微柔毛,主脉上面凹陷,背面隆起,侧脉不明显,近无柄。总状花序呈扁侧状生于小枝顶端,细弱,通常略俯垂,少花,稀疏;萼片5枚,宿存,无毛,外面3枚线状披针形,急尖,里面2枚花瓣状,倒卵形或长圆形,先端圆形,具短尖头,沿中脉绿色,周围膜质,带紫堇色,基部具爪;花瓣3枚,紫色,侧瓣斜长圆形,基部与龙骨瓣合生,基部内侧具柔毛,龙骨瓣较侧瓣长,具流苏状附属物;雄蕊8枚,花丝3/4以下合生成鞘,具缘毛,3/4以上两侧各3枚合生,花药无柄,中间2枚分离,花丝丝状,具狭翅,花药长卵形;子房扁圆形,顶端微缺,花柱弯曲,顶端呈喇叭形,柱头内藏。蒴果圆形,顶端微凹,具狭翅,无缘毛;种子卵形,黑色,密被白色柔毛,具发达、2裂下延的种阜(图16-94)。花果期5—9月份。产于我国东北、华北、西北和华中以及四川;生于海拔(200)460~2300 m的草原、山坡草地、灌丛中以及杂木林下。根(药材名:远志)能安神益智、交通心肾、祛痰、消肿。同属植物卵叶远志

图16-94 远志

P. sibirica L. 的干燥根也作为远志入药。

瓜子金 *Polygala japonica* Houtt. 多年生草本,高 15~20 cm;茎、枝直立或外倾,绿褐色或绿色,具纵棱,被卷曲短柔毛。单叶互生,叶片厚纸质或亚革质。卵形或卵状披针形,先端钝,具短尖头,基部阔楔形至圆形,全缘,叶面绿色,背面淡绿色,两面无毛或被短柔毛。总状花序与叶对生,或腋外生,最上 1 个花序低于茎顶。萼片 5 枚,宿存,外面 3 枚披针形,外面被短柔毛,里面 2 枚花瓣状,卵形至长圆形,先端圆形,具短尖头,基部具爪;花瓣 3 枚,白色至紫色,基部合生,侧瓣长圆形,基部内侧被短柔毛,龙骨瓣舟状,具流苏状鸡冠状附属物;雄蕊 8 枚,花丝全部合生成鞘,鞘 1/2 以下与花瓣贴生,且具缘毛,花药无柄,顶孔开裂;子房倒卵形,具翅,花柱长约 5 mm,弯曲,柱头 2 个,间隔排列。蒴果圆形,短于内萼片,顶端凹陷,具喙状凸尖,边缘具有横脉的阔翅,无缘毛。种子 2 粒,卵形,长,黑色,密被白色短柔毛,种阜 2 裂下延,疏被短柔毛(图 16-95)。花期 4—5 月份,果期 5—8 月份。产于我国东北、华北、西北、华东、华中和西南地区;生于海拔 800~2100 m 的山坡草地或田埂上。根及全草能祛痰止咳、散瘀止血、宁心安神。

图 16-95 瓜子金

29. 大戟科(Euphorbiaceae)

♂ * $K_{0~5} C_{0~5} A_{1~\infty}$;♀ $K_{0~5} C_{0~5} \underline{G}_{(3:3:1~2)}$

[形态特征] 草本、灌木或乔木,木质根,常含乳汁,白色;单叶,互生,叶基部常有腺体,有托叶。花常单性,同株或异株,花序各式,常为聚伞花序,或总状花序;重被、单被或无花被,有时具花盘或退化为腺体;雄蕊 1 枚至多枚,花丝分离或联合;雌蕊由 3 枚心皮组成,子房上位,3 室,中轴胎座,每室 1~2 枚胚珠。蒴果,常从宿存的中央轴柱分离成分果片,或为浆果状或核果状;种子常有显著种阜,胚乳丰富,肉质或油质,胚大而直或弯曲,子叶通常扁而宽。

[分布] 约 300 属,5000 种;广布于全世界。我国有 66 属,400 种;分布于全国各地;已知药用的有 39 属,160 余种。

[显微特征] 体内常具乳汁管。

[染色体] $X = 9,10,11,13,14$。

[化学成分] 本科化学成分复杂,主要类型是生物碱和萜类(二萜及三萜)。①生物碱

类,如一叶萩碱(securinine)、N-甲基散花巴豆碱(N-methylcrotoparinine)。滑桃树 Trewia. nudiflora L. 的种子中含有美登木素类生物碱。②萜类。二萜酯类成分多含于乳汁和种子中,如大戟二萜醇-12-十四碳酰-13-乙酸酯(TPA);三萜类化合物普遍存在于大戟科的叶、茎、根和乳之中,如 5α-大戟烷(5α-euphane)、大戟醇(euphol)等。③氰苷:分布于叶下珠属(Phyllanthus)、木薯属(Manihot)等植物中。本科植物种子富含脂肪油和蛋白质,多有毒性,如毒性球蛋白、巴豆毒素(crotin)、蓖麻毒素(ricin)等。

[主要属及药用植物代表]

(1) 大戟属(Euphorbia)

一年生、二年生或多年生草本,灌木,或乔木;植物体具乳状液汁。根呈圆柱状,或纤维状,或具不规则块根。叶常互生或对生,少轮生,常全缘,少分裂或具齿或不规则;叶常无叶柄,少数具叶柄;托叶常无,少数存在或呈钻状或呈刺状。杯状聚伞花序,单生或组成复花序,复花序呈单歧或二歧或多歧分枝,多生于枝顶或植株上部,少数腋生;每个杯状聚伞花序由1枚位于中间的雌花和多枚位于周围的雄花同生于1个杯状总苞内而组成,为本属所特有,故又称大戟花序;雄花无花被,仅有1枚雄蕊,花丝与花梗间具不明显的关节;雌花常无花被,少数具退化的且不明显的花被;子房3室,每室1个胚株;花柱3个,常分裂或基部合生;柱头二裂或不裂。蒴果,成熟时分裂为3个二裂的分果片(极个别种成熟时不开裂);种子每室1枚,常呈卵球状,种皮革质,深褐色或淡黄色,具纹饰或否;种阜存在或否。胚乳丰富;子叶肥大。本属约2000种,是被子植物中特大属之一,遍布世界各地,其中非洲和中南美洲较多。

大戟 *Euphorbia pekinensis* Rupr. 多年生草本。根呈圆柱状,长20~30 cm,分枝或不分枝。茎单生或自基部多分枝,每个分枝上部又4~5个分枝,被柔毛或被少许柔毛或无毛。叶互生,常为椭圆形,变异较大,先端尖或渐尖,基部渐狭或呈楔形或近圆形或近平截,边缘全缘;主脉明显,侧脉羽状,不明显,叶两面无毛或有时叶背具少许柔毛或被较密的柔毛,变化较大且不稳定;伞幅4~7个,苞叶2枚,近圆形,先端具短尖头,基部平截或近平截。花序单生于二歧分枝顶端,无柄;总苞杯状,边缘四裂,裂片半圆形,边缘具不明显的缘毛;腺体4枚,半圆形或肾状圆形,淡褐色。雄花多数,伸出总苞之外;雌花1枚,具较长的子房柄;子房幼时被较密的瘤状突起;花柱3个,分离;柱头二裂。蒴果呈球状,被稀疏的瘤状突起,成熟时分裂为3个分果片;花柱宿存且易脱落。种子呈长球状,暗褐色或微光亮,腹面具浅色条纹;种阜近盾状,无柄(图16-96)。花期5—8月份,果期6—9月份。广布于全国(除台湾、云南、西藏和新疆),北方尤为普遍;生于山坡、灌丛、路旁、荒地、草丛、林缘和疏林内。根(药材名:京大戟)有毒,有泻水逐饮、消肿散结之功效。

图16-96 大戟

同属其他药用植物:狼毒 *E. fischeriana* Steud. 根(药材名:狼毒)有毒,能散结杀虫。甘遂 E. kansui T. N. Liou ex S. B. Ho 根(药材名:甘遂)有毒,能泻水逐饮、消肿散结。续随子 E. lathyris L. 种子(药材名:千金子)能泻下逐水、破血消癥,外用疗癣蚀疣。地锦 E. humifusa Willd. ex Schlecht. (图 16-97)全草(药材名:地锦草)能清热解毒、凉血止血、利湿退黄。斑地锦 E. maculata L. 的全草也作为地锦草入药。

（2）叶下珠属(Phyllanthus)

灌木或草本,少数为乔木;无乳汁。单叶,互生,通常在侧枝上排成2列,呈羽状复叶状,全缘;羽状脉;具短柄;托叶2片,小,着生于叶柄基部两侧,常早落。花通常小、单性,雌雄同株或异株,单生、簇生或组成聚伞、团伞、总状或圆锥花序;花梗纤细;无花瓣。雄花:萼片(2)3～6 枚,离生,1～2

图 16-97　地锦

轮,覆瓦状排列;花盘通常分裂为离生,且与萼片互生的腺体 3～6 枚;雄蕊 2～6 枚,花丝离生或合生成柱状,花药 2 室,外向,药室平行、基部叉开或完全分离,纵裂、斜裂或横裂,药隔不明显;无退化雌蕊;雌花:萼片与雄花的萼片同数或较多;花盘腺体通常小,离生或合生呈环状或坛状,围绕子房;子房通常 3 室,稀为 4～12 室,每室有胚珠 2 枚,花柱与子房室同数,分离或合生,顶端全缘或二裂,直立、伸展或下弯。蒴果,通常基顶压扁呈扁球形,成熟后常开裂成 3 个二裂的分果片,中轴通常宿存;种子三棱形,种皮平滑或有网纹,无假种皮和种阜。

叶下珠 Phyllanthus urinaria L.　一年生草本,高 10～60 cm,茎通常直立,基部多分枝,枝倾卧而后上升;枝具翅状纵棱,上部被纵列疏短柔毛。叶片纸质,因叶柄扭转而呈羽状排列,长圆形或倒卵形,顶端圆、钝或急尖而有小尖头,下面灰绿色。花雌雄同株。雄花 2～4 朵簇生于叶腋,通常仅上面 1 朵开花,下面的很小;萼片 6 枚,倒卵形,顶端钝;雄蕊 3 枚,花丝全部合生成柱状;花粉粒长球形,通常具 5 孔沟,内孔横长椭圆形;花盘腺体 6 枚,分离,与萼片互生。雌花单生于小枝中下部的叶腋内;萼片 6 枚,近相等,卵状披针形,边缘膜质,黄白色;花盘圆盘状,边全缘;子房卵状,有鳞片状凸起,花柱分离,顶端二裂,裂片弯卷。蒴果圆球状,红色,表面具小凸刺,有宿存的花柱和萼片,开裂后轴柱宿存;种子橙黄色。花期 4—6 月份,果期 7—11 月份。产于河北、山西、陕西、华东、华中、华南、西南等省区,通常生于海拔 500 m 以下的旷野平地、旱田、山地路旁或林缘,在云南海拔 1100 m 的湿润山坡草地也见有生长。全草入药,能清热利尿、明目、消积。

巴豆 Croton tiglium L.　（图 16-98）灌木或小乔木,高 3～6 m;嫩枝被稀疏星状柔毛,枝条无毛。叶纸质,卵形,顶端短尖,有时长渐尖,基部阔楔形至近圆形,边缘有细锯齿,有时近全缘,成长叶无毛或近无毛,干后淡黄色至淡褐色;总

图 16-98　巴豆

状花序,顶生。雄花:花蕾近球形,疏生星状毛或几无毛;雌花:萼片长圆状披针形,几无毛;子房密被星状柔毛,花柱二深裂。蒴果椭圆状,被疏生短星状毛或近无毛;种子椭圆状。花期4—6月份。产于浙江南部、福建、江西、湖南、广东、海南、广西、贵州、四川和云南等省区;生于村旁或山地疏林中,或仅见栽培。果实(药材名:巴豆)有大毒。生品外用蚀疮,用于恶疮、疥癣、疣痣。外用适量,研末涂患处,或捣烂以纱布包擦患处。孕妇忌用,不宜与牵牛子同用。

蓖麻 *Ricinus communis* L. 一年生粗壮草本或草质灌木,高达5 m;小枝、叶和花序通常被白霜,茎多液汁。叶轮廓近圆形,掌状7~11裂,裂缺几达中部,裂片卵状长圆形或披针形,顶端急尖或渐尖,边缘具锯齿;掌状脉7~11条。网脉明显;叶柄粗壮,中空,顶端具2枚盘状腺体,基部具盘状腺体;总状花序或圆锥花序。雄花:花萼裂片卵状三角形,雄蕊束众多;雌花:萼片卵状披针形,凋落;子房卵状,密生软刺或无刺,花柱红色,长约4 mm,顶部二裂,密生乳头状凸起。蒴果卵球形或近球形,果皮具软刺或平滑;种子椭圆形,微扁平,平滑,斑纹淡褐色或灰白色;种阜大(图16-99)。花期几全年或6—9月份(栽培)。原产地可能在非洲东北部的肯尼亚或索马里。全国均有栽培。种子(药材名:蓖麻子)有毒,能泄下通滞、消肿拔毒。

图16-99 蓖麻

本科其他药用植物:一叶萩 *Flueggea suffruticosa* (Pall.) Baill. 除西北尚未发现外,全国各省区均有分布,生于山坡灌丛中或山沟、路边,海拔800~2500 m。枝条、根、叶和花能活血舒筋、健脾益肾,用于治疗面神经麻痹、小儿麻痹后遗症。乌桕 *Sapium sebiferum* (L.) Roxb.(图16-100)在我国主要分布于黄河以南各省区,北达陕西、甘肃;生于旷野、塘边或疏林中。根皮与叶能杀虫、解毒、利尿、通便。

图16-100 乌桕

30. 冬青科(Aquifoliaceae)

♂ * $K_{4~6} C_{4~6} A_{4~6}$; ♀ $K_{4~6} C_{4~6} \underline{G}_{(2~5:2~\infty;1)}$

[形态特征] 乔木或灌木,常绿或落叶;单叶,互生,叶片通常革质、纸质,具锯齿、腺状锯齿或具刺齿,或全缘,具柄;托叶无或小,早落。花小,辐射对称,单性,雌雄异株,排列成腋生、腋外生或近顶生的聚伞花序、假伞形花序、总状花序、圆锥花序或簇生;花萼4~6片,覆瓦状排列,宿存或早落;花瓣4~6枚,分离或基部合生,通常呈圆形,或先端具一内折的小尖头,覆瓦状排列;雄蕊与花瓣同数,且与之互生,花丝短,花药2室,内向,纵裂;或4~12枚,一轮,花丝短而粗或缺,药隔增厚,花药延长或增厚成花瓣状;花盘缺;子房上位,心皮2~5枚,合生,2室至多室,每室具1枚悬垂、横生或弯生的胚珠,花柱短或无,柱头头状、盘状或浅裂。果通常为浆果状核果,具2枚至多数分核,通常4枚,稀为1枚,每分核具1粒种子;种子含丰富的胚乳,胚小,直立,子房扁平。

[分布] 4属,400~500种,广布于热带和亚热带地区。我国只有冬青属(Ilex)1属,约204种,分布于长江以南。已知药用的有44种。

[显微特征] 冬青属植物的纤维、导管次生壁均有细小的螺旋状增厚。

[染色体] $X=18,20$。

[化学成分] 本科植物(冬青属)主要含β-香树脂型和齐墩果烷型三萜酸及皂苷,还有黄酮类、香豆素等。

[药用植物代表]

枸骨 *Ilex cornuta* Lindl. et Paxt. 常绿灌木或小乔木,高(0.6)1~3 m;幼枝具纵脊及沟,沟内被微柔毛或变无毛,二年生枝褐色,三年生枝灰白色,具纵裂缝及隆起的叶痕,无皮孔。叶片厚革质,二型,四角状长圆形或卵形,先端具3枚尖硬刺齿,中央刺齿常反曲,基部圆形或近截形,两侧各具1~2枚刺齿,叶面深绿色,具光泽,背淡绿色,无光泽,两面无毛。花序簇生于二年生枝的叶腋内,基部宿存鳞片近圆形,被柔毛,具缘毛;花淡黄色,4基数。雄花,基部具1~2枚阔三角形的小苞片;花冠辐状,花瓣长圆状卵形,反折,基部合生;雄蕊与花瓣近等长或稍长,花药长圆状卵形,退化子房近球形,先端钝或圆形,不明显的四裂。雌花:基部具2枚小的阔三角形苞片;花萼与花瓣像雄花;退化雄蕊长为花瓣的4/5,略长于子房,败育花药卵状箭头形;子房长圆状卵球形,柱头盘状,四浅裂。果实球形,直径8~10 mm,成熟时鲜红色,基部具四角形宿存花萼,顶端宿存柱头盘状,明显四裂;分核4个,轮廓倒卵形或椭圆形,背部中央具1条纵沟,内果皮骨质(图16-101)。花期4—5月份,果期10—12月份。产于江苏、上海、安徽、浙江、江西、湖北、湖南等地,生于海拔150~1900 m的山坡、丘陵等的灌丛中、疏林中

图16-101 枸骨

以及路边、溪旁和村舍附近。叶(药材名:功劳叶)能清热养阴、补益肝肾;果能补肝肾、止泻。

冬青 *Ilex chinensis* Sims. 常绿乔木,高达13 m;树皮灰黑色,当年生小枝浅灰色,圆柱形,具细棱;二至多年生枝具不明显的小皮孔,叶痕新月形,凸起。叶片薄革质至革质,椭圆

形或披针形,先端渐尖,基部楔形或钝,边缘具圆齿。雄花:花序具3~4回分枝,每回分枝具花7~24朵;花淡紫色或紫红色,4~5基数;花冠辐状,花瓣卵形,开放时反折,基部稍合生;雄蕊短于花瓣,花药椭圆形。雌花:花序具1~2回分枝,具花3~7朵,花萼和花瓣同雄花,败育花药心形;子房卵球形,柱头具不明显的四至五裂,厚盘形。果实长球形,成熟时红色;分核4~5个,狭披针形,背面平滑,凹形,断面呈三棱形,内果皮厚革质(图16-102)。花期4—6月份,果期7—12月份。分布于长江流域及其以南地区。叶(药材名:四季青)能清热利湿、消肿镇痛。外用治疗烧伤、下肢溃疡、皮炎、湿疹、脚手皮裂等。根亦可入药,味苦,性凉,有抗菌、清热、解毒、消炎等功效。

大叶冬青 *Ilex latifolia* Thunb. (图16-103)常绿大乔木,高达20 m,胸径60 cm,全体无毛;树皮灰黑色;分枝粗壮,具纵棱及槽,黄褐色或褐色,光滑,具明显隆起、阔三角形或半圆形的叶痕。

图16-102 冬青

图16-103 大叶冬青

叶生于1~3年生枝上,叶片厚革质,长圆形或卵状长圆形,先端钝或短渐尖,基部圆形或阔楔形,边缘具疏锯齿,齿尖黑色;花淡黄绿色,4基数。雄花:假圆锥花序的每个分枝有3~9朵花,呈聚伞花序状,花瓣卵状长圆形,基部合生;雄蕊与花瓣等长,花药卵状长圆形,长为花丝的2倍;不育子房近球形,柱头稍四裂。雌花:花序的每个分枝有1~3朵花,1~2枚小苞片;花瓣4枚,卵形,退化雄蕊长为花瓣的1/3,败育花药小,卵形;子房卵球形,柱头盘状,四裂。果实球形,成熟时红色,宿存柱头薄盘状,基部宿存花萼盘状,伸展,外果皮厚,平滑。分核4个,轮廓长圆状椭圆形,具不规则的皱纹和尘穴,背面具明显的纵脊,内果皮骨质。花期4月份,果期9—10月份。产于江苏(宜兴)、安徽、浙江、江西、福建、河南(大别山)、湖北(来凤、兴山、随州、应山、黄梅、英山、罗城、麻城)、广西及云南东南部(西畴、麻栗坡)等省区;生于海拔250~1500 m的山坡常绿阔叶林中、灌丛中或竹林中。叶作为苦丁茶,具有消炎解暑、生津解渴、消食化痰、清脾肺、活血脉等功效。

同属植物毛冬青 *I. Pubescens* Hook. et Arn. 分布于我国长江流域以南各地及台湾地区。根、叶能活血通络、清热解毒,用于治疗冠心病、脉管炎。铁冬青 *I. rotunda* Thunb. 分布于我国长江以南各地。树皮能清热凉血、止痛;根(药材名:救必应)能治胃病、感冒发烧、肠炎;叶能止血、治湿疹。

31. 卫矛科(Celastraceae)

♂ $* K_{4\sim5} C_{4\sim5} A_{4\sim5} \underline{G}_{(2\sim5:1:2\sim6)}$

[形态特征] 常绿或落叶乔木、灌木或藤本灌木及匍匐小灌木。单叶对生或互生;托叶细小,早落或无。花两性或退化为功能性不育的单性花,杂性同株;聚伞花序1次至多次分枝,具有较小的苞片和小苞片;花4~5朵,花部同数或心皮减数,花萼基部通常与花盘合生,花萼分为4~5枚萼片,花冠具4~5枚分离花瓣,常具明显肥厚花盘,雄蕊与花瓣同数,着生花盘之上或花盘之下,花药2室或1室,心皮2~5枚,合生,子房下部常陷入花盘而与之合生或与之融合而无明显界限,或仅基部与花盘相连,大部游离,子房室与心皮同数或退化成不完全室或1室,倒生胚珠,通常每室2~6枚,轴生、室顶垂生,较少基生。多为蒴果,亦有核果、翅果或浆果;种子多少被肉质具色假种皮包围,胚乳肉质丰富。

[分布] 约60属,850种,分布于热带和温带地区。我国有12属,201种,分布于全国各地。已知药用的有9属,99种。

[显微特征] 花粉粒三孔沟,网状雕纹。

[染色体] $X = 7、8、9、10、12、16、18、23、32、40$。

[化学成分] 本科植物主要化学成分有二萜内酯类,如雷公藤素甲(triptolide)、雷公藤素乙(tripdiolide)等;大环生物碱类,如美登木碱(maytansine)等。此外,本科有些种类的叶和树皮中含类似橡胶的物质。

[药用植物代表]

卫矛 *Euonymus alatus* (Thunb.) Sieb. 灌木,高1~3 m;小枝常具2~4列宽阔木栓翅;叶卵状椭圆形、窄长椭圆形,边缘具细锯齿,两面光滑无毛;聚伞花序1~3朵花;花白绿色,花瓣近圆形;雄蕊着生花盘边缘处,花丝极短,开花后稍增长,花药宽阔长方形,2室顶裂。蒴果1~4深裂,裂瓣椭圆状;种子椭圆状或阔椭圆状,种皮褐色或浅棕色,假种皮橙红色,全包种子(图16-104)。花期

图16-104 卫矛

5—6月份,果期7—10月份。除东北、新疆、青海、西藏、广东及海南以外,全国名省区均产;生长于山坡、沟地边沿。带翅的嫩枝(药材名:鬼箭羽)能破血通经、解毒消肿、杀虫止痒。民间煎汤熏洗用于治疗过敏性皮炎。

雷公藤 *Tripterygium wilfordii* Hook. f. (图16-105)藤本灌木,高1~3 m,小枝棕红色,具4支细棱,被密毛及细密皮孔。叶椭圆形、倒卵椭圆形、长方椭圆形或卵形,先端急尖或短渐尖,基部阔楔形或圆形,边缘有细锯齿;叶柄密被锈色毛。圆锥聚伞花序较窄小,通常有3~5个分枝,花序、分枝及小花梗均被锈色毛;花白色,花瓣长方卵形,边缘微蚀;花盘略五裂;雄蕊插生花盘外缘;子房具3

图16-105 雷公藤

棱,花柱柱状,柱头稍膨大,三裂。翅果长圆状,中央果体较大,占全长的 1/2～2/3,中央脉及两侧脉共 5 条,分离较疏,占翅宽的 2/3;种子细柱状。分布于我国台湾、福建、江苏、浙江、安徽、湖北、湖南、广西等地;生长于山地林内阴湿处。根(药材名:雷公藤)有大毒,能祛风湿、活血通络、消肿止痛、杀虫解毒。

同属植物昆明山海棠 *T. hypoglaucum*（Levl.）Hutch. 与雷公藤的区别主要是叶背面有白粉,卵圆形至长圆状卵形,聚伞花序长 10 cm 以上。其分布和效用同雷公藤。

美登木 *Maytenus hookeri* Loes. 灌木,高 1～4 m;植体高时小枝柔细,稍呈藤本状,小枝通常少刺,老枝有明显疏刺。叶薄纸质或纸质,椭圆形或长方卵形,先端渐尖或长渐尖,基部楔形或阔楔形,边缘有浅锯齿;聚伞花序 1～6 枚丛生于短枝上,花序多 2～4 次单歧分枝或第一次二歧分枝;花白绿色,花盘扁圆;雄蕊着生花盘外侧下面;子房 2 室,花柱顶端有二裂柱头。蒴果扁,倒心状或倒卵状;种子长卵状,棕色;假种皮浅杯状,白色,干后黄色。分布于我国云南西南部西双版纳、双江等地;生长于山地或山谷的丛林中。根、茎、果具有抗癌作用。

32. 鼠李科(Rhamnaceae)

☿ * $K_{(4\sim5)} C_{(4\sim5)} A_{4\sim5} \underline{G}_{(2\sim4:2\sim3:1)}$

[**形态特征**] 乔木或灌木,直立或攀缘,常有刺。单叶互生或近对生,全缘或具齿,托叶小,有时变为刺状。花小,两性或单性,辐射对称,排成聚伞花序或簇生,花基数常为 4;萼片、雄蕊与花瓣分别互生和对生,有时无花瓣;花盘肉质;雌蕊由 2～4 枚心皮组成;子房上位、半下位至下位,通常 3 室或 2 室,每室胚珠 1 枚。核果、浆果状核果、蒴果状核果或蒴果。

[**分布**] 58 属、900 种以上;广布于世界各地。我国有 15 属,133 种,分布于南北各地;已知药用的有 12 属,77 种。

[**显微特征**] 叶表皮纹饰为皱状或网状,表面近光滑、具条纹或鳞片状粗糙。

[**染色体**] $X = 9,11,12$。

[**化学成分**] 本科植物含蒽醌及萘类化合物,如大黄素(emodin)、大黄酚(chrysophanol);另含黄酮类,如芦丁;三萜皂苷,如酸枣仁皂苷(jujubosides);肽生物碱,如枣碱(zizyphine)、枣宁碱(zizyphinine)及异喹啉生物碱、光千金藤碱(stepharine)等。

[**药用植物代表**]

枣 *Ziziphus jujuba* Mill. （图 16-106）落叶小乔木,稀为灌木,高达 10 余米;树皮褐色或灰褐色;有长枝、短枝和无芽小枝(即新枝)比长枝光滑,紫红色或灰褐色,呈"之"字形曲折,具 2 枚托叶刺,长刺可达 3 cm,粗直,短刺下弯,长 4～6 mm;短枝短粗,矩状,自老枝发出;叶纸质,卵形、卵状椭圆形,或卵状矩圆形;顶端钝或圆形,稀为锐尖,具小尖头,基部稍不对称,近圆形,边缘具圆齿状锯齿,基生三出脉;花黄绿色,两性,基数 5,无毛,具短总花梗,单生或 2～8 个密集成腋生聚伞花序;花瓣倒卵圆形,基部有爪,与

图 16-106　枣

雄蕊等长;花盘厚,肉质,圆形,五裂;子房下部藏于花盘内,与花盘合生,2室,每室有1枚胚珠,花柱二半裂。核果矩圆形或长卵圆形,成熟时红色,后变红紫色,中果皮肉质,厚,味甜,核顶端锐尖,基部锐尖或钝,2室,具1粒或2粒种子;种子扁椭圆形。花期5—7月份,果期8—9月份。分布于吉林、辽宁、河北、山东、山西、陕西、河南、甘肃、新疆、安徽、江苏、浙江、江西、福建、广东、广西、湖南、湖北、四川、云南、贵州等地;生长于海拔1700 m以下的山区、丘陵或平原。广为栽培。果实能补中益气、养血安神。

酸枣 *Ziziphus jujuba* Mill. var. *spinosa*（Bunge.）Hu ex H. F. Chou 本变种常为灌木,叶较小,核果小,近球形或短矩圆形,具薄的中果皮,味酸,核两端钝。花期6—7月份,果期8—9月份。产于我国辽宁、内蒙古、河北、山东、山西、河南、陕西、甘肃、宁夏、新疆、江苏、安徽等地;常生于向阳、干燥的山坡、丘陵、岗地或平原。种子(药材名:酸枣仁)能养心补肝、宁心安神、敛汗生津。

枳椇 *Hovenia acerba* Lindl. （图16-107）高大乔木,高10~25 m;小枝褐色或黑紫色,被棕褐色短柔毛或无毛,有明显白色的皮孔。叶互生,厚纸质至纸质,宽卵形、椭圆状卵形或心形,边缘常具整齐浅而钝的细锯齿,上部或近顶端的叶有不明显的齿。二歧式聚伞圆锥花序,顶生和腋生,被棕色短柔毛;花两性,花瓣椭圆状匙形,具短爪;花盘被柔毛;花柱

图16-107　枳椇

半裂,无毛。浆果状核果近球形,无毛,成熟时黄褐色或棕褐色;果序轴明显膨大;种子暗褐色或黑紫色。花期5—7月份,果期8—10月份。产于我国甘肃、陕西、河南、安徽、江苏、浙江、江西、福建、广东、广西、湖南、湖北、四川、云南、贵州等地;生于海拔2100 m以下的开旷地、山坡林缘或疏林中。果序轴肥厚,含丰富的糖,可生食、酿酒、熬糖,民间常用以浸制"拐枣酒",能治风湿。种子为清凉利尿药,能解酒毒,适用于热病消渴、酒醉、烦渴、呕吐、发热等症。

33. 藤黄科（Guttiferae）

$$\male * K_{4\sim5} C_{4\sim5} A_{\infty} \underline{G}_{(3\sim5:1\sim12:1\sim\infty)}$$

[**形态特征**] 乔木或灌木,稀为草本,在裂生的空隙或小管道内含树脂或油。单叶,全缘,对生或有时轮生,常无托叶。花序聚伞状或圆锥状,伞状或单花。花两性、单性或杂性;萼片4~5枚,覆瓦状排列或交互对生;花瓣4~5枚,离生,覆瓦状或卷旋状排列;雄蕊多数,离生或合生成3~5束;子房上位,通常有5枚或3枚多少合生的心皮,1~12室,中轴、侧生或基生胎座;胚珠倒生或横生,每室1枚至多枚;花柱1~5个或无,柱头1~12个,常呈放射状。蒴果、浆果或核果。种子1粒至多数,具假种皮或无,无胚乳。

[**分布**] 约40属,1000种,主产于热带地区。我国有8属,87种,遍布于全国各地。

[**显微特征**] 植物体内具有微管状分泌系统,常具黄色树脂。

[**化学成分**] 黄酮类,如双苯吡酮类、双黄酮、二氢黄酮等,尤以双苯吡酮类含量最高。还含有苯甲酮类、香豆素类、间苯三酚类和三萜类。

[药用植物代表]

贯叶连翘 *Hypericum perforatum* L. 多年生草本,高 20~60 cm,全体无毛。茎直立,多分枝,茎及分枝两侧各有 1 条纵线棱。叶无柄,彼此靠近,密集,椭圆形至线形,先端钝形,基部近心形而抱茎,边缘全缘,背卷,坚纸质,上面绿色,下面白绿色,全面散布淡色但有时黑色的腺点。花序为 5~7 花二歧状的聚伞花序,生于茎及分枝顶端,多个再组成顶生圆锥花序;萼片长圆形或披针形,先端渐尖至锐尖,边缘有黑色腺点,全面有 2 行腺条和腺斑。花瓣黄色,长圆形或长圆状椭圆形,两侧不相等,边缘及上部常有黑色腺点。雄蕊多数,3 束,每束有雄蕊约 15 枚,花丝长短不一,花药黄色,具黑腺点。子房卵珠形,蒴果长圆状卵珠形,具背生腺条及侧生黄褐色囊状腺体。种子黑褐色,圆柱形,具纵向条棱,两侧无龙骨状凸起,表面有细蜂窝纹(图16-108)。花期 7—8 月份,果期 9—10 月份。产于我国河北、山西、陕西、甘肃、新疆、山东、江苏、江西、河南、湖北、湖南、四川及贵州等地;生于海拔 500~2100 m 的山坡、路旁、草地、林下及河边等处。地上部分(药材名:贯叶金丝桃)能疏肝解郁、清热利湿、消肿通乳。

图 16-108 贯叶连翘

元宝草 *Hypericum sampsonii* Hance. 多年生草本,高 0.2~0.8 m,全体无毛。茎单一或少数,圆柱形,无腺点,上部分枝。叶对生,无柄,其基部完全合生为一体而茎贯穿其中心,或宽或狭的披针形至长圆形或倒披针形,先端钝形或圆形,基部较宽,全缘,坚纸质,上面绿色,下面淡绿色,边缘密生黑色腺点,全面散生透明或间有黑色腺点,中脉直贯叶端,侧脉每边约 4 条,斜上升,近边缘弧状连接,与中脉两面明显,脉网细而稀疏。花序顶生,多花,伞房状,连同其下方常多达 6 个腋生花枝,整体形成一个庞大的疏松伞房状至圆柱状圆锥花序;花瓣淡黄色,椭圆状长圆形,宿存,边缘有无柄或近无柄的黑腺体,全面散布淡色或稀为黑色腺点和腺条纹。雄蕊 3 束,宿存,每束具雄蕊 10~14 枚,花药淡黄色,具黑腺点。子房卵珠形至狭圆锥形,自基部分离。蒴果宽卵珠形至或宽或狭的卵珠状圆锥形,散布有卵珠状黄褐色囊状腺体。种子黄褐色,长卵柱形,两侧无龙骨状凸起,顶端无附属物,表面有明显的细蜂窝纹(图 16-109)。花期 5—6 月份,果期 7—8 月份。产于我国陕西至江南各省;生于海拔 0~1200 m 的路旁、山坡、草地、灌丛、田边、沟边等处。全草具有凉血止血、清热解毒、活血调经、祛风通络等功效。

图 16-109 元宝草

34. 锦葵科(Malvaceae)

$☿ * K_{5(5)} C_5 A_{(\infty)} \underline{G}_{(2\sim5:5:1\sim\infty)}$

[形态特征] 草本、灌木至乔木。<u>叶互生,单叶或分裂</u>,叶脉通常掌状,具托叶。花腋生

或顶生,单生、簇生、聚伞花序至圆锥花序;花两性,辐射对称;萼片3~5片,分离或合生;其下面附有总苞状的小苞片(又称副萼)3枚至多数;花瓣5片,彼此分离,但与雄蕊管的基部合生;雄蕊多数,连合成一管,称为雄蕊柱,花药1室,花粉被刺;子房上位,2室至多室,通常以5室较多,由2~5枚或较多的心皮环绕中轴而成,花柱上部分枝或者为棒状,每室被胚珠1枚至多枚,花柱与心皮同数或为其2倍。蒴果,常几枚果片分裂,很少浆果状,种子肾形或倒卵形,被毛至光滑无毛,有胚乳。子叶扁平,折叠状或回旋状。

[分布] 50属,1000余种,广布于温带和热带地区。我国有16属,81种,分布于南北各地;已知药用的有12属,60种。

[显微特征] 具黏液细胞,韧皮纤维发达,花药1室,花粉粒具刺。

[化学成分] 本科植物含维生素、氨基酸、糖类、有机酸、黄酮、萜类、生物碱、醌、多元酚、脂肪酸、脂肪烃醇及微量元素等,其中棉酚(gossypol)曾经是男性避孕药。

[药用植物代表]

苘麻 Abutilon theophrasti Medicus. 一年生亚灌木状草本,高达1~2 m,茎枝被柔毛。叶互生,圆心形,先端长,渐尖,基部心形,边缘具细圆锯齿,两面均密被星状柔毛;花单生于叶腋;花黄色,花瓣倒卵形;雄蕊柱平滑无毛,心皮15~20枚,顶端平截,具扩展、被毛的长芒2个,排列成轮状,密被软毛。蒴果半球形,分果片15~20个,被粗毛,顶端具长芒2个;种子肾形,褐色,被星状柔毛(图16-110)。花期7—8月份。全国广布;常见于荒地、田野,也多栽培。种子(药材名:苘麻子)能清热、利湿、解毒、退翳。全草也可以药用,能祛风解毒。同属植物我国产的有9种。

图16-110 苘麻

木槿 Hibiscus syriacus L. 落叶灌木,高3~4 m,小枝密被黄色星状绒毛。叶菱形至三角状卵形,具深浅不同的三裂或不裂,先端钝,基部楔形,边缘具不整齐的齿缺;托叶线形,疏被柔毛。花单生于枝端叶腋间;花钟形,淡紫色,花瓣倒卵形,外面疏被纤毛和星状长柔毛;雄蕊柱长约3 cm;花柱枝无毛。蒴果卵圆形,密被黄色星状绒毛;种子肾形,背部被黄白色长柔毛(图16-111)。花期7—10月份。全国各地均有栽培。根和茎皮(药材名:木槿皮)为外用药,能清热润燥、杀虫止痒;花能清热、止痢;

图16-111 木槿

果(药材名:朝天子)能清肝化痰、解毒止痛。

木芙蓉 Hibiscus mutabilis L. 落叶灌木或小乔木,高 2~5 m;小枝、叶柄、花梗和花萼均密被星状毛与直毛相混的细绵毛。叶宽卵形至圆卵形或心形,常 5~7 裂,裂片三角形,先端渐尖,具钝圆锯齿,上面疏被星状细毛和点,下面密被星状细绒毛;主脉 7~11 条;花单生于枝端叶腋间;花初开时白色或淡红色,后变深红色,花瓣近圆形,外面被毛,基部具髯毛;雄蕊柱长 2.5~3 cm,无毛;花柱枝 5 条,疏被毛。蒴果扁球形,被淡黄色刚毛和绵毛,果片 5 枚;种子肾形,背面被长柔毛(图 16-112)。花期 8—10 月份。叶、花有清肺、凉血、散热和解毒等功效。

图 16-112　木芙蓉

本科其他药用植物:玫瑰茄 Hibiscus sabdariffa L. 原产于印度及马来西亚;其根与种子能利尿、强壮身体。最近医学领域的研究成果表明,其花萼(药材名:洛神花)中洛神花原儿茶酸能促进血癌细胞的灭亡;洛神花提取物有抑制化学物质致结肠癌变的作用;洛神花的多酚能促进胃癌细胞的凋谢等。草棉 Gossypium herbaceum L. 在各地均有栽培;根能补气、止咳;种子(药材名:棉籽)能补肝肾、强腰膝,有毒,慎用。

35. 堇菜科(Violaceae)

$$♀ * ↑ K_{5(5)} C_5 A_5 \underline{G}_{(3~5:1:1~∞)}$$

[形态特征] 多年生草本、半灌木或小灌木。叶为单叶,通常互生,全缘、有锯齿或分裂,有叶柄;托叶小或叶状。花两性或单性,辐射对称或两侧对称,单生或组成腋生或顶生的穗状、总状或圆锥状花序,有 2 枚小苞片,有时有闭花受精花;萼片下位,5 枚,同形或异形,覆瓦状,宿存;花瓣下位,5 枚,覆瓦状或旋转状,异形,下面 1 枚通常较大,基部囊状或有距;雄蕊 5 枚,通常下位,花药直立,分离或围绕子房呈环状靠合,药隔延伸于药室顶端成膜质附属物,花丝很短或无,下方两枚雄蕊基部有距状蜜腺;子房上位,完全被雄蕊覆盖,1 室,由 3~5 枚心皮连合构成,具 3~5 个侧膜胎座,花柱单一,稀为分裂,柱头形状多变化,胚珠 1 枚至多数,倒生。果实为沿室背弹裂的蒴果或为浆果状;种子无柄或具极短的种柄,种皮坚硬,有光泽,常有油质体,有时具翅,胚乳丰富,肉质,胚直立。

[分布] 约 22 属,900 种,广布于温带及热带地区。我国有 4 属,130 余种;但主要是堇菜属(Viola),约 111 种,南北均有分布;已知药用的仅 1 属,约 50 种。

[显微特征] 叶表皮细胞多边形或不规则形,垂周壁波状或弓形。

[染色体] $X = 5,6,8,11,13,17$。

[化学成分] 本科植物主要含黄酮类化合物,如堇菜花苷(violanin)、槲皮素(quercetin)等。

[药用植物代表]

紫花地丁 Viola philippica Cav. Icons et Descr. Pl. Hisp. 多年生草本,无地上茎,高

4~14 cm，果期高可达20余厘米。根状茎短，垂直，淡褐色，节密生，有数条淡褐色或近白色的细根。叶多数，基生，莲座状；花中等大，紫堇色或淡紫色，稀呈白色，喉部色较淡并带有紫色条纹；花瓣倒卵形或长圆状倒卵形，侧方花瓣长，里面无毛或有须毛，下方花瓣连距，里面有紫色脉纹；距细管状，末端圆；子房卵形，无毛，花柱棍棒状，比子房稍长，基部稍膝曲，柱头三角形，两侧及后方稍增厚成微隆起的缘边，顶部略平，前方具短喙。蒴果长圆形，无毛；种子卵球形，淡黄色（图16-113）。花果期4月中下旬至9月份。分布于黑龙江、吉林、辽宁、内蒙古、河北、山西、陕西、甘肃、山东、江苏、安徽、浙江、江西、福建、台湾、河南、湖北、湖南、广西、四川、贵州、云南等地；生于田间、荒地、山坡草丛、林缘或灌丛中。全草（药材名：紫花地丁）能清热解毒、凉血消肿。

图16-113 紫花地丁

紫堇 *Corydalis edulis* Maxim. 一年生灰绿色草本，高20~50 cm，具主根。茎分枝，具叶；花枝花葶状，常与叶对生。基生叶具长柄，叶片近三角形，上面绿色，下面苍白色，1~2回羽状全裂，一回羽片2~3对，具短柄，二回羽片近无柄，倒卵圆形，羽状分裂，裂片狭卵圆形，顶端钝，近具短尖。茎生叶与基生叶同形。总状花序疏具3~10朵花。苞片狭卵圆形至披针形，渐尖，全缘，有时下部的疏具齿，约与花梗等长或稍长。花粉红色至紫红色，平展。外花瓣较宽展，顶端微凹，无鸡冠状凸起。上花瓣长1.5~2 cm；距圆筒形，基部稍下弯，约占花瓣全长的1/3；蜜腺体长，近伸达距末端，大部分与距贴生，末端不变狭。下花瓣近基部渐狭。内花瓣具鸡冠状凸起；爪纤细，稍长于瓣片。柱头横向纺锤形，两端各具一乳突，上面具沟槽，槽内具极细小的乳突。蒴果线形，下垂，具1列种子。种子密生环状小凹点；种阜小，紧贴种子（图16-114）。产于我国辽宁（千山）、北京、河北（沙河）、山西、河南、陕西、甘肃、四川、云南、贵州、湖北、江西、安徽、江苏、浙江、福建等地；生于海拔400~1200 m的丘陵、沟边或多石地。全草药用能清热、解毒、止痒、收敛、固精、润肺、止咳。

图16-114 紫堇

本科其他药用植物：长萼堇菜 *V. inconspicua* Bl. 分布于我国长江流域及其以南各地。部分地区民间作为紫花地丁药用。七星莲 *V. diffusa* Ging. 分布于我国中部及南部。全株可清热解毒、消肿排脓。心叶堇菜 *V. concordifolia* C. J. Wang 分布于我国长江流域及南部各省区。

36. 瑞香科（Thymelaeaceae）

$♀ * K_{(4~5)} C_0 A_{4~5, 8~10} \underline{G}_{(2~5:1:1)}$

[**形态特征**] 落叶或常绿灌木或小乔木，稀为草本；<u>茎通常具韧皮纤维</u>。单叶互生或对

生,革质或纸质,稀为草质,边缘全缘,基部具关节,羽状叶脉,具短叶柄,无托叶。花辐射对称,两性或单性,雌雄同株或异株,头状、穗状、总状、圆锥或伞形花序;花萼通常为花冠状,白色、黄色或淡绿色,常连合成钟状、漏斗状、筒状的萼筒,外面被毛或无毛,裂片4～5枚;花瓣缺,或呈鳞片状,与萼裂片同数;雄蕊通常为萼裂片的2倍或同数,多与裂片对生,或另一轮与裂片互生,花盘环状、杯状或鳞片状;子房上位,心皮2～5枚合生,1室,每室有悬垂胚珠1枚,近室顶端倒生。浆果、核果或坚果,果皮膜质、革质、木质或肉质;种子下垂或倒生;胚乳丰富或无胚乳,胚直立,子叶厚而扁平,稍隆起。

[分布] 约48属,650种,广布于温带和热带地区。我国有10属,约100种,广布于全国各地;已知药用的有7属,40种。

[显微特征] 花粉粒球形或近球形,具散孔。表面具瘤状或网状-巴豆型图案。

[染色体] $X=9$。

[化学成分] 本科植物成分多样,主要有香豆素类、黄酮类、二萜酯类、木脂素和挥发油。香豆素类,如瑞香素(Daphnetin)及其葡萄糖苷(瑞香苷);黄酮类,如羟基芫花素(hydroxygenkwanin);二萜酯类,如芫花萜酯A(yuanhuacine A)、芫花萜酯B(yuanhuacine B)等;木脂素类,如荛花醇(wikstromol)。

[药用植物代表]

白木香 *Aquilaria sinensis* (Lour.) Spreng. 乔木,高5～15 m,树皮暗灰色,几平滑,纤维坚韧;小枝圆柱形,具皱纹,幼时被疏柔毛,后逐渐脱落,无毛或近无毛。叶革质,圆形、椭圆形至长圆形,先端锐尖或急尖而具短尖头,基部宽楔形,上面暗绿色或紫绿色,光亮,下面淡绿色,两面均无毛。花芳香,黄绿色,多朵,组成伞形花序;花瓣10枚,鳞片状,着生于花萼筒喉部,密被毛;雄蕊10枚,排成1轮;子房卵形,密被灰白色毛,2室,每室1枚胚珠,花柱极短或无,柱头头状。蒴果果梗短,卵球形,幼时绿色,顶端具短尖头,基部渐狭,密被黄色短柔毛,2瓣裂,2室,每室具有1粒种子,种子褐色,卵球形,疏被柔毛,基部具附属体,上端宽扁,下端成柄状。花期春夏,果期夏秋。产于我国广东、海南、广西、福建等省区;喜生于低海拔的山地、丘陵以及路边阳处疏林中。含有树脂的木材(药材名:沉香)能行气止痛、温中止呕、纳气平喘,为治胃病特效药。

芫花 *Daphne genkwa* Sieb. et Zucc. (图16-115)落叶灌木,高0.3～1 m,多分枝;树皮褐色,无毛;小枝圆柱形,细瘦,干燥后多具皱纹,幼枝黄绿色或紫褐色,密被淡黄色丝状柔毛,老枝紫褐色或紫红色,无毛。叶对生,纸质,卵形或卵状披针形至椭圆状长圆形,先端急尖或短渐尖,基部宽楔形或钝圆形,边缘全缘。花比叶先开放,紫色或淡紫蓝色,无香味,常3～6朵簇生于叶腋或侧生,花梗短,具灰黄色柔毛;雄蕊8枚,2轮,分别着生于花萼筒的上部和中部,花丝短,花药黄色,卵状椭圆

图16-115 芫花

形,伸出喉部,顶端钝尖;花盘环状,不发达;子房长倒卵形,密被淡黄色柔毛,花柱短或无,

柱头头状,橘红色。果实肉质,白色,椭圆形,包藏于宿存的花萼筒的下部,具1颗种子。花期3—5月份,果期6—7月份。产于我国河北、山西、陕西、甘肃、山东、江苏、安徽、浙江、江西、福建、台湾、河南、湖北、湖南、四川、贵州等省;生于海拔300～1000 m处。花蕾(药材名:芫花)可泻水逐饮,外用可杀虫疗疮。

狼毒 *Stellera chamaejasme* L. 多年生草本,高20～50 cm;根茎木质,粗壮,圆柱形,不分枝或分枝,表面棕色,内面淡黄色;茎直立,丛生,不分枝,纤细,绿色,有时带紫色,无毛,草质,基部木质化,有时具棕色鳞片。叶散生,薄纸质,披针形或长圆状披针形,先端渐尖或急尖,稀为钝形,基部圆形至钝形或楔形;叶柄短,基部具关节,上面扁平或微具浅沟。花白色、黄色至带紫色,芳香,多花的头状花序,顶生,圆球形;具绿色叶状总苞片;无花梗;花萼筒细瘦,具明显纵脉,基部略膨大,无毛,裂片5枚,卵状长圆形,顶端圆形,常具紫红色的网状脉纹;雄蕊10枚,2轮,下轮着生于花萼筒的中部以上,上轮着生于花萼筒的喉部,花药微伸出,花丝极短,花药黄色,线状椭圆形;花盘一侧发达,线形,顶端微二裂;子房椭圆形,几无柄,上部被淡黄色丝状柔毛,花柱短,柱头头状,顶端微被黄色柔毛。果实圆锥形,上部或顶部有灰白色柔毛,为宿存的花萼筒所包围;种皮膜质,淡紫色(图16-116)。花期4—6月份,果期7—9月份。产于我国北方各省区及西南地区;生于海拔2600～4200 m干燥而向阳的高山草坡、草坪或河滩台地。根(药材名:狼毒)有毒,可以杀虫;有祛痰、消积、止痛等功能,外敷可治疥癣。根还可用于提取工业用乙醇,根及茎皮可用于造纸。

图16-116 狼毒

本科其他常用药用植物:黄瑞香 *Daphne giraldii* Nitsche 产于我国黑龙江、辽宁、陕西、甘肃、青海、新疆、四川等省区;生于海拔1600～2600 m的山地林缘或疏林中。茎皮、根皮(药材名:祖师麻)有小毒,可麻醉止痛、祛风通络。同属植物唐古特瑞香 *D. tangutica* Maxim. 和凹叶瑞香 *D. retusa* Hemsl. 产于我国山西、陕西、甘肃、青海、四川、贵州、云南、西藏等地;生于海拔1000～3800 m的润湿林中。二者亦作为祖师麻入药。了哥王 *Wikstroemia indica* (L.) C. A. Mey. 分布于广东、海南、广西、福建、台湾、湖北、四川、贵州、云南、浙江等省区;喜生于海拔1500 m以下地区的开旷林下或石山上。全株有毒,能消肿散结、泄下逐火、止痛。

37. 桃金娘科(Myrtaceae)

$♀ * K_{(4\sim5)} C_{4\sim5} A_{(2\sim\infty)} \overline{G} \underline{G}_{(2\sim5:1\sim5:\infty)}$

[**形态特征**] 乔木或灌木。单叶对生或互生,具羽状脉或基出脉,全缘,常有油腺点,无托叶。花两性,有时杂性,单生或排成各式花序;萼管与子房合生,萼片4～5枚或更多,有时黏合;花瓣4～5枚,有时不存在,分离或连成帽状体;雄蕊多数,插生于花盘边缘,在花蕾期间向内弯或折曲,花丝分离或多少连成短管或成束而与花瓣对生,花药2室,背着或基生,纵裂或顶裂,药隔末端常有1枚腺体;子房下位或半下位,心皮2枚至多枚,1室或多室,胚珠每室1枚至多枚,花柱单一,柱头单一,有时二裂。果为蒴果、浆果、核果或坚果,有

时具分核,顶端常有凸起的萼檐;种子1颗至多颗,无胚乳或有稀薄胚乳,胚直或弯曲,马蹄形或螺旋形,种皮坚硬或薄膜质。

[分布] 约100属,3000余种,分布于热带、亚热带地区。我国原产及驯化9属,126种,分布于江南地区;药用的有10属,31种。

[显微特征] 具油腺细胞。

[染色体] $X = 6 \sim 9 、 11$。

[化学成分] 本科植物主要含挥发油;黄酮类,如槲皮素、桉树素;以及酚类、鞣质等。

[药用植物代表]

图16-117 桃金娘

桃金娘 *Rhodomyrtus tomentosa* (Ait.) Hassk. Fl. Beibl. 灌木,高 $1 \sim 2 \, m$;嫩枝上有灰白色柔毛。叶对生,革质,叶片椭圆形或倒卵形,先端圆或钝,常微凹入,有时稍尖,基部阔楔形,上面初时有毛,后变为无毛,发亮,下面有灰色茸毛,离基三出脉,直达先端且相结合,边脉离边缘 $3 \sim 4 \, mm$,中脉有侧脉 $4 \sim 6$ 对,网脉明显;花有长梗,常单生,紫红色;花瓣5枚,倒卵形;雄蕊红色;子房下位,3室。浆果卵状壶形,成熟时呈紫黑色;种子每室2列(图16-117)。花期4—5月份。分布于我国台湾、福建、广东、广西、云南、贵州及湖南最南部;生于丘陵坡地。根为祛湿药,有祛风活络、收敛止泻、止血等功效,可用于治疗肝炎与崩漏等;叶有收敛止血作用;果有补血、滋养、安胎等功效。

丁香 *Eugenia caryophyllata* Thunb 常绿乔木。叶对生,革质,卵状长圆形,先端渐尖,全缘,具透明油腺点。花为顶生聚伞花序;萼筒顶端四裂,肥厚;花瓣4枚,淡紫色,有浓烈香气;雄蕊多枚;子房下位,2室。浆果长倒卵形,红棕色,顶端有宿存萼片(图16-118)。花蕾(药材名:丁香,图16-119)能温中降逆、补肾助阳。

图16-118 丁香

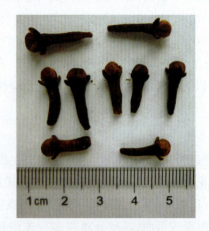

图16-119 丁香药材

桉 *Eucalyptus robusta* Smith 密荫大乔木,高 $20 \, m$;树皮宿存,深褐色,厚 $2 \, cm$,稍软松,

有不规则斜裂沟;嫩枝有棱。幼态叶对生,叶片厚革质,卵形,有柄;成熟叶卵状披针形,厚革质,不等侧,侧脉多而明显,以80度开角缓斜走向边缘,两面均有腺点。伞形花序粗大,有花4~8朵;蒴果卵状壶形,上半部略收缩,蒴口稍扩大,果瓣3~4枚,深藏于萼管内。花期4—9月份。在原产地澳大利亚主要分布于沼泽地,靠海的河口的重黏壤地区,也可见于海岸附近的沙壤。叶可供药用,有祛风镇痛的功效。

本科其他药用植物:蓝桉 *E. globulus* Labill. 原产于澳大利亚,我国广西、四川、云南有栽培。叶可供药用,有健胃、止神经痛、祛风湿等功效;也作为杀虫剂及消毒剂,有杀菌作用。白千层 *Melaleuca leucadendron* L. 原产于澳大利亚,我国福建、台湾、广东、海南、广西有栽培。树皮、叶及提取的挥发油(玉树油)能安神镇静、祛风止痛。

38. 五加科(Araliaceae)

$$♀ * K_5 C_{5\sim10} A_{5\sim10} \overline{G}_{(2\sim15:2\sim15:1)}$$

[**形态特征**] 乔木、灌木或木质藤本,稀为多年生草本,<u>有刺或无刺</u>。<u>叶互生</u>,<u>单叶</u>、<u>掌状复叶或羽状复叶</u>;托叶通常与叶柄基部合生成鞘状。花整齐,两性或杂性,聚生为伞形花序、头状花序、总状花序或穗状花序,通常再组成圆锥状复花序;<u>花瓣5~10枚,通常离生</u>;<u>雄蕊与花瓣同数而互生</u>,有时为花瓣的两倍,或无定数,着生于花盘边缘;花丝线形或舌状;花药长圆形或卵形,"丁"字状着生;<u>子房下位</u>,<u>2~15室</u>,稀为1室或多室至无定数;花柱与子房室同数,离生;或下部合生,上部离生,或全部合生成柱状;花盘上位,肉质,扁圆锥形或环形;胚珠倒生,单个悬垂于子房室的顶端。果实为<u>浆果或核果</u>,外果皮通常肉质,内果皮骨质、膜质或肉质而与外果皮不易区别。种子通常侧扁,胚乳均一或嚼烂状。

[**分布**] 80属,900多种,广布于热带和温带地区。我国有22属,160多种;除新疆外,几乎全国均有分布;已知药用的有19属,112种。

[**显微特征**] 体内有树脂道。

[**染色体**] $X = 11,12$。

[**化学成分**] 本科化学成分以富含三萜皂苷为其特点,如人参皂苷(ginsenosides)、楤木皂苷(aralosides)。另含黄酮、香豆素和二萜类、酚类化合物。

[**主要属及药用植物代表**]

(1) 人参属(Panax)

多年生草本;地下茎年生一节,组成合轴式的根状茎;节紧缩成直立或斜生的短根茎,或节间粗短形成匍匐的竹鞭状根状茎,或节间细长形成横卧的串珠状根状茎。根不膨大,纤维状,或膨大成纺锤形或圆柱形的肉质根。地上茎单生,直立,基部有鳞片。叶为掌状复叶,轮生于茎顶,有叶柄,无托叶。花两性或杂性,聚生为伞形花序;伞形花序单个顶生,稀有一至数个侧生小伞形花序;两性花和雌花与花梗间有关节;花瓣5枚,离生;雄蕊5枚,花丝短,花药卵形或长圆形;子房2室,有时3~4室,稀为5室;花柱2条,有时3~4条,稀5条,或在雄花中的不育雌蕊上退化为1条,离生或基部合生;花盘肉质,环形。果实扁球形,有时三角状球形或近球形。种子2粒或3粒,稀为4粒,侧扁或三角状卵形。本属植物多数可供药用,多具滋补强壮、散瘀止痛、止血等功效。

人参 *Panax ginseng* C. A. Mey. 多年生草本；根状茎（芦头）短，直立或斜上。主根肥大，纺锤形或圆柱形。地上茎单生，高30~60 cm，有纵纹，无毛，基部有宿存鳞片。叶为掌状复叶，3~6枚轮生于茎顶，小叶片3~5枚，幼株常为3枚，薄膜质，中央小叶片椭圆形至长圆状椭圆形，最外一对侧生小叶片卵形或菱状卵形，先端长，渐尖，基部阔楔形，下延，边缘有锯齿，齿有刺尖，上面散生少数刚毛，刚毛长约1 mm，下面无毛，侧脉5~6对，两面明显，网脉不明显。伞形花序单个顶生，有花30~50朵；花淡黄绿色；萼无毛，边缘有5个三角形小齿；花瓣5枚，卵状三角形；雄蕊5枚，花丝短；子房2室；花柱2条，离生。果实扁球形，鲜红色。种子肾形，乳白色（图16-120）。花期6—7月份，果期7—9月份。分布于辽宁东部、吉林东半部和黑龙江东部；生于海拔数百米的落叶阔叶林或针叶阔叶混交林下。栽培的人参俗称"园参"，播种在山林野生状态下自然生长的人参称为"林下山参"。根和根茎（药材名：人参，图16-121）能大补元气、复脉固脱、补脾益肺、生津养血、安神益智。

图16-120 人参

图16-121 生晒参药材

三七 *Panax pseudoginseng* Wall. var. *notoginseng* (Burkill) Hoo et Tseng 主根肉质，倒圆锥形或短纺锤形，常有瘤状突起的分枝。根茎短。掌状复叶3~6枚轮生于茎顶，小叶3~7枚，形态变化较大，中央一片最大，长圆形至倒卵状长圆形，边缘有细密锯齿。伞形花序顶生，花小，花萼5齿裂；花瓣5枚；雄蕊5枚。浆果成熟时红色（图16-122）。根及根茎（药材名：三七，图16-123）能散瘀止血、消肿定痛。

图16-122 三七

图16-123 三七根

(2) 五加属(Acanthopanax)

灌木、直立或蔓生，稀为乔木；枝有刺。叶为掌状复叶，有小叶3~5片，托叶不存在或不明显。花两性，稀为单性异株；伞形花序或头状花序通常组成复伞形花序或圆锥花序；花梗无关节或有不明显关节；萼筒边缘有4~5枚小齿，稀为全缘；花瓣5枚，稀为4枚，在花芽中镊合状排列；雄蕊5枚，花丝细长；子房2~5室；花柱2~5条，离生，基部至中部合生或全部合生成柱状，宿存。果实球形或扁球形，有2~5棱；种子的胚乳均匀。约35种，分布于亚洲。我国有26种，分布几乎遍及全国。

刺五加 *Acanthopanax senticosus*(Rupr. et Maxim.) Harms. 灌木，高1~6 m；分枝多，一、二年生的通常密生刺；刺直而细长，针状，向下，基部不膨大，脱落后遗留圆形刺痕，叶有小叶5片；叶柄常疏生细刺；小叶片纸质，椭圆状倒卵形或长圆形，先端渐尖，基部阔楔形，边缘有锐利重锯齿，侧脉6~7对，两面明显，网脉不明显。伞形花序单个顶生，或2~6个组成稀疏的圆锥花序，有花多数；花紫黄色；花瓣5枚，卵形；雄蕊5枚；子房5室，花柱全部合生成柱状。果实球形或卵球形，有5棱，黑色(图16-124)。花期6—7月份，果期8—10月份。分布于我国黑龙江(小兴安岭、伊春市带岭)、吉林(吉林市、通化、安图、长白山)、辽宁(沈阳)、河北(雾灵山、承德、百花山、小五台山、内丘)和山西(霍县、中阳、兴县)等地；生于海拔数百米至2000 m的森林或灌丛中。根、根茎或茎(药材名：刺五加)能益气健脾、补肾安神。

图16-124 刺五加

细柱五加 *Acanthopanax gracilistylus* W. W. Smith 灌木，高2~3 m；枝灰棕色，软弱而下垂，蔓生状，无毛，节上通常疏生反曲扁刺。叶有小叶5片，在长枝上互生，在短枝上簇生；小叶片膜质至纸质，倒卵形至倒披针形，先端尖至短渐尖，基部楔形，两面无毛或沿脉疏生刚毛，边缘有细钝齿，侧脉4~5对，两面均明显，下面脉腋间有淡棕色簇毛，网脉不明显；几无小叶柄。伞形花序单个(稀为2个)腋生或顶生在短枝上，有花多数；花黄绿色；花瓣5枚，长圆状卵形，先端尖；子房2室；花柱2条，细长，离生或基部合生。果实扁球形，黑色。花期4—8月份，果期6—10月份。分布甚广，生于灌木丛林、林缘、山坡路旁和村落中。根皮(药材名：五加皮)能祛风除湿、补益肝肾、强筋壮骨、利水消肿。

楤木 *Aralia chinensis* L. 灌木或乔木，高2~5 m，胸径达10~15 cm；树皮灰色，疏生粗壮直刺；小枝通常淡灰棕色，有黄棕色绒毛，疏生细刺。叶为二回或三回羽状复叶，托叶与叶柄基部合生，纸质，耳郭形，叶轴无刺或有细刺；羽片有小叶5~11片，基部有小叶1对；小叶片纸质至薄革质，卵形、阔卵形或长卵形，先端渐尖或短渐尖，基部圆形，上面粗糙，疏生糙毛，下面有淡黄色或灰色短柔毛，脉上更密，边缘有锯齿，侧脉7~10对，两面均明显，网脉在上面不甚明显，下面明显；伞形花序有花多数；花白色，芳香；花瓣5枚，卵状三角形；雄蕊5枚，子房5室；花柱5条，离生或基部合生。果实球形，黑色，有5棱。花期7—9月份，果期9—12月份。分布于华北、华中、华东和西南；生于森林、灌丛或林缘路边，垂直分布从海滨至海拔 2700 m。根皮为活血祛瘀药,能活血散瘀、健胃、利尿。

通脱木 *Tetrapanax papyrifera* (Hook.) K. Koch　常绿灌木或小乔木,高 1~3.5 m;树皮深棕色,略有皱裂。叶大,集生于茎顶;叶片纸质或薄革质,掌状 5~11 裂,裂片通常为叶片全长的 1/3 或 1/2,倒卵状长圆形或卵状长圆形,通常再分裂为 2~3 个小裂片,先端渐尖;托叶和叶柄基部合生,锥形,密生淡棕色或白色厚绒毛。圆锥花序长 50 cm 或更长;分枝多,长 15~25 cm;伞形花序有花多数;花淡黄白色;花瓣 4 枚,三角状卵形,外面密生星状厚绒毛;雄蕊和花瓣同数;子房 2 室;花柱 2 条,离生,先端反曲。果实球形,紫黑色(图 16-125)。花期 10—12 月份,果期次年 1—2 月份。分布于我国长江以南各省区及陕西;通常生于向阳肥厚的土壤上。茎髓(药材名:通草)有清热利尿、通经下乳等功效。

图 16-125　通脱木

39. 伞形科 (Umbelliferae)

☿ * $K_{(5),0} C_5 A_5 \overline{G}_{(2:2:1)}$

[形态特征]　草本,常含挥发油。茎常中空,表面常有纵棱。叶互生,叶片分裂或为复叶,稀为单叶;叶柄基部扩大成鞘状。花小,两性或杂性,多辐射对称,多为复伞形花序,稀为单伞形花序;复伞形花序基部具总苞片或缺,小伞形花序的柄称为伞幅,其下常有小总苞片;花萼和子房贴生,萼齿 5 枚或不明显;花瓣 5 枚,顶端钝圆或有内折的小舌片;雄蕊 5 枚;子房下位,由 2 枚心皮合生,2 室,每室 1 枚胚珠,子房顶端有盘状或短圆锥状的花柱基(上位花盘),花柱 2 条。双悬果;每分果外面有 5 条主棱(中间背棱 1 条,两边侧棱各 1 条,两侧棱和背棱间各有中棱 1 条),有的在主棱之间还有 4 条副棱,棱与棱间称为棱槽,在主棱下面有维管束,棱槽中及合生面有纵走的油管一至多条;分果背腹压扁或两侧压扁。

[分布]　约 200 属,2500 种,广布于北温带、亚热带和热带地区。我国有 90 属,540 种,全国各地均产;已知药用的有 55 属,234 种。

[显微特征]　体内有分泌道。

[染色体]　$X = 6,7,8,10,11$。

[化学成分]　本科植物含多类化学成分,主要有挥发油、香豆素类,如川白芷乙素(angenomalin)、白花前胡甲素 A(praeruptorin A);黄酮类,如芹菜苷、槲皮素等;三萜皂苷,如柴胡皂苷(saikosaponins);生物碱,如四甲基吡嗪(tetramethylpyrazine)、毒参碱(coniine);

聚炔类,如毒芹毒素(cicutoxin)、水芹毒素(enanthotoxin)等。

[主要属及药用植物代表]

(1) 当归属(*Angelica*)

二年生或多年生草本,通常有粗大的圆锥状直根。茎直立,圆筒形,常中空,无毛或有毛。叶三出式羽状分裂或羽状多裂,裂片宽或狭,有锯齿、牙齿或浅齿;叶柄膨大成管状或囊状的叶鞘。复伞形花序,顶生和侧生;总苞片和小总苞片多数至少数,全缘;伞辐多数至少数;花白色带绿色;萼齿通常不明显;花瓣卵形至倒卵形,顶端渐狭,内凹成小舌片,背面无毛,少有毛;花柱基扁圆锥状至垫状,花柱短至细长,开展或弯曲。果实卵形至长圆形,光滑或有柔毛,背棱及中棱线形、肋状,稍隆起,侧棱宽阔或狭翅状,成熟时两个分生果互相分开;分生果横剖面半月形,每棱槽中有油管1个至数个,合生面有油管2个至数个。胚乳腹面平直或稍凹入;心皮柄二裂至基部。本属植物我国产有26种,已知药用的有20多种。

当归 *Angelica sinensis* (Oliv.) Diels 多年生草本,高0.4~1 m。根圆柱状,分枝,有多数肉质须根,黄棕色,有浓郁香气。茎直立,绿白色或带紫色,有纵深沟纹,光滑无毛。叶三出式二至三回羽状分裂,基部膨大成管状的薄膜质鞘,紫色或绿色,基生叶及茎下部叶轮廓为卵形,小叶片3对,边缘有缺刻状锯齿,齿端有尖头;叶下表面及边缘被稀疏的乳头状白色细毛;茎上部叶简化成囊状的鞘和羽状分裂的叶片。复伞形花序,密被细柔毛;伞辐9~30个;总苞片2枚,线形,或无;小伞形花序有花13~36朵;小总苞片2~4枚,线形;花白色,花柄密被细柔毛;萼齿5枚,卵形;花瓣长卵形,顶端狭尖,内折;花柱短,花柱基圆锥形。果实椭圆至卵形,背棱线形,隆起,侧棱成宽而薄的翅,与果体等宽或略宽,翅边缘淡紫色,棱槽内有油管1个,合生面油管2个(图16-126)。花期6—7月份,果期7—9月份。主产于甘肃东南部,以岷县产量多,质量好;其次为云南、四川、陕西、湖北等省,均为栽培。根(药材名:当归,图16-127)能补血活血、调经止痛、润肠通便。

图16-126 当归

1. 植株 2. 复伞形花序 3. 双悬果

图16-127 当归药材

白芷 *Angelica dahurica* (Fisch. ex Hoffm.) Benth. et Hook. f. ex Franch. et Sav. 多年生高大草本,高1~2.5 m。根呈圆柱形,有分枝,外表皮黄褐色至褐色,有浓烈气味。茎基部通常带紫色,中空,有纵长沟纹。基生叶一回羽状分裂,有长柄,叶柄下部有管状抱茎边缘膜质的叶鞘;茎上部叶二至三回羽状分裂,叶片轮廓为卵形至三角形,叶柄长至15 cm,下部为囊状膨大的膜质叶鞘，无毛或稀有毛，常带紫色；末回裂片长圆形、卵形或线状披针形，多无柄，急尖，边缘有不规则的白色软骨质粗锯齿，具短尖头，基部两侧常不等大，沿叶轴下延成翅状；花序下方的叶简化成无叶的、显著膨大的囊状叶鞘，外面无毛。复伞形花序顶生或侧生，花序梗、伞辐和花柄均有短糙毛；伞辐18～40个，中央主伞有时伞辐多至70个；总苞片通常缺或有1～2枚，成长卵形膨大的鞘；小总苞片5～10枚，线状披针形，膜质，花白色；无萼齿；花瓣倒卵形，顶端内曲成凹头状；子房无毛或有短毛；花柱比短圆锥状的花柱基长2倍。果实长圆形至卵圆形，黄棕色，有时带紫色，无毛，背棱扁，厚而钝圆，近海绵质，远较棱槽为宽，侧棱翅状，较果体狭；棱槽中有油管1个，合生面油管2个。花期7～8月份，果期8—9月份（图16-128）。产于我国东北及华北地区；常生长于林下、林缘、溪旁、灌丛及山谷草地。根（药材名：白芷）能解表散寒、祛风止痛、宣通鼻窍、燥湿止带、消肿排脓。杭白芷 A. dahurica (Fisch. ex Hoffm.) Benth. et Hook. var. *formosana* (Boiss.) Shan et Yuan 的根也作为白芷入药。

图 16-128　白芷

（2）柴胡属（Bupleurum）

通常多年生，较少一年生草本，有木质化的主根和须状支根。茎直立或倾斜，高大或矮小，枝互生或上部呈叉状分枝，光滑，绿色或粉绿色，有时带紫色。单叶全缘，基生叶多有柄，叶柄有鞘，叶片膜质、草质或革质；茎生叶通常无柄，基部较狭，抱茎，心形或被茎贯穿，叶脉多条近平行，呈弧形。花序通常为疏松的复伞形花序，顶生或腋生；总苞片1～5枚，叶状，不等大；小总苞片3～10枚，线状披针形、倒卵形、广卵形至圆形，短于或长于小伞形花序，绿色、黄色或带紫色；复伞形花序有少数至多数伞辐；花两性；萼齿不显；花瓣5枚，黄色，有时蓝绿色或带紫色，长圆形至圆形，顶端有内折的小舌片；雄蕊5枚，花药黄色，很少紫色；花柱分离，很短，花柱基扁盘形，直径超过子房或相等。分生果椭圆形或卵状长圆形，两侧略扁平，果棱线形，稍有狭翅或不明显，横剖面圆形或近五边形；每棱槽内有油管1～3个，多为3个，合生面2～6个，多为4个，有时油管不明显；心皮柄二裂至基部，胚乳腹面平直或稍弯曲。

北柴胡 *Bupleurum chinense* DC.（图16-129）多年生草本，高50～85 cm。主根较粗大，棕褐色，质坚硬。茎单一或数条，表面有细纵槽纹，实心，上部多回分枝，微呈"之"字形曲折。基生叶倒披针形或狭椭圆形，顶端渐尖，基部收缩成柄，早枯落；茎中部叶倒披针形或广线状披针形，顶端渐尖或急尖，有短芒尖头，基部收缩成叶鞘抱茎，脉7～9条。复伞形花序很多，花序梗细，常水平伸出，形成疏松的圆锥状；花5～10朵；花瓣鲜黄色，上部向内折，中肋隆起，小舌片矩圆形，顶端二浅裂；花柱基深黄色，宽于子房。果广椭圆形，棕色，两侧略扁，棱狭翼状，淡棕色，每棱槽油管3个，合

图 16-129　北柴胡

生面4个。花期9月份,果期10月份。产于我国东北、华北、西北、华东和华中各地;生长于向阳山坡路边、岸旁或草丛中。根(药材名:柴胡,习称"北柴胡")能疏散退热、疏肝解郁、升举阳气。

红柴胡 *B. scorzonerifolium* Willd. 多年生草本,高30~60 cm。主根发达,圆锥形,支根稀少,深红棕色,表面略皱缩,上端有横环纹,下部有纵纹,质疏松而脆。茎单一或2~3条,基部密覆叶柄残余纤维,细圆,有细纵槽纹,茎上部有多回分枝,略呈"之"字形弯曲,并成圆锥状。叶细线形,基生叶下部略收缩成叶柄,其他均无柄,顶端长渐尖,基部稍变窄抱茎,质厚,稍硬挺,常对折或内卷,3~5条脉,向叶背凸出,两脉间有隐约平行的细脉,叶缘白色,骨质,上部叶小,同形。伞形花序自叶腋间抽出,花序多,形成较疏松的圆锥花序;伞辐(3)4~6(8)个,很细,弧形弯曲;花瓣黄色,舌片几与花瓣的对半等长,顶端二浅裂;花柱基厚垫状,宽于子房,深黄色,柱头向两侧弯曲;子房主棱明显,表面常有白霜。果实呈广椭圆形,深褐色,棱浅褐色,粗钝凸出,油管每棱槽

图 16-130 红柴胡

中5~6个,合生面4~6个(图16-130)。花期7—8月份,果期8—9月份。广布于我国黑龙江、吉林、辽宁、河北、山东、山西、陕西、江苏、安徽、广西及内蒙古、甘肃等省区;生于海拔160~2250 m的干燥草原及向阳山坡上、灌木林边缘。其根习称"南柴胡",也作为柴胡入药。

川芎 *Ligusticum chuanxiong* Hort. 多年生草本,高40~60 cm。根茎发达,形成不规则的结节状拳形团块,具浓烈香气。茎直立,圆柱形,具纵条纹,上部多分枝,下部茎节膨大呈盘状(苓子)。茎下部叶具柄,基部扩大成鞘;叶片轮廓为卵状三角形,3~4回三出式羽状全裂,羽片4~5对,卵状披针形,末回裂片线状披针形至长卵形,具小尖头;茎上部叶渐简化。复伞形花序顶生或侧生;伞辐7~24个,不等长,内侧粗糙;小总苞片4~8枚,线形,粗糙;萼齿不发育;花瓣白色,倒卵形至心形,先端具内折小尖头;花柱基圆锥状,花柱2个,向下反曲。幼果两侧扁压;背棱槽内油管1~5个,侧棱槽内油管2~3个,合生面油管6~8个。花期7—8月份,幼果期9—10月份(图16-131)。根茎(药材名:川芎,图16-132)能活血行气、祛风止痛。

图 16-131 川芎

图 16-132 川芎药材及饮片

防风 *Saposhnikovia divaricata* (Turcz.) Schischk. 多年生草本,高30~80 cm。根粗壮,

细长圆柱形,分歧,淡黄棕色。根头处被纤维状叶残基及明显的环纹。茎单生,自基部分枝较多,斜上升,与主茎近于等长,有细棱,基生叶丛生,有扁长的叶柄,基部有宽叶鞘。叶片卵形或长圆形,二回或近于三回羽状分裂,第一回裂片卵形或长圆形,有柄,第二回裂片下部具短柄,末回裂片狭楔形。茎生叶与基生叶相似,但较小,顶生叶简化,有宽叶鞘。复伞形花序多数,生于茎和分枝;伞辐5~7个,无毛;小伞形花序有花4~10朵;无总苞片;小总苞片4~6枚,线形或披针形,先端长,萼齿短三角形;花瓣倒卵形,白色,无毛,先端微凹,具内折小舌片。双悬果狭圆形或椭圆形,幼时有疣状突起,成熟时渐平滑;每棱槽内通常有油管1个,合生面油管2个;胚乳腹面平坦。花期8—9月份,果期9—10月份。分布于我国黑龙江、吉林、辽宁、内蒙古、河北、宁夏、甘肃、陕西、山西、山东等省区;生长于草原、丘陵、多砾石山坡。根(药材名:防风)有祛风解表、胜湿止痛、止痉等功效。

茴香 *Foeniculum vulgare* Mill. 草本,高0.4~2 m。茎直立,光滑,灰绿色或苍白色,多分枝。较下部的茎生叶柄长5~15 cm,中部或上部的叶柄部分或全部成鞘状,叶鞘边缘膜质;叶片轮廓为阔三角形,4~5回羽状全裂,末回裂片线形。复伞形花序顶生与侧生;伞辐6~29个,不等长,小伞形花序有花14~39朵;花柄纤细,不等长;无萼齿;花瓣黄色,倒卵形或近倒卵圆形,先端有内折的小舌片,中脉1条;花丝略长于花瓣,花药卵圆形,淡黄色;花柱基呈圆锥形,花柱极短,向外叉开或贴伏在花柱基上。果实长圆形,主棱5条,尖锐;每棱槽内有油管1个,合生面油管2个;胚乳腹面近平直或微凹(图16-133)。花期5—6月份,果期7—9月份。原产于地中海地区。果实(药材名:小茴香,图16-134)能散寒止痛、理气和胃。

图16-133 茴香
1. 植株 2. 复伞形花序 3. 花 4. 双悬果

图16-134 小茴香

藁本 *Ligusticum sinense* Oliv. 多年生草本,高达1 m。根茎发达,具膨大的结节。茎直立,圆柱形,中空,具条纹,基生叶具长柄,柄长可达20 cm;叶片轮廓宽三角形,2回三出式羽状全裂;第一回羽片轮廓长圆状卵形,下部羽片具柄,基部略扩大,小羽片卵形,边缘齿状浅裂,具小尖头,顶生小羽片先端渐尖至尾状;茎中部叶较大,上部叶简化。复伞形花序顶生或侧生;伞辐14~30个,四棱形,粗糙;小总苞片10枚,线形;花白色,花柄粗糙;萼齿不明显;花瓣倒卵形,先端微凹,具内折小尖头,花柱基隆起,花柱长,向下反曲。分生果幼嫩时宽卵形,稍两侧扁压,成熟时长圆状卵形,背腹扁,背棱凸起,侧棱略扩大呈翅状;背棱槽内油管1~3个,侧棱槽内油管3个,合生面油管4~6个;胚乳腹面平直。花期8—9月份,果期10月份。产于我国湖北、四川、陕西、河南、湖南、江西、浙江等省;生于海拔 1000~2700 m 的林下、沟边草丛中。

辽藁本 L. jeholense (Nakai et Kitag.) Nakai et Kitag. 分果各棱槽中通常具油管 1(~2) 个,接合面 2~4 个。分布于我国吉林、辽宁、河北、山西、山东等地;生于海拔 1250~2500 m 的林下、草甸及沟边等阴湿处。

上述两种植物的根茎通称为藁本,能祛风散寒、除湿止痛。

珊瑚菜 Glehnia littoralis Fr. Schmidt et Miq. 多年生草本,全株被白色柔毛。根细长,圆柱形或纺锤形,表面黄白色。茎露于地面部分较短,分枝,地下部分伸长。叶多数基生,厚质,有长柄;叶片轮廓呈长圆形至长圆状卵形,三出式分裂至三出式二回羽状分裂,末回裂片倒卵形至卵圆形,顶端圆形至尖锐,基部楔形至截形,边缘有缺刻状锯齿,齿边缘为白色软骨质;叶柄和叶脉上有细微硬毛;茎生叶与基生叶相似,叶柄基部逐渐膨大成鞘状,有时茎生叶退化成鞘状。复伞形花序顶生,密生浓密的长柔毛,花序梗有时分枝;伞辐 8~16 个,不等长;无总苞片;小总苞数片,线状披针形,边缘及背部密被柔毛;小伞形花序有花 15~20 朵,花白色;萼齿 5 枚,卵状披针形,被柔毛;花瓣白色或带堇色;花柱基短,圆锥形。果实近圆球形或倒广卵形,密被长柔毛及绒毛,果棱有木栓质翅;分生果的横剖面半圆形。花果期 6—8 月份。分布于辽宁、河北、山东、江苏、浙江、福建、台湾、广东等省;生长于海边沙滩或栽培于肥沃疏松的沙质土壤。根(药材名:北沙参)为补阴药,能养阴清肺、益胃生津。

前胡 Peucedanum praeruptorum Dunn. 多年生草本,高 0.6~1 m。根茎粗壮,灰褐色,存留多数越年枯鞘纤维;根圆锥形,末端细瘦,常分叉。茎圆柱形,下部无毛,上部分枝多有短毛,髓部充实。基生叶具长柄,基部有卵状披针形叶鞘;叶片轮廓呈宽卵形或三角状卵形,三出式二至三回分裂,第一回羽片具柄,末回裂片菱状倒卵形,先端渐尖,基部楔形至截形,无柄或具短柄,边缘具不整齐的 3~4 枚粗或圆锯齿,有时下部锯齿呈浅裂或深裂状;茎下部叶具短柄,叶片形状与茎生叶相似;茎上部叶无柄,叶鞘稍宽,边缘膜质,叶片三出分裂,裂片狭窄,基部楔形,中间一枚基部下延。复伞形花序多数,顶生或侧生;伞辐 6~15 个,不等长,内侧有短毛;小总苞片 8~12 枚,卵状披针形,在同一小伞形花序上,宽度和大小常有差异,比花柄长,与果柄近等长,有短糙毛;小伞形花序有花 15~20 朵;花瓣卵形,小舌片内曲,白色;萼齿不显著;花柱短,弯曲,花柱基呈圆锥形。果实卵圆形,背部扁,棕色,有稀疏短毛,背棱线形稍凸起,侧棱呈翅状,比果体窄,稍厚;棱槽内油管 3~5 个,合生面油管 6~10 个;胚乳腹面平直。花期 8—9 月份,果期 10—11 月份。分布于我国甘肃、河南、贵州、广西、四川、湖北、湖南、江西、安徽、江苏、浙江、福建(武夷山)等地;生长于海拔 250~2000 m 的山坡林缘、路旁或半阴性的山坡草丛中。

野胡萝卜 Daucus carota L. 二年生草本,高 15~120 m。茎单生,全体有白色粗硬毛。基生叶薄膜质,长圆形,二至三回羽状全裂,末回裂片线形或披针形,顶端尖锐,有小尖头,光滑或有糙硬毛;茎生叶近无柄,有叶鞘,末回裂片小或细长。复伞形花序;总苞有多数苞片,呈叶状,羽状分裂,少有不裂的,裂片线形;伞辐多数,结果时外缘的伞辐向内弯曲;小总苞片 5~7 枚,线形,不分裂或二至三裂,边缘膜质,具纤毛;花通常白色,有时带淡红色;花柄不等长。果实圆卵形,棱上有白色刺毛。花期 5—7 月份。分布于我国四川、贵州、湖北、江西、安徽、江苏、浙江等省;生长于山坡路旁、旷野或田间。果实(药材名:南鹤虱)有小毒,能杀虫消积。

本科其他药用植物:芫荽 *Coriandrum sativum* L. 全国各地广为栽培;全草或果实能祛风、透疹、健胃、祛痰。蛇床 *Cnidium monnieri* (L.) Cuss. 分布于全国各地,果实(药材名:蛇床子)为兴奋强壮药,能温肾壮阳、祛风、燥湿、杀虫。羌活 *Notopterygium incisum* Ting ex H. T. Chang. 分布于我国青海、甘肃、四川、云南等省高寒山区;生于疏林下、河边、草坡潮湿肥沃土壤。宽叶羌活 *N. forbesii* de Boiss. 分布于四川、青海,生境同上种。上述两种植物的根茎及根通称为羌活,能解表散寒、祛风除湿、止痛。积雪草 *Centella asiatica* (L.) Urban(图16-135)分布于我国华东、中南、西南及陕西等地;全草(药材名:积雪草)能清热利湿、消肿解毒。新疆阿魏 *Ferula sinkiangensis* K. M. Shen、阜康阿魏 *F. fukanensis* K. M. Shen 均分布于新疆,树脂(药材名:阿魏)能杀虫、散痞、消积。

图16-135 积雪草

40. 山茱萸科(Cornaceae)

☿ * $K_{(3\sim5)} C_{3\sim5} A_{3\sim5} \overline{G}_{(2:1\sim4:1\sim4)}$

[形态特征] 落叶乔木或灌木,稀为常绿或草本。<u>单叶对生</u>,稀为互生或近于轮生,<u>通常叶脉羽状</u>,稀为掌状叶脉,边缘全缘或有锯齿;<u>无托叶或托叶纤毛状</u>。花两性或单性异株,为圆锥、聚伞、伞形或头状等花序,有苞片或总苞片;<u>花3~5朵</u>;花萼管状与子房合生,先端有齿状裂片3~5枚;<u>花瓣3~5枚,通常白色</u>,稀为黄色、绿色及紫红色,镊合状或覆瓦状排列;雄蕊与花瓣同数而与之互生,生于花盘的基部;<u>子房下位</u>,1~4(~5)室,每室有1枚下垂的倒生胚珠,花柱短或稍长,柱头头状或截形,有时2~3(~5)枚裂片。果为<u>核果或浆果状核果</u>;核骨质,稀为木质;种子1~4(~5)枚,种皮膜质或薄革质,胚小,胚乳丰富。

[分布] 15属,119种,分布于温带和热带地区。我国有9属,约60种,广布于各省区;已知药用的有6属,44种。

[显微特征] 花粉粒球形,多具颗粒状雕纹。

[染色体] $X = 8 \sim 14, 19$。

[化学成分] 本科植物含环烯醚萜苷,如莫罗忍冬苷(morroniside)、獐牙菜苦苷(sweroside);此外,尚含鞣质、黄酮类和有机酸等。

[药用植物代表]

山茱萸 *Cornus officinalis* Sieb. et Zucc. 落叶乔木或灌木,高4~10 m;树皮灰褐色;小枝细圆柱形,无毛或稀被贴生短柔毛,冬芽顶生及腋生,卵形至披针形,被黄褐色短柔毛。叶对生,纸质,卵状披针形或卵状椭圆形,先端渐尖,基部宽楔形或近于圆形,全缘,上面绿色,无毛,下面浅绿色,稀被白色贴生短柔毛,脉腋密生淡褐色丛毛,中脉在上面明显,下面凸起,近于无毛,侧脉6~7对,弓形内弯;叶柄细圆柱形,上面有浅沟,下面圆形,稍被贴生疏柔毛。伞形花序生于枝侧,有总苞片4枚,卵形,厚纸质至革质,带紫色,两侧略被短柔毛,开花后脱落;总花梗粗壮,微被灰色短柔毛;花小,两性,先叶开放;花萼裂片4枚,阔三角形,与花盘等长或稍长,无毛;花瓣4枚,舌状披针形,黄色,向外反卷;雄蕊4枚,与花瓣互生,花丝钻形,花药椭圆形,2室;花盘垫状,无毛;子房下位,花托倒卵形,长约1 mm,密被贴生疏柔毛,花柱圆柱形,柱头截形;花梗纤细,密被疏柔毛。核果长椭圆形,红色至紫红色;核骨质,狭椭圆形,有几条不整齐的肋纹(图16-136)。花期3—4月份,果期9—10月份。分布于山西、陕西、甘肃、山东、江苏、浙江、安徽、江西、河南、湖南等省;生于海拔400～1500 m处。果肉(药材名:山茱萸)能补益肝肾、收涩固脱。

图16-136　山茱萸

青荚叶 *Helwingia japonica* (Thunb.) Dietr.　落叶灌木,高1～2 m;幼枝绿色,无毛,叶痕显著。叶纸质,卵形、卵圆形,稀为椭圆形,先端渐尖,极稀尾状渐尖,基部阔楔形或近于圆形,边缘具刺状细锯齿;叶上面亮绿色,下面淡绿色;中脉及侧脉在上面微凹陷,下面微凸出;托叶线状分裂。花淡绿色,3～5朵,花萼小,镊合状排列;雄花4～12枚,呈伞形或密伞花序,常着生于叶上面中脉的1/2～1/3处,稀着生于幼枝上部;雄蕊3～5枚,生于花盘内侧;雌花1～3朵,着生于叶上面中脉的1/2～1/3处;花梗长1～5 mm;子房卵圆形或球形,柱头3～5裂。浆果幼时绿色,成熟后黑色,分核3～5枚(图16-137)。花期4—5月份,果期8—9月份。本亚种广布于我国黄河流域以南各省区;常生于海

图16-137　青荚叶

拔3300 m以下的林中,喜阴湿及肥沃的土壤。全株药用,有清热、解毒、活血、消肿等功效。

思考题

1. 19世纪以来,影响较大、使用较广的用于被子植物的分类系统有哪些?
2. 被子植物的特征有哪些?被子植物与裸子植物的区别是什么?
3. 双子叶植物纲和单子叶植物纲的主要特征在哪些方面不同?

4. 离瓣花亚纲的特征有哪些?

5. 蓼科、石竹科、毛茛科、木兰科、十字花科、蔷薇科、豆科、五加科、伞形科的主要科特征有哪些? 药用植物代表有哪些?

(二) 后生花被亚纲(合瓣花亚纲)

合瓣花亚纲(Sympetalae)又称后生花被亚纲(Metachlamydeae),其主要特征是花瓣多少连合,形成各种形状的花冠,如漏斗状、钟状、唇状、管状、舌状等,由辐射对称发展到两侧对称。其花冠各式的连合,增加了对昆虫传粉的适应及对雄蕊和雌蕊的保护。因而认为,合瓣花亚纲是比离瓣花亚纲更进化的植物类群。

41. 杜鹃花科(Ericaceae)

☿ * $K_{4\sim5} C_{(4\sim5)} A_{4\sim5,8\sim10} \underline{G}_{(4\sim5:5:\infty)}$

[形态特征] 灌木或乔木,地生或附生;通常常绿。叶革质,互生,全缘或有锯齿,不分裂,被各式毛或鳞片,或无覆被物;不具托叶。花单生或组成总状、圆锥状或伞形总状花序,顶生或腋生,两性,辐射对称或略两侧对称;具苞片;花萼4~5裂,宿存,有时花后肉质;花瓣合生成钟状、坛状、漏斗状或高脚碟状,花冠通常5裂,稀为4、6、8裂,裂片覆瓦状排列;雄蕊为花冠裂片的2倍,花丝分离,除杜鹃花亚科外,花药背部或顶部通常有芒状或距状附属物,或顶部具伸长的管,顶孔开裂;除吊钟花属(Enkianthus)为单分体外,花粉粒为四分体;花盘盘状,具厚圆齿;子房上位或下位,2~5(~12)室,稀为更多,每室有胚珠多数,稀为1枚;花柱和柱头单一。蒴果或浆果;种子小,粒状或锯屑状,无翅或有狭翅,或两端具伸长的尾状附属物;胚圆柱形,胚乳丰富。

[分布] 103属,3350种。除沙漠地区外,广布于全球,尤以亚热带地区为多。我国约有15属,757种,分布于全国,以西南各省区为多;已知药用的有12属,127种,多为杜鹃花属植物。

[染色体] $X = 8 \sim 12$ 或 $13 \sim 23$。

[显微特征] 花粉粒四分体型,具3个萌发孔。

[化学成分] 普遍含有黄酮类,其种类较多,除常见的槲皮素、山柰酚、金丝桃苷(hyperin)、杨梅素(myricetin)外,棉黄素(gossypetin)和杜鹃黄素(azaleatin)是杜鹃花属的特征性成分。还含有苷类,如桃叶珊瑚苷(aucubin)、越橘苷(vacciniin)等。杜鹃花属中多种植物还含梫木毒素(andromedotoxin),毒性较大。此外尚含挥发油。

图 16-138 兴安杜鹃

[药用植物代表]

兴安杜鹃 *Rhododendron dahuricum* L. (图16-138)半常绿灌木,高0.5~2 m,分枝多。幼枝细而弯曲,被柔毛和鳞片。叶片近革质,椭圆形或长圆形,两端钝,有时基部宽楔形,全缘或有细钝齿,上面深绿,散生鳞片,下面淡绿,密被鳞片,鳞片不等大,褐色,覆瓦状或彼此邻接,或相距为其直径的1/2或1.5倍;花序腋生枝顶或假顶生,1~4朵花,先叶开放,伞形着生;花冠宽漏斗状,粉红色或紫红色,外面无鳞片,通常有柔毛;雄蕊10枚,短于花冠,花药紫红色,花丝下部有柔毛;子房5室,密被鳞片,花柱紫红色,光滑,长于花冠。蒴果长圆形,先端5瓣开裂。花期5—6月份,果期7月份。分布于我国黑龙江(大兴安岭)、内蒙古(锡林郭勒盟、满洲里)、吉林。叶能祛痰、止咳;根可治肠炎、痢疾。

羊踯躅 *Rhododendron molle*（Bl.）C. Don　落叶灌木,高0.5~2 m;分枝稀疏,枝条直立,幼时密被灰白色柔毛及疏刚毛。叶纸质,长圆形至长圆状披针形,先端钝,具短尖头,基部楔形,边缘具睫毛,幼时上面被微柔毛,下面密被灰白色柔毛,沿中脉被黄褐色刚毛,中脉和侧脉凸出;总状伞形花序顶生,花多达13朵,先花后叶或与叶同时开放;花萼裂片小,圆齿状,被微柔毛和刚毛状睫毛;花冠阔漏斗形,黄色或金黄色,内有深红色斑点,花冠管向基部渐狭,圆筒状,外面被微柔毛,裂片5枚,椭圆形或卵状长圆形,外面被微柔毛;雄蕊5枚,不等长,长不超过花冠,花丝扁平,中部以下被微柔毛;子房圆锥状,密被灰白色柔毛及疏刚毛,花柱长达6 cm,无毛。蒴果圆锥状长圆形,具5条纵肋,被微柔毛和疏刚毛(图16-139)。花期3—5月份,果期7—8月份。产于我国江苏、安徽、浙江、江西、福建、河南、湖北、湖南、广东、广西、四川、贵州和云南等地;生于海拔1000 m的山坡草地或丘陵地带的灌丛或山脊杂木林下。花(药材名:闹羊花)有祛风除湿、散瘀定痛的作用;成熟果实(药材名:八厘麻子)能祛风止痛、散瘀消肿。

图16-139　羊踯躅

南烛 *Vaccinium bracteatum* Thunb.　常绿灌木或小乔木,高2~6(或9)m;分枝多,幼枝被短柔毛或无毛,老枝紫褐色,无毛。叶片薄革质,椭圆形、菱状椭圆形、披针状椭圆形至披针形,顶端锐尖、渐尖,稀为长渐尖,基部楔形、宽楔形,稀为钝圆,边缘有细锯齿,表面平坦、有光泽,两面无毛,侧脉5~7对,斜伸至边缘以内网结,与中脉、网脉在表面和背面均稍微凸起。总状花序顶生和腋生,有多数花,序轴密被短柔毛,稀为无毛;苞片叶状,披针形,两面沿脉被微毛或两面近无毛,边缘有锯齿,宿存或脱落,小苞片2枚,线形或卵形,密被微毛或无毛;花冠白色,筒状,有时略呈坛状,外面密被短柔毛,稀近无毛,内面有疏柔毛,口部裂片短小,三角形,外折;雄蕊内藏,花丝细长,密被疏柔毛,药室背部无距,药管长为药室的2~2.5倍;花盘密生短柔毛。浆果,成熟时呈紫黑色,外面通常被短柔毛,稀为无毛(图16-140)。花期6—7月份,果期8—10月份。分布于长江流域以南各省区;生于疏林中或灌丛中。果实成熟后酸甜,可食;采摘枝、叶渍汁浸米,可煮成"乌饭",江南一带民间在寒食节(农历四月)有煮食乌饭的习惯;果实入药,名"南烛子",有强筋益气、固精之功效;江西民间草医用叶捣烂治刀斧砍伤。

图16-140　南烛

本科常用其他药用植物:烈香杜鹃 Rhododendron anthopogonoides Maxim. 分布于甘肃、青海、四川;生于高山灌丛中;叶能祛痰、止咳、平喘。照山白 R. micranthum Turcz. 分布于东北、华北及甘肃、四川、湖北、山东等省;生于高山灌木林中;有大毒;叶、枝能祛风、通络、止痛、化痰、止咳。岭南杜 R. mariae Hance 分布于广东、江西、湖南等省;生于丘陵灌丛中;全株可止咳、祛痰。杜鹃 R. simii Planch. 分布于长江流域各省及四川、贵州、云南、台湾等省区;生于丘陵地灌丛中;全株供药用,有行气活血、补虚的功效。

42. 紫金牛科(Myrsinaceae)

♀ * $K_{(4\sim5)} C_{(4\sim5)} A_{4\sim5} \underline{G}_{(4\sim5:1:1\sim\infty)}$

[形态特征] 灌木、乔木或攀缘灌木。单叶互生,通常具腺点或脉状腺条纹,全缘或具各式齿,齿间有时具边缘腺点;无托叶。总状花序、伞房花序、伞形花序、聚伞花序及上述各式花序组成的圆锥花序,或花簇生、腋生、侧生、顶生或生于侧生特殊花枝顶端,或生于具覆瓦状排列的苞片的小短枝顶端;具苞片,有的具小苞片;花通常两性或杂性,稀为单性,有时雌雄异株或杂性异株,辐射对称,覆瓦状或镊合状排列,或螺旋状排列,4朵或5朵,稀为6朵;花萼基部连合或近分离,或与子房合生,通常具腺点,宿存;花冠通常仅基部连合或成管,裂片各式,通常具腺点或脉状腺条纹;雄蕊与花冠裂片同数,对生,着生于花冠上,分离或仅基部合生,稀呈聚药(我国不产);花丝长、短或几无;花药2室,纵裂,有时在雌花中常退化;雌蕊1枚,子房上位,稀为半下位或下位(杜茎山属),1室,中轴胎座或特立中央胎座(有时为基生胎座);胚珠多数,1轮或多轮,通常埋藏于多分枝的胎座中,倒生或半弯生,常仅1枚发育,稀多数发育;花柱1条,长或短;柱头点尖或分裂,扁平、腊肠形或流苏状。浆果核果状,外果皮肉质、微肉质或坚脆,内果皮坚脆,有种子1枚或多数;种子具丰富的肉质或角质胚乳;胚圆柱形,通常横生。

[分布] 32~35属,1000余种,主要分布于热带和亚热带地区。我国有6属,129种及18个变种,主要分布于长江流域以南各省区,以云南地区的种类最多;已知药用的有5属,72种,主要集中在紫金牛属(Ardisia)。

[显微特征] 茎和叶的皮层和髓常分泌红棕色树脂类物质。

[染色体] $X = 10, 12, 23$。

[化学成分] 含有多种烃基苯醌和二羟基苯衍生物,如紫金牛酚(ardisinols)、信筒子醌(embellin)、酸金牛醌(rapanone)、杜茎山醌(maesaquinone);香豆素类,如岩白菜素(bergenin),分布于紫金牛属(Ardisia);黄酮类,如槲皮苷、杨梅素苷等。

[药用植物代表]

紫金牛 Ardisia japonica (Thunb.) Blume. (图16-141) 小灌木或亚灌木,近蔓生,具匍匐生根的根茎;直立茎长达30 cm,不分枝。叶对生或近轮生,叶片坚纸质或近革质,椭圆形至椭圆状倒卵形,顶端急尖,基部楔形,边缘具细锯齿,多少

图16-141 紫金牛

具腺点,两面无毛或有时背面仅中脉被细微柔毛,侧脉 5~8 对,细脉网状;亚伞形花序,腋生或生于近茎顶端的叶腋,有花 3~5 朵;花瓣粉红色或白色,广卵形,无毛,具蜜腺点;雄蕊较花瓣略短,花药披针状卵形或卵形,背部具腺点;雌蕊与花瓣等长,子房卵珠形,无毛;胚珠 15 枚,3 轮。果球形,鲜红色转黑色,多少具腺点。花期 5—6 月份,果期 11—12 月份,有时 5—6 月份仍有果。分布于陕西及长江流域以南各省区,海南岛未发现,习见于海拔约 1200 m 以下的山间林下或竹林下阴湿的地方。全草(药材名:矮地茶)能化痰止咳、清利湿热、活血化瘀。

朱砂根 *Ardisia crenata* Sims 灌木,高 1~2 m;茎粗壮,无毛,除侧生特殊花枝外,无分枝。叶片革质或坚纸质,椭圆形、椭圆状披针形至倒披针形,顶端急尖或渐尖,基部楔形,边缘具皱波状或波状齿,具明显的边缘腺点,两面无毛,有时背面具极小的鳞片,侧脉 12~18 对,构成不规则的边缘脉。伞形花序或聚伞花序,着生于侧生特殊花枝顶端;花枝近顶端常具 2~3 片叶或更多,或无叶;花瓣白色,稀略带粉红色,盛开时反卷,卵形,顶端急尖,具腺点,外面无毛,里面有时近基部具乳头状凸起;雄蕊较花瓣短,花药三角状披针形,背面常具腺点;雌蕊与花瓣近等长或略长,子房卵珠形,无毛,具腺点;胚珠 5 枚,1 轮。果球形,鲜红色,具腺点(图 16-142)。花期 5—6 月份,果期 10—12 月份,有时 2—4 月份。分布于我国西藏东南部至台湾及湖北至海南岛等地区,生于

图 16-142 朱砂根

海拔 90~2400 m 的疏、密林下阴湿的灌木丛中。根(药材名:朱砂根)能解毒消肿、活血止痛、祛风除湿。

百两金 *Ardisia crispa* (Thunb.) A. DC. 灌木,高 60~100 cm,具匍匐生根的根茎,直立茎除侧生特殊花枝外,无分枝,花枝多,幼嫩时具细微柔毛或疏鳞片。叶片膜质或近坚纸质,椭圆状披针形或狭长圆状披针形,顶端长渐尖,稀为急尖,基部楔形,全缘或略呈波状,具明显的边缘腺点,两面无毛,背面多少具细鳞片,无腺点或具极疏的腺点,侧脉约 8 对,边缘脉不明显。亚伞形花序,着生于侧生特殊花枝顶端,花枝长 5~10 cm,通常无叶,长 13~18 cm 者则中部以上具叶或仅近顶端有 2~3 片叶;花瓣白色或粉红色,卵形,长 4~5 mm,顶端急尖,外面无毛,里面多少被细微柔毛,具腺点;雄蕊较花瓣略短,花药狭长圆状披针形,背部无腺点或有;雌蕊与花瓣等长或略长,子房卵珠形,无毛;胚珠 5 枚,1 轮。果球形,直径 5~6 mm,鲜红色,具腺点。花期 5—6 月份,果期 10—12 月份,有时植株上部开花,下部果熟。分布于我国长江流域以南各省区(海南岛未发现),生于海拔 100~2400 m 的山谷、山坡及疏密林下或竹林下。根、叶能清热利咽、舒筋活血。

本科常用其他药用植物:虎舌红 *A. mamillata* Hance 分布于四川、贵州、云南、湖南、广西、广东、福建,生于海拔 500~1200(1600) m 的山谷密林下阴湿的地方;全草有清热利湿、活血止血、去腐生肌等功效。当归藤 *Embelia parviflora* Wall. 分布于我国西藏、贵州、云南、广西、广东、浙江、福建,生于海拔 300~1800 m 的山间密林中或林缘、灌木丛中土质肥润的地方;根及老茎配伍可治月经不调、白带、萎黄病、不孕症等,有当归的作用,故名当归

藤。此外，亦用于治疗腰腿酸痛，接骨及散瘀活血。

43. 报春花科(Primulaceae)

☿ * $K_{(5)} C_{(5)} A_5 \underline{G}_{(5:1:\infty)}$

[形态特征] 多年生或一年生草本，稀为亚灌木。茎直立或匍匐，具互生、对生或轮生叶，或无地上茎而叶全部基生，并常形成稠密的莲座丛。花单生或组成总状、伞形或穗状花序，两性，辐射对称；花萼通常5枚裂片，稀为4枚裂片或6~9枚裂片，宿存；花冠下部合生成短或长筒，上部通常5枚裂片，稀为4枚裂片或6~9枚裂片，仅1单种属(海乳草属Glaux)无花冠；雄蕊多少贴生于花冠上，与花冠裂片同数而对生，极少具1轮鳞片状退化雄蕊，花丝分离或下部连合成筒；子房上位，仅1属(水茴草属Samolus)半下位，1室；花柱单一；胚珠通常多数，生于特立中央胎座上。蒴果通常五齿裂或瓣裂，稀为盖裂；种子小，有棱角，常为盾状，种脐位于腹面的中心；胚小而直，藏于丰富的胚乳中。

[分布] 22属，约1000种，广布于全世界，主要分布于北半球温带及较寒冷地区，有许多为北极及高山类型。我国有13属，近500种，分布于全国各地，大多分布于西南和西北地区，少数分布于长江和珠江流域；已知药用的有7属，119种。

[显微特征] 具有长柄或者很长柄的头状腺毛。

[染色体] $X = 9~11$。

[化学成分] 主要含一些三萜皂苷及其苷元，如报春花皂苷及其苷元等。此外，还含黄酮类成分，如槲皮素、山柰酚及其苷等。

[药用植物代表]

图16-143 过路黄

过路黄 *Lysimachia christinae* Hance　茎柔弱，平卧延伸，长20~60 cm，无毛、被疏毛以及密被铁锈色多细胞柔毛，幼嫩部分密被褐色无柄腺体，下部节间较短，常发出不定根。叶对生，卵圆形、近圆形至肾圆形，先端锐尖或圆钝至圆形，基部截形至浅心形，鲜时稍厚，透光可见密布的透明腺条，干时腺条变为黑色，两面无毛或密被糙伏毛；叶柄比叶片短或与之近等长，无毛至密被毛。花单生于叶腋；花冠黄色，裂片狭卵形至近披针形，先端锐尖或钝，质地稍厚，具黑色长腺条；花丝长6~8 mm，下半部合生成筒；花药卵圆形；花粉粒具3条孔沟，近球形，表面具网状纹饰；子房卵珠形。蒴果球形，无毛，有稀疏黑色腺条(图16-143)。花期5—7月份，果期7~10月份。产于云南、四川、贵州、陕西(南部)、河南、湖北、湖南、广西、广东、江西、安徽、江苏、浙江、福建；生于沟边、路旁阴湿处和山坡林下，垂直分布上限可达海拔2300 m。全草(药材名：金钱草)能利湿退黄、利尿通淋、解毒消肿。

临时救 *Lysimachia congestiflora* Hemsl.　茎下部匍匐，节上生根，上部及分枝上升，长6~50 cm，圆柱形，密被多细胞卷曲柔毛；分枝纤细，有时仅顶端具叶。叶对生，茎端的2对间距短,近密聚,叶片卵形、阔卵形至近圆形,近等大,先端锐尖或钝,基部近圆形或截形,稀略呈心形,上面绿色,下面较淡,有时沿中肋和侧脉染紫红色,两面多少被具节糙伏毛,稀近于无毛,近边缘有暗红色或有时变为黑色的腺点,侧脉 2～4 对,在下面稍隆起,网脉纤细,不明显;叶片是叶柄的 2～3 倍,具草质狭边缘。花 2～4 朵集生于茎端和枝端成近头状的总状花序,在花序下方的 1 对叶腋有时具单生之花;花冠黄色,内面基部紫红色,长 9～11 mm,5 裂(偶有 6 裂的),裂片卵状椭圆形至长圆

图 16-144　临时救

形,先端锐尖或钝,散生暗红色或变黑色的腺点;花药长圆形;花粉粒近长球形,表面具网状纹饰;子房被毛。蒴果(图 16-144)。花期 5—6 月份,果期 7—10 月份。产于我国长江以南各省区以及陕西、甘肃南部和台湾地区;生于水沟边、田塍上和山坡林缘、草地等湿润处,垂直分布上限可达海拔 2100 m。全草入药可治风寒头痛、咽喉肿痛、肾炎水肿、肾结石、小儿疳积、疔疮、毒蛇咬伤等。

图 16-145　点地梅

点地梅 *Androsace umbellate* (Lour.) Merr.　一年生或二年生草本。主根不明显,具多数须根。叶全部基生,叶片近圆形或卵圆形,先端钝圆,基部浅心形至近圆形,边缘具三角状钝牙齿,两面均被贴伏的短柔毛。花葶通常数枚自叶丛中抽出,被白色短柔毛。伞形花序 4～15 朵花;苞片卵形至披针形;花梗纤细,长 1～3 cm,结果时伸长可达 6 cm,被柔毛并杂生短柄腺体;密被短柔毛,分裂近达基部,裂片菱状卵圆形,具 3～6 条纵脉,果期增大,呈星状展开;花冠白色,短于花萼,喉部黄色,裂片倒卵状长圆形。蒴果近球形,果皮白色,近膜质(图 16-145)。花期 2—4 月份,果期 5—6 月份。产于东北、华北和秦岭以南各省区;生于林缘、草地和疏林下。民间用全草治扁桃腺炎、咽喉炎、口腔炎和跌打损伤。

本科常用其他药用植物:泽珍珠菜 *Lysimachia candida* Lindl.(图 16-146)分布于陕西(南部)、河南、山东以及长江以南各省区;生于田边、溪边和山坡路旁潮湿处,垂直分布上限可达海拔 2100 m。全草可入药。广西民间用全草捣烂后用于敷治痈疮和无名肿毒。矮桃 *Lysimachia clethroides* Duby 分布于我国东北、华中、西南、华南、华东各省区以及河北、陕西等省;生于山坡林缘和草丛中。全草入药,

图 16-146　泽珍珠菜

有活血调经、解毒消肿等功效。灵香草 Lysimachia foenum-graecum Hance 分布于云南东南部、广西、广东北部和湖南西南部；生于海拔 800～1700 m 的山谷溪边和林下的腐殖质土壤中。全草干后芳香，旧时民间妇女用以浸油梳发或置入箱柜中薰衣物，香气经久不散，并可防虫。全草含芳香油 0.21%，可用于提炼香精，用作加工烟草及化妆品的香料；又可供药用；民间用以治感冒头痛、齿痛、胸闷腹胀、驱蛔虫。

44. 木樨科（Oleaceae）

$$♀ * K_{(4)} C_{(4), 0} A_2 \underline{G}_{(2:2:2)}$$

[形态特征] 乔木、直立或藤状灌木。叶对生，稀为互生或轮生，单叶、三出复叶或羽状复叶，稀为羽状分裂，全缘或具齿；具叶柄，无托叶。花辐射对称，两性，稀为单性或杂性，雌雄同株、异株或杂性异株，通常聚伞花序排列成圆锥花序，或为总状、伞状、头状花序，顶生或腋生，或聚伞花序簇生于叶腋，稀为单生；花萼 4 枚裂片，有时多达 12 枚裂片，稀为无花萼；花冠 4 枚裂片，有时多达 12 枚裂片，浅裂、深裂至近离生，或有时在基部成对合生，稀为无花冠，花蕾时呈覆瓦状或镊合状排列；雄蕊 2 枚，稀为 4 枚，着生于花冠管上或花冠裂片基部，花药纵裂，花粉通常具 3 沟；子房上位，由 2 枚心皮组成 2 室，每室具胚珠 2 枚，有时 1 枚或多枚，胚珠下垂，稀为向上，花柱单一或无花柱，柱头二裂或头状。果实为翅果、蒴果、核果、浆果或浆果状核果；种子具 1 枚伸直的胚；具胚乳或无胚乳；子叶扁平；胚根向下或向上。

[分布] 约 27 属，400 余种，广布于温带和亚热带地区。我国有 12 属，178 种，南北均产。

[显微特征] 叶上普遍有盾状毛，叶肉中常见具厚壁的异细胞、草酸钙针晶和棱晶。

[染色体] $X = 11 \sim 24$。

[化学成分] 挥发油；酚类，如连翘酚（forsythol）；木脂素类，如连翘脂素（forsythigenin）、连翘苷（phillyrin）；苦味素类，如素馨苦苷（jasminin）、丁香苦苷（syringopicroside）等；苷类，如丁香苷（syringin）；香豆素类，如秦皮苷（fraxin）、秦皮乙素、秦皮甲素等。

[药用植物代表]

白蜡树 *Fraxinus chinensis* Roxb. 落叶乔木，高 10～12 m；树皮灰褐色，纵裂。芽阔卵形或圆锥形，被棕色柔毛或腺毛。小枝黄褐色，粗糙，无毛或疏被长柔毛，旋即秃净，皮孔小，不明显。羽状复叶，小叶 5～7 枚，硬纸质，卵形、倒卵状长圆形至披针形，顶生小叶与侧生小叶近等大或稍大，先端锐尖至渐尖，基部钝圆或楔形，叶缘具整齐锯齿，上面无毛，下面无毛或有时沿中脉两侧被白色长柔毛，中脉在上面平坦，侧脉 8～10 对，下面凸起，细脉在两面凸起，明显网结；圆锥花序顶生或腋生于枝梢；花雌雄异株；雄花密集，花萼小，钟状，无花冠，花药与花丝近等长；雌花疏离，花萼大，桶状，4 浅裂，花柱细长，柱头 2 裂。翅果匙形，上中部最宽，先端锐尖，常呈犁头状，基部渐狭，翅平展，下延至坚果中部，坚果圆柱形；宿存萼紧贴于坚果基部，常在一侧开口深裂（图 16-147）。花期 4—5 月份，果期 7—9 月份。产于我国南北各省区；多为栽培，也见于海拔 800～1600 m 的山地杂木林中。茎皮（药材名：秦皮）具有清热燥湿、收涩止痢、止带、明目等功效。

图 16-147　白蜡树

连翘 *Forsythia suspensa* (Thunb.) Vahl. 落叶灌木。枝开展或下垂，棕色、棕褐色或淡黄褐色，小枝土黄色或灰褐色，略呈四棱形，疏生皮孔，节间中空，节部具实心髓。叶通常为单叶，或3裂至三出复叶，叶片卵形、宽卵形或椭圆状卵形至椭圆形，先端锐尖，基部圆形、宽楔形至楔形，叶缘除基部外具锐锯齿或粗锯齿，上面深绿色，下面淡黄绿色，两面无毛。花通常单生或2朵至数朵着生于叶腋，先于叶开放；花冠黄色，裂片倒卵状长圆形或长圆形；果实卵球形、卵状椭圆形或长椭圆形，先端喙状渐尖，表面疏生皮孔（图16-148）。花期3~4月份，果期7—9月份。产于河北、山西、陕西、山东、安徽西部、河南、湖北、四川；生于海拔250~2200 m的山坡灌丛、林下或草丛中，或山谷、山沟疏林中。我国除华南地区外，其他各地均有栽培。秋季果实初熟尚带绿色时采收，除去杂质，蒸熟，晒干，习称"青翘"；果实熟透时采收，晒干，除去杂质，习称"老翘"，能清热解毒、消肿散结、疏散风热。

图 16-148　连翘

女贞 *Ligustrum lucidum* Ait. 灌木或乔木，高可达25 m；树皮灰色。枝黄褐色、灰色或紫红色，圆柱形，疏生圆形或长圆形皮孔。叶片常绿，革质，卵形、长卵形或椭圆形至宽椭圆形，先端锐尖至渐尖或钝，基部圆形或近圆形，有时宽楔形或渐狭，叶缘平坦，上面光亮，两面无毛，中脉在上面凹入，下面凸起，侧脉4~9对，两面稍凸起或有时不明显；圆锥花序顶生；花序轴及分枝轴无毛，紫色或黄棕色，果时具棱；花药长圆形；柱头棒状。果实肾形或近肾形，深蓝黑色，成熟时呈红黑色，被白粉（图16-149）。花期5—7月，果期7月份至翌年5月份。分布于长江以南至华南、西南各省区，向西北分布至陕西、甘肃；生于海拔2900 m以下的疏、密林中。果实(药材名：女贞子)能滋补肝肾、明目乌发。

图 16-149　女贞

45. 马钱科 (Loganiaceae)

$* K_{(4\sim5)} C_{(4\sim5)} A_{4\sim5} G_{(2:2:2\sim\infty)}$

[**形态特征**] 乔木、灌木、藤本或草本；植株无乳汁，毛被为单毛、星状毛或腺毛；通常无刺，稀为枝条变态而成伸直或弯曲的腋生棘刺。单叶对生或轮生，稀为互生，全缘或有锯齿；通常为羽状脉，稀为3～7条基出脉；具叶柄；托叶存在或缺，分离或连合成鞘，或退化成连接2个叶柄间的托叶线。花通常两性，辐射对称，单生或孪生，或组成2～3歧聚伞花序，再排成圆锥花序、伞形花序或伞房花序、总状或穗状花序，有时也密集成头状花序或为无梗的花束；有苞片和小苞片；花萼4～5枚裂片，裂片覆瓦状或镊合状排列；合瓣花冠，4～5枚裂片，少数8～16枚裂片，裂片在花蕾时多为镊合状或覆瓦状排列，少数为旋卷状排列；雄蕊通常着生于花冠管内壁上，与花冠裂片同数，且与其互生，稀退化为1枚，内藏或略伸出，花药基生或略呈背部着生，2室，稀为4室，纵裂，内向，基部浅或深二裂，药隔凸尖或圆；无花盘或有盾状花盘；子房上位，稀为半下位，通常2室，稀为1室或3～4室，中轴胎座或子房1室为侧膜胎座，花柱通常单生，柱头头状，全缘或二裂，稀为四裂，胚珠每室多枚，稀为1枚，横生或倒生。果为蒴果、浆果或核果；种子通常小而扁平或椭圆状球形，有时具翅，有丰富的肉质或软骨质的胚乳，胚细小、直立，子叶小。

[**分布**] 约28属，550种，大多分布于热带、亚热带地区，少数分布于温带地区。我国有9属，54种，产于西南部至东部。

[**显微特征**] 马钱亚科根、茎、枝、叶柄存在内生韧皮部，醉鱼草亚科具星状或叠生星状毛。

[**染色体**] $X = 4\sim22$。

[**化学成分**] 本科植物含对神经系统有强烈作用的番木鳖碱（strychnine）、马钱子碱（brucine）、钩吻碱（gelsemine）。还含有环烯醚萜苷类，如桃叶珊瑚苷（aucubin）、番木鳖苷（loganin）；以及黄酮类，如蒙花苷（linarin）、刺槐素。

[**药用植物代表**]

马钱 *Strychnos nuxvomica* L. 常绿乔木，叶对生，广卵形，全缘，革质；聚伞花序顶生，小花白色筒状；浆果球形，成熟时呈橘黄色，表面光滑；内有种子3～5颗或更多；种子扁圆形，纽扣状，表面密被银色茸毛，种柄生于一面的中央，果期8月份至翌年1月份（图16-150）。主产于越南、印度、缅甸、泰国、斯里兰卡，我国云南等地引种成功。种子（药材名：马钱子，图16-151）有大毒，能通络止痛、散结消肿。

图16-150 马钱

图16-151 马钱子

密蒙花 *Buddleja officinalis* Maxim. 灌木,高1~4 m。小枝略呈四棱形,灰褐色;小枝、叶下面、叶柄和花序均密被灰白色星状短绒毛。叶对生,叶片纸质,狭椭圆形、长卵形、卵状披针形或长圆状披针形,顶端渐尖、急尖或钝,基部楔形或宽楔形,有时下延至叶柄基部,通常全缘,稀有疏锯齿,叶上面深绿色,被星状毛,下面浅绿色;侧脉每边8~14条,上面扁平,干后凹陷,下面凸起,网脉明显;托叶在两叶柄基部之间缢缩成一横线。花多而密集,组成顶生聚伞圆锥花序;花梗极短;小苞片披针形,被短绒毛;花萼钟状,外面与花冠外面均密被星状短绒毛和一些腺毛,花萼裂片三角形或宽三角形,顶端急尖或钝;花冠紫堇色,后变为白色或淡黄白色,喉部橘黄色,花冠管圆筒形,内面黄色,被疏柔毛,花冠裂片卵形,内面无毛;雄蕊着生于花冠管内壁中部,花丝极短,花药长圆形,黄色,基部耳状,内向,2室;雌蕊子房卵珠状,中部以上至花柱基部被星状短绒毛,花柱柱头棍棒状。蒴果椭圆状,2瓣裂,外果皮被星状毛,基部有宿存花被;种子多颗,狭椭圆形,两端具翅。花期3—4月份,果期5—8月份。产于山西、陕西、甘肃、江苏、安徽、福建、河南、湖北、湖南、广东、广西、四川、贵州、云南和西藏等省区;生于海拔200~2800 m的向阳山坡、河边、村旁的灌木丛中或林缘。花蕾和花序(药材名:密蒙花)具清热泻火、养肝明目、退翳等功效。

46. 龙胆科(Gentianaceae)

☿ * $K_{(4~5)} C_{(4~5)} A_{4~5} \underline{G}_{(2:1:\infty)}$

[形态特征] 一年生或多年生草本。茎直立或斜升,有时缠绕。单叶对生,全缘,基部合生,筒状抱茎或为一横线所联结;无托叶。花序一般为聚伞花序或复聚伞花序,有时减退至顶生的单花;花两性,极少数为单性,辐射状或在个别属中为两侧对称,一般4~5朵,稀达6~10朵;花萼筒状、钟状或辐状;花冠筒状、漏斗状或辐状,基部全缘,稀有距,裂片在蕾中右向旋转排列,稀为镊合状排列;雄蕊着生于冠筒上与裂片互生,花药背着或基着,2室;雌蕊由2枚心皮组成,子房上位,1室,侧膜胎座,稀为心皮结合处深入而形成中轴胎座,致使子房变成2室;柱头全缘或2裂;胚珠常多数;腺体或腺窝着生于子房基部或花冠上。蒴果2瓣裂,稀为不开裂。种子小,常多数,具丰富的胚乳。

[分布] 80属,700种,广布于全球,但主产地为北温带和寒温带。我国有22属,427种;各省均产之,西南部最盛,有些种类供园庭观赏用,少数入药。

[显微特征] 本科植物根的内皮层细胞常因径向、各切向分裂导致内皮层由多层细胞组成;茎内多具双韧维管束;常具草酸钙针晶、砂晶。

[染色体] $X = 9~13$。

[化学成分] 裂环烯醚萜,如龙胆苦苷(gentiopicroside)、当药苷(sweroside)、当药苦苷(swertiamarin);龙胆叫酮(gentisin)、当药叫酮(swertinin)等;生物碱类,如龙胆碱(gentianine)、龙胆次碱(gentianidine)等;三萜类,如齐墩果酸、熊果酸类等。其中裂环醚萜苷类和叫酮苷类为本科植物的特征成分。尚有挥发油成分。

[药用植物代表]

龙胆 *Centiana scabra* Bge. 多年生草本,高30~60 cm。根茎平卧或直立,短缩或长达5 cm,具多数粗壮、略肉质的须根。花枝单生,直立,黄绿色或紫红色,中空,近圆形,具条棱,棱上具乳突,稀为光滑。枝下部叶膜质,淡紫红色,鳞片形,先端分离,中部以下连合成筒状抱茎;中、上部叶近革质,无柄,卵形或卵状披针形至线状披针形,愈向茎上部叶愈小,先端急尖,基部心形或圆形,边缘微外卷,粗糙,上面密生极细乳突,下面光滑,叶脉3~5条,在上面不明显,在下面突起,粗糙。花多数,簇生于枝顶和叶腋;无花梗;每朵花下具2枚苞片,苞片披针形或线状披针形,与花萼近等长;花萼筒倒锥状筒形或宽筒形,裂片常外反或开展,不整齐,线形或线状披针形,先端急尖,边缘粗糙,中脉在背面凸起,弯缺截形;花冠蓝紫色,有时喉部具多数黄绿色斑点,筒状钟形,裂片卵形或卵圆形,先端有尾尖,全缘,褶偏斜,狭三角形,先端急尖或二浅裂;雄蕊着生冠筒中部,整齐,花丝钻形,花药狭矩圆形;子房狭椭圆形或披针形,两端渐狭或基部钝,柄粗,花柱柱头二裂,裂片矩圆形。蒴果内藏,宽椭圆形,两端钝;种子褐色,有光泽,线形或纺锤形,表面具增粗的网纹,两端具宽翅(图16-152)。花果期5—11月份。产于我国内蒙古、黑龙江、吉林、辽宁、贵州、陕西、湖北、湖南、安徽、江苏、浙江、福建、广东、广西等省区;生于海拔400~1700 m的山坡草地、路边、河滩、灌丛、林缘、林下、草甸。根及根茎(药材

图16-152　龙胆

名:龙胆)能清热燥湿、泻肝胆火。

条叶龙胆 G. manshurica Kitag. 叶片边缘反卷;花有短梗,花冠裂片三角状卵形,先端急尖。根及根茎作为龙胆入药。

三花龙胆 G. triaora Pall. 叶边缘及叶脉光滑;花冠裂片卵圆形,先端钝。根及根茎作为龙胆入药。

坚龙胆 G. rigescens Franch. 叶近革质;花冠裂片卵状椭圆形,顶端急尖。根及根茎(药材名:坚龙胆)的功效同龙胆。

秦艽 Gentiana macrophylla Pall. (图16-153)多年生草本,高30~60 cm,全株光滑无毛,基部被枯存的纤维状叶鞘包裹。须根多条,扭结或黏结成一个圆柱形的根。枝少数丛生,直立或斜升,黄绿色或有时上部带紫红色,近圆形。莲座丛叶卵状椭圆形或狭椭圆形,先端钝或急尖,基部渐狭,边缘平滑,叶脉5~7条,在两面均明显,并在下面凸起,叶柄宽,包被于枯存的纤维状叶鞘中;茎生叶椭圆状披针形或狭椭圆形,先端钝或急尖,基部钝,边缘平滑,叶脉3~5条,在两面均明显,并在下面凸起,无叶柄至叶柄长达4 cm。花多数,无花梗,

图16-153　秦艽

簇生于枝顶呈头状,或腋生呈轮状;花萼筒膜质,黄绿色或有时带紫色,一侧开裂呈佛焰苞状,先端截形或圆形,萼齿4~5个,稀为1~3个,甚小,锥形;花冠筒部黄绿色,冠檐蓝色或蓝紫色,壶形,裂片卵形或卵圆形,长3~4 mm,先端钝或钝圆,全缘,褶整齐,三角形或截形,全缘;雄蕊着生于冠筒中下部,整齐,花丝线状钻形;子房无柄,椭圆状披针形或狭椭圆形,先端渐狭,花柱线形,柱头2裂,裂片矩圆形。蒴果内藏或先端外露,卵状椭圆形;种子红褐色,有光泽,矩圆形,表面具细网纹。花果期7—10月份。产于新疆、宁夏、陕西、山西、河北、内蒙古及东北地区;生于海拔400~2400 m的河滩、路旁、水沟边、山坡草地、草甸、林下及林缘。根(药材名:秦艽)能祛风湿、清湿热、止痹痛、退虚热。麻花秦艽 G. *straminea* Maxim.、粗茎秦艽 G. *crassicaulis* Duthie ex Burk. 或小秦艽 G. *dahurica* Fisch. 的干燥根也作为秦艽入药。

47. 夹竹桃科(Apocynaceae)

☿ * K$_{(5)}$ C$_{(5)}$ A$_5$ G$_{(2:1~2:1~\infty)}$

[形态特征] 乔木、直立灌木或木质藤木,也有多年生草本;具乳汁或水液;无刺,稀有刺。单叶对生、轮生,稀为互生,全缘,稀有细齿;羽状脉;通常无托叶或退化成腺体,稀有假托叶。花两性,辐射对称,单生或多杂组成聚伞花序,顶生或腋生;花萼裂片5枚,稀为4枚,基部合生成筒状或钟状,裂片通常为双盖覆瓦状排列,基部内面通常有腺体;花冠合瓣,高脚碟状、漏斗状、坛状、钟状、盆状,稀为辐状,裂片5枚,稀为4枚,覆瓦状排列,其基部边缘向左或向右覆盖,稀为镊合状排列;花冠喉部通常有副花冠或鳞片或膜质或毛状附属体;雄蕊5枚,着生在花冠筒上或花冠喉部,内藏或伸出,花丝分离,花药长圆形或箭头状,2室,分离或互相黏合并贴生在柱头上;花粉颗粒状;花盘环状、杯状或成舌状,稀为无花盘;子房上位,稀为半下位,1~2室,或为2枚离生或合生心皮所组成;花柱1枚,基部合生或裂开;柱头通常环状、头状或棍棒状,顶端通常2裂;胚珠1枚至多枚,着生于腹面的侧膜胎座上。果为浆果、核果、蒴果或蓇葖果;种子通常一端被毛,稀为两端被毛或仅有膜翅或毛翅均缺,通常有胚乳及直胚。

[分布] 全世界约250属,2000种,分布于热带亚热带地区,少数在温带地区。我国产46属,176种,33个变种,主要分布于长江以南各省区及台湾地区等沿海岛屿,分布范围北纬18°~45°,东经80°~130°,华南及西南地区为中国的分布中心;已知药用的有35属,95种。

[显微特征] 常有双韧维管束。

[染色体] $X = 8 \sim 12$。

[化学成分] ①吲哚类生物碱,如利血平(reserpine)、蛇根碱(serpentine)、长春碱(vinblastine)、长春新碱(leurocristine)。②强心苷类,如夹竹桃苷(odoroside)、羊角拗苷(divaricoside)、D-毒毛花苷(D-strophanthin)、黄夹苷(thevetin)等。

[药用植物代表]

夹竹桃 *Nerium indicum* Mill. 常绿直立大灌木,高达5 m,枝条灰绿色,含水液;嫩枝条具棱,被微毛,老时毛脱落。叶3~4枚轮生,下枝为对生,窄披针形,顶端急尖,基部楔形,叶缘反卷,叶柄内具腺体。聚伞花序顶生,着花数朵;花芳香;花萼五深裂,红色,披针形,外面无毛,内面基部具腺体;花冠深红色或粉红色,栽培演变有白色或黄色,花冠为单瓣呈五裂时,其花冠为漏斗状,花冠筒为圆筒形,上部扩大呈钟形,花冠筒内面被长柔毛,花冠喉部具5片宽鳞片状副花冠,每片其顶端撕裂,并伸出花冠喉部之外,花冠裂片倒卵形,顶端圆形;花冠为重瓣15~18枚时,裂片组成3轮,内轮为漏斗状,外面2轮为辐状,分裂至基部或每2~3片基部连合,每花冠裂片基部具长圆形而顶端撕裂的鳞片;雄蕊着生在花冠筒中部以上,花丝短,被长柔毛,花药箭头状,内藏,与柱头连生,基部具耳,顶端渐尖,药隔延长呈丝状,被柔毛;无花盘;心皮2枚,离生,被柔毛,花柱丝状,柱头近球圆形,顶端凸尖;每心皮有胚珠多枚。蓇葖2个,离生,平行或并连,长圆形,两端较窄,绿色,无毛,具细纵条纹;种子长圆形,基部较窄,顶端钝,褐色,种皮被锈色短柔毛,顶端具黄褐色绢质种毛;种毛长约1 cm(图16-154)。花期几乎全年,夏秋为最盛;果期一般在冬春季,栽培种很少结果。全国各省区有栽培,尤以南方为多,常在公园、风景区、道路旁或河旁、湖旁周围栽培。叶、树皮、根、花、种子均含有多种配醣体,毒性极强,人、畜误食能致死。叶、茎皮可提制强心剂,但有毒,用时需慎重。

图16-154 夹竹桃

罗布麻 *Apocynum venetum* L. 直立半灌木,高1.5~3 m,一般高约2 m,最高可达4 m,具乳汁;枝条对生或互生,圆筒形,光滑无毛,紫红色或淡红色。叶对生,仅在分枝处为近对生,叶片椭圆状披针形至卵圆状长圆形,叶柄间具腺体,老时脱落。圆锥状聚伞花序一至多歧,通常顶生,有时腋生,花梗被短柔毛;苞片膜质,披针形;花萼五深裂,裂片披针形或卵圆状披针形,两面被短柔毛,边缘膜质;花冠圆筒状钟形,紫红色或粉红色;雄蕊着生在花冠筒基部,与副花冠裂片互生;花药箭头状,顶端渐尖,隐藏在花喉内,背部隆起,腹部黏生在柱头基部,基部具耳,耳通常平行,有时紧接或䩄合,花丝短,密被白茸毛;雌蕊花柱短,上部膨大,下部缩小,柱头基部盘状,顶端钝,2裂;子房由2枚离生心皮组成,被白色茸毛,每枚心皮有胚珠多数,着生在子房的腹缝线侧膜胎座上;花盘环状,肉质,顶端不规则5裂,基部合生,环绕子房,着生在花托上。蓇葖2个,平行或叉生,下垂,箸状圆筒形,顶端渐尖,基部钝,外果皮棕色,无毛,有纸纵纹;种子多数,卵圆状长圆形,黄褐色,顶端有一簇白色绢质的种毛;种毛长1.5~2.5 cm;子叶长卵圆形,与胚根近等长(图16-155)。花期4~9月份(盛开期6—7月份),果期7—12月份(成熟期9—10月份)。分布于新疆、青海、甘肃、陕西、山西、河南、河北、江苏、山东、辽宁及内蒙古等省区。主要野生在盐碱荒地和沙漠边缘及河流两岸、冲积平原、河泊周围及戈壁荒滩上。叶(药材名:罗布麻叶)能清热平肝安神、清热利水。

图 16-155　罗布麻(左图)与罗布麻叶(右图)

萝芙木 *Rauvolfia verticillata* (Lour.) Baill. 灌木,高达 3 m;多枝,树皮灰白色;幼枝绿色,被稀疏的皮孔,直径约 5 mm;节间长 1~5 cm。叶膜质,干时淡绿色,3~4 叶轮生,稀为对生,椭圆形或长圆形,稀为披针形,渐尖或急尖,基部楔形或渐尖;叶面中脉扁平或微凹,叶背则凸起,侧脉弧曲上升,无皱纹;伞形式聚伞花序,生于上部的小枝腋间;花小,白色;花萼 5 裂,裂片三角形;花冠高脚碟状,花冠筒圆筒状,中部膨大;雄蕊着生于冠筒内面的中部,花药背部着生,花丝短而柔弱;花盘环状,长约为子房之半;子房由 2 枚离生心皮组成,一半埋藏于花盘内,花柱圆柱状,柱头棒状,基部有一环状薄膜。核果卵圆形或椭圆形,由绿色变暗红色,然后变成紫黑色,种子具皱纹;胚小,子叶叶状,胚根在上。花期 2—10 月份,果期 4 月份至翌春。分布于我国西南、华南及台湾等省区;一般生于林边、丘陵地带的林中或溪边较潮湿的灌木丛中。根、叶供药用,民间有用来治高血压、高热症、胆囊炎、急性黄疸型肝炎、头痛、失眠、眩晕、癫痫、疟疾、蛇咬伤、跌打损伤等病症。植株含阿马里新、利血平、萝芙甲素及山马蹄碱等生物碱,为降压灵的原料。

络石 *Trachelospermum jasminoides* (Lindl.) Lem. (图 16-156)常绿木质藤本,长达 10 m,具乳汁;茎赤褐色,圆柱形,有皮孔;小枝被黄色柔毛,老时渐无毛。叶革质或近革质,椭圆形至卵状椭圆形或宽倒卵形,顶端锐尖至渐尖或钝,有时微凹或有小凸尖,基部渐狭至钝,叶面无毛,叶背被疏短柔毛,老渐无毛;叶柄内和叶腋外腺体钻形。二歧聚伞花序腋生或顶生,花多朵组成圆锥状,与叶等长或较长;花白色,芳香;总花梗被柔毛,老时渐无毛;苞片及小苞片狭披针形;花萼五深裂,裂片

图 16-156　络石

线状披针形,顶部反卷,外面被长柔毛及缘毛,内面无毛,基部具 10 枚鳞片状腺体;花蕾顶端钝,花冠筒圆筒形,中部膨大,外面无毛,内面在喉部及雄蕊着生处被短柔毛,花冠裂片无毛;雄蕊着生在花冠筒中部,腹部黏生在柱头上,花药箭头状,基部具耳,隐藏在花喉内;花盘环状五裂,与子房等长;子房由 2 个离生心皮组成,无毛,花柱圆柱状,柱头卵圆形,顶端

全缘;每一心皮有胚珠多枚,着生于 2 个并生的侧膜胎座上。蓇葖双生,叉开,无毛,线状披针形,向先端渐尖;种子多颗,褐色,线形,顶端具白色绢质种毛;种毛长 1.5～3 cm。花期 3—7 月份,果期 7—12 月份。分布很广;生于山野、溪边、路旁、林缘或杂木林中,常缠绕于树上或攀缘于墙壁上、岩石上。茎叶(药材名:络石藤)能祛风湿、凉血、通络。

图 16-157　长春花

本科常用其他药用植物:长春花 Catharanthus roseus (L.) G. Don 为多年生草本,叶对生,花冠红色;蓇葖果双生;种子具小瘤状突起(图 16-157)。原产于非洲东部,中国中南、华东、西南等地有栽培;全株有毒,含长春碱,可药用,有降低血压之功效;在国外有用来治疗白血病、淋巴肿瘤、肺癌、绒毛膜上皮癌、血癌和子宫癌等。羊角拗 Strophanthus divaricatus (Lour.) Hook. et Arn. 分布于贵州、云南、广西、广东和福建等省区;野生于丘陵山地、路旁疏林中或山坡灌木丛中。全株植物含毒,尤以种子含有毒毛旋花子配基,其毒性能刺激心脏,误食致死。药用强心剂,可用于治疗血管硬化、跌打、扭伤、风湿性关节炎、蛇咬伤等症。杜仲藤 Parabarium micranthum (A. DC.) Pierre 分布于广西、广东、云南、四川;生于海拔 300～800 m 的山谷、疏林或密林、灌木丛、水旁等地方。全株供药用,广西民间有用来治疗小儿麻痹、跌打损伤等症。乳液可治疗风湿腰骨痛并可提取橡胶。黄花夹竹桃 Thevetia peruviana (Pers.) K. Schum. 在我国台湾、福建、广东、广西和云南等省区均有栽培,有时野生;生长于干热地区路旁、池边、山坡疏林下。树液和种子有毒,误食可致命。种子可榨油,供制肥皂、点灯、杀虫和鞣料用油,油粕可作为肥料。种子坚硬,长圆形,可作为镶嵌物。果仁含有黄花夹竹桃素,有强心、利尿、祛痰、发汗、催吐等作用。

48. 萝藦科(Asclepiadaceae)

☿ * K_{(5)} C_{(5)} A_5 \underline{G}_{2:1:\infty}

[形态特征] 具有乳汁的多年生草本、藤本、直立或攀缘灌木;根部木质或肉质成块状。叶对生或轮生,具柄,全缘,羽状脉;叶柄顶端通常具有丛生的腺体,稀为无叶;通常无托叶。聚伞花序通常呈伞形,有时成伞房状或总状,腋生或顶生;花两性,整齐,5 朵;花萼筒短,裂片 5 枚,双盖覆瓦状或镊合状排列,内面基部通常有腺体;花冠合瓣,辐状、坛状,稀为高脚碟状,顶端 5 枚裂片,裂片旋转、覆瓦状或镊合状排列;副花冠通常存在,由 5 枚离生或基部合生的裂片或鳞片组成,有时双轮,生在花冠筒上或雄蕊背部或合蕊冠上,稀退化成 2 纵列毛或瘤状突起;雄蕊 5 枚,与雌蕊黏生成中心柱,称为合蕊柱;花药连生成一环,腹部贴生于柱头基部的膨大处;花丝合生成为 1 个有蜜腺的筒,称为合蕊冠,或花丝离生,药隔顶端通常具有阔卵形而内弯的膜片;花粉粒联合包在 1 层软韧的薄膜内而成块状,称为花粉块,通常通过花粉块柄而系结于着粉腺上,花药有花粉块 2 个或 4 个;或花粉器通常为匙形,直立,其上部为载粉器,内藏四合花粉,载粉器下面有 1 载粉器柄,基部有一黏盘,黏于柱头上,与花药互生,稀有 4 个载粉器黏生成短柱状,基部有一共同的载粉器柄和黏盘;无花盘

雌蕊 1 枚，子房上位，由 2 枚离生心皮组成，花柱 2 条，合生，柱头基部具五棱，顶端各式；胚珠多数，数排，着生于腹面的侧膜胎座上。蓇葖双生，或因 1 个不发育而成单生；种子多数，其顶端具有丛生的白（黄）色绢质种毛；胚直立，子叶扁平。

[**分布**] 约 180 属，2200 种，分布于全球，但主产于热带地区。我国约有 44 属，245 种；全国均产之，西南和东南部最盛；已知药用的植物有 32 属，112 种。

[**显微特征**] 本科植物的茎具双韧维管束。

[**染色体**] $X = 9 \sim 12$。

[**化学成分**] C12 甾体苷，如萝藦苷元（metaplexigenin）、牛皮消苷元（cynanochogenin）等；强心苷，如马利筋苷（asclepin）、牛角瓜苷（calotropin）；皂苷，如杠柳扛皂苷（periplogin）、杠柳毒苷（periplocin）；生物碱，如娃儿藤碱（tylocrebrine）、娃儿藤次碱（tylophorine）；酚类，如牡丹酚（paeonol）。强心苷是本科的主要有毒成分。

[**药用植物代表**]

萝藦 *Metaplexis japonica*（Thunb.）Makino　多年生草质藤本，长达 8 m，具乳汁；茎圆柱状，下部木质化，上部较柔韧，表面淡绿色，有纵条纹，幼时密被短柔毛，老时被毛渐脱落。叶膜质，卵状心形，顶端短渐尖，基部心形，叶耳圆，两叶耳展开或紧接，叶面绿色，叶背粉绿色，两面无毛，或幼时被微毛，老时被毛脱落；侧脉每边 10～12 条，在叶背略明显；叶柄长，顶端具丛生腺体。总状式聚伞花序腋生或腋外生，具长总花梗；总花梗被短柔毛；花梗长 8 mm，被短柔毛，着花通常 13～15 朵；小苞片膜质，披针形，顶端渐尖；花蕾圆锥状，顶端尖；花萼裂片披针形，外面被微毛；花冠白色，有淡紫红色斑纹，近辐状，花冠筒短，花冠裂片披针形，张开，顶端反折，基部向左覆盖，内面被柔毛；副花冠环状，着生于合蕊冠上，短 5 裂，裂片兜状；雄蕊连生成圆锥状，并包围雌蕊在其中，花药顶端具白色膜片；花粉块卵圆形，下垂；子房无毛，柱头延伸成一长喙，顶端 2 裂。蓇葖叉生，纺锤形，平滑无毛，顶端急尖，基部膨大；种子扁平，卵圆形，有膜质边缘，褐色，顶端具白色绢质种毛；种毛长 1.5 cm（图 16-158）。花期 7—8 月份，果期 9—12 月份。分布于东北、华北、华东和甘肃、陕西、贵州、河南和湖北等省区；生长于林边荒地、山脚、河边、路旁灌木丛中。全株均可药用：果可治劳伤、虚弱、腰腿疼痛、缺奶、白带、咳嗽等；根可治跌打、蛇咬、疔疮、瘰疬、阳痿；茎叶可治小儿疳积、疔肿；种毛可止血；乳汁可除瘊子。

图 16-158　萝藦

杠柳 *Periploca sepium* Bunge　落叶蔓生灌木，长可达 1.5 m。主根圆柱状，外皮灰棕色，内皮浅黄色。具乳汁，除花外，全株无毛；茎皮灰褐色；小枝通常对生，有细条纹，具皮孔。叶卵状长圆形，顶端渐尖，基部楔形，叶面深绿色，叶背淡绿色；中脉在叶面扁平，在叶背微凸起，侧脉纤细，两面扁平，每边 20～25 条；聚伞花序腋生，着花数朵；花序梗和花梗柔弱；

花萼裂片卵圆形,顶端钝,花萼内面基部有10个小腺体;花冠紫红色,辐状,花冠筒短,长约3 mm,裂片长圆状披针形,中间加厚呈纺锤形,反折,内面被长柔毛,外面无毛;副花冠环状,10枚裂片,其中5枚裂片延伸,丝状,被短柔毛,顶端向内弯;雄蕊着生在副花冠内面,并与其合生,花药彼此粘连并包围着柱头,背面被长柔毛;心皮离生,无毛,每枚心皮有胚珠多枚,柱头盘状凸起;花粉器匙形,四合花粉藏在载粉器内,黏盘粘连在柱头上。蓇葖2个,圆柱状,无毛,具有纵条纹;种子长圆形,黑褐色,顶端具白色绢质种毛;种毛长3 cm(图16-159)。花期5—6月份,果期7—9月份。分布于吉林、辽宁、内蒙古、河北、山东、山西、江苏、河南、江西、贵州、四川、陕西和甘肃等省区;生于平原及低山丘的林缘、沟坡、河边沙质地或地埂等处。根皮(药材名:香加皮)有毒,能利水消肿、祛风除湿、强筋骨。

图16-159 杠柳

白薇 *Cynanchum atratum* Bunge　　直立多年生草本,高达50 cm;根须状,有香气。叶卵形或卵状长圆形,顶端渐尖或急尖,基部圆形,两面均被有白色绒毛,特别以叶背及脉上为密;侧脉6～7对。伞形聚伞花序,无总花梗,生在茎的四周,着花8～10朵;花深紫色;花萼外面有绒毛,内面基部有小腺体5个;花冠辐状,外面有短柔毛,并具缘毛;副花冠五裂,裂片盾状,圆形,与合蕊柱等长,花药顶端具一圆形的膜片;花粉块每室1个,下垂,长圆状膨胀;柱头扁平。蓇葖单生,向端部渐尖,基部钝形,中间膨大;种子扁平;种毛白色。花期4—8月份,果期6—8月份。分布于南北各省;生长于海拔100～1800 m的河边、干荒地及草丛中,山沟、林下草地常见。根及根状茎(药材名:白薇)能清热凉血、利尿通淋、解毒疗疮。

同属植物变色白前 *C. versicolor* Bunge 的根及根状茎亦作为白薇入药。

白首乌 *C. bungei* Decne　　攀缘性半灌木;块根粗壮;茎纤细而韧,被微毛。叶对生,戟形,顶端渐尖,基部心形,两面被粗硬毛,以叶面较密,侧脉约6对。伞形聚伞花序腋生,比叶短;花萼裂片披针形,基部内面腺体通常没有或少数;花冠白色,裂片长圆形;副花冠5深裂,裂片呈披针形,内面中间有舌状片;花粉块每室1个,下垂;柱头基部5角状,顶端全缘。蓇葖单生或双生,披针形,无毛,向端部渐尖;种子卵形;种毛白色绢质。花期6—7月份,果期7—10月份。分布于辽宁、内蒙古、河北、河南、山东、山西、甘肃等省区,在北纬34°～42°之间;生长于海拔1500 m以下的山坡、山谷或河坝、路边的灌木丛中或岩石隙缝中。块根(药材名:白首乌)能补肝肾、益精血、强筋骨,为山东泰山一带四大名药之一,为滋补珍品。

柳叶白前 *C. stauntonii* (Decne.) Schltr. ex Levl.　　直立半灌木,高约1 m,无毛,分枝或不分枝;须根纤细,节上丛生。叶对生,纸质,狭披针形,两端渐尖;中脉在叶背显著,侧脉约6对。伞形聚伞花序腋生;花序梗长达1 cm,小苞片众多;花萼5深裂,内面基部腺体不多;花冠紫红色,辐状,内面具长柔毛;副花冠裂片盾状;花粉块每室1个,长圆形,下垂;柱头微凸,包在花药的薄膜内。蓇葖单生,长披针形。花期5—8月份,果期9—10月份。分布于甘肃、安徽、江苏、浙江、湖南、江西、福建、广东、广西和贵州等省区;生长于低海拔的山谷湿地、水旁或者半浸在水中。根及根茎(药材名:白前、鹅管白前)能降气、消痰、止咳。

同属植物芫花叶白前 *C. glaucescens* (Decne.) Hand.-Mazz. 根及根状茎亦作为药材白前入药。

本科常用其他药用植物:徐长卿 *Cynanchum paniculatum* (Bunge) Kitag. 分布于全国大多数省区;生于山地阳坡草丛中;根及根茎(药材名:徐长卿)能祛风、化湿、止痛、止痒。牛皮消 *C. auriculatum* Royle ex Wight 分布于除新疆以外的各省区;生于林下、灌丛及沟边。药用块根可养阴清热、润肺止咳,用于治疗神经衰弱、胃及十二指肠溃疡、肾炎、水肿等。娃儿藤 *Tylophora ovata* (Lindl.) Hook. ex Steud. 分布于云南、广西、广东、湖南和台湾;生长于海拔 900 m 以下的山地灌木丛中及山谷或向阳疏密杂树林中。根及全株可药用,能祛风、止咳、化痰、催吐、散瘀,可治风湿腰痛、跌打损伤、胃痛、哮喘、毒蛇咬伤等。

49. 旋花科(Convolvulaceae)

☿ ∗ $K_5 C_{(5)} A_5 \underline{G}_{(2:1\sim4:1\sim2)}$

[形态特征] 草本、亚灌木或灌木,偶为乔木(产于马达加斯加的 Humbertia 属),在干旱地区有些种类变成多刺的矮灌丛,或为寄生植物(菟丝子属 Cuscuta);被各式单毛或分叉的毛;植物体常有乳汁;茎缠绕或攀缘;叶互生,螺旋排列,寄生种类无叶或退化成小鳞片,通常为单叶,全缘,或不同深度的掌状或羽状分裂,甚至全裂,叶基常心形或戟形;无托叶,有时有假托叶(为缩短的腋枝的叶);通常有叶柄。花通常美丽,单生于叶腋,或少花至多花组成腋生聚伞花序;苞片成对,通常很小;花整齐,两性,5 朵;花萼分离或仅基部连合,外萼片常比内萼片大,宿存,有些种类在果期增大。花冠合瓣,漏斗状、钟状、高脚碟状或坛状;冠檐近全缘或 5 裂,极少每裂片又具 2 小裂片,蕾期旋转折扇状或镊合状至内向镊合状;花冠外常有 5 条明显的被毛或无毛的瓣中带。雄蕊与花冠裂片等数互生,着生花冠管基部或中部稍下,花丝丝状,有时基部稍扩大,等长或不等长;花药 2 室,内向开裂或侧向纵长开裂;花粉粒无刺或有刺;在菟丝子属中,花冠管内雄蕊之下有流苏状的鳞片。花盘环状或杯状。子房上位,由 2 枚(稀 3~5 枚)心皮组成,1~2 室,或因有发育的假隔膜而为 4 室,稀为 3 室,心皮合生,极少深二裂;中轴胎座,每室有 2 枚倒生无柄胚珠,子房 4 室时每室 1 枚胚珠;花柱 1~2 条,丝状,顶生或少有着生心皮基底间,不裂或上部二尖裂,或几无花柱;柱头各式。通常为蒴果,室背开裂、周裂、盖裂或不规则破裂,或为不开裂的肉质浆果,或果皮干燥坚硬,呈坚果状。种子和胚珠同数,或由于不育而减少,通常呈三棱形,种皮光滑或有各式毛;胚乳小,肉质至软骨质;胚大,具宽的、折皱或折扇状、全缘或凹头或 2 裂的子叶,菟丝子属的胚线形螺旋,无子叶或退化为细小的鳞片状。

[分布] 约 56 属,1800 种,广布于全世界,主产于美洲和亚洲热带和亚热带地区。中国有 22 属,约 125 种,南北均产,主产于西南与华南;已知药用的有 16 属,54 种。

[显微特征] 具双韧维管束。

[染色体] $X = 7, 13\sim15$。

[化学成分] ①莨菪烷类生物碱,如丁公藤碱(丁公藤甲素)。②香豆素类,如莨菪亭(scopoletin)、东莨菪苷(scopolin)。此外尚含黄酮类化合物。

[药用植物代表]

图16-160 菟丝子(左下角为药材菟丝子)

菟丝子 Cuscuta chinensis Lam. 一年生寄生草本。茎缠绕,黄色,纤细,无叶。花序侧生,少花或多花簇生成小伞形或小团伞花序,近于无总花序梗;苞片及小苞片小,鳞片状;花梗稍粗壮;花萼杯状,中部以下连合,裂片三角状,顶端钝;花冠白色,壶形,裂片三角状卵形,顶端锐尖或钝,向外反折,宿存;雄蕊着生于花冠裂片弯缺微下处;鳞片长圆形,边缘长流苏状;子房近球形,花柱2条,等长或不等长,柱头呈球形。蒴果球形,几乎全为宿存的花冠所包围,成熟时整齐地周裂。种子2~49枚,淡褐色,卵形,表面粗糙(图16-160)。产于黑龙江、吉林、辽宁、河北、山西、陕西、宁夏、甘肃、内蒙古、新疆、山东、江苏、安徽、河南、浙江、福建、四川、云南等省;生于海拔200~3000 m的田边、山坡阳处、路边灌丛或海边沙丘,通常寄生于豆科、菊科、蒺藜科等多种植物上。种子(药材名:菟丝子)能补益肝肾、固精缩尿、安胎、明目、止泻;外用可消风祛斑。

同属植物南方菟丝子 C. austrlis R. Br. 的种子也作为菟丝子入药。中药菟丝子的商品药材以南方菟丝子的种子为主。

牵牛 Pharbitis nil (L.) Choisy (图16-161)一年生缠绕草本,茎上被倒向的短柔毛及杂有倒向或开展的长硬毛。叶宽卵形或近圆形,深或浅的三裂,偶五裂,基部圆,心形,中裂片长圆形或卵圆形,渐尖或骤尖,侧裂片较短,三角形,裂口锐或圆,叶面或疏或密,被微硬的柔毛;花腋生,单一或通常2朵着生于花序梗顶,花序梗长短不一,通常短于叶柄,有时较长,毛被同茎;苞片线形或叶状,被开展的微硬毛;小苞片线形;萼片近等长,披针状线形,内面2片稍狭,外面被开展的刚毛,基部更密,有时也杂有短柔毛;花冠漏斗状,蓝紫色或紫红色,花冠管色淡;雄蕊及花柱内藏;雄蕊不等长;花丝基部被

图16-161 牵牛

柔毛;子房无毛,柱头头状。蒴果近球形,3瓣裂。种子卵状三棱形,黑褐色或米黄色,被褐色短绒毛。种子(药材名:牵牛子)能泻水通便、消痰涤饮、杀虫攻积,孕妇禁用,不宜与巴豆、巴豆霜同用。同属植物圆叶牵牛 P. purpurea (L.) Voigt 的种子亦作为牵牛子入药。

田旋花 Convolvulus arvensis L. 多年生草本,根状茎横走,茎平卧或缠绕,有条纹及棱角,无毛或上部被疏柔毛。叶卵状长圆形至披针形,先端钝或具小短尖头,基部大多戟形,

或箭形及心形,全缘或三裂,侧裂片展开,微尖,中裂片卵状椭圆形,狭三角形或披针状长圆形,微尖或近圆;叶柄较叶片短;叶脉羽状,基部掌状。花序腋生,1朵或有时2~3朵至多花,花柄比花萼长得多;苞片2枚,线形;萼片有毛,稍不等,2枚外萼片稍短,长圆状椭圆形,钝,具短缘毛,内萼片近圆形,钝或稍凹,或多或少具小短尖头,边缘膜质;花冠宽漏斗形,白色或粉红色,或白色具粉红或红色的瓣中带,或粉红色具红色或白色的瓣中带,五浅裂;雄蕊5枚,稍不等长,较花冠短一半,花丝基部扩大,具小鳞毛;雌蕊较雄蕊稍长,子房有毛,2室,每室2枚胚珠,柱头2个,线形。蒴果卵状球形,或圆锥形,无毛。种子4枚,卵圆形,无毛,暗褐色或黑色(图16-162)。分布于我国吉林、黑龙江、辽宁、河北、河南、山东、山西、陕西、甘肃、宁夏、新疆、内蒙古、江苏、四川、青海、西藏等省区;生于耕地及荒坡草地上。全草入药,可调经活血、滋阴补虚。

图16-162　田旋花

本科常用其他药用植物:丁公藤 Erycibe obtusifolia Benth. 木质藤本。单叶互生,革质,椭圆形。花小,花冠钟形,白色,五深裂。浆果,种子1枚。分布于广东中部及沿海岛屿,生于湿润山谷、密林及灌丛中;茎藤(药材名:丁公藤)有小毒,能祛风除湿、消肿止痛,它所含的丁公藤甲素可以治疗青光眼。光叶丁公藤 E. schmidtii Graib 的根和茎亦作为药材丁公藤入药。马蹄金 Dichondra repens Forst. (图16-163)分布于我国长江以南各省及台湾地区;生于海拔1300~1980 m的山坡草地、路旁或沟边。全草可供药用,有清热利尿、祛风止痛、止血生肌、消炎解毒、杀虫等功效。番薯 Ipomoea batatas（L.）Lam. 是主要的粮食作物之一,其块根可用于治疗赤白带下、宫寒、便秘、胃及十二指肠溃疡出血。

图16-163　马蹄金

50. 紫草科（Boraginaceae）

$\male * K_{5,(5)} C_{(5)} A_5 \underline{G}_{(2:2\sim4:1\sim2)}$

[形态特征] 多数为草本,较少为灌木或乔木,<u>一般被有硬毛或刚毛</u>。叶为单叶,<u>互生</u>,极少对生,全缘或有锯齿,<u>不具托叶</u>。花序为聚伞花序或镰状聚伞花序,极少花单生,有苞片或无苞片。<u>花两性</u>,辐射对称,很少左右对称;花萼具5个基部至中部合生的萼片,大多宿存;<u>花冠筒状、钟状、漏斗状或高脚碟状</u>,一般可分筒部、喉部、檐部三部分,檐部具5枚裂片,裂片在蕾中呈覆瓦状排列,很少旋转状,喉部或筒部具或不具5个附属物,附属物大多为梯形,较少为其他形状;<u>雄蕊5枚</u>,着生花冠筒部,稀上升到喉部,轮状排列,极少螺旋状排列,内藏,稀伸出花冠外,花药内向,2室,基部背着,纵裂;蜜腺在花冠筒内面基部环状排

列,或在子房下的花盘上;雌蕊由2枚心皮组成,子房2室,每室含2枚胚珠,或由内果皮形成隔膜而成4室,每室含1枚胚珠,或子房4(~2)裂瓣,每裂瓣含1枚胚珠,花柱顶生或生在子房裂瓣之间的雌蕊基上,不分枝或分枝;胚珠近直生、倒生或半倒生;雌蕊基果期平或不同程度升高呈金字塔形至锥形。果实为含1~4粒种子的核果,或为子房4(~2)裂瓣形成的4(~2)个小坚果,果皮多汁或大多干燥,常具各种附属物。种子直立或斜生,种皮膜质,无胚乳,稀含少量内胚乳;胚伸直,很少弯曲,子叶平,肉质,胚根在上方。

[分布] 约100属,2000种,分布于温带及热带地区,地中海区域最多。我国有48属,269种,全国均产,但多数分布于青藏高原、横断山脉和西部地区。已知药用的有21属,62种。

[显微特征] 具坚硬的毛被,常从一个坚硬的瘤状基部生出,毛的基部常有钟乳体类似物。

[染色体] $X = 7,8,9,12$。

[化学成分] ①萘醌类色素,如紫草素(shikonin)、乙酰紫草素(acetyl shikonin)、异丁酰紫草素(isobutyryl shikonin)。②生物碱类,如天芥菜春碱(heliotridine)、毒豆碱(laburnine)、大尾摇碱(indicine)。

[药用植物代表]

紫草 *Lithospermum erythrorhizon* Sieb. et Zucc. 多年生草本,根富含紫色物质。茎通常1~3条,直立,高40~90 cm,有贴伏和开展的短糙伏毛,上部有分枝,枝斜升并常稍弯曲。叶无柄,卵状披针形至宽披针形,先端渐尖,基部渐狭,两面均有短糙伏毛,脉在叶下面凸起,沿脉有较密的糙伏毛。花序生于茎和枝上部,果期延长;苞片与叶同形而较小;花萼裂片线形,背面有短糙伏毛;花冠白色,外面稍有毛,檐部与筒部近等长,裂片宽卵形,开展,全缘或微波状,先端有时微凹,喉部附属物半球形,无毛;雄蕊着生花冠筒中部稍上,柱头头状。小坚果卵球形,乳白色或带淡黄褐色,长约3.5 mm,平滑,有光泽,腹面中线凹陷呈纵沟(图16-164)。花果期6—9月份。分布于辽宁、河北、山东、山西、河南、江西、湖南、湖北、广西北部、贵州、四川、陕西至甘肃东南部;生于山坡草地。根含紫草素,可入药,治麻疹不透、斑疹、便秘、腮腺炎等症;外用治烧烫伤。

图16-164 紫草

软紫草(新疆紫草)*Arnebia euchroma* (Royle) Johnst. 多年生草本。根粗壮,直径可达2 cm,富含紫色物质。茎1条或2条,直立,高15~40 cm,仅上部花序分枝,基部有残存叶基形成的茎鞘,被开展的白色或淡黄色长硬毛。叶无柄,两面均疏生半贴伏的硬毛;基生叶线形至线状披针形,先端短渐尖,基部扩展成鞘状;茎生叶披针形至线状披针形,较小,无鞘状基部。镰状聚伞花序生茎上部叶腋,最初有时密集成头状,含多数花;苞片披针形;花萼裂片线形,先端微尖,两面均密生淡黄色硬毛;花冠筒状钟形,深紫色,有时淡黄色带紫红色,外面无毛或稍有短毛,筒部直,裂片卵形,开展;雄蕊着生于花冠筒中部(长柱花)或喉部(短柱花);花柱长达喉部(长柱花)或仅达花筒中部(短柱花),先端浅二裂,柱头2个,倒卵形。小坚果宽卵形,黑褐色,有粗网纹和少数疣状突起,先端微尖,背面凸,腹面略平,中线隆起,着生面略呈三角形。花果期6—8月份。分布于西藏、新疆;生于高山多石砾山坡及草坡。根(药材名:紫草)能清热凉血、活血解毒、透疹消斑。

同属植物内蒙古紫草(黄花紫草)*A. guttata* Bunge 分布于新疆、甘肃、内蒙古。根亦作为紫草入药。

本科常用其他药用植物:滇紫草 *Onosma paniculatum* Bur. et Franch. 分布于四川、贵州、云南等省区,生于山地干燥山坡;长花滇紫草 *O. hookeri* Clarke var. *longiflorum* Duthie ex Stapf 分布于西藏等地,生于砾石山坡;细花滇紫草 *O. hookeri* Clarke var. *hookeri* 分布于西藏等地,生于山坡草丛及山谷草地;它们的根皮(药材名:藏紫草、西藏紫草)在藏药或中药中作为紫草入药。露蕊滇紫草 *O. exsertum* Hemsl.、密花滇紫草 *O. confertum* W. W. Smith 分布于四川、云南等省区;生于高山灌丛中或砾石坡地。这两种植物的根、根皮或根部栓皮(药材名:滇紫草或紫草皮)在四川、云南、贵州亦作为紫草入药。

51. 马鞭草科(Verbenaceae)

$♀ ↑ K_{(4~5)} C_{(4~5)} A_4 \underline{G}_{(2:4:1~2)}$

[形态特征] 灌木或乔木,有时为藤本,极少数为草本。叶对生,很少轮生或互生,单叶或掌状复叶,很少羽状复叶;无托叶。花序顶生或腋生,多数为聚伞、总状、穗状、伞房状聚伞或圆锥花序;花两性,极少退化为杂性,左右对称或很少辐射对称;花萼宿存,杯状、钟状或管状,稀为漏斗状,顶端有4~5齿或为截头状,很少有6~8齿,通常在果实成熟后增大或不增大,或有颜色;花冠管圆柱形,管口裂为二唇形或略不相等的四至五裂,很少多裂,裂片通常向外开展,全缘或下唇中间1裂片的边缘呈流苏状;雄蕊4枚,极少2枚或5~6枚,着生于花冠管上,花丝分离,花药通常2室,基部或背部着生于花丝上,内向纵裂或顶端先开裂而成孔裂;花盘通常不显著;子房上位,通常由2枚心皮组成,少为4枚或5枚,全缘或微凹或四浅裂,极稀深裂,通常2~4室,有时被假隔膜分为4~10室,每室有2枚胚珠,或因假隔膜而每室有1枚胚珠;胚珠倒生而基生,半倒生而侧生,或直立,或顶生而悬垂,珠孔向下;花柱顶生,极少数多少下陷于子房裂片中;柱头明显分裂或不裂。果实为核果、蒴果或浆果状核果,外果皮薄,中果皮干或肉质,内果皮多少质硬成核,核单一或可分为2个或4个,例外地8~10个分核。种子通常无胚乳,胚直立,有扁平、多少厚或褶皱的子叶,胚根短,通常下位。

[分布] 约80属,3000余种,分布于热带和亚热带地区,少数延至温带。我国有21属,175种,主要分布在长江以南各省;已知药用的有15属,101种。

[显微特征] 具各式毛茸,钟乳体普遍存在于腺毛基部周围的细胞。

[**染色体**] $X=5,7,13,16,17,18,19,20$。

[**化学成分**] ①黄酮类。牡荆属、紫珠属、大青属植物含多种黄酮苷,如牡荆子黄酮(vitexicarpin)、荭草素(orientin)、芹菜素(apigenin)。②环烯醚萜类。分布于蔓荆属(Vitex)、梧桐属(Clerodendrum)、马鞭草属(Verbena),如桃叶珊瑚苷(aucubin)、马鞭草苷(verbenalin)。③醌类。柚木属含多种醌类,如乌南醌(tectochinon)、α-兰香草素(α-caryopterone)。④挥发油类。多分布于牡荆属、马缨丹属。⑤二萜类,如白毛紫珠萜酮(callicarpone)、海州常山苦素(cleradendrin),梧桐属、紫珠属植物均含有二萜类。⑥三萜类。分布于梧桐属、牡荆属、马樱丹属、假连翘属等,如梧酮(clerodone)、马缨丹酸(lantanolic acid)。⑦生物碱。少见,如牡荆定碱(nishindine)、蔓荆子碱(vitricin)。

[**药用植物代表**]

图 16-165 马鞭草

马鞭草 *Verbena officinalis* L. 多年生草本,高30~120 cm。茎四方形,近基部可为圆形,节和棱上有硬毛。叶片卵圆形至倒卵形或长圆状披针形,基生叶的边缘通常有粗锯齿和缺刻,茎生叶多数三深裂,裂片边缘有不整齐锯齿,两面均有硬毛,背面脉上尤多。穗状花序顶生和腋生,细弱;花小,无柄,最初密集,结果时疏离;苞片稍短于花萼,具硬毛;花萼有硬毛,有5脉,脉间凹穴处质薄而色淡;花冠淡紫至蓝色,外面有微毛,裂片5枚;雄蕊4枚,着生于花冠管的中部,花丝短;子房无毛。果实长圆形,外果皮薄,成熟时4瓣裂(图16-165)。花期6—8月份,果期7—10月份。分布于全国各地;生于山野或荒地。地上部分(药材名:马鞭草)能活血散瘀、解毒、利水、退黄、截疟。

海州常山 *Clerodendrum trichotomum* Thunb. (图16-166)灌木或小乔木,高1.5~10 m;幼枝、叶柄、花序轴等多少被黄褐色柔毛或近于无毛,老枝灰白色,具皮孔,髓白色,有淡黄色薄片状横隔。叶片纸质,卵形、卵状椭圆形或三角状卵形,顶端渐尖,基部宽楔形至截形,偶有心形,表面深绿色,背面淡绿色,两面幼时被白色短柔毛,老时表面光滑无毛,背面仍被短柔毛或无毛,或沿脉毛较密,侧脉3~5对,全缘或有时边缘具波状齿;伞房状聚伞花序顶生或腋生,通常二歧分枝,疏散,末次分枝着花3朵,花序梗多少被黄褐色柔毛

图 16-166 海州常山

或无毛;苞片叶状,椭圆形,早落;花萼蕾时绿白色,后紫红色,基部合生,中部略膨大,有5棱脊,顶端5深裂,裂片三角状披针形或卵形,顶端尖;花香,花冠白色或带粉红色,花冠管

细,顶端5裂,裂片长椭圆形;雄蕊4枚,花丝与花柱同伸出花冠外;花柱较雄蕊短,柱头2裂。核果近球形,包藏于增大的宿萼内,成熟时外果皮蓝紫色。花果期6—11月份。分布于辽宁、甘肃、陕西以及华北、中南、西南各地;生于海拔2400 m以下的山坡灌丛中。叶(药材名:臭梧桐)能祛风除湿、降血压;外洗治痔疮、湿疹。

牡荆 Verbena negundo L. var. cannabifolia (Sieb. et Zucc.) Hand.-Mazz. 灌木或小乔木;小枝四棱形,密生灰白色绒毛。掌状复叶,小叶5片,少有3片;小叶片长圆状披针形至披针形,顶端渐尖,基部楔形,全缘或每边有少数粗锯齿,表面绿色,背面密生灰白色绒毛;中间小叶长4~13 cm,宽1~4 cm,两侧小叶依次减小。若具5片小叶,中间3片小叶有柄,最外侧的2片小叶无柄或近于无柄。聚伞花序排成圆锥花序式,顶生,长10~27 cm,花序梗密生灰白色绒毛;花萼钟状,顶端有5裂齿,外有灰白色绒毛;花冠淡紫色,外有微柔毛,顶端5裂,二唇形;雄蕊伸出花冠管外;子房近无毛。核果近球形,径约2 mm;宿萼接近果实的长度(图16-167)。花期4—6月份,果期7—10月份。主要产于长江以南各省,北达秦岭淮河;生于山坡路旁或灌木丛中。茎叶治久痢;种子为清凉性镇静、镇痛药;根可以驱蛲虫;花和枝叶可提取芳香油。

图16-167 牡荆

图16-168 华紫珠

华紫珠 Callicarpa cathayana H. T. Chang 灌木,高1.5~3 m;小枝纤细,幼嫩时稍有星状毛,老后脱落。叶片椭圆形或卵形,长4~8 cm,宽1.5~3 cm,顶端渐尖,基部楔形,两面近于无毛,而有显著的红色腺点,侧脉5~7对,两面均稍隆起,细脉和网脉下陷,边缘密生细锯齿;叶柄长4~8 mm。聚伞花序细弱,宽约1.5 cm,3~4次分歧,略有星状毛,花序梗长4~7 mm,苞片细小;花萼杯状,具星状毛和红色腺点,萼齿不明显或钝三角形;花冠紫色,疏生星状毛,有红色腺点,花丝等于或稍长于花冠,花药长圆形,长约1.2 mm,药室孔裂;子房无毛,花柱略长于雄蕊。果实球形,紫色(图16-168)。花期5—7月份,果期8—11月份。产于河南、江苏、湖北、安徽、浙江、江西、福建、广东、广西、云南;多生于海拔1200 m以下的山坡、谷地的丛林中;根、茎、叶能止血、消炎。

本科常用其他药用植物:大青 Clerodendrum cyrtophyllum Turcz. 分布于华东、中南、西南(四川省除外)各省区;生于海拔1700 m以下的平原、丘陵、山地林下或溪谷旁。根、叶有清热、泻火、利尿、凉血、解毒等功效。兰香草 Caryopteris incana (Thunb.) Miq. 分布于江苏、安徽、浙江、江西、湖南、湖北、福建、广东、广西;多生长于较干旱的山坡、路旁或林边。全草

图 16-169　臭牡丹

药用,可疏风解表、祛痰止咳、散瘀止痛。又可外用治毒蛇咬伤、疮肿、湿疹等症。根入药,治崩漏、白带、月经不调。三花莸 C. terniflora Maxim. 分布于河北、山西、陕西、甘肃、江西、湖北、四川、云南;生于海拔 550～2600 m 的山坡、平地或水沟河边。全草药用,有解表散寒、宣肺之效,可治外感头痛、咳嗽、外障目翳、烫伤等症。臭牡丹 Clerodendrum bungei Steud.（图 16-169）分布于华北、西北、西南以及江苏、安徽、浙江、江西、湖南、湖北、广西;生于海拔 2500 m 以下的山坡、林缘、沟谷、路旁、灌丛润湿处。根、茎、叶入药,有祛风解毒、消肿止痛之功效,还可用于治疗子宫脱垂。蔓荆 Vitex trifolia L. 产于福建、台湾、广东、广西、云南;生于平原、河滩、疏林及村寨附近。果实（药材名:蔓荆子）能疏风散热、清利头目。单叶蔓荆 V. trifolia L. var. simlicifolia Chaim. 的果实亦作为药材蔓荆子入药。大叶紫珠 C. macrophylla Vahl 分布于广东、广西、贵州、云南;生于海拔 100～2000 m 的疏林下和灌丛中。叶或根可作为内外伤止血药,治跌打肿痛、创伤出血、肠道出血、咳血、鼻衄。裸花紫珠 C. nudiflora Hook. et Arn. 分布于广东、广西;生于平地至海拔 1200 m 的山坡、谷地、溪旁林中或灌丛中。叶可药用,有止血止痛、散瘀消肿等功效,可治外伤出血、跌打肿痛、风湿肿痛、肺结核咯血、胃肠出血。

52. 唇形科（Lamiaceae, Labiatae）

$\male ↑ K_{(5)} C_{(5)} A_{4,2} \underline{G}_{(2:4:1)}$

[形态特征] 多为草本,稀为灌木,多含挥发油而有香气。茎呈四棱形,叶对生,单叶,稀为复叶;花两性,很少单性,两侧对称;花冠唇形,雄蕊通常 4 枚,二强,有时退化为 2 枚;轮伞花序或聚伞花序,再排成穗状、总状、圆锥花序式或头状花序式;雌蕊子房上位,深裂为假 4 室,每室有胚珠 1 枚,花柱一般着生于子房基部。4 枚小坚果,每枚坚果有 1 粒种子。

[分布] 220 余属,3500 余种,广布于全球,主产地为地中海及中亚。我国有约 99 属,800 种,全国均产之。

[显微特征] 茎角隅处具发达的厚角组织,茎叶具不同性状的毛被,气孔直轴式。

[染色体] $X = 6, 7, 8, 9, 10, 12, 13, 14, 16$。

[化学成分] ①挥发油,薄荷油、百里香油,作为芳香、调味及祛风药使用。②二萜类,如丹参酮（tanshinone）、隐丹参酮（cryptotanshinone）、异丹参酮（isotanshinone）。③黄酮类,如黄芩苷（baicalin）、汉黄芩苷（wogonoside）、黄芩素（scutellarein）、汉黄芩素（wogonin）等。④生物碱类,如益母草碱（leonurine）、水苏碱（stachydrine）。⑤昆虫变态激素,如杯苋甾酮（cyasterone）B、C 及筋骨草酮 B、C（ajugasterone B、C）。昆虫变态激素能促进人体蛋白质合成,降血脂及抑制血糖上升等。

[主要属及药用植物代表]

（1）薄荷属（Mentha）

芳香多年生,稀为一年生,草本,直立或上升,不分枝或多分枝。叶具柄或无柄,上部茎叶靠近花序者大都无柄或近无柄,叶片边缘具牙齿、锯齿或圆齿,先端通常锐尖或为钝形,基部楔形、圆形或心形;苞叶与叶相似,变小。轮伞花序,稀2～6朵花,通常为多花密集,具梗或无梗;苞片披针形或线状钻形及线形,通常不显著;花梗明显。花两性或单性,雄性花有退化子房,雌性花有退化的短雄蕊,同株或异株,同株时常常不同性别的花序在不同的枝条上或同一花序上有不同性别的花。花萼钟形、漏斗形或管状钟形;花冠漏斗形,大都近于整齐或稍不整齐,冠筒通常不超出花萼,喉部稍膨大或前方呈囊状膨大,具毛或否,冠檐具4枚裂片,上裂片大都稍宽,全缘或先端微凹或2浅裂,其余3枚裂片等大,全缘。雄蕊4枚,近等大,叉开,直伸,大都明显从花冠伸出,也有不超出花冠筒,后对着生稍高于前对,花丝无毛,花药2室,室平行。花柱伸出,先端相等2浅裂。花盘平顶。小坚果卵形,干燥,无毛或稍具瘤,顶端钝,稀于顶端被毛。

薄荷 *M. haplocalyx* Briq. 多年生草本。茎直立,高30～60 cm,下部数节具纤细的须根及水平匍匐根状茎,锐四棱形,具四槽,上部被倒向微柔毛,下部仅沿棱上被微柔毛,多分枝。叶片长圆状披针形、披针形、椭圆形或卵状披针形;轮伞花序腋生,轮廓球形,具梗或无梗,被微柔毛;花梗纤细,被微柔毛或近于无毛。花萼管状钟形,外被微柔毛及腺点,内面无毛,10脉,不明显,萼齿5枚,狭三角状钻形,先端长锐尖。花冠淡紫,外面略被微柔毛,内面在喉部以下被微柔毛,冠檐四裂,上裂片先端二裂,较大,其余3枚裂片近等大,长圆形,先端钝。雄蕊4枚,前对较长,均伸出于花冠之外,花丝丝状,无毛,花药卵圆形,2室,室平行。花柱略超出雄蕊,先端近相等二浅裂,裂片钻形。花盘平顶。小坚果卵珠形,黄褐色,具小腺窝（图16-170）。花期7—9月份,果期10月份。产于南北各地;生于海拔可高达3500 m的水旁潮湿地。地上部分（药材名:薄荷）能疏散风热、清利头目、利咽、透疹、疏肝行气。

图16-170　薄荷

（2）鼠尾草属（Salvia）

草本或半灌木或灌木。叶为单叶或羽状复叶。轮伞花序,2朵至多花,组成总状或总状圆锥或穗状花序,稀全部花为腋生。苞片小或大,小苞片常细小。花萼卵形或筒形或钟形,喉部内面有毛或无毛,二唇形,上唇全缘或具3齿或具3短尖头,下唇2齿。花冠筒内藏或外伸,平伸或向上弯或腹部增大,有时内面基部有斜生或横生、完全或不完全毛环,或具簇生的毛或无毛,冠檐二唇形,上唇平伸或竖立,两侧折合,稀平展,直或弯镰形,全缘或顶端微缺,下唇平展,或长或短,三裂,中裂片通常最宽大,全缘或微缺或流苏状或分成2枚小裂片,侧裂片长圆形或圆形,展开或反折。能育雄蕊2枚,生于冠筒喉部的前方,花丝短,水平生出或竖立,药隔延长,线形,横架于花丝顶端,以关节相联结,成"丁"字形,其上臂顶端着生椭圆形或线形有粉的药室,下臂或粗或细,顶端着生有粉或无粉的药室或无药室,二下臂分离或连合;退化雄蕊 2 枚,生于冠筒喉部的后边,呈棍棒状或小点,或不存在。花柱直伸,先端二浅裂,裂片钻形或线形或圆形,等大或前裂片较大或后裂片极不明显。花盘前面略膨大或近等大。子房四全裂。小坚果卵状三棱形或长圆状三棱形,无毛,光滑。

丹参 S. miltiorrhiza Bge. 多年生直立草本;根肥厚,肉质,外面朱红色,内面白色,长 5～15 cm,直径 4～14 mm,疏生支根。茎直立,高 40～80 cm,四棱形,具槽,密被长柔毛,多分枝。叶常为奇数羽状复叶,叶柄密被向下长柔毛,小叶 3～5(7) 片,卵圆形或椭圆状卵圆形或宽披针形;轮伞花序 6 朵或多花,下部者疏离,上部者密集,组成长 4.5～17 cm、具长梗的顶生或腋生总状花序;花冠紫蓝色,外被具腺短柔毛,尤以上唇为密,内面离冠筒基部 2～3 mm 有斜生不完全小疏柔毛毛环,冠筒外伸,比冠檐短,基部宽 2 mm,向上渐宽,至喉部宽达 8 mm,冠檐二唇形,上唇长 12～15 mm,镰刀状,向上竖立,先端微缺,下唇短于上唇,三裂,中裂片长 5 mm,宽达 10 mm,先端二裂,裂片顶端具不整齐的尖齿,侧裂片短,顶端圆形,宽约 3 mm。能育雄蕊 2 枚,伸至上唇片。退化雄蕊呈线形。花柱远外伸,长达 40 mm,先端不相等二裂,后裂片极短,前裂片线形。花盘前方稍膨大。小坚果黑色,椭圆形。花期 4—8 月份,花后见果(图 16-171)。分布于河北、山西、陕西、山东、河南、江苏、浙江、安徽、江西及湖南;生于海拔 120～1300 m 的山坡、林下草丛或溪谷旁。根及根茎(药材名:丹参,图 16-172)能活血调经、祛瘀止痛、养心安神。

图 16-171 丹参

图 16-172 丹参饮片

(3) 黄芩属(Scutellaria)

多年生或一年生草本,半灌木,稀至灌木,匍地上升或披散至直立,无香味。茎叶常具齿,或羽状分裂或极全缘,苞叶与茎叶同形或向上成苞片。花腋生、对生或上部者有时互生,组成顶生或侧生总状或穗状花序,有时远离而不明显成花序。花萼钟形,背腹压扁,分二唇,唇片短、宽、全缘,在果时闭合,最终沿缝合线开裂达萼基部成为不等大两裂片,上裂片脱落而下裂片宿存,有时两裂片均不脱落或一同脱落,上裂片在背上有一圆形、内凹、鳞片状的盾片或无盾片而明显呈囊状突起。冠筒伸出于萼筒,背面成弓曲或近直立,上方趋于喉部扩大,前方基部膝曲呈囊状增大或成囊状距,内无明显毛环,冠檐呈唇形,上唇直伸,盔状,全缘或微凹,下唇中裂片宽而扁平,全缘或先端微凹,稀为浅四裂,比上唇长或短,两侧裂片有时开展,与上唇分离或靠合,稀与下唇靠合。雄蕊4枚,二强,前对较长,均成对靠近,延伸至上唇片之下,花丝无齿凸,花药成对靠近。小坚果扁球形或卵圆形,背腹面不明显分化,具瘤,被毛或无毛,有时背腹面明显分化,背面具瘤而腹面具刺状凸起或无,赤道面上有膜质翅或无。

黄芩 *S. baicalensis* Georgi 多年生草本;根茎肥厚,肉质,伸长而分枝。茎基部伏地,上升,高(15)30~120 cm,钝四棱形,具细条纹,近无毛或被上曲至开展的微柔毛,绿色或带紫色,自基部多分枝。叶坚纸质,披针形至线状披针形,顶端钝,基部圆形,全缘。花序在茎及枝上顶生,总状,常再于茎顶聚成圆锥花序;花梗与序轴均被微柔毛;苞片下部者似叶,上部者远较小,卵圆状披针形至披针形,近于无毛。花萼外面密被微柔毛,萼缘被疏柔毛,内面无毛;花冠紫、紫红至蓝色,外面密被具腺短柔毛,内面在囊状膨大处被短柔毛;冠筒近基部明显膝曲,冠檐呈二唇形,上唇盔状,先端微缺,下唇中裂片三角状卵圆形,两侧裂片向上唇靠合。雄蕊4枚,稍露出,前对较长,具半药,退化半药不明显,后对较短,具全药。子房褐色,无毛。小坚果卵球形,黑褐色,具瘤,腹面近基部具果脐(图16-173)。花期7—8月份,果期8—9月份。根(药材名:黄芩,图16-174)能清热燥湿、泻火解毒、止血安胎。

图16-173 黄芩　　　　　　　图16-174 黄芩药材

(4)益母草属(Leonurus)

一年生、二年生或多年生直立草本。叶三至五裂,下部叶宽大,近掌状分裂,上部茎叶及花序上的苞叶渐狭,全缘,具缺刻或三裂。轮伞花序多花密集,腋生,多数排列成长穗状花序;小苞片钻形或刺状,坚硬或柔软。花萼倒圆锥形或管状钟形,5脉,齿5枚,近等大,不明显二唇形,下唇2齿较长,靠合,开展或不甚开展,上唇3齿直立。花冠白、粉红至淡紫色,冠筒比萼筒长,内面无毛环或具斜向或近水平向的毛环,在毛环上膨大或不膨大,冠檐二唇形,上唇长圆形、倒卵形或卵状圆形,全缘,直伸,外面被柔毛或无毛,下唇直伸或开张,有斑纹,三裂,中裂片与侧裂片等大,长圆状卵圆形,或中裂片大于侧裂片,微心形,边缘膜质,而侧裂片短小,卵形。雄蕊4枚,前对较长,开花时卷曲或向下弯,后对平行排列于上唇片之下,花药2室,室平行。花柱先端相等二裂,裂片钻形。花盘平顶。小坚果锐三棱形,顶端截平,基部楔形。

图16-175 益母草(右下角为益母草药材)

益母草 Leonurus artemisia(laur.)S. Y. Hu (图16-175)一年生或二年生草本,有密生须根的主根。茎直立,通常高30~120 cm,钝四棱形,微具槽,有倒向糙伏毛,在节及棱上尤为密集,在基部有时近于无毛,多分枝,或仅于茎中部以上有能育的小枝条。叶轮廓变化很大,茎下部叶轮廓为卵形,基部宽楔形,掌状三裂,裂片呈长圆状菱形至卵圆形,裂片上再分裂;茎中部叶轮廓为菱形,较小,通常分裂成3个或偶有多个长圆状线形的裂片,基部狭楔形;花序最上部的苞叶近于无柄,线形或线状披针形,全缘或具稀少牙齿。轮伞花序腋生,具8~15朵花,轮廓为圆球形,多数远离而组成长穗状花序;花梗无。花萼管状钟形,外面有贴生微柔毛,内面离基部1/3以上被微柔毛,5脉,显著,齿5枚,前2齿靠合,长约3 mm,后3齿较短,等长,齿均宽三角形,先端刺尖。花冠粉红至淡紫红色,外面于伸出萼筒部分被柔毛,冠筒等大,内面在离基部1/3处有近水平向的不明显鳞毛毛环,毛环在背面间断,其上部多少有鳞状毛,冠檐二唇形,上唇直伸,内凹,长圆形,全缘,内面无毛,边缘具纤毛,下唇略短于上唇,内面在基部疏被鳞状毛,三裂,中裂片倒心形,先端微缺,边缘薄膜质,基部收缩,侧裂片卵圆形,细小。雄蕊4枚,均延伸至上唇片之下,平行,前对较长,花丝丝状,扁平,疏被鳞状毛,花药卵圆形,2室。花柱丝状,略超出于雄蕊而与上唇片等长,无毛,先端相等二浅裂,裂片钻形。花盘平顶。子房褐色,无毛。小坚果长圆状三棱形,长2.5 mm,顶端截平而略宽大,基部楔形,淡褐色,光滑。花期通常在6—9月份,果期9—10月份。分布于全国各地;为一杂草,生长于多种生境,尤以阳处为多,海拔可高达3400 m。地上部分(药材名:益母草)能活血调经、利尿消肿。

(5)紫苏属(Perilla)

一年生草本,有香味。茎四棱形,具槽。叶绿色或常带紫色或紫黑色,具齿。轮伞花序2朵花,组成顶生和腋生、偏向于一侧的总状花序,每朵花有苞片1枚;苞片大,宽卵圆形或近圆形。花小,具梗。花萼钟状,10脉,具5齿,直立,结果时增大,平伸或下垂,基部一边肿胀,二唇形,上唇宽大,3齿,中齿较小,下唇2齿,齿披针形,内面喉部有疏柔毛环。花冠白色至紫红色,冠筒短,喉部斜钟形,冠檐近二唇形,上唇微缺,下唇三裂,侧裂片与上唇相近似,中裂片较大,常具圆齿。雄蕊4枚,近相等或前对稍长,直伸而分离,花药2室,由小药隔隔开,平行,其后略叉开或极叉开。花盘环状,前面呈指状膨大。花柱不伸出,先端二浅裂,裂片钻形,近相等。小坚果近球形,有网纹。

紫苏 P. frutescens(L.)Britt. 一年生直立草本。茎高0.3~2 m,绿色或紫色,钝四棱形,具四槽,密被长柔毛。叶阔卵形或圆形,先端短尖或突尖,基部圆形或阔楔形,边缘在基部以上有粗锯齿,膜质或草质,两面绿色或紫色,或仅下面紫色,上面被疏柔毛,下面被贴生柔毛,侧脉7~8对,位于下部者稍靠近,斜上升,与中脉在上面微凸起,下面明显凸起,色稍淡;叶柄背腹扁平,密被长柔毛。轮伞花序2花,密被长柔毛、偏向一侧的顶生及腋生总状花序;苞片宽卵圆形或近圆形,先端具短尖,外被红褐色腺点,无毛,边缘膜质;花梗密被柔毛。花萼钟形,10脉,直伸,下部被长柔毛,夹有黄色腺点,内面喉部有疏柔毛环,结果时增大,平伸或下垂,基部一边肿胀,萼檐二唇形,上唇宽大,3齿,中齿较小,下唇比上唇稍长,2齿,齿披针形。花冠白色至紫红色,外面略被微柔毛,内面在下唇片基部略被微柔毛,冠筒短,喉部斜钟形,冠檐近二唇形,上唇微缺,下唇三裂,中裂片较大,侧裂片与上唇相近似。雄蕊4枚,几不伸出,前对稍长,离生,插生喉部,花丝扁平,花药2室,室平行,其后略叉开或极叉开。花柱先端相等二浅裂。花盘前方呈指状膨大。小坚果近球形,灰褐色,具网纹(图16-176)。花期8—11月份,果期8—12月份。广泛栽培。叶(药材名:紫苏叶)能解表散寒、行气和胃。茎(药材名:紫苏梗)能理气宽中、止痛、安胎。

图16-176　紫苏

（6）刺蕊草属(Pogostemon)

草本或半灌木。茎无通气组织。叶对生,通常较宽,卵形或狭卵形,稀为线形或镰形,具柄或近无柄,边缘具齿缺,通常多少被毛或被绒毛。轮伞花序多花或少花,多数,整齐或近偏于一侧,组成连续或间断的穗状花序或总状花序或圆锥花序;苞片及小苞片小,线形至卵圆形。花小,具梗或无梗。花萼卵状筒形或钟形,具5齿,齿相等或近相等,有结晶体。花冠有时微小(仅3~6 mm长),内藏或伸出花萼,冠檐通常近二唇形,上唇三裂,下唇全缘,较上唇稍长或与上唇近等长。雄蕊4枚,外伸,直立,分离,花丝中部被髯毛或无毛,花药球形,1室,室在顶部开裂。花柱先端二裂,裂片钻形,相等或近相等。花盘平顶,近全缘。小坚果卵球形或球形,稍压扁,光滑。

广藿香 *Pogostemon cablin* (Blanco) Benth.　多年生芳香草本或半灌木。茎直立,高0.3~1 m,四棱形,分枝,被绒毛。叶圆形或宽卵圆形,先端钝或急尖,基部楔状渐狭,边缘具不规则的齿裂,草质,上面深绿色,被绒毛,老时渐稀疏,下面淡绿色,被绒毛,侧脉约5对,与中肋在上面稍凹陷或近平坦,下面凸起;叶柄被绒毛。轮伞花序10朵至多花,下部的稍疏离,向上密集,排列成长4~6.5 cm、宽1.5~1.8 cm的穗状花序,穗状花序顶生及腋生,密被长绒毛,具总梗,梗密被绒毛;苞片及小苞片线状披针形,比花萼稍短或与其近等长,密被绒毛。花萼筒状,外被长绒毛,内被较短的绒毛,齿钻状披针形,长约为萼筒的1/3。花冠紫色,裂片外面均被长毛。雄蕊外伸,具髯毛。花柱先端近相等二浅裂。花盘环状(图16-177)。花期4月份。地上部分(药材名:广藿香)能芳香化浊、和中止呕、发表解暑。

本科常用其他药用植物:半枝莲 *Scutellaria barbata* D. Don (图16-178)产于我国河北、山东、陕西南部、河南、江苏、浙江、台湾、福建、江西、湖北、湖南、广东、广西、四川、贵州、云南等省区;生于海拔2000 m以下的水田边、溪边或湿润草地上。民间用全草煎水服,治妇女

图 16-177　广藿香

图 16-178　半枝莲

病,以代替益母草,热天生痱子可用全草泡水洗。此外亦用于治疗各种炎症(肝炎、阑尾炎、咽喉炎、尿道炎等)、咯血、尿血、胃痛、疮痈肿毒、跌打损伤、蚊虫咬伤,并试治早期癌症。荆芥 Nepeta cataria L. 分布于新疆、甘肃、陕西、河南、山西、山东、湖北、贵州、四川及云南等地;多生于宅旁或灌丛中,海拔一般不超过 2500 m。地上部分(药材名:荆芥)、花穗(药材名:荆芥穗)生用能解表散风、透疹、消疮;炒炭能止血。夏枯草 *Prunella vulgaris* L.(图 16-179)分布于陕西、

图 16-179　夏枯草(右图示夏枯草药材)

甘肃、新疆、河南、湖北、湖南、江西、浙江、福建、台湾、广东、广西、贵州、四川及云南等省区;生于荒坡、草地、溪边及路旁等湿润地上,海拔高可达 3000 m。果穗(药材名:夏枯草)能清肝泻火、明目、散结消肿。地笋 *Lycopus lucidus* Turcz. var. *lucidus* 分布于黑龙江、吉林、辽宁、河北、陕西、四川、贵州、云南;生于海拔 320～2100 m 的沼泽地、水边、沟边等潮湿处;全草(药材名:泽兰)能活血调经、祛瘀消痈、利水消肿。碎米桠 *Rabdosia rubescens* (Hemsl.) Hara 分布于湖北、四川、贵州、广西、陕西、甘肃、山西、河南、河北、浙江、安徽、江西及湖南;生于海拔 100～2800 m 的山坡、灌木丛、林地、砾石地及路边等向阳处。地上部分(药材名:冬凌草)能清热解毒、活血止痛。紫背金盘(白毛夏枯草) *Ajuga nipponensis* Makino(图 16-180)分布于我国东部、南部及西南各省区,西北至秦岭南坡,河北有记录,但未见标本;生于海拔 100～2300 m 的田边、矮草地湿润处、林内及向阳坡地,适应性很强。全草入药,煎水内服治肺脓疡、肺炎、扁桃腺炎、咽喉炎、气管炎、腮腺炎、急性胆囊炎、肝炎、痔疮肿痛、鼻衄、牙痛、目赤肿痛等症,有镇痛散血之功效。外用治金疮、刀伤、外伤出血、跌打扭伤、骨折、痈肿疮疖、狂犬咬伤等症。活血丹 *Glechoma longituba* (Nakai) Kupr.(图 16-181)在全国各地普遍分布;生于林缘、疏林下、草地、路旁、溪边阴湿处。全草(药材名:连钱草)能利湿通淋、清热解毒、散瘀消肿。

图 16-180　紫背金盘

图 16-181　活血丹

53. 茄科(Solanaceae)

☿ * $K_5 C_{(5)} A_5 \underline{G}_{(2:2:\infty)}$

[形态特征] 一年生至多年生草本、半灌木、灌木或小乔木；直立、匍匐、扶升或攀缘；有时具皮刺,稀具棘刺。单叶全缘、不分裂或分裂,有时为羽状复叶,互生或在开花枝段上大小不等的二叶双生；无托叶。花单生、簇生,或为蝎尾式、伞房式、伞状式、总状式、圆锥式聚伞花序,稀为总状花序；顶生、枝腋生或叶腋生,或者腋外生；两性,稀为杂性,辐射对称或稍微两侧对称,通常5基数,稀为4基数。花萼通常具5齿,五中裂或五深裂,稀具2、3、4齿至10齿或裂片,极稀截形而无裂片,裂片在花蕾中镊合状、外向镊合状、内向镊合状或覆瓦状排列或者不闭合,花后几乎不增大或极度增大,果时宿存,稀自近基部周裂而仅基部宿存；花冠具短筒或长筒,辐状、漏斗状、高脚碟状、钟状或坛状,檐部5(稀为4~7或10)浅裂、中裂或深裂,裂片大小相等或不相等,在花蕾中呈覆瓦状、镊合状、内向镊合状排列或折合而旋转；雄蕊与花冠裂片同数而互生,伸出或不伸出于花冠,同形或异形(即花丝不等长或花药大小或形状相异),有时其中1枚较短而不育或退化,插生于花冠筒上,花丝丝状或在基部扩展,花药基底着生或背面着生、直立或向内弓曲,有时靠合或合生成管状而围绕花柱,花药2室,纵缝开裂或顶孔开裂；子房通常由2枚心皮合生而成,2室,有时1室或有不完全的假隔膜而在下部分隔成4室,稀为3~5(6)室,2枚心皮不位于正中线上而偏斜,花柱细瘦,具头状或二浅裂的柱头；中轴胎座；胚珠多数,稀为少数至1枚,倒生、弯生或横生。果实为多汁浆果或干浆果,或者为蒴果。种子圆盘形或肾脏形；胚乳丰富、肉质；胚弯曲成钩状、环状或螺旋状卷曲,位于周边而埋藏于胚乳中,或直而位于中轴位上。

[分布] 约30属,3000种以上,分布于热带和温带地区。我国有24属,105种,各省均有分布。已知药用的有25属,84种。

[显微特征] 茎具双韧维管束及内涵韧皮部。

[染色体] $X = 7 \sim 12, 17, 18, 20 \sim 24$。

[化学成分] ①莨菪烷型生物碱,如莨菪碱(hyoscyamine)、山莨菪碱(anisodamine)、东

莨菪碱（scopolamine）、颠茄碱（belladonine）等。②吡啶型生物碱，如烟碱（nicotine）、葫芦巴碱（trigonelline）、石榴碱（pelletierine）。③甾体生物碱，如龙葵碱（solanine）、蜀羊泉碱（soladulcine）、蜀羊泉次碱（soladulcidine）、澳茄碱（solasonine）、辣椒胺（solanocapsine）等。还有多种黄酮类化合物。

[药用植物代表]

洋金花 *Datura metel* L. 一年生直立草本而呈半灌木状，高 0.5～1.5 m，全体近无毛；茎基部稍木质化。叶卵形或广卵形，顶端渐尖，基部不对称圆形、截形或楔形，边缘有不规则的短齿或浅裂，或者全缘而波状，侧脉每边 4～6 条；花单生于枝杈间或叶腋。花萼筒状，裂片狭三角形或披针形，果时宿存部分增大呈浅盘状；花冠长漏斗状，檐部直径 6～10 cm，筒中部之下较细，向上扩大呈喇叭状，裂片顶端有小尖头，白色、黄色或浅紫色，单瓣，在栽培类型中有 2 枚重瓣或 3 枚重瓣；雄蕊 5 枚，在重瓣类型中常变态成 15 枚左右；子房疏生短刺毛，花柱长 11～16 cm。蒴果近球状或扁球状，疏生粗短刺，不规则 4 瓣裂。种子淡褐色（图 16-182）。花果期 3—12 月份。分布于热带及亚热带地区，温带地区普遍栽培；我国台湾、福建、广东、广西、云南、贵州等省区常为野生，江苏、浙江栽培较多，江南其他省和北方许多城市有栽培；常生于向阳的山坡草地或住宅旁。花（药材名：洋金花）有毒，能平喘止咳、解痉定痛。

图 16-182 洋金花

宁夏枸杞 *Lycium barbarum* L. 灌木，或栽培因人工整枝而成大灌木，高 0.8～2 m，栽培者茎粗，直径达 10～20 cm；分枝细密，野生时多开展而略斜升或弓曲，栽培时小枝弓曲而树冠多呈圆形，有纵棱纹，灰白色或灰黄色，无毛而微有光泽，有不生叶的短棘刺和生叶、花的长棘刺。叶互生或簇生，披针形或长椭圆状披针形，顶端短渐尖或急尖，基部楔形。花在长枝上 1～2 朵生于叶腋，在短枝上 2～6 朵同叶簇生；花梗向顶端渐增粗。花萼钟状，通常二中裂，裂片有小尖头或顶端又 2～3 齿裂；花冠漏斗状，紫堇色，筒部自下部向上渐扩大，明显长于檐部裂片，裂片卵形，顶端圆钝，基部有耳，边缘无缘毛，花开放时平展；雄蕊的花丝基部稍上处及花冠筒内壁生一圈密绒毛；花柱像雄蕊一样由于花冠裂片平展而稍伸出花冠。浆果红色或在栽培类型中也有橙色，果皮肉质，多汁液，形状及大小由于经长期人工培育或植株年龄、生境的不同而多变，广椭圆状、矩圆状、卵状或近球状，顶端有短尖头或平截，有时稍凹陷。种子常 20 余粒，略呈肾脏形，扁压，棕黄色（图 16-183）。花果期较长，一般从 5 月份到 10 月份边开花边结果。主产于宁夏地区，甘肃、青海、新疆、河北也产，多为栽培。果实能滋补肝肾、益精明目。根皮(药材名:地骨皮)能凉血除蒸、清肺降火。

酸浆 *Physalis alkekengi* L. 多年生草本,基部常匍匐生根。茎高40～80 cm,基部略带木质,分枝稀疏或不分枝,茎节不甚膨大,常被有柔毛,尤其以幼嫩部分较密。叶长卵形至阔卵形,有时菱状卵形,顶端渐尖,基部呈不对称狭楔形,下延至叶柄,全缘而波状或者有粗牙齿,有时每边具少数不等大的三角形大牙齿,两面被有柔毛,沿叶脉较密,上面的毛常不脱落,沿叶脉亦有短硬毛;花梗开花时直立,后来向下弯曲,密生柔毛而结果时也不脱落;花萼阔钟状,密生柔毛,萼齿三角形,边缘有硬毛;花冠辐状,白色,裂片开展,阔而短,顶端骤然狭窄

图16-183　宁夏枸杞

图16-184　酸浆

成三角形尖头,外面有短柔毛,边缘有缘毛;雄蕊及花柱均较花冠短。果梗多少被宿存柔毛;果萼卵状,薄革质,网脉显著,有10条纵肋,橙色或火红色,被宿存的柔毛,顶端闭合,基部凹陷;浆果球状,橙红色,直径10～15 mm,柔软多汁。种子肾脏形,淡黄色(图16-184)。花期5—9月份,果期6—10月份。分布于甘肃、陕西、河南、湖北、四川、贵州和云南;常生长于空旷地或山坡。果可食和药用,能清热、解毒、消肿。

龙葵 *Solanum nigrum* L. 一年生直立草本,高0.25～1 m,茎无棱或棱不明显,绿色或紫色,近无毛或被微柔毛。叶卵形,先端短尖,基部楔形至阔楔形而下延至叶柄,全缘或每边具不规则的波状粗齿,光滑或两面均被稀疏短柔毛,叶脉每边5～6条。蝎尾状花序腋外生,由3～6(10)朵花组成,花梗近无毛或具短柔毛;萼小,浅杯状,齿卵圆形,先端圆,基部两齿间连接处成角度;花冠白色,筒部隐于萼内,冠檐五深裂,裂片卵圆形;花丝短,花药黄色,约为花丝长度的4倍,顶孔向内;子房卵形,花柱中部以下被白色绒毛,柱头小,头状。浆果球形,成熟时呈黑色。种子多数,近卵形,两侧压扁(图16-185)。广泛分布;喜生于田边、荒地及村庄附近。全株入药,有小毒,能散瘀消肿、清热解毒。

颠茄 *Atropa belladonna* L. 多年生草本,或因栽培为一年生,高0.5～2 m。根粗壮,圆柱形。茎下部单一,带紫色,上部叉状分枝,嫩枝绿色,多腺毛,老时逐渐脱落。

图16-185　龙葵

叶互生或在枝上部大小不等二叶双生,叶柄长达 4 mm,幼时生腺毛;叶片卵形、卵状椭圆形或椭圆形,顶端渐尖或急尖,基部楔形并下延到叶柄,上面暗绿色或绿色,下面淡绿色,两面沿叶脉有柔毛。花俯垂,花梗密生白色腺毛;花萼长约为花冠之半,裂片三角形,顶端渐尖,生腺毛,花后稍增大,结果时呈星芒状向外开展;花冠筒状钟形,下部黄绿色,上部淡紫色,

图 16-186　颠茄

筒中部稍膨大,五浅裂,裂片顶端钝,花开放时向外反折,外面纵脉隆起,被腺毛,内面筒基部有毛;花丝下端生柔毛,上端向下弓曲,花药椭圆形,黄色;花盘绕生于子房基部;柱头带绿色。浆果球状,成熟后紫黑色,光滑,汁液紫色。种子扁肾脏形,褐色(图 16-186)。花果期 6—9 月份。原产于欧洲中部、西部和南部。我国南北药物种植场有引种栽培。根和叶含有莨菪碱(hyoscyamine)、阿托品(atropine)、东莨菪碱(scopolamine)、颠茄碱(belladonin)等。叶可作为镇痉及镇痛药;根可治盗汗,并有散瞳作用。

54. 玄参科(Scrophulariaceae)

$$⚥ ↑ K_{(4\sim5)} C_{(4\sim5)} A_4 \underline{G}_{(2:2:\infty)}$$

[形态特征]　草本、灌木或少有乔木。叶互生,下部对生而上部互生,或全对生,或轮生,无托叶。花序总状、穗状或聚伞状,常合成圆锥花序,向心或更多离心。<u>花常不整齐;萼下位,常宿存</u>,5 基数,少有 4 基数;<u>花冠 4~5 裂,裂片多少不等或呈二唇形;雄蕊常 4 枚,而有 1 枚退化</u>,少有 2~5 枚或更多,花药 1~2 室,药室分离或多少汇合;<u>花盘常存在,环状、杯状或小而似腺</u>;子房 2 室,极少仅有 1 室;花柱简单,柱头头状或二裂或二片状;胚珠多数,少有各室 2 枚,倒生或横生。果为<u>蒴果</u>,少有浆果,着生于一游离的中轴上或着生于果片边缘的胎座上;<u>种子细小</u>,有时具翅或有网状种皮,脐点侧生或在腹面,胚乳肉质或缺少;胚伸直或弯曲。

[分布]　约 200 属,3000 种,广布于全球。我国有约 56 属,634 种,全国均产之,西南部尤盛,很多供观赏用,有些入药。已知药用的有 231 种。

[显微特征]　具双韧维管束。

[染色体]　$X = 6\sim16,17,18,20\sim26,30$。

[化学成分]　①环烯醚萜苷,如桃叶珊瑚苷(aucubin)、玄参苷(hapagoside)、胡黄连苷(hurroside)。②强心苷,如洋地黄毒苷(digitoxin)、地高辛(digoxin)、毛花苷(lanatoside C)等。③黄酮类,如柳穿鱼苷(pectolinarin)、蒙花苷(linarin)、玄参素(scrophularin)、草木樨素等。④生物碱,如槐定碱(sophoridine)、骆驼蓬碱(peganine)等。其他还含有酚类、皂苷等。

[药用植物代表]

地黄 *Rehmanrua glutinosa* (Gaetn.) Libosch. ex Fisch. et Mey.　体高 10~30 cm,密被

灰白色多细胞长柔毛和腺毛。根茎肉质,鲜时黄色,茎紫红色。叶通常在茎基部集生,呈莲座状,向上则强烈缩小成苞片,或逐渐缩小而在茎上互生;叶片卵形至长椭圆形,上面绿色,下面略带紫色或呈紫红色,边缘具不规则圆齿或钝锯齿以至牙齿;基部渐狭成柄,叶脉在上面凹陷,下面隆起。花梗细弱,弯曲而后上升,在茎顶部略排列成总状花序,或几全部单生于叶腋而分散在茎上;萼密被多细胞长柔毛和白色长毛,具10条隆起的脉;萼齿5枚,矩圆状披针形或卵状披针形,抑或多少三角形,稀为前方2枚各又开裂而使萼齿总数达7枚之多;花冠筒多少弓曲,外面紫红色,被多细胞长柔毛;花冠裂片5枚,先端钝或微凹,内面黄紫色,外面紫红色,两面均被多细胞长柔毛;雄蕊4枚;药室矩圆形,基部叉开而使两药室常排成一直线,子房幼时2室,老时因隔膜撕裂而成1室,无毛;花柱顶部扩大成2枚片状柱头。蒴果卵形至长卵形(图16-187)。花果期4—7月份。分布于辽宁、河北、河南、山东、山西、陕西、甘肃、内蒙古、江苏、湖北等省区;生于海拔50~1100 m的砂质壤土、荒山坡、山脚、墙边、路旁等处。新鲜块根(药材名:鲜地黄)能清热生津、凉血止血。干燥块根(药材名:生地黄)能清热凉血、养阴生津。将生地黄照蒸法或酒炖法蒸或炖至内外全黑润,取出晒至八成干时,切厚片或块,干燥即得熟地黄。熟地黄能滋阴补血、益精填髓。

图16-187　地黄

玄参 *Scrophularia ningpoensis* Hemsl. 高大草本,高可达1 m余。支根数条,纺锤形或胡萝卜状膨大,粗可达3 cm以上。茎四棱形,有浅槽,无翅或有极狭的翅,无毛或多少有白色卷毛,常分枝。叶在茎下部多对生而具柄,上部有时互生而柄极短,叶片多变化,多为卵形,有时上部为卵状披针形至披针形,基部楔形、圆形或近心形,边缘具细锯齿,稀为不规则的细重锯齿。花序为疏散的大圆锥花序,由顶生和腋生的聚伞圆锥花序合成,长可达50 cm,但在较小的植株中,仅有顶生聚伞圆锥花序,长不及10 cm,聚伞花序常2~4回复出,花梗有腺毛;花褐紫色,花萼裂片圆形,边缘稍膜质;花冠筒多少球形,上唇长于下唇,裂片圆形,相邻边缘相互重叠,下唇裂片多少卵形,中裂片稍短;雄蕊稍短于下唇,花丝肥厚,退化雄蕊大而近于圆形;花柱稍长于子房。蒴果卵圆形,连同短喙长8~9 mm(图16-188)。花期6—10月份,果期9—11月份。为我国特产,是一分布较广、变异较大的种类,分布于河北(南部)、河南、山西、陕西(南部)、湖北、安徽、江苏、浙江、福建、江西、湖南、广东、贵州、四川;生于海拔1700 m以下的竹林、溪旁、丛林及高草丛中。根(药材名:玄参)能清热凉血、滋阴降火、解毒散结。

图16-188　玄参

本科常用其他药用植物：胡黄连 *Picrorhiza scrophulariiflora* Pennell 产于西藏南部（聂拉木以东地区）、云南西北部、四川西部；生于海拔 3600～4400 m 的高山草地及石堆中；根状茎（药材名：胡黄连）能清湿热、除骨蒸、消疳热。阴行草 *Siphonostegia chinensis* Benth. 分布甚广；生于干山坡、草地上；全草（药材名：北刘寄奴）能活血祛瘀、通经止痛、凉血止血、清热利湿。毛地黄 *Digitalis purpurea* L. 叶（药材名：洋地黄）含洋地黄毒苷，有兴奋心肌、增强心肌收缩力、使收缩期的血液输出量明显增加、改善血液循环的作用。原产于欧洲。

55. 紫葳科（Bignoniaceae）

☿ ↑ $K_{(5)} C_{(5)} A_{2-4} \underline{G}_{(2:2:\infty)}$

[形态特征] 乔木、灌木或木质藤本，稀为草本；常具有各式卷须及气生根。叶对生、互生或轮生，单叶或羽状复叶，稀为掌状复叶；顶生小叶或叶轴有时呈卷须状，卷须顶端有时变为钩状或为吸盘而攀缘他物；无托叶或具叶状假托叶；叶柄基部或脉腋处常有腺体。花两性，左右对称，通常大而美丽，组成顶生、腋生的聚伞花序、圆锥花序或总状花序或总状式簇生，稀为老茎生花（Mayodendron）；苞片及小苞片存在或早落。花萼钟状、筒状、平截，或具 2～5 齿，或具钻状腺齿。花冠合瓣，钟状或漏斗状，常二唇形，五裂，裂片覆瓦状或镊合状排列。能育雄蕊通常 4 枚，具 1 枚后方退化雄蕊，有时能育雄蕊 2 枚，具或不具 3 枚退化雄蕊，稀为 5 枚雄蕊均能育，着生于花冠筒上。花盘存在，环状，肉质。子房上位，2 室，稀为 1 室，或因隔膜发达而成 4 室；中轴胎座或侧膜胎座；胚珠多数，叠生；花柱丝状，柱头二唇形。蒴果，室间或室背开裂，形状各异，光滑或具刺，通常下垂，稀为肉质不开裂；隔膜各式，圆柱状、板状增厚，稀为"十"字形（横切面），与果瓣平行或垂直。种子通常具翅或两端有束毛，薄膜质，极多数，无胚乳。

[分布] 约 120 属，650 种，分布于热带和亚热带地区。我国有 12 属，约 35 种，南北均产，但大部分种类集中于南方各省区；引进栽培的有 16 属，19 种。已知药用的有 11 属，25 种。

[显微特征] 茎髓部附近有异型维管束，形成内涵韧皮部和木质部。

[染色体] $X=20$。

[化学成分] 本科植物含有环烯醚萜苷、黄酮甾醇、萘醌等成分。①黄酮类成分，如木蝴蝶中含有木蝴蝶苷（oroxin）、黄芩素（baicalein）及土特苷（tetuin）。②萘醌类，如梓树中含 α-拉帕酮（α-lapachone）。

[药用植物代表]

紫葳 *Campsis grandiflora* (Thunb.) Schum. 攀缘藤本；茎木质，表皮脱落，枯褐色，以气生根攀附于他物之上。叶对生，为奇数羽状复叶；小叶 7～9 枚，卵形至卵状披针形，顶端尾状渐尖，基部阔楔形，两侧不等大，侧脉 6～7 对，两面无毛，边缘有粗锯齿；顶生疏散的短圆锥花序。花萼钟状，分裂至中部，裂片披针形。花冠内面鲜红色，外面橙黄色，裂片半圆形。雄蕊着生于花冠筒近基部，花丝线形，细长，花药黄色，"个"字形着生。花柱线形，柱头扁平，二裂。蒴果顶端钝。花期 5—8 月份。全国大部分省区均有分布或栽培。花（药材名：凌霄花）能活血通经、凉血祛风。

同属植物美洲凌霄 C. radicans（L.）Seem. 与凌霄的区别是：小叶 9~11 枚，花冠管长漏斗状（图 16-189）。原产于美洲，我国华东、华中、西南等地有栽培，花亦作为凌霄花入药。

木蝴蝶 Oroxylum indicum（L.）Kurz. 直立小乔木，高 6~10 m，胸径 15~20 cm，树皮灰褐色。大型奇数 2~3(4) 回羽状复叶，着生于茎干近顶端，长 60~130 cm；小叶三角状卵形，顶端短渐尖，基部近圆形或心形，偏斜，两面无毛，全缘，叶片干后呈蓝色，侧脉 5~6 对网脉在叶下面明显。总状聚伞花序顶生，粗壮；花大、紫红色。花萼钟状，紫

图 16-189　美洲凌霄

色，膜质，果期近木质，光滑，顶端平截，具小苞片。花冠肉质；檐部下唇三裂，上唇二裂，裂片微反折，花冠在傍晚开放，有恶臭气味。雄蕊插生于花冠筒中部，花丝微伸出花冠外，花丝基部被绵毛，花药椭圆形，略叉开。花盘大，肉质，五浅裂。花柱长 5~7 cm，柱头 2 片开裂。蒴果木质，常悬垂于树梢，长 40~120 cm，宽 5~9 cm，厚约 1 cm，2 瓣开裂，果瓣具有中肋，边缘肋状凸起。种子多数，圆形，连翅长 6~7 cm，宽 3.5~4 cm，周翅薄如纸，故有千张纸之称。种子（药材名：木蝴蝶）能清肺利咽、舒肝和胃。

图 16-190　梓

本科其他药用植物：梓 Catalpa ovata G. Don（图 16-190）分布于我国长江流域及以北地区，生于路边、屋旁。果实（药材名：梓实）入药，有显著利尿作用，可作为利尿剂，治疗肾脏病、肾气膀胱炎、肝硬化腹水。根皮（药材名：梓白皮）亦可入药，消肿毒，外用煎洗可治疗疥疮。菜豆树 Radermachera sinica（Hance）Hemsl. 分布于我国台湾、广东、广西、贵州、云南（富宁、河口、金平、盐丰）；生于海拔 340~750 m 的山谷或平地疏林中。根、叶、果入药，可凉血消肿，治疗高热、跌打损伤、毒蛇咬伤。

56. 爵床科（Acanthaceae）

☿ ↑ $K_{(5)} C_{(5)} A_{2,4} \underline{G}_{(2:2:2\sim\infty)}$

[**形态特征**] 草本、灌木或藤本，稀为小乔木。叶对生，稀为互生，无托叶，极少数羽裂。花两性，左右对称，无梗或有梗，通常组成总状花序，穗状花序，聚伞花序，伸长或头状，有时单生或簇生而不组成花序；苞片通常大，有时有鲜艳色彩（头状花序的属常具总苞片，无小苞片），或小；小苞片 2 枚或有时退化；花萼通常 5 裂（包括 3 深裂，其中 2 裂至基部，另一裂再 3 浅裂；和 2 深裂，各裂片再 2 或 3 裂）或 4 裂，稀为多裂或环状而平截，裂片镊合状或覆瓦状排列；花冠合瓣，具长或短的冠管，直或不同程度扭弯（resupinatus），冠管逐渐扩大成为

喉部,或在不同高度骤然扩大,有高脚碟形、漏斗形,不同长度的多种钟形,冠檐通常五裂,整齐或二唇形,上唇二裂,有时全缘,稀退化成单唇,下唇三裂,稀为全缘,冠檐裂片旋转状排列,双盖覆瓦状排列或覆瓦状排列;发育雄蕊4枚或2枚(稀为5枚),通常为二强,后对雄蕊等长或不等长,前对雄蕊较短或消失,着生于冠管或喉部,花丝分离或基部成对联合,或联合成一体的开口雄蕊管,花药背着,稀为基着,2室或退化为1室。若为2室,药室邻接或远离,等大或一大一小,平行排列或叠生,一上一下,有时基部有附属物(芒或距),纵向开裂;药隔多样(具短尖头、蝶形),花粉粒具多种类型,大小均有,有长圆球形、圆球形,萌发孔有螺旋孔、三孔、二孔、三孔沟、二孔沟、隐孔、具假沟等,外壁纹饰有光滑、刺状、不同程度和方式的网状、不同形式和不同结构的肋条状;具不育雄蕊1~3枚或无,子房上位,其下常有花盘,2室,中轴胎座,每室有2枚至多枚倒生、成2行排列的胚珠,花柱单一,柱头通常二裂。蒴果室背开裂为2枚果片,或中轴连同果片基部一同弹起;每室有1~2枚至多枚胚珠,通常借助珠柄钩[(retinaculum)由珠柄生成的钩状物]将种子弹出,仅少数属植物不具珠柄钩(如山牵牛属 Thunbergia、叉柱花属 Staurogyne、蛇根叶属 Ophiorrhiziphyllon、瘤子草属 Nelsonia)。种子扁或透镜形,光滑无毛或被毛。

[分布] 约250属,3450种,广布于热带及亚热带地区。我国引入栽培的有61属,170余种,多产于长江流域以南各省区;已知药用的有32属,70余种。

[显微特征] 茎叶表皮细胞内常含有钟乳体。

[染色体] 基数有较宽的范围,$X = 7,8,9,10,13~22,25,26,28,30,31,34,40$ 和 66。基数为(5),6,7,8,9,10 和 11。

[化学成分] 主要是酚性化合物和黄酮,如芹菜素(apigenin)、木樨草素(luteolin)及苷类;二萜内酯化合物,如穿心莲内酯(andrographolide)、去氧穿心莲内酯(deoxyandrographolide)、新穿心莲内酯(neoandrographolide)。

[药用植物代表]

图 16-191 爵床

爵床 *Rostellularia procumbens* (L.) Nees 草本,茎基部匍匐,通常有短硬毛,高20~50 cm。叶椭圆形至椭圆状长圆形,先端锐尖或钝,基部宽楔形或近圆形,两面常被短硬毛;叶柄短,被短硬毛。穗状花序顶生或生于上部叶腋;苞片1枚,小苞片2枚,均呈披针形,有缘毛;花萼裂片4枚,线形,约与苞片等长,有膜质边缘和缘毛;花冠粉红色,二唇形,下唇三浅裂;雄蕊2枚,药室不等高,下方1室有距,蒴果,上部具4粒种子,下部实心似柄状。种子表面有瘤状皱纹(图16-191)。产于秦岭以南,东至江苏、台湾,南至广东,海拔1500 m以下;西南至云南、西藏(吉隆),海拔2200~2400 m。生于山坡林间草丛中,为常见野草。全草入药,可治腰背痛、创伤等。

穿心莲 *Andrographis paniculata* (Burm. f.) Nees 一年生草本。茎高 50~80 cm,4 棱,下部多分枝,节膨大。叶卵状矩圆形至矩圆状披针形,顶端略钝。花序轴上叶较小,总状花序顶生和腋生,集成大型圆锥花序;苞片和小苞片微小;花萼裂片三角状披针形,有腺毛和微毛;花冠白色而小,下唇带紫色斑纹,外有腺毛和短柔毛,二唇形,上唇微二裂,下唇三深裂,花冠筒与唇瓣等长;雄蕊 2 枚,花药 2 室,一室基部和花丝一侧有柔毛。蒴果扁,中有一沟,疏生腺毛;种子 12 粒,四方形,有皱纹(图 16-192)。我国福建、广东、海南、广西、云南常见栽培,江苏、陕西亦有引种;原产地可能在南亚。全草(药材名:穿心莲)能清热解毒、凉血、消肿。

图 16-192 穿心莲

板蓝 *Baphicacanthus cusia* (Nees) Bremek. 草本,多年生一次性结实,茎直立或基部外倾。稍木质化,高约 1 m,通常成对分枝,幼嫩部分和花序均被锈色、鳞片状毛,叶柔软,纸质,椭圆形或卵形,顶端短渐尖,基部楔形,边缘有稍粗的锯齿,两面无毛,干时黑色;侧脉每边约 8 条,两面均凸起;穗状花序直立,长 10~30 cm;苞片对生。蒴果无毛;种子卵形。花期 11 月份。分布于我国广东、海南、香港、台湾、广西、云南、贵州、四川、福建、浙江等省区;常生于潮湿的地方。有的地区将其叶作为中药大青叶使用,根(药材名:南板蓝根)能清热解毒、凉血消斑;叶可加工制成青黛,为中药青黛的原料来源之一,能清热解毒、凉血消斑。

本科其他药用植物:水蓑衣 *Hygrophila salicifolia* (Vahl.) Nees 分布于广东、广西、海南、台湾、香港、福建、江西、浙江、安徽、湖南、湖北、四川、云南等省区;生于溪沟边或洼地等潮湿处。全草入药,有健胃消食、清热消肿等功效。白接骨 *Asystasiella neesiana* (Wall.) Lindau 分布于我国河南伏牛山以南,东至江苏,南至广东,西南至云南等省区,生于林下或溪边。叶和根状茎入药,可止血。狗肝菜 *Dicliptera chinensis* (L.) Juss 分布于我国广东、广西、福建、台湾等省区;生于疏林下、溪边、路边。全草能清热解毒、生津利尿。孩儿草 *Rungia pectinata* (L.) Nees 分布于我国台湾、广东、广西、云南等省区;生于草地、路旁水湿处。全草有去积、除滞、清火之功效。

57. 车前科(Plantaginaceae)

⚥ * $K_{(4)} C_{(4)} A_4 \underline{G}_{(2:1~4:1~\infty)}$

[形态特征] 一年生、二年生或多年生草本,稀为小灌木,陆生、沼生,稀为水生。根为直根系或须根系。茎通常变态成紧缩的根茎,<u>根茎通常直立</u>,稀为斜升,少数具直立和节间明显的地上茎。<u>叶螺旋状互生</u>,通常排成莲座状,或于地上茎上互生、对生或轮生;<u>单叶,全缘或具齿</u>,稀为羽状或掌状分裂,弧形脉 3~11 条,少数仅有 1 条中脉;叶柄基部常扩大成<u>鞘状</u>;<u>无托叶</u>。穗状花序狭圆柱状、圆柱状至头状,偶尔简化为单花,稀为总状花序;花序梗通常细长,出自叶腋;每花具 1 枚苞片。<u>花小,两性</u>,稀为杂性或单性,雌雄同株或异株,风媒花,少数为虫媒花,或闭花受粉。花萼四裂,前对萼片与后对萼片常不相等,裂片分生或

后对合生,宿存。花冠干膜质,白色、淡黄色或淡褐色,高脚碟状或筒状,筒部合生,檐部三至四裂,辐射对称,裂片覆瓦状排列,开展或直立,多数于花后反折,宿存。雄蕊4枚,稀为1枚或2枚,相等或近相等,无毛;花丝贴生于冠筒内面,与裂片互生,丝状,外伸或内藏;花药背着,丁字药,先端骤缩成一个三角形至钻形的小凸起,2室平行,纵裂,顶端不汇合,基部多少心形;花粉粒球形,表面具网状纹饰,萌发孔4~15个。花盘不存在。雌蕊由背腹向2枚心皮合生而成;子房上位,2室,中轴胎座,稀为1室基底胎座;胚珠1~40余枚,横生至倒生;花柱1条,丝状,被毛。果实通常为周裂的蒴果,果皮膜质,无毛,内含1~40余粒种子,稀为含1粒种子的骨质坚果。种子盾状着生,卵形、椭圆形、长圆形或纺锤形,腹面隆起、平坦或内凹呈船形,无毛;胚直伸,稀为弯曲,肉质胚乳位于中央。

[分布] 3属,约200种,广布于全世界。我国有1属,20种,分布于南北各地;多可药用。

[显微特征] 花粉粒球形或近球形,多具疣状雕纹。

[染色体] $X=12$。

[化学成分] 含车前子胶、车前苷、苯乙酰咖啡、三萜类、环烯醚萜类成分。

[药用植物代表]

车前 *Plantago asiatica* L. 二年生或多年生草本。须根多数。根茎短,稍粗。叶基生呈莲座状,平卧、斜展或直立;叶片薄纸质或纸质,宽卵形至宽椭圆形,先端钝圆至急尖,边缘波状、全缘或中部以下有锯齿、牙齿或裂齿,基部宽楔形或近圆形,多下延,两面疏生短柔毛;脉5~7条;叶柄基部扩大成鞘,疏生短柔毛。花序3~10个,直立或弓曲上升;花序梗有纵条纹,疏生白色短柔毛;穗状花序细圆柱状,紧密或稀疏,下部常间断;花冠白色,无毛,冠筒与萼片约等长,裂片狭三角形,先端渐尖或急尖,具明显的中脉,于花后反折。雄蕊着生于冠筒内面近基部,与花柱明显外伸,花药卵状椭圆形,顶端具宽三角形凸起,白色,干后变为淡褐色。胚珠7~15(18)枚。蒴果纺锤状卵形、卵球形或圆锥状卵形,于基部上方周裂。种子5~6(~12)枚,卵状椭圆形或椭圆形,具角,黑褐色至黑色,背腹面微隆起;子叶背腹向排列(图16-193)。花期4—8月份,果期6—9月份。广泛分布;生于海拔3~3200 m的草地、沟边、河岸湿地、田边、路旁或村边空旷处。全草(药材名:车前草)能清热利尿通淋、祛痰、凉血、解毒。

图16-193 车前

平车前 Plantago depressa Willd. 一年生或二年生草本。直根长,具多数侧根,多少肉质。根茎短。叶基生呈莲座状,平卧、斜展或直立;叶片纸质,椭圆形、椭圆状披针形或卵状披针形,先端急尖或微钝,边缘具浅波状钝齿、不规则锯齿或牙齿,基部宽楔形至狭楔形,下延至叶柄,脉5~7条,上面略凹陷,于背面明显隆起,两面疏生白色短柔毛;叶柄基部扩大成鞘状。花序3~10个;花序梗有纵条纹,疏生白色短柔毛;穗状花序细圆柱状,上部密集,基部常间断;花冠白色,无毛,冠筒等长或略长于萼片,裂片极小,椭圆形或卵形,于花后反折。雄蕊着生于冠筒内面近顶端,同花柱明显外伸,花药卵状椭圆形或宽椭圆形,先端具宽三角状小凸起,新鲜时白色或绿白色,干后变淡褐色。胚珠5枚。蒴果卵状椭圆形至圆锥状卵形,于基部上方周裂。种子4~5枚,椭圆形,腹面平坦,黄褐色至黑色;子叶背腹向排列(图16-194)。花期5—7月份,果期7—9月份。广泛分布。全草作为车前草入药。

图16-194 平车前

58. 茜草科(Rubiaceae)

$$♂ * K_{(4~5)} C_{(4~5)} A_{4~5} \overline{G}_{(2:2:1~∞)}$$

[形态特征] 乔木、灌木或草本,有时为藤本,少数为具肥大块茎的适蚁植物;植物体中常累积铝;节为单叶隙,较少为三叶隙。叶对生或有时轮生,有时具不等叶性,通常全缘,极少有齿缺;托叶通常生叶柄间,较少生叶柄内,分离或程度不等地合生,宿存或脱落,极少退化至仅存一条连接对生叶叶柄间的横线纹,里面常有黏液毛(colleter)。花序各式,均由聚伞花序复合而成,很少单花或少花的聚伞花序;花两性、单性或杂性,通常花柱异长,主要是昆虫传粉。萼通常四至五裂,很少更多裂,极少二裂,裂片通常小或几乎消失,有时其中1个或几个裂片明显增大成叶状,其色白或艳丽;花冠合瓣,管状、漏斗状、高脚碟状或辐状,通常四至五裂,很少三裂或八至十裂,裂片镊合状、覆瓦状或旋转状排列,整齐,很少不整齐,偶有二唇形;雄蕊与花冠裂片同数而互生,偶有2枚,着生在花冠管的内壁上,花药2室,纵裂或少有顶孔开裂;雌蕊通常由2枚心皮、极少3枚或更多心皮组成,合生,子房下位,子房室数与心皮数相同,有时隔膜消失而为1室,或由于假隔膜的形成而为多室,通常为中轴胎座或有时为侧膜胎座,花柱顶生,具头状或分裂的柱头,很少花柱分离(Galium等);胚珠每子房1室至多数,倒生、横生或曲生。浆果、蒴果或核果,或干燥而不开裂,或为分果,有时为双果片(Galium);种子裸露或嵌于果肉或肉质胎座中,种皮膜质或革质,较少脆壳质,极少骨质,表面平滑、蜂巢状或有小瘤状凸起,有时有翅或有附属物,胚乳核型,肉质或角质,有时退化为一薄层或无胚乳(Guettarda等),坚实或嚼烂状;胚直或弯,轴位于背面或顶部,有时棒状而内弯,子叶扁平或半柱状,靠近种脐或远离,位于上方或下方。

[分布] 约500属,6000种,主产于热带和亚热带地区,少数分布于温带或北极地带。我国有98属,676种,有些入药或为染料,或供观赏用。本科是合瓣花亚纲中的第二大科。

主要分布于西南至东南部,西北至北部较少;已知药用的有59属,210余种。

[显微特征] 有分泌组织,细胞内含砂晶、簇晶、针晶等,针晶多见。

[染色体] $X = 6～17$。通常为11,其次为9和12。

[化学成分] ①生物碱:喹啉类,如奎宁(quinine);苯并喹啉里西啶类,吐根碱(emetine);吲哚类(最常见),如钩藤碱(rhynchophylline);嘌呤类,如咖啡因(caffeine)。②环醚烯萜类,如栀子苷(geniposide)、羟基茜草素(purpurin)。③甾醇及其苷类,如豆甾醇(stigmasterol)、谷甾醇(sitosterol)。

[药用植物代表]

巴戟天 *Morinda officinalis* How 藤本;肉质根不定位肠状缢缩,根肉略紫红色,干后紫蓝色;嫩枝被长短不一粗毛,后脱落变粗糙,老枝无毛,具棱,棕色或蓝黑色。叶薄或稍厚,纸质,干后棕色,长圆形、卵状长圆形或倒卵状长圆形,顶端急尖或具小短尖,基部纯、圆或楔形,边全缘,有时具稀疏短缘毛,上面初时被稀疏、紧贴长粗毛,后变无毛,中脉线状隆起,多少被刺状硬毛或弯毛,下面无毛或中脉处被疏短粗毛;侧脉每边(4)5～7条,弯拱向上,在边缘或近边缘处相连接,网脉明显或不明显;叶柄下面密被短粗毛;托叶顶部截平,干膜质,易碎落。花序3～7个伞形排列于枝顶;花序梗被短柔毛,基部常具卵形或线形总苞片1枚;头状花序具花4～10朵;花(2～)3(～4)基数,无花梗;花萼倒圆锥状,下部与邻近花萼合生,顶部具波状齿2～3枚,外侧一齿特大,三角状披针形,顶尖或钝,其余齿极小;花冠白色,近钟状,稍肉质,顶部收狭而呈壶状,檐部通常三裂,有时四裂或二裂,裂片卵形或长圆形,顶部向外隆起,向内钩状弯折,外面被疏短毛,内面中部以下至喉部密被髯毛;雄蕊与花冠裂片同数,着生于裂片侧基部,花丝极短,花药背着;花柱外伸,柱头长圆形或花柱内藏,柱头不膨大,二等裂或不等二裂,子房(2～)3(～4)室,每室胚珠1枚,着生于隔膜下部。聚花核果由多花或单花发育而成,成熟时红色,扁球形或近球形;核果具分核(2～)3(～4);分核三棱形,外侧弯拱,被毛状物,内面具种子1枚,果柄极短;种子成熟时为黑色,略呈三棱形,无毛。花期5—7月份,果熟期10—11月份。分布于福建、广东、海南、广西等省区的热带和亚热带地区;生于山地疏、密林下和灌丛中,常攀于灌木或树干上,亦有引为家种。根(药材名:巴戟天)能补肾阳、强筋骨、祛风湿。

栀子 *Gardenia jasminoides* Ellis 灌木,高 $0.3～3$ m;嫩枝常被短毛,枝圆柱形,灰色。叶对生,革质,稀为纸质,少为3枚轮生,叶形多样,通常为长圆状披针形、倒卵状长圆形、倒卵形或椭圆形,顶端渐尖、骤然长渐尖或短尖而钝,基部楔形或短尖,两面常无毛,上面亮绿,下面色较暗;侧脉8～15对,在下面凸起,在上面平;托叶膜质。花芳香,通常单朵生于枝顶;萼管倒圆锥形或卵形,有纵棱,萼檐管形,膨大,顶部五至八裂,通常六裂,裂片披针形或线状披针形,结果时增长,宿存;花冠白色或乳黄色,高脚碟状,喉部有疏柔毛,冠管狭圆筒形,顶部五至八裂,通常六裂,裂片广展,倒卵形或倒卵状长圆形;花丝极短,花药线形,伸出;花柱粗厚,长约 4.5 cm,柱头纺锤形,伸出,子房黄色,平滑。果卵形、近球形、椭圆形或长圆形,黄色或橙红色,有翅状纵棱5～9条,顶部的宿存萼片长达 4 cm,宽达 6 mm;种子多数,扁,近圆形而稍有棱角(图16-195)。花期3—7月份,果期5月份至翌年2月份。产于山东、江苏、安徽、浙江、江西、福建、台湾、湖北、湖南、广东、香港、广西、海南、四川、贵州和云南，河北、陕西和甘肃有栽培；生于海拔 10～1500 m 处的旷野、丘陵、山谷、山坡、溪边灌丛或林中。果实（药材名：栀子，图 16-196）能泻火除烦、清热利湿、凉血解毒；外用可消肿止痛。

图 16-195　栀子

图 16-196　栀子药材

钩藤 *Uncaria rhynchophylla* (Miq) Miq. ex Havil.　藤本；嫩枝较纤细，方柱形或略有 4 棱角，无毛。叶纸质，椭圆形或椭圆状长圆形，两面均无毛，干时褐色或红褐色，下面有时有白粉，顶端短尖或骤尖，基部楔形至截形，有时稍下延；侧脉 4～8 对，脉腋窝陷有黏液毛；叶柄无毛；托叶狭三角形，深二裂达全长的 2/3，外面无毛，里面无毛或基部具黏液毛，裂片线形至三角状披针形。头状花序，单生于叶腋，总花梗具一节，苞片微小，或成单聚伞状排列，总花梗腋生；小苞片线形或线状匙形；花近无梗；花萼管疏被毛，萼裂片近三角形，疏被短柔毛，顶端锐尖；花冠管外面无毛，或具疏散的毛，花冠裂片卵圆形，外面无毛或略被粉状短柔毛，边缘有时有纤毛；花柱伸出冠喉外，柱头棒形；小蒴果长 5～6 mm，被短柔毛，宿存萼裂片近三角形，星状辐射（图 16-197）。花果期 5—12 月份。分布于我国广东、广西、云南、贵州、福建、湖南、湖北及江西；常生于山谷溪边的疏林或灌丛中。带钩茎枝（药材名：钩藤，图 16-198）能息风定惊、清热平肝。

图 16-197　钩藤

图 16-198　钩藤药材

同属植物大叶钩藤 *U. Macrophylla* Wall.、毛钩藤 *U. Hirsuta* Havil.、华钩藤 *U. Sinensis* (Oliv.) Havil. 或无柄果钩藤 *U. Sessilifructus* Roxb. 的带钩茎枝也作为钩藤入药。

图 16-199 茜草

茜草 *Rubia cordifolia* L. 草质攀缘藤本,长通常 1.5~3.5 m;根状茎和其节上的须根均红色;茎多条,从根状茎的节上发出,细长,方柱形,有 4 棱,棱上生倒生皮刺,中部以上多分枝。叶通常 4 片轮生,纸质,披针形或长圆状披针形,顶端渐尖,有时钝尖,基部心形,边缘有齿状皮刺,两面粗糙,脉上有微小皮刺;基出脉 3 条,极少外侧有 1 对很小的基出脉。叶柄长,通常有倒生皮刺。聚伞花序腋生和顶生,多回分枝,有花 10 余朵至数十朵,花序和分枝均细瘦,有微小皮刺;花冠淡黄色,干时淡褐色,花冠裂片近卵形,微伸展,外面无毛。果实呈球形,成熟时橘黄色(图 16-199)。花期 8—9 月份,果期 10—11 月份。分布于东北、华北、西北和四川(北部)及西藏(昌都地区)等地;常生于疏林、林缘、灌丛或草地上。全草能凉血止血、活血祛瘀。

鸡矢藤 *Paederia scandens*(Lour.)Merr. 藤本,茎长 3~5 m,无毛或近无毛。叶对生,纸质或近革质,形状变化很大,卵形、卵状长圆形至披针形,顶端急尖或渐尖,基部楔形或近圆或截平,有时浅心形,两面无毛或近无毛,有时下面脉腋内有束毛;侧脉每边 4~6 条,纤细;托叶无毛。圆锥花序式的聚伞花序腋生和顶生,扩展,分枝对生,末次分枝上着生的花常呈蝎尾状排列;小苞片披针形;花具短梗或无;萼管陀螺形,萼檐裂片 5 枚,裂片三角形;花冠浅紫色,外面被粉末状柔毛,里面被绒毛,顶部五裂,裂片顶端急尖而直,花药背着,花丝长短不齐。果实呈球形,成熟时近黄色,有光泽,平滑,顶冠以宿存的萼檐裂片和花盘;小坚果无翅,浅黑色(图 16-200)。花期 5—7 月份。分布于陕西、甘肃、山东、江苏、安徽、江西、浙江、福建、台湾、河南、湖南、广东、香港、海南、广西、四川、贵州、云南;生于海拔 200~2000 m 的山坡、林中、林缘、沟谷边灌丛中或

图 16-200 鸡矢藤

缠绕在灌木上。全草主治风湿筋骨痛、跌打损伤、外伤性疼痛、肝胆及胃肠绞痛、黄疸型肝炎、肠炎、痢疾、消化不良、小儿疳积、肺结核咯血、支气管炎、放射引起的白细胞减少症、农药中毒;外用可治疗皮炎、湿疹、疮疡肿毒。

白马骨 *Serissa serissoides*(DC.)Druce 小灌木,通常高达 1 m;枝粗壮,灰色,被短毛,后毛脱落变为无毛,嫩枝被微柔毛。叶通常丛生,薄纸质,倒卵形或倒披针形,顶端短尖或近短尖,基部收狭成一短柄,除下面被疏毛外,其余无毛;侧脉每边 2~3 条,上举,在叶片两面均凸起,小脉疏散不明显;托叶具锥形裂片,基部阔,膜质,被疏毛。花无梗,生于小枝顶部,有苞片;苞片膜质,斜方状椭圆形,长渐尖,具疏散小缘毛;花托无毛;萼檐裂片 5 枚,坚

挺延伸呈披针状锥形,极尖锐,具缘毛;花冠管外面无毛,喉部被毛,裂片5枚,长圆状披针形;花药内藏;花柱柔弱,二裂。花期4—6月份(图16-201)。分布于江苏、安徽、浙江、江西、福建、台湾、湖北、广东、香港、广西等省区;生于荒地或草坪。全株能清热解毒、祛风除湿。

本科其他药用植物:白花蛇舌草 Hedyotis diffusa Willd. 分布于我国广东、香港、广西、海南、安徽、云南等省区;多见于水田、田埂和湿润的旷地。全草(药材名:白花蛇舌草)能清热解毒、消痈散结、利水

图16-201　白马骨

消肿。小粒咖啡 Coffea arabica L. 原产于埃塞俄比亚或阿拉伯半岛。果实能兴奋神经、强心、健胃、利尿。虎刺 Damnacanthus indicus (L.) Gaertn. 分布于西藏、云南、贵州、四川、广西、广东、湖南、湖北、江苏、安徽、浙江、江西、福建、台湾等省区;生于山地和丘陵的疏、密林下和石岩灌丛中。根能祛风除湿、活血止痛。金鸡纳树 Cinchona ledgeriana (Howard) Moens ex Trim. 在我国云南南部和台湾有种植;原产于玻利维亚和秘鲁等地。树皮含奎宁等多种生物碱,截疟有良好作用。奎宁还能增强子宫收缩,常用来引产;对于治疗疮疡、皮炎、皮癣都具有较好的疗效。另从茎皮和根皮中提制的生物碱奎尼丁可用于治疗心房颤动、阵发性心动过速和心房扑动等病症。茎皮和根皮的制剂又是苦味健胃剂和强壮药。枝、叶煎水服可退烧。

59. 忍冬科(Caprifoliaceae)

$$☿ * ↑ K_{(4\sim5)} C_{(4\sim5)} A_{4\sim5} \overline{G}_{(2\sim5:1\sim5:1\sim\infty)}$$

[形态特征] 灌木或木质藤本,有时为小乔木或小灌木,落叶或常绿,很少为多年生草本。茎干有皮孔或否,有时纵裂,木质松软,常有发达的髓部。叶对生,很少轮生,多为单叶,全缘、具齿或有时羽状或掌状分裂,具羽状脉,极少具基部或离基三出脉或掌状脉,有时为单数羽状复叶;叶柄短,有时两叶柄基部连合,通常无托叶,有时托叶形小而不显著或退化成腺体。聚伞或轮伞花序,或由聚伞花序集合成伞房式或圆锥式复花序,有时因聚伞花序中央的花退化而仅具2朵花,排成总状或穗状花序,花极少单生。花两性,极少杂性,整齐或不整齐;苞片和小苞片存在或否,极少小苞片增大成膜质的翅;萼筒贴生于子房,萼裂片或萼齿5~4(~2)枚,宿存或脱落,较少于花开后增大。花冠合瓣,辐状、钟状、筒状、高脚碟状或漏斗状,裂片5~4(~3)枚,覆瓦状排列,稀为镊合状排列,有时二唇形,上唇二裂、下唇三裂,或上唇四裂下唇单一,有或无蜜腺;花盘不存在,或呈环状或为一侧生的腺体;雄蕊5枚,或4枚而二强,着生于花冠筒,花药背着,2室,纵裂,通常内向,很少外向,内藏或伸出于花冠筒外;子房下位,2~5(7~10)室,中轴胎座,每室含1枚至多枚胚珠,部分子房室常不发育。果实为浆果、核果或蒴果,具1枚至多枚种子;种子具骨质外种皮,平滑或有槽纹,内含1枚直立的胚和丰富、肉质的胚乳。

[分布] 13属,约500种,分布于温带地区。我国有12属,200种,广布于全国;已知药用的有9属,106种。

[显微特征] 花具草酸钙簇晶,厚壁非腺毛,腺毛头由数十个细胞组成,柄由1~7个细胞组成。

[染色体] $X = 8,9,18$。

[化学成分] 酚性成分,如绿原酸(chlorgennic acid)、异绿原酸(isochlorogenic acid);酚性杂苷,如忍冬苷(lonicein)、七叶树苷(aesculin)。还含有皂苷(saponin)、氰苷(cyanophoric glycoside)。

[药用植物代表]

忍冬 *Lonicera japonica* Thunb. 半常绿藤本;幼枝红褐色,密被黄褐色、开展的硬直糙毛、腺毛和短柔毛,下部常无毛。叶纸质,卵形至矩圆状卵形,有时卵状披针形,稀为圆卵形或倒卵形,极少有1个至数个钝缺刻,顶端尖或渐尖,少有钝、圆或微凹缺,基部圆或近心形,有糙缘毛,上面深绿色,下面淡绿色,小枝上部叶通常两面均密被短糙毛,下部叶常平滑无毛而下面多少带青灰色;叶柄密被短柔毛。总花梗通常单生于小枝上部叶腋,与叶柄等长或稍较短,密被短柔毛,并夹杂腺毛;苞片大,叶状,卵形至椭圆形,两面均有短柔毛或有时近无毛;小苞片顶端圆形或截形,为萼筒的1/2~4/5,有短糙毛和腺毛;萼筒无毛,萼齿卵状三角形或长三角形,顶端尖而有长毛,外面和边缘都有密毛;花冠白色,有时基部向阳面呈微红,后变黄色,唇形,筒稍长于唇瓣,很少近等长,外被多少倒生的开展或半开展糙毛和长腺毛,上唇裂片顶端钝形,下唇带状而反曲;雄蕊和花柱均高出花冠。果实圆形,成熟时蓝黑色,有光泽;种子卵圆形或椭圆形,褐色,中部有一凸起的脊,两侧有浅的横沟纹(图16-202)。花期4—6月份(秋季亦常开花),果熟期10—11月份。花蕾(药材名:金银花,图16-203)能清热解毒、疏散风热。茎枝(药材名:忍冬藤)能清热解毒、疏风通络。

图16-202 忍冬

图16-203 金银花

同属植物**华南忍冬** *L. confusa* (Sweet) DC. 苞片披针形,长1~2 cm;花冠唇形,唇瓣略短于花冠筒。**菰腺忍冬** *L. hypoglauca* Miq. 苞片条状披针形,叶下面具无柄或极短柄的黄色至橘红色蘑菇形腺;花冠唇形,花冠筒稍长于唇瓣。**灰毡毛忍冬** *L. macranthoides* Hand.-Mazz. 苞片披针形或条状披针形,连同萼齿外面均有细毡毛和短缘毛;小苞片圆卵形或倒卵形,长约为萼筒之半,有短糙缘毛;萼筒常有蓝白色粉,无毛或有时上半部或全部有毛,萼齿三角形,比萼筒稍短;花冠外被倒短糙伏毛及橘黄色腺毛,唇形,筒纤细,内面密生短柔毛,与唇瓣等长或略较长,上唇裂片卵形,基部具耳,两侧裂片裂隙深达 1/2,中裂片长为侧裂片之半,下唇条状倒披针形,反卷;雄蕊生于花冠筒顶端,连同花柱均伸出而无毛。果实黑色,常有蓝白色粉,圆形。黄褐毛忍冬 L. fulvotomentosa Hsu et S. C. Cheng 苞片钻形;小苞片卵形至条状披针形,长为萼筒的 1/2 至略长;萼筒倒卵状椭圆形,无毛,萼齿条状披针形;花冠唇形,筒略短于唇瓣,外面密被黄褐色倒伏毛和开展的短腺毛,上唇裂片长圆形;雄蕊和花柱均高出花冠,无毛;柱头近圆形。《中国药典》(2010 年版)(一部)收载上述四种忍冬的干燥花蕾作为中药山银花使用,其功效与金银花相同。

接骨木 *Sambucus williamsii* Hance (图 16-204)落叶灌木或小乔木,高 5～6 m;老枝淡红褐色,具明显的长椭圆形皮孔,髓部淡褐色。羽状复叶有小叶 2～3 对,有时仅 1 对或多达 5 对,侧生小叶片卵圆形、狭椭圆形至倒矩圆状披针形,顶端尖、渐尖至尾尖,边缘具不整齐锯齿,有时基部或中部以下具 1 枚至数枚腺齿,基部楔形或圆形,有时心形,两侧不对称,顶生小叶卵形或倒卵形,顶端渐尖或尾尖,基部楔形,具长约 2 cm 的柄,初时

图 16-204 接骨木

小叶上面及中脉被稀疏短柔毛,后光滑无毛,叶搓揉后有臭气;托叶狭带形,或退化成带蓝色的凸起。花与叶同出,圆锥形聚伞花序顶生,具总花梗,花序分枝多成直角开展;花小而密;萼筒杯状,萼齿三角状披针形,稍短于萼筒;花冠蕾时带粉红色,开后白色或淡黄色,筒短,裂片矩圆形或长卵圆形;雄蕊与花冠裂片等长,开展,花丝基部稍肥大,花药黄色;子房 3 室,花柱短,柱头三裂。果实红色,极少蓝紫黑色,卵圆形或近圆形;分核 2～3 枚,卵圆形至椭圆形,略有皱纹。花期一般 4—5 月份,果熟期 9—10 月份。分布于黑龙江、吉林、辽宁、河北、山西、陕西、甘肃、山东、江苏、安徽、浙江、福建、河南、湖北、湖南、广东、广西、四川、贵州及云南等省区;生于海拔 540～1600 m 的山坡、灌丛、沟边、路旁、宅边等处。全株能接骨续筋、活血止血、祛风利湿。

图 16-205 荚蒾

本科其他药用植物:接骨草 *Sambucus chinensis* Lindl. 分布于陕西、甘肃、江苏、安徽、浙江、江西、福建、台湾、河南、湖北、湖南、广东、广西、四川、贵州、云南、西藏等省区;生于海拔 300～2600 m 的山坡、林下、沟边和草丛中。全草可治跌打损伤,有祛风湿、通经活血、解毒消炎等功效。荚蒾 *Viburnum dilatatum* Thunb. (图 16-205)分布于河北南部、陕西南部、江苏、安徽、浙江、江西、福建、台湾、河南南部、湖北、湖南、广东北部、广西北部、四川、贵州及云南(保山);生于山坡或山谷疏林下,林缘及山脚灌丛中,海拔 100～1000 m。根能祛瘀消肿、枝、叶能清热解毒、疏风解表。

60. 败酱科(Valerianaceae)

$$\male \uparrow K_{5\sim15,0} C_{(3\sim5)} A_{3\sim4} \overline{G}_{(3:3:1)}$$

[形态特征] 二年生或多年生草本,极少为亚灌木,有时根茎或茎基部木质化;根茎或根常有陈腐气味、浓烈香气或强烈松脂气味。茎直立,常中空,极少蔓生。叶对生或基生,通常一回奇数羽状分裂,具1~3对或4~5对侧生裂片,有时二回奇数羽状分裂或不分裂,边缘常具锯齿;基生叶与茎生叶、茎上部叶与下部叶常不同形,无托叶。花序为聚伞花序组成的顶生密集或开展的伞房花序、复伞房花序或圆锥花序,稀为头状花序,具总苞片。花小,两性或极少单性,常稍左右对称;具小苞片;花萼小,萼筒贴生于子房,萼齿小,宿存,果时常稍增大或成羽毛状冠毛;花冠钟状或狭漏斗形,黄色、淡黄色、白色、粉红色或淡紫色,冠筒基部一侧囊肿,有时具长距,裂片3~5枚,稍不等形,花蕾时覆瓦状排列;雄蕊3枚或4枚,有时退化为1~2枚,花丝着生于花冠筒基部,花药背着,2室,内向,纵裂;子房下位,3室,仅1室发育,花柱单一,柱头头状或盾状,有时二至三浅裂;胚珠单生,倒垂。果为瘦果,顶端具宿存萼齿,并贴生于果时增大的膜质苞片上,呈翅果状,有种子1枚;种子无胚乳,胚直立。

[分布] 本科约有13属,400余种,大多分布于北温带。我国有3属,30种,南北均有分布;已知药用的有3属,24种。

[显微特征] 根中具有木间木栓组织。

[染色体] $X = 7 \sim 10$。

[化学成分] ①倍半萜类,如甘松酮(nardosinone)、缬草烷(valeriane)、缬草酮(valeranone)。②黄酮类,如槲皮素(quercetin)、山奈酚(kaempferol)。③环烯醚萜苷,如白花败酱苷(villoside)。④三萜皂苷,如黄花败酱苷(scabiosides)。⑤生物碱,如缬草宁碱(valerianine)、缬草碱(valerine)。

[药用植物代表]

败酱 *Patrinia scabiosaefolia* Fisch. ex Trev. 多年生草本,高30~100(~200)cm;根状茎横卧或斜生,节处生多数细根;茎直立,黄绿色至黄棕色,有时带淡紫色,下部常被脱落性倒生白色粗毛或几无毛,上部常近无毛或被倒生稍弯糙毛,或疏被2列纵向短糙毛。基生叶丛生,花时枯落,卵形、椭圆形或椭圆状披针形,不分裂或羽状分裂或全裂,顶端钝或尖,基部楔形,边缘具粗锯齿,上面暗绿色,背面淡绿色,两面被糙伏毛或几无毛,具缘毛;茎生叶对生,宽卵形至披针形,常羽状深裂或全裂具2~3(~5)对侧裂片,顶生裂片卵形、椭圆形或椭圆状披针形,先端渐尖,具粗锯齿,两面密被或疏被白色糙毛,或几无毛,上部叶渐变窄小,无柄。花序为聚伞花序组成的大型伞房花序,顶生,具5~6(7)级分枝;花序梗上方一侧被开展白色粗糙毛;总苞线形,甚小;苞片小,花小,萼齿不明显;花冠钟形,黄色,基部一侧囊肿不明显,内具白色长柔毛,花冠裂片卵形;雄蕊4枚,稍超出或几不超出花冠,花丝不等长,无毛,花药长圆形,长约1 mm;子房椭圆状长圆形,柱头盾状或截头状。瘦果长圆形,具3棱;二不育子室中央稍隆起呈上粗下细的棒槌状;能育子室略扁平,向两侧延展成窄边状,内含1枚椭圆形、扁平种子。花期7~9月份(图16-206)。全国广布;生于山坡草丛、灌木丛中。全草(药材名:败酱草)能清热解毒、祛瘀排脓。根及根状茎能治疗神经衰弱等症。

同属植物攀倒甑 *P. villosa*（Thunb.）Juss. 与败酱的区别是：茎枝具倒生白色粗毛。茎上部叶不裂或仅有 1~2 对狭裂片。花白色。瘦果与宿存增大的圆形苞片贴生。除西北地区外，全国均有分布，全草作为败酱草入药。

缬草 *Valeriana officinalis* L. 多年生高大草本，高可达 100~150 cm；根状茎粗短，呈头状，须根簇生；茎中空，有纵棱，被粗毛，尤以节部为多，老时毛少。匍枝叶、基出叶和基部叶在花期常凋萎。茎生叶卵形至宽卵形，羽状深裂，裂片 7~11 枚；中央裂片与两侧裂片近同形同大小，但有时与第 1 对侧裂片合生成三裂状，裂片披针形或条形，顶端渐窄，基部下延，全缘或有疏锯齿，两面及柄轴多少被毛。花序顶生，成伞房状三出聚伞圆锥花序；小苞片中央纸质，两侧膜质，长椭圆状长圆形、倒披针形或线状披针形，先端芒状凸尖，边缘多少有粗缘毛。花冠淡紫红色或白色，花冠裂片椭圆形，雌雄蕊约与花冠等长。瘦果长卵形，基部近平截，光秃或两面被毛。花期 5—7 月份，果期 6—10 月份。分布于我国东北至西南各省；生于高山山坡草地、林缘。根茎及根可供药用，能祛风、镇痉，用于治疗跌打损伤等。

图 16-206　败酱

61. 葫芦科（Cucurbitaceae）

♂↑ * $K_{(5)} C_{(5)} A_{5,3}$；♀ * $K_{(5)} C_{(5)} \overline{G}_{(3:1\sim3:\infty)}$

[形态特征] 一年生或多年生草质或木质藤本，极稀为灌木或乔木状；一年生植物的根为须根，多年生植物常为球状或圆柱状块根；茎通常具纵沟纹，匍匐或借助卷须攀缘。具卷须或极稀无卷须，卷须侧生叶柄基部，单一或 2 至多歧，大多数在分歧点之上旋卷，少数在分歧点上下同时旋卷，稀伸直，仅顶端钩状。叶互生，通常为 2/5 叶序，无托叶，具叶柄；叶片不分裂，或掌状浅裂至深裂，稀为鸟足状复叶，边缘具锯齿或稀全缘，具掌状脉。花单性（罕见两性），雌雄同株或异株，单生、簇生或集成总状花序、圆锥花序或近伞形花序。雄花：花萼辐状、钟状或管状，五裂，裂片覆瓦状排列或开放式；花冠插生于花萼筒的檐部，基部合生成筒状或钟状，或完全分离，五裂，裂片在芽中覆瓦状排列或内卷式镊合状排列，全缘或边缘成流苏状；雄蕊 5 枚或 3 枚，插生在花萼筒基部、近中部或檐部，花丝分离或合生成柱状，花药分离或靠合，药室在 5 枚雄蕊中，全部 1 室，在具 3 枚雄蕊中，通常为 1 枚 1 室，2 枚 2 室或稀全部 2 室，药室通直、弓曲或"S"形折曲至多回折曲，药隔伸出或不伸出，纵向开裂，花粉粒圆形或椭圆形；退化雌蕊有或无。雌花：花萼与花冠同雄花；退化雄蕊有或无；子房下位或稀为半下位，通常由 3 枚心皮合生而成，极稀具 4~5 枚心皮，3 室或 1（~2）室，有时为假 4~5 室，侧膜胎座，胚珠通常多数，在胎座上常排列成 2 列，水平生、下垂或上升呈倒生胚珠，有时仅具几枚胚珠，极稀具 1 枚胚珠；花柱单一或在顶端三裂，稀为完全分离，柱头膨大、二裂或流苏状。瓠果大型至小型，常为肉质浆果状或果皮木质，不开裂或在成熟后盖裂或 3 瓣纵裂，1 室或 3 室。种子常多数，稀为少数或 1 枚，扁压状，水平生或下垂生，种皮骨质、硬革质或膜质，有各种纹饰，边缘全缘或有齿；无胚乳；胚直，具短胚根，子叶大、扁平，常含丰富的油脂。

[分布] 约113属,800种,大多分布于热带地区。我国有约32属,154种,南北均有分布,其中有些栽培植物可供食用或药用。

[显微特征] 茎具双韧维管束、草酸钙结晶、石细胞。

[染色体] $X = 8 \sim 14$。

[化学成分] 本科植物具有的特征性化学成分是四环三萜葫芦烷(cucurbiane)型化合物,如葫芦素(cucurbitacines)、雪胆甲素(25-acetate dihydrocucurbitacin FⅠ)、雪胆乙素(dihydrocucurbitacin FⅡ);还含有天花粉蛋白、南瓜子氨酸(cucurbitine)。

[药用植物代表]

栝楼 Trichosanthes kirilowii Maxim. 攀缘藤本,长达10 m;块根圆柱状,粗大肥厚,富含淀粉,淡黄褐色。茎较粗,多分枝,具纵棱及槽,被白色伸展柔毛。叶片纸质,轮廓近圆形,常3～5(～7)浅裂至中裂,稀为深裂或不分裂而仅有不等大的粗齿,裂片菱状倒卵形、长圆形,先端钝、急尖,边缘常再浅裂,叶基心形,弯缺深2～4 cm,上表面深绿色,粗糙,背面淡绿色,两面沿脉被长柔毛状硬毛,基出掌状脉5条,细脉网状;叶柄具纵条纹,被长柔毛。卷须3～7歧,被柔毛。花雌雄异株。雄总状花序单生,或与一单花并生,或在枝条上部者单生,总状花序粗壮,具纵棱与槽,被微柔毛,顶端有5～8朵花,小苞片倒卵形或阔卵形,中上部具粗齿,基部具柄,被短柔毛;花萼筒呈筒状,顶端扩大,被短柔毛,裂片披针形,全缘;花冠白色,裂片倒卵形,顶端中央具一绿色尖头,两侧具丝状流苏,被柔毛;花药靠合,花丝分离,粗壮,被长柔毛。雌花单生,花梗被短柔毛;花萼筒圆筒形,裂片和花冠同雄花;子房椭圆形,绿色,花柱柱头3个。果梗粗壮;果实椭圆形或圆形,成熟时黄褐色或橙黄色;种子卵状椭圆形,压扁,淡黄褐色,近边缘处具棱线(图16-207)。花期5—8月份,果期8—10月份。分布于辽宁、华北、华东、中南、陕西、甘肃、四川、贵州和云南;生于海拔200～1800 m的山坡林下、灌丛中、草地和村旁田边。根(药材名:天花粉,图16-208)能生津止渴、消肿排脓。果实(药材名:瓜蒌)能清热涤痰、宽胸散结、润燥滑肠。瓜蒌不宜与乌头类药材同用。

中华栝楼 Trichosanthes rosthornii Harms 与栝楼的主要区别是:叶常五深裂,中部裂片3枚,条形或倒披针形。种子深棕色。根也作为天花粉入药;果实也作为瓜蒌入药。

图16-207 栝楼

图16-208 天花粉饮片

绞股蓝 Gynostemma pentaphyllum (Thunb) Makino 草质攀缘植物;茎细弱,具分枝,具纵棱及槽,无毛或疏被短柔毛。叶膜质或纸质,鸟足状,具3～9枚小叶,通常5～7枚小叶,叶柄被短柔毛或无毛;小叶片卵状长圆形或披针形,中央小叶长3~12 cm,宽1.5~4 cm,侧生叶较小,先端急尖或短渐尖,基部渐狭,边缘具波状齿或圆齿状牙齿;花雌雄异株。雄花圆锥花序,花序轴纤细,多分枝,分枝广展,有时基部具小叶,被短柔毛;花梗丝状,基部具钻状小苞片;花萼筒极短,五裂,裂片三角形,先端急尖;花冠淡绿色或白色,五深裂,裂片卵状披针形,先端长渐尖,具1条脉,边缘具缘毛状小齿;雄蕊5枚,花丝短,连合成柱,花药着生于柱之顶端。雌花圆锥花序远较雄花的短小,花萼及花冠似雄花;子房球形,2~3室,花柱3个,短而叉开,柱头二裂;具短小的退化雄蕊5枚。果实肉质不裂,球形,成熟后黑色,光滑无毛,内含倒垂种子2粒。种子卵状心形,灰褐色或深褐色,顶端钝,基部心形,压扁,两面具乳突状凸起。花期3—11月份,果期4—12月份(图16-209)。分布于陕西南部及长江以南各省区;生于海拔300~3200 m的山谷密林中、山坡疏林、灌丛中或路旁草丛中。全草(药材名:绞股蓝)有清热解毒、止咳祛痰等功效。本种含有多种人参皂苷类成分,具有类似人参的功能。

图16-209 绞股蓝

罗汉果 *Siraitia grosvenorii* (Swingle) C. Jeffrey ex Lu et Z. Y. Zhang 攀缘草本;根多年生,肥大,纺锤形或近球形;茎、枝稍粗壮,有棱沟,初被黄褐色柔毛和黑色疣状腺鳞,后毛渐脱落变近无毛。叶柄被同枝条一样的毛和腺鳞;叶片膜质,卵形、心形、三角状卵形或阔卵状心形,先端渐尖或长渐尖,基部心形,弯缺半圆形或近圆形,边缘微波状,由于小脉伸出而有小齿,有缘毛,叶面绿色,被稀疏柔毛和黑色疣状腺鳞,老后毛渐脱落变近无毛,叶背淡绿,被短柔毛和混生黑色疣状腺鳞;卷须稍粗壮,初时被短柔毛,后渐变近无毛,2歧,在分叉点上下同时旋卷。雌雄异株。雄花序总状,6~10朵花生于花序轴上部,花序轴像花梗、花萼一样被短柔毛和黑色疣状腺鳞;花梗稍细;花萼筒宽钟状,喉部常具3枚长圆形的膜质鳞片,花萼裂片5枚,三角形,先端钻状尾尖,具3脉,脉稍隆起;花冠黄色,被黑色腺点,裂片5枚,长圆形,先端锐尖,常具5脉;雄蕊5枚,插生于筒的近基部,两两基部靠合,1枚分离,花丝基部膨大,被短柔毛,花药1室,药室"S"形折曲。雌花单生或2~5朵集生于6~8 cm长的总梗顶端,总梗粗壮;花萼和花冠比雄花大;退化雄蕊5枚,成对基部合生,1枚离生;子房长圆形,基部钝圆,顶端稍缢缩,密生黄褐色茸毛,花柱短粗,柱头3个,膨大,镰形二裂。果实球形或长圆形,初密生黄褐色茸毛和混生黑色腺鳞,老后渐脱落而仅在果梗着生处残存一圈茸毛,果皮较薄,干后易脆。种子多数,淡黄色,近圆形或阔卵形,扁压状,基部钝圆,顶端稍稍变狭,两面中央稍凹陷,周围有放射状沟纹,边缘有微波状缘檐(图16-210)。花期5—7月份,果期7—9月份。分布于广西、贵州、湖南

图16-210 罗汉果

南部、广东和江西;常生于海拔 400~1400 m 的山坡林下及河边湿地、灌丛。果实(药材名:罗汉果)有清热润肺、利咽开音、滑肠通便等功效。

62. 桔梗科(Campanulaceae)

☿ * ↑ $K_{(5)} C_{(5)} A_5 \overline{G} \overline{G}_{(2\sim5:2\sim5:\infty)}$

[形态特征] 草本,常具乳汁。单叶互生,少为对生或轮生,无托叶。花单生或成各种花序;花两性,稀少单性或雌雄异株,大多5基数,辐射对称或两侧对称。花萼五裂,筒部与子房贴生,有的贴生至子房顶端,有的仅贴生于子房下部,也有花萼无筒,五全裂,完全不与子房贴生,裂片大多离生,常宿存,镊合状排列。花冠为合瓣的,浅裂或深裂至基部而成为5个花瓣状的裂片,整齐,或后方纵缝开裂至基部,其余部分浅裂,使花冠两侧对称,裂片在花蕾中镊合状排列,极少覆瓦状排列,雄蕊5枚,通常与花冠分离,或贴生于花冠筒下部,彼此间完全分离,或借助于花丝基部的长绒毛而在下部黏合成筒,或花药连合而花丝分离,或完全连合;花丝基部常扩大成片状,无毛或边缘密生绒毛;花药内向,极少侧向,在两侧对称的花中,花药常不等大,常有两个或更多个花药,有顶生刚毛,别处有或无毛。花盘有或无,如有,则为上位,分离或为筒状(或环状)。子房下位,或半下位,少完全上位的,2~5(6)室;花柱单一,常在柱头下有毛,柱头2~5(6)裂,胚珠多数,大多着生于中轴胎座上。果通常为蒴果,顶端瓣裂或在侧面(宿存的花萼裂片之下)孔裂,或盖裂,或为不规则撕裂的干果,少为浆果。种子多数,有或无棱,胚直,具胚乳。

[分布] 60~70 属,2000 种以上,分布于温带和亚热带,少数见于热带地区。我国有 16 属,约 170 种,各地均有分布;已知药用的有 13 属,111 种。

[显微特征] 有乳汁管。

[化学成分] 桔梗苷(platycodins);生物碱,如山梗菜碱(lobeline)、党参碱(codonopsine)等;糖类,如党参多糖。

[药用植物代表]

桔梗 Platycodon grandiflorum (Jacq.) A. DC. 茎高 20~120 cm,通常无毛,偶密被短毛,不分枝,极少上部分枝。叶全部轮生,部分轮生至全部互生,无柄或有极短的柄,叶片卵形、卵状椭圆形至披针形,基部宽楔形至圆钝,顶端急尖,上面无毛而绿色,下面常无毛而有白粉,有时脉上有短毛或瘤突状毛,边缘具细锯齿。花单朵顶生,或数朵集成假总状花序,或有花序分枝而集成圆锥花序;花萼筒部半圆球状或圆球状倒锥形,被白粉,裂片三角形,或狭三角形,有时齿状;花冠大,蓝色或紫色。蒴果球状,或球状倒圆锥形,或倒卵状(图 16-211)。花期 7—9 月份。分布于东北、华北、华东、华中各省以及广东、广西(北部)、贵州、云南东南部(蒙自、砚山、文山)、四川(平武、凉山以东)、陕西;生于海拔 2000 m 以下的阳处草丛、灌丛中,少生于林下。根(药材名:桔梗,图 16-212)可宣肺、利咽、祛痰、排脓。

图 16-211　桔梗

图 16-222　桔梗饮片

党参 *Codonopsis pilosula*（Franch.）Nannf.　茎基具多数瘤状茎痕,根常肥大,呈纺锤状或纺锤状圆柱形,较少分枝或中部以下略有分枝,表面灰黄色,上端 5~10 cm 部分有细密环纹,而下部则疏生横长皮孔,肉质。茎缠绕,有多数分枝,侧枝 15~50 cm,小枝 1~5 cm,具叶,不育或先端着花,黄绿色或黄白色,无毛。叶在主茎及侧枝上的互生,在小枝上的近于对生,叶柄有疏短刺毛,叶片卵形或狭卵形,端钝或微尖,基部近于心形,边缘具波状钝锯齿,分枝上叶渐趋狭窄,叶基圆形或楔形,上面绿色,下面灰绿色,两面疏或密地被贴伏的长硬毛或柔毛,少为无毛。花单生于枝端,与叶柄互生或近于对生,有梗。花萼贴生至子房中部,筒部半球状,裂片宽披针形或狭矩圆形,顶端钝或微尖,微波状或近于全缘;花冠上位,阔钟状,黄绿色,内面有明显紫斑,浅裂,裂片正三角形,端尖,全缘;花丝基部微扩大,花药长形;柱头有白色刺毛。蒴果下部半球状,上部短圆锥状。种子多数,卵形,无翼,细小,棕黄色,光滑无毛(图16-213)。花果期 7—10 月份。分布广。根

图 16-213　党参

(药材名:党参)能健脾益肺、养血生津。不宜与藜芦同用。素花党参 *C. Pilosula* Nannf. var. *modesta*（Nannf.）L. T. Shen 或川党参 *C. Tangshen* Oliv. 的干燥根也作为党参入药。

沙参 *Adenophora stricta* Miq.　茎高 40~80 cm,不分枝,常被短硬毛或长柔毛,少为无毛。基生叶心形,大而具长柄;茎生叶无柄,或仅下部的叶有极短而带翅的柄,叶片椭圆形,狭卵形,基部楔形,少近于圆钝的,顶端急尖或短渐尖,边缘有不整齐的锯齿,两面疏生短毛或长硬毛,或近于无毛。花序常不分枝而成假总状花序,或有短分枝而成极狭的圆锥花序,极少具长分枝而为圆锥花序的。花梗常极短;花萼常被短柔毛或粒状毛,少完全无毛的,筒

部常倒卵状,少为倒卵状圆锥形,裂片狭长,多为钻形,少为条状披针形;花冠宽钟状,蓝色或紫色,外面无毛或有硬毛,特别是在脉上,裂片长为全长的1/3,三角状卵形;花盘短筒状,无毛;花柱常略长于花冠,少较短的。蒴果椭圆状球形,极少为椭圆状。种子棕黄色,稍扁,有一条棱。花期8—10月份。根(药材名:南沙参)能养阴清肺、益胃生津、化痰、益气。

同属植物轮叶沙参 A. tetraphylla (Thunb.) Fisch.(图16-214)的根亦作为南沙参入药。

本科其他药用植物:山梗菜 *Lobelia sessilifolia* Lamb. 分布于云南西北部、广西北部、浙江、台湾、山东、河北、辽宁、吉林和黑龙江;生于平原或山坡湿草地,在我国东北生于海拔900 m以下,在云南可达海拔2600~3000 m处。根、叶或全草入药。有小毒,能宣肺化痰、清热解毒、利尿消肿,可作为利尿、催吐、泻下剂,也可治毒蛇咬伤。蓝花参 *Wahlenbergia marginata* (Thunb.) A. DC. 分布于长江流域以南各省区;生于低海拔的田边、路边和荒地中,有时生于山坡或沟边,在云南可达海拔2800 m的地方。根可药用,治疗小儿疳积、痰积和高血压等症。

图16-214 轮叶沙参

63. 菊科 (Asteraceae, Compositae)

$$☿ * ↑ K_{0,\infty} C_{(3\sim5)} A_{(4\sim5)} \overline{G}_{(2:1:1)}$$

[形态特征] 草本、亚灌木或灌木,稀为乔木。有时有乳汁管或树脂道。叶通常互生,稀为对生或轮生,全缘或具齿或分裂,无托叶,或有时叶柄基部扩大成托叶状;花两性或单性,极少有单性异株,整齐或左右对称,五基数,少数或多数密集成头状花序或为短穗状花序,为1层或多层总苞片组成的总苞所围绕;头状花序单生或数个至多数排列成总状、聚伞状、伞房状或圆锥状;花序托平或凸起,具窝孔或无窝孔,无毛或有毛;具托片或无托片;萼片不发育,通常形成鳞片状、刚毛状或毛状的冠毛;花冠常辐射对称,管状,或左右对称,二唇形,或舌状。头状花序盘状或辐射状,有同形的小花,全部为管状花或舌状花,或异形小花,即外围为雌花,舌状,中央为两性的管状花;雄蕊4~5个,着生于花冠管上,花药内向,合生成筒状(聚药雄蕊),基部钝、锐尖、戟形或具尾;花柱上端二裂,花柱分枝上端有附器或无附器;子房下位,合生心皮2枚,1室,具1枚直立的胚珠;果为不开裂的瘦果;种子无胚乳,具2片,稀为1片子叶。

[分布] 约1000属,25000~30000种广布于全球,主要产于温带地区。我国有200属,2000多种,各地均产;已知药用的有155属,778种。

[显微特征] 常具各种腺毛、分泌道、油室;具各种草酸钙结晶体。

[染色体] $X = 8,9,10,12,15,16,17$。

[化学成分] ①倍半萜内酯,如佩兰内酯(euparatin)、地胆草内酯(elephantopin)、斑鸠菊内酯(vernolepin)、青蒿素(arteannuin)。②黄酮类,如山奈酚、槲皮素、芹菜素、水飞蓟黄

酮(silymaria)。③生物碱,如水千里光碱(aquatricine)、野千里光碱(campestnine)、大千里光碱(macrophylline);喹啉生物碱,如蓝刺头碱(ecinopsine)。④聚炔类,如苍术炔(atractyloclin)、茵陈二炔(capillene)、茵陈素(capillarin)。⑤香豆素类,如蒿素香豆素(scoparone),以及茵陈酮(capillarisine)。

本科通常分为2个亚科,即舌状花亚科(Liguliflorae, Cichorioicleae)和管状花亚科(Asteroideae, Tubuliflorae, Curduoideae)。

表 16-3　舌状花亚科和管状花亚科的区别

舌状花亚科	管状花亚科
植物体具乳汁	植物体无乳汁
头状花序全由舌状花组成	头状花序全由管状花组成,或由舌状的边花和管状盘花组成
花柱分枝细长条形,无附器	花柱圆柱状,具附器

[亚科及药用植物代表]

(1) 管状花亚科(Carduoideae Kitam.)

黄花蒿 *Artemisia annua* L.　一年生草本;植株有浓烈的挥发性香气。根单生,垂直,狭纺锤形;茎单生,高 100~200 cm,有纵棱,幼时绿色,后变为褐色或红褐色,多分枝;茎、枝、叶两面及总苞片背面无毛或初时疏面微有极稀疏短柔毛,后脱落无毛。叶纸质,绿色;茎下部叶宽卵形或三角状卵形,绿色,两面具细小脱落性白色腺点及细小凹点,三(至四)回栉齿状羽状深裂,每侧有裂片 5~8(~10)枚,裂片长椭圆状卵形,再次分裂,小裂片边缘具多枚栉齿状三角形或长三角形的深裂齿,中肋明显,在叶面上稍隆起,中轴两侧有狭翅而无小栉齿,稀为上部有数枚小栉齿,叶柄长 1~2 cm,基部有半抱茎的假托叶;中部叶 2(~3)回栉齿状的羽状深裂,小裂片栉齿状三角形。上部叶与苞片叶 1(~2)回栉齿状羽状深裂,近无柄。头状花序球形,多数,有短梗,下垂或倾斜,基部有线形的小苞叶,在分枝上排成总状或复总状花序,并在茎上组成开展、尖塔形的圆锥花序;总苞片 3~4 层,内、外层近等长,外层总苞片长卵形或狭长椭圆形,中肋绿色,边膜质,中层、内层总苞片宽卵形或卵形,花序托凸起,半球形;花深黄色,雌花 10~18 朵,花冠狭管状,檐部具 2(~3)枚裂齿,外面有腺点,花柱线形,伸出花冠外,先端二叉,叉端钝尖;两性花 10~30 朵,结实或中央少数花不结实,花冠管状,花药线形,上端附属物尖,长三角形,基部具短尖头,花柱近与花冠等长,先端二叉,叉端截形,有短睫毛。瘦果小,椭圆状卵形,略扁(图 16-215)。花果期 8—11 月份。广布于全国。地上部分(药材名:青蒿,图 16-216)能清虚热、除骨蒸、解暑热、截疟、退黄。

图16-215 黄花蒿

图16-216 青蒿药材

红花 Chelonopsis pseudobracteata var. rubra C. Y. Wu et H. W. Li 小灌木,高0.5～1.5 m。枝粗壮,圆柱形,具条纹,密被平展刺毛及具腺小疏柔毛。叶片卵圆形,在花序上者渐变小,先端渐尖,基部微心形,边缘具圆齿,间或有重圆齿,齿端具胼胝体,坚纸质,上面绿色,疏被刺毛,沿中肋及侧脉被白色小疏柔毛,下面色较淡,疏被刺毛,侧脉5～6对,干时两面显著;叶柄粗壮,腹面具槽,背面圆形,密被平展刺毛及具腺小疏柔毛,上方有1～3对小羽片。聚伞花序腋生及顶生,具3～7朵花,每一叶腋内1～2枚;总梗、花梗密被平展刺毛及具腺小疏柔毛;苞片叶状,线形至披针形,具刺毛,常位于外侧花的花梗基部,由于花梗伸长而从不包被聚伞花序。花萼钟形,外面沿脉上内面仅于喉部被小疏柔毛,脉10条,显著,其间由横向小脉连接,结果时尤为显著,齿5枚,长三角形,前2齿稍大,先端骤尖,具外折的小尖头。花冠深红色,中部以上微囊状膨大,外面在上部被小疏柔毛,内面无毛,冠檐二唇形,上唇不显著,全缘,下唇较上唇长,三裂,中裂片先端微凹。雄蕊4枚,均内藏,后对稍短,花丝扁平,后对全长被小疏柔毛,前对仅基部被微柔毛,花药卵珠形,2室,平叉开,具须状毛。花盘斜向,后裂片指状。花柱细长,稍伸出于花药外,先端具短而近等大的二裂。子房无毛。小坚果椭圆形,具翅,扁平,淡褐色,具细脉(图16-217)。花期9—11月份,果期11月份。分布于云南西北部及四川西南部;生于亚热带林林缘、林内及草丛中,海拔2000～2300 m。花(药材名:红花,图16-218)能活血通经、散瘀止痛。

图16-217 红花

图16-218 红花药材

苍术 *Atractylodes lances* (Thunb.) DC. (图16-219)多年生草本。根状茎平卧或斜升,粗长或通常呈疙瘩状,生多数等粗等长或近等长的不定根。茎直立,高(15~20)30~100 cm,单生或少数茎成簇生,下部或中部以下常紫红色,不分枝或上部分枝,少有自下部分枝的,全部茎枝被稀疏的蛛丝状毛或无毛。基部叶花期脱落;中下部茎叶3~5(7~9)羽状深裂或半裂,基部楔形或宽楔形,几无柄,扩大半抱茎,或基

图16-219 苍术
1. 植株 2. 花 3. 果实

部渐狭成长达3.5 cm的叶柄;顶裂片与侧裂片不等形或近等形,圆形、倒卵形、偏斜卵形、卵形或椭圆形;侧裂片1~2(3~4)对,椭圆形、长椭圆形或倒卵状长椭圆形;有时中下部茎叶不分裂;中部以上或仅上部茎叶不分裂,倒长卵形、倒卵状长椭圆形或长椭圆形,有时基部或近基部有1~2对三角形刺齿或刺齿状浅裂。或全部茎叶不裂,中部茎叶倒卵形、长倒卵形、倒披针形或长倒披针形,基部楔状,渐狭成长0.5~2.5 cm的叶柄,上部的叶基部有时有1~2对三角形刺齿裂。全部叶质地硬,硬纸质,两面同色,绿色,无毛,边缘或裂片边缘有针刺状缘毛或三角形刺齿或重刺齿。头状花序单生于茎枝顶端,但不形成明显的花序式排列,植株有多数或少数(2~5个)头状花序。总苞钟状。苞叶针刺状羽状全裂或深裂。总苞片5~7层,覆瓦状排列,最外层及外层卵形至卵状披针形;中层长卵形至长椭圆形或卵状长椭圆形;内层线状长椭圆形或线形。全部苞片顶端钝或圆形,边缘有稀疏蛛丝毛,中内层或内层苞片上部有时变为红紫色。小花白色。瘦果倒卵圆状,被稠密的顺向贴伏的白色长直毛,有时变为稀毛。冠毛刚毛褐色或污白色,羽毛状,基部连合成环。花果期6—10月份。分布于黑龙江、辽宁、吉林、内蒙古、河北、山西、甘肃、陕西、河南、江苏、浙江、江西、安徽、四川、湖南、湖北等地;野生于山坡草地、林下、灌丛及岩缝隙中。根茎(药材名:苍术,图16-220)能燥湿健脾、祛风散寒、明目。

图16-220 苍术药材及饮片

白术 *Atractylodes macrocephala* Koidz. 多年生草本,高20~60 cm,根状茎结节状。茎直立,通常自中下部长分枝,全部光滑无毛。中部茎叶有长3~6 cm的叶柄,叶片通常三至五

回羽状全裂,极少兼杂不裂而叶为长椭圆形的。侧裂片1~2对,倒披针形、椭圆形或长椭圆形;顶裂片比侧裂片大,倒长卵形、长椭圆形或椭圆形;自中部茎叶向上向下,叶渐小,与中部茎叶等样分裂,接花序下部的叶不裂,椭圆形或长椭圆形,无柄,或大部茎叶不裂,但总兼杂有3~5片羽状全裂的叶。全部叶质地薄,纸质,两面绿色,无毛,边缘或裂片边缘有长或短的针刺状缘毛或细刺齿。头状花序单生于茎枝顶端,植株通常有6~10个头状花序,但不形成明显的花序式排列。苞叶绿色,针刺状羽状全裂。总苞大,宽钟状。总苞片9~10层,覆瓦状排列;外层及中外层长卵形或三角形;中层披针形或椭圆状披针形;最内层宽线形,顶端紫红色。全部苞片顶端钝,边缘有白色蛛丝毛。小花长1.7 cm,紫红色,冠檐五深裂。瘦果倒圆锥状,被顺向贴伏的稠密白色长直毛。冠毛刚毛羽毛状,污白色,基部结合成环状。花果期8—10月份。在江苏、浙江、福建、江西、安徽、四川、湖北及湖南等地有栽培,但在江西、湖南、浙江、四川有野生,生于山坡草地及山坡林下。根茎(药材名:白术)能健脾益气、燥湿利水、止汗、安胎。

云木香 *Saussurea costus* (Falc.) Lipech. 多年生高大草本,高1.5~2 m。主根粗壮,直径5 cm。茎直立,有棱,上部有稀疏的短柔毛,不分枝或上部有分枝。基生叶有长翼柄,翼柄圆齿状浅裂,叶片心形或戟状三角形,顶端急尖,边缘有大锯齿,齿缘有缘毛。下部与中部茎叶有具翼的柄或无柄,叶片卵形或三角状卵形,边缘有不规则的大或小锯齿;上部叶渐小,三角形或卵形,无柄或有短翼柄;全部叶上面呈褐色、深褐色或褐绿色,被稀疏的短糙毛;下面呈绿色,沿脉有稀疏的短柔毛。头状花序单生于茎端或枝端,或3~5个在茎端集成稠密的束生伞房花序。总苞半球形,黑色,初时被蛛丝状毛,后变为无毛。总苞片7层;外层长三角形,顶端短针刺状软骨质渐尖;中层披针形或椭圆形,顶端针刺状软骨质渐尖;内层线状长椭圆形,顶端软骨质针刺头短渐尖;全部总苞片直立。小花暗紫色。瘦果浅褐色,三棱状,有黑色色斑,顶端截形,具有锯齿的小冠。冠毛1层,浅褐色,羽毛状(图16-221)。花果期7月份。原产于克什米尔,在我国四川(峨眉山)、云南(维西、昆明)、广西、贵州(贵阳、独山)有栽培。根(药材名:木香,图16-222)能行气止痛、健脾消食。

图16-221 云木香

图16-222 云木香饮片

菊花 *Dendranthema morifolium* (Ramat.) Tzvel. 多年生草本,高60~150 cm。茎直立,分枝或不分枝,被柔毛。叶卵形至披针形,长5~15 cm,羽状浅裂或半裂,有短柄,叶下面被白色短柔毛。头状花序大小不一。总苞片多层,外层外面被柔毛。舌状花颜色各异。管状花黄色(图16-223)。广泛栽培。头状花序(菊花)能散风清热、平肝明目。主产于安徽的滁州(滁菊)、亳州(亳菊)、歙县(贡菊)、浙江(杭菊)、河南怀庆(怀菊)、四川(川菊)、山东济南(济菊)、河北安国(祁菊)。

图16-223 菊花

滨蒿 Artemisia scoparia Waldst. et Kit. 多年生草本或近一、二年生草本;植株有浓烈的香气。主根单一,狭纺锤形、垂直,半木质或木质化;根状茎粗短,直立,半木质或木质,常有细的营养枝,枝上密生叶。茎通常单生,稀为2~3根,高40~90(~130) cm,红褐色或褐色,有纵纹;常自下部开始分枝,枝长10~20 cm或更长,下部分枝开展,上部枝多斜上展;茎、枝幼时被灰白色或灰黄色绢质柔毛,之后脱落。基生叶与营养枝叶两面被灰白色绢质柔毛。叶近圆形、长卵形,二至三回羽状全裂,具长柄,花期叶凋谢;茎下部叶初时两面密被灰白色或灰黄色略带绢质的短柔毛,之后毛脱落,叶长卵形或椭圆形,二至三回羽状全裂,每侧有裂片3~4枚,再次羽状全裂,每侧具小裂片1~2枚,小裂片狭线形,不再分裂或具1~2枚小裂齿;中部叶初时两面被短柔毛,后脱落,叶长圆形或长卵形,一至二回羽状全裂,每侧具裂片2~3枚,不分裂或再次三全裂,小裂片丝线形或为毛发状,多少弯曲;茎上部叶与分枝上叶及苞片叶三至五全裂或不分裂。头状花序近球形,稀为近卵球形,极多数,具极短梗或无梗,基部有线形的小苞叶,在分枝上偏向外侧生长,并排成复总状或复穗状花序,而在茎上再组成大型、开展的圆锥花序;总苞片3~4层,外层总苞片草质、卵形,背面绿色、无毛,边缘膜质,中、内层总苞片长卵形或椭圆形,半膜质;花序托小,凸起;雌花5~7朵,花冠狭圆锥状或狭管状,冠檐具2枚裂齿,花柱线形,伸出花冠外,先端二叉,叉端尖;两性花4~10朵,不孕育,花冠管状,花药线形,先端附属物尖,长三角形,花柱短,先端膨大、二裂,不叉开,退化子房不明显。瘦果倒卵形或长圆形,褐色。花果期7—10月份。遍及全国,东部、南部省区分布在中、低海拔地区的山坡、旷野、路旁等,西北省区分布在中、低海拔至海拔2800 m处。西南省区最高分布到海拔3800(~4000)m处,在半干旱或半湿润地区的山坡、林缘、路旁、草原、黄土高原、荒漠边缘地区都有。幼苗(药材名:绵茵陈)和地上部分(药材名:花茵陈)能清利湿热、利胆退黄。

茵陈蒿 Artemisia capillaris Thunb. 半灌木状草本,植株有浓烈的香气。主根明显木质,垂直或斜向下伸长;根茎直立,常有细的营养枝。茎单生或少数,高40~120 cm或更长,红褐色或褐色,有不明显的纵棱,基部木质,上部分枝多,向上斜伸展;茎、枝初时密生灰白色或灰黄色绢质柔毛,后渐稀疏或脱落无毛。营养枝端有密集叶丛,基生叶密集着生,常成莲座状;基生叶、茎下部叶与营养枝叶两面均被棕黄色或灰黄色绢质柔毛,后期茎下部叶被毛脱落,叶卵圆形或卵状椭圆形,2(~3)回羽状全裂,每侧有裂片2~3(4)枚,每枚裂片再次三至五全裂,小裂片狭线形或狭线状披针形,通常细直,不弧曲,花期上述叶均萎谢;中部叶宽卵形、近圆形或卵圆形，(1~)2回羽状全裂，小裂片狭线形或丝线形，通常细直、不弧曲，近无毛，顶端微尖，基部裂片常半抱茎，近无叶柄；上部叶与苞片叶羽状五全裂或三全裂，基部裂片半抱茎。头状花序卵球形，多数，有短梗及线形的小苞叶，在分枝的上端或小枝端偏向外侧生长，常排成复总状花序，并在茎上端组成大型、开展的圆锥花序；总苞片3~4层，外层总苞片草质，卵形或椭圆形，背面淡黄色，有绿色中肋，无毛，边膜质，中、内层总苞片椭圆形，近膜质或膜质；花序托小，凸起；雌花6~10朵，花冠狭管状或狭圆锥状，檐部具2~3枚裂齿，花柱细长，伸出花冠外，先端二叉，叉端尖锐；两性花3~7朵，不孕育，花冠管状，花药线形，先端附属物尖，长三角形，基部圆钝，花柱短，上端棒状，二裂，不叉开，退化子房极小。瘦果长圆形或长卵形。花果期7—10月份。分布于辽宁、河北、陕西(东部、南部)、山东、江苏、安徽、浙江、江西、福建、台湾、河南(东部、南部)、湖北、湖南、广东、广西及四川等地；生于低海拔地区河岸、海岸附近的湿润沙地、路旁及低山坡地区。春季幼苗及地上部分也作为茵陈入药。

艾 *Artemisia argyi* Levl. et Van. 多年生草本或略呈半灌木状，植株有浓烈香气。主根明显，略粗长，侧根多；常有横卧地下根状茎及营养枝。茎单生或少数，高80~150(或250)cm，有明显纵棱，褐色或灰黄褐色，基部稍木质化，上部草质，并有少数短的分枝；茎、枝均被灰色蛛丝状柔毛。叶厚纸质，上面被灰白色短柔毛，并有白色腺点与小凹点，背面密被灰白色蛛丝状密绒毛；基生叶具长柄，花期萎谢；茎下部叶近圆形或宽卵形，羽状深裂，每侧具裂片2~3枚，裂片椭圆形或倒卵状长椭圆形，每裂片有2~3枚小裂齿，干后背面主、侧脉多为深褐色或锈色；中部叶卵形、三角状卵形或近菱形，1(~2)回羽状深裂至半裂，每侧裂片2~3枚，裂片卵形、卵状披针形或披针形，不再分裂或每侧有1~2枚缺齿，叶基部宽楔形渐狭成短柄，叶脉明显，在背面凸起，干时锈色，叶柄基部通常无假托叶或极小的假托叶；上部叶与苞片叶羽状半裂、浅裂或三深裂或三浅裂，或不分裂，椭圆形、长椭圆状披针形、披针形或线状披针形。头状花序椭圆形，无梗或近无梗，数枚至10余枚在分枝上排成小型的穗状花序或复穗状花序，并在茎上通常再组成狭窄、尖塔形的圆锥花序，花后头状花序下倾；总苞片3~4层，覆瓦状排列，外层总苞片小，草质，卵形或狭卵形，背面密被灰白色蛛丝状绵毛，边缘膜质，中层总苞片较外层长，长卵形，背面被蛛丝状绵毛，内层总苞片质薄，背面近无毛；花序托小；雌花6~10朵，花冠狭管状，檐部具2枚裂齿，紫色，花柱细长，伸出花冠外甚长，先端二叉；两性花8~12朵，花冠管状或高脚杯状，外面有腺点，檐部紫色，花药狭线形，先端附属物尖，长三角形，基部有不明显的小尖头，花柱与花冠近等长或略长于花冠，先端二叉，花后向外弯曲，叉端截形，并有睫毛。瘦果长卵形或长圆形(图16-224)。花果期7—10月份。广布于我国各省区，生于低海拔至中海拔地区的荒地、路旁河边及山坡等地，也见于森林草原及草原地区，局部地区为植物群落的优势种。叶(药材名：艾叶)能温经止血、散寒止痛，外用可祛湿止痒。

图16-224 艾

苍耳 *Xanthium sibiricum* Patr. ex Widder　一年生草本,高 20~90 cm。根纺锤状,分枝或不分枝。茎直立不分枝或少有分枝,下部圆柱形,上部有纵沟,被灰白色糙伏毛。叶三角状卵形或心形,近全缘,或有 3~5 个不明显浅裂,顶端尖或钝,基部稍心形或截形,与叶柄连接处成相等的楔形,边缘有不规则的粗锯齿,有三基出脉,侧脉弧形,直达叶缘,脉上密被糙伏毛,上面绿色,下面苍白色,被糙伏毛;雄性的头状花序球形,有或无花序梗,总苞片长圆状披针形,被短柔毛,花托柱状,托片倒披针形,顶端尖,有微毛,有多数的雄花,花冠钟形,管部上端有 5 枚宽裂片;花药长圆状线形;雌花的头状花序椭圆形,外层总苞片小,披针形,被短柔毛,内层总苞片结合成囊状,宽卵形或椭圆形,绿色、淡黄绿色或有时带红褐色,在瘦果成熟时变坚硬,连同喙部长 12~15 mm,宽 4~7 mm,外面有疏生的具钩状的刺,刺极细而直,基部微增粗或几不增粗,基部被柔毛,常有腺点,或全部无毛;喙坚硬,锥形,上端略呈镰刀状,常不等长,少有结合而成 1 个喙。瘦果 2 枚,倒卵形(图 16-225)。花期 7—8 月份,果期 9—10 月份。广泛分布于东北、华北、华东、华南、西北及西南各省区;常生长于平原、丘陵、低山、荒野路边、田边。果实(药材名:苍耳子)有小毒,有祛散风寒、通鼻窍、祛风湿的功效。

图 16-225　苍耳

牛蒡 *Arctium lappa* L.　二年生草本,具粗大的肉质直根,长达 15 cm,径可达 2 cm,有分枝支根。茎直立,高达 2 m,粗壮,通常带紫红或淡紫红色,有多数高起的条棱,分枝斜升,多数,全部茎枝被稀疏的乳突状短毛及长蛛丝毛并混杂以棕黄色的小腺点。基生叶宽卵形,边缘稀疏的浅波状凹齿或齿尖,基部心形,有长达 32 cm 的叶柄;两面异色,上面绿色,有稀疏的短糙毛及黄色小腺点;下面灰白色或淡绿色,被薄绒毛或绒毛稀疏,有黄色小腺点;叶柄灰白色,被稠密的蛛丝状绒毛及黄色小腺点,但中下部常脱毛。茎生叶与基生叶同形或近同形,具等样的及等量的毛被,接花序下部的叶小,基部平截或浅心形。头状花序多数或少数在茎枝顶端排成疏松的伞房花序或圆锥状伞房花序,花序梗粗壮。总苞卵形或卵球形。总苞片多层,多数,外层三角状或披针状钻形,中内层披针状或线状钻形;全部苞片近等长,顶端有软骨质钩刺。小花紫红色,花冠外面无腺点。瘦果倒长卵形或偏斜倒长卵形,两侧压扁,浅褐色,有多数细脉纹,有深褐色的色斑或无色斑。冠毛多层,浅褐色;冠毛刚毛糙毛状,不等长,基部不连合成环,分散脱落(图 16-226)。花果期 6—9 月份。种子(药材名:牛蒡子)有疏散风热、宣肺透疹、解毒利咽等功效。

图 16-226　牛蒡

豨莶 *Siegesbeckia orientalis* L. 一年生草本。茎直立,高 30～100 cm,分枝斜升,上部的分枝常呈复二歧状;全部分枝被灰白色短柔毛。基部叶花期枯萎;中部叶三角状卵圆形或卵状披针形,基部阔楔形,下延成为具翼的柄,顶端渐尖,边缘有规则的浅裂或粗齿,纸质,上面绿色,下面淡绿,具腺点,两面被毛,三出基脉,侧脉及网脉明显;上部叶渐小,卵状长圆形,边缘浅波状或全缘,近无柄。头状花序多数聚生于枝端,排列成具叶的圆锥花序;花梗密生短柔毛;总苞阔钟状;总苞片 2 层,叶质,背面被紫褐色头状具柄的腺毛;外层苞片 5～6 枚,线状匙形或匙形,开展;内层苞片卵状长圆形或卵圆形。外层托片长圆形,内弯,内层托片倒卵状长圆形。花黄色;两性管状花上部钟状,上端有 4～5 枚卵圆形裂片。瘦果倒卵圆形,有 4 棱,顶端有灰褐色环状凸起。花期 4—9 月份,果期 6—11 月份。分布于陕西、甘肃、江苏、浙江、安徽、江西、湖南、四川、贵州、福建、广东、海南、台湾、广西、云南等省区;生于海拔 110～2700 m 的山野、荒草地、灌丛、林缘及林下,也常见于耕地中。全草(药材名:豨莶草)能祛风湿、利关节、解毒。

同属植物腺梗豨莶 *S. pubescens* (Makino) Makino 与豨莶的区别是:总花梗和枝上部被紫褐色头状有梗腺毛。毛梗豨莶 *S. glabrescens* Makino 与豨莶的区别是:总花梗及枝上部的柔毛稀且平伏。这两种植物的全草也作为豨莶草入药。

蓟 *Cirsium japonicum* Fisch. ex DC. 多年生草本,块根纺锤状或萝卜状,直径达 7 mm。茎直立,30(100)～80(150) cm,分枝或不分枝,全部茎枝有条棱,被稠密或稀疏的多细胞长节毛,接头状花序下部灰白色,被稠密绒毛及多细胞节毛。基生叶较大,全形卵形、长倒卵形、椭圆形或长椭圆形,羽状深裂或几全裂,基部渐狭成短或长翼柄,柄翼边缘有针刺及刺齿;侧裂片 6～12 对,中部侧裂片较大,向下及向下的侧裂片渐小,全部侧裂片排列稀疏或紧密,卵状披针形、半椭圆形、斜三角形、长三角形或三角状披针形,宽狭变化极大,边缘有稀疏大小不等小锯齿,或锯齿较大而使整个叶片呈现较为明显的二回状分裂状态,齿顶针刺长可达 6 mm,短可至 2 mm,齿缘针刺小而密或几无针刺;顶裂片披针形或长三角形。自基部向上的叶渐小,与基生叶同形并等样分裂,但无柄,基部扩大半抱茎。全部茎叶两面同色,绿色,两面沿脉有稀疏的多细胞长或短节毛或几无毛。头状花序直立,少有下垂的,少数生茎端而花序极短,不呈明显的花序式排列,少有头状花序单生茎端的。总苞钟状,总苞片约 6 层,覆瓦状排列,向内层渐长,外层与中层卵状三角形至长三角形,顶端长渐尖,有长 1～2 mm 的针刺;内层披针形或线状披针形,顶端渐尖呈软针刺状。全部苞片外面有微糙毛并沿中肋有黏腺。瘦果压扁,偏斜楔状倒披针状,顶端斜截形。小花红色或紫色,不等五浅裂。冠毛浅褐色,多层,基部联合成环,整体脱落;冠毛刚毛长羽毛状,内层向顶端纺锤状扩大或渐细(图 16-227)。花果期 4—11 月份。广布于河北、山东、陕西、江苏、浙江、江西、湖南、湖北、四川、贵州、云南、广西、广

图 16-227 蓟

东、福建和台湾;生于山坡林中、林缘、灌丛、草地、荒地、田间、路旁或溪旁,海拔400~2100 m。地上部分(药材名:大蓟)能凉血止血、散瘀解毒、消痈。

刺儿菜 *Cirsium setosum* (Willd.) MB. (图16-228)多年生草本。茎直立,高30~80(100~120) cm,上部有分枝,花序分枝无毛或有薄绒毛。基生叶和中部茎叶椭圆形、长椭圆形或椭圆状倒披针形,顶端钝或圆形,基部楔形,有时有极短的叶柄,通常无叶柄,上部茎叶渐小,椭圆形或披针形或线状披针形,或全部茎叶不分裂,叶缘有细密的针刺,针刺紧贴叶缘。或叶缘有刺齿,齿顶针刺大小不等,针刺长达3.5 mm,或大部茎叶羽状浅裂或半裂或边缘粗大圆锯齿,裂片或锯齿斜三角形,顶端钝,齿顶及裂片顶端有较长的针刺,齿缘及裂片边缘的针刺较短且贴伏。全部茎叶两面同色,绿色或下面色淡,两面无毛,极少两面异色,上面绿色,无毛,下面被稀

图16-228 刺儿菜

疏或稠密的绒毛而呈现灰色的,亦极少两面同色,灰绿色,两面被薄绒毛。头状花序单生于茎端,或植株含少数或多数头状花序在茎枝顶端排成伞房花序。总苞卵形、长卵形或卵圆形。总苞片约6层,覆瓦状排列,向内层渐长;内层及最内层长椭圆形至线形;中外层苞片顶端有短针刺,内层及最内层渐尖,膜质,短针刺。小花紫红色或白色,雌花花冠细管部细丝状,两性花花冠细管部细丝状。瘦果淡黄色,椭圆形或偏斜椭圆形,压扁,顶端斜截形。冠毛污白色,多层,整体脱落;冠毛刚毛长羽毛状,顶端渐细。花果期5—9月份。除西藏、云南、广东、广西外,其分布几乎遍及全国各地的平原、丘陵和山地;生于海拔170~2650 m的山坡、河旁或荒地、田间。全草(药材名:小蓟)能凉血止血、散瘀解毒、消痈。

本亚科其他药用植物:紫菀 *Aster tataricus* L. f. (图16-229)分布于黑龙江、吉林、辽宁、内蒙古东部及南部、山西、河北、河南西部(卢氏)、陕西及甘肃南部(临洮、成县等);生于海拔400~2000 m的低山阴坡湿

图16-229 紫菀

地、山顶和低山草地及沼泽地。根状茎及根(药材名:紫菀)能润肺下气、消痰止咳。旋覆花 *Inula japonica* Thunb. 产于我国北部、东北部、中部、东部各省,极常见,在四川、贵州、福建、广东也可见到;生于海拔150~2400 m的山坡路旁、湿润草地、河岸和田埂上。地上部分(药材名:金沸草)、头状花序(药材名:旋覆花)能降气、消痰、行水、止呕。鼠麹草 *Gnaphalium affine* D. Don (图16-230)分布于台湾、华东、华南、华中、华北、西北及西南各省区;生于低海拔干地或湿润草地上,尤以稻田最常见。茎叶入药,为镇咳、祛痰、治气喘和支

气管炎以及非传染性溃疡、创伤之常用药,内服还有降血压的疗效。佩兰 *Eupatorium fortunei* Turcz. 分布于山东、江苏、浙江、江西、湖北、湖南、云南、四川、贵州、广西、广东及陕西;生于路边灌丛及山沟路旁。全株及花揉之有香味,似薰衣草。地上部分(药材名:佩兰)能芳香化湿、醒脾开胃、发表解暑。一枝黄花 *Solidago decurrens* Lour. (图 16-231)在我国江苏、浙江、安徽、江西、四川、贵州、湖南、湖北、广东、广西、云南及陕西南部、台湾等地广为分布;生于海拔 565～2850 m 的阔叶林缘、林下、灌丛中及山坡草地上。全草能疏风解毒、退热行血、消肿止痛。千里光 *Senecio scandens* Buch. -Ham. ex D. Don 分布于西藏、陕西、湖北、四川、贵州、云南、安徽、浙江、江西、福建、湖南、广东、广西、台湾等省区;常生于海拔 50～3200 m 的森林、灌丛中,攀缘于灌木、岩石上或溪边。地上部分(药材名:千里光)能清热解毒、明目利湿。

图 16-230 鼠麴草

图 16-231 一枝黄花

(2)舌状花亚科(Cichorioideae)

蒲公英 *Taraxacum mongolicum* Hand. -Mazz. 多年生草本。根圆柱状,黑褐色,粗壮。叶倒卵状披针形、倒披针形或长圆状披针形,先端钝或急尖,边缘有时具波状齿或羽状深裂,有时倒向羽状深裂或大头羽状深裂,顶端裂片较大,三角形或三角状戟形,全缘或具齿,每侧裂片 3～5 片,裂片三角形或三角状披针形,通常具齿,平展或倒向,裂片间常夹生小齿,基部渐狭成叶柄,叶柄及主脉常带红紫色,疏被蛛丝状白色柔毛或几无毛。花葶 1 个至数个,与叶等长或稍长,上部紫红色,密被蛛丝状白色长柔毛;总苞钟状,淡绿色;总苞片 2～3 层,外层总苞片卵状披针形或披针形,边缘宽膜质,基部淡绿色,上部紫红色,先端增厚或具小到中等的角状凸起;内层总苞片线状披针形,先端紫红色,具小角状凸起;舌状花黄色,边缘花舌片背面具紫红色条纹,花药和柱头暗绿色。瘦果倒卵状披针形,暗褐色,上部具小刺,下部具成行排列的小瘤,顶端逐渐收缩为长约 1 mm 的圆锥至圆柱形喙基,喙长 6～10 mm,纤细;冠毛白色(图 16-232)。花期 4—9 月份,果期 5—10 月份。全

图 16-232 蒲公英

国广布；生于田野、山坡、草地。带根全草（药材名：蒲公英）有清热解毒、消肿散结、利尿通淋等功效。

同属植物华蒲公英 T. borealisinense Kitam. 及其他种的全草均可作为蒲公英入药。

苦荬菜 Ixeris polycephala Cass. 一年生草本。根垂直直伸，生多数须根。茎直立，高10～80 cm，上部伞房花序状分枝，或自基部多分枝或少分枝，分枝弯曲斜升，全部茎枝无毛。基生叶花期生存，线形或线状披针形，顶端急尖，基部渐狭成长柄或短柄；中下部茎叶披针形或线形，顶端急尖，基部箭头状半抱茎，向上或最上部的叶渐小，与中下部茎叶同形，基部箭头状半抱茎或长椭圆形，基部收窄，但不成箭头状半抱茎；全部叶两面无毛，边缘全缘，极少下部边缘有稀疏的小尖头。头状花序多数，在茎枝顶端排成伞房状花序，花序梗细。总苞圆柱状，果期扩大呈卵球形；总苞片3层，外层及最外层极小，卵形，顶端急尖，内层卵状披针形，顶端急尖或钝，外面近顶端有鸡冠状凸起或无鸡冠状凸起。舌状小花黄色，极少白色，10～25枚。瘦果压扁，褐色，长椭圆形，无毛，有10条高起的尖翅肋，顶端急尖成长1.5 mm的喙，喙细，细丝状。冠毛白色，纤细，微糙，不等长，长达4 mm（图16-233）。花果期3—6月份。广布于全国；生于海拔300～2200 m的山坡林缘、灌丛、草地、田野路旁。全草入药，具清热解毒、去腐化脓、止血生机等功效；可治疗疮、无名肿毒、子宫出血等症。

图16-233　苦荬菜

苣荬菜 Sonchus arvensis L. 多年生草本。根垂直直伸，多少有根状茎。茎直立，高30～150 cm，有细条纹，上部或顶部有伞房状花序分枝，花序分枝与花序梗被稠密的头状具柄的腺毛。基生叶多数，与中下部茎叶全形倒披针形或长椭圆形，羽状或倒向羽状深裂、半裂或浅裂，侧裂片2～5对，偏斜半椭圆形、椭圆形、卵形、偏斜卵形、偏斜三角形、半圆形或耳状，顶裂片稍大，长卵形、椭圆形或长卵状椭圆形；全部叶裂片边缘有小锯齿或无锯齿而有小尖头；上部茎叶及接花序分枝下部的叶披针形或线钻形，小或极小；全部叶基部渐窄成长或短翼柄，但中部以上茎叶无柄，基部圆耳状扩大半抱茎，顶端急尖、短渐尖或钝，两面光滑无毛。头状花序在茎枝顶端排成伞房状花序。总苞钟状，基部有稀疏或稍稠密的长绒毛或短绒毛。总苞片3层，外层披针形，中内层披针形；全部总苞片顶端长渐尖，外面沿中脉有1行头状具柄的腺毛。舌状小花多数，黄色。瘦果稍扁，长椭圆形，每面有5条细肋，肋间有横皱纹。冠毛白色，柔软，彼此纠缠，基部连合成环（图16-234）。花果期1—9月份。全国广布；生于山坡疏林下、荒野、田野、路边、宅旁。全草入药，有清

图16-234　苣荬菜

热解毒、消肿散结等功效。

山莴苣 *Lagedium sibiricum* (L.) Sojak 多年生草本,高 50~130 cm。根垂直直伸。茎直立,通常单生,常呈淡红紫色,上部伞房状或伞房圆锥状花序分枝,全部茎枝光滑无毛。中下部茎叶披针形、长披针形或长椭圆状披针形,顶端渐尖、长渐尖或急尖,基部收窄,无柄,心形、心状耳形或箭头状半抱茎,边缘全缘、几全缘、小尖头状微锯齿或小尖头,极少边缘缺刻状或羽状浅裂,向上的叶渐小,与中下部茎叶同形。全部叶两面光滑无毛。头状花序含舌状小花约 20 枚,多数在茎枝顶端排成伞房花序或伞房圆锥花序,果期不为卵形;总苞片 3~4 层,不明显的覆瓦状排列,通常淡紫红色,中外层三角形、三角状卵形,顶端急尖,内层长披针形,顶端长渐尖,全部苞片外面无毛。舌状小花蓝色或蓝紫色。瘦果长椭圆形或椭圆形,褐色或橄榄色,压扁,中部有 4~7 条线形或线状不等粗的椭圆形小肋,顶端短,收窄,果颈长约 1 mm,边缘加宽加厚成厚翅。冠毛白色,2 层,冠毛刚毛纤细,锯齿状,不脱落。花果期 7—9 月份。分布于黑龙江、吉林、辽宁、内蒙古(呼伦贝尔市、哲里木市、昭乌达盟、锡林郭勒盟、大青山)、河北、山西、陕西、甘肃、青海、新疆;生于林缘、林下、草甸、河岸、湖地、水湿地。全草(药材名:山莴苣)能清热解毒、活血、止血。

思考题

1. 合瓣花亚纲的特征有哪些?
2. 唇形科、桔梗科和菊科的主要科特征及其药用植物代表有哪些?
3. 比较紫草科、马鞭草科和唇形科的科特征的异同。

二、单子叶植物纲

64. 香蒲科(Typhaceae)

♂ $* P_0 A_{1\sim7,(1\sim7)}$; ♀ $* P_0 \underline{G}_{1:1:1}$

[**形态特征**] 多年生沼生、水生或湿生草本。根状茎横走,须根多。地上茎直立,粗壮或细弱。叶条形,2 列,互生。花单性,雌雄同株,穗状花序呈蜡烛状;雄花位于花序轴上部,无花被;常由 1~3 枚雄蕊组成,花丝分离或合生,花药线形,基着药,药隔常延伸;雌花位于花序下部,与雄花紧密相连,或互相远离;苞片叶状,着生于雌雄花序基部,亦见于雄花序中;子房上位,1 室,胚珠 1 枚,倒生;不孕雌花柱头不发育,无花柱,子房柄不等长,果实纺锤形、椭圆形,果皮膜质,透明或灰褐色,具条形或圆形斑点。种子椭圆形,褐色或黄褐色,光滑或具凸起,含 1 枚肉质或粉状的内胚乳。

[**分布**] 1 属,16 种,分布于热带和亚热带。我国有 11 种,南北广泛分布,几乎全作为药用。

[**显微特征**] 花粉类球形,表面有似网状雕纹,单萌发孔不明显。

[**染色体**] $X = 15$。

[**化学成分**] ①黄酮类,如异鼠李素(isorhamnetin)的糖苷等。②糖类,如曲二糖

（kojibiose）、松二糖（turanose）、麦白糖（leucrose）等。此外，还含有多种氨基酸、脂肪油等。

[药用植物代表]

水烛 *Typha angustifolia* L.　多年生水生或沼生草本；根状茎乳黄色、灰黄色，先端白色；地上茎直立，粗壮，叶线性，叶鞘抱茎；雌雄花序相距2.5～6.9 cm；雄花序轴距具褐色扁柔毛，单出，或分叉；叶状苞片1～3枚，花后脱落；雌花序长15～30 cm，基部具1枚叶状苞片，通常比叶宽，花后脱落；小坚果长椭圆形，具褐色斑点，纵裂；种子深褐色（图16-235）。花果期6—9月份。全国各地均广布，生于水边湿地。花粉（药材名：蒲黄）为止血药，能止血、化瘀、通淋。

香蒲 *T. orientalis* Presl　（图16-236）多年生水生或沼生草本；根状茎乳白色；地上茎粗壮，向上渐细，叶片条形，雌雄花序紧密连接，雄花序长2.7～9.2 cm；雌花序长4.5～15.2 cm，基部具1枚叶状苞片，花后脱落；雄花通常由3枚雄蕊组成，有时2枚，或4枚雄蕊合生；雌

图16-235　水烛

图16-236　香蒲

花无小苞片，小坚果椭圆形至长椭圆形，果皮具长形褐色斑点。花果期5—8月份。分布广泛，生于湖泊、池塘、沟渠、沼泽及河流缓流带。花粉也作为蒲黄入药。

65. 泽泻科（Alismataceae）

$\male * P_{3+3} A_{6\sim\infty} \underline{G}_{6\sim\infty:1:1}$　$\male * P_{3+3} A_{6\sim\infty}$；$\female * P_{3+3} \underline{G}_{6\sim\infty:1:1}$

[形态特征] 多年生水生或沼生草本，具乳汁或无。具根状茎、匍匐茎、球茎、珠芽。叶基生，直立，叶柄长短随水位深浅有明显变化，叶柄基部具鞘，边缘膜质或否。花序总状、圆锥状或呈圆锥状聚伞花序。稀为1～3朵花单生或散生。花两性、单性或杂性，辐射对称。花被片6枚，排成2轮，覆瓦状，外轮花被片宿存，内轮花被片易枯萎、凋落；雄蕊6枚或多数，花药2室，外向，纵裂，花丝分离，向下逐渐增宽，或上下等宽；心皮多数，轮生，或螺旋状排列，分离，花柱宿存，胚珠通常1枚，着生于子房基部。瘦果两侧压扁，或为小坚果。种子通常褐色、深紫色；胚马蹄形，无胚乳。

[分布] 11属，约100种；广布于全球。我国有4属，20种；南北均有分布；已知药用的有2属，12种。

[显微特征] 茎的内皮层明显，维管束为周木型，具油室。

[染色体] X = 7~11。

[化学成分] 四环三萜酮醇,如泽泻醇(alisol)A、B、C,表泽泻醇(epialisol)能降低血液中胆固醇含量,在临床中常用于治疗高脂血症。

[药用植物代表]

图16-237 泽泻

泽泻 *Alisma plantago-aquatica* Linn. 多年生水生或沼生草本;块茎直径1~3.5 cm,或更大;叶通常多数;沉水叶条形或披针形;挺水叶宽披针形、椭圆形至卵形,先端渐尖,稀为急尖,基部宽楔形、浅心形,叶脉通常5条,叶柄基部渐宽,边缘膜质。花两性,外轮花被片广卵形,通常具7脉,边缘膜质,内轮花被片近圆形,远大于外轮,边缘具不规则粗齿,白色、粉红色或浅紫色;瘦果椭圆形或近矩圆形,背部具1~2条不明显浅沟,下部平,果喙自腹侧伸出,喙基部凸起,膜质;种子紫褐色,具凸起(图16-237)。花果期5—10月份。分布于黑龙江、吉林、辽宁等省区;生于湖泊、河湾、溪流、水塘的浅水带,沼泽、沟渠及低洼湿地亦有生长。本种花较大,花期较长,用于花卉观赏,过去常与东方泽泻 *A. orientale* (Samuel.) Juz. 混杂入药。块茎(中药材:泽泻)为利水渗湿药,有利水渗湿、泄热、化浊降脂等功效。

慈姑 *Sagittaria trifolia* L. var. *sinensis* (Sims) Makino 多年生水生或沼生草本植物,根状茎横走,较粗壮,末端膨大或否。叶片长短、宽窄变异很大,花葶直立,挺水,高(15)20~70 cm,或更高,通常粗壮。花序总状或圆锥状,花单性。雌花通常1~3轮,花梗短粗,心皮多数,两侧压扁,花柱自腹侧斜上;雄花多轮,雄蕊多数,花药黄色,花丝长短不一。瘦果两侧压扁,倒卵形,具翅,背翅多少不整齐;果喙短,自腹侧斜上。种子褐色(图16-238)。花果期5—10月份。广布于全国,生于湖泊、池塘、沼泽、沟渠、水田等水域。球茎供食用,并有清热止血、行血通淋、消肿散结作用。

图16-238 慈姑

66. 禾本科(Gramineae)

♂ * $P_{2~3} A_{3,1~6} \underline{G}_{(2~3:1:1)}$

[形态特征] 草本或植物体木本(竹类和某些高大禾草亦可呈木本状)。大多数为须根。茎多为直立,通常在其基部容易生出分蘖条(sucker 或 shoot),一般明显地具有节(node)与节间(internode)两部分[茎在本科中常特称为秆(culm);在竹类中称为竿,以示与禾草者的区别]。节间中空;单叶互生,排成2列,常以1/2叶序交互排列为2行,通常由叶片(blade)、叶鞘(leaf sheath)和叶舌(ligule)组成,有时在叶鞘顶端之两边还可各伸出一

突出体,称为叶耳(auricle),叶鞘抱秆,通常一侧开裂,叶片狭长,具明显中脉及平行脉。叶鞘顶端和叶片相连接处的近轴面有叶舌。花常无柄,在小穗轴(rachilla)上交互排列为2行(尤以多花时明显),以形成小穗(spikelet),再组合成为各式各样的复合花序;小穗轴实为一极短缩的花序轴(rachis),在其节处均可生有苞片(bract)和先出叶(prophyll)各1片。若其最下方数节只生有苞片而无他物,则此等苞片就可称为颖(glume)。而陆续在上方的各节除有苞片和位于近轴的先出叶外,还在两者之间具备一些花的内容,此时苞片即改称为外稃(lemma),先出叶相应地称为内稃(palea),在习惯上通常将此两稃片(anthoecium)连同所包含的花部各器官统称为小花(floret)。外稃通常呈绿色,主脉可伸出乃至成芒(其他脉亦可如此);内稃常较短小,质地亦较薄,先端多呈截平或微凹,背部具2条脊,亦有若干平行纵脉,其二脊可伸出成小尖头或短芒;有2片或3片鳞被(亦称浆片)(lodicule),雄蕊常为(1)3~6枚,稀可为多数,子房下位,花丝细长,花药丁字着生,子房上位,2~3枚心皮组成1室,1枚胚珠,花柱2个或3个,柱头常羽毛状。颖果,种子富含淀粉质胚乳。

[分布] 约700属,10000余种;广布于全球。我国约有200属,1500种以上,全国分布;已知药用的有84属,174种。

[显微特征] 表皮细胞平行排列,每纵行为1个长细胞和2个短细胞相间排列,细胞中常含硅质体;气孔保卫细胞为哑铃形,两侧各有略有呈三角形的副卫细胞;叶片上表皮常有运动细胞,主脉维管束具维管束鞘,叶肉细胞不分化为栅栏组织和海绵组织。

[染色体] $X=6,7,10,12$。

[化学成分] ①杂氮噁嗪酮(benzoxazolinon)类,如薏苡素(coixol)具有解热镇痛、降压的作用。②生物碱类,如芦竹碱(gramine)能升压、收缩子宫;大麦芽碱(hordenine)具有抗菌作用。③三萜类,如芦竹萜(arundoin)、白茅萜(cylindrin)、无羁萜(friedelin)等均具有抗炎镇痛作用。④氰苷,如蜀黍苷(dhurrin)。⑤黄酮类,如大麦黄苷(lutonarin)、小麦黄素(tricin)。有些植物还含有挥发油成分、淀粉、氨基酸、维生素和各种酶类,如香茅属(Cymbopogon)和香根草属(Vetiveria)植物中含有挥发油。

[药用植物代表]

(1) 竹亚科(Bambusoideae)

[形态特征] 灌木或乔木状。叶分为主竿叶和普通叶,主竿叶(笋壳、竿箨)由箨鞘、箨叶组成,箨鞘大,箨叶小而中脉不明显,两者相接处有箨舌,箨鞘顶端两侧各有1枚箨耳;普通叶具短柄,叶片常呈披针形,具明显的中脉,无明显叶鞘,叶片和叶柄连接处有关节,叶片易从关节处脱落。竿木质,枝条的叶具短柄,是竹亚科与禾亚科的主要区别,有70余属,1000种左右,一般生长在热带和亚热带。

淡竹 *Phyllostachys glauca* McClure var. glauca （图16-239）竿高5~12 m,粗2~5 cm,幼竿密被白粉,无毛,老竿灰黄绿色;节间最长可达40 cm。竿环与箨环均稍隆起,同高。箨鞘背面淡紫褐色至淡紫绿色,常有深浅相同的纵条纹,无毛,具紫色脉纹及疏生的小斑点或斑块,无箨耳及鞘口继毛;箨舌暗紫褐色,截形,边缘有波状裂齿及细短纤毛;叶耳及鞘口继毛均存在但早落;叶舌紫褐色;花枝呈穗状,长达11 cm,基部有3~5片逐渐增大的鳞片状

图16-239 淡竹

苞片;佛焰苞5~7片,无毛或一侧疏生柔毛,每苞内有2~4枚假小穗,但其中常仅1枚或2枚发育正常,侧生假小穗下方所托的苞片披针形,先端有微毛。小穗狭披针形,含1朵或2朵小花,常以最上端一朵成熟;小穗轴最后延伸成刺芒状,节间密生短柔毛;颖不存在或仅1片;外稃长约2 cm,常被短柔毛;内稃稍短于其外稃,脊上生短柔毛;柱头2个,羽毛状。笋期4月中旬至5月底,花期6月份。分布于黄河流域至长江流域;生于丘陵、平原。竿的中层(药材名:竹茹)为化痰药,能清热化痰、除烦止呕。

(2) 早熟禾亚科(Pooideae)

[形态特征] 多年生或一年生。秆草质,具节,节间中空。叶呈两行互生;叶鞘抱茎,一侧开放,少数闭合;叶舌常膜质,叶片线形,扁平或内卷,无叶柄,与叶鞘间无关节,而不自其上脱落。圆锥花序;小穗两侧压扁或圆筒形,含(1)2朵至多数小花,自下而上向顶成熟,脱节于颖之上与诸小花间,小穗轴延伸至上部小花之后成一细柄;颖片2枚;外稃具有3脉或5(13)脉,有芒或无芒;内稃具2脉成脊;鳞片2(3)枚;雄蕊3枚,有些为6枚或2枚至1枚;子房1室,无毛或先端有毛,柱头2(3)个,羽毛状。颖果与稃体分离或黏着;种脐线形或短线形;胚小,为果体的1/6~1/4。

(3) 其他亚科药用植物代表

淡竹叶 Lophatherum gracile Brongn. 草本;须根中部常膨大成纺锤状的小块根;叶片宽披针形,有明显的横脉,叶舌截形。圆锥花序顶生;小穗疏生于花序轴上;每一小穗有花数朵,仅第一花为两性,其余皆退化,仅有稃片,外稃先端具短芒;分颖果长椭圆形(图16-240)。花果期6—10月份。分布于长江以南;生于山坡林下阴湿地。茎叶(药材名:淡竹叶)为清热泻火药,能清热除烦、利尿、生津止渴。

薏米 Coix chinensis Tod. var. chinensis 一年生草本。秆高1~1.5 m,具6~10节,多分枝。叶片宽大开展,无毛。总状花序腋生,雄花序位于雌花序上部,具5~6对雄小穗。雌小穗位于花序下部,为甲壳质的总苞所包;总苞椭圆形,先端成颈状之喙,并具一斜口,基部短、收缩,有纵长直条纹,质地较薄,揉搓和手指按压可破,暗褐色或浅棕色。颖果大,长圆形,腹面具宽沟,基部有棕色种脐,质地粉性坚实,白色或黄白色(图16-241)。花果期7—12月份。我国东南部常见栽培或逸生,产于辽宁、河北、河南、陕西、江苏、安徽、浙江、江西、湖北、福建、台湾、广东、广西、四川、云南等省区;生于温暖潮湿的湿地和山谷溪沟,海拔2000 m以下较普遍。种仁(药材名:薏苡仁)为利水渗湿药,能利水渗湿、健脾止泻、除痹排脓、解毒散结。

图 16-240　淡竹叶

图 16-241　薏米

白茅 *Imperata cylindrica* (Linn.) Beauv.　多年生,具粗壮的长根状茎;秆直立,具 1~3 节,节无毛;叶鞘聚集于秆基,甚长于其节间,质地较厚,老后破碎呈纤维状;叶舌膜质,紧贴其背部或鞘口具柔毛,分蘖叶片扁平,质地较薄;秆生叶片窄线形,通常内卷,顶端渐尖,呈刺状,下部渐窄,或具柄,质硬,被有白粉,基部上面具柔毛;圆锥花序稠密,颖果椭圆形(图 16-242)。花果期 4—6 月份。产于辽宁、河北、山西、山东、陕西、新疆等北方地区;生于低山带平原河岸草地、沙质草甸、荒漠与海滨。根状茎(药材名:白茅根)为止血药,能凉血止血、清热利尿。

图 16-242　白茅

芦苇 *Phragmites australis* (Cav.) Trin. ex Steud. var. *australis*　高大草本;根状茎横走,十分发达;叶片披针状线形;圆锥花序较大,顶生,微下垂;小穗由 4 朵花组成,外稃基盘具长柔毛(图 16-243)。全国大部分地区有分布;生于沼泽、河边湿地。根状茎(药材名:芦根)为清热泻火药,能清热泻火、生津止渴、除烦止呕、利尿。

图 16-243　芦苇

本科其他药用植物：小麦 *Triticum aestivum* L.（图 16-244）干瘪轻浮的果实（药材名：浮小麦）能收涩止汗。稻 *Oryza sativa* L.（图 16-245）成熟果实经发芽干燥的炮制加工品（药材名：稻芽）能消食和中、健脾开胃。

图 16-244　小麦

图 16-245　稻

67. 莎草科（Cyperaceae）

$☿ * P_0 A_3 \underline{G}_{(2\sim3:1:1)}$; $♂ * P_0 A_3$; $♀ * P_0 \underline{G}_{(2\sim3:1:1)}$

[**形态特征**] <u>多年生草本</u>，较少为一年生。多数具根状茎，少有兼具块茎。<u>茎多实心，通常三棱形</u>。单叶基生或茎生，一般<u>具闭合的叶鞘和狭长的叶片</u>，或有时仅有鞘而无叶片。花序多种多样，有穗状花序、圆锥花序、头状花序或长侧枝聚伞花序；小穗单生、簇生或排列成穗状或头状，具 2 朵至多数花，或退化仅具 1 朵花；花两性或单性，雌雄同株，少有雌雄异株，着生于鳞片（颖片）腋间，鳞片覆瓦状排列或 2 列，无花被或花被退化成下位鳞片或下位刚毛，有时雌花为先出叶所形成的果囊所包裹；<u>雄蕊 3 枚</u>，<u>花丝线形</u>，<u>花药底着</u>；<u>子房上位</u>，2～3 枚心皮合生，1 室，1 枚胚珠，花柱单一，柱头 2～3 个；<u>果实为小坚果</u>，三棱形，双凸状，或球形。本科与禾本科的主要区别：秆三棱形，实心，无节。叶 3 列，常无舌，叶鞘封闭。小坚果。

[**分布**] 约 80 属，4000 余种；广布于全世界。我国约有 28 属，500 种，全国分布；已知药用的有 16 属，110 种。

[**显微特征**] 含硅质体，表皮细胞不为长细胞和短细胞；根状茎具内皮层，周木型维管束。

[**染色体**] $X = 5 \sim 60$。

[**化学成分**] 挥发油类，油中含有多种萜类化合物。例如，莎草（香附）的干燥块茎中含香附醇（cyperol）、香附烯（cyperene）、香附酮（cyperone）、芹子烯（selinerne）、考布松（kobusone）等。此外，还含有齐墩果酸及齐墩果酸苷等多种萜类化合物。另外，本科植物还含有黄酮类、生物碱类、糖类及强心苷类等。

[药用植物代表]

香附子 *Cyperus rotundus* L. var. *rotundus* 草本;具细长横走的根状茎,末端常膨大成纺锤形的块茎,黑褐色,有芳香味;秆三棱形,单叶基生,叶片狭条形,叶鞘棕色,常裂成纤维状;聚伞花序,分枝在茎顶端辐射状排列,苞片叶状,2~3枚,比花序长;小穗线形、扁平、茶褐色;鳞片2列,膜质,每鳞片着生1朵无被花,花两性,雄蕊3枚,柱头3个;小坚果有3棱(图16-246)。花果期5—11月份。全国多数地区有分布,生长于山坡荒地草丛中或水边潮湿处。块茎(药材名:香附)为理气药,能疏肝解郁、理气宽中、调经止痛。

荆三棱 *Scirpus yagara* Ohwi 粗壮草本;根状茎细长横走,末端膨大成球状块茎;秆高大、粗壮、锐三棱形;叶基生或秆生,扁平线形,苞片叶状3~4枚,长于花序;聚伞花序有3~4个分枝,每个分枝有1~3个锈褐色的小穗,稍压扁;花两性,鳞片2列,顶端具长芒,雄蕊3枚,花药线形;花柱细长,柱头3个;小坚果倒卵形,三棱形,黄白色。花期5—7月份。分布于我国东北各省、江苏、浙江、贵州、台湾;生于湖、河浅水中。块茎(药材名:荆三棱)为活血化瘀药,能破血祛瘀、行气止痛。

本科其他药用植物:荸荠 *Heleocharis dulcis* (Burm. f.)Trin.(图16-247)分布于长江流域;生于浅水中。球茎能清热生津、开胃解毒。

图16-246 香附子

图16-247 荸荠

68. 棕榈科(Palmae)

☿ * $P_{3+3}A_{3+3}\underline{G}_{(3:1\sim3:1)}$ ♂ * $P_{3+3}A_{3+3}$ ♀ * $P_{3+3}\underline{G}_{(3:1\sim3:1)}$

[形态特征] 灌木、藤本或乔木。茎通常不分枝。单生或几乎丛生,表面平滑或粗糙,或有刺,或被残存老叶柄的基部或叶痕。叶常绿,大型,掌状分裂或羽状复叶,叶柄基部常扩大成纤维状叶鞘,通常集生于茎顶;藤本类散生。肉穗花序大型,常具1片至数片佛焰苞;花小,两性或单性;花萼和花瓣各3片,离生或合生;雄蕊6枚,通常2轮;心皮3枚,分离或合生,子房上位,1~3室,每室或每心皮1枚胚珠。核果或硬浆果,果皮光滑或有毛、有刺、粗糙或被以覆瓦状鳞片。种子胚乳丰富,均匀或嚼烂状,胚顶生、侧生或基生。

[分布] 约210属,2800种;分布于热带、亚热带。我国约有28属,100余种,主要产于东南部至西南部;已知药用的有16属,26种。

[显微特征] 含有硅质体;叶肉组织含有草酸钙针晶,有时为方晶或砂晶。

[染色体] $X = 13\sim18$。

[化学成分] 本科植物含有黄酮类、生物碱、多酚和缩合鞣质等。①生物碱类,如槟榔

碱(arecoline)、去甲槟榔碱(guvacoline)等。②黄酮类,如血竭素(dracorhodin)、血竭红素(dracorubin)等。

[药用植物代表]

图 16-248 棕榈

棕榈 *Trachycarpus fortunei* (Hook. f.) H. Wendl. 常绿乔木;主干不分枝,有残存的不易脱落的叶柄基;叶大,掌状深裂,裂片条形,顶端二浅裂,集生于茎顶,叶鞘纤维质,网状,暗棕色,宿存;肉穗花序排成圆锥花序状,佛焰苞多数;单性花,雌雄异株,萼片、花瓣各3枚,黄白色,雄花雄蕊6枚;雌花心皮3枚,基部合生,3室;核果肾状球形,成熟时由黄色变为淡蓝色,有白粉(图16-248)。花期4月份,果期12月份。分布于长江以南;生于疏林中,栽培或野生。叶鞘纤维(药材名:棕榈炭)为止血药,能收敛止血。

麒麟竭 *Daemonorops draco* Bl. 多年生常绿藤本,茎及叶鞘被尖刺;羽状复叶在枝梢互生,下部有时近对生,小叶披针形,互生,叶柄、叶轴被刺;肉穗花序;单性异株,花被6片,淡黄色,排成2轮;雄花雄蕊6枚;雌花具6枚不育雄蕊,雌蕊密被鳞片,花柱短,柱头三深裂;核果红褐色,被黄色鳞片,含红色树脂,常由鳞片下渗出。分布于印尼、马来西亚、伊朗,我国海南、台湾地区有栽培。果实或树干中的树脂(药材名:血竭)为活血化瘀药,能活血定痛、化瘀止血、生肌敛疮。

椰子 *Cocos nucifera* Linn. 高大乔木;叶羽状全裂,裂片条状披针形;肉穗花序腋生,多分枝,雄花聚生于上部,雌花散生于下部,总苞木质,脱落;坚果倒卵形或近球形;外果皮薄,中果皮厚,纤维质,内果皮木质,坚硬(图16-249)。花果期在秋季,分布于我国广东南部诸岛及雷州半岛、海南、台湾及云南南部热带地区。根能止痛止血;椰肉(胚乳)能益气祛风。

图 16-249 椰子

69. 天南星科(Araceae)

$\male \ast P_{4\sim 6} A_{4\sim 6} \underline{G}_{(1\sim \infty:1\sim \infty)}$; $\delta P_0 A_{(1\sim 8),(\infty),1\sim 8,\infty}$ $\female P_0 \underline{G}_{1\sim \infty:1\sim \infty}$

[形态特征] 草本,具块茎或伸长的根茎;叶基生或茎生,单叶或复叶,叶柄基部或一部分鞘状;叶脉网状。花小或微小,常极臭,排列为肉穗花序;花序外面有佛焰苞包围。两性或单性,辐射对称,单性时雌雄同株(同花序)或异株。雌雄同序者雌花居于花序的下部,雄花居于雌花群之上。两性花有花被或否。花被如存在,则为2轮,花被片2枚或3枚,整齐或不整齐地呈覆瓦状排列,常倒卵形,先端拱形,内弯;稀合生成坛状。雄蕊通常与花被片同数且与之对生、分离;在无花被的花中;雄蕊2~4~8或多数,常合生成雄蕊柱;两性花

常具花被片4~6枚,鳞片状;雄蕊常4枚或6枚;<u>子房上位或稀陷入肉穗花序轴内</u>。浆果,极稀紧密结合而为聚合果。种子1枚至多数,外种皮肉质,有的上部流苏状;内种皮光滑,有窝孔,具疣或肋状条纹,种脐扁平或隆起。胚乳厚,肉质,贫乏或不存在。

[**分布**] 约115属,2000余种;主要分布于热带、亚热带。我国有35属,约205种;主要分布于华南、西南;已知药用的有22属,106种。

[**显微特征**] 常有黏液细胞,内含针晶束;根状茎或块茎常具周木型或有限外韧型维管束。

[**染色体**] $X = 12,13,14$。

[**化学成分**] ①挥发油类,如菖蒲酮(acolamone)。②生物碱类,如葫芦巴碱(trigonelline)、秋水仙碱(colchicine)、水苏碱(stachydrine)等。③聚糖类,如魔芋属植物块茎中的葡萄甘露聚糖(glucomannan)和甘露聚糖(calamenene)等。

[**主要属及药用植物代表**]

(1) 天南星属(Arisaema)

草本。有块茎。叶柄多少具长鞘,常与花序柄具同样的斑纹,叶片三浅裂至全裂。肉穗花序单性或两性,雌花序花密;雄花序大都花疏。肉穗花序具附属体,佛焰苞下部管状,上部开展;雌雄异株,无花被,雄花有雄蕊2~5枚,花丝愈合,稀疏排列于花序轴上;雌花子房上位,1室,密集排列于花序轴上。浆果倒卵圆形,倒圆锥形,1室。种子球状卵圆形,具锥尖。

图16-250 天南星

天南星 *Arisaema heterophyllum* Blume (图16-250)草本,块茎扁球形;仅具1叶,有长柄,基生,叶片鸟足状分裂,裂片13~19枚,有时更少或更多,倒披针形、长圆形、线状长圆形,基部楔形,先端骤狭渐尖,全缘,暗绿色,背面淡绿色;佛焰苞管部圆柱形,粉绿色,内面绿白色,喉部截形,外缘稍外卷;檐部卵形或卵状披针形,下弯几成盔状,背面深绿色、淡绿色至淡黄色,先端骤狭渐尖。肉穗花序两性和雄花序单性;雌花球形,花柱明显,柱头小,胚珠3~4枚,直立于基底胎座上。雄花具柄,花药2~4个,白色,顶孔横裂。浆果黄红色、红色,圆柱形,内有棒头状种子1枚,不育胚珠2~3枚,种子黄色,具红色斑点。花期4—5月份,果期7—9月份。分布几遍全国;生于海拔2700 m以下的林下、灌丛或草地。块茎(药材名:天南星)为化痰药,能燥湿化痰、祛风止痉、散血消肿。

东北南星 *A. amurense* Maxim. 块茎小,近球形。叶1片,叶柄长17~30 cm,下部1/3具鞘,紫色;叶片鸟足状分裂,裂片5枚,倒卵形、倒卵状披针形或椭圆形,先端短渐尖或锐尖,基部楔形;佛焰苞绿色或带紫色,有白色条纹。花期5月份,果9月份成熟。分布于北京、河北、内蒙古、宁夏、陕西、山西、黑龙江、吉林、辽宁、山东至河南信阳;生于海拔50~1200 m的林下和沟旁。块茎也作为天南星入药。

(2) 半夏属(Pinellia)

草本。具块茎。叶基生,叶片全缘,三深裂、三全裂或鸟足状分裂,裂片长圆椭圆形或卵状长圆形,侧脉纤细,近边缘有集合脉3条,叶片基部常有珠芽;花序轴具细长附属体,佛焰苞宿存,管部席卷,有增厚的横隔膜;花单性,雌雄同序,无花被,雄花雄蕊2枚,位于花序上部;雌花位于花序下部,着生雌花的花序轴与佛焰苞贴生,1室,1枚胚珠。浆果长圆状卵形,略锐尖,有不规则的疣皱;胚乳丰富,胚具轴。

图 16-251 半夏

半夏 *Pinellia Ternata* (Thunb.) Breit. 块茎圆球形,具须根;叶2~5枚,有时1枚。叶柄长15~20 cm,基部具鞘,鞘内、鞘部以上或叶片基部(叶柄顶头)有直径3~5 mm的珠芽,珠芽在母株上萌发或落地后萌发。叶异型,一年生叶为单叶,卵状心形或戟形,2年以上叶为三全裂,基生;佛焰苞绿色,雄花和雌花之间为不育部分,附属体鼠尾状,伸出佛焰苞外;浆果卵圆形,黄绿色,先端渐狭为明显的花柱(图16-251)。花期5—7月份,果8月份成熟。分布于南北各地;生于田间、林下、荒坡。块茎(药材名:半夏)为化痰药,有毒,能燥湿化痰、降逆止呕、消痞散结。

虎掌 *Pinella Pedatisecta* Schott 块茎近圆球形,周围常生有数个小球茎;一年生者心形,二年以上叶片鸟足状全裂,裂片6~11枚,披针形。佛焰苞淡绿色,管部长圆形,肉穗花序;附属器黄绿色,细线形,直立或略呈"S"形弯曲。浆果卵圆形,绿色至黄白色,小,藏于宿存的佛焰苞管部内。花期6—7月份,果9—11月份成熟。分布于华北、华中及西南;生于海拔1000 m以下的林下、山谷或河谷阴湿处。块茎(药材名:虎掌南星)为化痰药,有毒,其功效同半夏。

(3) 本科其他药用植物

石菖蒲 *Acorus tatarinowii* Schott (图16-252)多年生草本;根茎芳香,外部淡褐色,根肉质,具多数须根,根茎上部分枝甚密,植株因而呈丛生状,分枝常被纤维状宿存叶基;叶无柄,叶片薄,基部两侧膜质,叶鞘上延几达叶片中部,渐狭,脱落;叶片暗绿色,线形,基部对折,中部以上平展,先端渐狭,无中肋,平行脉多数,稍隆起;花序柄腋生,三棱形;叶状佛焰苞为肉穗花序长的2~5倍或更长,稀近等长;肉穗花序圆柱状;成熟果序长7~8 cm,直径可达1 cm;幼果绿色,成熟时黄绿色或黄白色(图16-252)。花果期2—6月份。分布于黄河以南各省区,常见于海拔20~2600 m的密林下,生长于湿地或溪旁石上。根茎(药材名:石菖蒲)为开窍药,能开窍豁痰、醒神益智、化湿开胃。

千年健 *Homalomena occulta* (Lour.) Schott 多年生草本;根茎匍匐,肉质根圆柱形,粗3~4 mm,密被淡褐色短绒毛,须根稀少,纤维状;叶片膜质至纸质,箭状心形至心形;佛焰苞绿白色,长圆形至椭圆形,花前席卷呈纺锤形,盛花时上部略展

图 16-252 石菖蒲

开呈短舟状。肉穗花序具短梗或否。子房长圆形,基部一侧具假雄蕊1枚,柱头盘状;子房3室,胚珠多数,着生于中轴胎座上。种子褐色,长圆形。花期7—9月份。分布于广东、海南、广西西南部至东部、云南南部至东南部;生长于海拔80~1100 m的沟谷密林下、竹林和山坡灌丛中。根茎(药材名:千年健)为驱风湿药,能驱风湿、壮筋骨。瑶族人习用其根茎治跌打损伤、骨折、外伤出血、四肢麻木、筋脉拘挛、风湿腰腿痛、类风湿关节炎、胃痛、肠胃炎、瘀症等。

70. 百部科(Stemonaceae)

☿ * $P_{2+2}A_{2+2}\underline{G}_{(2:1:2\sim\infty)}$、$\underline{G}_{(2:1:2\sim\infty)}$

[形态特征] <u>多年生草本或半灌木</u>,<u>攀缘或直立</u>,<u>全体无毛</u>。常有肉质块根。叶对生、轮生或互生,具柄或无柄。花序腋生或贴生于叶片中脉;<u>花两性</u>,整齐,通常花叶同期,罕有先花后叶者;辐射对称;<u>花被片4枚</u>,<u>2轮</u>,<u>上位或半上位</u>;雄蕊4枚,花药2室,<u>药隔通常伸长</u>,呈钻形或条形;<u>子房上位或近半下位</u>,1室;胚珠2枚至多数,基生或顶生胎座。<u>蒴果2瓣裂</u>,种子卵形或长圆形,具丰富胚乳,种皮厚,具多数纵槽纹;胚细长,坚硬。

[分布] 3属,约30种;主要分布于亚洲、美洲和大洋洲。我国有2属,6种;分布于东南至西南部;已知药用的有2属,6种。

[显微特征] 块根通常具有根被。

[染色体] $X=7$。

[化学成分] 本科植物普遍含有生物碱,如百部碱(stemonine)、百部宁碱(paipunine)、百部定碱(stemonidine)、<u>直立百部碱</u>(sessilistemonine)、<u>蔓生百部碱</u>(stemonamine)等,有抗菌消炎、镇咳、杀虫等作用。

[药用植物代表]

百部 *Stemona japonica* (Bl.) Miq. 块根肉质,成簇,长圆状纺锤形,粗1~1.5 cm。茎长达1 m许,常有少数分枝,下部直立,上部攀缘状。叶2~4(5)枚轮生,纸质或薄革质,卵形,卵状披针形或卵状长圆形,顶端渐尖或锐尖,边缘微波状,基部圆或截形;主脉通常5条,有时可多至9条,两面均隆起,横脉细密而平行;叶柄细;花序柄贴生于叶片中脉上,花单生或数朵排成聚伞状花序,花柄纤细;苞片线状披针形;花被片淡绿色,披针形,顶端渐尖,基部较宽,具5~9条脉,开放后反卷;雄蕊紫红色,短于或近等长于花被;花丝短,基部多少合生成环;花药线形,药顶具一箭头状附属物,两侧各具一直立或下垂的丝状体;药隔直立,延伸为钻状或线状附属物;蒴果卵形、扁,赤褐色,顶端锐尖,熟果2片开裂,常具2颗种子。种子椭圆形,稍扁平,深紫褐色,表面具纵槽纹,一端簇生多数淡黄色、膜质短棒状附属物(图16-253)。花期5—7月份,果期7—10月份。分布于浙江、江苏、安徽、江西等省;生于海拔300~400 m的山坡草丛、路旁和林下。块根(药材名:百部)为止咳平喘药,能清肺下气止咳、杀虫灭虱。

图16-253 百部

大百部 *Stemona tuberosa* Lour. 块根通常纺锤状,长达30 cm。茎常具少数分枝,攀缘状,下部木质化,分枝表面具纵槽。叶对生或轮生,卵状披针形、卵形或宽卵形,顶端渐尖至短尖,基部心形,边缘稍波状,纸质或薄革质;花单生或2~3朵排成总状花序,生于叶腋或偶尔贴生于叶柄上;苞片小,披针形;花被片黄绿色带紫色脉纹,顶端渐尖,内轮比外轮稍宽,具7~10条脉;雄蕊紫红色,短于或几等长于花被;花丝粗短,花药顶端具短钻状附属物;药隔肥厚,向上延伸为长钻状或披针形的附属物;子房小,卵形,花柱近无。蒴果光滑,具多数种子。花期4—7月份,果期(5)7—8月份。分布于长江以南各省区,生于海拔370~2240 m的山坡丛林下、溪边、路旁以及山谷和阴湿岩石中。块根作为百部入药。

直立百部 Stemona sessilifolia(Miq.) Miq. 半灌木。块根纺锤状,粗约1 cm。茎直立,高30~60 cm,不分枝,具细纵棱。叶薄革质,通常每3~4枚轮生,卵状椭圆形或卵状披针形,顶端短尖或锐尖,基部楔形,具短柄或近无柄。花单朵腋生,通常出自茎下部鳞片腋内;鳞片披针形;花柄向外平展,中上部具关节;花向上斜升或直立;花被片淡绿色;雄蕊紫红色;花丝短;花药顶端的附属物与药等长或稍短,药隔延伸物约为花药长的2倍;子房三角状卵形。蒴果有种子数粒。花期3—5月份,果期6—7月份。分布于浙江、江苏、安徽、江西、山东、河南等省。常生于林下。块根作为百部入药。

71. 百合科(Liliaceae)

☿ * $P_{3+3,(3+3)} A_{3+3} \underline{G}_{(3:3:1 \sim \infty)}$

[形态特征] 通常为具根状茎、块茎或鳞茎的多年生草本,很少为亚灌木、灌木或乔木状。叶基生或茎生,后者多为互生,较少为对生或轮生,通常具弧形平行脉,极少具网状脉。花两性,很少为单性异株或杂性,辐射对称,极少稍两侧对称;花被片6枚,少有4枚或多数,离生或不同程度地合生(成筒),一般为花冠状;雄蕊通常与花被片同数,花丝离生或贴生于花被筒上;花药基着或"丁"字状着生;药室2枚,纵裂,较少汇合成一室而为横缝开裂;心皮合生或不同程度地离生;子房上位,极少半下位,一般3室,中轴胎座;每室具1枚至多数倒生胚珠。蒴果或浆果,较少为坚果。种子具丰富的胚乳,胚小。

[分布] 230属,约3500种;广布于全球,以温带和亚热带地区为多。我国有约60属,560种;分布于南北各地,主要分布于西南地区;已知药用的有52属,374种(包括龙舌兰科)。

[显微特征] 植物体常有黏液细胞,并含有草酸钙针晶束。

[染色体] $X = 3 \sim 27$。

[化学成分] ①生物碱类,如芦贝碱(fritiminine)、贝母素丙(fritimine)、岷贝碱(minpeimine)、青贝碱(chinpeimine)、藜芦碱(veratrine)、秋水仙碱(colchicine)等。②强心苷类,如铃兰毒苷(convallatoxin)等。③甾体皂苷类,如知母皂苷(timosaponin)、麦冬皂苷(ophiopogonin)、薯蓣皂苷元(diosgenin)、七叶一枝花皂苷(pariphyllin)等。④蒽醌类,如萱草根素(hemerocallin)、芦荟大黄素(aloeemodin)等。另外还含有含硫化合物、多糖类化合物。

[主要属及药用植物代表]

(1) 百合属(Lilium)

草本。鳞茎卵形或近球形;鳞片多数,肉质,卵形或披针形。单叶互生,全缘。花大,花被片6枚,2轮,分离;雄蕊6枚,花丝钻形,花药丁字着生;3枚心皮,3室,柱头头状。蒴果矩圆形,室背开裂,种子多数,扁平,周围有翅。

百合 *Lilium brownii* var. *viridulum* Baker　鳞茎球形,茎有的有紫色条纹,光滑;叶倒披针形至倒卵形,上部叶常比较小,5～7条脉;花喇叭状,乳白色,外面稍带紫色,顶端向外张开或稍外卷,有香味;花粉粒红褐色;子房长圆柱形,柱头三裂;蒴果矩圆形,有棱(图16-254)。花期5—6月份,果期9—10月份。分布于河北、山西、河南、陕西、湖北、湖南、江西、安徽和浙江;生于山坡草丛中、疏林下、山沟旁、地边或村旁。肉质鳞叶(药材名:百合)为滋阴药,能养阴润肺、清心安神。

同属植物**卷丹** *L. lancifolium* Thunb.(图16-255)花下垂,花被片披针形,反卷,橙红色,有紫黑色斑点;蒴果狭长卵形。花期7—8月份,果期9—10月份。分布于全国大部分省区,生于山坡草地;肉质鳞叶亦作为中药百合入药。

图16-254　百合

图16-255　卷丹

(2) 黄精属(Polygonatum)

草本。茎不分枝,具横走根茎,具黏液。叶互生、对生或轮生,全缘。花生叶腋间,通常集生似呈伞形,伞房或总状花序,花被片6枚,下部合生成筒,裂片顶端外面通常具乳突状毛,花被筒基部与子房贴生,成小柄状,并与花梗间有一关节,雄蕊6枚,内藏;花丝下部贴生于花被筒,上部离生,顶端六裂,裂片顶端具乳突;雄蕊6枚;子房上位,3枚心皮组成3室。浆果近球形。具几粒至10余粒种子。

黄精 *Polygonatum sibiricum* Delar. ex Redoute　根状茎圆柱状,由于结节膨大,"节间"一头粗、一头细,在粗的一头有短分枝(《中药志》中称由这种根状茎类型所制成的药材为鸡头黄精)。茎高50～90 cm,或可达1 m以上,有时呈攀缘状。叶轮生,每轮4～6枚,条状披针形,先端拳卷或弯曲成钩。花序通常具2～4朵花,似呈伞形,总花梗俯垂;苞片位于花梗基部,膜质,钻形或条状披针形,具1脉;花被乳白色至淡黄色,花被筒中部稍缢缩;浆果黑色,具4～7粒种子(图16-256)。花期5—6月份,果期8—9月份。分布于东北、华北及黄河流域,南达四川;生于林下、灌丛及山坡阴处。根茎(药材名:黄精)为滋阴

图16-256　黄精

药,能补气养阴、健脾、润肺、益肾。

图 16-257　玉竹

玉竹 *Polygonatum odoratum*(Mill.) Druce 根状茎圆柱形,茎高 20~50 cm,具 7~12 片叶。叶互生,椭圆形至卵状矩圆形,先端尖,下面带灰白色,下面脉上平滑至呈乳头状粗糙。花序具 1~4 朵花(在栽培情况下,可多至 8 朵);花被黄绿色至白色,花被筒较直;花丝丝状,近平滑至具乳头状突凸起。浆果蓝黑色,具 7~9 粒种子(图 16-257)。花期 5~6 月份,果期 7—9 月份。产于黑龙江、吉林、辽宁、河北、山西、内蒙古、甘肃、青海、山东、河南、湖北、湖南、安徽、江西、江苏、台湾;生于林下或山野阴坡,海拔 500~3000 m。根茎(药材名:玉竹)为滋阴药,能养阴润燥、生津止渴。

(3) 贝母属(Fritillaria)

多年生草本。具无被鳞茎,肉质鳞叶较少。茎直立,一部分位于地下。基生叶有长柄;茎生叶对生、轮生或散生,先端卷曲或不卷曲,基部半抱茎。花钟状下垂,辐射对称,单朵顶生或多朵排成总状花序或伞形花序,具叶状苞片;花被片 6 枚,分离,基部有腺窝,不反转;雄蕊 6 枚,花药基生;子房上位,3 枚心皮组成 3 室。蒴果具 6 棱,棱上常有翅,室背开裂。种子多数,扁平,边缘有狭翅。

浙贝母 *Fritillaria thunbergii* Miq. 植株长 50~80 cm(图 16-258)。鳞茎由 2~3 枚鳞片组成,直径 1.5~3 cm。叶在最下面的对生或散生,向上常兼有散生、对生和轮生的,近条形至披针形,先端不卷曲或稍弯曲。花 1~6 朵,淡黄色,有时稍带淡紫色,顶端的花具 3~4 枚叶状苞片,其余的具 2 枚苞片;苞片先端卷曲;花被片内外轮相似;雄蕊长约为花被片的2/5;花药近基着,花丝无小乳突。蒴果,棱上有翅。花期 3~4 月份,果期 5 月份。主要分布于江苏(南部)、浙江(北部)和湖南;生于海拔较低的山丘荫蔽处或竹林下。大者除去芯芽,习称"大贝";小者不去芯芽,习称"珠贝",为化痰药,能清热化痰止咳、解毒散结消痈。

图 16-258　浙贝母

川贝母 *Fritillaria Cirrhosa* D. Don　植株长 15~50 cm。鳞茎由 2 枚鳞片组成。叶通常对生,少数在中部兼有散生或 3~4 枚轮生的,条形至条状披针形,先端稍卷曲或不卷曲。花通常单朵,紫色至黄绿色,通常有小方格,少数仅具斑点或条纹;每朵花有 3 枚叶状苞片,苞片狭长;雄蕊长约为花被片的 3/5,花药近基着。蒴果,棱上有狭翅(图 16-259)。花期 5—7 月份,果期 8—10 月份。分布于西藏(南部至东部)、云南(西北部)和四川(西部);常生于海拔 3200~4200 m 的林中、灌丛下、草地或河滩、山谷等湿地或岩缝中。鳞茎(药材名：川贝母)为化痰药,能清热润肺、化痰止咳、散结消痈。

暗紫贝母 *Fritillaria unibracteata* Hsiao et K. C. Hsia 鳞茎由2枚鳞片组成。叶在下面的1~2对对生,上面的1~2枚散生或对生,条形或条状披针形,先端不卷曲。花单朵,深紫色,有黄褐色小方格;叶状苞片1枚,先端不卷曲;雄蕊长约为花被片的一半,花药近基着,花丝具或不具小乳突;柱头裂片很短。蒴果棱上的翅很狭。花期6月份,果期8月份。分布于四川西北部(松潘、若尔盖、马尔康、刷经寺、洪源、理县)和青海东南部(兴海、河南、果洛、班玛);生于海拔3200~4500 m的草地上。鳞茎作为川贝母入药。

图16-259　川贝母(左下角示药材松贝)

甘肃贝母 *Fritillaria prlewalskii* Maxim. ex Batal.　植株长20~40 cm。鳞茎由2枚鳞片组成。叶通常最下面的2枚对生,上面的2~3枚散生,条形,先端通常不卷曲。花通常单朵,少有2朵的,浅黄色,有黑紫色斑点;叶状苞片1枚,先端稍卷曲或不卷曲;雄蕊长约为花被片的一半;花药近基着,花丝具小乳突;柱头裂片通常很短。蒴果棱上的翅很狭。花期6—7月份,果期8月份。产于甘肃南部(洮河流域)、青海东部和南部(湟中、民和、囊谦、治多)以及四川西部(甘孜、宝兴、天全);生于海拔2800~4400 m的灌丛中或草地上。鳞茎作为川贝母入药。

图16-260　梭砂贝母

梭砂贝母 *Fritillaria delavayi* Franch.　(图16-260)鳞茎较大,有鳞叶3~4枚;茎中部以上具叶,最下部2枚对生,其余互生,条形;花淡黄色,外面带紫晕,内面有蓝紫色小方格及斑点。花期6—7月份,果期8—9月份。产于云南(西北部)、四川(西部)、青海南部(杂多、囊谦)和西藏(拉萨至亚东);生于海拔3800~4700 m的沙石地或流沙岩石的缝隙中。鳞茎(药材名:川贝母)为化痰药,能清热润肺、化痰止咳、散结消痈。

平贝母 *Fritillaria ussuriensis* Maxim.　植株长可达1 m;鳞茎由2枚鳞片组成,周围还常有少数小鳞茎,容易脱落;叶轮生或对生,在中上部常兼有少数散生的,条形至披针形,先端不卷曲或稍卷曲;花1~3朵,紫色而具黄色小方格,顶端的花具4~6枚叶状苞片,苞片先端强烈卷曲;外花被片比内花被片稍长而宽。花期5—6月份。产于辽宁、吉林、黑龙江;生于低海拔地区的林下、草甸或河谷。本种有悠久的栽培历史,是药材平贝的唯一来源。鳞茎(药材名:平贝母)为化痰药,能清热润肺、化痰止咳。

伊贝母 *Fritillaria pallidiflora* Schrenk　植株高30~60 cm;鳞茎由2枚鳞片组成,鳞片上

图 16-261 伊贝母

端延伸为长的膜质物,鳞茎皮较厚。叶通常散生,有时近对生或近轮生,但最下面的决非真正的对生或轮生;从下向上由狭卵形至披针形,先端不卷曲;花1~4朵,淡黄色,内有暗红色斑点,每朵花有1~2(3)枚叶状苞片,苞片先端不卷曲;花被片匙状矩圆形,外三片明显宽于内三片(图16-261)。花期5月份。产于新疆西北部(伊宁、绥定、霍城);生于海拔1300~1780 m的林下或草坡上。本种是药材伊贝的主要来源。鳞茎(药材名:伊贝母)为化痰药,能清热润肺、化痰止咳。

(4) 本科其他药用植物

七叶一枝花 Paris polyphylla Sm. 植株高35~100 cm,无毛;根状茎粗厚,外面棕褐色,密生多数环节和许多须根。茎通常带紫红色,基部有灰白色干膜质的鞘1~3枚。叶(5)7~10枚,矩圆形、椭圆形或倒卵状披针形,先端短尖或渐尖,基部圆形或宽楔形;叶柄明显,带紫红色;外轮花被片绿色,(3)4~6枚,狭卵状披针形;内轮花被片狭条形,通常比外轮长;雄蕊8~12枚,花药短,与花丝近等长或稍长;子房近球形,具棱,顶端具一盘状花柱基,花柱粗短,具4~5个分枝。蒴果紫色,3~6瓣裂开。种子多数,具鲜红色多浆汁的外种皮(图16-262)。花期4—7月份,果期8—11月份。分布于西藏(东南部)、云南、四川和贵州;生于海拔1800~3200 m的林下。根茎(药材名:重楼)为清热解毒药,能清热解毒、消肿止痛、凉肝定惊。

图 16-262 七叶一枝花

知母 Anemarrhena asphodeloides Bge. 根状茎粗0.5~1.5 cm,为残存的叶鞘所覆盖。叶长15~60 cm,宽1.5~11 mm,向先端渐尖而成近丝状,基部渐宽而成鞘状,具多条平行脉,没有明显的中脉。花葶比叶长得多;总状花序通常较长,可达20~50 cm;苞片小,卵形或卵圆形,先端长,渐尖;花粉红色、淡紫色至白色;花被片条形,中央具3条脉,宿存。蒴果狭椭圆形,顶端有短喙。花果期6—9月份。分布于河北、山西、山东(山东半岛)、陕西(北部)、甘肃(东部)、内蒙古(南部)、辽宁(西南部)、吉林(西部)和黑龙江(南部);生于海拔1450 m以下的山坡、草地或路旁较干燥或向阳的地方。根茎(药材名:知母)为清热泻火药,能清热泻火、滋阴润燥。

麦冬 Ophiopogon japonicus(L. f) Ker~Gawl. 根较粗,中间或近末端常膨大成椭圆形或纺锤形的小块根;小块根长1~1.5 cm或更长些,宽5~10 mm,淡褐黄色;地下走茎细长,直径1~2 mm,节上具膜质的鞘。茎很短,叶基生成丛,禾叶状,长10~50 cm,少数更长些,宽1.5~3.5 mm,具3~7条脉,边缘具细锯齿。花葶通常比叶短得多,总状花序具几朵至十几朵花;花单生或成对着生于苞片腋内;苞片披针形,先端渐尖;花被片常稍下垂而不展开,披针形,白色或淡紫色;种子球形(图16-263)。花期5—8月份,果期8—9月份。分布于广东、广西、福建、台湾、浙江、江苏、江西、湖南、湖北、四川、云南、贵州、安徽、河南、陕西(南部)和河北(北京以南);生于海拔2000 m以下的山坡阴湿处、林下或溪旁。块根(药材名:麦冬)为滋阴药,能养阴生津、润肺清心。

天门冬 *Asparagus cochinensis*(Lour.) Merr. 攀缘植物。根在中部或近末端呈纺锤状膨大。茎平滑,常弯曲或扭曲,长可达1~2 m,分枝具棱或狭翅。叶状枝通常每3枚成簇,扁平或由于中脉龙骨状而略呈锐三棱形,稍镰刀状;茎上的鳞片状叶基部延伸为长2.5~3.5 mm的硬刺,在分枝上的刺较短或不明显。花通常每2朵腋生,淡绿色;雄花花丝不贴生于花被片上;雌花大小和雄花相似。浆果成熟时红色,有1颗种子(图16-264)。花期5—6月份,果期8—10月份。分布于河北、山西、陕西、甘肃等省的南部至华东、中南、西南各省区;生于海拔1750 m以下的山坡、路旁、疏林下、山谷或荒地上。块根(药材名:天冬)为滋阴药,能养阴润燥、清肺生津。

图16-263 麦冬

图16-264 天门冬

土茯苓 *Smilax glabra* Roxb. 攀缘灌木;根状茎粗厚,块状,常由匍匐茎相连接。茎长1~4 m,枝条光滑,无刺。叶薄革质,狭椭圆状披针形至狭卵状披针形,先端渐尖,下面通常绿色,有时带苍白色;叶柄具狭鞘,有卷须,脱落点位于近顶端。伞形花序通常具10余朵花;总花梗长1~5(8)mm,通常明显短于叶柄,极少与叶柄近等长;在总花梗与叶柄之间有一芽;花序托膨大,连同多数宿存的小苞片多少呈莲座状;花绿白色,六棱状球形;雄花外花被片近扁圆形,兜状,背面中央具纵槽;内花被片近圆形,边缘有不规则的齿;雄蕊靠合,与内花被片近等长,花丝极短;雌花外形与雄花相似,但内花被片边缘无齿,具3枚退化雄蕊。浆果成熟时紫黑色,具粉霜。花期7—11月份,果期11月份至翌年4月份。分布于甘肃(南部)和长江流域以南各省区,直到台湾、海南岛和云南;生于海拔1800 m以下的林中、灌丛下、河岸或山谷中,也见于林缘与疏林中。块根(药材名:土茯苓)为清热解毒药,能解毒、除湿、通利关节。

藜芦 *Veratrum nigrum* L. 植株高可达1 m,通常粗壮,基部的鞘枯死后残留为有网眼的黑色纤维网。叶椭圆形、宽卵状椭圆形或卵状披针形,大小常有较大变化,通常长22~25 cm,宽约10 cm,薄革质,先端锐尖或渐尖,基部无柄或生于茎上部的具短柄,两面无毛。圆锥花序密生黑紫色花;侧生总状花序近直立伸展,通常具雄花;顶生总状花序常较侧生花序长2倍以上,几乎全部着生两性花;总轴和枝轴密生白色绵状毛;小苞片披针形,边缘和

图16-265 藜芦

背面有毛；雄蕊长为花被片的一半；子房无毛，蒴果（图16-265）。花果期7—9月份。分布于东北、河北、山东、河南、山西、陕西、内蒙古、甘肃、湖北（房县）、四川和贵州；生于海拔1200～3300 m的山坡林下或草丛中。根及根茎（药材名：藜芦）为涌吐药，有毒，能涌吐、杀虫。

芦荟 *Aloe vera* L. Var. *chinensis*（Haw.）Berger 茎较短，叶近簇生或稍二列（幼小植株），肥厚多汁，条状披针形，粉绿色，顶端有几个小齿，边缘疏生刺状小齿；花葶不分枝或有时稍分枝，总状花序具几十朵花，苞片近披针形，先端锐尖，花点垂，稀疏排列，淡黄色而有红斑，花被裂片先端稍外弯；雄蕊与花被近等长或略长，花柱明显伸出花被外（图16-266）。南方各省区和温室常见栽培，也有由栽培变为野生的。但我国有否真正野生的，尚难以肯定。叶或叶汁干燥品（药材名：芦荟）为泻下药，能泻下通便、清肝泻火、杀虫疗疳。

剑叶龙血树 *Dracaena cochinchinensis*（Lour.）S. C. Chen （图16-267）乔木状，高可达5～15 m。茎粗大，分枝多，树皮灰白色，光滑，老干皮部灰褐色，片状剥落，幼枝有环状叶痕。

图16-266 芦荟

图16-267 剑叶龙血树

叶聚生在茎、分枝或小枝顶端，互相套叠，剑形，薄革质，长50～100 cm，宽2～5 cm，向基部略变窄而后扩大，抱茎，无柄。圆锥花序长40 cm以上，花序轴密生乳突状短柔毛，幼嫩时更甚；花2～5朵簇生，乳白色；花被片下部1/4～1/5合生；花丝扁平，上部有红棕色疣点；花柱细长。浆果橘黄色，具1～3粒种子。花期3月份，果期7—8月份。分布于云南南部（孟连、普洱、镇康）和广西南部（窑头圩）；生于海拔950～1700 m的石灰岩上，是耐旱、嗜钙的树种。树脂（药材名：国产血蝎）为活血化瘀药，内服能活血化瘀、止痛；外用能止血、生肌、敛疮。

72. 石蒜科（Amaryllidaceae）

$♂ * ↑ P_{(3+3),3+3} A_{3+3,(3+3)} \overline{G}_{(3:3:∞)}$

[形态特征] 多年生草本，具鳞茎、根状茎或块茎。叶基生，多少呈线形，全缘或有刺状锯齿。花单生或排列成伞形花序、总状花序、穗状花序、圆锥花序，通常具佛焰苞状总苞，总苞片1枚至数枚，膜质；花两性，辐射对称或左右对称；花被6枚，2轮；雄蕊通常6枚，着生于花被管喉部或基生，花药背着或基着，通常内向开裂；子房下位，3室，中轴胎座，每室胚珠多数。蒴果多数背裂或不整齐开裂，很少为浆果状。种子含有胚乳。

[分布] 100余属，1200种；主产于温带地区。我国有17属，44种，以长江以南为多；已知药用的有10属，29种。

[显微特征] 叶含黏液细胞及草酸钙针晶。

[染色体] $X = 6 \sim 23$。

[化学成分] 本科植物常含生物碱类物质。例如，石蒜碱（lycorine）具有抗癌作用，还有消炎、解热镇痛及催吐作用；二氢石蒜碱（dihydrolycorine）具有镇静作用；氧化石蒜碱（oxylycorine）在临床上可用于治疗胃癌和肝癌；伪石蒜碱（pseudolycorine）可用于治疗白血病，其作用强于长春新碱和环磷酰胺；加兰他敏（galathamine）和石蒜胺碱（lycoramine）可用作中枢神经麻痹治疗药，治疗肌无力症、骨髓灰质炎后遗症及抑郁症等。还含有甾体皂苷及苷元，如海柯皂苷元（hecogenin）和替告皂苷元（tigogenin）是合成口服避孕药及激素药物的原料。

[药用植物代表]

石蒜 *Lycoris radiata*（L'Her.）Herb. 鳞茎近球形，直径1~3 cm。秋季出叶，叶狭带状，顶端钝，深绿色，中间有粉绿色带。花茎高约30 cm；总苞片2枚，披针形；伞形花序有花4~7朵，花鲜红色；花被裂片狭倒披针形，强度皱缩和反卷，花被筒绿色；雄蕊显著伸出于花被外，比花被长1倍左右（图16-268）。花期8—9月份，果期10月份。分布于山东、河南、安徽、江苏、浙江、江西、福建、湖北、湖南、广东、广西、陕西、四川、贵州、云南；野生于阴湿山坡和溪沟边。鳞茎有解毒、祛痰、利尿、催吐、杀虫等功效，有小毒。

图16-268 石蒜

仙茅 *Curculigo orchioides* Gaertn. 根状茎近圆柱状，粗厚，直生，直径约1 cm，长可达10 cm。叶线形、线状披针形或披针形，大小变化甚大，顶端长，渐尖，基部渐狭成短柄或近无柄，两面散生疏柔毛或无毛。花茎甚短，长6~7 cm，大部分藏于鞘状叶柄基部之内，亦被毛；苞片披针形，具缘毛；总状花序多少呈伞房状，通常具4~6朵花；花黄色；花被裂片长圆状披针形，外轮的背面有时散生长柔毛；雄蕊长约为花被裂片的1/2；柱头三裂，分裂部分较花柱长；子房狭长，顶端具长喙（喙约占1/3），被疏毛。浆果近纺锤状，顶端有长喙。种子表

图16-269 仙茅

面具纵凸纹(图16-269)。花果期4—9月份。分布于浙江、江西、福建、台湾、湖南、广东、广西、四川南部、云南和贵州;生于海拔1600 m以下的林中、草地或荒坡上。根茎(药材名:仙茅)为补阳药,能补肾阳、强筋骨、祛寒湿。

73. 薯蓣科(Dioscoreaceae)

♂ $* P_{(3+3)} A_{3+3}$; ♀ $* P_{3+3} G_{(3:3:2)}$

[形态特征] 缠绕草质或木质藤本,少数为矮小草本。具根状茎或块茎,形状多样。叶互生,有时中部以上对生,单叶或掌状复叶。花单性或两性,雌雄异株。花单生、簇生或排列成穗状、总状或圆锥花序;雄花花被片(或花被裂片)6枚,2轮排列,基部合生或离生;雄蕊6枚,有时其中3枚退化,花丝着生于花被的基部或花托上;退化子房有或无。雌花花被片与雄花相似;退化雄蕊3~6枚或无;子房下位,3室,每室通常有胚珠2枚,胚珠着生于中轴胎座上,花柱3个,分离。果实为蒴果、浆果或翅果,蒴果三棱形,每棱翅状,成熟后顶端开裂;种子有翅或无翅,有胚乳,胚细小。

[分布] 本科约9属,650种;广布于热带和温带。我国仅有薯蓣属,约49种,主要分布于长江以南;已知的药用植物有37种。

[显微特征] 含黏液细胞及草酸钙针晶束,常有根被。

[染色体] $X = 10、12、13、18$。

[化学成分] 本科植物的主要特征活性成分为甾体皂苷,如薯蓣皂苷(dioscin)、纤细薯蓣皂苷(gracillin)、山草薢皂苷(tokoronin)、菝葜皂苷(smilagenin)等均为合成激素类药物的原料。还含有生物碱类,如薯蓣碱(dioscorine)、山药碱(batatasine)等。

[药用植物代表]

薯蓣 *Dioscorea opposita* Thunb. 缠绕草质藤本。块茎长圆柱形,垂直生长,长可超过1 m,断面干时白色。茎通常带紫红色,右旋,无毛。单叶,在茎下部的互生,中部以上的对生;叶片变异大,卵状三角形至宽卵形或戟形,顶端渐尖,基部深、心形、宽心形或近截形,边缘常三浅裂至三深裂,中裂片卵状椭圆形至披针形,侧裂片耳状,圆形、近方形至长圆形;幼苗时一般叶片为宽卵形或卵圆形,基部深、心形。叶腋内常有珠芽。雌雄异株。雄花序为穗状花序,近直立,2~8个着生于叶腋;花序轴明显地呈"之"字形曲折;苞片和花被片有紫褐色斑点;雄花的外轮花被片为宽卵形,内轮卵形,较小;雄蕊6枚。雌花序为穗状花序,1~3朵着生于叶腋。蒴果不反折,三棱状扁圆形或三棱状圆形,外面有白粉;种子着生于每室中轴中部,四周有膜质翅(图16-270)。花期6—9月份,果期7—11月份。全国大部分地区有分布;生于山坡、山谷林下,及溪边、路旁的灌丛中或杂草中;或为栽培。根茎(药材名:山药)为补气药,能补脾养胃、生津益肺、补肾涩精。

图 16-270 薯蓣

穿龙薯蓣 *Dioscorea nipponica* Makino 缠绕草质藤本。根状茎横生,圆柱形,多分枝,栓皮层显著剥离。茎左旋,近无毛,长达 5 m。单叶互生,叶柄长 10~20 cm;叶片掌状心形,变化较大,茎基部叶边缘呈不等大的三角状浅裂、中裂或深裂,顶端叶片小,近于全缘,叶表面黄绿色,有光泽,无毛或有稀疏的白色细柔毛,尤以脉上较密。花雌雄异株。雄花序为腋生的穗状花序,花序基部常由 2~4 朵集成小伞状,至花序顶端常为单花;苞片披针形,顶端渐尖,短于花被;花被碟形,六裂,裂片顶端钝圆;雄蕊 6 枚,着生于花被裂片的中央,药内向。雌花序穗状,单生;雌花具有退化雄蕊,有时雄蕊退化仅留有花丝;雌蕊柱头三裂,裂片再二裂。蒴果成熟后枯黄色,三棱形,顶端凹入,基部近圆形,每棱翅状,大小不一;种子每室 2 枚,有时仅 1 枚发育,着生于中轴基部,四周有不等的薄膜状翅,上方呈长方形,长约为宽的 2 倍。花期 6—8 月份,果期 8—10 月份。分布于东北、华北及中部各省;生于林缘、灌丛。根茎(药材名:穿山龙)为祛风湿药,能祛风除湿、舒筋通络、活血止痛、止咳平喘;为生产薯蓣皂苷原料之一。

74. 鸢尾科(Iridaceae)

☿ * ↑ $P_{(3+3)} A_3 \overline{G}_{(3:3:\infty)}$

[**形态特征**] 多年生(稀为一年生)草本。常具根状茎、球茎或鳞茎。叶多基生,条形或剑形,基部呈鞘状,互相套叠,具平行脉。大多数种类只有花茎,少数种类有分枝或不分枝的地上茎。花两性,色泽鲜艳美丽,辐射对称,少为左右对称;花被裂片 6 枚,2 轮排列,内轮裂片与外轮裂片同形等大或不等大,花被管通常为丝状或喇叭形;通常基部常合生成管;雄蕊 3 枚;子房下位,3 室,中轴胎座,胚珠多数。蒴果,成熟时室背开裂;种子多数,半圆形或为不规则的多面体,少为圆形,扁平,表面光滑或皱缩,常有附属物或小翅。

[**分布**] 约 60 属,800 种;分布于热带和温带地区。我国有 11 属,约 71 种,其中我国原产 2 属(鸢尾属和射干属);已知药用的有 8 属,39 种。

[显微特征] 常有草酸钙结晶,如射干有柱晶,番红花有方晶和簇晶;维管束为周木型及外韧型。

[染色体] $X = 3,5,7,8,9,10,11,15$。

[化学成分] ①异黄酮类,如鸢尾苷(shekanin)、野鸢尾苷(iridin)、洋鸢尾素(irisflorentin)、鸢尾黄酮新苷(iristectorin),均具有抗菌消炎作用。②𠮿酮类,如杧果苷(mangiferin)等。③醌类化合物,如马蔺子甲素(pallasone)。④类胡萝卜素,如番红花苷(crocin)等。

[药用植物代表]

图16-271　鸢尾

鸢尾 *Iris tectorum* Maxim.　多年生草本,植株基部围有老叶残留的膜质叶鞘及纤维;根状茎粗壮,二歧分枝,斜伸;须根较细而短;叶基生,黄绿色,稍弯曲,中部略宽,宽剑形,顶端渐尖或短渐尖,基部鞘状,有数条不明显的纵脉;花茎光滑,顶部常有1~2个短侧枝,中、下部有1~2枚茎生叶;苞片2~3枚,绿色,草质,边缘膜质,色淡,披针形或长卵圆形,顶端渐尖或长渐尖,内含有1~2朵花;花蓝紫色,花梗甚短;花被管细长,上端膨大呈喇叭形,外花被裂片圆形或宽卵形,顶端微凹,爪部狭楔形,中脉上有不规则的鸡冠状附属物,成不整齐的繸状裂,内花被裂片椭圆形,花盛开时向外平展,爪部突然变细;花药鲜黄色,花丝细长,白色;花柱分枝扁平,淡蓝色,顶端裂片近四方形,有疏齿,子房纺锤状圆柱形。蒴果长椭圆形或倒卵形,有6条明显的肋,成熟时自上而下3瓣裂;种子黑褐色,梨形,无附属物(图16-271)。花期4—5月份,果期6—8月份。分布于山西、安徽、江苏、浙江、福建、湖北、湖南等地;生于向阳坡地、林缘及水边湿地。根茎(药材名:川射干)能清热解毒、祛痰利咽。

番红花 *Crocus sativus* L.　(图16-272)多年生草本。球茎扁圆球形,直径约3 cm,外有黄褐色的膜质包被。叶基生,9~15枚,条形,灰绿色,长15~20 cm,宽2~3 mm,边缘反卷;叶丛基部包有4~5片膜质的鞘状叶。花茎甚短,不伸出地面;花1~2朵,淡蓝色、红紫色或白色,有香味;花被裂片6枚,2轮排列,内、外轮花

图16-272　番红花

被裂片皆为倒卵形,顶端钝;雄蕊直立,花药黄色,顶端尖,略弯曲;花柱橙红色,上部3个分枝,分枝弯曲而下垂,柱头略扁,顶端楔形,有浅齿,较雄蕊长,子房狭纺锤形。蒴果椭圆形。原产于欧洲南部,我国各地常见栽培。花柱(药材名:西红花)为活血化瘀药,能活血化瘀、凉血解毒、解郁安神。

射干 *Belamcanda chinensis* (L.) Redouté. 多年生草本。根状茎为不规则的块状,斜伸,黄色或黄褐色;须根多数,带黄色。茎高 1~1.5 m,实心。叶互生,嵌迭状排列,剑形,基部鞘状抱茎,顶端渐尖,无中脉。花序顶生,叉状分枝,每个分枝的顶端聚生有数朵花;花梗及花序的分枝处均包有膜质的苞片,苞片披针形或卵圆形;花橙红色,散生紫褐色的斑点;花被裂片 6 枚,2 轮排列,外轮花被裂片倒卵形或长椭圆形,顶端钝圆或微凹,基部楔形,内轮较外轮花被裂片略短而狭;雄蕊 3 枚,着生于外花被裂片的基部,花药条形,外向开裂,花丝近圆柱形,基部稍扁而宽;花柱上部稍扁,顶端三裂,裂片边缘略向外卷,有细而短的毛,子房下位,倒卵形,3 室,中轴胎座,胚珠多数。蒴果倒卵形或长椭圆形,顶端无喙,常残存有凋萎的花被,成熟时室背开裂,果瓣外翻,中央有直立的果轴;种子圆球形,黑紫色,有光泽,着生在果轴上(图 16-273)。花期 6—8 月份,果期 7—9 月份。全国分布;生于林缘、山坡、草地。根茎(药材名:射干)为清热解毒药,能清热解毒、消痰利咽。

图 16-273 射干

75. 姜科(Zingiberaceae)

$$♀ ↑ P_{(3+3)} A_{2,4} \overline{G}_{(3:3:\infty)}$$

[形态特征] 多年生(少有一年生)、陆生(少有附生)草本,通常具有芳香、匍匐或块状根状茎,或有时根的末端膨大呈块状。地上茎高大或很矮或无,基部通常具鞘。叶基生或茎生,通常 2 行排列,少数螺旋状排列,叶片较大,通常为披针形或椭圆形,有多数致密、平行的羽状脉自中脉斜出,有叶柄或无,具闭合或不闭合的叶鞘,叶鞘的顶端有明显的叶舌。花两性,稀为单性,两侧对称;单生或组成穗状、总状、圆锥花序,生于具叶的茎上或由根状茎发出;花被片 6 枚,2 轮,外轮萼状,常合生成管,一侧裂开,顶端常 3 枚裂齿,内轮花冠状,基部合生,上部三裂,通常位于后方的 1 枚裂片较两侧的为大;退化雄蕊 2 枚或 4 枚,其中外轮的 2 枚称为侧生退化雄蕊,呈花瓣状,齿状或不存在,内轮 2 枚联合为显著而美丽的唇瓣,能育雄蕊 1 枚,花丝具槽,花药 2 室,具药隔附属体或无;子房下位,3 室,中轴胎座或 1 室,侧膜胎座,胚珠常多数。果为室背开裂或不规则开裂的蒴果,或肉质不开裂,呈浆果状。种子圆形或有棱角,有假种皮。

[分布] 49 属,1500 余种;主要分布于热带、亚热带地区。我国有 19 属,150 余种;分布于西南、华南至东南;已知药用 15 属,100 余种。

[显微特征] 常含油细胞。

[染色体] $X = 11 \sim 14, 17$。

[化学成分] 本科植物都含挥发油,其成分多为单萜和倍半萜。其中莪术醇(curcumol)为治疗子宫颈癌的有效成分。另外含有黄酮类,如高良姜素(galangin)、山姜素(alpinetin)、山柰酚(kaempferol)等;以及甾体皂苷,如薯蓣皂苷元(diosgenin)等。本科植物

还含有姜黄素等色素。

[主要属及药用植物代表]

（1）姜属（Zingiber）

多年生草本；根茎块状，平生，分枝，具芳香；地上茎直立。叶2列，叶片披针形至椭圆形。穗状花序球果状，通常生于由根茎发出的总花梗上，花序贴近地面；总花梗被鳞片状鞘；苞片绿色或其他颜色，覆瓦状排列，宿存，每一苞片内通常有花1朵（极稀为多朵）；小苞片佛焰苞状；花萼管状，具3齿，通常一侧开裂；花冠管顶部常扩大，裂片中后方的一片常较大，内凹，直立，白色或淡黄色；侧生退化雄蕊常与唇瓣相连合，形成具有3枚裂片的唇瓣，罕无侧裂片，唇瓣外翻，全缘，微凹或短二裂，皱波状；花丝短，花药2室，药隔附属体延伸呈长喙状，并包裹住花柱；子房3室；中轴胎座，胚珠多数，2列；花柱细弱，柱头近球形。蒴果3瓣裂或不整齐开裂，种皮薄；种子黑色，被假种皮。

姜 *Zingiber officinale* Rosc. 株高0.5～1 m；根茎肥厚，多分枝，有芳香及辛辣味。叶片披针形或线状披针形，无毛，无柄；叶舌膜质。总花梗长达25 cm；穗状花序球果状；苞片卵形，淡绿色或边缘淡黄色，顶端有小尖头；花冠黄绿色，裂片披针形；唇瓣中央裂片长圆状倒卵形，短于花冠裂片，有紫色条纹及淡黄色斑点，侧裂片卵形；雄蕊暗紫色；药隔附属体钻状（图16-274）。花期为秋季。我国中部、东南部至西南部各省区广为栽培。干燥根状茎作为干姜入药，可温中散寒、回阳通脉、燥湿化痰。新鲜根茎（药材名：生姜）为解表药，能解表散寒、温中止呕、化痰止咳、解鱼蟹毒。

图16-274 姜

（2）姜黄属（Curcuma）

有肉质、芳香的根茎，有时根末端膨大呈块状；地上茎极短或缺。叶大型，通常基生，叶片阔披针形至长圆形，稀为狭线形。穗状花序具密集的苞片，呈球果状，生于由根茎或叶鞘抽出的花葶上，先叶或与叶同出；苞片大，宿存，内凹，基部彼此连生呈囊状，内贮黏液，每一苞片内有花2朵至多朵，排成蝎尾状聚伞花序，花次第开放，上部的苞片内常无花，有颜色，小苞片呈佛焰苞状;花萼管短,圆筒状,顶端具2~3齿,常又一侧开裂;花冠管漏斗状,裂片卵形或长圆形,近相等或后方的1枚较长且顶端具小尖头;侧生退化雄蕊花瓣状,基部与短宽的花丝合生;唇瓣较大,圆形或倒卵形,全缘,微凹或顶端二裂,反折,基部与侧生退化雄蕊相连;药室紧贴,基部有距,罕无距,药隔顶端无附属体;花柱丝状,柱头超出于花药室之上,漏斗形或具2枚裂片,有缘毛;腺体2枚,披针形,近肉质,围绕花柱的基部;子房3室,胚珠多数。蒴果球形,藏于苞片内,3瓣裂,果皮膜质;种子小,有假种皮。

姜黄 Curcuma longa L. 株高1~1.5 m,根茎很发达,成丛,分枝很多,椭圆形或圆柱状,橙黄色,极香;根粗壮,末端膨大成块根。叶每株5~7片,叶片长圆形或椭圆形,顶端短渐尖,基部渐狭,绿色,两面均无毛;叶柄长20~45 cm。花葶由叶鞘内抽出;穗状花序圆柱状;苞片卵形或长圆形,淡绿色,顶端钝,上部无花的较狭,顶端尖,开展,白色,边缘染淡红晕;花萼白色,具不等的钝3齿,被微柔毛;花冠淡黄色,上部膨大,裂片三角形,后方的1片稍大,具细尖头;侧生退化雄蕊比唇瓣短,与花丝及唇瓣的基部相连成管状;唇瓣倒卵形,淡黄色,中部深黄,花药无毛,药室基部具2个角状的距;子房被微毛(图16-275)。花期8月份。分布于我国台湾、福建、广东、广西、云南、西藏等省区;栽培,喜生于向阳的地方。干燥根茎

图16-275 姜黄

(药材名:姜黄)为破血行气药,能破血行气、通经止痛。块根(药材名:黄丝郁金)为活血化瘀药,能活血止痛、行气解郁、清心凉血、利胆退黄,是化癌回生片等方剂的主要原料。

温郁金 Curcuma aromatica Salisb. 株高约1 m;根茎肉质,肥大,椭圆形或长椭圆形,黄色,芳香;根端膨大呈纺锤状。叶基生,叶片长圆形,顶端具细尾尖,基部渐狭,叶面无毛,叶背被短柔毛;叶柄约与叶片等长。花葶单独由根茎抽出,与叶同时发出或先叶而出,穗状花序圆柱形,有花的苞片淡绿色,卵形,上部无花的苞片较狭,长圆形,白色而染淡红,顶端常具小尖头,被毛;花葶被疏柔毛,顶端三裂;花冠管漏斗形,喉部被毛,裂片长圆形,白色而带粉红,后方的一片较大,顶端具小尖头,被毛;侧生退化雄蕊淡黄色,倒卵状长圆形;唇瓣黄色,倒卵形,长2.5 cm,顶微二裂;子房被长柔毛。花期4—6月份。分布于我国东南部至西南部各省区;栽培或野生于林下。块根(药材名:温郁金)能活血止痛、行气解郁、清心凉血、利胆退黄,是白金丸等方剂的主要原料。根茎(药材名:莪术)为活血化瘀药,能行气破血、消积止痛,是木香槟榔丸、莪术散等方剂的主要原料。

(3) 豆蔻属(Amomum)

多年生草本,根茎延长,匍匐状,茎基部略膨大呈球形。具叶的茎和花葶通常各自长出。叶片长圆状披针形、长圆形或线形,叶舌不裂或顶端开裂,具长鞘。穗状花序,由根茎抽出,生于常密生覆瓦状鳞片的花葶上;苞片覆瓦状排列,膜质、纸质或革质,内有少花或多花;小苞片常为管状;花萼圆筒状,常一侧深裂,顶端具3齿;花冠管圆筒形,常与花萼管等长或稍短,裂片长圆形或线状长圆形,后方的一片直立,常较两侧的为宽,顶端兜状或钻状;

唇瓣形状种种;侧生退化雄蕊较短,钻状或线形;雄蕊及花丝一般长而宽,药室平行,基部叉开,常密生短毛;药隔附属体延长,全缘或二至三裂;蜜腺2枚,锥形、圆柱形或线形;子房3室,胚珠多数,多角形,2列;花柱丝状,柱头小,常为漏斗状,顶端常有缘毛。蒴果不裂或不规则地开裂,果皮光滑,具翅或柔刺;种子有辛香味,多角形或椭圆形,基部被假种皮所包藏,假种皮膜质或肉质,顶端撕裂状。

砂仁 *Amomum villosum* Lour. 株高1.5~3 m,茎散生;根茎匍匐地面,节上被褐色膜质鳞片。中部叶片长披针形,上部叶片线形,顶端尾尖,基部近圆形,两面光滑无毛,无柄或近无柄;叶舌半圆形;叶鞘上有略凹陷的方格状网纹。穗状花序椭圆形,被褐色短绒毛;鳞片膜质,椭圆形,褐色或绿色;苞片披针形,膜质,小苞片管状,一侧有一斜口,膜质,无毛;花萼管顶端具3枚浅齿,白色,基部被稀疏柔毛;花冠管裂片倒卵状长圆形,白色;唇瓣圆匙形,白色,顶端具二裂、反卷、黄色的小尖头,中脉凸起,黄色而染紫红,基部具2个紫色的痂状斑,具瓣柄;药隔附属体三裂,顶端裂片半圆形,两侧耳状;腺体2枚,圆柱形;子房被白色柔毛。蒴果椭圆形,成熟时紫红色,干后褐色,表面被不分裂或分裂的柔刺;种子多角形,有浓郁的香气,味苦凉。花期5—6月份,果期8—9月份。分布于福建、广东、广西和云南;栽培或野生于山地阴湿之处。果实(药材名:砂仁)为化湿药,能化湿开胃、温脾止泻、理气安胎。

图16-276 白豆蔻

白豆蔻 *Amomum kravanh* Pierre ex Gagnep. 与阳春砂的主要区别是:根状茎粗壮,叶卵状披针形,叶舌圆形,叶鞘及叶舌密被长粗毛。唇瓣椭圆形,中央黄色,内凹。蒴果白色或淡黄色,扁球形,略具钝3棱,果实易开裂成3瓣(图16-276)。原产于柬埔寨、泰国等地,我国云南、广东有少量引种栽培。果实(药材名:白豆蔻)为化湿药,能化湿行气、温中止呕、开胃消食。

草果 *Amomum tsaoko* Grevost et Lemarie 与阳春砂的主要区别是:根状茎似姜,叶片长圆形或长椭圆形,花冠红色,唇瓣椭圆形;果实成熟后红色,干后褐色,长圆形或长椭圆形,不开裂。分布于云南、广西、贵州等省区,栽培或野生于海拔1100~1800 m的疏林下。果实(药材名:草果)为化湿药,能燥湿温中、截疟除痞。

(4)山姜属(Alpinia)

多年生草本,具根状茎,通常具发达的地上茎(稀无)。叶片长圆形或披针形。花序通常为顶生的圆锥花序、总状花序或穗状花序;蕾时常包藏于佛焰苞状的总苞片中;具苞片及小苞片或无;小苞片扁平、管状或有时包围着花蕾;花萼陀螺状、管状,通常浅三裂,复又一侧开裂;花冠管与花萼等长或较长,裂片长圆形,通常后方的1片较大,兜状,两侧的较狭;侧生退化雄蕊缺或极小,呈齿状、钻状,且常与唇瓣的基部合生;唇瓣比花冠裂片大,显著,常有美丽的色彩,有时顶端二裂;花丝扁平,药室平行,纵裂,药隔有时具附属体;子房3室,胚珠多数。果为蒴果,干燥或肉质,通常不开裂或不规则开裂,或三裂;种子多数,有假种皮。

红豆蔻 *Alpinia galanga* (L.) Willd. 株高达 2 m；根茎块状，稍有香气。叶片长圆形或披针形，顶端短尖或渐尖，基部渐狭，两面均无毛或于叶背被长柔毛，干时边缘褐色；叶柄短；叶舌近圆形。圆锥花序密生多花，花序轴被毛，分枝多而短，每一分枝上有花 3~6 朵；苞片与小苞片均迟落，小苞片披针形；花绿白色，有异味，萼筒状，果时宿存；花冠管裂片长圆形，侧生退化雄蕊细齿状至线形，紫色；唇瓣倒卵状匙形，白色而有红线条，深二裂；果长圆形，中部稍收缩，熟时棕色或枣红色，平滑或略有皱缩，质薄，不开裂，手捻易破碎，内有种子 3~6 粒。花期 5—8 月份，果期 9—11 月份。分布于我国台湾、广东、广西和云南等省区；生于海拔 100~1300 m 的山野沟谷荫湿林下或灌木丛中和草丛中。根状茎(药材名：大高良姜)为温里药，能散寒、暖胃、止痛；果实(药材名：红豆蔻)能散寒燥湿、醒脾消食。

高良姜 *Alpinia officinarum* Hance 株高 40~110 cm，根茎延长，圆柱形。叶片线形，顶端尾尖，基部渐狭，两面均无毛，无柄；叶舌薄膜质，披针形，不二裂。总状花序顶生，直立，花序轴被绒毛；小苞片极小；花萼管顶端三齿裂，被小柔毛；花冠管较萼管稍短，裂片长圆形，后方的一枚兜状；唇瓣卵形，白色而有红色条纹；子房密被绒毛。果实球形，成熟时红色。花期 4—9 月份，果期 5—11 月份。分布于广东、广西；野生于荒坡灌丛或疏林中，或栽培。根茎(药材名：高良姜)为温里药，能温胃止呕、散寒止痛。

益智 *Alpinia oxyphylla* Miq. 株高 1~3 m，茎丛生，根茎短。叶片披针形，顶端渐狭，具尾尖，基部近圆形，边缘具脱落性小刚毛；叶柄短；叶舌膜质，二裂，被淡棕色疏柔毛。总状花序在花蕾时全部包藏于一帽状总苞片中，花时整个脱落，花序轴被极短的柔毛；大苞片极短，膜质，棕色；花萼筒状一侧开裂至中部，先端具三齿裂，外被短柔毛；花冠裂片长圆形，后方的 1 枚稍大，白色，外被疏柔毛；侧生退化雄蕊钻状；唇瓣倒卵形，粉白色而具红色脉纹，先端边缘皱波状；子房密被绒毛。蒴果鲜时球形，干时纺锤形，被短柔毛，果皮上有隆起的维管束线条，顶端有花萼管的残迹；种子不规则扁圆形，被淡黄色假种皮。花期 3—5 月份，果期 4—9 月份。分布于广东(以海南为主)、广西，近年来云南、福建亦有少量试种；生于林下阴湿处或栽培。果实(药材名：益智仁)为补阳药，能暖胃固精缩尿、温脾止泻摄唾。

同属其他植物：华山姜 *A. chinensis* (Retz.) Rosc.、山姜 *A. japonica* (Thunb.) Miq. 的种子团又称土砂仁或建砂仁，为芳香化湿药，能化湿行气、温中止泻、安胎。草豆蔻 *A. katsumadai* Hayata 的种子团(药材名：草豆蔻)为芳香化湿药，能燥湿行气、温中止呕。

76. 兰科 (Orchidaceae)

$$\male \uparrow P_{3+3} A_{1\sim2} \overline{G}_{(3:1:\infty)}$$

[**形态特征**] 地生、附生或较少为腐生草本，极罕为攀缘藤本；地生与腐生种类常有块茎或肥厚的根状茎，附生种类常有由茎的一部分膨大而成的肉质假鳞茎。叶基生或茎生，后者通常互生或生于假鳞茎顶端或近顶端处，扁平或有时圆柱形或两侧压扁，基部具或不具关节。花葶或花序顶生或侧生；花常排列成总状花序或圆锥花序，少有为缩短的头状花序或减退为单花；花两性，常两侧对称；花被片 6 枚，2 轮；外轮 3 片称为萼片，离生或合生，内轮侧生的 2 片称为花瓣，中间 1 片特化成唇瓣(由于子房做 180 度扭转而居下方)；雄蕊与花柱合生成合蕊柱(columna)，与唇瓣对生；能育雄蕊通常 1 枚，生于合蕊柱顶端，稀为 2

枚生于合蕊柱两侧;柱头与花药之间有一舌状物,称为蕊喙,蕊柱基部有时向前下方延伸呈足状,称为蕊柱足,此时 2 枚侧萼片基部常着生于蕊柱足上,形成囊状结构,称为萼囊;花粉通常黏合成团块,称为花粉团,花粉团的一端常变成柄状物,称为花粉团柄;花药 2 室,花粉粒黏结成花粉块。子房下位,1 室,侧膜胎座,胚珠多数。蒴果。具极多细粉状的种子。种子细小,无胚乳,种皮常在两端延长呈翅状。

兰科植物的花大多数为虫媒花,其花粉块的精细结构与传粉机制的多样性,植物与真菌之间的共生关系等都达到了极高的程度,所以说兰科是被子植物进化最高级花部结构最为复杂的科之一。

[分布] 700 余属,20000 余种,主产于热带地区和亚热带地区。我国有 171 属,1200 余种;南北均产,以海南、云南、台湾等地的种类最为丰富;药用的有 76 属,287 种。

[显微特征] 具根被、黏液细胞,内含草酸钙结晶。

[染色体] $X = 6 \sim 29$。

[化学成分] ①倍半萜类生物碱,如石斛碱(dendrobine)、石斛次碱(nobilonine)、石斛醚碱(dendroxine)、豆毒碱(laburnine)等。②酚苷类,如天麻苷(gastrodin)、香荚苷(vanilloside)。③黄酮类及香豆素类等成分。

[主要属及药用植物代表]

(1) 天麻属(Gastrodia)

腐生草本。根状茎块茎状、圆柱状,通常平卧,具环节。茎直立,常为黄褐色;无绿叶,叶退化成鳞叶。总状花序与花瓣合生成花被筒,仅顶端具五裂,唇瓣生于筒内;花粉团 2 个,粒粉质,通常由可分的小团块组成,无花粉团柄和黏盘。

天麻 *Gastrodia elata* Bl.(图 16-277)植株高 30~100 cm,有时可达 2 m;根状茎肥厚,块茎状,椭圆形至近哑铃形,肉质,有时更大,具较密的节,节上被许多三角状宽卵形的鞘。茎直立,橙黄色、黄色、灰棕色或蓝绿色,无绿叶,下部被数枚膜质鞘。总状花序通常具 30~50 朵花;花苞片长圆状披针形,膜质;花梗和子房略短于花苞片;花扭转,橙黄、淡黄、蓝绿或黄白色,近直立;萼片和花瓣合生成的花被筒近斜卵状圆筒形,顶端具 5 枚裂片,筒的基部向前方凸出;外轮裂片(萼片离生部分)卵状三角形,先端钝;内轮裂片(花瓣离生部分)近长圆形,较小;唇瓣

图 16-277 天麻

长圆状卵圆形,三裂,基部贴生于蕊柱足末端与花被筒内壁上并有一对肉质胼胝体,上部离生,上面具乳突,边缘有不规则短流苏;蕊柱有短的蕊柱足。蒴果倒卵状椭圆形。花果期 5—7 月份。全国广布,生于海拔 400~3200 m 的疏林下、林中空地、林缘、灌丛边缘。块茎(药材名:天麻)为平肝熄风药,能息风止痉、平抑肝阳、祛风通络,是天麻首乌片、天麻丸、强力天麻杜仲胶囊等方剂的主要原料。

(2) 石斛属(Dendrobium)

附生草本,茎丛生,肉质状肥厚,稍扁圆柱形,干后金黄色。叶互生,扁平,圆柱状或两侧压扁,先端不裂或二浅裂,基部有关节和通常具抱茎的鞘。总状花序;侧萼片与合蕊柱基部合生成萼囊,唇瓣三裂或不裂,蕊柱粗短,顶端两侧各具1枚蕊柱齿,基部具蕊柱足;蕊喙很小;花粉团蜡质,卵形或长圆形,4个,离生,2个为一对,几无附属物。分布于我国台湾、湖北、香港、海南、广西、四川、贵州、云南及西藏等省区;生于海拔480~1700 m的山地林中、树干或山谷岩石上。

石斛(金钗石斛)*Dendrobium nobile* Lindl. 茎直立,肉质状肥厚,稍扁的圆柱形,长10~60 cm,粗达1.3 cm,上部多少回折状弯曲,基部明显收狭,不分枝,具多节,节有时稍肿大;节间多少呈倒圆锥形,长2~4 cm,干后金黄色。叶革质,长圆形,先端钝并且不等侧二裂,基部具抱茎的鞘。总状花序从具叶或落了叶的老茎中部以上部分发出,具1~4朵花;花序柄基部被数枚筒状鞘;花苞片膜质,卵状披针形,先端渐尖;花梗和子房淡紫色,花大,白色带淡紫色先端,有时全体淡紫红色或除唇盘上具1个紫红色斑块外,其余均为白色;中萼片长圆形,先端钝,具5条脉;侧萼片相似于中萼片,先端锐尖,基部歪斜,具5条脉;萼囊圆锥形;花瓣多少斜宽卵形,先端钝,基部具短爪,全缘,具3条主脉和许多支脉;唇瓣宽卵形,先端钝,基部两侧具紫红色条纹并且收狭为短爪,中部以下两侧围抱蕊柱,边缘具短的睫毛,两面密布短绒毛,唇盘中央具1个紫红色大斑块;蕊柱绿色,基部稍扩大,具绿色的蕊柱足;药帽紫红色,圆锥形,密布细乳突,前端边缘具不整齐的尖齿(图16-278)。花期4—5月份。主要分布于我国长江以南及西藏等地,生于海拔480~1700 m的山地林中树干上或山谷岩石上,现多有栽培。茎(药材名:石斛)为补虚药,能益胃生津、滋阴清热。

图16-278 石斛

图16-279 流苏石斛

流苏石斛 *Dendrobium fimbriatum* Hook. 茎粗壮,斜立或下垂,质地硬,圆柱形或有时基部上方稍呈纺锤形,长50~100 cm,粗0.8~1.2(2) cm,不分枝,具多数节,干后淡黄色或淡黄褐色,节间具多数纵槽。叶2列,革质,长圆形或长圆状披针形,先端急尖,有时稍二裂,基部具紧抱于茎的革质鞘。总状花序疏生6~12朵花;花序轴较细,多少弯曲;花序柄基部被数枚套叠的鞘;鞘膜质,筒状,位于基部的最短,顶端的最长;花苞片膜质,卵状三角形,先端锐尖;花梗和子房浅绿色;花金黄色,质地薄,开展,稍具香气;中萼片长圆形,先端钝,边缘全缘,具5条脉;侧萼片卵状披针形,与中萼片等长而稍较狭,先端钝,基部歪斜,全缘,具5条脉;萼囊近圆形;花瓣长圆状椭圆形,先端钝,边缘微啮蚀状,具5条脉;

唇瓣比萼片和花瓣的颜色深,近圆形,基部两侧具紫红色条纹并且收狭为长约3 mm的爪,边缘具复流苏,唇盘具1个新月形横生的深紫色斑块,上面密布短绒毛;蕊柱黄色,具蕊柱足;药帽黄色,圆锥形,光滑,前端边缘具细齿(图16-279)。花期4—6月份。分布于广西南部至西北部、贵州南部至西南部、云南东南部至西南部;生于海拔600～1700 m的密林树干上或山谷阴湿岩石上。新鲜或干燥茎亦作为石斛入药。

鼓槌石斛 Dendrobium chrysotoxum Lindl. 茎直立,肉质,纺锤形,长6～30 cm,中部粗1.5～5 cm,具2～5节间,具多数圆钝的条棱,干后金黄色,近顶端具2～5枚叶。叶革质,长圆形,长达19 cm,宽2～3.5 cm或更宽,先端急尖而钩转,基部收狭,但不下延为抱茎的鞘。总状花序近茎顶端发出,斜出或稍下垂,长达20 cm;花序轴粗壮,疏生多数花;花序柄基部具4～5枚鞘;花苞片小,膜质,卵状披针形,先端急尖;花梗和子房黄色;花质地厚,金黄色,稍带香气;中萼片长圆形,中部宽,先端稍钝,具7条脉;侧萼片与中萼片近等大;萼囊近球形;花瓣倒卵形,等长于中萼片,宽约为萼片的2倍,先端近圆形,具约10条脉;唇瓣的颜色比萼片和花瓣深,近肾状圆形,先端浅二裂,基部两侧多少具红色条纹,边缘波状,上面密被短绒毛;唇盘通常呈"∧"形隆起,有时具"U"形的栗色斑块;药帽淡黄色,尖塔状(图16-280)。花期3—5月份。分布于云南南部至西部,生于海拔520～1620 m、阳光充足的常绿阔叶林中树干上或疏林下岩石上。新鲜或干燥茎亦作为石斛入药。

图16-280 鼓槌石斛

铁皮石斛 Dendrobium officinale Kimura et Migo (图16-281)茎直立,圆柱形,长9～35 cm,粗2～4 mm,不分枝,具多节,节间长1～3(1.7)cm,常在中部以上互生3～5枚叶;叶2列,纸质,长圆状披针形,先端钝并且多少钩转,基部下延为抱茎的鞘,边缘和中肋常带淡紫色;叶鞘常具紫斑,老时其上缘与茎松离而张开,并且与节留下1个环状铁青的间隙。总状花序常从落了叶的老茎上部发出,具2～3朵花;花序柄基部具2～3枚短鞘;花序轴回折状弯曲;花苞片干膜质,浅白色,卵形,先端稍钝;萼片和花瓣黄绿色,近相似,长圆状披针形,先端锐尖,具5条脉;侧萼片基部较宽阔;萼囊圆锥形,末端圆形;唇瓣白色,基部具1个绿色或黄色的胼胝体,卵状披针形,比萼片稍短,中部反折,先端急尖,不裂或不明显三裂,中部以下两侧具紫红色条纹,边缘多少波状;唇盘密布细乳突状的毛,并且在中部以上具1个紫红色斑块;蕊柱黄绿色,先端两侧各具1个紫点;蕊柱足黄绿色带紫红色条纹,疏生毛;药帽白色,长卵状三角形,顶端近锐尖并且二裂。花期3—6月份。分布于安徽西南部(大别山)、浙江东部(宁波鄞州区、天台、仙居)、福建西

图16-281 铁皮石斛

部(宁化)、广西西北部(天峨)、四川(地点不详)、云南东南部(石屏、文山、麻栗坡、西畴);生于海拔1600 m的山地半阴湿的岩石上。茎边加热边扭成螺旋形或弹簧状,习称"铁皮枫斗"(耳环石斛);或切成段,干燥或低温烘干,习称"铁皮石斛"。新鲜或干燥茎作为铁皮石斛入药,能益胃生津、滋阴清热。

霍山石斛 *Dendrobium huoshanense* C. Z. Tang et S. J. Cheng 茎直立,肉质,长3~9 cm,从基部上方向上逐渐变细,基部上方粗3~18 mm,不分枝,具3~7节,节间长3~8 mm,淡黄绿色,有时带淡紫红色斑点,干后淡黄色。叶革质,2~3枚互生于茎的上部,斜出,舌状长圆形,长先端钝并且微凹,基部具抱茎的鞘;叶鞘膜质,宿存。总状花序1~3个,从落了叶的老茎上部发出,具1~2朵花;花序柄基部被1~2枚鞘;鞘纸质,卵状披针形,先端锐尖;花苞片浅白色带栗色,卵形,先端锐尖;花梗和子房浅黄绿色;花淡黄绿色,开展;中萼片卵状披针形,先端钝,具5条脉;侧萼片镰状披针形,先端钝,基部歪斜;萼囊近矩形,末端近圆形;花瓣卵状长圆形,先端钝,具5条脉;唇瓣近菱形,长和宽约相等,基部楔形并且具1个胼胝体,上部稍三裂,两侧裂片之间密生短毛,近基部处密生长白毛;中裂片半圆状三角形,先端近钝尖,基部密生长白毛并且具1个黄色横椭圆形的斑块;蕊柱淡绿色,具蕊柱足;蕊柱足基部黄色,密生长白毛,两侧偶具齿突;药帽绿白色,近半球形,顶端微凹(图16-282)。花期5月份。分布于河南西南部(南召)、安徽西南部(霍山);生于山地林中树干上和山谷岩石上。茎入药,其功效同石斛。

图16-282 霍山石斛

(3) 白及属(*Bletilla*)

地生植物。茎基部具膨大的假鳞茎,其近旁常具多枚前一年和以前每年所残留的扁球形或扁卵圆形的假鳞茎;假鳞茎的侧边常具2枚凸起,彼此以同一方向的凸起与毗邻的假鳞茎相连成一串,假鳞茎上具荸荠似的环带,肉质,富黏性,生数条细长根。叶(2)3~6枚,互生,狭长圆状披针形至线状披针形,叶片与叶柄之间具关节,叶柄互相卷抱成茎。花序顶生,总状,常具数朵花,通常不分枝或极罕分枝;花序轴常常曲折成"之"字状;花苞在开花时常凋落;花紫红色、粉红色、黄色或白色,倒置,唇瓣位于下方;萼片与花瓣相似,近等长,离生;唇瓣中部以上常明显三裂;侧裂片直立,多少抱蕊柱,唇盘上从基部至近先端具5条纵脊状褶片,基部无距;蕊柱细长,无蕊柱足,两侧具翅,顶端药床的侧裂片常常为略宽的圆形,后侧的中裂片齿状;花药着生于药床的齿状中裂片上,帽状,内屈或者近于悬垂,具或多或少分离的2室;花粉团8个,成2群,每室4个,成对而生,粒粉质,多颗粒状,具不明显的花粉团柄,无黏盘;柱头1个,位于蕊喙之下。蒴果长圆状纺锤形,直立。

白及 *Bletilla striata* (Thunb. ex A. Murray) Rchb. f. 植株高18~60 cm。假鳞茎扁球形,上面具荸荠似的环带,富黏性。茎粗壮,劲直。叶4~6枚,狭长圆形或披针形,长8~29 cm,

宽1.5~4 cm,先端渐尖,基部收狭成鞘并抱茎。花序具3~10朵花,常不分枝或极罕分枝;花序轴或多或少呈"之"字状曲折;花苞片长圆状披针形,开花时常凋落;花大,紫红色或粉红色;萼片和花瓣近等长,狭长圆形,先端急尖;花瓣较萼片稍宽;唇瓣较萼片和花瓣稍短,倒卵状椭圆形,白色带紫红色,具紫色脉;唇盘上面具5条纵褶片,从基部伸至中裂片近顶部,仅在中裂片上面为波状;蕊柱长18~20 mm,柱状,具狭翅,稍弓曲(图16-283)。花期4—5月份。分布于陕西南部、甘肃东南部、江苏、安徽、浙江、江西、福建、湖北、湖南、广东、广西、四川和贵州;生于海拔100~3200 m的常绿阔叶林下或针叶林下、路边草丛或岩石缝中,在北京和天津有栽培。块茎(药材名:白及)为止血药,能收敛止血、消肿生肌。

图16-283 白及

本科其他常见药用植物:绶草 *Spiranthes sinensis* (Pers.) Ames. (图16-284)全国广布;生于海拔200~3400 m的山坡林下、灌丛下、草地或河滩沼泽草甸中。全草作为盘龙参入药,能益阴清热、润肺止咳。手参 *Gymnadenia conopsea* (L.) R. Br.分布于黑龙江、吉林、辽宁、内蒙古、河北、山西、陕西、甘肃东南部、四川西部至东北部、云南西北部、西藏东南部;生于山坡林下、草地或砾石滩草丛中。块茎能补肾益精、理气止痛。石仙桃 *Pholidota chinensis* Lindl. (图16-285)分布于浙江南部、福建、广东、海南、广西、贵州西南部、云南西北部至东南部和西藏东南部;生于林下或林缘树上、岩壁或岩石上。假鳞茎能养阴清肺、化痰止咳。

图16-284 绶草

图16-285 石仙桃

思考题

1. 单子叶植物有哪些特征?
2. 禾本科植物有哪些特征?列出3种该科药用植物代表。
3. 天南星科植物有哪些特征?列出3种该科药用植物代表。

4. 列出几种贝母的植物特征。

5. 禾本科与莎草科植物有哪些异同点?

6. 哪些科植物具有乳汁?列出这些科常见药用植物代表。

7. 百合科的科特征和药用植物代表有哪些?

8. 兰科植物的主要科特征有哪些?

综合题

1. 兰科植物为什么被植物学家公认为代表单子叶植物最进化的类群?

2. 试比较百合科(Liliaceae)、天南星科(Araceae)、禾本科(Gramineae)这3个科的异同,并各举3种药用植物代表。

3. 比较双子叶植物根状茎和单子叶植物根状茎的组织构造有何异同。

高等植物

第四篇　药用植物学发展前沿及动态

第十七章

药用植物生物技术

第一节　药用植物细胞及器官的培养

药用植物细胞及器官的培养属于药用植物组织培养的范畴，是指根据植物细胞的全能性，利用药用植物体的离体器官、组织或细胞，如根、茎、叶、花、果实、种子、胚、胚珠、子房、花药、花粉以及贮藏器官的薄壁组织、维管束等，在无菌和适宜的人工培养基及光照、温度等条件下，诱导出愈伤组织、不定芽、不定根，最后分化形成完整植株的过程。中药的"古老性"和"复杂性"使得我国中药生产加工总体上仍处于与现代科学技术严重脱节状态，且药用植物野生资源日益匮乏，因此，除须制定有关的政策、法规保护野生资源外，更应找到切实可行的新技术来改变我国中药材生产的落后面貌。药用植物组织培养具有繁殖速度快、繁殖系数高、不受季节限制、经济效益高、周期短、重复性好等优势，利用组织培养技术快速繁殖药用植物种苗或直接生产药物对发展我国中医药事业具有十分重要的现实意义和应用前景。

我国的药用植物组织培养研究可以追溯到20世纪50年代。1964年，罗士韦教授等首先报道了人参组织培养获得成功的研究成果。之后历经不同阶段多位专家、学者的不懈努力，在药用植物组织培养方面取得了巨大的成绩，组织培养技术水平也不断提高。例如，培养方法已由固体、液体、悬浮培养及深层大罐发酵发展到液体连续培养，培养材料也从药用植物的根、茎、叶、花、胚、果实、种子等组织或器官诱导出愈伤组织或冠瘿组织或细胞。目前药用植物组织培养在中草药中的应用主要有以下两个方面：一是利用试管微繁生产大量无病毒种苗，以满足药用植物人工栽培的需要；二是通过愈伤组织或悬浮细胞的大量培养，从细胞或培养基中直接提取药物，或通过生物转化、酶促反应生产药物。

目前，我国在利用药用植物组织、器官或细胞的大量培养直接生产药物的研究方面取得了很大的进展。迄今为止，研究人员已经对400多种植物的细胞进行了培养研究，并从中分离了 600 余种次生代谢产物,其中 40 多种化合物在含量上超过或等于原植物。其中具有药用价值的成分占了相当比例,许多重要药用植物(如紫草、人参、黄连、毛地黄、长春花、西洋参等)的细胞培养都十分成功,有些已实现了工业化生产。Routien 和 Nickell 在 1956 年首次报道在容积为 30 L 的生物反应器中成功培养出植物细胞,用以生产植物次生代谢产物。20 世纪 70 年代,药用植物细胞大规模培养进入产业化阶段,一些重要的药用植物(如人参、黄连、长春花等)的细胞培养先后实现了产业化,有效地缓解了这些药用植物供不应求的状况,同时也保护了濒危药用植物,节约了耕地。另外,两步法在植物细胞培养生产次生代谢产物研究中已被广泛采用,第一个商业化生产的植物细胞培养产物"生物口红"——紫草素的生产工艺就利用了两步法。现在很多植物细胞的培养都已经建立了成熟的两步培养法。

我国以组织培养技术为基础的毛状根的培养和增殖技术也在迅速发展,目前已有甘草、丹参、黄芪等多种植物建立了农杆菌转化器官培养系统。同时,国内外已有银杏、红豆杉、长春花、烟草、少花龙葵、何首乌、紫草、人参、曼陀罗、颠茄毛地黄、绞股蓝、半边莲、罂粟、露水草、荞麦、桔梗、萝芙木、缬草、薯蓣、丹参、黄芪、决明、大黄、栝楼、黄连、甘草、野葛、茜草、万寿菊、童氏老鹳草和青蒿等 26 科 100 多种药用植物建立了毛状根培养系统。

目前,原生质体培养获得成功的药用植物包括夹竹桃科、五加科、紫草科、菊科、葫芦科、龙胆科、豆科、毛茛科、茄科、玄参科、伞形科、天南星科和百合科的数十种植物,由于药用植物种类繁多,与农作物等其他植物相比,差距尚远。因此,我国药用植物的原生质体培养是一个有待开发的领域。

几十年来,对于胚状体的发生机制从形态学、细胞学、生理学和分子生物学等不同角度进行了大量研究,为在实验条件下控制胚状体的发生和发育提供了许多重要的科学资料,但是胚状体的诱导和发生是一个十分复杂的过程,其机制至今仍然不是很清楚,是植物分子发育生物学中有待解决的重要问题之一。同时,植物细胞培养真正实现工业化的例子却不多,面临的主要困难有:(1) 植物生长缓慢,发酵时间长;(2) 代谢机制复杂,很多产物合成途径不明,难以从根本上解决问题;(3) 目的产物往往含量很低,后提取困难,可行性差;(4) 工程方面的问题,如发酵过程易染菌、植物细胞对剪切力敏感、细胞聚成团、高黏度的非牛顿型流体,使通气与传质过程困难、反应器放大困难等。

第二节 药用植物基因工程

随着分子生物学的诞生,基因工程技术随之问世。所谓基因工程(genetic engineering),是指从生物体(供体)中分离克隆基因或人工合成基因,再与载体 DNA 拼接重组,并将其导入另一种生物的体内(受体),使之按照预先的设计持续稳定表达和繁殖的遗传操作。供体、受体和载体是基因工程的三大要素;基因克隆、重组和转化是其三大核心技术。

植物基因工程是基因工程研究的一个先导领域。基于植物细胞全能性的确立,农杆菌

Ti 质粒转化系统的发现，多种基因转化技术的建立以及农业与植物的密切相关性，植物基因工程发展迅速，并逐渐自成体系，成为一门理论与技术紧密结合的完整学科。植物基因工程的理论依据包括植物细胞全能性理论、遗传物质同一性理论、遗传密码同一性理论、基因表达法则同一性理论及基因加工、修饰和转移同一性理论等。

近 20 年来，植物基因工程的研究与应用在世界各地蓬勃发展，并取得了举世瞩目的成就。而药用植物基因工程研究起步较晚，但自 20 世纪 80 年代以来也取得了显著的进展，主要集中在药用植物种质资源研究、生物反应器结构功能研究及植物医药基因工程应用研究等方面，特别是在药用植物核心种质库的构建方面成果显著。

丰富的植物种质资源为作物育种和遗传研究提供了广阔的遗传基础，然而数量庞大的资源也给植物资源的收集、整理、保存、研究和利用带来了困难，因而核心种质应运而生。从 Frankel 提出核心种质的概念起，核心种质的研究目前已经取得了令人瞩目的进展，并在药用植物种质资源管理和利用的某些领域开始发挥作用，主要体现在种间亲缘关系的鉴定、特定抗性基因材料的挖掘和具有特殊性状的遗传材料的选育等方面。核心种质是药用植物遗传资源研究的一个新方向，随着现代生物技术和研究手段的不断发展，生物学领域中最前沿的技术成果逐渐被应用到药用植物核心种质资源构建的研究中。药用植物核心种质最大限度地减少了种质资源中的遗传重复，较少的种质数量囊括了原资源群体中的全部或大部分变异类型，这无疑为解决当前巨大的资源收集量与资源深入评价及有效利用之间所存在的突出矛盾提供了一个十分有利的契机，从而极大地推动和促进了药用植物种质资源研究的进一步发展。目前，我国已在多年生野生大豆、硬壳小麦、花生等 20 种植物上开展了核心种质研究，并已经建成了小麦特殊遗传资源及一年生野生大豆、芝麻的核心种质，但药用植物核心种质的研究尚处于起步阶段。

研究表明，药用植物种质资源的起源与演化研究发展迅速，常用的方法包括实地考察，收集考古证据和古籍记载，通过种（属）间杂交的亲和性来判断遗传关系的远近，运用染色体组分析、核型分析、染色体显带分析、同工酶分析或形态学和解剖学证据以及数量分类学方法研究种或类型的亲缘关系。近年来，分子生物学技术（如 PAPD 技术）在这一领域已广泛应用，并取得了重要进展，如鸢尾属、菊属、丁香属等的亲缘关系鉴定。通过此项技术，分析了中间的基因流动现象，补充和改进了过去的研究结果。

植物医药基因工程是近年来迅速发展的研究领域。其原因之一是，药用植物的研究同样进入了分子生物学时代，迫切需要应用现代生物技术推动药用植物的发展，特别对我国中药的发展具有历史性的意义。进入 20 世纪 90 年代后，随着基因重组技术的发展，国内外学者利用基因工程技术向药用植物体内导入同源或异源关键酶基因的研究报道日益增多。药用植物转化一般通过不定芽发生途径再生植株，也有经过愈伤组织途径再生。目前已获得的转基因药用植物的种类还不多见，但在理论研究和试剂应用上已显示出巨大潜力。

另外，我国转基因植物研究和应用同样取得了显著的进展，主要是在植物抗虫、抗病、抗逆、植物品质改良、植物叶绿体等基因工程和植物生物反应器方面更为突出，有些研究成果已达到国际先进水平。

总之,经过不到 20 年的发展历程,植物基因工程已由开始的建立与完善技术体系逐步发展到实际应用研究,已在工农业生产、医药卫生、环境保护等多个领域发挥着日益重要的作用。

第十八章

药用植物种质资源的保存

第一节 种质资源收集和保存的技术规程

种质资源(germplasm resources)是指培育出新品种的原材料,又称遗传资源,它是作物育种学经常使用的术语。种质资源是生物多样性的重要组成部分,是人类赖以生存和发展的物质基础。广义上的药用植物种质资源泛指一切可用于药物开发的植物遗传资源,是所有药用植物物种(包括种以下分类单位)的总和;狭义上的药用植物种质资源通常是就某一具体药用植物物种而言的,包括栽培种(类型)、野生种、近缘野生种和特殊遗传材料在内的所有可利用的遗传物质。种质资源是药用植物生产的源头,种质的优劣对药材的产量和质量具有决定性作用,因此种质资源研究是中药研究的起点和基础。

种质资源收集和保存是药用植物种质资源研究的主要内容。自中华人民共和国成立以来,在全国范围内曾开展过3次中草药资源普查。已调查和收集保存的中药材达6000种以上,并出版了《中药志》《新编中药志》《全国中草药汇编》《中药大辞典》《中国中药资源志要》《新华本草纲要》《中国民族药志》《中华本草图录》等专业书籍。此外,全国各地还陆续出版了地方性本草志。通过划分自然保护区、就地保护野生抚育和更新、建立植物园和迁移保护品种资源圃(原始材料圃)、建立种子基因库室内保存等方法,在一定程度上保护了人参、玄参、红花、薏苡、栝楼、地黄、浙贝、附子、乌头、益母草、山茱萸、薯蓣、枸杞、薄荷、金银花等主要知名道地药材,积极研究构建了核心种质库。但大部分资源尚未得到有效保护,由于环境破坏和过度采挖,其资源在不断流失,资源濒危状况日益严重,药用植物种质资源状况已不同程度地发生了变化。目前资源状况模糊不清,亟须重新调查研究。近年来,我国药用植物研究人员先后对长白山、大兴安岭、峨眉山、神农架、西藏等地的药用植物资源进行了深入的调查研究,并开展了珍稀濒危药用植物资源保护生物学研究。

药用植物种质资源工作虽然远落后于农作物,但一些药用植物属于药食、药油兼用的栽培植物(如荞麦、红花等),有一定的工作基础,可作为其他药用植物种质资源工作的范例。

一、种质资源收集技术规程

(一)调查方法

种质资源以物种为载体,药用植物的种质资源调查方法与中药资源调查方法相似,最普遍采用的方法是抽样调查,但在调查对象、调查项目及调查范围等方面又有其特点,调查对象以居群为重点,调查项目以反映种质差异的性状特性为重点,调查范围则要注重对对象物种分布区域中不同生态环境的调查。

抽样调查根据调查目的和调查详细程度可分为踏查与访问调查、详查与样地调查。

(二)种质收集范围

种质资源的收集范围主要包括以下4个方面:

(1)国内外栽培品种中新老品种和地方品种,尤其是地方品种中有许多濒危品种亟待抢救保存。

(2)药用植物栽培品种的近缘野生种。

(3)对育种工作有特殊价值的种、变种、品种、品系及杂种,或具有特定用途的野生植物和栽培品种。

(4)尚未很好地改良和利用,但有潜在利用价值的野生种、变种、品系。

(三)调查项目

调查项目是指在进行药用植物种质资源实地调查时须收集了解、记载的相关资料、数据和信息等,可参考《自然科技资源共性描述规范》。对于不同目的的种质调查,调查项目可能不同,但一般在调查记录上应记载如下几个方面的内容。

(1)植物学方面:包括名称[植物分类上的科名、属名和种名(学名、中文名、别名)]、植物形态特征、植物标本编号。要进行绘图或拍摄照片。鉴于野外调查工作条件的限制,须在室内整理总结阶段结合标本和文献进行校对。

(2)生物学性状方面:包括生活型、繁殖特性、大致的生长发育阶段等。对于栽培种质资源,还应记载其主要特性,如高产、优质、抗逆、抗病、抗虫等特性。

(3)生态环境方面:包括海拔,地形地貌,土壤类型,气候资料,生长的植物群落特征,植被状况,目标物种的密度、盖度、小生境、病虫害等情况。

(4)生产利用方面:包括药用部位、生产方式(野生采集或栽培)、采收季节、加工方法、规格及其质量。对于栽培种质的调查,还包括栽培历史与变化、栽培技术、育种类型或品种,以及不同品种之间的产量与质量差异,不同品种病虫害情况及对土壤、肥料的适应能力、经济性状与特点等,民族及地方民间用药历史与习惯,临床应用等。

(5)其他方面:包括采集时间、地点(经纬度),采集人,调查样方的编号等。

(四)种质收集方法

种质资源的收集方法有调查收集、征集、交换和转引4种。

(1)调查收集。直接到种质分布区域或产地调查收集种质材料是种质资源收集的最基本和最重要的途径。它往往与种质调查中的详查与样地调查结合同时进行。该方法适用于野生种质、栽培种的野生近缘种、原始栽培类型与品种的收集。收集的种植材料可以是植株、种子、种苗、无性繁殖器官等。一般自交的草本植物应从50株植株上采集100粒种子,异交的草本植物至少应从200~300株植株上各取数粒种子。同时对每份收集的种质样本应做好详细的记录。

（2）征集。通过通信、合作的方式向外地或国外有偿或无偿索求获得种质资源，是获得种质资源最经济和最快的途径。该方式适用于稀有、特有、特定性状的种质资源的收集。

（3）交换。双方可通过互相交换获得各自所需的种质资源。

（4）转引。通过第三者间接获得所需种质资源的方法，称为转引。

鉴于我国地域辽阔，地形地貌及生态类型复杂多样，中药资源品种丰富，以及各地在中药资源物种组成、中药材栽培生产规模与水平、民族及地方民间对药用植物利用等方面存在较大差异的现状，加强与各地同行的联系与合作，采用交换和转引方式收集种质资源是一种较为有效和经济的方法，但通过这种方法获得的种质材料信息往往不一定能完全满足种质调查和育种的要求，故须与实地调查收集结合实施。

（五）种质收集原则

（1）必须根据收集的目的和要求、单位的具体条件和任务确定收集对象，包括类别和数量。

（2）收集范围应该由近及远，根据需要先后进行。首先考虑珍稀濒危品种的收集，其次收集有关的种、变种、类型和遗传变异的个体，尽可能有利于保存生物的多样性。

（3）种苗收集应遵照种苗调拨制度的规定，注意检疫，做好登记、核对工作，尽量避免材料的重复和遗漏。

二、种质资源保存技术规程

种质资源是人类宝贵的不可再生的生物财富，药用植物种质资源是中医药产业的源头，对我国中医药的发展有着举足轻重的作用。因此，作为我国重要的野生生物资源和战略生物资源，药用植物种质资源的专业保存尤为重要。收集保存药用植物种质资源，可以为种质创新、野生变家种、新品种选育、病虫害防治、生态环境治理等提供重要的基因资源。药用植物种质资源的收集和保存是保护和探索药用植物可持续发展的第一步。

目前，由于对自然的掠夺性开采，种质资源流失的速度加快。药用植物的种质资源是其长期演化以及自然和人工选择的结果，一旦丢失，将一去不复返。例如，历史上著名的浙江笕桥地黄现已丢失。同时由于优良品种的推广，种植品种日渐趋向单一化，植物遗传基础越来越狭窄，栽培植物的遗传一致性和遗传脆弱性增强，也是导致遗传资源灭绝的原因之一。因此，种质资源的保存工作日益凸显出它的重要性。世界各国大多普遍重视种质资源的保存工作。例如，美国1986年已收集到包括370属1960种的204000份种质资源，近年则收集保存资源达55万份之多。

（一）种质资源的保存方法

由于种质资源收集和保存工作的深入开展，目前种质资源的保存主要有就地保存和异地保存两种形式，具体出现了多种资源的保存方法，主要包括以下6种方法。

1. 自然保存法

自然保存法是指通过保护某一药用植物所在的自然生存环境来保存植物资源的一种方法。该方法对保存稀有种和濒危种最为适宜。

2. 种植保存法

种植保存法是指以资源圃为主，把植物繁殖体栽种在资源圃的一种人工保存方法。为了保持繁殖体活力,必须每隔一定时间(1~5年)栽种一次。

3. 种子保存法

种子保存法又称贮藏保存法,即通过种子长期贮藏的方法来保存种质资源。其关键技术在于所选种子的发育状况、处理方法以及种子贮藏时的环境条件。目前,正常型种子的保存主要用种质库保存。种质库包括短期库、中期库和长期库3种。

4. 组织培养保存法

组织培养保存法又称离体保存法,即运用植物组织培养方法保存植物材料的一部分组织或单个细胞、花粉粒等,从而达到保存种质资源的目的。该方法省时省力,繁殖系数高,可获得无病毒感染的植株。

5. 超低温种质保存法

超低温种质保存法是指在 -80℃(干冰低温)乃至 -196℃(液氮低温)的超低温下保存植物细胞、组织或器官的方法。在此低温下,植物细胞的新陈代谢处于完全停滞状态,整个保存过程不会造成细胞或组织发生遗传变异,也不会丧失细胞的全能性及形态建成的功能。

超低温种质保存法尤其对珍稀濒危物种有着十分重要的意义。目前报道采用胚及胚状体超低温保存的药用植物有龙岩、铁皮石斛、肉桂等20余种。采用悬浮细胞和愈伤组织超低温保存的药用植物有长鞭红景天、中国红豆杉、长春花、颠茄、狭叶毛地黄、杜仲、肉苁蓉、银杏、绞股蓝等50种以上。

6. 基因文库保存法

从基原植物提取大分子量DNA,用限制性内切酶切成许多DNA片段。在通过一系列步骤把连接在载体上(如质粒、黏性质粒、病毒)的DNA片段转移到寄主细胞(大肠杆菌、农杆菌)中,通过细胞增殖,构成各个DNA片段的克隆系。在超低温下保存各无性繁殖系生命,即可保存该种质的DNA。

基因文库保存法具有保存时间长、保存种质多等特点,目前我国对大田作物建立了丰富的种质基因库,但在药用植物的种质资源保存方面基础还很薄弱。

(二)种质资源保存技术

1. 种子保存技术

药用植物繁殖器官以种子为多,因此种子保存在很大程度上代表了种质资源保存的技术特点。种子保存法目前也是较为普遍的药用植物种质资源的保存方法。种子的保存工作包括种子接纳、检测、种子信息资料处理和种子入库四部分。具体的工作流程如下:

(1)种子接纳登记。接纳登记是指在进行种质资源保存时,对其质量和数量的初步检查和基本信息的登记过程。检查种子收集记录档案,查看药材名称、产地、来源地、采集时间、提供者等相关信息是否完整可靠,检查种子外包装有无破损,记录种子数量、健康状况。种子如有受潮或有害虫,应及时进行烘干和熏蒸处理。如接纳后不能及时处理,可暂时存放在15℃左右的环境中。

(2)种子去杂清选。标准参照 GB/T 3543.3,净度不低于98%。按真种子和净种子的定义去除残留在种子中的杂质。

（3）分类、排序、编号、建档。对精选好的种子,按科属分类,同种药材不同来源的种子排放在一起;对排列好的种子进行编号,依次进行登记,建立档案。

（4）种子检测。包括种子外部形态的观察、千粒重测定、活力测定、含水量测定等。

（5）种子包装称重、入库保存。当种子干燥至适于贮藏的含水量时,按照不同药用植物入库贮藏的数量要求进行包装。包装操作一般在低温、低湿（20℃~25℃,30%~40%相对湿度）条件下进行。包装应注意核对种质标签,倒入种子后及时封口。包装好的种子用电子秤称重,以克为单位。一批种子称重完成后,要统一检查核对,以防止漏称或记录错误。包装称重之后,将种子存放在低温环境中,详细记录种子所在位置。

2. 试管保存技术

药用植物种质资源的试管保存是指通过实验设计和方法比较与分析得到较好的内、外因子组合,并经长期重复实验后筛选出建立药用植物种质资源库的应用技术。该技术可为珍稀濒危药用植物资源的保护和再生利用提供重要途径。该方法强调保存期贮藏材料的再分化能力,同时注意保存贮藏材料的药用成分及其次生代谢产物的合成能力。在方法上以试管保存和二步冷冻的超低温保存技术较成熟。完全玻璃化冻存法具有设备简便、程序简单和冻存效果好等优点,在器官、组织结构完整性保存上有其特点,但此法在药用植物保存种质的应用上值得进一步探索。

研究表明,试管保存（试管苗基因库、超低温保存）是保存种质资源较为有效的途径,特别是对非种子繁殖的珍稀濒危药用植物具有良好的应用前景。

（1）试管保存的技术特点。

① 试管苗基因库的建立。以植物细胞全能性为基础的植物组织培养技术为试管内基因贮存提供了技术上的可能。目前,试管保存技术已广泛应用于园艺和粮食作物。1996年,国际热带农业研究中心建立了木薯试管苗保存库,保存了3500余份木薯种质。建立试管基因库的空间较小,保存期可免受外界害虫、病菌和病毒侵害,不经检疫便可用于种质交换。试管内保存的种质可在短期内快速繁殖,大量提供生产上所需的苗木。

试管贮存技术类似于组织培养步骤,但与组织培养生产的目的不同。试管贮存要求尽可能减少继代培养的次数,保持贮存材料的活力和再生能力。建立试管苗基因库的首要步骤是通过组织培养手段在诱导培养基上建立无性系,获得试管植株、愈伤组织或悬浮培养细胞等贮存材料,然后通过对试管保存的内部生长因子、外部环境因子进行适当调控,达到长期保存种质的目的。

② 超低温试管保存技术。自20世纪70年代以来,随着动物精液液氮保存技术的发展,作物茎尖或分生组织的液氮超低温保存获得了成功。超低温保存具有长期性和稳定性,特别适合营养繁殖的作物和顽拗型作物茎尖、分生组织的保存。超低温保存通常采用两步冰冻法。自90年代以来,由于新型复合保护剂的出现,完全"玻璃化"冻存方法取得了较大进展,超低温试管保存已成为种质保存的常规技术。

（2）试管保存技术的应用。

随着试管保存技术的日益成熟，在种质资源的保存方面取得了很多成绩。例如，千年健茎尖的试管保存获得成功，为其种质的保护提供了很好的技术支撑；粉叶小檗茎外植体诱导培养愈伤组织的贮藏技术为提取小檗碱进行组织培养提供了种质上的保证；同时，金钗石斛、绞股蓝等药材超低温试管保存苗也研制成功。这些成功的范例为中药种质资源保存工作开辟了新的思路。

第二节 种质资源库的建设

一、国家药用植物种质资源库

药用植物种质资源是我国发展优势中医药的独有战略资源，药用植物种质资源库的建设对中药材品质改善、规范化生产、资源和生态修复等有重要意义。我国自20世纪70年代后期开始建设种质库，但多数为农作物种质库，专业性药用植物种质资源库建设工作相对滞后。2006年，中国医学科学院药用植物研究所建立了国家药用植物种质资源库，目前已投入运行。

这个已建成的药用植物种质资源离体保护平台——国家药用植物种质资源库，设有1个保存年限45~50年的长期库、2个保存年限25~30年的中期库，可保存10万份药用植物种质。目前已入库药用植物种质2万份，实现了对193科1017属种子的长期保存，保存期为50年。同时还创建了药用植物种质资源保护的技术体系，建立了大批种质生活力快捷、标准的检测方法，建立了种质入库干燥技术，设计完成了国家药用植物种质资源库种质信息管理系统。

该种质资源库是我国暨全世界收集和保存药用植物种质资源最多的专业种质库，它的建设填补了我国重要生物资源种质库保存系统的重大缺陷，同时也标志着我国药用植物资源保护框架体系建设完成，对于我国中药种质资源保存、药用资源可持续发展以及国家药用生物安全将发挥重要而深远的作用。

二、各地种质资源圃

活体植株保存是植物种质资源保存的主要方式之一。世界上许多国家和国际组织都在建设种质资源圃（field genebank），以保存种质资源；我国政府已设立专项经费开展种质资源保护工作。目前，我国已经建成涵盖粮食、果树、蔬菜、林木、饮料、热带作物等的多个国家级种质资源圃。

种质资源圃保存属于活体植株保存，可能是原境保存，也可能是异境保存。建设种质资源圃的一个最主要目的是研究种内变异，鉴定每份种质资源的性状，评价其可利用性，开展种质创新工作，为生产服务。

为了更好地保存药用植物种质资源，依据种质资源圃的建设思路，我国相应建设了许多药用植物种质资源圃，如浙江温郁金种质资源圃、江西官山种质资源圃、福建天宝岩药用植物种质资源圃、广东湛江剑麻种质资源圃、福建大田雷公藤种质资源圃等。上述中药种质资源圃的建设，不仅可以把我国建成相关中药种质保存、研究中心，种质基因库和种质交流中心，而且必将促进我国药用植物种质资源收集保存和创新能力的提高，保护我国药用植物种质资源，推动中药材选种育种工作向前发展，扩大优良品种覆盖率，促进中药产业的发展。

参 考 文 献

[1] 黄璐琦,王永炎. 药用植物种质资源研究[M]. 上海:上海科学技术出版社,2008:15-23.

[2] 薛建平,柳俊,蒋细旺. 药用植物生物技术[M]. 合肥:中国科学技术大学出版社,2006:3-7.

[3] 夏海武,陈庆榆. 植物生物技术[M]. 合肥:合肥工业大学出版社,2008:93.

[4] 王关林,方宏筠. 植物基因工程[M]. 北京:科学出版社,2009:8-9.

[5] 李永成,蒋志国. 药用植物细胞悬浮培养技术与应用[M]. 北京:化学工业出版社,2015:3.

[6] 萧凤回,郭巧生. 药用植物育种学[M]. 北京:中国林业出版社,2008:34.

[7] 张锋,张教洪,闫树林,等. 药用植物种质资源保存技术规程[J]. 资源与利用,2012,31(9):69-71.

[8] 郑丽屏,王玲,李勇军,等. 云南药用植物种质资源的试管保存技术[J]. 资源开发与市场,1999,15(1):3-4.

[9] 刘忠玲,魏建和,陈士林,等. 国家药用植物种质资源库建设技术分析[J]. 世界科学技术,2007,9(5):72-74.

[10] 张东风. 国家药用植物种质资源库运行[N]. 中国中医药报,2008-06-30(5).

[11] 陈昆,陈琳. 官山保护区药用植物种质资源圃建设构想[J]. 华东森林经理,2012,26(4):50-52.

[12] 姜伟,胡乃盛,李强有. 剑麻种质资源圃建设与利用探讨[J]. 热带农业科学,2011,31(10):16-19.

[13] 林照授. 雷公藤种质资源圃营建技术[J]. 亚热带农业研究,2011,8(4):226-230.

[14] 黎茂彪. 天宝岩药用植物种质资源圃建设的探讨[J]. 华东森林经理,2009,23(3):41-43.

[15] 熊伟,洪涛,史俊卿,等. 温郁金种质资源圃的设计与建设[J]. 北方园艺,2011,16(8):74-76.

[16] 李国华. 植物种质资源圃规划建设的理论和方法[J]. 热带农业科技,2009,32(4):37-39.

[17] 国家药典委员会.中华人民共和国药典一部(2015年版)[M].北京:中国医药科技出版社,2015.

[18] 刘春宇,陆叶,尹海波.药用植物学与生药学[M].苏州:苏州大学出版社,2014.

[19] 张浩.药用植物学[M].6版.北京:人民卫生出版社,2013.

[20] 姚振生.药用植物学[M].北京:中国中医药出版社,2006.

[21] 中国科学院《中国植物志》编辑委员会.中国植物志[M].北京:科学出版社,2004.

[22] 郑汉臣.药用植物学[M].5版.北京:人民卫生出版社,2010.

[23] 孙萌,张亚芝,雷国莲.新编药用植物学[M].苏州:苏州大学出版社,2008.